"十三五"国家重点出版物出版规划项目

名校名家基础学科系列
Textbooks of Base Disciplines from Top Universities and Experts

普通高等教育"十一五"国家级规划教材

高等工科数学系列课程教材

工科数学分析教程

上册

第 4 版

总主编　孙振绮
主　编　丁效华　孙振绮
副主编　吴开宁　邹巾英

机械工业出版社

本书是“十三五”国家重点出版物规划项目　名校名家基础学科系列教材，是普通高等教育“十一五”国家级规划教材，是以教育部（原国家教育委员会）颁布的《高等学校工科本科高等数学课程教学基本要求》为纲，广泛吸取国内外知名大学的教学经验，并总结我校多年来的教学改革与实践经验而编写的工科数学分析课程教材．本书在第3版的基础上增减和修改了一些内容，并调整了部分内容的顺序，加强了数学思想的前后连贯性，提高了教材的可读性．

本书共9章：实数、数列的极限、函数的极限与连续性、导数及其应用、不定积分、定积分、广义积分、定积分的应用、常微分方程．每章都配有大量的例题与典型计算题，书后附有计算题答案，便于读者自学．

本书可作为工科本科生的数学课教材，也可供大学教师、准备报考工科硕士研究生的人员与工程技术人员参考．

图书在版编目（CIP）数据

工科数学分析教程．上册/丁效华，孙振绮主编．—4版．—北京：机械工业出版社，2019.6（2024.8重印）

“十三五”国家重点出版物出版规划项目．名校名家基础学科系列．普通高等教育“十一五”国家级规划教材

ISBN 978-7-111-63119-4

Ⅰ.①工…　Ⅱ.①丁…②孙…　Ⅲ.①数学分析-高等学校-教材　Ⅳ.①O17

中国版本图书馆CIP数据核字（2019）第133895号

机械工业出版社（北京市百万庄大街22号　邮政编码100037）

策划编辑：郑　玫　责任编辑：郑　玫　李　乐

责任校对：梁　倩　封面设计：鞠　杨

责任印制：单爱军

北京虎彩文化传播有限公司印刷

2024年8月第4版第7次印刷

184mm×260mm・22印张・544千字

标准书号：ISBN 978-7-111-63119-4

定价：54.80元

电话服务　　　　　　　　网络服务

客服电话：010-88361066　　机　工　官　网：www.cmpbook.com

010-88379833　　机　工　官　博：weibo.com/cmp1952

010-68326294　　金　书　网：www.golden-book.com

机工教育服务网：www.cmpedu.com

序

面对当今科学技术的发展和社会需求，从我国实际情况出发，吸收不同国家、不同学派的优点，更好地为我国培养高质量人才是广大数学教师的责任与愿望．虽然我国大多数工科数学教材的内容和体系是在20世纪50年代苏联相应教材的基础上演变发展而来的，但是当今不少教材在进行内容革新时非常注重吸收北美发达国家的先进理念和经验，而对俄罗斯教材近年来的变化却注意不够．在高等数学课程的教学要求、内容选取和体系编排等方面，俄罗斯教材与北美教材有很大的差异．孙振绮教授对俄罗斯的高等数学教学进行了长期深入的研究，发表了相关论文与研究报告十余篇．这对吸收不同学派所长，推动我国工科数学教学改革，建设具有中国特色的系列教材具有重要的作用．

长期以来，孙振绮教授与其他教授合作，以培养高素质创新型人才为目标，力图探索一条提高本门课程教学质量的新途径．他们结合我国的实际情况，吸收俄罗斯高等数学课程教学的先进理念和经验，对教学过程进行了整体的优化设计，编写了一套工科数学系列教材共9部．该系列教材的取材考虑了现代科技发展的需要，提高了知识的起点，适当运用了现代数学的观点，增加了一些现代工程需要的应用数学方法，扩大了信息量．同时，整合优化了教学体系，体现了数学有关分支间的相互交叉和渗透，加强了数学思想方法的阐述和运用数学知识解决问题能力的培养．

与当今出版的众多工科数学教材相比，该系列教材特色鲜明，颇有新意，其最突出的特点是：内容丰富，起点较高，体系优化，基础理论比较深厚，吸收了俄罗斯学派和教材的观点和特色，在国内独树一帜．对数学要求较高的专业和读者，该系列教材不失为一套颇有特色的教材和参考书．

该系列教材曾在作者所在学校和有关院校使用，反映良好，并于2005年获机械工业出版社科技进步一等奖．其中《工科数学分析教程》（上、下册）被列为普通高等教育“十一五”国家级规划教材．该校使用该教材的工科数学分析系列课程被评为2005年山东省精品课程，相关的改革成果和经验多次获校与省教学成果奖，在国内同行中有广泛良好的影响．笔者相信，该系列教材的出版不仅有益于我国高质量人才的培养，也将会使广大师生集思广益，有助于本门课程教学改革的深入发展．

西安交通大学　马知恩

第 4 版前言

当今时代是科学、技术、经济与管理日益数字化的时代，这就确定了数学在高等教育中的地位．现代科学工作者与工程师不仅应当知道数学原理，还应当掌握最新的数学研究方法，并把它应用到实践中去．

长期以来，我们坚持培养创新型高素质人才的目标，十分重视教材建设，不断提高教材质量．本套教材分上、下两册；是“十三五”国家重点出版物规划项目名校名家基础学科系列教材，也是普通高等教育“十一五”国家级规划教材，由孙振绮任总主编，本书是其中的上册．

我们本着向世界一流大学学习的精神，依照对教学过程整体优化设计的原则，在保持原有教材风貌的基础上，使本书更具特色，主要表现有以下几个特点：

1. 参考国内现行教学大纲，用现代数学的思想方法来叙述微积分的理论和设计教学内容体系．如：用现代集合论的思想与数学逻辑语言表述微积分内容，重点挖掘一元函数微积分的思想与方法，再向多元函数微积分推广．这里，重点要求对其数学思想方法进行探讨，增强逻辑性、科学性，并适当压缩篇幅，扩大教材的适用范围．

2. 在对教学内容进行优化设计时，加强了分析与代数、几何间的有机结合与相互渗透．书中所附的许多图形十分难得，很有参考价值．

3. 突出工科特点．书中含有大量的结合实际的应用题．

4. 融入编者多年的教学经验，注意揭示问题的实质，加强了知识间的联系和结构的逻辑．

5. 配有丰富的例题与习题（包括典型计算题、综合练习题），有利于教师利用提示、设疑、解惑等多种方法启发学生探讨问题，解决问题．

6. 注意内容的延展性，有利于因材施教，可读性好．

本书所列习题均给出了答案与提示，对学生不易理解的概念注重遵循学生的思维规律——由已知到未知，由具体到抽象，由有限到无限，由低维到高维进行深入分析，便于学生系统掌握，灵活运用．

本书可供工科专业本科学生使用，也可供大学教师、科研人员及报考硕士研究生的人员参考．

本书由丁效华、孙振绮任主编，吴开宁、邹巾英任副主编；具体参加修订的教师有：孙振绮（第1、2章，附录）、史磊（第3章）、丁效华（第4、8章）、邹巾英（第5章）、马强（第6、7章）、吴开宁（第9章），全书由邹巾英统稿．

魏俊杰、文松龙、伊晓东三位教授审阅了本书的各章内容，提出了许多宝贵意见，在此深表感谢！

由于编者水平有限，不妥之处在所难免，恳请读者批评指正！

编　者

第 3 版前言

本书是普通高等教育“十一五”国家级规划教材，这次修订在基本保持第 2 版风貌的基础上增减和修改了部分内容，并调整了部分内容的前后顺序，增减了部分习题，加强了数学思想的前后连贯性，提高了教材的可读性．

随着我国高等教育的改革与发展，各高校也在不断修订本科培养方案．为了适应当前教育改革的形势，编者对第 2 版进行了修订，删除了大纲不要求的一些内容，改动比较大的部分如下：第 3 章增加了极坐标系的概念，对函数极限的定义顺序加以调整，修订后，先由数列极限引出 x 趋于∞时函数的极限，然后给出在有限点处的极限，最后给出其他类型极限，突出了无穷小的比较及利用等价无穷小计算极限．第 4 章将泰勒公式改为微分的形式，以便向多元函数的泰勒公式过渡．第 9 章对线性微分方程及其解的结构进行了全新的修订，对二阶线性微分方程（齐次与非齐次）进行了全面的修改，减少了节数与典型计算题数量．对于书后的附录也进行了压缩与精简．

本书由孙振绮、丁效华、О. Ф. 包依丘克（乌克兰）任主编，邹巾英、吴开宁任副主编，参加本书修订工作的教师及承担的工作如下：孙振绮（第 1 章、第 2 章）、史磊（第 3 章）、丁效华（第 4 章、第 8 章）、邹巾英（第 5 章）、马强（第 4 章、第 5 章、第 6 章、第 7 章）、吴开宁（第 9 章）．本书由孙振绮策划，由邹巾英统稿．崔明根、刘铁夫、文松龙、伊晓东四位教授分别审阅了本书的各章内容，并提出了许多宝贵意见．

虽然编者认真撰写，仔细校对，但由于水平有限，不妥及错漏之处在所难免，恳请读者批评指正．

编　者

第 2 版前言

本书是普通高等教育“十一五”国家级规划教材，这次修订在基本保持第 1 版风貌的基础上补充了部分内容，并调整了某些内容的顺序.

计算机技术的飞速发展，使得某些被认为是最纯粹的数学理论在工程实际中也得到了应用. 数学的广泛应用是科技进步与发展的条件，所以编者编写了这本在传统的数学分析的内容框架下增加了现代数学观点与内容的教材，提高了理论知识平台，以适应培养高素质、创新型人才的需要.

修订后的教材增加了下述内容：

1. 在第 1 章实数中加强了实数理论的内容，引入了确定实数概念的公理化定义.

2. 在第 4 章一元函数微分学中，增加了以下内容：①高阶微分；②向量函数的拉格朗日中值定理与有限泰勒公式的证明；③空间曲线理论初步(含简单曲线、光滑曲线、曲线的切线、曲线的弧长、平面的曲线与曲线的主法线、曲线的曲率，均用向量函数表示).

3. 在第 5 章多元函数微分学中，①增加了度量空间 $\mathbf{R}^n$ 中的直线、射线与线段；②给出了对应 m 个方程的隐函数存在定理.

从内容体系上，除了内容顺序的变动并补充上述内容外，本次修订还突出以下几个特点：

1. 加强线性代数与解析几何、微积分学内容的相互渗透、相互交叉，并把这些内容与实用的工程数学方法看作一个整体，对其内容体系进行优化组合.

2. 采用归纳法，由浅入深地叙述内容. 譬如，极限的概念是按下列顺序叙述的：数列极限，一元函数极限，在欧氏空间中关于集合的极限，积分的极限等；对于泰勒公式，首先研究区间上实函数，然后研究 $\mathbf{R}^n$ 空间中的映射的泰勒公式；对于柯西极限存在准则，首先研究了各类柯西极限准则，最后研究了在 $\mathbf{R}^n$ 空间中映射的极限存在的柯西准则；叙述傅里叶级数是从古典的三角函数开始，最后叙述在盖里别尔托夫空间中关于正交组的傅里叶级数等.

3. 证明的定理并不总是具有普遍意义，由于教学时数有限，同时考虑要更好阐明所研究问题的实质和证明的思路，只考虑足够光滑的函数.

除上述特点外，本次修订还保留了第 1 版注重教学法，知识由浅入深、循序渐进、便于自学，以及理论联系实际，加强数学建模训练等特点.

本书是编者在哈尔滨工业大学与乌克兰人民科技大学多年讲授工科数学分析课程与习题课经验的基础上吸收国内外知名大学的先进教学经验编写的. 为了巩固所叙述的理论知识，书中列有足够数量的例题与典型计算题，以帮助读者掌握教程的基本思想与深入研究、解决应用问题的方法，特别重视对那些学生学习较困难的概念的阐述，在教学中取得了较好的效果.

为了适应现代科技的飞速发展，编者大胆改革传统的数学分析教材，注意渗透、增加现代数学观点与方法，试图为大学生提供阅读与查阅现代科技文献、进行科研的有力的数学工具. 编者认为这是一项十分困难的工作，希望这套教材的出版能为推动这项工作做出贡献.

这里首先感谢西安交通大学的马知恩教授为本套书作序，还要感谢清华大学冯克勤教授、北京航空航天大学李尚志教授对本套教材的评价与支持. 对哈尔滨工业大学多年来一直支持这项教学改革的领导、专家、教授深表谢意. 特别要感谢机械工业出版社的领导及同志们为该书的早日出版所做出的重大贡献.

本书由孙振绮、O. Φ. 包依丘克（乌克兰）任主编，丁效华、金承日、伊晓东任副主编，并参加了教材的修订工作. 参加本书习题部分修订的还有哈尔滨工业大学（威海）数学系邹巾英、孙建邵、李福梅、杨毅、范德军、吴开宁、王雪臣、王黎明、曲荣宁、史磊、宁静、李晓芳、于战华、吕敬亮等. 崔明根、刘铁夫、王克、文松龙四位教授分别审阅了教材的各章内容，提出了许多宝贵意见.

由于编者水平有限，缺点、疏漏在所难免，恳请读者批评指正！

编　者

第 1 版前言

为适应科学技术进步的要求，培养高素质人才，必须改革工科数学课程体系与教学方法. 为此，我们进行了十多年的教学改革实践，先后在哈尔滨工业大学、黑龙江省教委立项，长期从事“高等数学教学过程的优化设计”课题的研究，该课题曾获哈尔滨工业大学优秀教学研究成果奖. 本套系列课程教材正是这一研究成果的最新总结，包括《工科数学分析教程》（上、下册）、《空间解析几何与线性代数》、《概率论与数理统计》、《复变函数论与运算微积》、《数学物理方程》、《最优化方法》、《计算技术与程序设计》 等.

本套教材在编写上广泛吸取国内外知名大学的教学经验，特别是吸取了莫斯科理工学院、乌克兰人民科技大学（原基辅工业大学）等的教学改革经验，提高了知识的起点，适当地扩大了知识信息量，加强了基础，并突出了对学生的数学素质与学习能力的培养. 具体体现在：①加强对传统内容的理论叙述；②适当运用近代数学观点来叙述古典工科数学内容，加强了对重要的数学思想方法的阐述；③加强了系列课程内容之间的相互渗透与相互交叉，注重培养学生综合运用数学知识解决实际问题的能力；④把精选教材内容与编写典型计算题有机结合起来，从而加强了知识间的联系，形成课程的逻辑结构，扩展了知识的深广度，使内容具备较高的系统性和逻辑性；⑤强化对学生的科学工程计算能力的培养；⑥加强对学生数学建模能力的培养；⑦突出工科特点，增加了许多现代工程应用数学方法；⑧注意到课程内容与工科研究生数学的衔接与区别.

此外，我们认为，必须把教师与学生、内容与方法、教学活动看作是教学过程中三个有机联系的整体，教学必须实现传授知识与培养学习能力、发挥教师主导作用与调动学习积极性的结合. 为此，教材的编写上注意运用启发式教学，有利于教师组织教学过程，充分调动学生学习的积极性，不断地引导学生进行深入思维.

本书可供工科大学自动化、计算机科学与技术、机械电子工程、工程物理、通信工程、电子科学与技术等对数学知识要求较高的专业的本科生使用. 按大纲讲授需要 198 学时，全讲需要 230 学时.

本书是根据哈尔滨工业大学与乌克兰人民科技大学的合作协议确定的合作项目而编写的，并得到了教育部哈尔滨工业大学工科数学教学基地的资助.

这里，对哈尔滨工业大学多年来一直支持这项教学改革的领导、专家、教授深表谢意.

本套教材由孙振绮任总主编. 本书由孙振绮、O. Ф. 包依丘克（乌克兰）任主编，丁效华、金承日任副主编. 参加本书编写的还有哈尔滨工业大学（威海）数学系邹巾英、孙建邵、李福梅、杨毅、伊晓东、林迎珍、李宝家、于淑兰等 . 崔明根、刘铁夫、文松龙三位教授分别审阅了教材的各章内容，提出了许多宝贵意见.

由于编者水平有限，缺点、疏漏在所难免，恳请读者批评指正！

编　者

目　　录

记号与逻辑符号

符　号	表示的意义
$\vee$	或
$\wedge$	和
$\exists$	“存在”或“找到”
$\forall$	“对任何”或“对每一个”
:	使得
$\Leftrightarrow$	等价，充分且必要，当且仅当
$A \to B$	由 A 得到 B
$f: A \to B$	f 是从集合 A 到集合 B 的映射
$\mathbf{N}$	自然数集合
$\mathbf{N}_+$	正整数集合
$\mathbf{Z}$	整数集合
$\mathbf{Q}$	有理数集合
$\mathbf{J}$	无理数集合
$\mathbf{R}$	实数集合
$\mathbf{C}$	复数集合
$x \in A$	x 是集合 A 的元素
$A \subset B$	集合 A 是集合 B 的子集
$\sup\limits_{x \in X} \{x\}$	集合 X 的上确界
$\inf\limits_{x \in X} \{x\}$	集合 X 的下确界
$C = A \cup B$	集合 C 是集合 A 与集合 B 的并集
$C = A \cap B$	集合 C 是集合 A 与集合 B 的交集
$x \in A \cup B$	或 $x \in A$ 或 $x \in B$
$x \in A \cap B$	$x \in A$ 且 $x \in B$
$C = A \setminus B$	C 是集合 A 与集合 B 的差集
$x \in A \setminus B$	$x \in A$，但 $x \notin B$（x 不属于 B）
$f \in C([a, b])$	f 属于在区间 $[a, b]$ 上连续的函数类
$f \in C^1([a, b])$	f 属于在区间 $[a, b]$ 上具有连续导数的函数类
$f \in R([a, b])$	f 属于在区间 $[a, b]$ 上黎曼可积的函数类

第 1 章 实 数

1.1 有理数　无限小数

1.1.1 有理数及其性质

大家在中学数学课程里就已经学习了有理数的概念及性质. 有理数可以写成$\frac{p}{q}$，其中 p 是整数，q 是非零自然数. 特别地，任何整数 p 都是有理数，因 p 可写成$\frac{p}{1}$，譬如，$0=\frac{0}{1}$，$1=\frac{1}{1}$等.

设 $a=\frac{p}{q}$，$b=\frac{p_1}{q_1}$是两个有理数，则由有理数的顺序法有定义

(1) 若 $pq_1=qp_1$，则 $a=b$.

(2) 若 $pq_1>qp_1$，则 $a>b$.

(3) 若 $pq_1<qp_1$，则 $a<b$.

a 与 b 的和与积由等式

$$a+b=\frac{pq_1+qp_1}{qq_1},\ ab=\frac{pp_1}{qq_1} \tag{1-1}$$

确定.

有理数的加法与乘法运算有

(1) 交换律：$a+b=b+a$，$ab=ba$.

(2) 结合律：$(a+b)+c=a+(b+c)$，$(ab)c=a(bc)$.

(3) 分配律：$a(b+c)=ab+ac$.

(4) 对任何有理数 a 有等式：$a+0=a$，$a\cdot 1=a$.

有理数的减法与除法运算，可对应作为加法与乘法运算的逆运算引入.

(1) 对于任何有理数 a 与 b，若存在唯一的数 x，使得 $b+x=a$，则称这个数为 a 与 b 的差，记为 $a-b$. 特别地，$0-b$ 记为 $-b$.

(2) 若 $b\neq0$，且存在唯一的数 z，使得 $bz=a$，则称这个数为数 a 与 b 的商，记为$\frac{a}{b}$.

下面我们列举有理数不等式的基本性质：

(1) 若 $a>b$ 且 $b>c$，则 $a>c$（传递性).

(2) 若 $a>b$，则对任何 c 有 $a+c>b+c$.

(3) 若 $a>b$ 且 $c>d$，则 $a+c>b+d$.

(4) 若 $a>b$，$c>0$，则 $ac>bc$.

(5) 若 $a>b$，$c<0$，则 $ac<bc$.

在集合 **Q** 中，不仅可以进行四则算术运算，还可以解一次方程或一次方程组. 然而在 **Q** 中，连最简单的二次方程 $x^2=a$，$a\in\mathbf{N}_+$ 都不是总能求解. 如 $x^2=2$ 在集合 **Q** 中无解.

因此，在解简单方程 $x^2=a$，$x^3=a$，$a\in\mathbf{N}_+$ 时，有必要扩充有理数集合，往数集 **Q** 中添加新的元素，即无理数. 下面我们介绍怎样实现这一扩充.

1.1.2　无限小数及其逼近

1. 有限小数与无限循环小数

由中学代数课程，大家知道，任何有理数都可表示为有限小数或无限循环小数，譬如，$\frac{3}{8}=0.375$，$-\frac{27}{11}=-2.4545\cdots=-2.(45)$. 反之，我们可以利用无穷递缩等比级数和的公式 $a+aq+aq^2+\cdots+aq^n+\cdots=\frac{a}{1-q}$，$|q|<1$ 把一个无限循环小数化为分数. 如

$$2.(45)=2+\frac{45}{100}+\frac{45}{100^2}+\cdots=2+\frac{\frac{45}{100}}{1-\frac{1}{100}}=\frac{27}{11}$$

对于有限小数，可以把它相应看成循环节仅含“0”的无限循环小数，如 2.5 = 2.5(0)，但同时又可将它化成循环节仅含“9”的无限循环小数，如2.5 (0) = 2.4 (9)，这样，我们就在所有有理数的集合与所有无限循环小数的集合之间建立了一个一一对应关系.

2. 实数集合

我们考虑无限小数

$$\pm a_0.a_1a_2\cdots a_n\cdots \tag{1-2}$$

其中，a_0 是非负整数，a_1，a_2，…，a_n，…是小数点后位于第 1 位，第 2 位，…，第 n 位，…上的数字（即从 0，1，2，…，9 中取一个作为 a_1，a_2，…，a_n，…）.

我们称式（1-2）所示的小数为实数，如果小数前为“+”，则可以省略“+”而写成

$$a_0.a_1a_2\cdots a_n\cdots \tag{1-3}$$

称式（1-3）所示的小数为非负数. 而当 a_0，a_1，a_2，…，a_n，…中至少有一个数取非零值时，称式（1-3）所示的小数为正实数. 而数

$$-a_0.a_1a_2\cdots a_n\cdots \tag{1-4}$$

中的 a_0，a_1，a_2，…，a_n，…中至少有一个取非零值，则称式（1-4）所示的小数为负实数.

如果 $a=a_0.a_1a_2\cdots a_n\cdots$，$b=-a_0.a_1a_2\cdots a_n\cdots$，则称 a 与 b 是互为相反数.

如果式（1-2）所示的小数是循环小数，则称它为有理数. 若式（1-2）所示的小数不是循环小数，则称它为无理数. 式（1-2）所示的所有小数的集合为实数集合，记为 **R**. **R** 的子集——由所有无限不循环小数组成的集合称为无理数集合，记为 **J**.

3. 实数的十进制近似

若把式（1-3）所示的正实数写成

$$\overline{\alpha_n} = a_0.a_1a_2\cdots a_n + \frac{1}{10^n},\ \underline{\alpha_n} = a_0.a_1a_2\cdots a_n \tag{1-5}$$

则分别称 $\overline{\alpha_n}$ 与$\underline{\alpha_n}$为 α 精确到小数点后第 n 分位的过剩近似值与不足近似值. 如果 α 是式（1-4）所示的负实数，则相应有

$$\overline{\alpha_n} = -a_0.a_1a_2\cdots a_n,\ \underline{\alpha_n} = -a_0.a_1a_2\cdots a_n - \frac{1}{10^n} \tag{1-6}$$

1.1.3 实数的比较

1. 非负实数的比较

对两个实数 $\alpha = a_0.a_1a_2\cdots a_n\cdots$ 与 $\beta = b_0.b_1b_2\cdots b_n\cdots$，如果 $a_k = b_k$，$k=0, 1, 2, \cdots$，则称 α 与 β 相等，记为 $\alpha=\beta$，即

$$\{\alpha = \beta\} \Leftrightarrow \{a_k = b_k, k = 0,1,2,\cdots\}$$

特别地，

$$\{\alpha = 0\} \Leftrightarrow \{a_k = 0, k = 0,1,2,\cdots\}$$

我们再给出 $\alpha>\beta$ 与 $\alpha<\beta$ 的定义. 如果 $a_0<b_0$ 或 $a_0=b_0$，且存在 n 使得 $a_1=b_1$，$a_2=b_2$，$\cdots$，$a_{n-1}=b_{n-1}$，但 $a_n<b_n$，则称 α 小于 β，即

$$\{\alpha < \beta\} \Leftrightarrow \{a_0 < b_0\} \vee \{\exists n \in \mathbf{N}_+ : a_k = b_k, k = 0,1,\cdots,n-1; a_n < b_n\}$$

类似有

$$\{\alpha > \beta\} \Leftrightarrow \{a_0 > b_0\} \vee \{\exists n \in \mathbf{N}_+ : a_k = b_k, k = 0,1,2,\cdots,n-1; a_n > b_n\}$$

由 $\alpha=\beta$、$\alpha>\beta$、$\alpha<\beta$ 的定义知，对任何两个非负实数 α 与 β 必满足这三个关系中的一个关系. 同时指出，对任何非负实数 α 都有 $\alpha\geqslant 0$.

2. 任意实数的比较

记 $|\alpha|$ 表示实数 α 的绝对值，即若 $\alpha = \pm a_0.a_1a_2\cdots a_n\cdots$，则

$$|\alpha| = a_0.a_1a_2\cdots a_n\cdots$$

对任何实数 α，$|\alpha|$是一个非负实数.

为了给出任意实数的比较，下面将考虑 α 与 β 至少有一个是负实数的情形.

若 α 是非负实数，β 是负实数，则规定 $\alpha>\beta$.

若 $\alpha<0$，$\beta<0$，则规定

（1）若 $|\alpha| = |\beta|$，则 $\alpha=\beta$.

（2）若 $|\beta| < |\alpha|$，则 $\alpha<\beta$.

这样，我们有了对任何实数进行比较的法则.

3. 实数比较的传递性

我们证明：若 $\alpha<\beta$ 且 $\beta<\gamma$，则 $\alpha<\gamma$. 这里仅考虑 α，β，γ 都是正实数的情形.

设

$$\alpha = a_0.a_1a_2\cdots a_n\cdots$$
$$\beta = b_0.b_1b_2\cdots b_n\cdots$$
$$\gamma = c_0.c_1c_2\cdots c_n\cdots$$

p 与 m 分别为使 $a_k=b_k$ 与 $b_k=c_k$（$k=0, 1, 2, \cdots$）不成立的最小的足码，且设 $p\leqslant m$，则 p 是 $a_k=c_k$ 不成立的最小足码，且有 $a_p<c_p$，由此可知 $\alpha<\gamma$.

1.1.4 与不等式相联系的实数的性质

引理1　如果 α 与 β 是实数，且 $\alpha<\beta$，则存在有理数 γ，使得

$$\alpha < \gamma < \beta \tag{1-7}$$

证　(1) 若 $\alpha\in\mathbf{Q}$，$\beta\in\mathbf{Q}$，则可取 $\gamma=\frac{1}{2}(\alpha+\beta)$，因为 $\alpha<\frac{\alpha+\beta}{2}<\beta$.

(2) 设 α 与 β 中至少有一个是无理数，不妨设 $\beta\in\mathbf{J}$. 为确定起见，假设 $\alpha\geqslant0$ 且 $\alpha=a_0.a_1a_2\cdots a_n\cdots$.

因 $\beta>\alpha$ 且 $\alpha\geqslant0$，故有 $\beta>0$. 设

$$\beta = b_0.b_1b_2\cdots b_n\cdots$$

p 是使 $a_k=b_k$ ($k=0, 1, 2, \cdots$) 不成立的最小足码，且 $p>0$，则

$$a_0 = b_0, a_1 = b_1, \cdots, a_{p-1} = b_{p-1}, a_p < b_p \tag{1-8}$$

由于 $\beta\in\mathbf{J}$，所以 β 不可能是有限小数，从而存在大于 p 的足码（记为 $p+m$），使得

$$b_{p+m} > 0 \tag{1-9}$$

下面证明有理数 $\gamma=a_0.a_1a_2\cdots a_{p-1}b_p\cdots b_{p+m-1}$ 满足式 (1-7).

根据式 (1-8) 知 $\alpha<\gamma$，其次由条件式 (1-9) 知

$$\gamma = b_0.b_1b_2\cdots b_{p+m-1}(0) < b_0.b_1\cdots b_{p+m-1}b_{p+m}\cdots$$

即 $\gamma<\beta$，这样便证得 $\alpha<\gamma<\beta$，且 $\gamma\in\mathbf{Q}$.

推论　如果 $\alpha\in\mathbf{R}$，$\beta\in\mathbf{R}$，且 $\alpha<\beta$，则

$\exists\gamma\in\mathbf{Q}$, $\exists\gamma'\in\mathbf{Q}$:

$$\alpha < \gamma < \gamma' < \beta \tag{1-10}$$

引理2　设 $\delta\in\mathbf{R}$，$\delta'\in\mathbf{R}$，且假设存在两个有理数序列 $\{x_n\}$，$\{y_n\}$，满足

$$x_n \leqslant \delta \leqslant \delta' \leqslant y_n \tag{1-11}$$

$$y_n - x_n \leqslant \frac{1}{10^n} \tag{1-12}$$

则

$$\delta = \delta' \tag{1-13}$$

证　假如式 (1-13) 不成立，则由条件式 (1-11) 知 $\delta<\delta'$. 根据引理1的推论知，存在 $\gamma\in\mathbf{Q}$，$\gamma'\in\mathbf{Q}$，使得

$$\delta < \gamma < \gamma' < \delta' \tag{1-14}$$

由式 (1-14) 知 $\gamma'-\gamma>0$，从而

$$\exists m \in \mathbf{N}_+ \text{ 使得 } \gamma' - \gamma > \frac{1}{10^m} \tag{1-15}$$

由式 (1-11) 与式 (1-14) 得

$$x_n \leqslant \delta < \gamma < \gamma' < \delta' \leqslant y_n$$

由此得

$$x_n < \gamma < \gamma' < y_n \tag{1-16}$$

由不等式 (1-15)、式 (1-12)、式 (1-16) 及有理数不等式的性质知

$$\frac{1}{10^m} < \gamma' - \gamma < y_n - x_n \leqslant \frac{1}{10^n} \tag{1-17}$$

这个不等式应对固定的 m 及任意的 n（m，$n\in\mathbf{N}_+$）成立，但当 $n=m$ 时式（1-17）不成立，故 $\delta<\delta'$ 不能成立，从而式（1-13）成立.

1.1.5　实数的几何解释

大家知道，取定了原点、长度单位和方向的直线叫作数轴. 根据几何公理与实数性质知，在实数集合与数轴之间可以建立一一对应的关系：每个实数都对应于唯一的数轴上的点，而数轴上的每个点也都有某个实数与之相对应，所以今后我们将集合 $\mathbf{R}$ 映射到数轴上的点集合，因而常称实数为点.

对于今后最常用的数集我们给出如下的记法：

（1）**闭区间** $[a, b] = \{x \mid a\leqslant x\leqslant b\}$

（2）**开区间** $(a, b) = \{x \mid a<x<b\}$

（3）**半开（或半闭）区间** $[a, b)=\{x \mid a\leqslant x<b\}$，$(a, b]=\{x \mid a<x\leqslant b\}$.

称点 a 与点 b 为区间的**端点**（a 是左端点，b 是右端点）. 称形如 $[a, b]$，(a, b)，$[a, b)$ 及 $(a, b]$ 的区间为**有限区间**. 称点 x：$a<x<b$ 是区间的**内点**.

我们还常考虑无限区间

$$(a, +\infty)=\{x \mid x>a\},\ (-\infty, a)=\{x \mid x<a\}$$
$$[a, +\infty)=\{x \mid x\geqslant a\},\ (-\infty, a]=\{x \mid x\leqslant a\}$$
$$(-\infty, +\infty)=\{x \mid x\in\mathbf{R}\}$$

显然，$\mathbf{J}\cup\mathbf{Q}=\mathbf{R}$，$\mathbf{J}\cap\mathbf{Q}=\varnothing$，其中 $\varnothing$ 表示空集.

1.1　习题答案

1.2　数集的确界

1.2.1　数集的上（下）界

如果对于数集 $X\subset\mathbf{R}$ 存在实数 C，使对所有 $x\in X$ 满足 $x\leqslant C$，则称数集 X 是**上有界的**. 即

$$\{X\text{ 上有界}\}\Leftrightarrow\{\exists C\in\mathbf{R}: \forall x\in X\rightarrow x\leqslant C\} \tag{1-18}$$

称式（1-18）中的任何实数 C 为数集 X 的**上界**.

类似地，可定义 $X\subset\mathbf{R}$ 是**下有界的**，如果

$$\exists C'\in\mathbf{R}: \forall x\in X\rightarrow x\geqslant C' \tag{1-19}$$

称式（1-19）中的任何实数 C' 是数集 X 的**下界**.

如果数集既是上有界的，又是下有界的，则称它是**有界的**. 即

$$\{X\text{ 有界}\}\Leftrightarrow\{\exists C'\in\mathbf{R}, \exists C\in\mathbf{R}: \forall x\in X\rightarrow C'\leqslant x\leqslant C\}$$

1.2　思维导图

1.2.2　上确界与下确界的定义

假设数集是上有界的，则满足条件式（1-18），而 C 是 X 的一个上界. 显然，任何大

于 C 的数也是 X 的上界，因此 X 将有无数个上界，其中特别有用的是最小的上界，记为 M，它具有下述性质：

（1）M 是数集 X 的上界.

（2）任何小于 M 的数 M' 不是 X 的上界.

这个数我们今后称之为数集 X 的上确界．下面我们用逻辑符号给出定义.

1.2　习题答案

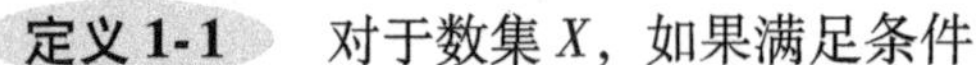

定义 1-1　对于数集 X，如果满足条件

（1）$\forall x \in X \to x \leqslant M$

（2）$\forall M' < M$，$\exists x_{M'} \in X$：$x_{M'} > M'$

则称数 M 是数集 X 的**上确界**，且记 $M = \sup X$，因此

$$\{M = \sup X\} \Leftrightarrow \{\forall x \in X \to x \leqslant M\} \wedge \{\forall M' < M, \exists x_{M'} \in X: x_{M'} > M'\}$$

说明 1　数 $M = \sup X$ 既可能属于数集 X，又可能不属于数集 X．如 $X = \{x \mid 1 \leqslant x < 2\}$，则 $\sup X = 2 \notin X$．若 $X_1 = X \cup \{3\}$，则 $\sup X_1 = 3 \in X_1$.

说明 2　由上确界的定义知，如果数集 X 有上确界，则它是唯一的.

定义 1-2　对于数集 X，如果满足条件

（1）$\forall x \in X \to x \geqslant m$

（2）$\forall m' > m$，$\exists x_{m'} \in X$：$x_{m'} < m'$

则数 m 是数集 X 的**下确界**，且记 $m = \inf X$，因此

$$\{m = \inf X\} \Leftrightarrow \{\forall x \in X \to x \geqslant m\} \wedge \{\forall m' > m, \exists x_{m'} \in X: x_{m'} < m'\}$$

1.2.3　上（下）确界的存在性

定理 1-1　如果非空实数集合是上有界的，则必存在上确界 $\sup X$；如果非空实数集合 X 是下有界的，则必存在下确界 $\inf X$.（证略）

定理 1-2　若 X 与 Y 是两个非空实数集合，且对任何 $x \in X$ 与任何 $y \in Y$ 都有

$$x \leqslant y \tag{1-20}$$

则存在 $\sup X$ 与 $\inf Y$，且有

$$\forall x \in X, \forall y \in Y \to x \leqslant \sup X \leqslant \inf Y \leqslant y \tag{1-21}$$

证　显然数集 X 与 Y 分别存在 $\sup X$ 与 $\inf Y$，由确界定义知

$$\forall x \in X \to x \leqslant \sup X,\ \forall y \in Y \to \inf Y \leqslant y \tag{1-22}$$

由式（1-22）知：要证明式（1-21），只需要证明

$$\sup X \leqslant \inf Y$$

由式（1-20）知，每个 $y \in Y$ 都是数集 X 的上界，而 $\sup X$ 又是所有上界中最小的，因而，对任何 $y \in Y$ 有

$$\sup X \leqslant y \tag{1-23}$$

由式（1-23）又知，$\sup X$ 是数集 Y 的下界，而 $\inf Y$ 是数集 Y 的所有下界中最大的一个，从而 $\sup X \leqslant \inf Y$．证毕.

1.3 实数的运算

1.3.1 实数的加法与减法

如果对于两个实数 α，β，存在实数 δ，使对任何满足条件

$$\gamma \leqslant \alpha \leqslant s,\ \gamma' \leqslant \beta \leqslant s' \tag{1-24}$$

的有理数 γ，s，γ'，s'，都有不等式

$$\gamma + \gamma' \leqslant \delta \leqslant s + s' \tag{1-25}$$

则称 δ 为实数 α 与 β 的和，记为 $\alpha + \beta = \delta$.

定理 1-3 对任何实数 α 与 β，它们的和 δ 存在且唯一.

证 (1) 和的存在性.

根据不等式的传递性，由条件式（1-24）得

$$\gamma + \gamma' \leqslant s + s' \tag{1-26}$$

由式（1-26）知，形如 $\gamma + \gamma'$ 的数的集合 E 是上有界的，故存在上确界，记为 $\delta = \sup E$，我们来证明数 δ 满足条件式（1-25）.

显然有 $\gamma + \gamma' \leqslant \delta$. 又因 $\sup E$ 不能大于数集 E 的任一上界，因而 $\delta \leqslant s + s'$. 这样，δ 满足条件式（1-25），δ 即是 α 与 β 的和.

(2) 和的唯一性.

设 δ 与 δ' 满足条件式（1-25）且设 $\delta \leqslant \delta'$，我们来证明 $\delta = \delta'$.

如果取 $\gamma = \underline{\alpha}_{n+1}$，$\gamma' = \underline{\beta}_{n+1}$，$s = \overline{\alpha}_{n+1}$，$s' = \overline{\beta}_{n+1}$，则不等式（1-24）成立，即

$$\underline{\alpha}_{n+1} \leqslant \alpha \leqslant \overline{\alpha}_{n+1}, \underline{\beta}_{n+1} \leqslant \beta \leqslant \overline{\beta}_{n+1} \tag{1-27}$$

因实数和存在，则由不等式（1-27）且考虑 $\delta \leqslant \delta'$ 得

$$\gamma_n = \underline{\alpha}_{n+1} + \underline{\beta}_{n+1} \leqslant \delta \leqslant \delta' \leqslant \overline{\alpha}_{n+1} + \overline{\beta}_{n+1} = s_n \tag{1-28}$$

其中

$$s_n - \gamma_n = \overline{\alpha}_{n+1} - \underline{\alpha}_{n+1} + \overline{\beta}_{n+1} - \underline{\beta}_{n+1} = \frac{2}{10^{n+1}} < \frac{1}{10^n} \tag{1-29}$$

这样，数列 $\{\gamma_n\}$ 与 $\{s_n\}$ 满足条件式（1-28）与式（1-29），且由引理 2（1.1.4 节）知

$$\delta = \delta'$$

类似于有理数的减法运算，作为加法运算的逆运算引入实数的减法.

定理 1-4 任何两个正实数的乘积都存在且唯一.（证略）

1.3 思维导图

对于任何两个实数 α 与 β 规定如下乘法法则：

(1) 若 $\alpha = 0$，则对任何 $\beta \in \mathbf{R}$ 都有 $\alpha\beta = 0$.

(2) 若 $\alpha < 0$，$\beta < 0$，则 $\alpha\beta = |\alpha||\beta|$.

(3) 若 $\alpha > \beta$，$\beta > 0$，则 $\alpha\beta = |\alpha||\beta|$.

(4) 若 $\alpha > 0$，$\beta < 0$ 或 $\alpha < 0$，$\beta > 0$，则 $\alpha\beta = -|\alpha||\beta|$.

1.3.2 实数的性质

可以证明，实数的加法与乘法运算，具有 1.1.1 节所介绍的有关有理数的相应的运算

性质. 此外，再指出几个性质：

(1) 若 $a\neq 0$，$ab=0$，则 $b=0$.

(2) 若 $a>b>0$ 且 $c>d>0$，则 $ac>bd$.

(3) 若 $a>b$，则 $a^{2n+1}>b^{2n+1}$，$\forall n\in\mathbf{N}_+$.

(4) 若 $a>b\geqslant 0$，则 $a^n>b^n$，$\forall n\in\mathbf{N}_+$.

此外，再介绍两个命题.

命题 1 如果 α，β 是两个实数，且 $\alpha\neq 0$，则它们的商 $\dfrac{\beta}{\alpha}$ 存在且唯一.

说明 1 设 α，$\beta\in\mathbf{R}$，则方程 $x\alpha=\beta$（$\alpha\neq 0$）有唯一解，称这个解为 β 与 α 的商，记为 $\dfrac{\beta}{\alpha}$.

命题 2 对任何 $m\in\mathbf{N}_+$ 与任何 $a>0$，存在数 a 唯一的 m 次算术根，记为 $\sqrt[m]{a}$.

说明 2 称方程 $x^m=a$（$a>0$）的正实数解为 a 的 m 次算术根.

下面介绍一些常用绝对值不等式.

(1) $|a|<\varepsilon\Leftrightarrow -\varepsilon<a<\varepsilon$

(2) $|a-b|<\varepsilon\Leftrightarrow b-\varepsilon<a<b+\varepsilon$

(3) $|a+b|\leqslant|a|+|b|$

(4) $|a-b|\geqslant\big||a|-|b|\big|$

(5) 当 $M>0$ 时，$|x|>M\Leftrightarrow x<-M$ 或 $x>M$

1.3.3 有理数集的可数性

如果集合 X 与 Y 之间可以建立一一对应的关系，则称它们是**等价的**，记为 $X\sim Y$. 这意味着

(1) 每个元素 $x\in X$ 都对应于唯一的元素 $y\in Y$.

(2) 每个元素 $y\in Y$ 都同时对应于某个元素 $x\in X$.

(3) 集合 X 中的不同元素对应于集合 Y 中的不同元素.

我们称等价于正整数集 $\mathbf{N}_+$ 的集合 X 为可数集合，如果用 x_n 表示可数集合 X 中对应于 $n\in\mathbf{N}_+$ 的元素，则形成序列 $\{x_n\}$，从而可以说，可数集合的元素可以按正整数列编码.

定理 1-5 有理数集合 $\mathbf{Q}$ 是可数集合.

证 设 E 是正有理数集，这个集合由所有既约分数 $\dfrac{p}{q}$ 组成，其中 $p\in\mathbf{N}_+$，$q\in\mathbf{N}_+$，$q\neq 0$. 我们按 $p+q=k$，$k=2$，…，n，…的序号写出所有有理数，得到一个数列

$$\underbrace{\frac{1}{1}}_{p+q=2},\ \underbrace{\frac{1}{2},\ \frac{2}{1}}_{p+q=3},\ \underbrace{\frac{1}{3},\ \frac{3}{1}}_{p+q=4},\ \underbrace{\frac{1}{4},\ \frac{2}{3},\ \frac{3}{2},\ \frac{4}{1}}_{p+q=5},\ \underbrace{\frac{1}{5},\ \frac{5}{1}}_{p+q=6},\ \cdots$$

记这个数列的第 n 项为 γ_n，则集合 $\mathbf{Q}$ 的所有元素都包含在数列

$$0,\ \gamma_1,\ -\gamma_1,\ \gamma_2,\ -\gamma_2,\ \cdots,\ \gamma_n,\ -\gamma_n,\ \cdots$$

中，所以 $\mathbf{Q}$ 是可数集合.

说明 3 任何可数集的无穷子集仍是可数集.

说明 4 有限或可数个可数集的并集仍是可数集.

1.3.4 实数集合的不可数性

不是有限集或可数集的集合称为不可数集合.

定理 1-6 实数集是不可数的.

证 我们来证明 $\mathbf{R}_+$，即所有正实数集合是不可数集合.

用反证法. 如若不然，则 $\mathbf{R}_+$ 的所有元素都包含在数列$\{\alpha_k\}$中，其中

$$\alpha_k = a_0^{(k)}.\, a_1^{(k)} a_2^{(k)} \cdots$$

可以证明：存在数 $\beta = 0.\, b_1 b_2 \cdots$ 不含在数列$\{\alpha_k\}$中. 我们这样选取 b_1：$b_1 \neq a_1^{(1)}$，$b_1 \neq 9$，$b_1 \neq 0$. 一般地，对任何 $k \in \mathbf{N}_+$，选取 b_k：$b_k \neq a_k^{(k)}$，$b_k \neq 9$，$b_k \neq 0$，则对任何 $k \in \mathbf{N}_+$ 都有 $\beta \neq \alpha_k$，这与假设矛盾. 因此，$\mathbf{R}_+$ 是不可数集合，从而 $\mathbf{R}$ 也是不可数集合.

1.3.5 实数集合的公理化定义

为了引入实数集合的公理化定义，首先建立有关实数的公理.

公理 1 加法运算

对于任何有序的一对实数 a 与 b，有唯一的实数被确定，称它为 a 与 b 的和，且记为 $a+b$，同时有下述性质：

（1）对任何一对实数 a 和 b 有，$a+b=b+a$.

（2）对任何实数 a，b 和 c 有，$a+(b+c)=(a+b)+c$.

（3）存在数 0，使对任何 a 有，$a+0=a$.

（4）对任何数 a，存在其相反数，记为 $-a$，使得 $a+(-a)=0$.

公理 2 乘法运算

对于任何有序的一对实数 a 与 b，有唯一的实数被确定，称它为 a 与 b 的积，且记为 ab，同时有下述性质：

（1）对任何一对实数 a 与 b 有，$ab=ba$.

（2）对任何实数 a，b 和 c 有，$a(bc)=(ab)c$.

（3）存在单位数 1，使对任何数 a 有，$a \cdot 1 = a$.

（4）对任何数 $a \neq 0$，存在其倒数 $\frac{1}{a}$，使得 $a \cdot \frac{1}{a} = 1$.

公理 3 加法与乘法运算的关系

对任何数 a，b 和 c 有，$(a+b)c=ac+bc$.

公理 4 有序性

对每一个数 a 必有 $a>0$，或 $a=0$，或 $a<0$，即三种情形中必有且仅有一种情形成立. 同时，$a>0$ 等价于 $-a<0$.

当 $a>0$，$b>0$ 时，有

$$a+b>0$$

$$ab>0$$

公理5 连续性

设非空数集 $A\subset\mathbf{R}$ 与 $B\subset\mathbf{R}$ 无论是怎样的，对任何两个元素 $a\in A$ 和 $b\in B$ 满足不等式 $a\leqslant b$，必存在数 α，使对任何 $a\in A$ 与 $b\in B$ 有

$$a\leqslant\alpha\leqslant b$$

若一数集至少有一个非零元素，则称该集合为**非平凡集合**.

定义 1-3 我们称满足公理1～公理5的元素的非平凡集合为**实数集合**，而集合中的每个元素称为实数.

由公理1～公理5可以建立实数理论.

1.3.6 扩充的数轴

对实数集合 $\mathbf{R}$，补充元素 $+\infty$ 和 $-\infty$ 有时可带来方便，分别称它们为正无穷大与负无穷大. 同时规定

$$-\infty<+\infty$$

$$(+\infty)+(+\infty)=+\infty,(-\infty)+(-\infty)=-\infty$$

$$(+\infty)(+\infty)=(-\infty)(-\infty)=+\infty$$

$$(+\infty)(-\infty)=(-\infty)(+\infty)=-\infty$$

但是，$(+\infty)+(-\infty)$ 或 $\dfrac{+\infty}{+\infty}$ 等不是确定的.

此外，对任何 $a\in\mathbf{R}$，根据定义可假定满足不等式

$$-\infty<a<+\infty$$

且有运算

$$a+(+\infty)=(+\infty)+a=+\infty,-\infty+a=a+(-\infty)=-\infty$$

当 $a>0$ 时，

$$a(+\infty)=(+\infty)a=+\infty,a(-\infty)=(-\infty)a=-\infty$$

当 $a<0$ 时，

$$a(+\infty)=(+\infty)a=-\infty,a(-\infty)=(-\infty)a=+\infty$$

有时称 $+\infty$ 与 $-\infty$ 为无限数，以区别于有限数 $a\in\mathbf{R}$. 已补充元素 $+\infty$ 与 $-\infty$ 为扩充的数轴的无穷远点.

如果 $a\leqslant b$，$a\in\mathbf{R}$，$b\in\mathbf{R}$，则集合 $\{x\mid a\leqslant x\leqslant b\}$ 称为扩充数轴 $\mathbf{R}$ 上的区间，即

$$[a,b]\triangleq\{x\mid a\leqslant x\leqslant b\},\ a\in\mathbf{R},\ b\in\mathbf{R}$$

对于扩充数轴上的点的 ε－邻域，我们定义

$$U(+\infty,\varepsilon)\triangleq\left(\frac{1}{\varepsilon},+\infty\right),U(-\infty,\varepsilon)\triangleq\left(-\infty,-\frac{1}{\varepsilon}\right)$$

$$U(\infty,\varepsilon)\triangleq\left\{X\mid X\in\mathbf{R},|X|>\frac{1}{\varepsilon}\right\}\cup\{\infty\}$$

1.3 习题答案

其中，∞ 区别于 $+\infty$ 和 $-\infty$，与实数的顺序关系无关.

1.4 常用不等式

在高等数学中，经常要用到有关不等式的知识，这里仅介绍一些主要的不等式.

1.4　思维导图

设 a_1，a_2，…，$a_n \in \mathbf{R}$，记

$$a_1 + a_2 + \cdots + a_n = \sum_{k=1}^{n} a_k$$

$$a_1 \cdot a_2 \cdot \cdots \cdot a_n = \prod_{k=1}^{n} a_k$$

定理 1-7　（柯西不等式）设对于 $n \in \mathbf{N}_+$，$\{a_1, a_2, \cdots, a_n, b_1, b_2, \cdots, b_n\} \subset \mathbf{R}$，则

$$\left(\sum_{k=1}^{n} a_k b_k\right)^2 \leqslant \sum_{k=1}^{n} a_k^2 \sum_{k=1}^{n} b_k^2 \tag{1-30}$$

并且等号成立，当且仅当满足条件

$\exists \lambda \in \mathbf{R}$，$\exists \mu \in \mathbf{R}$，且 λ，μ 不全为 0，$\forall k \in \{1, 2, \cdots, n\}$ 使得 $\lambda a_k = \mu b_k$

证　设

$$A = \sum_{k=1}^{n} a_k^2,\quad B = \sum_{k=1}^{n} b_k^2,\quad C = \sum_{k=1}^{n} a_k b_k$$

因为 $A = 0 \Leftrightarrow \forall k \in \{1, 2, \cdots, n\}$ 使得 $a_k = 0$，所以等号成立，且在条件中可取 $\lambda = 1$，$\mu = 0$.

设 $A > 0$，则有

$$P(x) = \sum_{k=1}^{n} (x a_k + b_k)^2 = Ax^2 + 2Cx + B \geqslant 0, x \in \mathbf{R}$$

因此

$$C^2 - AB \leqslant 0$$

并且等号成立，当且仅当 $\exists x_0 \in \mathbf{R}$，使得 $P(x_0) = 0$，即 $\forall k \in \{1, 2, \cdots, n\}$ 使得 $x_0 a_k + b_k = 0$，且在条件中可取 $\lambda = x_0$，$\mu = -1$.

练习

1. 设 $\{a_1, a_2, \cdots, a_n\} \subset (0, +\infty)$，试证：

$$\sum_{k=1}^{n} a_k \sum_{k=1}^{n} \frac{1}{a_k} \geqslant n^2$$

定理 1-8　（伯努利不等式）如果 $x \geqslant -1$，则对任何 $n \geqslant 1$，$n \in \mathbf{N}_+$，有

$$(1 + x)^n \geqslant 1 + nx \tag{1-31}$$

证　（用数学归纳法）

当 $n = 1$ 时，有 $1 + x = 1 + x$. 显然定理成立.

假设不等式（1-31）成立，则用 $1 + x$ 乘式（1-31）两边，因 $1 + x \geqslant 0$，故有

$$(1 + x)^{n+1} \geqslant (1 + nx)(1 + x)$$

因为 $(1 + nx)(1 + x) = 1 + (n + 1)x + nx^2 \geqslant 1 + (n + 1)x$，其中 $nx^2 \geqslant 0$，所以有

$$(1 + x)^{n+1} \geqslant 1 + (n + 1)x$$

这样不等式（1-31）对 $n + 1$ 也成立，故由数学归纳法知，定理成立.

定理 1-9　（柯西不等式）设 $\{a_1, a_2, \cdots, a_n\} \subset [0, +\infty)$，记

$$A_n = \frac{a_1 + a_2 + \cdots + a_n}{n}, G_n = \sqrt[n]{a_1 a_2 \cdots a_n}$$

则

$$G_n \leqslant A_n$$

证 我们指出，若 $a_1=a_2=\cdots=a_n$，则 $A_n=G_n=a_1$；若 a_1，a_2，…，a_n 中至少有一个等于零且互异，则 $A_n>G_n$.

当 $n=1$ 时，论断显然成立.

设 $\{a_1, a_2, \cdots, a_n\}\subset(0, +\infty)$，$n>1$，则

$$\frac{A_n}{A_{n-1}}>0 \Leftrightarrow \frac{A_n}{A_{n-1}}-1>-1$$

利用定理 1-8 得

$$\left(\frac{A_n}{A_{n-1}}\right)^n \geqslant 1+n\left(\frac{A_n}{A_{n-1}}-1\right)(\text{伯努利不等式})$$

$$=\frac{A_{n-1}+nA_n-nA_{n-1}}{A_{n-1}}=\frac{a_n}{A_{n-1}}$$

因而

$$A_n^n \geqslant a_n A_{n-1}^{n-1}$$

由此得

$$A_n^n \geqslant a_n A_{n-1}^{n-1} \geqslant a_n a_{n-1} A_{n-2}^{n-2} \geqslant \cdots \geqslant a_n a_{n-1}\cdots a_2 A_1^1 = G_n^n$$

即

$$A_n \geqslant G_n$$

由于 $n>1$，所以在伯努利不等式中，等号成立当且仅当 $\frac{A_n}{A_{n-1}}-1=0$，即 $A_n=A_{n-1}$. 从而在 $A_n \geqslant G_n$ 中，等号成立当且仅当

$$a_n=A_{n-1}, a_{n-1}=A_{n-2}, \cdots, a_2=A_1=a_1$$

即

$$a_1=a_2=\cdots=a_n$$

练习

2. 试证：对于 $n\geqslant 1$

$$\sqrt{n} \leqslant \sqrt[n]{n!} \leqslant \frac{n+1}{2}$$

3. 设 $a>0$，$b>0$，证明：$\sqrt[n+1]{ab^n} \leqslant \frac{a+nb}{n+1}$

1.4 习题答案

习 题 1

1. 设 X，Y 是实数的非空有界集合，而 E 是所有 $x\in X$ 与 $y\in Y$ 的和 $x+y$ 的集合. 证明：E 是有界集合，且

$$\sup E=\sup X+\sup Y, \inf E=\inf X+\inf Y$$

2. 设 X，Y 是非负实数的非空有界集合，E 是所有 $x\in X$ 与 $y\in Y$ 的乘积 xy 的集合. 证明：E 是有界集合，并且

$$\sup E=\sup X\cdot\sup Y, \inf E=\inf X\cdot\inf Y$$

3. 设 X，Y 为数集，且设 E 是所有 $x-y$，$x\in X$，$y\in Y$ 所组成的集合. 证明：$\sup E=\sup X-\inf Y$.

4. 设 X，Y 为非空实数集合，且满足

（1）$\forall x \in X$ 与 $\forall y \in Y$，有 $x \leqslant y$.

（2）$\forall \varepsilon > 0$，$\exists x_\varepsilon \in X$，$y_\varepsilon \in Y \to y_\varepsilon - x_\varepsilon < \varepsilon$.

证明：$\sup X = \inf Y$.

5. 利用数学归纳法证明：

（1）$\sum\limits_{k=1}^{n} k^2 = \dfrac{n(n+1)(2n+1)}{6}$　　（2）$\sum\limits_{k=1}^{n} k^3 = \left(\sum\limits_{k=1}^{n} k\right)^2$

习题 1 答案

第 2 章 数列的极限

2.1 数列极限的定义

2.1.1 数列

定义 2-1 如果对于每一个正整数 n，都有某个实数与它对应，则称给定一个**数列**：x_1，x_2，…，x_n，…，简记为 $\{x_n\}$，称 x_n 为**数列的项**，n 为项 x_n 的**序号**.

数列是定义域为正整数集合 $\mathbf{N}_+$ 的函数. 我们称这个函数的值的集合，即数 x_n，$n\in\mathbf{N}_+$ 的集合为数列的值的集合. 数列的值的集合既可以是有限的，也可以是无限的，同时它的项数总是无穷的.

譬如，数列$\{(-1)^n\}$的值的集合由 1 和 -1 两个数组成，而数列 $\{n^2\}$ 与$\left\{\frac{1}{n}\right\}$的值的集合含无穷多项.

数列可利用通项公式给定，即根据它可按数列序号计算出数列的每一项.

譬如，设 $x_n=\frac{(-1)^n+1}{2}$，则它的每个奇数项等于零，每个偶数项等于1. 有时可利用递推公式给定数列，即根据它，可按前面已知的项求出数列的各项.

例如，等差数列（公差为 d）与等比数列（公比为 $q\neq0$）可用递推公式

$$a_{n+1}=a_n+d,\ b_{n+1}=b_nq$$

给定，只要知道它们的首项 a_1，b_1，即可由上式得

$$a_{n+1}=a_1+nd,\ b_{n+1}=b_1q^n$$

菲波那奇数列可由递推公式：

$$x_n=x_{n-1}+x_{n-2},\ n\in\mathbf{N}_+,\ n\geqslant3$$
$$x_1=1,\ x_2=1$$

给定.

有些情况下，数列直接用各项描述，如2，3，5，7，11，…

最后指出，数列$\{x_n\}$既可用平面上的点（n，x_n），$n\in\mathbf{N}_+$表示，也可用数轴上的点 x_n，$n\in\mathbf{N}_+$表示.

2.1.2 数列的极限

定义 2-2 如果对于每个 $\varepsilon>0$，存在序号 $N_\varepsilon\in\mathbf{N}_+$，使对所有的 $n\geqslant N_\varepsilon$ 都满足不

等式

$$|x_n - a| < \varepsilon$$

则称数 a 是数列 $\{x_n\}$ 的**极限**.

如果数 a 是数列 $\{x_n\}$ 的极限，则记为

$$\lim_{n\to\infty} x_n = a \quad 或 \quad x_n \to a,\ n\to\infty$$

利用逻辑符号规定

$$\{\lim_{n\to\infty} x_n = a\} \Leftrightarrow \{\forall \varepsilon > 0, \exists N_\varepsilon \in \mathbf{N}_+ : \forall n \geqslant N_\varepsilon \rightarrow |x_n - a| < \varepsilon\} \tag{2-1}$$

称存在极限的数列为收敛的数列. 因此，对于数列 $\{x_n\}$，如果

$$\exists a \in \mathbf{R} : \forall \varepsilon > 0,\ \exists N_\varepsilon \in \mathbf{N}_+ : \forall n \geqslant N_\varepsilon \rightarrow |x_n - a| < \varepsilon \tag{2-2}$$

则称数列 $\{x_n\}$ 是**收敛的**. 否则，即它的极限不存在，称 $\{x_n\}$ 是**发散的**.

需要指出，如果对于所有的 $n\in\mathbf{N}_+$，$x_n = a$（即 $\{x_n\}$ 是常数列），则 $\lim\limits_{n\to\infty} x_n = a$. 显然，

$$\{\lim_{n\to\infty} x_n = a\} \Leftrightarrow \{\lim_{n\to\infty}(x_n - a) = 0\}$$

【例 2-1】　利用逻辑符号描述下述命题的否命题.

(1) $A=\{$数 a 是数列 $\{x_n\}$ 的极限$\}$

(2) $B=\{\{x_n\}$是收敛数列$\}$

解　(1) A 的否命题是 $\{\exists \varepsilon_0 > 0$: $\forall k \in \mathbf{N}_+$, $\exists n \geqslant k \rightarrow |x_n - a| \geqslant \varepsilon_0\}$.

(2) B 的否命题是 $\{\forall a \in \mathbf{R}$, $\exists \varepsilon_0 > 0$: $\forall k \in \mathbf{N}_+$, $\exists n \geqslant k \rightarrow |x_n - a| \geqslant \varepsilon_0\}$.

【例 2-2】　利用定义证明：$\lim\limits_{n\to\infty}[\sqrt{n+2}-\sqrt{n+1}]=0$.

证　记 $x_n = \sqrt{n+2}-\sqrt{n+1}$，则

$$x_n = \frac{(\sqrt{n+2})^2 - (\sqrt{n+1})^2}{\sqrt{n+2}+\sqrt{n+1}} = \frac{1}{\sqrt{n+2}+\sqrt{n+1}}$$

由此得 $|x_n| < \dfrac{1}{2\sqrt{n}}$，当 $n > \dfrac{1}{4\varepsilon^2}$ 时，有 $\dfrac{1}{2\sqrt{n}} < \varepsilon$. 设

$$N_\varepsilon = \left[\frac{1}{4\varepsilon^2}\right] + 1$$

其中，$[x]=E(x)$ 表示数 x 的最大整数部分，则对所有 $n \geqslant N_\varepsilon$，满足

$$|x_n| < \frac{1}{2\sqrt{n}} \leqslant \frac{1}{2\sqrt{N_\varepsilon}} < \varepsilon$$

这意味着 $\lim\limits_{n\to\infty}(\sqrt{n+2}-\sqrt{n+1})=0$.

【例 2-3】　假设 $\lim\limits_{n\to\infty} x_n = a$，$\lim\limits_{n\to\infty} y_n = a$，证明：数列

$$x_1, y_1, x_2, y_2, \cdots, x_k, y_k, \cdots \tag{2-3}$$

收敛且它的极限也等于 a.

证　根据极限的定义，对任何 $\varepsilon > 0$ 都存在 $N_1 = N_1(\varepsilon) \in \mathbf{N}_+$ 与 $N_2 = N_2(\varepsilon) \in \mathbf{N}_+$，使对所有 $n \geqslant N_1$ 满足不等式 $|x_n - a| < \varepsilon$，而对所有 $n \geqslant N_2$ 有 $|y_n - a| < \varepsilon$.

记 z_n 为数列式 (2-3) 的第 n 项，$N_\varepsilon = \max\{N_1, N_2\}$，则对所有 $n \geqslant 2N_\varepsilon$ 将满足不等式 $|z_n - a| < \varepsilon$. 事实上，如果 $n = 2k$ 且 $n \geqslant 2N_\varepsilon$，则 $z_n = y_k$，其中 $k \geqslant N_\varepsilon \geqslant N_2$，从而 $|z_n - a| = |y_k - a| < \varepsilon$. 类似地，如果 $n = 2k-1$ 且 $n \geqslant 2N_\varepsilon$，则 $z_n = x_k$，其中 $k > N_\varepsilon \geqslant N_1$，从而有

$|z_n - a| = |x_k - a| < \varepsilon.$

【例 2-4】 设 $a \in \mathbf{R}$, $|a| > 1$, 试证:

$$\lim_{n\to\infty} \frac{1}{a^n} = 0$$

证 令 $|a| = 1 + x$, $x = |a| - 1 > 0$.

根据伯努利不等式,

$$\forall n \in \mathbf{N}_+ : (1 + x)^n \geqslant 1 + nx > nx$$

因此

$$\forall n \in \mathbf{N}_+ : \frac{1}{|a|^n} < \frac{1}{xn}$$

现设 $N_\varepsilon = N(\varepsilon) = \left[\frac{1}{x\varepsilon}\right] + 1$, $\varepsilon > 0$, 则

$$\forall n \geqslant N(\varepsilon) \in \mathbf{N}_+ : \left|\frac{1}{a^n} - 0\right| = \frac{1}{|a|^n} < \frac{1}{xn} < \varepsilon$$

【例 2-5】 设 $\alpha \in \mathbf{R}$, $|a| > 1$ 且 $a \in \mathbf{R}$, 试证:

$$\lim_{n\to\infty} \frac{n^\alpha}{a^n} = 0$$

证 设 $k \in \mathbf{N}_+$, $k \geqslant \alpha + 1$. 因 $|a|^{\frac{1}{k}} > 1$, 故 $|a|^{\frac{1}{k}} = 1 + x$, $x = |a|^{\frac{1}{k}} - 1 > 0$. 由伯努利不等式, 得

$$\forall n \in \mathbf{N}_+ : |a|^{\frac{n}{k}} = (1 + x)^n \geqslant 1 + nx > nx$$

从而有

$$\frac{n^{k-1}}{|a|^n} < \frac{1}{nx^k}$$

取 $N(\varepsilon) = \left[\frac{1}{x^k\varepsilon}\right] + 1$, $\varepsilon > 0$, 则

$$\forall n \geqslant N(\varepsilon) : \left|\frac{n^\alpha}{a^n} - 0\right| = \frac{n^\alpha}{|a|^n} \leqslant \frac{n^{k-1}}{|a|^n} < \varepsilon$$

【例 2-6】 试证:

$$\lim_{n\to\infty} \sqrt[n]{n} = 1$$

证 在柯西不等式中, 令

$$a_1 = a_2 = \sqrt{n},\ a_3 = a_4 = \cdots = a_n = 1, n > 1$$

得

$$1 < \sqrt[n]{n} < \frac{2\sqrt{n} + (n-2)}{n} < 1 + \frac{2}{\sqrt{n}}$$

由此得

$$0 < \sqrt[n]{n} - 1 < \frac{2}{\sqrt{n}}$$

对 $\varepsilon > 0$, 取 $N(\varepsilon) = \left[\frac{4}{\varepsilon^2}\right] + 1$, 则

$$\forall n \geqslant N(\varepsilon) \in \mathbf{N}_+ : \left|\sqrt[n]{n}-1\right| < \frac{2}{\sqrt{n}} < \varepsilon$$

定理 2-1　若实数列有极限，则只能有一个.

证　设 $x_n \to a$，$n \to \infty$，及 $x_n \to b$，$n \to \infty$，则由定义 2-2 有

$$\forall \varepsilon > 0, \exists N_1 : \forall n \geqslant N_1 \to \left|x_n - a\right| < \varepsilon$$

$$\forall \varepsilon > 0, \exists N_2 : \forall n \geqslant N_2 \to \left|x_n - b\right| < \varepsilon$$

所以，对于 $n \geqslant \max\{N_1(\varepsilon), N_2(\varepsilon)\}$ 有

$$|a-b| = |a - x_n + x_n - b| \leqslant |a - x_n| + |x_n - b| < 2\varepsilon$$

由此得

$$\forall \varepsilon > 0 \to |a-b| < 2\varepsilon$$

从而有 $a=b$. 否则，若 $|a-b|>0$，则可令 $\varepsilon = \frac{1}{3}|a-b|$，得 $\frac{1}{3}|a-b|<0$. 矛盾.

说明　若记 $U_\varepsilon(a)$ 为点 a 的 ε - 邻域，则

$$|x_n - a| < \varepsilon \Leftrightarrow \{a - \varepsilon < x_n < a + \varepsilon \Leftrightarrow x_n \in U_\varepsilon(a)\}$$

从而

$$\{\lim_{n\to\infty} x_n = a\} \Leftrightarrow \{\forall \varepsilon > 0, \exists N_\varepsilon \in \mathbf{N}_+ : \forall n \geqslant N_\varepsilon \to x_n \in U_\varepsilon(a)\}$$

典型计算题

试证：$\lim\limits_{n\to\infty} x_n = a$　（指出 $N(\varepsilon)$）.

1. $x_n = \frac{5n-2}{3n-1}$，$a = \frac{5}{3}$

2. $x_n = \frac{7-n^2}{1+2n^2}$，$a = -\frac{1}{2}$

3. $x_n = \frac{2n-5}{3n+2}$，$a = \frac{2}{3}$

4. $x_n = \frac{\sqrt{n^2+4}}{n}$，$a = 1$

5. $x_n = -\frac{3n}{n-1}$，$a = -3$

6. $x_n = \frac{2^n+5}{2^n}$，$a = 1$

7. $x_n = \frac{\sin 3n}{2n}$，$a = 0$

8. $x_n = \frac{4n^2-1}{3n^2+2}$，$a = \frac{4}{3}$

9. $x_n = \frac{2^n + (-2)^n}{3^n}$，$a = 0$

10. $x_n = \frac{\sqrt{n^2+5}}{2n}$，$a = \frac{1}{2}$

11. $x_n = \frac{3n}{n^2-2}$，$a = 0$

12. $x_n = \frac{1-3n}{6-n}$，$a = 3$

13. $x_n = \sqrt{n^2-1} - n$，$a = 0$

14. $x_n = \frac{(-1)^{n+1}}{2n}$，$a = 0$

15. $x_n = \frac{2n^3+5}{3+n^3}$，$a = 2$

2.1　习题答案

2.2　思维导图

2.2　收敛数列的性质

定义 2-3　对于数列 $\{x_n\}$，如果存在数 C_1，对数列的所有项都满足条件 $x_n \geqslant C_1$，即

$$\exists C_1: \forall n \in \mathbf{N}_+ \rightarrow x_n \geqslant C_1$$

则称这个数列是**下有界的**.

如果
$$\exists C_2: \forall n \in \mathbf{N}_+ \rightarrow x_n \leqslant C_2$$

则称数列$\{x_n\}$是**上有界的**.

如果

$\{\exists C_1$ 与 $C_2: \forall n \in \mathbf{N}_+ \rightarrow C_1 \leqslant x_n \leqslant C_2\}$或$\{\exists C>0: \forall n \in \mathbf{N}_+ \rightarrow |x_n| \leqslant C\}$

则称数列$\{x_n\}$是**有界的**.

数列有界性的几何解释是：数列的所有项都包含在零点的 C-邻域内.

定理 2-2 收敛数列必有界.

证 假设数列$\{x_n\}$有极限 a，则由极限的定义知：对于 $\varepsilon=1$，存在序号 N，使对所有的 $n \geqslant N$，有 $|x_n-a|<1$. 因为

$$|x_n| = |x_n - a + a| \leqslant |x_n - a| + |a|$$

所以，对所有 $n \geqslant N$，有 $|x_n|<1+|a|$. 令 $C=\max\{1+|a|, |x_1|, \cdots, |x_{N-1}|\}$，则对于所有 $n \in \mathbf{N}_+$，有 $|x_n| \leqslant C$，即数列 $\{x_n\}$ 有界.

定理 2-3 假设数列 $\{x_n\}$，$\{y_n\}$，$\{z_n\}$ 满足条件：

(1) 对所有 $n \geqslant N_0 \in \mathbf{N}_+$ 使得 $x_n \leqslant y_n \leqslant z_n$

(2) $\lim\limits_{n\to\infty} x_n = \lim\limits_{n\to\infty} z_n = a$

则数列 $\{y_n\}$ 收敛，且$\lim\limits_{n\to\infty} y_n = a$.

证 根据极限的定义，对任何 $\varepsilon>0$，存在 $N_1=N_1(\varepsilon) \in \mathbf{N}_+$ 与 $N_2=N_2(\varepsilon) \in \mathbf{N}_+$，使当 $n \geqslant N_1$ 时，$x_n \in U_\varepsilon(a)$，且当 $n \geqslant N_2$ 时，$z_n \in U_\varepsilon(a)$. 由定理 2-3 的条件（1）知：存在$N=\max\{N_0, N_1, N_2\}$，使当 $n \geqslant N$ 时，有 $y_n \in U_\varepsilon(a)$，即

$$\lim_{n\to\infty} y_n = a$$

【例 2-7】 证明：$\lim\limits_{n\to\infty} \sqrt[n]{a}=1$，$a>1$.

证 如果 $a>1$，则$\sqrt[n]{a}>1$. 记$\sqrt[n]{a}-1=\alpha_n$，得$\sqrt[n]{a}=1+\alpha_n$，其中 $\alpha_n>0$. 由伯努利不等式得

$$a = (1+\alpha_n)^n > \alpha_n n$$

所以，$0<\alpha_n<\dfrac{a}{n}$，即$0<\sqrt[n]{a}-1<\dfrac{a}{n}$. 由定理 2-3 知：$\lim\limits_{n\to\infty} \sqrt[n]{a}=1$.

【例 2-8】 设$\lim\limits_{n\to\infty} x_n=0$，且对任何 n 有 $x_n \geqslant -1$，p 是正整数. 试证：

$$\lim_{n\to\infty} \sqrt[p]{1+x_n} = 1$$

证 若 $x_n \geqslant 0$，则

$$1 \leqslant \sqrt[p]{1+x_n} \leqslant (\sqrt[p]{1+x_n})^p = 1 + x_n = 1 + |x_n|$$

而当 $-1 \leqslant x_n < 0$ 时，有

$$1 \geqslant \sqrt[p]{1+x_n} \geqslant (\sqrt[p]{1+x_n})^p = 1 + x_n = 1 - |x_n|$$

故对任何 $x \geqslant -1$，有

$$1 - |x_n| \leqslant \sqrt[p]{1+x_n} \leqslant 1 + |x_n|$$

因$\lim\limits_{n\to\infty}x_n=0$，故$\lim\limits_{n\to\infty}|x_n|=0$. 且由定理2-3知

$$\lim_{n\to\infty}\sqrt[p]{1+x_n}=1$$

定理 2-4　如果$\lim\limits_{n\to\infty}x_n=a$，$\lim\limits_{n\to\infty}y_n=b$且$a<b$，则$\exists N_0$：$\forall n\geqslant N_0\rightarrow x_n<y_n$.

证　我们可选取这样的$\varepsilon>0$，使得$U_\varepsilon(a)\cap U_\varepsilon(b)=\varnothing$（空集）(如选取$\varepsilon=(b-a)/3>0$). 根据极限的定义，对于给定的$\varepsilon>0$可找到序号$N_1$与$N_2$，使当$n\geqslant N_1$时，有$x_n\in U_\varepsilon(a)$，且当$n\geqslant N_2$时$y_n\in U_\varepsilon(b)$. 记$N_0=\max\{N_1, N_2\}$，则对所有的$n\geqslant N_0$，满足不等式

$$x_n<a+\varepsilon<b-\varepsilon<y_n$$

2.2　习题答案

推论 1　如果$\lim\limits_{n\to\infty}x_n=a$，且$a<b$，则$\exists N_0$使得$\forall n\geqslant N_0\rightarrow x_n<b$.

推论 2　如果$\lim\limits_{n\to\infty}x_n=a$，$\lim\limits_{n\to\infty}y_n=b$，且$\forall n\in\mathbf{N}_+\rightarrow x_n\geqslant y_n$，则$a\geqslant b$.

推论1与2的证明读者可自行练习.

2.3　无穷小数列与无穷大数列　收敛数列的四则运算

2.3.1　无穷小数列

2.3　思维导图

定义 2-4　如果$\lim\limits_{n\to\infty}\alpha_n=0$，则称数列$\{\alpha_n\}$是**无穷小数列**.

这意味着，$\forall\varepsilon>0$，$\exists N=N_\varepsilon\in\mathbf{N}_+$：$n\geqslant N_\varepsilon$时恒有$|\alpha_n-0|=|\alpha_n|<\varepsilon$.

在证明收敛数列的性质时要利用无穷小数列的概念，假设数a是数列$\{x_n\}$的极限，记$\alpha_n=x_n-a$，根据极限的定义有

$$\forall\varepsilon>0,\exists N_\varepsilon\in\mathbf{N}_+:\forall n\geqslant N_\varepsilon\rightarrow|x_n-a|=|\alpha_n|<\varepsilon$$

即$\{\alpha_n\}$是无穷小数列. 反之，若$x_n=a+\alpha_n$，$\{\alpha_n\}$是无穷小数列，则$\lim\limits_{n\to\infty}x_n=a$.

容易验证数列$\{\sqrt[n]{n}-1\}$；$\{q^n\}$，$|q|<1$均为无穷小数列.

在研究收敛数列的性质时，我们需要进行数列的四则运算. 我们把两个数列的和、差、积、商对应地记为$\{x_n+y_n\}$，$\{x_n-y_n\}$，$\{x_ny_n\}$，$\{x_n/y_n\}$，其中对所有的$n\in\mathbf{N}_+, y_n\neq0$.

无穷小数列具有如下的**性质**：

(1) 有限个无穷小数列的代数和仍是无穷小数列.

(2) 有界数列与无穷小数列的乘积是无穷小数列.

证　(1) 设$\{\alpha_n\}$与$\{\beta_n\}$是无穷小数列，则对任何$\varepsilon>0$，存在$N_1=N_1(\varepsilon)\in\mathbf{N}_+$与$N_2=N_2(\varepsilon)\in\mathbf{N}_+$，使当$n\geqslant N_1$时有$|\alpha_n|<\dfrac{\varepsilon}{2}$，且当$n\geqslant N_2$时有$|\beta_n|<\dfrac{\varepsilon}{2}$. 如果记$N=N_\varepsilon=\max\{N_1, N_2\}$，则当$n\geqslant N$时有

$$|\alpha_n\pm\beta_n|\leqslant|\alpha_n|+|\beta_n|<\frac{\varepsilon}{2}+\frac{\varepsilon}{2}=\varepsilon$$

因而$\{\alpha_n\pm\beta_n\}$是无穷小数列.

利用数学归纳法可将上述证明推广到任意有限个无穷小数列的代数和上去.

(2) 设$\{\alpha_n\}$是有界数列，$\{\beta_n\}$是无穷小数列，根据有界数列的定义知

$$\exists C>0:\forall n\in\mathbf{N}_+\rightarrow|\alpha_n|<C$$

而根据无穷小数列的定义,

$$\forall\varepsilon>0,\exists N_\varepsilon\in\mathbf{N}_+:\forall n\geqslant N_\varepsilon\rightarrow|\beta_n|<\frac{\varepsilon}{C}$$

因而

$$\forall n\geqslant N_\varepsilon\rightarrow|\alpha_n\beta_n|=|\alpha_n|\cdot|\beta_n|<\frac{\varepsilon}{C}\cdot C=\varepsilon$$

即$\{\alpha_n\beta_n\}$是无穷小数列.

特别地,在(2)的证明中,若对所有$n\in\mathbf{N}_+$,$\alpha_n=a$,则结论仍成立.

2.3.2 无穷大数列

定义 2-5 如果对于任何$\delta>0$,存在$N_\delta\in\mathbf{N}_+$,使对所有的$n\geqslant N_\delta$,满足$|x_n|>\delta$,则称数列$\{x_n\}$为**无穷大数列**,此时记$\lim\limits_{n\to\infty}x_n=\infty$且称数列有无穷极限.

利用逻辑符号,这个定义可记为

$$\{\lim_{n\to\infty}x_n=\infty\}\Leftrightarrow\{\forall\delta>0,\exists N_\delta\in\mathbf{N}_+:\forall n\geqslant N_\delta\rightarrow|x_n|>\delta\}$$

下面给出定义 2-5 的几何解释:称集合$E=\{x\in\mathbf{R}\mid|x|>\delta\}$为$\infty$的$\delta$-邻域,如果数列$\{x_n\}$有无穷极限,则在$\infty$的任何$\delta$-邻域内都含有数列的无穷多项,而在其外仅有数列的有限项.

类似地可定义

$$\{\lim_{n\to\infty}x_n=-\infty\}\Leftrightarrow\{\forall\delta>0,\exists N_\delta\in\mathbf{N}_+:\forall n\geqslant N_\delta\rightarrow x_n<-\delta\}$$

$$\{\lim_{n\to\infty}x_n=+\infty\}\Leftrightarrow\{\forall\delta>0,\exists N_\delta\in\mathbf{N}_+:\forall n\geqslant N_\delta\rightarrow x_n>\delta\}$$

我们称$E_1=\{x\in\mathbf{R}\mid x<-\delta\}$是$-\infty$的$\delta$-邻域,$E_2=\{x\in\mathbf{R}\mid x>\delta\}$是$+\infty$的$\delta$-邻域,显然$E=E_1\cup E_2$,读者可自行给出它们的几何解释.

容易证明:$\lim\limits_{n\to\infty}(-\sqrt{n})=-\infty$,$\lim\limits_{n\to\infty}\dfrac{n^2}{n+2}=+\infty$,$\lim\limits_{n\to\infty}\{(-1)^n2^n\}=\infty$.

练习

1. 证明:如果对所有$n\in\mathbf{N}_+$,$x_n\neq0$,则数列$\{x_n\}$是无穷大数列,当且仅当$\left\{\dfrac{1}{x_n}\right\}$是无穷小数列.
2. 下列结论正确吗?
(1) 任何无穷大数列都是无界数列.
(2) 任何无界数列必是无穷大数列.
3. 设$\{x_n\}$是有界的数列,而$\{y_n\}$是无穷大数列,试证:$\{x_n+y_n\}$是无穷大数列.
4. 证明:如果$\lim\limits_{n\to\infty}x_n=+\infty$,$\lim\limits_{n\to\infty}y_n=+\infty$,则$\lim\limits_{n\to\infty}x_ny_n=+\infty$.

2.3.3 收敛数列的四则运算

定理 2-5 如果$\lim\limits_{n\to\infty}x_n=a$,$\lim\limits_{n\to\infty}y_n=b$,则

(1) $\lim\limits_{n\to\infty}(x_n+y_n)=a+b$

（2）$\lim\limits_{n\to\infty}(x_n y_n)=ab$

（3）$\lim\limits_{n\to\infty}\dfrac{x_n}{y_n}=\dfrac{a}{b}$，$y_n\neq 0$（$n\in\mathbf{N}_+$）且 $b\neq 0$

证　因为$\lim\limits_{n\to\infty}x_n=a$，$\lim\limits_{n\to\infty}y_n=b$，所以 $x_n=a+\alpha_n$，$y_n=b+\beta_n$，其中｛α_n｝，｛β_n｝均为无穷小数列.

（1）由 $x_n+y_n=a+b+\alpha_n+\beta_n$ 与｛$\alpha_n+\beta_n$｝是无穷小数列知

$$x_n+y_n\to a+b,n\to\infty$$

（2）首先有 $x_n y_n=ab+a\beta_n+b\alpha_n+\alpha_n\beta_n$，因为｛$\alpha_n$｝与｛$\beta_n$｝是无穷小数列，所以｛$a\beta_n$｝，｛$b\alpha_n$｝与｛$\alpha_n\beta_n$｝也是无穷小数列，从而知，｛$a\beta_n+b\alpha_n+\alpha_n\beta_n$｝是无穷小数列. 这表明 $x_n y_n\to ab$，$n\to\infty$.

（3）我们来证明$\left\{\dfrac{x_n}{y_n}-\dfrac{a}{b}\right\}$是无穷小数列. 我们有

$$\frac{x_n}{y_n}-\frac{a}{b}=\frac{(a+\alpha_n)b-(b+\beta_n)a}{by_n}=\left(\alpha_n-\frac{a}{b}\beta_n\right)\cdot\frac{1}{y_n}$$

因为｛α_n｝与｛β_n｝是无穷小数列，所以$\left\{\alpha_n-\dfrac{a}{b}\beta_n\right\}$也是无穷小数列，由条件 $y_n\to b$，$n\to\infty$，其中 $b\neq 0$，$y_n\neq 0$（$n\in\mathbf{N}_+$），知$\left\{\dfrac{1}{y_n}\right\}$是有界数列，由此得出，$\left\{\left(\alpha_n-\dfrac{a}{b}\beta_n\right)\dfrac{1}{y_n}\right\}$是无穷小数列，即$\dfrac{x_n}{y_n}-\dfrac{a}{b}$是无穷小数列. 这表明$\dfrac{x_n}{y_n}\to\dfrac{a}{b}$，$n\to\infty$.

【例 2-9】　已知：$S_n=\sum\limits_{k=1}^{n}\dfrac{1}{a_k a_{k+1}}$，其中｛$a_k$｝是等差数列，且它的公差 d 及各项都不等于零，试求$\lim\limits_{n\to\infty}S_n$.

解　$S_n=\dfrac{1}{da_1}-\dfrac{1}{d(a_1+nd)}$，$\lim\limits_{n\to\infty}S_n=\dfrac{1}{da_1}$

【例 2-10】　设

$$P_k(x)=a_0x^k+a_1x^{k-1}+\cdots+a_{k-1}x+a_k$$
$$Q_k(x)=b_0x^k+b_1x^{k-1}+\cdots+b_{k-1}x+b_k\qquad a_0\neq 0,b_0\neq 0$$

试求$\lim\limits_{n\to\infty}\dfrac{P_k(n)}{Q_k(n)}$.

解　用 n^k 去除分式的分子与分母

$$\frac{P_k(n)}{Q_k(n)}=\frac{a_0+a_1\cdot\dfrac{1}{n}+\cdots+a_k\cdot\dfrac{1}{n^k}}{b_0+b_1\cdot\dfrac{1}{n}+\cdots+b_k\cdot\dfrac{1}{n^k}}$$

因为对任何数 $a\in\mathbf{R}$ 与 $p\in\mathbf{N}_+$，$\dfrac{a}{n^p}\to 0$，$n\to\infty$，所以

$$\lim_{n\to\infty}\frac{P_k(n)}{Q_k(n)}=\frac{a_0}{b_0}$$

【例 2-11】 已知：$x_n=\frac{1}{n^3}\sum_{k=1}^{n}k^2$，求$\lim_{n\to\infty}x_n$.

解 因$\sum_{k=1}^{n}k^2=\frac{n(n+1)(2n+1)}{6}$，所以，$x_n=\frac{1}{3}\left(1+\frac{1}{n}\right)\left(1+\frac{1}{2n}\right)$，故

$$\lim_{n\to\infty}x_n=\frac{1}{3}$$

【例 2-12】 已知：$x_n=\sqrt{n^2+2n+3}-\sqrt{n^2-2n+5}$，求$\lim_{n\to\infty}x_n$.

解
$$x_n=\frac{(n^2+2n+3)-(n^2-2n+5)}{\sqrt{n^2+2n+3}+\sqrt{n^2-2n+5}}$$

$$=\frac{4-\frac{2}{n}}{\sqrt{1+\frac{2}{n}+\frac{3}{n^2}}+\sqrt{1-\frac{2}{n}+\frac{5}{n^2}}}$$

所以
$$\lim_{n\to\infty}x_n=2$$

【例 2-13】 已知：
$$x_n=\frac{1}{\sqrt{n^2+1}}+\frac{1}{\sqrt{n^2+2}}+\cdots+\frac{1}{\sqrt{n^2+n}}$$

试证：$\{x_n\}$ 收敛并求出它的极限.

证 利用不等式

$$\frac{n}{\sqrt{n^2+n}}<x_n<\frac{n}{\sqrt{n^2+1}}$$

或

$$\frac{1}{\sqrt{1+\frac{1}{n}}}<x_n<\frac{1}{\sqrt{1+\frac{1}{n^2}}}$$

根据定理 2-3 知
$$\lim_{n\to\infty}x_n=1$$

【例 2-14】 证明：$\lim_{n\to\infty}\sqrt[n]{n^2 2^n+3^n}=3$.

证 首先指出

$$3=\sqrt[n]{3^n}<\sqrt[n]{n^2 2^n+3^n}<\sqrt[n]{2n^2 3^n},\ n\geqslant 1$$

在定理 2-3 中，对于$n\geqslant 1$，令

$$x_n=3,y_n=\sqrt[n]{n^2 2^n+3^n},z_n=\sqrt[n]{2n^2 3^n}$$

由定理 2-5 知

$$x_n\to 3,z_n=\sqrt[n]{2}\cdot(\sqrt[n]{n})^2\cdot 3\to 3,n\to\infty$$

故

$$\lim_{n\to\infty}\sqrt[n]{n^2 2^n+3^n}=3$$

【例 2-15】 证明：$\lim_{n\to\infty}\frac{2^n}{n!}=0$.

证 若$k\geqslant 4$，则$\frac{2}{k}\leqslant\frac{1}{2}$，所以当$n\geqslant 4$时

$$0 < \frac{2^n}{n!} = \frac{8}{1 \cdot 2 \cdot 3} \cdot \frac{2 \cdot \cdots \cdot 2}{4 \cdot \cdots \cdot n} \leqslant \frac{4}{3}\left(\frac{1}{2}\right)^{n-3} = \frac{32}{3}\left(\frac{1}{2}\right)^n$$

因

$$\lim_{n\to\infty} \frac{32}{3}\left(\frac{1}{2}\right)^n = 0$$

故

$$\lim_{n\to\infty} \frac{2^n}{n!} = 0$$

练习

2.3　习题答案

2.4　思维导图

5. 试求下列极限.

(1) $\lim\limits_{n\to\infty}\dfrac{n^2+3n+1}{3n^2+\sqrt{n}+\sin 1}$　　(2) $\lim\limits_{n\to\infty}\dfrac{a^n+2b^n}{3a^n+4b^n}$，$a>0$，$b>0$

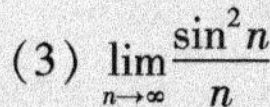

(3) $\lim\limits_{n\to\infty}\dfrac{\sin^2 n}{n}$　　(4) $\lim\limits_{n\to\infty}\sqrt[n]{1+\dfrac{1}{2}+\dfrac{1}{3}+\cdots+\dfrac{1}{n}}$

6. 试求下列极限 $\lim\limits_{n\to\infty} x_n$.

(1) $x_n = \dfrac{1}{n^3}\sum\limits_{k=1}^{n} k(k+1)$　　(2) $x_n = \dfrac{1}{n^4}\sum\limits_{k=1}^{n} k^3$

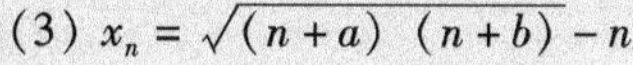

(3) $x_n = \sqrt{(n+a)(n+b)} - n$

2.4　单调数列的极限

2.4.1　单调数列　数列的确界

如果对任何 $n \in \mathbf{N}_+$，满足不等式 $x_{n+1} \geqslant x_n$，则称数列 $\{x_n\}$ 是**递增的**（不减的）. 如果对任何 $n \in \mathbf{N}_+$，满足不等式 $x_{n+1} \leqslant x_n$，则称数列 $\{x_n\}$ 是**递减的**（不增的）. 如果在上述定义中将不等号"$\geqslant$"与"$\leqslant$"改为"$>$"与"$<$"，则称数列 $\{x_n\}$ 是**严格递增的**与**严格递减的**.

对上述数列有时统称为单调数列与严格单调数列.

为了证明单调数列的极限存在定理，首先需要阐明数列的上确界与下确界的概念.

我们称数列的值的集合的上（下）确界为数列的上（下）确界，且对应地记为 $\sup\{x_n\}$ 与 $\inf\{x_n\}$.

数集 X 的上确界 $\sup X$ 与下确界 $\inf X$ 定义如下：

$$\{M = \sup X\} \Leftrightarrow \{\forall x \in X \to x \leqslant M\} \wedge \{\forall \varepsilon > 0, \exists x_\varepsilon \in X : x_\varepsilon > M - \varepsilon\}$$

$$\{m = \inf X\} \Leftrightarrow \{\forall x \in X \to x \geqslant m\} \wedge \{\forall \varepsilon > 0, \exists x_\varepsilon \in X : x_\varepsilon < m + \varepsilon\}$$

所以，数列的上（下）确界的定义为

$$\{a = \sup\{x_n\}\} \Leftrightarrow \{\forall n \in \mathbf{N}_+ \to x_n \leqslant a\} \wedge \{\forall \varepsilon > 0, \exists N_\varepsilon \in \mathbf{N}_+ : x_{N_\varepsilon} > a - \varepsilon\}$$

$$\{b = \inf\{x_n\}\} \Leftrightarrow \{\forall n \in \mathbf{N}_+ \to x_n \geqslant b\} \wedge \{\forall \varepsilon > 0, \exists N_\varepsilon \in \mathbf{N}_+ : x_{N_\varepsilon} < b + \varepsilon\}$$

因此，对于数列 $\{x_n\}$ 与数 a，如果满足如下条件：

(1) 数列 $\{x_n\}$ 的所有各项都不超过数 a，即

$$\forall n \in \mathbf{N}_+ \rightarrow x_n \leqslant a \tag{2-4}$$

(2) 对于每一个 $\varepsilon>0$，都存在数列 $\{x_n\}$ 的大于 $a-\varepsilon$ 的项，即

$$\forall \varepsilon > 0, \exists N_\varepsilon \in \mathbf{N}_+ : x_{N_\varepsilon} > a - \varepsilon \tag{2-5}$$

则称数 a 是数列 $\{x_n\}$ 的上确界. 类似地也可解释数列 $\{x_n\}$ 的下确界的定义.

2.4.2 单调数列的收敛准则

定理 2-6 如果数列 $\{x_n\}$ 是递增的且上有界，则存在

$$\lim_{n\to\infty} x_n = \sup\{x_n\}$$

如果数列 $\{x_n\}$ 是递减的且下有界，则存在

$$\lim_{n\to\infty} x_n = \inf\{x_n\}$$

证 我们仅限于证明第一种情况.

如果数列 $\{x_n\}$ 上有界，即数集 $\{x_1, x_2, \cdots, x_n, \cdots\}$ 上有界，则根据上确界存在定理知，这个数列存在上确界. 因为 $\{x_n\}$ 是递增数列，所以

$$\forall n \geqslant N_\varepsilon \in \mathbf{N}_+ \rightarrow x_{N_\varepsilon} \leqslant x_n \tag{2-6}$$

由式 (2-4) ~ 式(2-6) 得

$$\forall \varepsilon > 0, \exists N_\varepsilon \in \mathbf{N}_+ : \forall n \geqslant N_\varepsilon \rightarrow a - \varepsilon < x_{N_\varepsilon} \leqslant x_n \leqslant a, \text{即 } x_n \in U_\varepsilon(a)$$

这表明

$$\lim_{n\to\infty} x_n = a = \sup\{x_n\}$$

另一种情形类似可证 .

练习

试证：单调数列收敛的充要条件是它有界.

说明 定理对数列 $\{a_n \mid n\geqslant 1\}$ 的单调、有界的条件可改为对数列 $\{a_n \mid n\geqslant n_0\}$ 的单调、有界的条件.

【例 2-16】 证明：$\lim\limits_{n\to\infty}\dfrac{n^2}{2^n}=0$.

证 首先指出

$$\frac{n^2}{2^n} > \frac{(n+1)^2}{2^{n+1}} \Leftrightarrow (n-1)^2 > 2(n \geqslant 3)$$

故正数数列 $\left\{\dfrac{n^2}{2^n} \,\middle|\, n\geqslant 3\right\}$ 是严格递减的，且

$$0 < \frac{n^2}{2^n} \leqslant \frac{9}{8}, n \geqslant 3$$

从而 $\exists a \in \mathbf{R}$：

$$a = \lim_{n\to\infty}\frac{n^2}{2^n}$$

又

$$\frac{(n+1)^2}{2^{n+1}}=\frac{(n+1)^2}{2n^2}\cdot\frac{n^2}{2^n}$$

取极限得 $a=\frac{1}{2}a$，故 $a=0$，所以

$$\lim_{n\to\infty}\frac{n^2}{2^n}=0$$

【例 2-17】　证明：数列$\left\{a_n=\frac{n!}{(2n+1)!!}\middle| n\geqslant 1\right\}$有极限，并求出极限.

证　由

$$\frac{a_{n+1}}{a_n}=\frac{(n+1)!(2n+1)!!}{(2n+3)!!\cdot n!}=\frac{n+1}{2n+3}$$

及$\frac{n+1}{2n+3}<\frac{1}{2}$，$n\geqslant 1$ 得

$$a_{n+1}<\frac{1}{2}a_n<a_n$$

即数列是严格单调递减的. 显然对任何 $n\geqslant 1$，有

$$0<a_n\leqslant a_1=\frac{1}{3}$$

故由定理 2-6 知，数列 $\{a_n\}$ 收敛. 记 $a=\lim\limits_{n\to\infty}a_n$，对等式

$$a_{n+1}=a_n\frac{n+1}{2n+3}$$

两端取极限，得

$$\lim_{n\to\infty}a_{n+1}=\lim_{n\to\infty}a_n\lim_{n\to\infty}\frac{n+1}{2n+3}$$

由此得 $a=\frac{1}{2}a$，故 $a=0$. 即

$$\lim_{n\to\infty}a_n=0$$

【例 2-18】　已知：$x_1=\sqrt{2}$，$x_2=\sqrt{2+\sqrt{2}}$，…，$x_n=\sqrt{2+\sqrt{2+\cdots+\sqrt{2+\sqrt{2}}}}$. 试证：数列 $\{x_n\}$ 收敛并求它的极限.

证　当 $n\geqslant 2$ 时，有 $x_n=\sqrt{2+x_{n-1}}$，由此知：$\forall n\in\mathbf{N}_+\to x_n>0$，因 $x_1<2$，用数学归纳法易证 $x_n<2$（$n\in\mathbf{N}_+$），且可证 $\{x_n\}$ 是递增数列. 首先，$x_2=\sqrt{2+\sqrt{2}}>\sqrt{2}=x_1$，即 $x_2>x_1$，令 $x_n>x_{n-1}$，我们证明 $x_{n+1}>x_n$.

因 $x_{n+1}^2=2+x_n$，$x_n^2=2+x_{n-1}$，故有

$$(x_{n+1}-x_n)(x_{n+1}+x_n)=x_n-x_{n-1}$$

由于 $x_n-x_{n-1}>0$，$x_{n+1}+x_n>0$，所以

$$x_{n+1}-x_n>0,\text{即 } x_{n+1}>x_n$$

因此，对任何 $n\in\mathbf{N}_+$ 有 $x_n<x_{n+1}$，即 $\{x_n\}$ 是递增数列，由定理 2-6 知存在$\lim\limits_{n\to\infty}x_n=a$，且由 $x_n>0$ 知 $a\geqslant 0$. 在 $x_{n+1}^2=2+x_n$ 中取极限，得 $a^2=2+a$，因 $a\geqslant 0$，故 $a=2$，即$\lim\limits_{n\to\infty}x_n=2$.

2.4.3　数 e

设 $x_n=\left(1+\frac{1}{n}\right)^n$，我们证明数列 $\{x_n\}$ 是递增且上有界的数列．利用牛顿二项展开式得

$$x_n=1+\mathrm{C}_n^1\frac{1}{n}+\mathrm{C}_n^2\frac{1}{n^2}+\cdots+\mathrm{C}_n^k\cdot\frac{1}{n^k}+\cdots+\frac{1}{n^n}$$

其中
$$\mathrm{C}_n^k=\frac{n(n-1)\cdots(n-k+1)}{k!},k=1,2,\cdots,n,\mathrm{C}_n^0=1$$

把 x_n 记为如下形式

$$x_n=1+\sum_{k=1}^{n}\frac{1}{k!}\left(1-\frac{1}{n}\right)\left(1-\frac{2}{n}\right)\cdots\left(1-\frac{k-1}{n}\right)\tag{2-7}$$

则

$$x_{n+1}=1+\sum_{k=1}^{n+1}\frac{1}{k!}\left(1-\frac{1}{n+1}\right)\left(1-\frac{2}{n+1}\right)\cdots\left(1-\frac{k-1}{n+1}\right)\tag{2-8}$$

在式（2-7）与式（2-8）中的所有加项都是正的，并且和式（2-7）中的每项都小于和式（2-8）中的对应项，而在和式（2-8）中的项数比和式（2-7）还多一项，所以，$x_n<x_{n+1}$，$n\in\mathbf{N}_+$，即 $\{x_n\}$ 是递增的数列．此外，考虑到 $0<1-\frac{m}{n}<1$，$m=1,2,\cdots,n-1$，由式（2-7）得

2.4　习题答案

$$x_n<1+\sum_{k=1}^{n}\frac{1}{k!}$$

因 $\frac{1}{k!}\leqslant\frac{1}{2^{k-1}}$，$k\in\mathbf{N}_+$，故有

$$x_n<1+\sum_{k=1}^{n}\frac{1}{2^{k-1}}=1+\frac{1-\frac{1}{2^n}}{1-\frac{1}{2}}=3-\frac{1}{2^{n-1}}$$

所以

$$x_n=\left(1+\frac{1}{n}\right)^n<3$$

故 $\{x_n\}$ 是有界数列，由定理 2-6 知 $\lim\limits_{n\to\infty}x_n$ 存在．我们把这个极限记为 e，即

$$\lim_{n\to\infty}\left(1+\frac{1}{n}\right)^n=\mathrm{e}$$

数 e 是无理数，它常作为自然对数的底数，并在数学中起重要作用．

$$\mathrm{e}\approx2.718281828459045$$

2.5　思维导图

2.5　综合解法举例

【例 2-19】　设 $a>1$，$p\in\mathbf{N}_+$，试证：

$$\lim_{n\to\infty}\frac{n^p}{a^n}=0$$

证 因 $a>1$，故 $a=1+\alpha$，$\alpha>0$. 设 $n>2p$，则

$$C_n^{p+1}=\frac{n(n-1)\cdots(n-p)}{(p+1)!}>\frac{n}{(p+1)!}\cdot\left(\frac{n}{2}\right)^p$$

利用不等式 $(1+\alpha)^n>C_n^{p+1}\alpha^{p+1}$得

$$0<\frac{n^p}{a^n}<\frac{2^p(p+1)!}{n\alpha^{p+1}}$$

因$\lim\limits_{n\to\infty}\frac{2^p\ (p+1)!}{n\alpha^{p+1}}=0$，故

$$\lim_{n\to\infty}\frac{n^p}{a^n}=0$$

【例 2-20】 试证：

（1）若$\lim\limits_{n\to\infty}x_n=a$，则

$$\lim_{n\to\infty}\frac{x_1+x_2+\cdots+x_n}{n}=a$$

（2）若 $x_n>0$，$n\in\mathbf{N}_+$且$\lim\limits_{n\to\infty}x_n=a$，则

$$\lim_{n\to\infty}\sqrt[n]{x_1x_2\cdots x_n}=a$$

证 （1）记 $y_k=x_k-a$，$S_n=\dfrac{x_1+x_2+\cdots+x_n}{n}$，则

$$S_n-a=\frac{y_1+y_2+\cdots+y_n}{n}$$

因$\lim\limits_{n\to\infty}y_n=0$，故对给定的 $\varepsilon>0$，可以找到 $N=N_\varepsilon$，使对所有的 $n\geqslant N$ 有 $|y_n|<\dfrac{\varepsilon}{2}$. 记

$$C=|y_1+y_2+\cdots+y_N|$$

$$|S_n-a|\leqslant\frac{|y_1+\cdots+y_N|}{n}+\frac{|y_{N+1}|+\cdots+|y_n|}{n}$$
$$<\frac{C}{n}+\frac{\varepsilon}{2}\cdot\frac{n-N}{n}\leqslant\frac{C}{n}+\frac{\varepsilon}{2}$$

则我们选 $\widetilde{N}=\widetilde{N}_\varepsilon$ 使得$\dfrac{C}{\widetilde{N}}<\dfrac{\varepsilon}{2}$，从而对所有 $n\geqslant\widetilde{N}$，有$\dfrac{C}{n}<\dfrac{\varepsilon}{2}$. 最后取 $n_\varepsilon=\max\{N_\varepsilon,\ \widetilde{N}\}$，则对所有的 $n\geqslant n_\varepsilon$，有 $|S_n-a|<\varepsilon$，即$\lim\limits_{n\to\infty}S_n=a$.

（2）我们有

$$\sigma_n\leqslant\sqrt[n]{x_1x_2\cdots x_n}\leqslant S_n$$

其中

$$\sigma_n=\frac{n}{\dfrac{1}{x_1}+\dfrac{1}{x_2}+\cdots+\dfrac{1}{x_n}},S_n=\frac{x_1+x_2+\cdots+x_n}{n}$$

由题（1）知$\lim\limits_{n\to\infty}S_n=a$. 若 $a=0$，则由 $0<\sigma_n\leqslant S_n$ 知$\lim\limits_{n\to\infty}\sigma_n=0$，$\lim\limits_{n\to\infty}\sqrt[n]{x_1x_2\cdots x_n}=0$. 若 $a\neq$

0，则$\lim\limits_{n\to\infty}\dfrac{1}{x_n}=\dfrac{1}{a}$，且由（1）知

$$\lim_{n\to\infty}\frac{\dfrac{1}{x_1}+\dfrac{1}{x_2}+\cdots+\dfrac{1}{x_n}}{n}=\frac{1}{a}$$

由此得$\lim\limits_{n\to\infty}\sigma_n=a$. 故

$$\lim_{n\to\infty}\sqrt[n]{x_1x_2\cdots x_n}=a$$

【例 2-21】 试证：若对所有 $k\in\mathbf{N}_+$ 有 $y_k>0$，且$\lim\limits_{n\to\infty}\dfrac{y_n}{y_{n-1}}=a$，则$\lim\limits_{n\to\infty}\sqrt[n]{y_n}=a$.

证 由例 2-20 中题（2）知

$$\lim_{n\to\infty}\sqrt[n]{x_1x_2\cdots x_n}=\lim_{n\to\infty}x_n$$

令 $x_1=y_1$，$x_k=\dfrac{y_k}{y_{k-1}}$（$k\geqslant2$），则

$$\lim_{n\to\infty}\sqrt[n]{y_1\cdot\frac{y_2}{y_1}\cdot\frac{y_3}{y_2}\cdot\cdots\cdot\frac{y_{n-1}}{y_{n-2}}\cdot\frac{y_n}{y_{n-1}}}=\lim_{n\to\infty}\sqrt[n]{y_n}=\lim_{n\to\infty}\frac{y_n}{y_{n-1}}=a$$

【例 2-22】 试证：若 $x_n=\dfrac{a^n}{n!}$，$a>0$，则$\lim\limits_{n\to\infty}x_n=0$.

证 因

$$x_{n+1}=\frac{a}{n+1}x_n$$

故对所有 $n\geqslant n_0$，$n_0=[a]$，有 $x_{n+1}\leqslant x_n$，即数列 $\{x_n\}$ 对 $n\geqslant n_0$ 是递减数列. 此外，对所有的 $n\in\mathbf{N}_+$ 有 $x_n\geqslant0$，即 $\{x_n\}$ 是下有界的，所以 $\{x_n\}$ 收敛.

设$\lim\limits_{n\to\infty}x_n=b$，则由

$$\lim_{n\to\infty}x_{n+1}=\lim_{n\to\infty}\frac{a}{n+1}\cdot\lim_{n\to\infty}x_n$$
$$b=0\cdot b$$

即 $b=0$，有$\lim\limits_{n\to\infty}\dfrac{a^n}{n!}=0$.

【例 2-23】 已知数列 $\{x_n\}$：$x_{n+1}=\dfrac{1}{2}\left(x_n+\dfrac{a}{x_n}\right)$，$x_1>0$，$a>0$，试证：$\lim\limits_{n\to\infty}x_n=\sqrt{a}$.

证 首先指出，$\forall k\in\mathbf{N}_+$，使得 $x_k>0$（可用归纳法证得）. 其次

$$x_{n+1}=\frac{1}{2}\left(x_n+\frac{a}{x_n}\right)\geqslant\sqrt{x_n\cdot\frac{a}{x_n}}=\sqrt{a},n\in\mathbf{N}_+$$

即$\forall n\geqslant2$ 使得 $x_n\geqslant\sqrt{a}$，故数列 $\{x_n\}$ 是下有界的. 下面证明 $\{x_n\}$ 是递减的.

我们有
$$x_{n+1}-x_n=\frac{a-x_n^2}{2x_n}$$

由于 $x_k\geqslant\sqrt{a}$，$x_k>0$，$k\geqslant2$，故

$$\forall n\geqslant2:x_{n+1}\leqslant x_n$$

因而$\lim\limits_{n\to\infty}x_n=\alpha$，$\alpha\geqslant\sqrt{a}>0$. 取极限

$$\lim_{n\to\infty} x_{n+1} = \frac{1}{2}\left(\lim_{n\to\infty} x_n + \frac{a}{\lim\limits_{n\to\infty} x_n}\right)$$

得

$$\alpha = \frac{1}{2}\left(\alpha + \frac{a}{\alpha}\right)$$

解得 $\alpha = \sqrt{a}$，即

$$\lim_{n\to\infty} x_n = \sqrt{a}$$

【例 2-24】　试证：

$$\lim_{n\to\infty} \frac{n}{\sqrt[n]{n!}} = \mathrm{e}$$

2.5　习题答案

证　记 $y_n = \dfrac{n^n}{n!}$，则

$$\frac{y_n}{y_{n-1}} = \left(\frac{n}{n-1}\right)^{n-1} = \left(1 + \frac{1}{n-1}\right)^{n-1}$$

由 $\lim\limits_{n\to\infty}\left(1+\dfrac{1}{n-1}\right)^{n-1} = \mathrm{e}$ 及例 2-21 知

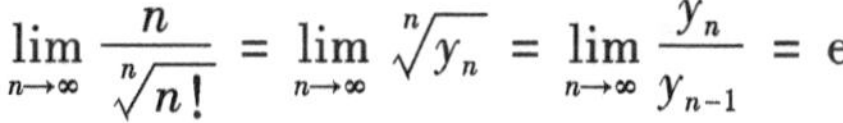

$$\lim_{n\to\infty} \frac{n}{\sqrt[n]{n!}} = \lim_{n\to\infty} \sqrt[n]{y_n} = \lim_{n\to\infty} \frac{y_n}{y_{n-1}} = \mathrm{e}$$

2.6　思维导图

2.6　区间套定理　子数列

2.6.1　区间套定理

我们称一个闭区间序列 Δ_1，Δ_2，…，Δ_n，…：$\Delta_n = [a_n, b_n]$ 为**区间套**，如果满足如下条件：

（1）$\forall n \in \mathbf{N}_+ \rightarrow \Delta_{n+1} \subset \Delta_n$

（2）$\lim\limits_{n\to\infty}(b_n - a_n) = 0$

定理 2-7　若一个区间序列是区间套，则存在唯一点属于所有区间.

证　（1）存在性.

由条件（1）知

$$a_1 \leqslant a_2 \leqslant \cdots \leqslant a_n \leqslant a_{n+1} \leqslant \cdots \leqslant b_{n+1} \leqslant b_n \leqslant \cdots \leqslant b_2 \leqslant b_1$$

从而

$$\forall n \in \mathbf{N}, \forall m \in \mathbf{N}_+ \rightarrow a_n \leqslant b_m$$

据此知，存在 $\sup\{a_n\} = c$ 且

$$\forall n \in \mathbf{N}_+ \rightarrow a_n \leqslant c \leqslant b_n$$

即存在一点 c 属于区间套的每一个区间.

（2）唯一性.

假设存在两个不同的点 c 和 c' 均属于区间套的每一个区间，即对于任何 $n \in \mathbf{N}_+$ 有 $c \in \Delta_n$，$c' \in \Delta_n$. 因 $c \neq c'$，则或 $c < c'$，或 $c > c'$.

不妨假设 $c < c'$，则对任何 $n \in \mathbf{N}_+$ 有 $a_n \leqslant c < c' \leqslant b_n$，或 $b_n - a_n \geqslant c' - c > 0$. 这与条件

(2) 矛盾，故 $c=c'$.

2.6.2 子数列

定义 2-6　设数列 $\{x_n\}$，我们考虑正整数的严格递增数列 $\{n_k\}$，即

$$n_1 < n_2 < \cdots < n_k < \cdots$$

记 $y_k=x_{n_k}$，$k\in\mathbf{N}_+$，则称其为数列 $\{x_n\}$ 的**子数列**，且记为 $\{x_{n_k}\}$.

根据子数列的定义知 x_{n_k} 是原数列中的第 n_k 项，在子数列中是第 k 项，显然 $k\leqslant n_k$.

定理 2-8　数列 $\{x_n\}$ 收敛于 a 的充要条件是它的所有子数列均收敛于 a.

证　(1) 必要性.

设 $\lim\limits_{n\to\infty}x_n=a$，则

$\forall\varepsilon>0$，$\exists N_\varepsilon>0$，$\forall n\geqslant N_\varepsilon$：$|x_n-a|<\varepsilon$，

当 $k>N_\varepsilon$ 时，因 $n_k\geqslant k>N_\varepsilon$，故恒有 $|x_{n_k}-a|<\varepsilon$，即 $\lim\limits_{n\to\infty}x_{n_k}=a$.

(2) 充分性.

因 $\{x_n\}$ 也是自己的子数列，故必有 $\lim\limits_{n\to\infty}x_n=a$.

练习

试证：数列 $\{\cos n\pi\}$ 不收敛.

定理 2-9　**(波尔察诺－维尔斯特拉斯)** 有界数列必有收敛的子数列.

证　设 $\{x_n\}$ 为有界数列，于是

$\exists a$，b：$\forall n\in\mathbf{N}_+\rightarrow x_n\in\Delta=[a,\ b]$. 当区间 Δ 等分为两个子区间时，则至少有一个区间含有 $\{x_n\}$ 中的无穷多项，把这个区间记为 $\Delta_1=[a_1,\ b_1]$（若两个子区间都含有无穷多项，则任取一个），再等分 Δ_1，取一个含有 $\{x_n\}$ 中无穷多项的子区间记为 $\Delta_2=[a_2,\ b_2]$. 如此不断地进行下去，得到一个区间套 $[a_n,\ b_n]=\Delta_n$，$n=1,\ 2,\ \cdots$.

(1) $\Delta_{n+1}\subset\Delta_n$，$n=1,\ 2,\ \cdots$

(2) $b_n-a_n=\dfrac{b-a}{2^n}\to 0$，$n\to\infty$

根据定理 2-7 知

$$\exists c:\forall k\in\mathbf{N}_+\rightarrow c\in\Delta_k$$

下面来证明存在数列 $\{x_n\}$ 的子数列 $\{x_{n_k}\}$，使得

$$\lim_{n\to\infty}x_{n_k}=c$$

因为区间 Δ_1 含有数列 $\{x_n\}$ 无穷多项，所以

$$\exists n_1\in\mathbf{N}_+,:x_{n_1}\in\Delta_1$$

区间 Δ_2 也含有 $\{x_n\}$ 的无穷多项，从而

$$\exists n_2>n_1:x_{n_2}\in\Delta_2$$

一般说来，

$$\forall k\in\mathbf{N}_+,\exists n_k:x_{n_k}\in\Delta_k,\text{其中},n_1<n_2<\cdots<n_{k-1}<n_k$$

因而存在 $\{x_n\}$ 的子数列 $\{x_{n_k}\}$

$$\forall k \in \mathbf{N}_+ \to a_k \leqslant x_{n_k} \leqslant b_k$$

由于 c 与 x_{n_k} 都属于 Δ_k，故有

$$|x_{n_k} - c| \leqslant b_k - a_k = \frac{b-a}{2^k} \to 0,\ k \to \infty$$

2.6　习题答案

2.7　收敛数列的柯西准则

2.7.1　基本数列

柯西条件　对于数列 $\{x_n\}$，如果对于每个 $\varepsilon>0$ 都存在 n_ε，使对任何 $n\geqslant n_\varepsilon$ 与任何 $m\geqslant n_\varepsilon$ 恒有 $|x_n-x_m|<\varepsilon$，则称它满足柯西条件.

2.7　思维导图

称满足柯西条件的数列为**基本数列**.

柯西条件可简述如下

$$\forall \varepsilon>0, \exists n_\varepsilon : \forall n \geqslant n_\varepsilon, \forall m \geqslant n_\varepsilon \to |x_n - x_m| < \varepsilon$$

或

$$\forall \varepsilon>0, \exists n_\varepsilon : \forall n \geqslant n_\varepsilon, \forall p \in \mathbf{N}_+ \to |x_{n+p} - x_n| < \varepsilon$$

下面证明：**基本数列必为有界数列.**

取 $\varepsilon=1$，则根据柯西条件知，存在 n_0，使对所有 $n\geqslant n_0$ 及所有 $m\geqslant n_0$ 满足不等式 $|x_n-x_m|<1$，特别地，$|x_n-x_{n_0}|<1$.

因 $|x_n|=|(x_n-x_{n_0})+x_{n_0}|\leqslant|x_{n_0}|+|x_n-x_{n_0}|<|x_{n_0}|+1$，$n\geqslant n_0$，故对所有 $n\in\mathbf{N}_+$ 有 $|x_n|<C$，其中 $C=\max\{|x_1|,\cdots,|x_{n_0-1}|,|x_{n_0}|+1\}$. 这表明 $\{x_n\}$ 是有界数列.

2.7.2　数列收敛的充要条件

定理 2-10　（**柯西准则**）数列收敛的充要条件是该数列为基本数列.

证　（1）必要性. 假设数列 $\{x_n\}$ 收敛且极限等于 a，则由极限定义知

$$\forall \varepsilon>0, \exists N_\varepsilon \in \mathbf{N}_+ : \forall p \geqslant N_\varepsilon \to |x_p - a| < \frac{\varepsilon}{2}$$

从而

$$|x_n - x_m| = |(x_n - a) - (x_m - a)| \leqslant |x_n - a| + |x_m - a| < \frac{\varepsilon}{2} + \frac{\varepsilon}{2} = \varepsilon$$

这表明对任何 $n\geqslant N_\varepsilon$ 及任何 $m\geqslant N_\varepsilon$，有 $|x_n-x_m|<\varepsilon$.

（2）充分性. 设 $\{x_n\}$ 是基本数列，我们证明 $\{x_n\}$ 有有限极限. 根据基本数列的定义得

$$\forall \varepsilon>0, \exists n_\varepsilon : \forall n \geqslant n_\varepsilon,\ \forall m \geqslant n_\varepsilon \to |x_n - x_m| < \frac{\varepsilon}{2}$$

基本数列是有界的，因而它含有收敛的子序列 $\{x_{n_k}\}$，设 $\lim\limits_{k\to\infty} x_{n_k}=a$. 下面证明 a 即为原数列 $\{x_n\}$ 的极限. 由极限定义知

$$\forall \varepsilon>0, \exists k_\varepsilon : \forall k \geqslant k_\varepsilon \to |x_{n_k} - a| < \frac{\varepsilon}{2}$$

设 $N_\varepsilon=\max\{n_\varepsilon,n_{k_\varepsilon}\}$，则当 $m=n_k$ 时，对所有 $n\geqslant N_\varepsilon$ 有

$$|x_n - x_{n_k}| < \frac{\varepsilon}{2}$$

所以，对所有 $n \geqslant N_\varepsilon$ 有

$$\begin{aligned} |x_n - a| &= |(x_n - x_{n_k}) + (x_{n_k} - a)| \\ &\leqslant |x_n - x_{n_k}| + |x_{n_k} - a| \\ &< \frac{\varepsilon}{2} + \frac{\varepsilon}{2} = \varepsilon \end{aligned}$$

即

$$\lim_{n\to\infty} x_n = a$$

【例 2-25】　已知：$x_n = 1 + \frac{1}{2} + \cdots + \frac{1}{n}$，证明：$\{x_n\}$ 发散.

证　如果数列 $\{x_n\}$ 不满足柯西条件，即

$$\exists \varepsilon_0 > 0 : \forall k \in \mathbf{N}_+, \exists n \geqslant k, \exists m \geqslant k \to |x_n - x_m| \geqslant \varepsilon_0$$

则 $\{x_n\}$ 发散. 设给定任何 $k \in \mathbf{N}_+$，令 $n = 2k$，$m = k$，则

$$|x_n - x_m| = |x_{2k} - x_k| = \frac{1}{k+1} + \frac{1}{k+2} + \cdots + \frac{1}{2k} \geqslant \frac{1}{2k} \cdot k = \frac{1}{2}$$

只需要取 $\varepsilon_0 = \frac{1}{2}$ 便证得 $\{x_n\}$ 发散.

【例 2-26】　设 $x_n = \frac{\sin 1}{2} + \frac{\sin 2}{2^2} + \cdots + \frac{\sin n}{2^n}$，试证：$\{x_n\}$ 收敛.

证　设 $n > m$，则

$$\begin{aligned} |x_n - x_m| &= \left|\frac{\sin(m+1)}{2^{m+1}} + \frac{\sin(m+2)}{2^{m+2}} + \cdots + \frac{\sin n}{2^n}\right| \\ &\leqslant \frac{1}{2^{m+1}} + \frac{1}{2^{m+2}} + \cdots + \frac{1}{2^n} < \frac{1}{2^m} \end{aligned}$$

2.7　习题答案

因而

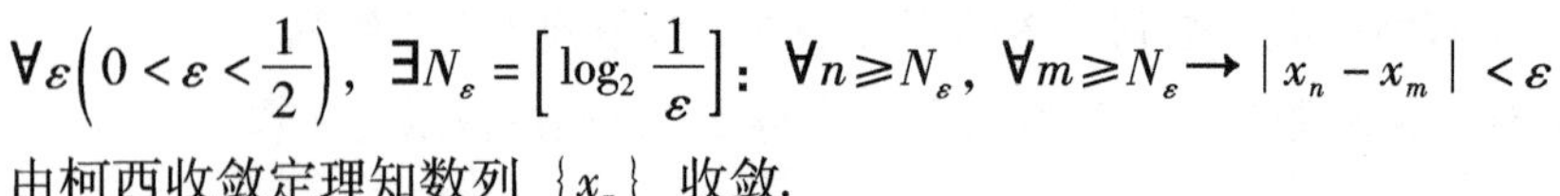

$$\forall \varepsilon \left(0 < \varepsilon < \frac{1}{2}\right), \ \exists N_\varepsilon = \left[\log_2 \frac{1}{\varepsilon}\right]: \ \forall n \geqslant N_\varepsilon, \ \forall m \geqslant N_\varepsilon \to |x_n - x_m| < \varepsilon$$

由柯西收敛定理知数列 $\{x_n\}$ 收敛.

习　题　2

1. 求下列极限.

(1) $\lim\limits_{n\to\infty}\left[\frac{1}{n^2} + \frac{1}{(n+1)^2} + \cdots + \frac{1}{(2n)^2}\right]$　　(2) $\lim\limits_{n\to\infty}\left[(n+1)^\alpha - n^\alpha\right]$，$0 < \alpha < 1$

(3) $\lim\limits_{n\to\infty}(n!)^{\frac{1}{n^2}}$

2. 若 $|x_n| \leqslant q|x_{n-1}|$，$0 < q < 1$，试证：$\lim\limits_{n\to\infty} x_n = 0$.

3. 求下列极限.

(1) $\lim\limits_{n\to\infty}\left(\frac{3}{2} \cdot \frac{5}{4} \cdot \frac{17}{16} \cdot \cdots \cdot \frac{2^{2^n}+1}{2^{2^n}}\right)$　　(2) $\lim\limits_{n\to\infty}\left(\frac{2^3-1}{2^3+1} \cdot \frac{3^3-1}{3^3+1} \cdot \cdots \cdot \frac{n^3-1}{n^3+1}\right)$

4. 若 $\lim\limits_{n\to\infty}\frac{x_{n+1}}{x_n} = a$，$|a| < 1$，则 $\lim\limits_{n\to\infty} x_n = 0$.

5. 已知

$$x_n = \frac{x_{n-2} + x_{n-1}}{2}, n \geqslant 3$$

且 $x_1 = a$，$x_2 = b$，试证数列 $\{x_n\}$ 收敛并求出它的极限.

6. 已知数列 $\{x_n\}$

$$x_n = (\alpha + 1)x_{n-1} - \alpha x_{n-2}, \ |\alpha| < 1, n \geqslant 3$$

$$x_1 = a, x_2 = b$$

试证：数列 $\{x_n\}$ 收敛并求 $\lim\limits_{n\to\infty} x_n$.

7. 已知数列 $\{a_n\}$ 是等差数列，且对于所有的 $n \in \mathbf{N}_+$，$a_n > 0$，公差 $d > 0$，设

$$x_n = \frac{1}{\sqrt{n}} \sum_{k=1}^{n} \frac{1}{\sqrt{a_k} + \sqrt{a_{k+1}}}$$

求 $\lim\limits_{n\to\infty} x_n$.

8. 已知数列 $\{x_n\}$

$$x_{n+1} = x_n(2 - x_n), n \in \mathbf{N}_+$$

且 $x_1 = a$，$0 < a < 1$，试证 $\{x_n\}$ 收敛并求 $\lim\limits_{n\to\infty} x_n$.

9. 已知对每个 $n \in \mathbf{N}_+$，都有

$$(1 + \sqrt{3})^n = a_n + b_n\sqrt{3}$$

其中，a_n，b_n 均为整数，试求 $\lim\limits_{n\to\infty} \frac{a_n}{b_n}$.

提示：$(1 - \sqrt{3})^n = a_n - b_n\sqrt{3}$

10. 计算极限

习题 2 答案

$$\lim_{n\to\infty} \sqrt[n^2]{n}$$

提示：利用柯西不等式

$$1 \leqslant \sqrt[n^2]{n} \leqslant \frac{n + (n^2 - 1)}{n^2}, n \geqslant 1$$

11. 计算极限

$$\lim_{n\to\infty} \frac{1}{n} \sqrt[n]{n! + \sqrt[n]{n! + \cdots + \sqrt[n]{n!}}}$$

提示：

$$\frac{1}{n}\sqrt[n]{n!} < \frac{1}{n}\sqrt[n]{n! + \sqrt[n]{n! + \cdots + \sqrt[n]{n!}}} < \frac{1}{n}\sqrt[n]{n \cdot n!}$$

12. 如果数列 $\{x_n\}$ 收敛，而数列 $\{y_n\}$ 发散，则当 $b \neq 0$ 时，数列 $\{ax_n + by_n\}$ 发散，试证明之.

13. 证明：若 $\lim\limits_{k\to\infty} x_{2k} = a$，$\lim\limits_{k\to\infty} x_{2k-1} = b$，且 $a \neq b$，则数列 $\{x_n\}$ 发散.

14. 试举出有界数列 $\{x_n\}$，$\{y_n\}$，$y_n \neq 0$，$\forall n \in \mathbf{N}_+$，使数列 $\left\{\frac{x_n}{y_n}\right\}$ 无界.

15. 利用逻辑符号叙述下列命题.

(1) 数列 $\{x_n\}$ 不是上有界的　　(2) 数列 $\{x_n\}$ 不是递减的

16. 证明：若 $\lim\limits_{n\to\infty} x_n = \infty$，且 $\exists C > 0$：$\forall n \geqslant n_0 \rightarrow |y_n| \geqslant C$，则 $\lim\limits_{n\to\infty} x_n y_n = \infty$.

17. 证明：若 $\{x_n\}$ 的子数列 $\{x_{2k}\}$，$\{x_{2k-1}\}$，$\{x_{3k}\}$ 都收敛，则数列 $\{x_n\}$ 收敛.

18. 证明：若 $\{x_n\}$ 是单调数列且 $\lim\limits_{n\to\infty} x_n = 0$，则数列 $\{y_n\}$ 收敛，其中 $y_n = \sum\limits_{k=1}^{n} (-1)^{k-1} x_k$.

第 3 章 函数的极限与连续性

3.1 数值函数

3.1.1 数值函数的概念

假设给定数集 $X \subset \mathbf{R}$，如果对于每一个 $x \in X$，按照某个法则对应于数 y，则称在数集 X 上定义了一个数值函数.

通常用某个字母，如 f 来表示确定的对应法则，且记为

$$y = f(x),\ x \in X$$

称 x 为**自变元**或**自变量**，y 为**因变量**. 数集 X 为函数的**定义域**且记为 $X = D(f)$，称 $D(f)$ 中的数 x 为自变元的值，称与 $x_0 \in D(f)$ 相对应的值 y_0 为函数在 $x = x_0$ 时（或在 x_0 处）的**函数值**，且记为 $f(x_0)$ 或 $f(x)\big|_{x=x_0}$，函数在数集 $D(f)$ 上的所有取值的集合称为函数的值域且记为 $E(f)$. 需要指出：如果 $y_0 \in E(f)$，则至少存在一个 $x_0 \in D(f)$ 使得 $f(x_0) = y_0$.

我们常用一个字母，如 f，φ，F 等来表示函数所确定的对应法则，有时用 $x \mapsto f(x)$，f: $X \to Y$ 来表示函数. 在应用中，常把函数理解为因变量，它的值由自变量的值与法则 f 确定. “函数”这一术语还有其他称呼，如映射、变换等. 譬如说：函数 f 将数集 $X = D(f)$ 映射成数集 $Y = E(f)$，且称数集 Y 是数集 X 在映射 f 下的象. 如果 $E(f) \subset E_1$，则称 f 将数集 X 映射到 E_1 中.

3.1.2 函数相等 函数的运算

对于函数 f 与 g，如果它们具有同一定义域 X，且对每个 $x \in X$ 函数值相等，则称它们是**相等的函数**. 这时可记 $f(x) = g(x), x \in X$，或 $f = g$.

譬如，$f(x) = \sqrt{x^2}$，$x \in \mathbf{R}$ 与 $g(x) = |x|, x \in \mathbf{R}$，对所有 $x \in \mathbf{R}$，有 $\sqrt{x^2} = |x|$，所以 $f = g$.

假设函数 f 与 g 在同一数集 X 上有定义，则可用 $f + g$，$f - g$，fg，$\dfrac{f}{g}(g(x) \neq 0)$ 表示两个函数 f 与 g 的和、差、积、商. 这意味着在每点 $x \in X$ 处函数值等于 $f(x) + g(x)$，$f(x) - g(x)$，$f(x)g(x)$，$\dfrac{f(x)}{g(x)}(g(x) \neq 0,\ x \in X)$.

下面引入**复合函数**的概念，假设函数 $y = \varphi(x)$ 与 $z = f(y)$ 分别在数集 X 与数集 Y 上有定义，且 φ 的函数值集合包含在函数 f 的定义域内，则称 $F(x) = f(\varphi(x))$ 为函数 φ 与 f 复合而成的函数且记为 $f \circ \varphi$.

譬如函数 $z=\sqrt{4-x^2}$，$x\in[-2,2]$ 可看作 $y=4-x^2$，$x\in[-2,2]$ 与 $z=\sqrt{y}$，$y\in(0,+\infty)$ 复合而成的函数，称变量 y 为中间变量.

通常称常量、幂函数、指数函数、对数函数、三角函数、反三角函数等为**基本初等函数**. 由基本初等函数经有限次四则运算和有限次复合所得的，并能用一个式子表示的函数叫作**初等函数**.

如下列函数均为初等函数：

(1) 线性函数：$y=ax+b$，$a\neq 0$

(2) 二次函数：$y=ax^2+bx+c$，$a\neq 0$

(3) n 次多项式：$P_n(x)=a_nx^n+a_{n-1}x^{n-1}+\cdots+a_1x+a_0$，$a_n\neq 0$

(4) 有理函数：$y=\dfrac{P_n(x)}{Q_m(x)}$，$P_n(x)$，$Q_m(x)$ 分别为 n 次与 m 次多项式，$Q_m(x)\neq 0$

3.1.3 函数的图形

在直角坐标系 xOy 中，称所有平面点 $(x,f(x))$，$x\in D(f)$ 的集合为 $y=f(x)$，$x\in D(f)$ 的图形.

【例 3-1】 作出函数 $y=E(x)=[x]$ 的图形，其中 $[x]$ 表示不超过 x 的最大整数部分.

解 设 $x\in[n,n+1)$，其中 $n\in\mathbf{Z}$，则 $E(x)=n$，它的图形如图 3-1 所示，图中箭头指向的点不属于函数的图形.

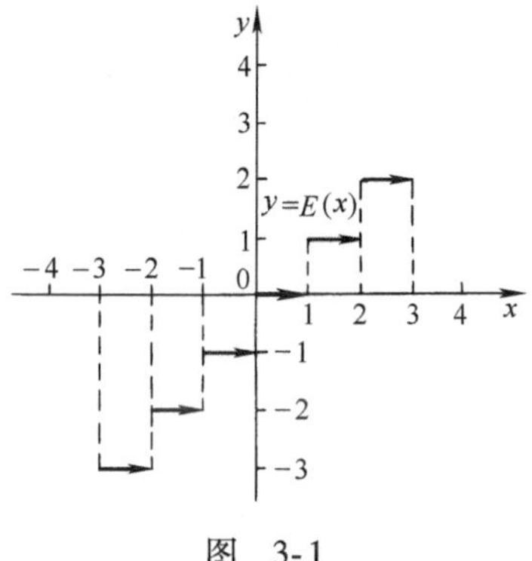

图 3-1

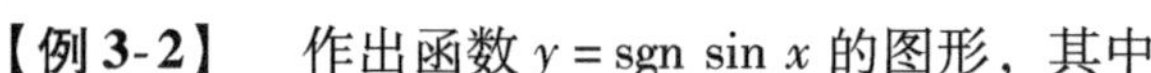

【例 3-2】 作出函数 $y=\operatorname{sgn}\sin x$ 的图形，其中

$$\operatorname{sgn} x=\begin{cases}1 & x>0\\ 0 & x=0.\\ -1 & x<0\end{cases}$$

解 如果 $x\in(-\pi+2k\pi,2k\pi)$，其中 $k\in\mathbf{Z}$，则 $\sin x<0$，从而 $\operatorname{sgn}\sin x=-1$，如果 $x\in(2k\pi,\pi+2k\pi)$，则 $\sin x>0$ 且 $\operatorname{sgn}\sin x=1$.

如果 $x=k\pi$，$k\in\mathbf{Z}$，则 $y=0$. 其图形如图 3-2 所示.

有时 $y=f(x)$ 的图形可由另一个已知函数 $y=g(x)$ 的图形经过变换得到，如下表所示：

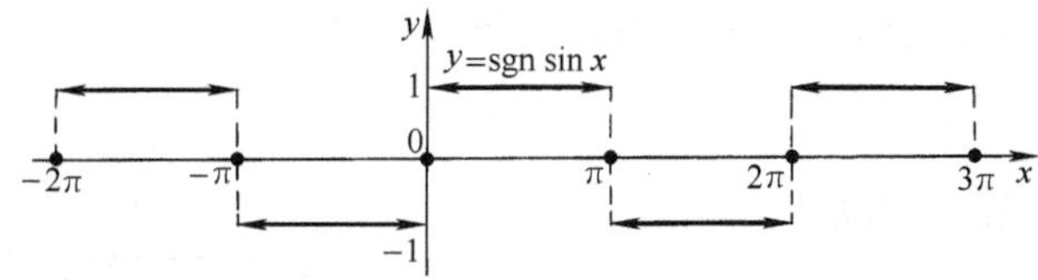

图 3-2

函数 $y=f(x)$	函数 $y=g(x)$ 的图形变换
$y=g(x)+A$	沿着 y 轴方向向上或向下平移 $\lvert A\rvert$
$y=g(x-a)$	沿着 x 轴方向，向左或向右平移 $\lvert a\rvert$

（续）

函数 $y=f(x)$	函数 $y=g(x)$ 的图形变换
$y=g(-x)$	关于 y 轴对称
$y=-g(x)$	关于 x 轴对称
$y=Bg(x)$	每个纵坐标都乘以数 B，$B\neq 0$
$y=g(kx)$	每个横坐标都乘以 k，$k\neq 0$

【例 3-3】 作出函数 $y=\sqrt{-x}$ 的图形.

解 $y=\sqrt{-x}$ 的图形可利用 $y=\sqrt{x}$ 的图形关于 y 轴对称得到，如图 3-3 所示.

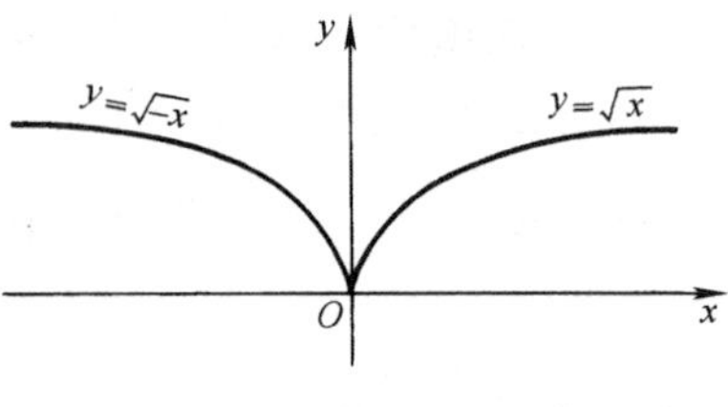

图 3-3

我们还需要指出，函数 $y=|f(x)|$ 的图形可根据函数 $y=f(x)$ 的图形按如下方式得到：

（1）$y=f(x)$ 的图形位于 x 轴及其上方部分保持不变；

（2）把 $y=f(x)$ 的图形位于 x 轴下方部分关于 x 轴对称作图至上方.

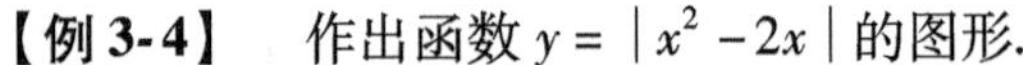

【例 3-4】 作出函数 $y=|x^2-2x|$ 的图形.

解 运用上述方法与函数 $y=x^2-2x$ 的图形，便可得到 $y=|x^2-2x|$ 的图形（见图 3-4）.

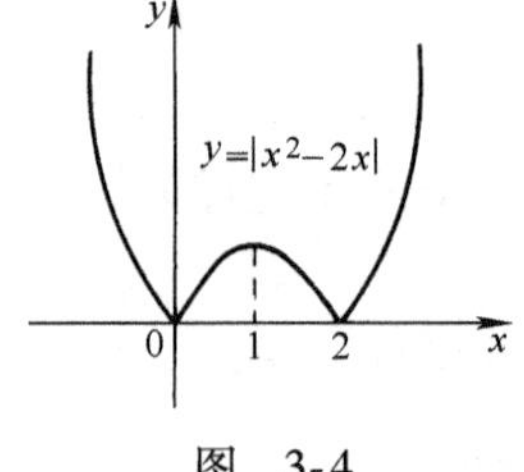

图 3-4

3.1.4 奇函数和偶函数

设函数 f 在数集 X 上有定义，如果对任何 $x\in X$ 满足 $-x\in X$ 且 $f(-x)=f(x)$，则称 f 是**偶函数**；如果对任何 $x\in X$ 满足 $-x\in X$ 且 $f(-x)=-f(x)$，则称 f 是**奇函数**.

如函数 $y=x^4$，$y=\cos\dfrac{x}{2}$，$y=\lg|x|$，$y=\dfrac{\sin x}{x}$ 均为偶函数，而 $y=\dfrac{1}{x^3}$，$y=\sin^5 2x$，$y=x^2\tan\dfrac{x}{2}$，$y=\arcsin(\sin x)$ 都是奇函数.

偶函数的图形关于 y 轴对称，而奇函数的图形关于坐标原点对称.

【例 3-5】 作出函数 $y=x^2-2|x|$ 的图形.

解 因 $y=x^2-2|x|$ 是偶函数，故可先作出 $y=x^2-2x$，$x\geqslant 0$ 的图形，再将此图形关于 y 轴对称作图，便得到所需要的图形（见图 3-5）.

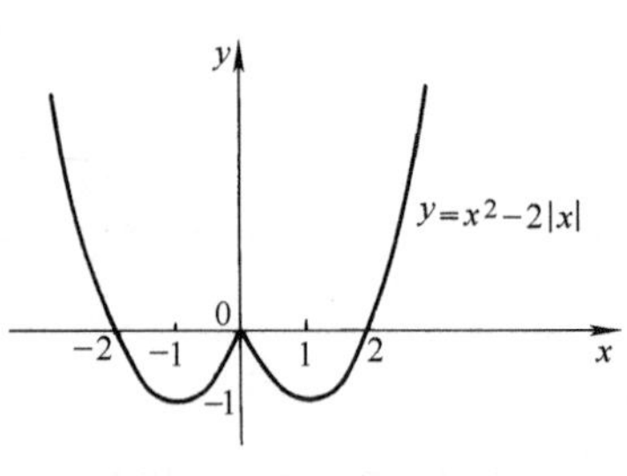

图 3-5

3.1.5 有界函数与无界函数

对于函数 f，如果存在数 C_1，使对任何 $x\in X$ 都有 $f(x)\geqslant C_1$，则称函数 f 在数集 $X\subset D(f)$ 上是**下有界的**.

利用逻辑符号，这个定义可描述如下

$$\exists C_1:\forall x\in X\rightarrow f(x)\geqslant C_1$$

类似地，如果

$$\exists C_2: \forall x \in X \to f(x) \leqslant C_2$$

则称函数 f 在数集 $X \subset D(f)$ 上是**上有界的**.

如果 f 在数集 X 上既有上界，又有下界，则称函数 f 在 X 上**有界**.

函数 f 在数集 X 上有界当且仅当

$$\exists C > 0: \forall x \in X \to |f(x)| \leqslant C$$

如果对所有的 $x \in D(f)$ 有 $|f(x)| \leqslant M$，$M > 0$，则称函数 f 是有界的.

函数 f 在数集 X 上有界的几何解释是函数 $y = f(x)$，$x \in X$ 的图形位于带形区域 $-C \leqslant y \leqslant C$. 如函数 $y = \sin\frac{1}{x}$ 在 $x \in \mathbf{R}$ 且 $x \neq 0$ 时是有界的，这是因为 $\left|\sin\frac{1}{x}\right| \leqslant 1$，$x \in \mathbf{R}$ 且 $x \neq 0$.

如果 $\qquad \forall C > 0,\ \exists x_C \in X: |f(x_C)| > C$

则称 f 在数集 X 上无界. 若将 X 换成 $D(f)$，则称函数 f 是**无界的**.

【例 3-6】　证明：函数 $y = \frac{1}{x^2}$ 无界.

证　函数 $y = \frac{1}{x^2}$ 的定义域为 $\{x \mid x \in \mathbf{R}$ 且 $x \neq 0\}$，设 C 是任意正实数且设 $x_C = \frac{1}{\sqrt{2C}}$，则 $y(x_C) = 2C > C$，故 $y = \frac{1}{x^2}$ 无界.

设 Y 是函数 f 在数集 $X \subset D(f)$ 的取值集合，则称数集 Y 的上确界为函数 f 在数集 X 上的上确界且记为 $\sup\limits_{x \in X} f(x)$，而称数集 Y 的下确界为函数 f 在数集 X 上的下确界，且记为 $\inf\limits_{x \in X} f(x)$. 若 $X = D(f)$，则在上述定义中不需要指明数集 X. 如果

$\exists x_0 \in X \subset D(f): \forall x \in X \to f(x) \geqslant f(x_0)$

则称函数 f 在点 x_0 处取得最小值且记为 $f(x_0) = \min\limits_{x \in X} f(x)$，在这种情况下，$\inf\limits_{x \in X} f(x) = f(x_0)$；如果

$\exists x_0 \in X \subset D(f): \forall x \in X \to f(x) \leqslant f(x_0)$

则称函数 f 在点 x_0 处取得最大值且记为 $f(x_0) = \max\limits_{x \in X} f(x)$，在这种情况下，$\sup\limits_{x \in X} f(x) = f(x_0)$.

最大值与最小值统称为最值.

如 $f(x) = \sin x$，则 $\sup\limits_{x \in \mathbf{R}} f(x) = \max\limits_{x \in \mathbf{R}} f(x) = f(x_k)$，其中 $x_k = \frac{\pi}{2} + 2k\pi$，$k \in \mathbf{Z}$；$\inf\limits_{x \in \mathbf{R}} f(x) = \min\limits_{x \in \mathbf{R}} f(x) = f(\tilde{x}_k)$，其中 $\tilde{x}_k = -\frac{\pi}{2} + 2k\pi, k \in \mathbf{Z}$.

3.1.6　单调函数

如果对于任何 x_1，$x_2 \in X$ 且 $x_1 < x_2$ 都有 $f(x_1) \leqslant f(x_2)$，则称函数 f 在数集 $X \subset D(f)$ 上是**递增的**（不减的）. 如果 $f(x_1) < f(x_2)$，则称函数 f 在数集 X 上是**严格递增的**. 因此，

(1) 称函数 f 在数集 X 上是递增的（不减的），即

$$\forall x_1 \in X, \forall x_2 \in X: x_1 < x_2 \to f(x_1) \leqslant f(x_2)$$

（2）称函数f在数集X上是严格递增的，即

$$\forall x_1 \in X, \forall x_2 \in X: x_1 < x_2 \to f(x_1) < f(x_2)$$

类似地，还可给出下述定义

（3）称函数f在数集X上是递减的（不增的），即

$$\forall x_1 \in X, \forall x_2 \in X: x_1 < x_2 \to f(x_1) \geqslant f(x_2)$$

（4）称函数f在数集X上是严格递减的，即

$$\forall x_1 \in X, \forall x_2 \in X: x_1 < x_2 \to f(x_1) > f(x_2)$$

递减函数与递增函数统称为**单调函数**，严格递减与严格递增的函数统称为**严格单调函数**.

如果$X=D(f)$，则在上述定义中通常去掉“在数集X上”.

【例3-7】　试证：函数$f(x)=\sin x$在$X=\left[-\frac{\pi}{2}, \frac{\pi}{2}\right]$上是严格递增的.

证　设$\forall x_1$，x_2：$-\frac{\pi}{2} \leqslant x_1 < x_2 \leqslant \frac{\pi}{2}$，则

$$\sin x_2 - \sin x_1 = 2\sin\frac{x_2 - x_1}{2} \cdot \cos\frac{x_2 + x_1}{2}$$

因为$0 < \frac{x_2 - x_1}{2} < \pi$，$-\frac{\pi}{2} < \frac{x_2 + x_1}{2} < \frac{\pi}{2}$，所以$\sin\frac{x_2 - x_1}{2}\cos\frac{x_2 + x_1}{2} > 0$.

故有$\sin x_2 > \sin x_1$. 证毕.

3.1.7　周期函数

如果对于任何$x \in D(f)$，$x+T$与$x-T$也属于$D(f)$，且满足

$$f(x - T) = f(x) = f(x + T), T \neq 0$$

则称T为函数的**周期**，称周期为T的函数为以T为周期的**周期函数**. 需要指出，如果T是函数f的周期，则nT（$n \in \mathbf{Z}$且$n \neq 0$）也是f的周期.

如三角函数均为周期函数，同时，$T=2\pi$是$\sin x$，$\cos x$的最小正周期，而$T=\pi$是$\tan x$与$\cot x$的最小正周期.

【例3-8】　$f(x)=\sin(\omega x+\varphi_0)$的最小正周期$T=\frac{2\pi}{\omega}$.

【例3-9】　证明：$f(x)=\sin x^2$不是周期函数.

证　（用反证法）设$\sin x^2$是周期函数且$T>0$，则对所有的$x \in \mathbf{R}$有

$$\sin(x + T)^2 = \sin x^2$$

由此可知，当$x=0$时，有$\sin T^2=0$，$T=\sqrt{n\pi}$，$n \in \mathbf{N}_+$，这样，$\sin x^2$的周期只能是$T_n=\sqrt{n\pi}$，$n \in \mathbf{N}_+$.

设$T_{k_0}=\sqrt{k_0\pi}$，$k_0 \in \mathbf{N}_+$是函数$\sin x^2$的最小正周期. 我们指出：

当$x \in (0, \sqrt{\pi})$时$\sin x^2 \neq 0$，且函数$\sin x^2$在正半轴的全部零点为$x_n=\sqrt{n\pi}$，$n \in \mathbf{Z}$，这个函数相邻两个零点x_n与x_{n+1}之间的距离

$$\rho_n = \sqrt{\pi(n + 1)} - \sqrt{n\pi} = \frac{\pi}{\sqrt{\pi(n + 1)} + \sqrt{n\pi}} \to 0, n \to \infty$$

所以在正半轴上存在长为 T_{k_0} 的区间，在这个区间上函数 $\sin x^2$ 的任何相邻两个零点的距离将小于$\sqrt{\frac{\pi}{2}}$. 但另一方面在长为 T_{k_0} 的区间 $[0, \sqrt{\pi k_0}]$ 上存在函数 $\sin x^2$ 的两个相邻的零点 $x=0$ 与 $x=\sqrt{\pi}$，它们之间的距离等于$\sqrt{\pi}$，这一矛盾的产生表明：$\sin x^2$ 不是周期函数.

3.1.8　反函数

设给定数值函数 $y=f(x)$，$x\in D(f)$，则对于每一个 $x_0\in D(f)$ 都对应唯一的 $y_0=f(x_0)\in E(f)$. 常常要求我们根据已知的 y_0 来求相对应的自变元的值，即要解关于 x 的方程

$$f(x)=y_0, y_0\in E(f)$$

这个方程的解有时不是一个，可能是几个或无穷多个. 譬如，如果 $f(x)=x^2$，则方程 $x^2=y_0$，$y_0>0$ 有两个解：$x_0=\sqrt{y_0}$，$\tilde{x}_0=-\sqrt{y_0}$. 如果 $f(x)=\sin x$，则方程 $\sin x=y_0$，$|y_0|\leqslant 1$ 有无穷多个解：$x_n=(-1)^n x_0+n\pi$，其中 x_0 是这个方程的一个解，$n\in\mathbf{Z}$.

然而也有这样的方程，对于每个 $y_0\in E(f)$，它只有唯一解 $x_0\in D(f)$. 如下列函数：

(1) $f(x)=3x+4$，$D(f)=\mathbf{R}$

(2) $f(x)=x^3$，$D(f)=\mathbf{R}$

(3) $f(x)=\frac{1}{x}$，$D(f)=\{x\in\mathbf{R}, x\neq 0\}$

如果函数 f 是这样的：使每一个 $y_0\in E(f)$ 仅在一个 $x_0\in D(f)$ 处取得，则称这个函数是**可逆的**. 对于这样的函数，方程

$$f(x)=y$$

对于任何 $y\in E(f)$ 可单值解出 x，即对每一个 $y\in E(f)$ 都有唯一的 $x\in D(f)$ 相对应.

这个对应法则定义了一个函数，即为函数 f 的**反函数**，记为 f^{-1}.

我们指出，对于每个 $y_0\in E(f)$，直线 $y=y_0$ 交函数 f 的反函数图形于唯一点 (x_0, y_0)，其中 $f(x_0)=y_0$.

通常记 x 为反函数的自变元，而它的值记为 y，所以 f 的反函数记为

$$y=f^{-1}(x), x\in D(f^{-1})$$

为了简记，下面 g 表示 f^{-1}. 且介绍下述性质：

(1) 若 g 是 f 的反函数，则 f 也是 g 的反函数，同时

$$D(g)=E(f), E(g)=D(f)$$

(2) 对任何 $x\in D(f)$，有 $g(f(x))=x$，而对任何 $x\in E(f)$，有 $f(g(x))=x$.

(3) 函数 $y=g(x)$ 的图形与函数 $y=f(x)$ 的图形关于 $y=x$ 对称（见图 3-6）.

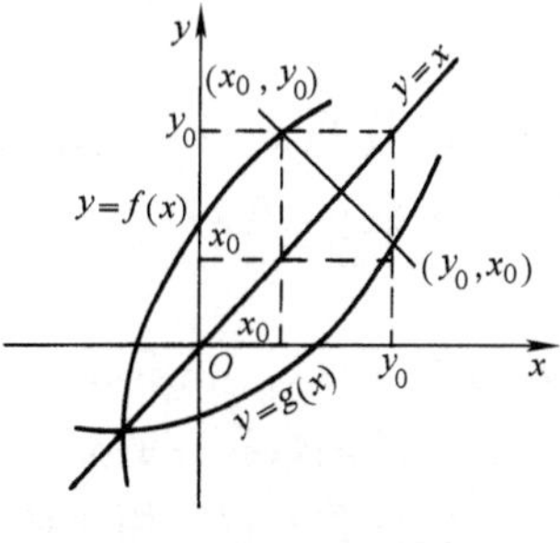

图　3-6

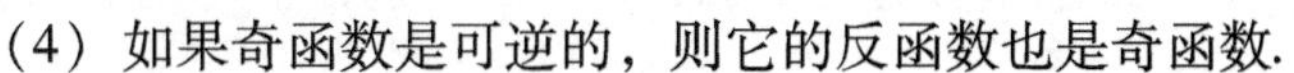

(4) 如果奇函数是可逆的，则它的反函数也是奇函数.

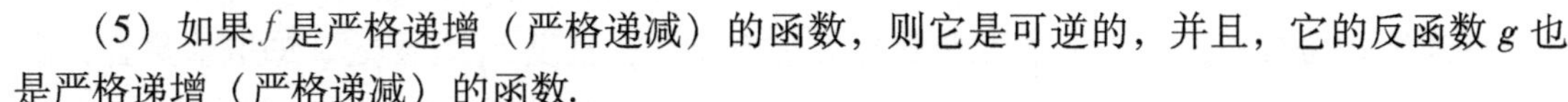

(5) 如果 f 是严格递增（严格递减）的函数，则它是可逆的，并且，它的反函数 g 也是严格递增（严格递减）的函数.

3.1.9 隐函数 用参数方程确定的函数

设 E 是平面 xOy 上的点 $M(x, y)$ 的集合，如果对于每个点 $M(x, y)$ 依照某个法则有数 z 相对应，则称在集合 E 上定义了一个数值函数，它有两个自变元 x 和 y 且记为 $z=f(x, y)$.

如圆锥的体积 $V=\frac{1}{3}\pi r^2 h$，可以看作锥高 h 与底面半径 r 的函数，类似地，还可引入依赖于三个或更多个自变元的函数.

设函数 $F(x, y)$ 在某个平面点上有定义. 考虑方程

$$F(x, y)=0 \tag{3-1}$$

方程（3-1）的图形是满足该方程的所有平面点（x, y）所形成的集合，如方程 $x^2+y^2=1$是单位圆. 这里，自然会提出：方程（3-1）能单值解出 y 吗？即能否求得唯一的函数 $y=f(x)$，使得 $F(x, f(x))\equiv 0$，其中 x 在某个区间取值.

如 $x^2+y^2=1$，若 $|x|>1$，则对 y 无解，若 $|x|<1$，则可解出 y

$$y=\pm\sqrt{1-x^2}$$

且 $x=\pm 1$ 时，$y=0$. 记 $y_1=\sqrt{1-x^2}$，$y_2=-\sqrt{1-x^2}$.

由此得出，任何函数 $y=f(x)$ 在点 $x\in[-1, 1]$ 处或取 y_1，或取 y_2 才满足圆的方程，即有

$$x^2+f^2(x)-1\equiv 0, x\in[-1,1] \tag{3-2}$$

譬如当 $x\in[-1, \alpha)$，$-1<\alpha<1$ 时，取 $f(x)=y_1$，当 $x\in[\alpha, 1]$ 时取 $f(x)=y_2$. 变化 α 的值，可得到满足方程（3-2）的无穷函数集合.

现在，我们来考虑矩形

$$K_1=\{(x,y)\mid -1\leqslant x\leqslant 1, 0\leqslant y\leqslant 1\}$$

在 K_1 上方程 $x^2+y^2=1$ 存在唯一解 $y=y_1=\sqrt{1-x^2}$，$x\in[-1, 1]$ 且 $y\in[0, 1]$. 称这个函数为由圆方程在矩形 K_1 上确定的隐函数. 类似地，在矩形

$$K_2=\{(x,y)\mid -1\leqslant x\leqslant 1, -1\leqslant y\leqslant 0\}$$

上确定了隐函数 $y=y_2=-\sqrt{1-x^2}$，$x\in[-1, 1]$.

现在重新考虑方程（3-1）. 设矩形

$$K=\{(x,y)\mid |x-x_0|\leqslant a, |y-y_0|\leqslant b\}$$

包含在函数 $F(x, y)$ 的定义域内且设 $F(x_0,y_0)=0$. 如果在区间 $\Delta=[x_0-a, x_0+a]$ 上存在唯一的函数 $y=f(x)$，$f(x)\in[y_0-b, y_0+b]$ 满足

$$F(x, f(x))\equiv 0, x\in\Delta$$

则称方程（3-1）在矩形 K 上确定了变量 y 为变量 x 的**隐函数**.

关于隐函数存在的充分条件及与隐函数相联系的其他问题我们将在后面考虑.

一元函数不仅能用显函数 $y=f(x)$ 或隐函数方程 $F(x, y)=0$ 给定，也可用参数方程表示.

设函数 $x=\varphi(t)$ 与 $y=\psi(t)$ 在某个数集 E 上有定义，且设 E_1 是函数 φ 的取值集合，假定函数 $\varphi(t)$ 在集合 E 上可逆，且设 $t=\varphi^{-1}(x)$，$x\in E_1$ 是它的反函数，则在集合 E_1 上确定了一个复合函数 $y=\psi(\varphi^{-1}(x))=f(x)$，称这个函数是由参数方程 $x=\varphi(t)$，$y=\psi(t)$ 确

定的.

如由参数方程 $x=\cos t$，$y=\sin t$，$t\in\left[0,\ \frac{\pi}{2}\right]$确定了函数

$$y=\sin(\arccos x)=\sqrt{1-x^2},\ x\in[0,\ 1]$$

3.1.10　极坐标系

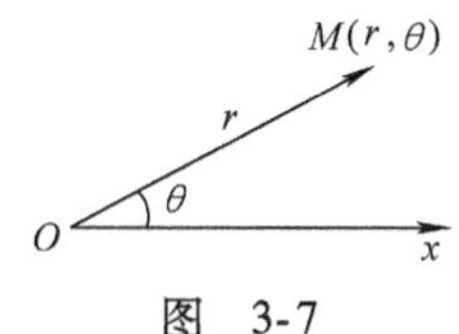

图　3-7

在平面内取一个定点 O，叫作**极点**；自极点 O 引一条射线$\overrightarrow{Ox}$，叫作**极轴**；再选定一个长度单位，一个角度单位（通常取弧度）及其正方向（通常取逆时针方向），这样就建立了一个**极坐标系**，如图 3-7 所示.

设 M 是平面内一点，极点 O 与点 M 的距离 $|\overrightarrow{OM}|$ 叫作点 M 的**极径**，记为 r. 极轴$\overrightarrow{Ox}$沿逆时针方向旋转到射线$\overrightarrow{OM}$位置，所转过的角度 θ 叫作点 M 的**极角**. 有序数对（r，θ）叫作点 M 的**极坐标**，记作 $M(r,\ \theta)$. 一般地，不进行特殊说明时，我们认为 $r\geqslant 0$，θ 可取任意实数.

建立极坐标系后，给定 r 和 θ，就可以在平面内唯一确定一点 M；反过来，给定平面内任意一点，也可以找到它的极坐标（r，θ）. 一般地，极坐标$(r,\ \theta)$与$(r,\theta+2k\pi)$$(k\in\mathbf{Z})$表示同一个点. 如果规定 $r>0$，$0\leqslant\theta<2\pi$，那么除极点外，平面内的点可用唯一的极坐标（r，θ）表示；同时极坐标（r，θ）表示的点也是唯一确定的.

当极角 $\theta+2k\pi$ 取负值时，可认为极轴$\overrightarrow{Ox}$沿顺时针方向旋转到射线$\overrightarrow{OM}$位置，所转过的角度为 $-\theta-2k\pi$.

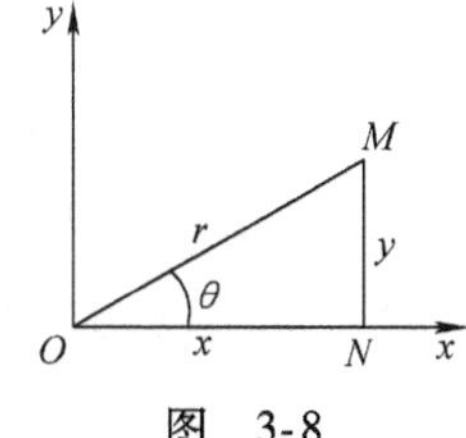

图　3-8

下面把直角坐标系的原点作为极点，x 轴的正半轴作为极轴，并在两种坐标系中取相同的长度单位. 设 M 是平面内任意一点，它的直角坐标是（x，y），极坐标是（r，θ），从图 3-8 中可以得出它们之间的关系：

$$x=r\cos\theta,\ y=r\sin\theta$$

由此又可得到下面的关系式为

$$r^2=x^2+y^2,\ \tan\theta=\frac{y}{x}\quad(x\neq 0)$$

这就是极坐标与直角坐标的互化公式.

例如，直角坐标系下点（1，$\sqrt{3}$）的极坐标为$\left(2,\ \frac{\pi}{3}+2k\pi\right)$（$k\in\mathbf{Z}$）；点 P（1，$-\sqrt{3}$）的极坐标为$\left(2,\ -\frac{\pi}{3}+2k\pi\right)$（$k\in\mathbf{Z}$），极角 $-\frac{\pi}{3}$可理解为极轴$\overrightarrow{Ox}$沿顺时针方向转到射线$\overrightarrow{OP}$位置，转过的角度为$\frac{\pi}{3}$.

在极坐标系下，很多曲线方程变得简单，例如，直角坐标系下单位圆方程为 $x^2+y^2=1$，极坐标系下为 $r=1$；射线方程在极坐标系下为 $\theta=\theta_0$. 伯努利双纽线 $(x^2+y^2)^2=a^2(x^2-y^2)$，极坐标方程为 $r^2=a^2\cos 2\theta$，如图 3-9 所示.

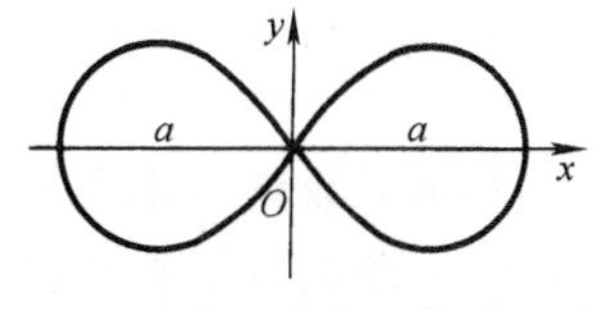

图 3-9　$(x^2+y^2)^2=a^2(x^2-y^2)$

下面介绍几种常见的平面曲线及其轨迹特性：

（1）伯努利双纽线（图3-10）：$(x^2+y^2)^2=2a^2(x^2-y^2)$或$r^2=2a^2\cos 2\varphi$（把极点放在点$O$）．特性：$|F_1M|\cdot|F_2M|=a^2$（$a$为常数），其中点$F_1$和$F_2$的坐标分别为$F_1(-a,0)$和$F_2(0,a)$．

（2）蔓叶线（图3-11）：$y^2(2R-x)=x^3$或$r=2R\tan\varphi\sin\varphi$（把极点放在点$O$）．特性：对任何射线$\varphi=\varphi_0$，$\varphi_0\in\left(-\dfrac{\pi}{2},\dfrac{\pi}{2}\right)$，$|OM|=|BC|$．

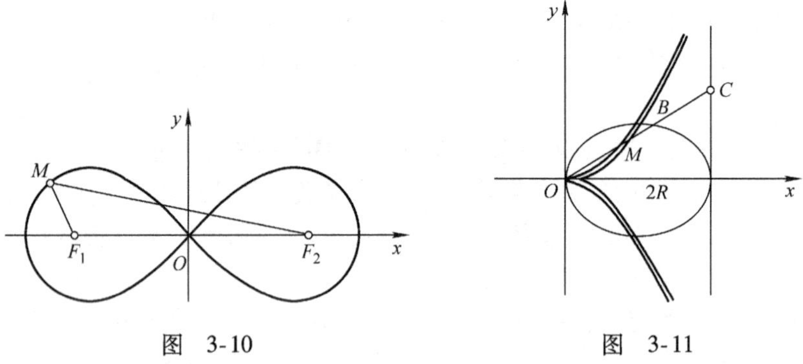

图　3-10　　　　图　3-11

（3）蚌线（图3-12）：$x^2y^2+(x+a)^2(x^2-b^2)=0$或$r=\dfrac{a}{\cos\varphi}\pm b$（把极点放在点$A(-a,0)$）．特性：对任何射线$\varphi=\varphi_0$，$\varphi_0\in\left(-\dfrac{\pi}{2},\dfrac{\pi}{2}\right)$，$|BM|=|BN|=b$．

（4）环索线（图3-13）：$x^2[(x+a)^2+y^2]=a^2y^2$或$r=\dfrac{a}{\cos\varphi}\pm a\tan\varphi$（把极点放在点$A(-a,0)$）．特性：对任何射线$\varphi=\varphi_0$，$\varphi_0\in\left(-\dfrac{\pi}{2},\dfrac{\pi}{2}\right)$，$|BM|=|BN|=|OB|$．

（5）蚶线（图3-14）：$(x^2+y^2-2ax)^2=b^2(x^2+y^2)$或$r=2a\cos\varphi\pm b$（极点位于点$O$）．特性：对任何射线$\varphi=\varphi_0$，$\varphi_0\in\left(-\dfrac{\pi}{2},\dfrac{\pi}{2}\right)$，$|BM|=|BN|=b$．

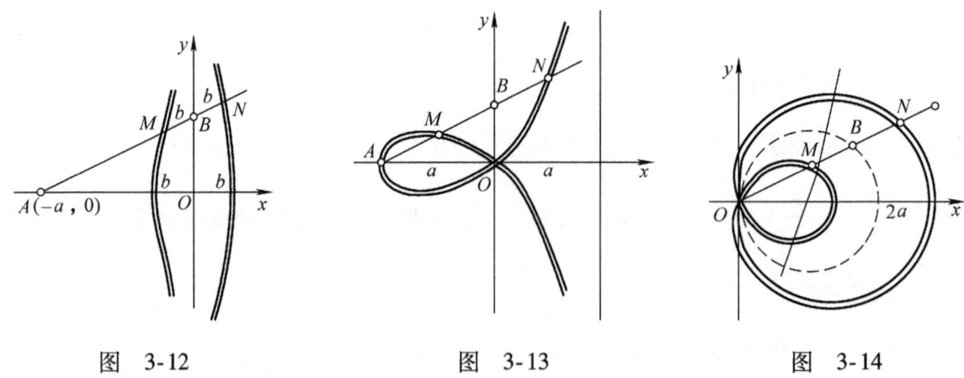

图　3-12　　　　图　3-13　　　　图　3-14

（6）四叶玫瑰线（图3-15）：$(x^2+y^2)^3=4a^2x^2y^2$或$r=a|\sin 2\varphi|$（极点位于点O）．特性：在任一动点M处存在过M点的动线段$AB\perp OM$，且$|AB|=2a$．动端点A，B始终位于坐标轴上．

(7) 星形线（图 3-16）：$x=a\cos^3 t$，$y=a\sin^3 t$，$t\in[0,2\pi)$，或 $x^{\frac{2}{3}}+y^{\frac{2}{3}}=a^{\frac{2}{3}}$. 特性：任一动点 M 都存在对应的动点 P 与过 M 的动线段 AB 满足 $PM\perp AB$ 且 $|AB|=a$. 其中 $A(0,y)$ $B(x,0)$，$P(x,y)$.

(8) 圆的渐伸线（图 3-17）：$x=a(\cos t+t\sin t)$，$y=a(\sin t-t\cos t)$，$t\in[0,+\infty)$. 特性：把绕着圆周 $x^2+y^2=a^2$ 的线扯直，其端点 M 的轨迹便是该曲线. 其中 $|BM|=|\overset{\frown}{AB}|$，初始时刻 M 在点 $A(a,0)$ 处.

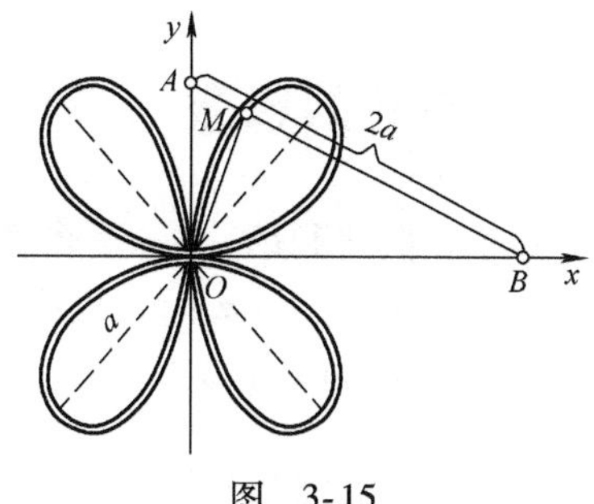

图　3-15

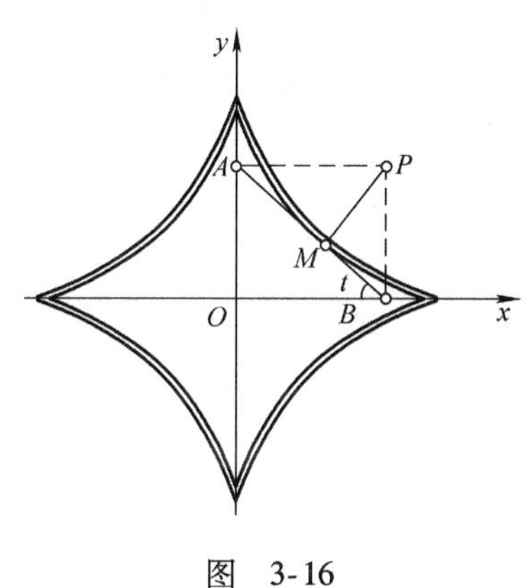

图　3-16

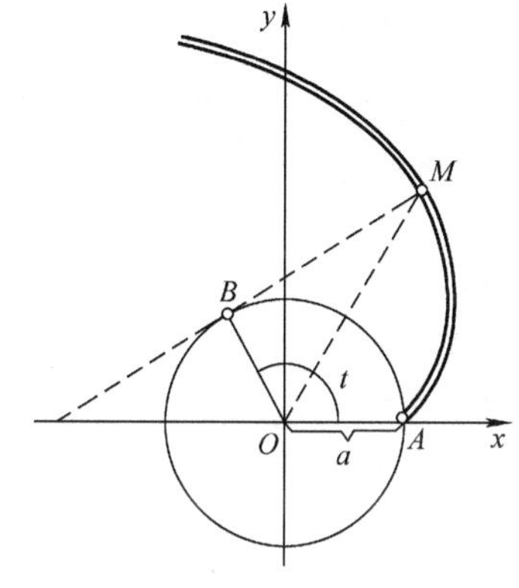

图　3-17

练习

1. 设 $f(x)=2^x, g(x)=x\ln x$，求 $f(g(x))$，$g(f(x))$，$f(f(x))$，$g(g(x))$.

2. 设 $f(x)=\begin{cases}1 & -1\leqslant x<0\\ x+1 & 0\leqslant x\leqslant 2\end{cases}$，求 $f(x-1)$.

3. 下列函数是由哪些较简单的函数复合而成的？

(1) $F(x)=(1+\arcsin x)^{-1}$

(2) $F(x)=\ln\cos\sqrt{1-5x}$

4. 判断下列函数的奇偶性.

(1) $f(x)=e^x+e^{-x}+x\sin x$

(2) $f(x)=\ln(x+\sqrt{1+x^2})$

(3) $f(x)=\dfrac{x(1-e^x)}{1+e^x}$

5. 求下列函数的反函数.

(1) $y=\ln(x+2)+1$　　(2) $y=\arcsin\dfrac{x-1}{4}$

3.1　习题答案

3.2 函数的极限

本节我们将利用 $\varepsilon-\delta$ 逻辑符号语言来刻画函数极限，具体讲当自变量 $x\to a$，$a+0$，$a-0$，∞，$+\infty$，$-\infty$ 时函数值 $f(x)\to A$，$A+0$，$A-0$，∞，$+\infty$，$-\infty$ 的极限. 我们将着重讨论 $\lim\limits_{x\to\infty}f(x)=A$ 及 $\lim\limits_{x\to a}f(x)=A$ 这两种极限，其他情况类似定义.

3.2.1 函数极限定义

1. x 趋于 ∞ 时函数的极限

函数 $y=\dfrac{1}{x}$，从图 3-18 可见，当 x 趋于 $+\infty$ 时，函数值 y 无限接近于 0；函数 $y=e^x$，如图 3-19 所示，当 x 趋于 $-\infty$ 时，函数值 y 无限趋于 0. 现在我们先来考虑当 x 趋于 $+\infty$ 时，对于一般的函数 $f(x)$ 是否无限趋于某个确定的常数 A，这与数列极限相类似.

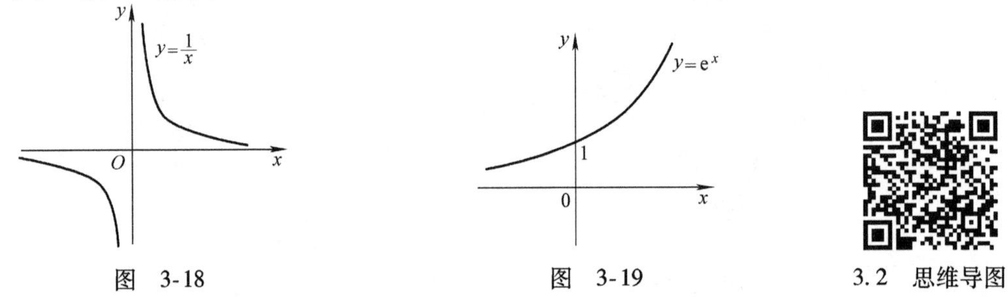

图 3-18　　图 3-19　　3.2 思维导图

在第 2 章我们学习了数列极限，因数列是定义域为正整数集 $\mathbf{N}_+$ 上的函数，因此数列极限也是一类函数极限. 数列 $\{x_n\}$ 以数 A 为极限，即 $\lim\limits_{n\to\infty}x_n=A$，定义为

$$\forall\varepsilon>0,\ \exists N_\varepsilon\in\mathbf{N}_+:\ \forall n\geqslant N_\varepsilon\to|x_n-A|<\varepsilon$$

数列极限的几何意义在二维平面上的刻画如图 3-20所示.

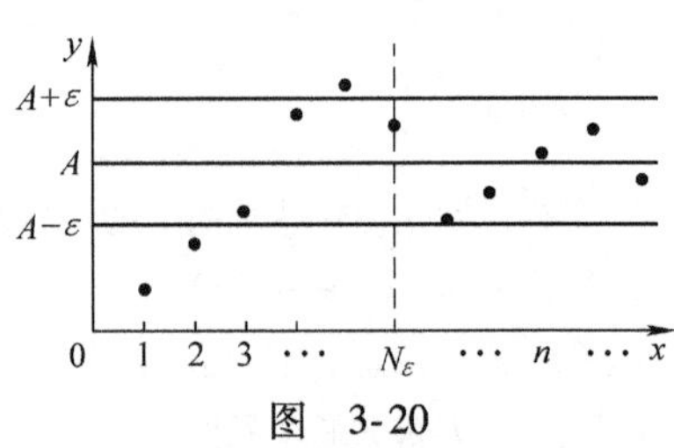

图 3-20

具体说来，即任给的 $\varepsilon>0$，在坐标平面上平行于 x 轴的两条直线 $y=A+\varepsilon$ 与 $y=A-\varepsilon$ 围成以直线 $y=A$ 为中心线，宽为 2ε 的带形区域；对此带形区域，可以找到数列中一项，下标记为 N_ε，使得 x_{N_ε} 项后边的所有项包括 x_{N_ε} 全部落入此带形区域. 无论带形区域多么窄，均可找到这样的 x_{N_ε} 项.

若将数列各项所对应的点用光滑曲线 $y=f(x)$ 连接起来，如图 3-21 所示.

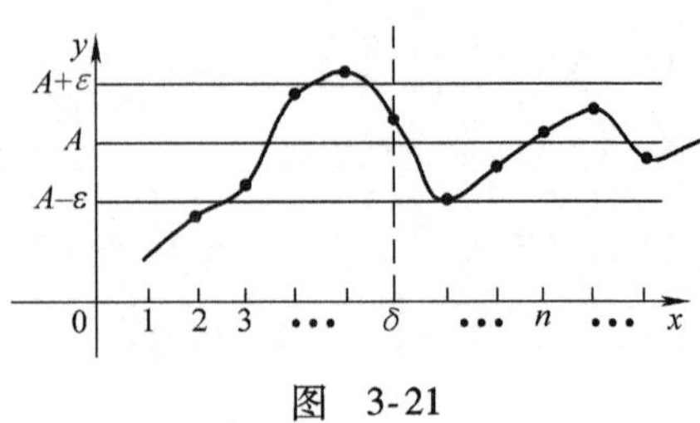

图 3-21

于是当 x 趋于 $+\infty$ 时，函数 $f(x)$ 无限趋于常数 A 的几何意义：任给一个以直线 $y=A$ 为中心线、宽为 2ε 的带形区域，总可以找到正数 δ，使得当 $x>\delta$ 时，函数 $f(x)$ 的图像全部进入这个带形区域内. 带形区域可以任意窄，无论多么窄，这样的 δ

总存在，并且随着带形区域变窄，δ 一般要变大. 记

$$U_\delta(\infty)=\{x \mid |x|>\delta\}$$
$$=(-\infty,-\delta)\cup(\delta,+\infty)$$
$$U_\delta(+\infty)=\{x \mid x>\delta\}=(\delta,+\infty)$$

且称这两个数集分别为∞ 的 δ－邻域、$+\infty$ 的 δ－邻域.

下面给出当 x 趋于 $+\infty$ 时函数极限的精确定义.

定义 3-1　假设$f(x)$在 $+\infty$ 的某个邻域 $U(+\infty)$内有定义，如果

$$\forall\varepsilon>0,\exists\delta>0:\forall x>\delta\rightarrow|f(x)-A|<\varepsilon$$

成立，则称数 A 是函数$f(x)$**当 x 趋于 $+\infty$ 时的极限**，且记为 $\lim\limits_{x\to+\infty}f(x)=A$. 也可写为

$$\forall\varepsilon>0,\exists\delta>0:\forall x\in U_\delta(+\infty)\rightarrow f(x)\in U_\varepsilon(A)$$

类似地，可定义 $\lim\limits_{x\to-\infty}f(x)=A$. 设$f(x)$在 $-\infty$ 的某个邻域 $U(-\infty)$内有定义，如果

$$\forall\varepsilon>0,\ \exists\delta>0:\forall x<-\delta\rightarrow|f(x)-A|<\varepsilon$$

或

$$\forall\varepsilon>0,\ \exists\delta>0:\forall x\in U_\delta(-\infty)\rightarrow f(x)\in U_\varepsilon(A)$$

成立，则称数 A 是函数$f(x)$**当 x 趋于 $-\infty$ 时的极限**.

假设$f(x)$在∞ 的某个邻域 $U(\infty)$内有定义，则

$$\{\lim_{x\to\infty}f(x)=A\}\Leftrightarrow\{\forall\varepsilon>0,\ \exists\delta>0,:\forall x(|x|>\delta)\rightarrow|f(x)-A|<\varepsilon\}$$
$$\Leftrightarrow\{\forall\varepsilon>0,\ \exists\delta>0,\ :\forall x\in U_\delta(\infty)\rightarrow f(x)\in U_\varepsilon(A)\}$$

【例 3-10】　证明：$\lim\limits_{x\to\infty}\dfrac{1}{x}=0$

证　$\forall\varepsilon>0$，取 $\delta=\dfrac{1}{\varepsilon}$，则当$|x|>\delta$ 时有

$$\left|\frac{1}{x}-0\right|=\frac{1}{|x|}<\frac{1}{\delta}=\varepsilon$$

【例 3-11】　证明：$\lim\limits_{x\to-\infty}\mathrm{e}^x=0$

证　$\forall\varepsilon\in(0,1)$，要使

$$|\mathrm{e}^x-0|=\mathrm{e}^x<\varepsilon$$

成立，即需要 $x<\ln\varepsilon$；取 $\delta=\ln\dfrac{1}{\varepsilon}$，则当 $x<-\delta$ 时有

$$|\mathrm{e}^x-0|=\mathrm{e}^x<\mathrm{e}^{-\delta}=\varepsilon$$

【例 3-12】　设$f(x)=\dfrac{3-2x}{x+1}$（见图 3-22），则 $\lim\limits_{x\to+\infty}f(x)=-2$.

证　$f(x)=-2+\dfrac{5}{x+1}$，且若$x>1$，则 $x+1>x$，所以$\dfrac{5}{x+1}<\dfrac{5}{x}$；要使$|f(x)+2|=\dfrac{5}{x+1}<\dfrac{5}{x}<\varepsilon$ 成立，即需要 $x>\dfrac{5}{\varepsilon}$；取 $\delta=\max\left(1,\ \dfrac{5}{\varepsilon}\right)$，从而有

$$\forall\varepsilon>0,\exists\delta>0:\forall x>\delta\rightarrow|f(x)+2|<\varepsilon$$

2. 在有限点处的极限

与函数在已知点邻域内的性质相联系的极限概念，在数学分析教程中起着重要作用.

前面曾把以点 a 为中心，长度为 2δ 的区间定义为点 a 的 δ - 邻域，即

$$U_\delta(a) = \{x \mid |x-a| < \delta\} = \{x \mid a-\delta < x < a+\delta\}$$

如果从这个区间中把点 a 去掉，则将得到的数集称为点 a 的去心 δ - 邻域，即

$$\mathring{U}_\delta(a) = \{x \mid |x-a| < \delta,\ x \neq a\} = \{x \mid 0 < |x-a| < \delta\}$$

为了引入在有限点处函数极限的定义，我们考虑两个例子.

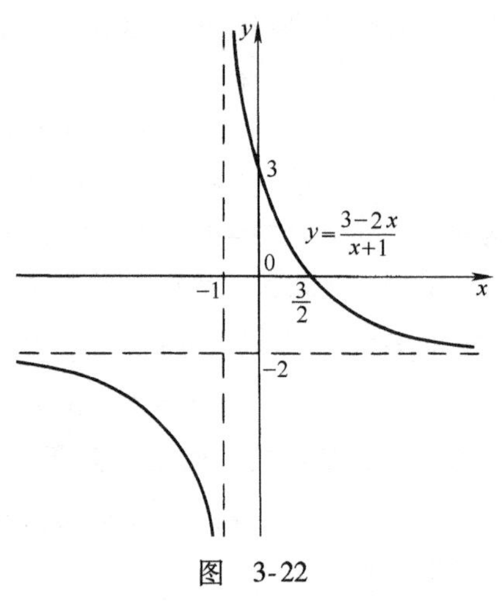

图 3-22

【例 3-13】 研究函数 $f(x)=\dfrac{x^2-1}{x-1}$ 在点 $x=1$ 邻域内的变化趋势.

解 函数 f 对所有 $x\neq1$ 的实数有定义，且当 $x\neq1$ 时 $f(x)=x+1$. 这个函数图形如图 3-23 所示. 由图形可以看到，如果 x 趋近于 $1(x\neq1)$，则函数值趋近于 2.

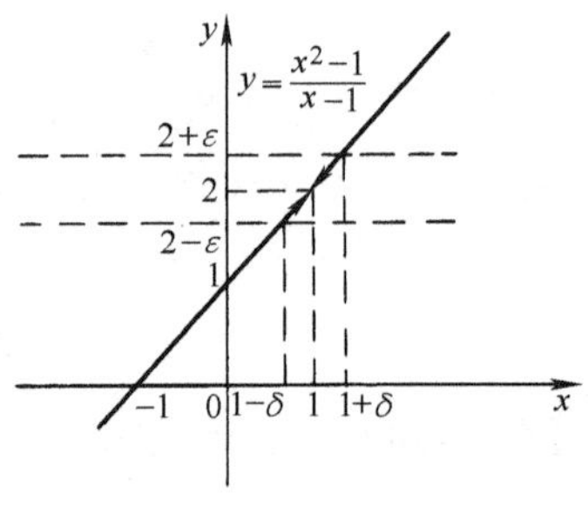

图 3-23

事实上，任意给定 $\varepsilon>0$，直线 $y=2+\varepsilon$，$y=2-\varepsilon$ 与函数 $y=f(x)$ 图形交点的横坐标为 $x_1=1-\varepsilon$，$x_2=1+\varepsilon$；若取 $\delta=\varepsilon$，则对任何 $U_\varepsilon(2)$ 都存在 $\mathring{U}_\delta(1)$，使对所有的 $x\in\mathring{U}_\delta(1)$ 有 $f(x)\in U_\varepsilon(2)$.

换句话说，任意给定 $\varepsilon>0$，对于 $y=2-\varepsilon$ 与 $y=2+\varepsilon$ 所界的水平带形区域，存在着 $\mathring{U}_\delta(1)$，使得当自变量 x 进入 $\mathring{U}_\delta(1)$，就有函数 $y=f(x)$ 图形的对应点全部落入 $y=2-\varepsilon$ 与 $y=2+\varepsilon$ 所界的水平带形区域内. 正数 ε 可以任意小，即带形区域可以任意窄，无论多么窄，总存在着 $\mathring{U}_\delta(1)$，使上述事实成立，即 x 趋近于 1 时，函数值趋近于 2. 正数 ε 的任意性，刻画了极限过程.

【例 3-14】 在 $x=0$ 的邻域内研究函数

$$f(x)=\begin{cases}1-x & x<0\\ 0 & x=0\\ 1-x^2 & x>0\end{cases}$$

解 从这个函数的图形（见图 3-24）可以看出：x 趋近于 0 时，函数值趋近于 1；即对任何 $\varepsilon>0$，可以找到 $\delta>0$，使所有的 $x\in\mathring{U}_\delta(0)$ 满足条件 $f(x)\in U_\varepsilon(1)$.

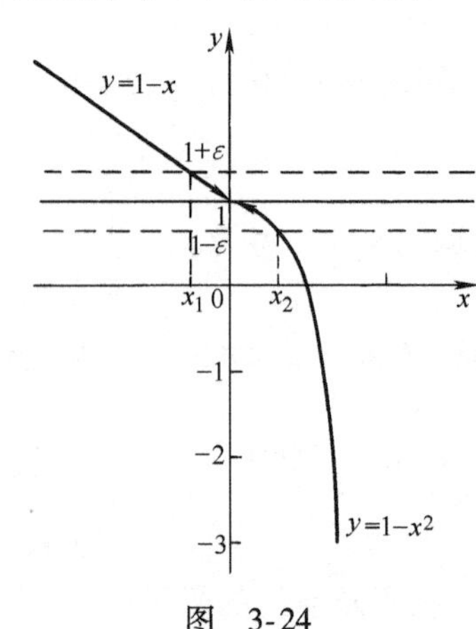

图 3-24

事实上，直线 $y=1+\varepsilon$，$y=1-\varepsilon$ 与函数 $y=f(x)$ 的图形的交点的横坐标为 $x_1=-\varepsilon$，$x_2=\sqrt{\varepsilon}$. 设 $\delta=\min\{|x_1|,x_2\}$，则若 $|x|<\delta$ 且 $x\neq0$，有 $|f(x)-1|<\varepsilon$，即对所有 $x\in\mathring{U}_\delta(0)$，满足条件 $f(x)\in U_\varepsilon(1)$. 在这

种情况下，我们说当 x 趋近于 0 时，函数 $f(x)$ 趋近于 1，且记为

$$\lim_{x\to 0} f(x) = 1$$

在例 3-13 中函数在 $x=1$ 处没有定义，而在例 3-14 中，函数 $x=0$ 处的值不等于当 $x\to 0$ 时它的极限值. 可见函数在一点 a 处的极限表明当自变量 x 趋于 a 过程中函数值的变化趋势，与函数在点 a 是否有定义以及取值如何没有关系.

下面给出函数在一点处极限的精确定义.

定义 3-2　如果函数 $f(x)$ 在点 a 的某个邻域内有定义（点 a 可以除外），且对每个 $\varepsilon>0$，存在 $\delta>0$，使对所有的 x，只要 $|x-a|<\delta$，$x\neq a$，都满足 $|f(x)-A|<\varepsilon$，则称数 A 是函数 $f(x)$ **在点 a 处的极限**，且记为

$$\lim_{x\to a} f(x) = A \text{ 或 } f(x)\to A(x\to a)$$

利用逻辑符号可将这个定义记为

$$\{\lim_{x\to a} f(x) = A\} \Leftrightarrow \{\forall\varepsilon>0,\ \exists\delta>0: \forall x(0<|x-a|<\delta)\to |f(x)-A|<\varepsilon\}.$$

或利用邻域的概念记为

$$\{\lim_{x\to a} f(x) = A\} \Leftrightarrow \{\forall\varepsilon>0,\ \exists\delta>0: \forall x\in \mathring{U}_\delta(a)\to f(x)\in U_\varepsilon(A)\}.$$

说明 1　由于函数 $f(x)$ 可能在 $x=a$ 处没有定义，因而在定义 3-1 中通常假设 $x\neq a$，此外，δ 也常常记为 $\delta(\varepsilon)$.

上述定义表明，任意给定 $\varepsilon>0$，对于数 A 的 ε − 邻域，都能找到数 a 的去心 δ − 邻域，使对这个去心 δ − 邻域内的所有 x 值，相对应的函数值都属于数 A 的 ε − 邻域. 其几何意义如图 3-25 所示，对于直线 $y=A$ 为中心线，宽为 2ε 的带形区域，存在着数 a 的去心 δ − 邻域，使得自变量 x 一旦进入 $\mathring{U}_\delta(a)$，就有函数值对应的点全部落入此带形区域内. 随着 ε 趋于 0，带形区域宽度也趋于 0，总存在着满足上述事实的 $\mathring{U}_\delta(a)$，δ 一般会随着 ε 变小而变小.

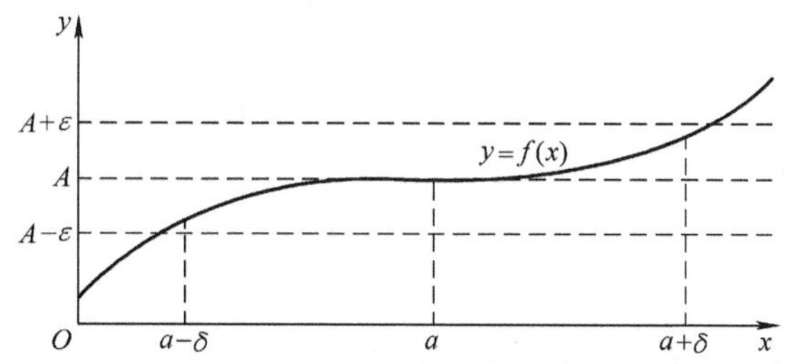

图　3-25

定义 3-3　如果函数 $f(x)$ 在点 a 的某个去心邻域内有定义，即 $\exists\delta_0>0$ 使得 $\mathring{U}_{\delta_0}(a)\subset D(f)$，且对任何收敛于 a 的数列 $\{x_n\}$ 使得 $x_n\in\mathring{U}_{\delta_0}(a)$，$n\in\mathbf{N}_+$，对应的函数值数列 $\{f(x_n)\}$ 都收敛于数 A，则称数 A 是**函数 $f(x)$ 在点 a 处的极限**.

可以证明定义 3-2 与定义 3-3 是等价的，证明过程略.

【例 3-15】 利用定义3-3 证明：函数 $f(x)=\sin\frac{1}{x}$在点 $x=0$ 处没有极限.

证 取 $x_n=\left(\frac{\pi}{2}+2\pi n\right)^{-1}$，$\tilde{x}_n=(\pi n)^{-1}$，显然$\lim\limits_{n\to\infty}x_n=\lim\limits_{n\to\infty}\tilde{x}_n=0$，但

$$\lim_{n\to\infty}f(x_n)=1\neq0=\lim_{n\to\infty}f(\tilde{x}_n)$$

因而 $\sin\frac{1}{x}$在 $x=0$ 处没有极限. 如图3-26 所示.

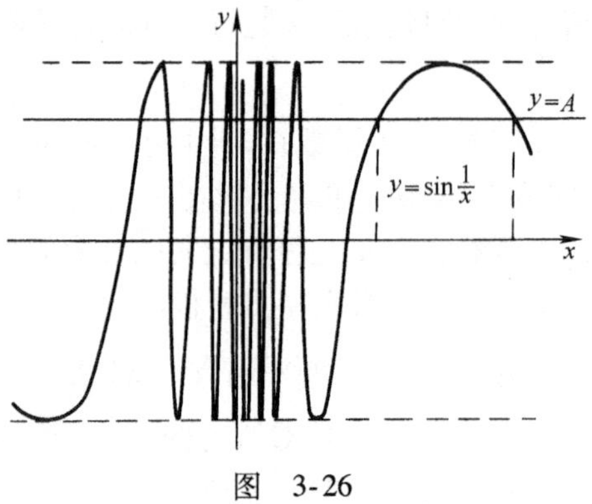

图 3-26

3.2.2 各种类型的极限

1. 单侧有限极限

假设函数f在点 a 的某个左或右侧开邻域内有定义.

定义 3-4 如果

$\forall\varepsilon>0$，$\exists\delta>0$:$\forall x\in(a-\delta,a)\to|f(x)-A_1|<\varepsilon$，则称数 A_1 是函数$f(x)$在点 a 处的**左极限**且记为 $\lim\limits_{x\to a-0}f(x)$或$f(a-0)$.

如果

$\forall\varepsilon>0,\exists\delta>0$：$\forall x\in(a,a+\delta)\to|f(x)-A_2|<\varepsilon$

则称数 A_2 是函数$f(x)$在点 a 处的**右极限**且记为 $\lim\limits_{x\to a+0}f(x)$或$f(a+0)$.

数 A_1 与 A_2 分别描述了函数f在点 a 的左邻域与右邻域内的性质，所以，称左、右极限为单侧极限. 如果 $a=0$，则函数 $f(x)$ 的左极限记为 $\lim\limits_{x\to-0}f(x)$ 或 $f(-0)$，而右极限为 $\lim\limits_{x\to+0}f(x)$或$f(+0)$.

例如，对于函数$f(x)=\operatorname{sgn}x$，其中

$$\operatorname{sgn}x=\begin{cases}-1 & x<0\\ 0 & x=0\\ 1 & x>0\end{cases}$$

它的图形如图 3-27 所示，$\lim\limits_{x\to-0}f(x)=f(-0)=-1$，$\lim\limits_{x\to+0}f(x)=f(+0)=1$.

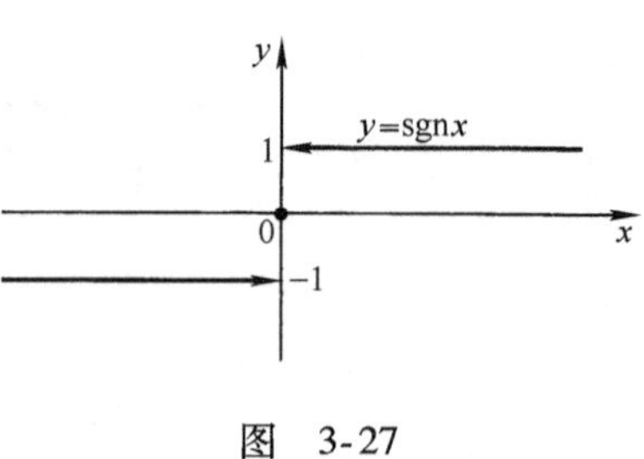

图 3-27

我们还需要指出，如果$\forall\varepsilon>0,\exists\delta>0$：$\forall x\in\mathring{U}_\delta(a)\to f(x)\in[A,A+\varepsilon)$，即函数值位于数 A 的 ε－右邻域，则记$\lim\limits_{x\to a}f(x)=A+0$，特别地，若 $A=0$，则记为$\lim\limits_{x\to a}f(x)=+0$.

类似地，有

$$\{\lim_{x\to a}f(x)=A-0\}\Leftrightarrow\{\forall\varepsilon>0,\ \exists\delta>0:\ \forall x\in\mathring{U}_\delta(a)\to f(x)\in(A-\varepsilon,A]\}.$$

譬如，对于函数

$$f(x)=\begin{cases}1-x & x<0\\ 2 & x=0\\ 1+\sqrt{x} & x>0\end{cases}$$

它的图形如图 3-28 所示，$\lim\limits_{x\to 0}f(x)=1+0$.

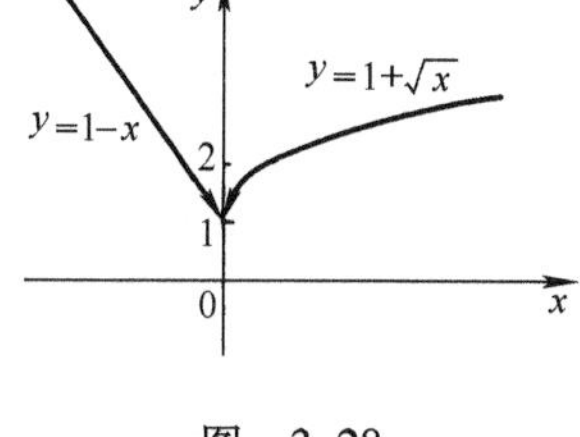

图 3-28

此外，还可以定义 $\lim\limits_{x\to a-0}f(x)=A+0$, $\lim\limits_{x\to a+0}f(x)=A-0$. 譬如，

$$\{\lim_{x\to a-0}f(x)=A+0\}\Leftrightarrow\{\forall\varepsilon>0,$$
$$\exists\delta>0:\forall x\in(a-\delta,a)\to f(x)\in[A,A+\varepsilon)\}.$$

2. 无穷极限

定义 3-5 设函数 $f(x)$ 在点 a 的某个去心邻域内有定义. 若

$$\forall\varepsilon>0,\ \exists\delta>0:\forall x\in\mathring{U}_\delta(a)\to|f(x)|>\varepsilon \tag{3-3}$$

则称函数 $f(x)$ 在点 a **有无穷极限**，记为 $\lim\limits_{x\to a}f(x)=\infty$. 此时称函数 $f(x)$ 为 $x\to a$ 时的无穷大.

根据条件式（3-3）知，对于所有的 $x\in\mathring{U}_\delta(a)$，函数 $y=f(x)$ 的图形都位于水平带形 $|y|\leqslant\varepsilon$ 之外.

这样，$\lim\limits_{x\to a}f(x)=\infty$ 意味着对任何无穷大的 ε - 邻域 $U_\varepsilon(\infty)$ 都有点 a 的去心 δ - 邻域，使对所有的 $x\in\mathring{U}_\delta(a)$ 满足条件 $f(x)\in U_\varepsilon(\infty)$.

例如，若 $f(x)=\dfrac{1}{x}$，则 $\lim\limits_{x\to 0}f(x)=\infty$，这是因为满足条件式（3-3），可以取 $\delta=\dfrac{1}{\varepsilon}$（见图 3-29）.

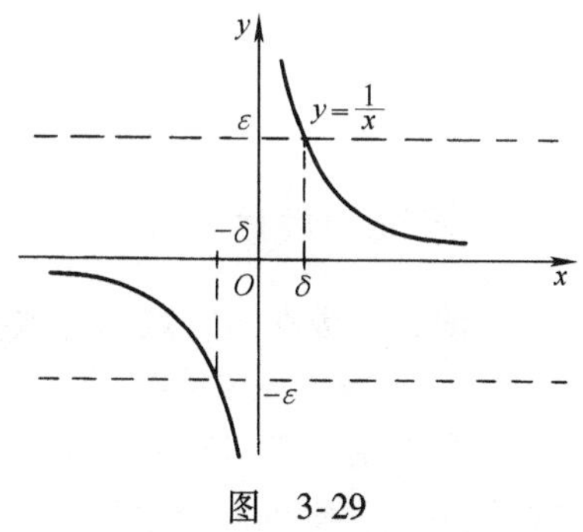

图 3-29

{类似地，可定义 $\lim\limits_{x\to a}f(x)=+\infty$ 及 $\lim\limits_{x\to a}f(x)=-\infty$，譬如，$\{\lim\limits_{x\to a}f(x)=+\infty\}\Leftrightarrow\{\forall\varepsilon>0,\exists\delta>0:\forall x\in\mathring{U}_\delta(a)\to f(x)\in U_\varepsilon(+\infty).\}$

例如，设 $f(x)=\lg x^2$（见图 3-30），则 $\lim\limits_{x\to 0}f(x)=-\infty$；而当 $f(x)=\dfrac{1}{x^2}$ 时（见图 3-31），有 $\lim\limits_{x\to 0}f(x)=+\infty$.

由上述极限我们不难得到在无限大处的无穷大极限，譬如，$\{\lim\limits_{x\to+\infty}f(x)=-\infty\}\Leftrightarrow\{\forall\varepsilon>0,\ \exists\delta>0:\ \forall x\in U_\delta(+\infty)\to f(x)\in U_\varepsilon(-\infty)\}$，或 $\forall\varepsilon>0$，$\exists\delta>0$：$\forall x>\delta\to f(x)<-\varepsilon\}$.

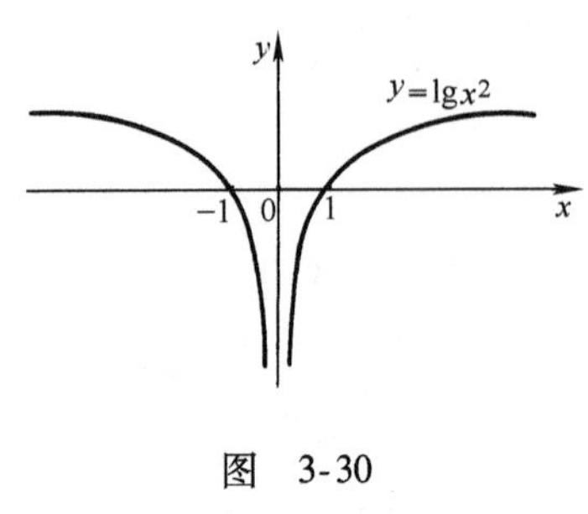

图 3-30

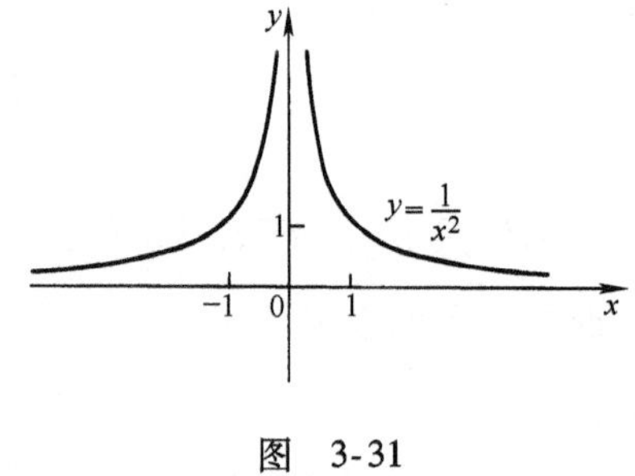

图 3-31

练习

1. 证明：若函数$f(x)$在a处极限存在，则必唯一.
2. 利用逻辑符号写出$\lim\limits_{x\to a+0}f(x)=A-0$的定义.
3. 证明：函数$f(x)$在点a有极限，当且仅当f在点a存在单侧极限且满足$f(a-0)=f(a+0)$.
4. 利用逻辑符号叙述.

(1) $\lim\limits_{x\to a-0}f(x)=+\infty$　(2) $\lim\limits_{x\to a+0}f(x)=\infty$

(3) $\lim\limits_{x\to-\infty}f(x)=\infty$　(4) $\lim\limits_{x\to\infty}f(x)=+\infty$

3.2.3 函数极限的性质

下面主要研究函数在给定点的有限极限的性质. 不过，可以把给定点理解为数a或$a-0$，$a+0$，$-\infty$，$+\infty$，∞中的一个，假定函数在点a的某个邻域或半邻域（点a除外）内有定义，为确定起见，我们假定已知点是数a，函数在点a的某个去心邻域内有定义.

1. 存在极限的函数的局部性质

我们证明在已知点存在有限极限的函数具有的几个局部性质，即这些性质在该点的邻域内成立.

性质1 （**有界性**）如果函数$f(x)$在点a处存在极限，则存在点a的某个去心邻域，使$f(x)$在这个去心邻域内有界.

证 设$\lim\limits_{x\to a}f(x)=A$，根据极限的定义知，对于取定的$\varepsilon=1$可找到$\delta>0$，使对所有的$x\in\mathring{U}_\delta(a)$，都有不等式$|f(x)-A|<1$或$A-1<f(x)<A+1$成立，这表明函数$f(x)$在$\mathring{U}_\delta(a)$内有界.

性质2 （**保号性**）如果$\lim\limits_{x\to a}f(x)=A$，并且$A\neq0$，则存在点$a$的去心邻域，使函数$f(x)$在这个去心邻域内和数$A$的符号相同.

证 根据极限定义知，对于取定的$\varepsilon=\dfrac{|A|}{2}>0$，可找到$\delta>0$，使对所有的$x\in\mathring{U}_\delta(a)$满

足$|f(x)-A|<\frac{|A|}{2}$，或$A-\frac{|A|}{2}<f(x)<A+\frac{|A|}{2}$. 若$A>0$，则

$$f(x)>\frac{A}{2}>0,\forall x\in \mathring{U}_\delta(a)$$

若$A<0$，则

$$f(x)<\frac{A}{2}<0,\forall x\in \mathring{U}_\delta(a)$$

性质 3　如果$\lim\limits_{x\to a}g(x)=B$，且$B\neq 0$，则存在$\delta>0$，使在$\mathring{U}_\delta(a)$内函数$\frac{1}{g(x)}$是有界的.

证　根据极限的定义知，对于给定的数$\varepsilon=\frac{|B|}{2}$，能找到$\delta>0$，使对所有的$x\in \mathring{U}_\delta(a)$满足不等式

$$|g(x)-B|<\frac{|B|}{2}$$

再由绝对值不等式的性质，即$|B|-|g(x)|\leqslant|g(x)-B|$，可得$|B|-|g(x)|<\frac{|B|}{2}$，从而得$\frac{1}{|g(x)|}<\frac{2}{|B|}$对所有$x\in \mathring{U}_\delta(a)$成立.

2. 与不等式相联系的极限性质

性质 1　如果存在数$\delta>0$，使对所有的$x\in \mathring{U}_\delta(a)$满足不等式

$$g(x)\leqslant f(x)\leqslant h(x) \tag{3-4}$$

且有

$$\lim_{x\to a}g(x)=\lim_{x\to a}h(x)=A \tag{3-5}$$

则必有

$$\lim_{x\to a}f(x)=A$$

证　利用函数极限定义 3-3，设$\{x_n\}$是任意数列且对所有的$n\in \mathbf{N}_+$，都有$x_n\in \mathring{U}_\delta(a)$，$\lim\limits_{n\to\infty}x_n=a$，则由条件式（3-5）知

$$\lim_{n\to\infty}g(x_n)=\lim_{n\to\infty}h(x_n)=A$$

由条件式（3-4）知，对所有$n\in \mathbf{N}_+$满足不等式

$$g(x_n)\leqslant f(x_n)\leqslant h(x_n)$$

由数列夹逼定理知

$$\lim_{n\to\infty}f(x_n)=A$$

因而

$$\lim_{x\to a}f(x)=A$$

【例 3-16】　求函数极限$\lim\limits_{x\to+\infty}(1+2^x+3^x)^{\frac{1}{x}}$.

解

$$3<(1+2^x+3^x)^{\frac{1}{x}}=3\left[\left(\frac{1}{3}\right)^x+\left(\frac{2}{3}\right)^x+1\right]^{\frac{1}{x}}<3\cdot 3^{\frac{1}{x}}$$

则由性质 1 得$\lim\limits_{x\to+\infty}(1+2^x+3^x)^{\frac{1}{x}}=3$.

性质 2 如果存在$\delta>0$，使对所有的$x\in\mathring{U}_\delta(a)$有$f(x)\leqslant g(x)$且$\lim\limits_{x\to a}f(x)=A$，$\lim\limits_{x\to a}g(x)=B$，则$A\leqslant B$（证略）.

练习

5. 证明：若$\lim\limits_{x\to a}f(x)=A$，$\lim\limits_{x\to a}g(x)=B$且$A<B$，则存在$\delta>0$，使对所有的$x\in\mathring{U}_\delta(a)$满足不等式$f(x)<g(x)$.

3. 无穷小量

若$\lim\limits_{x\to a}\alpha(x)=0$，则称函数$\alpha(x)$是当$x\to a$时的**无穷小量**，简称**无穷小**.

若$\lim\limits_{x\to a}f(x)=\infty$（或$\pm\infty$），则称当$x\to a$时，$f(x)$是**无穷大量**（或正、负无穷大量）.

定义中的极限过程同样可以扩充到$x\to a+0$、$a-0$、∞、$+\infty$和$-\infty$等情况.

无穷小量具有如下**性质**.

（1）有限个当$x\to a$时的无穷小量之和仍为$x\to a$时的无穷小量.

（2）当$x\to a$时的无穷小量与在点a的某个去心邻域内有界的函数的乘积仍为$x\to a$时的无穷小量.

这些性质容易验证.

说明 2 数A是函数$f(x)$在点a的极限当且仅当

$$f(x)=A+\alpha(x)$$

其中，$\alpha(x)$是$x\to a$时的无穷小量.

练习

6. 证明：函数$f(x)=x\sin\dfrac{1}{x}$是$x\to0$时的无穷小量.

7. 设存在$\delta>0$，使对所有的$x\in\mathring{U}_\delta(a)$有$\alpha(x)\neq0$. 试证：$\alpha(x)$是$x\to a$时的无穷小量当且仅当$\dfrac{1}{\alpha(x)}$是$x\to a$时的无穷大量，即$\lim\limits_{x\to a}\dfrac{1}{\alpha(x)}=\infty$.

4. 极限的四则运算

定理 3-1 如果函数$f(x)$与$g(x)$在点a处存在极限，且$\lim\limits_{x\to a}f(x)=A$，$\lim\limits_{x\to a}g(x)=B$，则

（1）$\lim\limits_{x\to a}(f(x)+g(x))=A+B$

（2）$\lim\limits_{x\to a}(f(x)\cdot g(x))=AB$

（3）$\lim\limits_{x\to a}\dfrac{f(x)}{g(x)}=\dfrac{A}{B}$，$B\neq0$

这些性质的证明可利用说明 2 与无穷小量的性质来证明.（读者自行练习）

需要指出

$$\lim_{x\to a}(Cf(x)) = C\lim_{x\to a}f(x)$$

即常数因子可以提到极限符号外面来.

3.2.4　单调函数的极限

前面已经给出单调函数的概念，下面我们将证明有关单调函数存在单侧极限的定理.

定理 3-2　如果函数 f 在区间 $[a, b]$ 上有定义且是单调的，则这个函数在每一点 $x_0\in(a, b)$处都存在有限的左极限与右极限，而在点 a 处存在右极限，在点 b 处存在左极限.

证　为确定起见，不妨设函数 f 在区间$[a, b]$上是递增的，我们固定点 $x_0\in(a, b]$，则

$$\forall x \in [a,x_0):f(x) \leqslant f(x_0)$$

故在区间$[a, x_0)$上对应的函数 f 的取值集合是上有界的，由上确界的定理知，存在

$$\sup_{a\leqslant x<x_0} f(x) = M \qquad (\text{其中 } M \leqslant f(x_0))$$

根据上确界的定义应满足：

(1) $\forall x\in[a, x_0)$: $f(x)\leqslant M$

(2) $\forall \varepsilon>0$, $\exists x_\varepsilon\in[a, x_0)$: $M-\varepsilon<f(x_\varepsilon)$

记 $\delta=x_0-x_\varepsilon$，则因 $x_\varepsilon<x_0$ 知 $\delta>0$，如果 $x\in(x_\varepsilon, x_0)$，则

$$f(x_\varepsilon) \leqslant f(x)$$

(这是因为 f 是递增函数). 因此

$$\forall \varepsilon > 0,\exists \delta > 0:\forall x \in (x_0 - \delta,x_0)\rightarrow f(x) \in (M - \varepsilon,M]$$

根据左极限的定义知，存在

$$\lim_{x\to x_0-0} f(x) = f(x_0 - 0) = M$$

3.2　习题答案

这样

$$f(x_0 - 0) = \sup_{a\leqslant x<x_0} f(x)$$

类似地，可证明：函数 f 在点 $x_0\in[a, b)$处存在右极限，且

$$f(x_0 + 0) = \inf_{x_0<x\leqslant b} f(x)$$

推论　如果函数 f 在区间 $[a, b]$ 上有定义且是递增的，$x_0\in(a, b)$，则

$$f(x_0 - 0) \leqslant f(x_0) \leqslant f(x_0 + 0)$$

说明 3　关于单调函数极限的定理对任何有限或无限区间都是正确的，同时，若 f 在区间(a, b)内递增且无上界，则 $\lim\limits_{x\to b-0}f(x) = +\infty$（当 $b = +\infty$ 时，$\lim\limits_{x\to+\infty}f(x) = +\infty$）;若 f 在区间(a, b)内递增且无下界，则 $\lim\limits_{x\to a+0}f(x) = -\infty$（当$a = -\infty$ 时，$\lim\limits_{x\to-\infty}f(x) = -\infty$）.

3.2.5　函数极限存在的柯西准则

如果函数 $f(x)$在点 a 的某个去心邻域内有定义且

$$\forall \varepsilon>0,\exists\delta=\delta(\varepsilon)>0:\forall x',x''\in \mathring{U}_\delta(a)\rightarrow|f(x')-f(x'')|<\varepsilon \tag{3-6}$$

则我们说函数 $f(x)$在 $x=a$ 处**满足柯西条件**.

定理 3-3　函数 $f(x)$ 在点 $x=a$ 处存在有限极限充分且必要条件是这个函数在点 a 处满足柯西条件式（3-6）.

3.3 函数的连续性

3.3.1 函数连续性的概念

3.3　思维导图

定义 3-6　设函数 $f(x)$ 在点 a 的某个邻域内有定义，如果

$$\lim_{x\to a} f(x)=f(a) \tag{1}$$

则称函数 $f(x)$ 在点 a 处是**连续的**.

函数 f 在点 a 处连续必须满足如下三个条件：

（1）函数在点 a 的某个邻域内有定义，即 $\exists\delta_0>0$，使 $U_{\delta_0}(a)\subset D(f)$

（2）存在极限：$\lim\limits_{x\to a} f(x)=A$

（3）$A=f(a)$

此外，可将条件（2）用下列三种术语对应表述如下.

① $\forall\varepsilon>0,\exists\delta>0:\forall x,\ |x-a|<\delta\rightarrow|f(x)-f(a)|<\varepsilon$；

② $\forall\varepsilon>0,\exists\delta>0:\forall x\in U_\delta(a)\rightarrow f(x)\in U_\varepsilon(f(a))$；

③ 对于 $\forall\{x_n\}$ 只要 $\lim\limits_{n\to\infty}x_n=a$，就有 $\lim\limits_{n\to\infty}f(x_n)=f(a)$.

需要说明，连续性定义与极限定义的区别在于前者考虑的是点 a 的整个邻域而不是点 a 的去心邻域，且函数的极限值等于在点 a 处的函数值.

记 $\Delta x=x-a$，称为**自变量增量**，$\Delta y=f(x)-f(a)$，称为对应于已知自变量增量的**函数增量**，则 $\Delta y=f(a+\Delta x)-f(a)$，从而可将（1）表示为

$$\lim_{\Delta x\to 0}\Delta y=0$$

所以，函数在一点处的连续性意味着函数的无穷小增量对应于自变元的无穷小增量.

【例 3-17】　证明：下列函数 $f(x)$ 在点 a 处是连续的.

（1）$f(x)=x^3$，$a=1$　　（2）$f(x)=\dfrac{1}{x^2}$，$a\neq0$

（3）$f(x)=\sqrt{x}$，$a>0$　　（4）$f(x)=\begin{cases} x\sin\dfrac{1}{x} & x\neq0 \\ 0 & x=0\end{cases}$　$a=0$

证　（1）由极限四则运算 $\lim\limits_{x\to1}x^3=\lim\limits_{x\to1}x\cdot\lim\limits_{x\to1}x\cdot\lim\limits_{x\to1}x=1\cdot1\cdot1=f(1)$，所以 $f(x)$ 在 $x=1$ 连续.

（2）因 $\lim\limits_{x\to a}\dfrac{1}{x^2}=\lim\limits_{x\to a}\dfrac{1}{x}\lim\limits_{x\to a}\dfrac{1}{x}=\dfrac{1}{a^2}=f(a)$，所以 $f(x)$ 在 $x=a$ 连续.

（3）因当 $x>0$ 时，$|\sqrt{x}-\sqrt{a}|=\dfrac{|x-a|}{\sqrt{x}+\sqrt{a}}$，$a>0$，故 $0\leqslant|\sqrt{x}-\sqrt{a}|<\dfrac{|x-a|}{\sqrt{a}}$ 且当 $x\to a$ 时，有

$$\lim_{x\to a}[f(x)-f(a)]=\lim_{x\to a}[\sqrt{x}-\sqrt{a}]=0$$

即 $\lim_{\Delta x\to 0}\Delta y=0$，所以 $f(x)$ 在 $x=a$ 连续.

（4）因 $\forall x\in\mathbf{R}$ 且 $x\neq 0$，有 $\left|\sin\frac{1}{x}\right|\leqslant 1$，故有不等式

$$0\leqslant|f(x)-f(0)|=|f(x)|\leqslant|x|$$

所以 $\lim_{x\to 0}f(x)=f(0)=0$，即函数 $f(x)$ 在 $x=0$ 连续.

可根据类似于左（右）极限的概念引入左（右）连续的概念.

如果函数 $f(x)$ 在点 a 的左邻域内有定义，且 $\lim_{x\to a-0}f(x)=f(a)$，即 $f(a-0)=f(a)$，则称函数 $f(x)$ 在点 a 是**左连续的**. 如果函数 $f(x)$ 在点 a 的右邻域内有定义，且 $\lim_{x\to a+0}f(x)=f(a)$，即 $f(a+0)=f(a)$，则称函数 $f(x)$ 在点 a 是**右连续的**.

譬如 $f(x)=[x]$ 在 $x=1$ 处是右连续而不是左连续，这是因为 $f(1-0)=0$，$f(1+0)=f(1)=1$.

显然，函数 $f(x)$ 在已知点连续当且仅当 $f(x)$ 在这点既左连续又右连续.

3.3.2　间断点

在这里，假定函数 $f(x)$ 在点 a 的某个去心邻域内有定义.

如果函数 $f(x)$ 在点 a 无定义，或虽有定义但在点 a 不是连续的，则称点 a 是函数 $f(x)$ 的**间断点**.

因而，对于函数 $f(x)$，如果点 a 至少不满足下列条件之一：

（1）$a\in D(f)$

（2）存在有限极限：$\lim_{x\to a}f(x)=A$

（3）$A=f(a)$

则点 a 必是函数 $f(x)$ 的间断点.

如果 a 是函数 $f(x)$ 的间断点，并且在这点存在有限的左、右极限，即

$$\lim_{x\to a-0}f(x)=f(a-0) \text{ 与 } \lim_{x\to a+0}f(x)=f(a+0)$$

则称点 a 是**第一类间断点**.

说明 1　如果 $x=a$ 是函数 $f(x)$ 的第一类间断点，则称差 $f(a+0)-f(a-0)$ 为函数 $f(x)$ 在点 a 处的**阶跃**. 当 $f(a+0)=f(a-0)$ 时，称点 a 为**可去间断点**；当 $f(a+0)\neq f(a-0)$ 时，称点 a 为**跳跃间断点**.

令 $f(a+0)=f(a-0)=A$，则得

$$\tilde{f}(x)=\begin{cases} f(x) & x\neq a \\ A & x=a \end{cases}$$

在 $x=a$ 处连续且当 $x\neq a$ 时与 $f(x)$ 相等. 对于这种做法，常称之为“按在点 a 连续对函数补充定义”.

设 $x=a$ 是函数 $f(x)$ 的间断点，若它不是第一类间断点，则称它为函数的**第二类间断点**. 在这一点处，函数 $f(x)$ 的左、右极限至少有一个不存在或为无穷大.

【例 3-18】　考虑函数 $f(x)=x\sin\frac{1}{x}$，$x=0$ 是它的第一类间断点. 对这个函数补充定

义得

$$\tilde{f}(x)=\begin{cases} x\sin\dfrac{1}{x} & x\neq 0 \\ 0 & x=0 \end{cases}$$

在 $x=0$ 连续，这是因为$\lim\limits_{x\to 0}x\sin\dfrac{1}{x}=0$.

对于函数 $\sin\dfrac{1}{x^2}$与$\dfrac{1}{x^2}$，点 $x=0$ 是第二类间断点.

【例 3-19】 研究函数 $f(x)=\arctan\dfrac{1}{x}$的间断点 $x=0$ 的类型.

解 $f(0-0)=\lim\limits_{x\to 0-0}\arctan\dfrac{1}{x}=-\dfrac{\pi}{2}$，$f(0+0)=\lim\limits_{x\to 0+0}\arctan\dfrac{1}{x}=\dfrac{\pi}{2}$，由于$f(0-0)\neq f(0+0)$，所以 $x=0$ 为第一类跳跃间断点.

【例 3-20】 研究函数 $f(x)=e^{\frac{2x}{1-x^2}}$的间断点 $x=\pm 1$ 的类型.

解 注意到

$$f(-1-0)=\lim_{x\to -1-0}e^{\frac{2x}{1-x^2}}=e^{\lim\limits_{x\to -1-0}\frac{2x}{1-x^2}}=+\infty,$$

$$f(-1+0)=\lim_{x\to -1+0}e^{\frac{2x}{1-x^2}}=e^{\lim\limits_{x\to -1+0}\frac{2x}{1-x^2}}=0,$$

$$f(1-0)=\lim_{x\to 1-0}e^{\frac{2x}{1-x^2}}=e^{\lim\limits_{x\to 1-0}\frac{2x}{1-x^2}}=+\infty,$$

$$f(1+0)=\lim_{x\to 1+0}e^{\frac{2x}{1-x^2}}=e^{\lim\limits_{x\to 1+0}\frac{2x}{1-x^2}}=0,$$

由于 $f(-1-0)$与 $f(1-0)$ 不存在，所以 $x=\pm 1$ 均为第二类间断点.

定理 3-4 如果函数 f 在区间$[a,b]$上有定义且是单调的，则 f 在区间$[a,b]$内若有间断点，只能是第一类间断点.

证 设 x_0 是区间(a,b)内任一点. 根据3.2 节定理3-2 知，函数 f 在 x_0 处有有限的左、右极限. 如果设 f 是递增函数，则

$$f(x_0-0)\leqslant f(x_0)\leqslant f(x_0+0)$$

因此，当$f(x_0-0)\neq f(x_0+0)$时，点 x_0 是函数$f(x)$的第一类间断点，若$f(x_0-0)=f(x_0+0)$，则 x_0 是函数 $f(x)$的连续点. 类似地，对递减函数也有相应的结论.

3.3.3 在一点连续的函数的性质

1. 连续函数的局部性质

性质 1 如果函数 f 在点 a 是连续的，则 f 在点 a 的某个邻域内是有界的，即 $\exists\delta>0,\ \exists C>0:\forall x\in U_\delta(a)\to|f(x)|<C$.

性质 2 如果函数 f 在点 a 连续且 $f(a)\neq 0$，则在点 a 的某个邻域内 f 的符号与数 $f(a)$ 的符号一致，即$\exists\delta>0$：$\forall x\in U_\delta(a)\to\operatorname{sgn}f(x)=\operatorname{sgn}f(a)$.

2. 函数的和、乘积与商的连续性

如果函数 f 与 g 在点 a 连续，则 $f+g$, fg, $\dfrac{f}{g}(g(x)\neq 0,\ x\in U_\delta(a))$在点 a 连续.

3. 复合函数的连续性

定理 3-5　如果函数 $z=f(y)$ 在点 y_0 连续，而函数 $y=\varphi(x)$ 在点 x_0 连续且 $y_0=\varphi(x_0)$，则在点 x_0 的某个邻域内确定了一个复合函数 $f(\varphi(x))$，且这个函数在 x_0 连续.

证　设给定任意 $\varepsilon>0$，根据函数 f 在点 y_0 的连续性知，存在 $\rho=\rho(\varepsilon)>0$，使得 $U_\rho(y_0)\subset D(f)$ 且

$$\forall y\in U_\rho(y_0)\rightarrow f(y)\in U_\varepsilon(z_0) \tag{3-7}$$

其中，$z_0=f(y_0)$.

根据函数 $\varphi(x)$ 在点 x_0 的连续性知，对于在式(3-7)中找到的 $\rho>0$ 可求得数 $\delta=\delta_\rho=\delta(\varepsilon)>0$，使得

$$\forall x\in U_\delta(x_0)\rightarrow\varphi(x)\in U_\rho(y_0) \tag{3-8}$$

由式（3-7）与式（3-8）知：在数集 $U_\delta(x_0)$ 上定义了一个复合函数 $f(\varphi(x))$，且 $\forall x\in U_\delta(x_0)$，均有

$$f(y)=f(\varphi(x))\in U_\varepsilon(z_0)$$

其中，$z_0=f(\varphi(x_0))=f(y_0)$，即 $\forall\varepsilon>0$，$\exists\delta>0$：$\forall x\in U_\delta(x_0)\rightarrow f(\varphi(x))\in U_\varepsilon(f(\varphi(x_0)))$，

这意味着函数 $f(\varphi(x))$ 在点 x_0 连续.

说明 2　如图 3-32 所示的点 x_0，y_0，z_0 的邻域之间的对应关系. 首先按给定的数 $\varepsilon>0$ 求 $\rho>0$，然后再按求到的 $\rho>0$ 求 $\delta>0$.

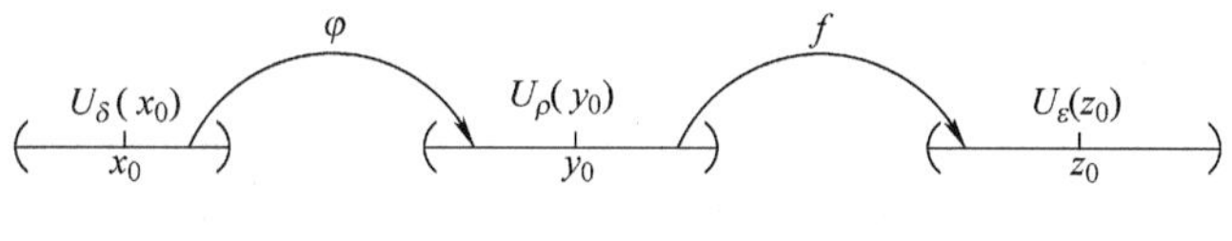

图　3-32

3.3.4　闭区间上的连续函数的性质

如果函数 $f(x)$ 在区间 $(a,\ b)$ 内每一点都连续，且在点 a 右连续，在点 b 左连续，则称它在区间 $[a,\ b]$ 上连续.

1. 有界性

定理 3-6　如果函数 f 在区间 $[a,\ b]$ 上连续，则 f 有界，即

$$\exists C>0:\forall x\in[a,b]\rightarrow|f(x)|\leqslant C$$

证　用反证法，如若不然，即

$$\forall C>0,\exists x_C\in[a,b]:|f(x_C)|>C \tag{3-9}$$

令 $C=1,\ 2,\ \cdots,\ n,\ \cdots$，则有

$$\forall n\in\mathbf{N}_+,\exists x_n\in[a,b]:|f(x_n)|>n \tag{3-10}$$

因对所有的 $n\in\mathbf{N}_+$，有 $a\leqslant x_n\leqslant b$，所以数列 $\{x_n\}$ 是有界的. 从而可从中选取一个收敛的子数列 $\{x_{n_k}\}$，且 $\lim\limits_{k\to\infty}x_{n_k}=\xi$，$\xi$ 是一固定点.

显然，对任何 $k\in\mathbf{N}_+$，有

$$a\leqslant x_{n_k}\leqslant b$$

及$\xi\in[a,\ b]$，再由函数f在点ξ的连续性可得

$$\lim_{k\to\infty}f(x_{n_k})=f(\xi) \tag{3-11}$$

另一方面，结论式（3-10）对所有$n\in\mathbf{N}_+$成立，特别地，当$n=n_k(k=1,\ 2,\ \cdots)$时也成立，即

$$|f(x_{n_k})|>n_k$$

因当$k\to\infty$时，$n_k\to+\infty$，故有

$$\lim_{k\to\infty}f(x_{n_k})=+\infty$$

这与等式（3-11）矛盾. 从而定理得证.

说明3　对于不是闭区间的区间，定理3-6不一定成立，如$f(x)=\dfrac{1}{x}$在区间（0，1）内连续，但在这个区间内无界. 函数$f(x)=x^2$在$\mathbf{R}$内连续，但在$\mathbf{R}$内无界.

2. 确界的可取性

定理3-7　（**维尔斯特拉斯定理**）如果函数f在闭区间［a，b］上连续，则它可取到自己的上确界与下确界，即

$$\exists\xi\in[a,b]:f(\xi)=\sup_{x\in[a,b]}f(x) \tag{3-12}$$

$$\exists\tilde{\xi}\in[a,b]:f(\tilde{\xi})=\inf_{x\in[a,b]}f(x) \tag{3-13}$$

证　因函数$f(x)$在区间［a，b］上连续，所以f有界，从而存在

$$\sup_{x\in[a,b]}f(x)\ 与\ \inf_{x\in[a,b]}f(x)$$

下面我们证明结论式(3-12)成立. 记$M=\sup\limits_{x\in[a,b]}f(x)$. 根据上确界的定义知

$$\forall x\in[a,b]:f(x)\leqslant M$$

且

$$\forall\varepsilon>0,\exists x(\varepsilon)\in[a,b]:f(x(\varepsilon))>M-\varepsilon$$

令$\varepsilon=1,\ \dfrac{1}{2},\ \dfrac{1}{3},\ \cdots,\ \dfrac{1}{n},\ \cdots$，得数列$\{x_n\}$：$x_n=x\left(\dfrac{1}{n}\right)$且对所有的$n\in\mathbf{N}_+$满足条件

$$x_n\in[a,b] \tag{3-14}$$

$$f(x_n)>M-\frac{1}{n} \tag{3-15}$$

故可得

$$对\forall n\in\mathbf{N}_+,都有\ M-\frac{1}{n}<f(x_n)\leqslant M$$

由此得

$$\lim_{n\to\infty}f(x_n)=M$$

由条件式（3-14）知存在数列$\{x_n\}$的子数列$\{x_{n_k}\}$与点ξ，使得

$$\lim_{k\to\infty}x_{n_k}=\xi,\ \xi\in[a,b]$$

因f在点ξ连续，故有

$$\lim_{k\to\infty}f(x_{n_k})=f(\xi)$$

另一方面$\{f(x_{n_k})\}$是收敛数列$\{f(x_n)\}$的子数列，所以

$$\lim_{k\to\infty} f(x_{n_k}) = M$$

由数列极限唯一性，可推出 $f(\xi) = M = \sup\limits_{x\in[a,b]} f(x)$，这就证明了论断式（3-12），结论式（3-13）可类似证明.

3. 介值定理

定理 3-8　（**连续函数的零点定理**）　如果函数 f 在闭区间 $[a, b]$ 上连续，且在它的端点取值符号相反，即 $f(a)f(b) < 0$，则在区间 (a, b) 内至少存在一个零点，即

$$\exists c \in (a, b): f(c) = 0$$

证　把区间 $[a, b]$ 二等分，设 d 是等分点. 若 $f(d) = 0$，则定理证毕. 而若 $f(d) \neq 0$，则区间 $[a, d]$ 与区间 $[d, b]$ 中必有一个使函数 $f(x)$ 在其端点取值符号相反，我们把这个区间记为 $\Delta_1 = [a_1, b_1]$. 再设 d_1 是 Δ_1 的二等分点，这里可能有两种情形：(1) $f(d_1) = 0$，则定理得证；(2) $f(d_1) \neq 0$，则区间 $[a_1, d_1]$ 与区间 $[d_1, b_1]$ 中必有一个使函数 $f(x)$ 在其端点取值符号相反. 把这个区间记为 $\Delta_2 = [a_2, b_2]$.

我们继续上述讨论则有两种结果：

（1）经过有限次讨论找到 $c \in (a, b)$，使得 $f(c) = 0$，则结论成立.

（2）或存在区间序列 $\{\Delta_n\}$：$\Delta_n = [a_n, b_n]$，使对所有的 $n \in \mathbf{N}_+$ 满足 $f(a_n)f(b_n) < 0$；因对任何 $n \in \mathbf{N}_+$，成立 $\Delta_{n+1} \subset \Delta_n$，且

$$b_n - a_n = \frac{b-a}{2^n} \tag{3-16}$$

故 $\{\Delta_n\}$ 为区间套，由区间套定理知

$$\exists c: \forall n \in \mathbf{N}_+ \to c \in [a_n, b_n] \subset [a, b]$$

下面证明

$$f(c) = 0$$

如若不然，则或 $f(c) > 0$，或 $f(c) < 0$，为确定起见，不妨设 $f(c) > 0$，根据连续函数的保号性质知

$$\exists \delta > 0: \forall x \in U_\delta(c) \to f(x) > 0 \tag{3-17}$$

另一方面，由式(3-16)得：$b_n - a_n \to 0$，$n \to \infty$，从而

$$\exists n_0 \in \mathbf{N}_+ \to b_{n_0} - a_{n_0} < \delta$$

因 $c \in \Delta_{n_0}$，故知 $\Delta_{n_0} \subseteq U_\delta(c)$，再由式(3-17)知在所有属于 Δ_{n_0} 的点上，函数 f 都取正值. 从而产生矛盾，即与函数 f 在每个闭区间 Δ_n 的端点取值异号相矛盾，故 $f(c) = 0$.

说明 4　定理 3-8 表明：在区间 $[a, b]$ 上连续且端点取值为异号的函数 $f(x)$ 的图形与 x 轴至少相交于区间 (a, b) 内的一点（见图 3-33）.

定理 3-9　（**介值定理**）如果函数 f 在闭区间 $[a, b]$ 上连续且 $f(a) \neq f(b)$，则对介于 $f(a)$ 与 $f(b)$ 之间的每一个值 C，都存在 $\xi \in [a, b]$，使有 $f(\xi) = C$.

证　记 $f(a) = A$，$f(b) = B$. 因 $A \neq B$，故可设 $A < B$. 需要证明

$$\forall C \in [A, B], \exists \xi \in [a, b]: f(\xi) = C$$

若 $C = A$，或 $C = B$，则只需要取 $\xi = a$ 或 $\xi = b$，结论成立，所以，下面只需要考虑 $A < C < B$.

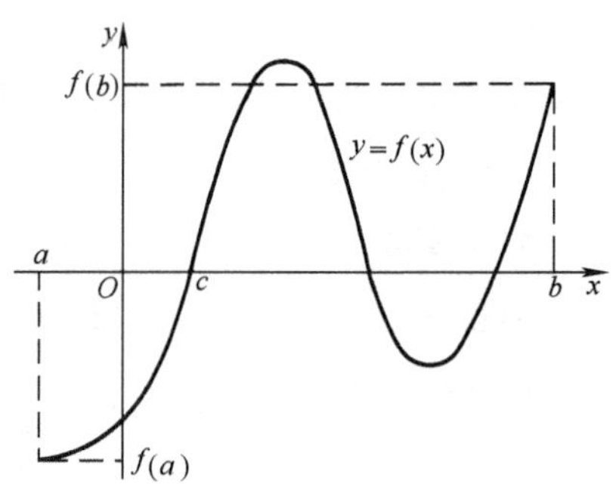

图　3-33

设 $\varphi(x)=f(x)-C$，则 $\varphi(a)=A-C<0$，$\varphi(b)=B-C>0$，故由定理3-8知，$\exists\xi\in(a,b)$，使得 $\varphi(\xi)=0$，即 $f(\xi)=C$．证毕．

推论　如果函数 f 在闭区间 $[a,b]$ 上连续，$m=\inf\limits_{x\in[a,b]} f(x)$，$M=\sup\limits_{x\in[a,b]} f(x)$，则函数 $f(x)$ 在区间 $[a,b]$ 上取值集合是 $[m,M]$．

4. 连续且严格单调函数的反函数的存在性与连续性

定理 3-10　函数 $y=f(x)$ 在闭区间 $[a,b]$ 上连续且严格递增，则在闭区间 $[f(a),f(b)]$ 上确定了一个 f 的反函数 $x=g(y)$ 是连续的且严格递增．

说明 5　如果函数 f 在闭区间 $[a,b]$ 上连续且严格递减，则它的反函数 g 在区间 $[f(b),f(a)]$ 上连续且严格递减．

说明 6　对于函数 f 在非闭区间（有限或无限）上给定的情形也可类似叙述并证明关于 f 的反函数 g 的定理．

譬如，如果函数 f 在区间 (a,b) 内有定义，连续且严格递增，则其反函数 g 在区间 (A,B) 内有定义，连续且严格递增，其中，

$$A=\lim_{x\to a+0} f(x),\ B=\lim_{x\to b-0} f(x)$$

5. 一致连续性

假设函数 f 在区间 $[a,b]$（或 (a,b)，$[a,b)$，$(a,b]$）上连续，对于区间上的每一点 x_0，由连续性定义知：

$\forall\varepsilon>0$，$\exists\delta>0$：$|x-x_0|<\delta$，$x\in[a,b]$（或 (a,b)，$[a,b)$，$(a,b]$）$\to$ $|f(x)-f(x_0)|<\varepsilon$．

一般而言，$\delta=\delta(\varepsilon,x_0)$，即 δ 不但与 ε 有关，还与 x_0 有关．

定义 3-7　设函数 f 在数集 X 上有定义．如果对任何一个 $\varepsilon>0$，都能找到仅与 ε 有关的 $\delta=\delta(\varepsilon)>0$，使对所有满足 $|x'-x''|<\delta$ 的两点 x' 与 x''，恒有

$$|f(x')-f(x'')|<\varepsilon$$

则称函数 f 在数集 X 上是**一致连续的**．

显然，若函数 f 在数集 X 上一致连续的，则 f 在 X 的任何子集 X' 上仍是一致连续的．反之，通常不成立．

定理 3-11　（**康托尔定理**）如果函数 f 在闭区间 $[a,b]$ 上连续，则 f 必在区间 $[a,b]$ 上一致连续．

【例 3-21】　函数 $y=\sin\dfrac{1}{x}$ 在任何闭区间 $[\delta,1]$，$\delta>0$ 上连续，因而由定理3-11知，在区间 $[\delta,1]$，$\delta>0$ 上一致连续．但可以证明：$\sin\dfrac{1}{x}$ 在区间 $(0,1]$ 上不是一致连续的．（读者自证，提示：取 $x_k=\dfrac{2}{\pi(2k+1)}$，$k=0,1,2,\cdots$）

下面是综合解法举例.

【例 3-22】 试求下列函数的间断点，并确定它们的类型.

（1）$y=(\operatorname{sgn} x)^2$ （2）$y=\dfrac{|x|-x}{x^2}$

解 （1）$(\operatorname{sgn} x)^2=\begin{cases}1 & x\neq 0\\ 0 & x=0\end{cases}$，因 $\lim\limits_{x\to 0-0} y=\lim\limits_{x\to 0+0} y=1\neq y(0)$，故 $x=0$ 是可去间断点.

（2）因 y 仅当 $x=0$ 时无定义，故 $x=0$ 是间断点. 又

$$y=\frac{|x|-x}{x^2}=\begin{cases}0 & x>0\\ -\dfrac{2}{x} & x<0\end{cases}$$

所以 $\lim\limits_{x\to 0+0} y=0$，$\lim\limits_{x\to 0-0} y=+\infty$，$x=0$ 是第二类间断点.

【例 3-23】 试确定下列函数的间断点.

（1）$y=f(x)=\arctan\dfrac{1}{3-x}$ （2）$y=1-2^{\frac{1}{x-1}}$

（3）$y=\lim\limits_{n\to\infty}\dfrac{1}{1+x^n}(x\geqslant 0)$

解 （1）函数 $f(x)$ 在 $x=3$ 处无定义，又

$$\lim_{x\to 3-0} f(x)=\lim_{x\to 3-0}\arctan\frac{1}{3-x}=\frac{\pi}{2}$$

$$\lim_{x\to 3+0} f(x)=\lim_{x\to 3+0}\arctan\frac{1}{3-x}=-\frac{\pi}{2}$$

$\dfrac{\pi}{2}\neq-\dfrac{\pi}{2}$，故 $x=3$ 是第一类间断点.

（2）$x=1$ 是函数 y 的间断点，又

$$\lim_{x\to 1-0} y=\lim_{x\to 1-0}\left(1-2^{\frac{1}{x-1}}\right)=1\neq-\infty=\lim_{x\to 1+0}\left(1-2^{\frac{1}{x-1}}\right)$$

故 $x=1$ 是第二类间断点.

$$（3）\ y=\lim_{n\to\infty}\frac{1}{1+x^n}=\begin{cases}1 & 0\leqslant x<1\\ \dfrac{1}{2} & x=1\\ 0 & x>1\end{cases}$$

因 $\lim\limits_{x\to 1-0} y=1\neq 0=\lim\limits_{x\to 1+0} y$，故 $x=1$ 是第一类间断点.

【例 3-24】 若 $f(x)$ 对一切正实数 x_1，x_2 满足 $f(x_1\cdot x_2)=f(x_1)+f(x_2)$，试证在区间 $(0,+\infty)$ 内，$f(x)$ 只要在一点连续就处处连续.

证 令 $x_1=x_2=1$，则有 $f(1)=f(1)+f(1)$，故 $f(1)=0$.

设 $x_0\in(0,+\infty)$，$f(x)$ 在 x_0 处连续，则由于

$$\lim_{x\to 1} f(x)=\lim_{\Delta x\to 0} f\left(1+\frac{\Delta x}{x_0}\right)=\lim_{\Delta x\to 0}\left[f(x_0)+f\left(1+\frac{\Delta x}{x_0}\right)-f(x_0)\right]$$
$$=\lim_{\Delta x\to 0}\left[f(x_0+\Delta x)-f(x_0)\right]=0$$

故 $f(x)$ 在 $x=1$ 处连续，对 $\forall x\in(0, +\infty)$，由于

$$\lim_{\Delta x\to 0}[f(x+\Delta x)-f(x)] = \lim_{\Delta x\to 0}\left[f(x)+f\left(1+\frac{\Delta x}{x}\right)-f(x)\right]$$

$$= \lim_{\Delta x\to 0} f\left(1+\frac{\Delta x}{x}\right) = \lim_{t\to 1} f(t) = 0$$

所以 $f(x)$ 在区间 $(0, +\infty)$ 内处处连续.

【例 3-25】 设 $f(x)\in C([a, b])$，A，B 为任意两个正数，试证对任意两点 $x_1, x_2\in[a, b]$，至少存在一点 $\xi\in[a, b]$，使得

$$Af(x_1)+Bf(x_2)=(A+B)f(\xi)$$

证 因为 $f(x)\in C([a,b])$，所以在区间 $[a, b]$ 上 $f(x)$ 有最大值 M 和最小值 m，因此有

$$m\leqslant f(x_1)\leqslant M, m\leqslant f(x_2)\leqslant M$$

又因 A，$B>0$，故

$$Am\leqslant Af(x_1)\leqslant AM,\ Bm\leqslant Bf(x_2)\leqslant BM$$

两式相加得

$$(A+B)m\leqslant Af(x_1)+Bf(x_2)\leqslant (A+B)M$$

因此

$$m\leqslant\frac{Af(x_1)+Bf(x_2)}{A+B}\leqslant M$$

再由介值定理知，至少存在一点 $\xi\in[a,b]$，使得

$$f(\xi)=\frac{Af(x_1)+Bf(x_2)}{A+B}$$

故

$$Af(x_1)+Bf(x_2)=(A+B)f(\xi)$$

【例 3-26】 设函数 $f(x)$ 在区间 $[0, 1]$ 上连续，并且此函数在区间 $[0, 1]$ 上的最小值是 0，最大值是 1，试证方程 $f(x)=x$ 在区间 $[0, 1]$ 上必有根.

证 设 $F(x)=f(x)-x$. 若 $f(0)=0$，则 0 就是方程 $f(x)=x$ 的根.

若 $f(1)=1$，则 1 就是方程 $f(x)=x$ 的根.

若 $f(0)\neq 0$ 且 $f(1)\neq 1$，有 $F(0)=f(0)>0$，$F(1)=f(1)-1<0$，从而 $F(x)=0$ 在区间 $(0, 1)$ 内有根，即 $f(x)=x$ 有根.

典型计算题 1

试求下列函数的间断点，并确定其类型.

1. $y=5^{\frac{1}{x-2}}$　　**2.** $y=2^{\frac{2}{x+2}}$　　**3.** $y=\dfrac{1}{1+3^{\frac{1}{x}}}$

4. $y=\mathrm{e}^{\frac{1}{x}}$　　**5.** $y=2^{\frac{1}{4-x}}$　　**6.** $y=\dfrac{4^{\frac{1}{x}}-1}{4^{\frac{1}{x}}+1}$

7. $y=\left(\dfrac{1}{2}\right)^{\frac{1}{4-x}}$　　**8.** $y=7^{\frac{x+4}{x-4}}$　　**9.** $y=\dfrac{2}{1+2^{\frac{1}{x}}}$

10. $y=\dfrac{2^{\frac{1}{x}}-4}{2^{\frac{1}{x}}+2}$　　11. $y=\dfrac{1}{2+2^{\frac{1}{x+1}}}$　　12. $y=\mathrm{e}^{\frac{-1}{x+1}}$

13. $y=5^{\frac{2x+3}{x+4}}$　　14. $y=(3-3^{\frac{1}{x}})3+3^{\frac{1}{x}-1}$　　15. $y=4^{\frac{2}{4x+1}}$

16. $y=3^{\frac{1-x}{1+2x}}$

3.3　习题答案

3.4　初等函数的连续性

3.4.1　多项式与有理函数

3.4　思维导图

首先考虑 n 次多项式

$$P_n(x)=a_nx^n+a_{n-1}x^{n-1}+\cdots+a_1x+a_0,a_n\neq 0$$

这个函数在 $\mathbf{R}$ 内连续.

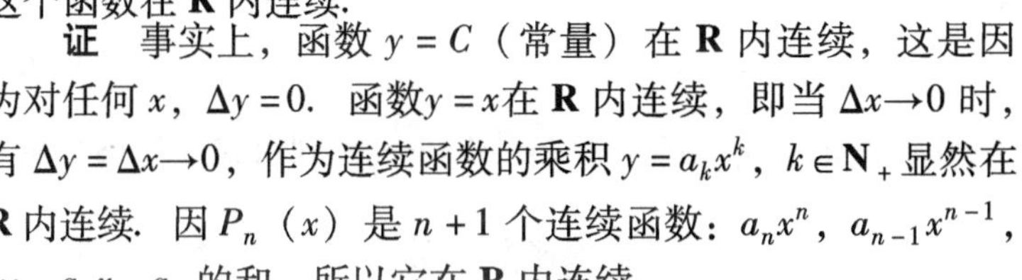

证　事实上，函数 $y=C$（常量）在 $\mathbf{R}$ 内连续，这是因为对任何 x，$\Delta y=0$. 函数$y=x$在 $\mathbf{R}$ 内连续，即当 $\Delta x\to 0$ 时，有 $\Delta y=\Delta x\to 0$，作为连续函数的乘积 $y=a_kx^k$，$k\in\mathbf{N}_+$ 显然在 $\mathbf{R}$ 内连续. 因 $P_n(x)$ 是 $n+1$ 个连续函数：a_nx^n，$a_{n-1}x^{n-1}$，…，a_1x，a_0 的和，所以它在 $\mathbf{R}$ 内连续.

其次，有理函数 $f(x)=\dfrac{P_n(x)}{Q_m(x)}$，其中 $P_n(x)$，$Q_m(x)$ 分别为 x 的 n 次与 m 次多项式，它在所有使 $Q_m(x)\neq 0$ 的点处连续.

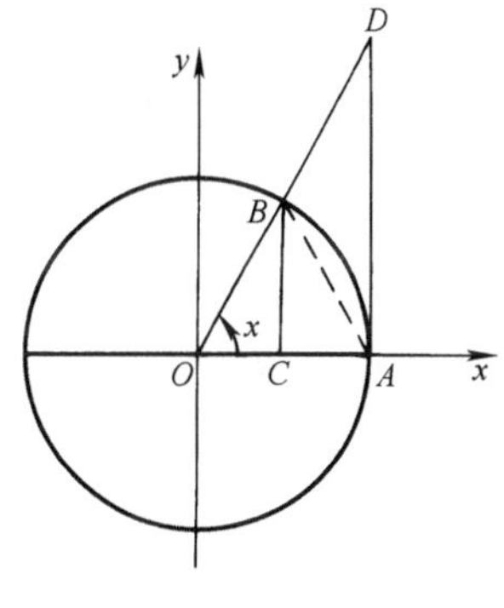

图　3-34

3.4.2　三角函数与反三角函数

1. 三角函数不等式

命题 1　如果 $x\in\left(-\dfrac{\pi}{2},\dfrac{\pi}{2}\right)$且 $x\neq 0$，则

$$\cos x<\frac{\sin x}{x}<1 \tag{3-18}$$

证　考虑坐标平面上以 O 为圆心的单位圆（见图3-34）. 设$\angle AOB=x$，$0<x<\dfrac{\pi}{2}$，C 是点 B 在 x 轴上的投影，D 是射线 OB 与过点 A 垂直于 x 轴的直线的交点. 则

$$BC=\sin x,DA=\tan x$$

设 A_1，A_2，A_3 分别是$\triangle AOB$，扇形 AOB 与$\triangle AOD$ 的面积，则

$$A_1=\frac{1}{2}(OA)^2\sin x=\frac{1}{2}\sin x$$

$$A_2=\frac{1}{2}(OA)^2x=\frac{1}{2}x$$

$$A_3=\frac{1}{2}OA\cdot DA=\frac{1}{2}\tan x$$

因 $A_1 < A_2 < A_3$，故有

$$\frac{1}{2}\sin x < \frac{1}{2}x < \frac{1}{2}\tan x \tag{3-19}$$

如果 $x \in \left(0,\ \frac{\pi}{2}\right)$，则 $\sin x > 0$，从而式（3-19）等价于不等式

$$1 < \frac{x}{\sin x} < \frac{1}{\cos x}$$

由此，便得出式（3-18）. 因为 $\frac{x}{\sin x}$ 与 $\cos x$ 均为偶函数，所以不等式（3-18）当 $x \in \left(-\frac{\pi}{2},\ 0\right)$ 时仍然成立.

说明 1 由不等式（3-19）可得不等式

$$\tan x > x,\ x \in \left(0, \frac{\pi}{2}\right)$$

命题 2 对所有的 $x \in \mathbf{R}$，有不等式

$$|\sin x| \leqslant |x| \tag{3-20}$$

证 显然当 $x = 0$ 时，式（3-20）成立. 设 $x \neq 0$，若 $x \in \left(0,\ \frac{\pi}{2}\right)$，则由式（3-18）知：$\frac{\sin x}{x} < 1$，即 $0 < \sin x < x$，式（3-20）成立. 因 $\frac{\sin x}{x}$ 是偶函数，故当 $x \in \left(-\frac{\pi}{2},\ 0\right)$ 时，式（3-20）也成立，总之，当 $|x| \leqslant \frac{\pi}{2}$，式（3-20）成立. 设 $|x| \geqslant \frac{\pi}{2}$，则因 $|\sin x| \leqslant 1 < \frac{\pi}{2}$，必有式（3-20）成立. 证毕.

练习

1. 试证：对所有的 $x \in \mathbf{R}$，有

$$0 \leqslant 1 - \cos x \leqslant \frac{x^2}{2}$$

2. 三角函数的连续性

命题 3 函数 $y = \sin x$ 与 $y = \cos x$ 在 $\mathbf{R}$ 内连续.

证 $\forall x_0 \in \mathbf{R}$，即 x_0 为任一实数，则

$$\sin x - \sin x_0 = 2\sin\frac{x - x_0}{2}\cos\frac{x + x_0}{2}$$

由式（3-20）知 $\left|\sin\frac{x - x_0}{2}\right| \leqslant \frac{|x - x_0|}{2}$，而 $\left|\cos\frac{x + x_0}{2}\right| \leqslant 1$，故有 $|\sin x - \sin x_0| \leqslant |x - x_0|$，由此可知 $y = \sin x$ 在点 x_0 连续.

类似地，有

$$\cos x - \cos x_0 = -2\sin\frac{x + x_0}{2} \cdot \sin\frac{x - x_0}{2}$$

且可得

$$|\cos x - \cos x_0| \leqslant |x - x_0|$$

从而，$y=\cos x$ 在 x_0 连续.

由正弦函数与余弦函数的连续性知，当 $\cos x\neq 0$ 时，即 $x\neq\frac{\pi}{2}+n\pi$，$n\in\mathbf{Z}$ 时，$\tan x=\frac{\sin x}{\cos x}$连续，而当 $x\neq n\pi$，$n\in\mathbf{Z}$ 时，$\cot x=\frac{\cos x}{\sin x}$连续.

3. 重要极限 I

命题 4　若 $x\to 0$，则$\frac{\sin x}{x}\to 1$，即

$$\lim_{x\to 0}\frac{\sin x}{x}=1$$

证　利用不等式（3-18）及余弦函数的连续性：$\lim\limits_{x\to 0}\cos x=\cos 0=1$ 在式（3-18）中令 $x\to 0$取极限，便可得到.

4. 反三角函数

考虑函数

$$y=\sin x,\ x\in\left[-\frac{\pi}{2},\frac{\pi}{2}\right]=\Delta$$

这个函数在区间 Δ 上连续且严格递增，它的值域为 $[-1,\ 1]$，其图形如图3-35a所示，根据反函数定理知，在区间 $[-1,\ 1]$ 上定义了这个函数的反函数是连续的且严格递增，把它记为

$$y=\arcsin x, x\in[-1,1]$$

需要说明的是函数 $\arcsin x$ 不是周期函数 $\sin x$ 的反函数，因它不可逆；$\arcsin x$ 只是在区间 $\Delta=\left[-\frac{\pi}{2},\ \frac{\pi}{2}\right]$上给定的函数 $\sin x$ 的反函数，函数 $y=\arcsin x$ 的图形如图3-35b所示，它与 $y=\sin x$ 的图形关于 $y=x$ 对称. 根据互为可逆函数的性质知

$$\sin(\arcsin x)=x, x\in[-1,1]$$

$$\arcsin(\sin x)=x, x\in\left[-\frac{\pi}{2},\frac{\pi}{2}\right] \tag{3-21}$$

$$\arcsin(-x)=-\arcsin x, x\in[-1,1] \tag{3-22}$$

即 $\arcsin x$ 是奇函数.

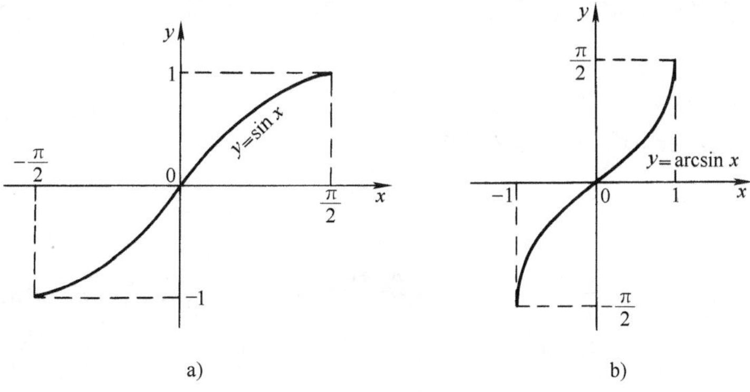

图 3-35

【例 3-27】 作出函数 $y=\arcsin(\sin x)$ 的图形.

解 函数 y 在 $\mathbf{R}$ 上有定义且以 2π 为周期，所以只需要在区间 $\left[-\frac{\pi}{2}, \frac{3\pi}{2}\right]$ 上作出其图形. 如果 $-\frac{\pi}{2}\leqslant x\leqslant\frac{\pi}{2}$，则由式（3-21）知 $y=x$. 如果 $\frac{\pi}{2}\leqslant x\leqslant\frac{3\pi}{2}$，则 $-\frac{\pi}{2}\leqslant x-\pi\leqslant\frac{\pi}{2}$ 且利用公式（3-21）有

$$\arcsin(\sin(x-\pi)) = x-\pi$$

另一方面，$\sin(x-\pi) = -\sin x$，从而根据式（3-22）有

$$\arcsin(\sin(x-\pi)) = \arcsin(-\sin x) = -\arcsin(\sin x)$$

所以，若 $x\in\left[\frac{\pi}{2}, \frac{3\pi}{2}\right]$，则有 $x-\pi=-\arcsin(\sin x)$，总之

$$y = \arcsin(\sin x) = \begin{cases} x & -\frac{\pi}{2}\leqslant x\leqslant\frac{\pi}{2} \\ \pi-x & \frac{\pi}{2}\leqslant x\leqslant\frac{3\pi}{2} \end{cases}$$

$y=\arcsin(\sin x)$ 的图形如图 3-36 所示.

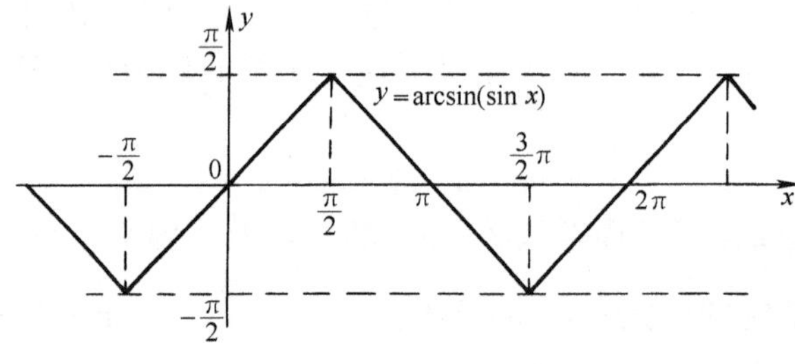

图 3-36

函数

$$y = \cos x, 0\leqslant x\leqslant\pi$$

是连续的且严格递减，它的反函数记为

$$y = \arccos x, x\in[-1,1]$$

它也是连续函数且严格递减，这个函数的图形如图 3-37 所示. 显然有

$$\cos(\arccos x) = x, x\in[-1,1]$$

$$\arccos(\cos x) = x, x\in[0,\pi]$$

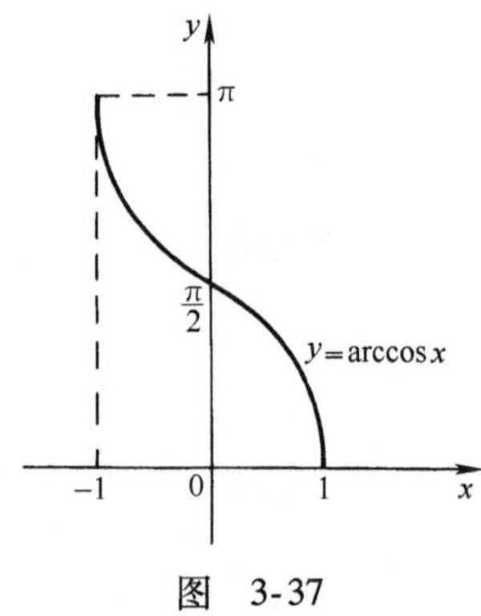

图 3-37

练习

2. 证明：$\arccos(-x)=\pi-\arccos x$

$$\arcsin x+\arccos x=\frac{\pi}{2}, x\in[-1, 1]$$

3. 作出下列函数的图形.

(1) $y=\arccos(\cos x)$ (2) $y=\arcsin(\cos x)$

函数

$$y = \tan x,\ -\frac{\pi}{2} < x < \frac{\pi}{2}$$

是连续的且严格递增．把它的反函数记为

$$y = \arctan x, x \in \mathbf{R}$$

它也是连续的且严格递增，图形如图 3-38 所示．

同样指出，根据互为反函数的性质，有

$$\tan(\arctan x) = x, x \in \mathbf{R}$$

$$\arctan(\tan x) = x, x \in \left(-\frac{\pi}{2}, \frac{\pi}{2}\right)$$

$$\arctan(-x) = -\arctan x$$

函数 $y=\cot x$，$0<x<\pi$ 的反函数记为 $y=\operatorname{arccot} x$．这个函数在 $\mathbf{R}$ 内连续且严格递减，它的图形如图 3-39 所示．

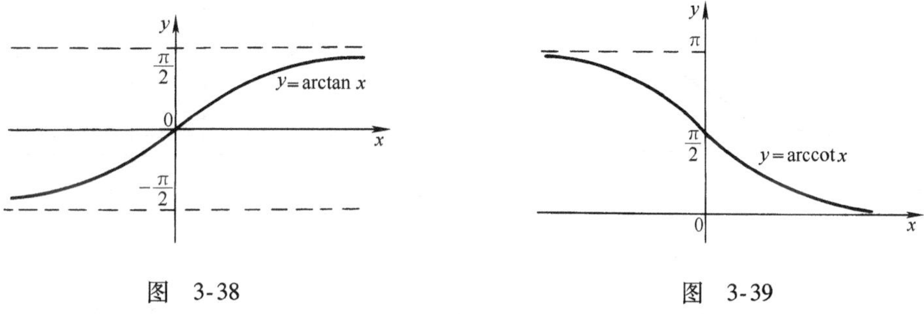

图　3-38　　　　图　3-39

3.4.3　含有理指数的幂函数

首先，对于自然数 n，幂函数 $y=x^n$，$x\in\mathbf{R}$ 是连续函数，若 $n=2k+1$，$k\in\mathbf{N}_+$，则这个函数在 $\mathbf{R}$ 内严格递增，从而可逆，如 $y=x^3$ 与 $y=\sqrt[3]{x}$ 互为反函数，其图形如图 3-40 所示．

若 $n=2k$，$k\in\mathbf{N}_+$，$x\in\mathbf{R}$，则 $y=x^{2k}$ 不可逆．然而在区间 $[0,\ +\infty)$ 上，$y=x^{2k}$，$k\in\mathbf{N}_+$ 可逆且它的反函数是 $y=\sqrt[2k]{x}$，同样，在区间 $(-\infty,\ 0)$ 上，存在反函数是 $y=-\sqrt[2k]{x}$.

对于函数 $y=x^{-n}$，$n\in\mathbf{N}_+$，当 $n=2k+1$ 时，在 $E=\{x:\ x\in\mathbf{R}$ 且 $x\neq0\}$ 上可逆，而当 $n=2k$，$k\in\mathbf{N}_+$ 时，将分别在区间 $(-\infty,\ 0)$ 与区间 $(0,\ +\infty)$ 上是可逆的．

下面考虑含有理指数的幂函数

$$y = x^r = (x^{\frac{1}{n}})^m, x > 0$$

其中，$r=m/n$，$m\in\mathbf{Z}$，$n\in\mathbf{N}_+$．当 $x>0$ 时，函数 $x^{\frac{1}{n}}$ 连续且严格递增，如图 3-41 所示，当 $r>0$ 时，$y=x^r$，$x>0$ 连续且严格递增；当 $r<0$ 时，$y=x^r$，$x>0$ 时连续且严格递减．

3.4.4　指数函数

函数 $y=a^x$，a 是常数且 $a>0$，$a\neq1$，称为指数函数，$D(f)=\mathbf{R}$，其图形如图3-42、图 3-43 所示．

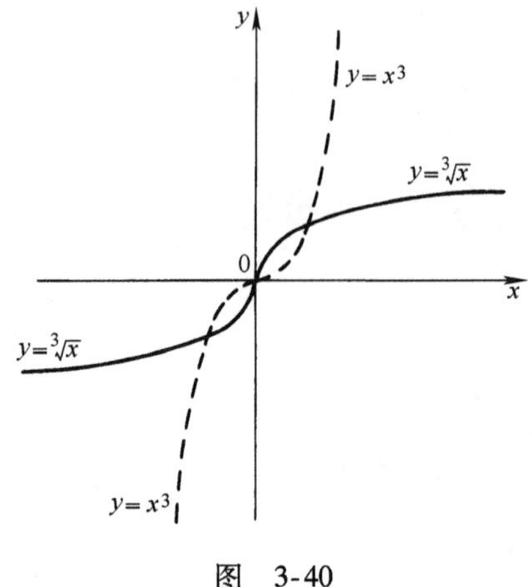

图 3-40

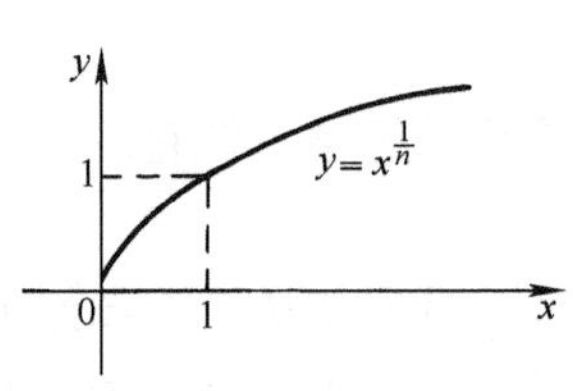

图 3-41

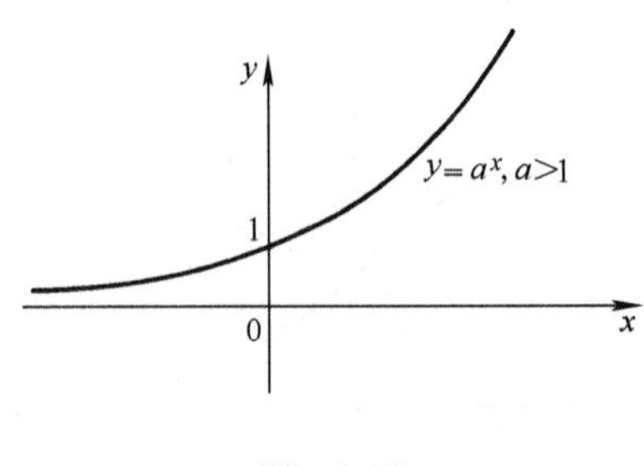

图 3-42

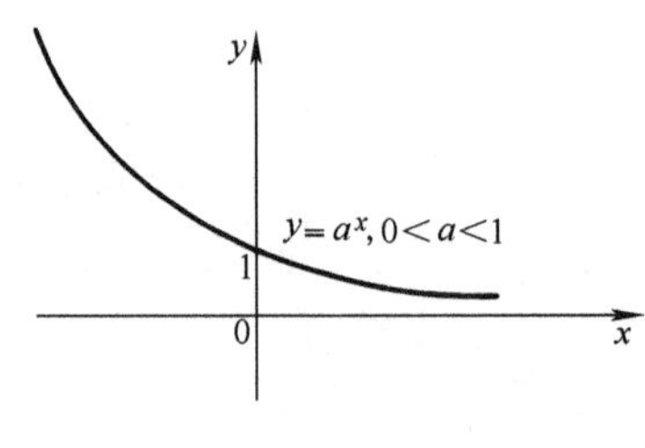

图 3-43

性质 1 函数 $y=a^x$，$a>1$ 在 **R** 内严格递增，若 $0<a<1$，则 $y=a^x$ 在 **R** 内严格递减.

性质 2 函数 $y=a^x$，$a>1$ 在 **R** 内连续.

证 设 $x_0\in\mathbf{R}$ 为任一点，$\Delta y=a^{x_0+\Delta x}-a^{x_0}=a^{x_0}\ (a^{\Delta x}-1)$. 需要证明

$$\lim_{\Delta x\to 0}a^{\Delta x}=1\text{ 或}\lim_{x\to 0}a^x=1$$

由数列极限知 $\lim\limits_{n\to\infty}a^{\frac{1}{n}}=1$. 现任取正纯小数数列 $\{x_n\}$，满足 $x_n\to 0$，$0<x_n<1$. 设 $k_n=\left[\dfrac{1}{x_n}\right]$是$\dfrac{1}{x_n}$的整数部分，则有 $0<x_n\leqslant\dfrac{1}{k_n}$，且 $1=a^0<a^{x_n}\leqslant a^{\frac{1}{k_n}}$. 从而由极限 $\lim\limits_{n\to\infty}a^{\frac{1}{n}}=1$ 得 $\lim\limits_{n\to\infty}a^{x_n}=1$. 由 $\{x_n\}$ 的任意性知，存在极限$\lim\limits_{\substack{x\to 0\\ x>0}}a^x=1$. 显然，又存在左极限$\lim\limits_{\substack{x\to 0\\ x<0}}a^x=\lim\limits_{\substack{-x\to 0\\ x>0}}a^{-x}=\lim\limits_{\substack{u\to 0\\ u>0}}\dfrac{1}{a^u}=\dfrac{1}{1}=1$. 综上知 $\lim\limits_{x\to 0}a^x=1$. 故 $\lim\limits_{\Delta x\to 0}a^{x_0+\Delta x}=a^{x_0}$，即函数 a^x 在点 x_0 连续，因 $x_0\in\mathbf{R}$ 为任一点，故函数 a^x 在 **R** 连续.

性质 3 若 $a>1$，则 $\lim\limits_{x\to+\infty}a^x=+\infty$，$\lim\limits_{x\to-\infty}a^x=0$.

证 根据 $x\geqslant[x]$ 与性质 1 得 $a^x\geqslant a^{[x]}$，因 $a>1$，故 $a=1+\alpha$，$\alpha>0$，运用伯努利不等式得

$$a^{[x]}=(1+\alpha)^{[x]}>\alpha[x]>\alpha(x-1)$$

由此知 $\lim\limits_{x\to+\infty} a^x = +\infty$. 若 $x<0$，则可利用 $a^x=\dfrac{1}{a^{-x}}$与刚得到的结论证得 $\lim\limits_{x\to-\infty} a^x=0$.

说明 2　我们今后常用 $\mathrm{e}=2.7182818\cdots$作为底，称函数 $y=\mathrm{e}^x$ 为指数函数且记为 $\exp x$.

【例 3-28】　作出函数 $y=\mathrm{e}^{\frac{1}{x}}$的图形.

解　函数 $y=\mathrm{e}^{\frac{1}{x}}$，当 $x\neq0$ 时有定义，且对所有 $x\neq0$ 取正值，并在 $E_1=(-\infty,0)$与 $E_2=(0,+\infty)$上严格递减；当 $x\in E_1$ 时 $\mathrm{e}^{\frac{1}{x}}<1$，当 $x\in E_2$ 时 $\mathrm{e}^{\frac{1}{x}}>1$. 注意到 $\lim\limits_{x\to-\infty}\mathrm{e}^{\frac{1}{x}}=1-0$，$\lim\limits_{x\to-0}\mathrm{e}^{\frac{1}{x}}=+0$，$\lim\limits_{x\to+0}\mathrm{e}^{\frac{1}{x}}=+\infty$，$\lim\limits_{x\to+\infty}\mathrm{e}^{\frac{1}{x}}=1+0$ 便可作出函数 $y=\mathrm{e}^{\frac{1}{x}}$的图形（见图 3-44）.

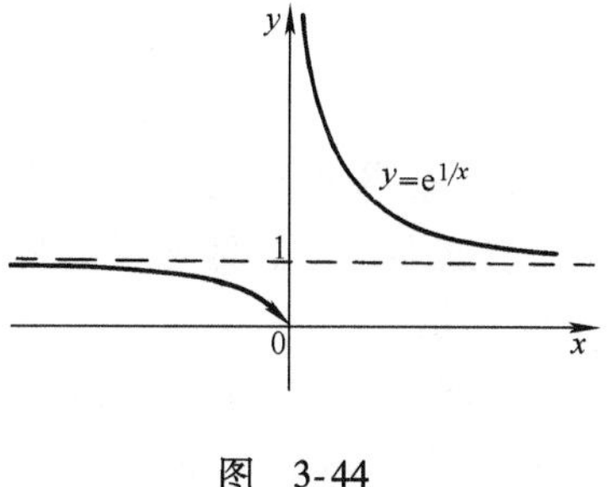

图　3-44

3.4.5　对数函数

称指数函数 $y=a^x$ 的反函数 $y=\log_a x$ 为对数函数，其中 a 是常数且 $a>0$，$a\neq1$.

根据反函数的性质定理知，当 $a>1$ 时，$y=\log_a x$ 在区间（0，$+\infty$）上连续且严格递增，它的值域为整个实轴，其图形如图 3-45 所示.

类似地，当 $0<a<1$ 时，$y=\log_a x$ 在区间（0，$+\infty$）上连续、严格递减，其图形如图 3-46 所示.

科技应用中常用以常数 e 为底的对数函数 $y=\log_{\mathrm{e}} x$，叫作自然对数函数，简记为$y=\ln x$.

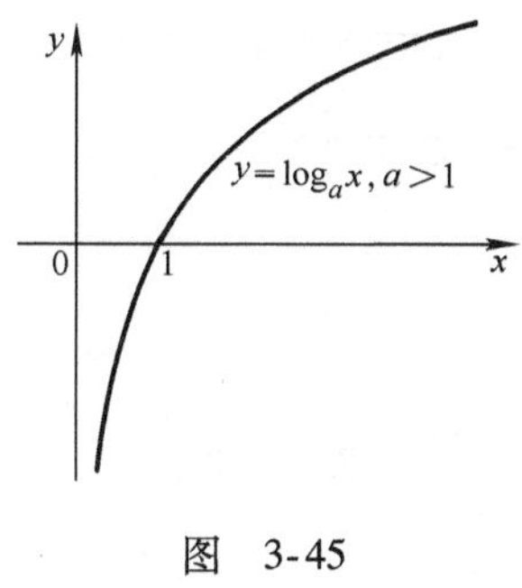

图　3-45

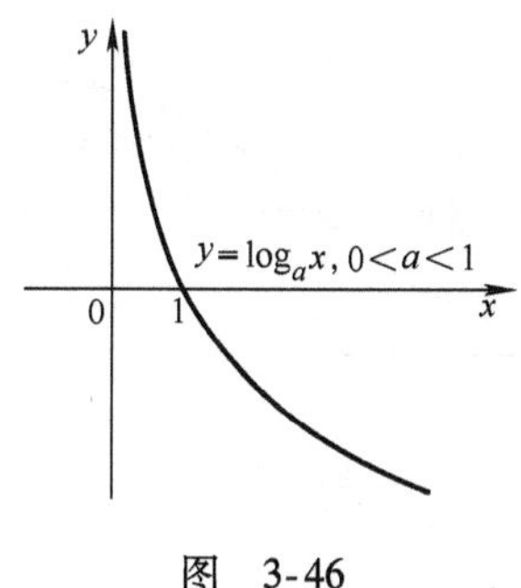

图　3-46

3.4.6　双曲函数及其反函数

我们分别称函数

$$\cosh x=\frac{\mathrm{e}^x+\mathrm{e}^{-x}}{2}\ \text{与}\ \sinh x=\frac{\mathrm{e}^x-\mathrm{e}^{-x}}{2}$$

为双曲余弦函数与双曲正弦函数.

这些函数均在 **R** 内有定义且连续，并且 $\cosh x$ 是偶函数，$\sinh x$ 是奇函数，它们的图形如图 3-47 所示.

根据上述定义可得：

$$\sinh x+\cosh x=\mathrm{e}^{x}$$
$$\cosh^{2}x-\sinh^{2}x=1$$
$$\cosh 2x=1+2\sinh^{2}x$$
$$\sinh 2x=2\sinh x\cosh x$$

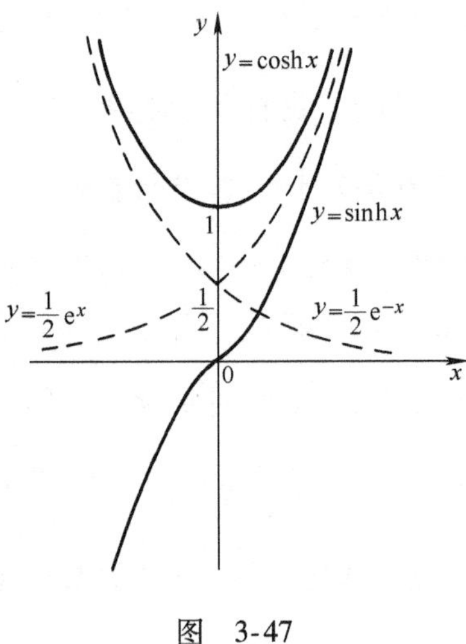

图　3-47

类似于三角函数，可定义双曲正切与双曲余切：

$$\tanh x=\frac{\sinh x}{\cosh x},\ \coth x=\frac{\cosh x}{\sinh x}$$

$\tanh x$ 在 $\mathbf{R}$ 内有定义且连续，而 $\coth x$ 当 $x\neq 0$ 时有定义且连续，它们都是奇函数，其图形如图 3-48 与图 3-49 所示.

可以证明，函数 $y=\sinh x$，$y=\tanh x$ 与 $y=\cosh x$，$x\geqslant 0$ 是严格递增的，而 $y=\cosh x$，$x\leqslant 0$ 是严格递减的，所以这些函数都是可逆的，记它们的反函数对应为 $\operatorname{arsinh} x$，$\operatorname{artanh} x$，$\operatorname{arcosh}_{+} x$，$\operatorname{arcosh}_{-} x$.

我们考虑 $\operatorname{arsinh} x$，把它用初等函数表示出来，为此，解方程

$$\sinh x=\frac{\mathrm{e}^{x}-\mathrm{e}^{-x}}{2}=y$$

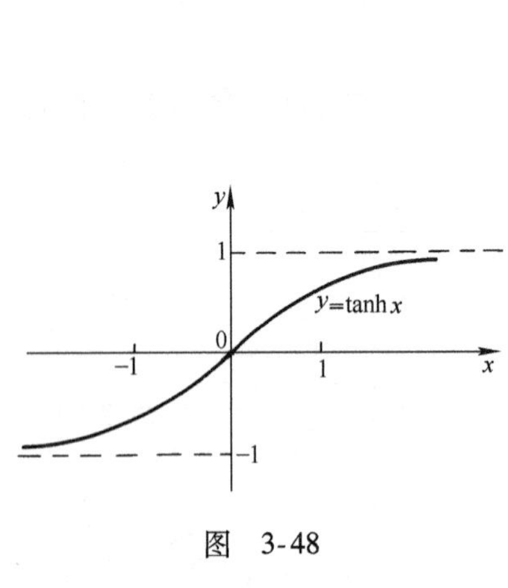

图　3-48

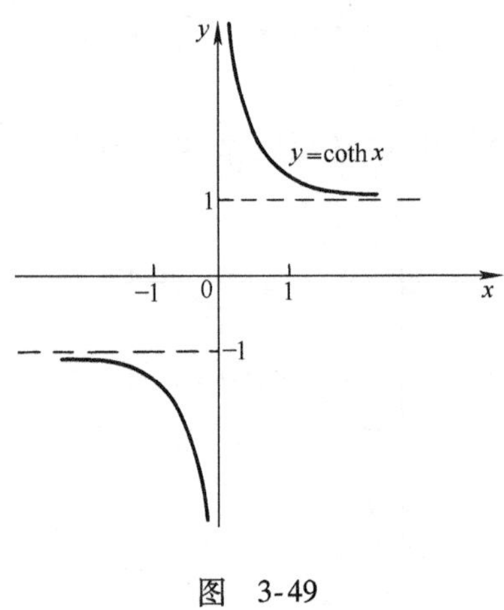

图　3-49

得

$$\mathrm{e}^{x}=y\pm\sqrt{1+y^{2}}$$

因 $\mathrm{e}^{x}>0$，故 $\mathrm{e}^{x}=y+\sqrt{1+y^{2}}$，由此解得 $x=\ln\left(y+\sqrt{1+y^{2}}\right)$，又 $x=\operatorname{arsinh} y$，所以

$$\operatorname{arsinh} y=\ln\left(y+\sqrt{1+y^{2}}\right)$$

再将 y 换成 x，得

$$\operatorname{arsinh} x=\ln\left(x+\sqrt{1+x^{2}}\right), x\in\mathbf{R}$$

说明 3　关于双曲函数称呼的来源是方程 $x=\cosh t$，$y=\sinh t$ 可看作双曲线 $x^{2}-y^{2}=1$ 的参数方程.

练习

4. 证明下列公式：

$$\sinh(x+y)=\sinh x\cosh y+\cosh x\sinh y$$

$$\cosh(x+y)=\cosh x\cosh y+\sinh x\sinh y$$

$$\operatorname{artanh} x=\begin{cases}\dfrac{1}{2}\ln\dfrac{1+x}{1-x} & |x|<1\\ \dfrac{1}{2}\ln\dfrac{x+1}{x-1} & |x|>1\end{cases}$$

$$\operatorname{arcosh}_{+} x=\ln(x+\sqrt{x^2-1}),\ x\geqslant 1$$

$$\operatorname{arcosh}_{-} x=\ln(x-\sqrt{x^2-1}),\ x\geqslant 1$$

3.4.7　含任意实数指数的幂函数

设 $y=x^{\alpha}$，$x>0$，$\alpha\in\mathbf{R}$，则

$$x^{\alpha}=e^{\alpha\ln x} \tag{3-23}$$

作为指数函数 e^t 与函数 $t=\alpha\ln x$ 复合而成的函数，显然当 $x>0$ 时，x^{α} 连续，根据式（3-23）及指数函数与对数函数的性质知：当 $\alpha>0$ 时 $y=x^{\alpha}$ 在区间（0，$+\infty$）上严格递增，当 $\alpha<0$时，则它在区间（0，$+\infty$）上严格递减.

利用式（3-23）及 $\ln e^t=t$ 得

$$\ln x^{\alpha}=\alpha\ln x,\ \alpha\in\mathbf{R},\ x>0$$

3.4.8　幂指函数

设函数 $u(x)$与 $v(x)$在区间 $\Delta=(a,b)$内有定义，并且对所有的 $x\in\Delta$ 满足条件 $u(x)>0$，则由 $y=e^{v(x)\ln u(x)}$所确定的函数称为幂指函数，且记为$u(x)^{v(x)}$．因此，

$$u(x)^{v(x)}=e^{v(x)\ln u(x)}$$

如果 u，v 是 Δ 上的连续函数，则 $u(x)^{v(x)}$也是 Δ 上的连续函数.

【例 3-29】　研究函数

$$y=f(x)=\begin{cases}\sqrt{3-x} & x<2\\ \dfrac{1}{2}x & 2<x\leqslant 4\\ \dfrac{1}{4}x^2 & x>4\end{cases}$$

的连续性.

解　$\sqrt{3-x}$，$x<2$；$\dfrac{1}{2}x$，$2<x<4$；$\dfrac{1}{4}x^2$，$x>4$ 均为初等函数，在其定义域内是连续函数. 故 $f(x)$ 在区间 $(-\infty,2)\cup(2,4)\cup(4,+\infty)$ 上是连续的函数.

由于$f(x)$ 在 $x=2$ 处无定义，而

$$\lim_{x\to 2-0}f(x)=\lim_{x\to 2-0}\sqrt{3-x}=1$$

$$\lim_{x\to 2+0}f(x)=\lim_{x\to 2+0}\frac{1}{2}x=1$$

所以 $x=2$ 是可去间断点.

对于 $x=4$，有

$$\lim_{x\to 4-0} f(x) = \lim_{x\to 4-0} \frac{1}{2}x = 2$$

$$\lim_{x\to 4+0} f(x) = \lim_{x\to 4+0} \frac{1}{4}x^2 = 4$$

故 $x=4$ 是第一类间断点.

典型计算题 2

研究下列函数的连续性.

1. $y=\begin{cases} x^2 & x<0 \\ \sin x & 0<x<\dfrac{\pi}{2} \\ \dfrac{\pi}{2} & x\geqslant\dfrac{\pi}{2} \end{cases}$

2. $y=\begin{cases} x^2 & x<-2 \\ \dfrac{1}{4}x^2-2 & -2\leqslant x<0 \\ -\cos x & x>0 \end{cases}$

3. $y=\begin{cases} 2\sin x & x<-\dfrac{\pi}{2} \\ \sin x-1 & -\dfrac{\pi}{2}<x<\dfrac{\pi}{2} \\ \dfrac{x}{\pi} & x\geqslant\dfrac{\pi}{2} \end{cases}$

4. $y=\begin{cases} 2^x & x\leqslant 0 \\ (x+1)^2 & 0<x<2 \\ 2x^2 & x\geqslant 2 \end{cases}$

5. $y=\begin{cases} \arctan x & x<0 \\ \arccos x & 0<x<1 \\ x-2 & x\geqslant 1 \end{cases}$

6. $y=\begin{cases} \dfrac{1}{x} & x<0 \\ \ln x & 0<x<\mathrm{e} \\ 1 & x\geqslant \mathrm{e} \end{cases}$

7. $y=\begin{cases} -\dfrac{\pi}{3}x & x\leqslant -1 \\ -\arcsin x & -1<x<0 \\ \sqrt{x} & x>0 \end{cases}$

8. $y=\begin{cases} -2x^2+2 & x\leqslant 1 \\ \cos x & 1<x<\pi \\ -1 & x>\pi \end{cases}$

9. $y=\begin{cases} \sin 2x & x\leqslant -\dfrac{\pi}{2} \\ \cos x & -\dfrac{\pi}{2}<x<0 \\ 2\left(x+\dfrac{1}{2}\right)^2 & x\geqslant 0 \end{cases}$

10. $y=\begin{cases} -x^2 & x<-1 \\ x^3 & -1\leqslant x\leqslant 2 \\ x^2+2 & x>2 \end{cases}$

11. $y=\begin{cases} \ln(-x) & x<0 \\ \dfrac{1}{x} & 0<x<1 \\ x^2 & x>1 \end{cases}$

12. $y=\begin{cases} -\sin x & x<-\pi \\ \cos x+1 & -\pi\leqslant x<0 \\ x^2+1 & x\geqslant 0 \end{cases}$

13. $y=\begin{cases}\left(\dfrac{1}{2}\right)^x & x<-1\\ -x & -1\leqslant x<1\\ -x^2 & x\geqslant 1\end{cases}$

14. $y=\begin{cases}\arctan(x+2) & x<-1\\ \tan x & -1\leqslant x<\dfrac{\pi}{2}\\ 0 & x\geqslant\dfrac{\pi}{2}\end{cases}$

15. $y=\begin{cases}e^x & x<0\\ \tan x & 0<x<\dfrac{\pi}{4}\\ \sin 2x & x\geqslant\dfrac{\pi}{4}\end{cases}$

16. $y=\begin{cases}\cos x & x<-\dfrac{\pi}{2}\\ \cot x & -\dfrac{\pi}{2}\leqslant x<0\\ \sqrt{x} & x\geqslant 0\end{cases}$

3.4　习题答案

3.5 函数极限的计算方法

3.5.1　未定式的计算方法

3.5　思维导图

在计算极限时，常常需要求

$$\lim_{x\to a}\frac{f(x)}{g(x)}$$

其中，f 与 g 都是 $x\to a$ 时的无穷小量，即 $\lim\limits_{x\to a}f(x)=\lim\limits_{x\to a}g(x)=0$. 在这种情况下，我们称求极限的方法为形如 $\dfrac{0}{0}$ 型的未定式的计算方法. 为了求出极限，通常要将 $\dfrac{f(x)}{g(x)}$ 变形，将分子与分母因式分解且分解出 $(x-a)^k$，譬如，若在点 a 的某个邻域内把 f 与 g 表示为

$$f(x)=(x-a)^k f_1(x),g(x)=(x-a)^k g_1(x),k\in\mathbf{N}_+$$

而函数 f_1 与 g_1 在点 a 连续且 $g_1(a)\neq 0$，则

$$\lim_{x\to a}\frac{f(x)}{g(x)}=\lim_{x\to a}\frac{f_1(x)}{g_1(x)}=\frac{f_1(a)}{g_1(a)}$$

类似地，若 $\lim\limits_{x\to a}f(x)=\infty$,$\lim\limits_{x\to a}g(x)=\infty$ ，则称 $\dfrac{f(x)}{g(x)}$ 与 $f(x)-g(x)$ 为 $x\to a$ 时的形如 $\dfrac{\infty}{\infty}$ 型与 $\infty-\infty$ 型的未定式. 计算这些类型的未定式时，通常要将商与差进行适当变形，使得到的函数极限能运用极限的性质. 如

$$f(x)=\sum_{k=0}^{n}a_k x^k,\ g(x)=\sum_{k=0}^{n}b_k x^k$$

其中，$a_n\neq 0$，$b_n\neq 0$，则用 x^n 去除分式 $\dfrac{f(x)}{g(x)}$ 的分子与分母，再求极限

$$\lim_{x\to\infty}\frac{f(x)}{g(x)}=\lim_{x\to\infty}\frac{a_n+a_{n-1}\dfrac{1}{x}+\cdots+\dfrac{a_0}{x^n}}{b_n+b_{n-1}\dfrac{1}{x}+\cdots+\dfrac{b_0}{x^n}}=\frac{a_n}{b_n}$$

【例 3-30】　已知：

(1) $F(x)=\dfrac{2x^2+x-3}{x^3-2x+1},a=1$

(2) $F(x)=\dfrac{\sqrt{x+21}-5\sqrt{x-3}}{x^3-64},a=4$

(3) $F(x)=\dfrac{\tan x-\sin x}{x^3},\ a=0$

(4) $F(x)=\sqrt{x^2+x+1}-\sqrt{x^2-x+1},a=+\infty$

求$\lim\limits_{x\to a}F(x)$.

解 (1) $F(x)=\dfrac{(2x+3)(x-1)}{(x-1)(x^2+x-1)}$,

$$\lim_{x\to1}F(x)=\lim_{x\to1}\frac{2x+3}{x^2+x-1}=5$$

(2) 用$\varphi(x)=\sqrt{x+21}+5\sqrt{x-3}$同时乘以$F(x)$的分子与分母，且利用$x^3-64=(x-4)\psi(x)$, $\psi(x)=x^2+4x+16$，得

$$\begin{aligned}\lim_{x\to4}F(x)&=\lim_{x\to4}\frac{x+21-25(x-3)}{(x-4)\varphi(x)\psi(x)}\\&=\lim_{x\to4}\frac{-24}{\varphi(x)\psi(x)}=-\frac{24}{\varphi(4)\psi(4)}=-\frac{1}{20}\end{aligned}$$

(3) 因$F(x)=\dfrac{\sin x}{x}\dfrac{1-\cos x}{x^2}\dfrac{1}{\cos x}$，而$1-\cos x=2\sin^2\dfrac{x}{2}$，故利用重要极限Ⅰ与余弦函数的连续性得

$$\lim_{x\to0}F(x)=\lim_{x\to0}\frac{\sin x}{x}\left(\frac{\sin\frac{x}{2}}{\frac{x}{2}}\right)^2\frac{1}{2\cos x}=\frac{1}{2}$$

(4) 用$\varphi(x)=\sqrt{x^2+x+1}+\sqrt{x^2-x+1}$同乘$\dfrac{F(x)}{1}$的分子与分母，再变形得

$$F(x)=\frac{2x}{\varphi(x)}=\frac{2}{\sqrt{1+\frac{1}{x}+\frac{1}{x^2}}+\sqrt{1-\frac{1}{x}+\frac{1}{x^2}}}$$

利用$\sqrt{t}$的连续性，得

$$\lim_{x\to+\infty}F(x)=\frac{2}{1+1}=1$$

3.5.2 计算极限的变量代换法

定理 3-12 如果存在

$$\lim_{x\to a}\varphi(x)=b,\lim_{y\to b}f(y)=A$$

并且对于点a的某个去心邻域内的所有x满足$\varphi(x)\neq b$，则在点a存在复合函数$f(\varphi(x))$的极限，且

$$\lim_{x\to a} f(\varphi(x)) = \lim_{y\to b} f(y)$$

证　根据极限的定义，函数 φ 与 f 分别在 $\mathring{U}_\delta(a)$ 与 $\mathring{U}_\varepsilon(b)$ 内有定义，这里 $\varepsilon>0$，$\delta>0$，并且对于 $x\in\mathring{U}_\delta(a)$ 有 $\varphi(x)\in\mathring{U}_\varepsilon(b)$．因此在 $\mathring{U}_\delta(a)$ 上定义了一个复合函数 $f(\varphi(x))$，设 $\{x_n\}$ 是任一收敛于 a 的点列且 $x_n\in\mathring{U}_\delta(a)$，$n\in\mathbf{N}_+$．记 $y_n=\varphi(x_n)$，则根据函数的定义有 $\lim\limits_{n\to\infty} y_n=b, y_n\in\mathring{U}_\varepsilon(b)$．因为存在 $\lim\limits_{y\to b} f(y)=A$，故有

$$\lim_{n\to\infty} f(\varphi(x_n)) = \lim_{n\to\infty} f(y_n)=A.$$

这表明

$$\lim_{x\to a} f(\varphi(x)) = A$$

【例 3-31】　证明：（1）$\lim\limits_{x\to 0}\dfrac{\arcsin x}{x}=1$　　（2）$\lim\limits_{x\to 0}\dfrac{\arctan x}{x}=1$

证　（1）设 $y=\arcsin x$，则 $x=\sin y$，从而

$$\frac{\arcsin x}{x} = \frac{y}{\sin y}$$

且 $\{x\to 0\}\Leftrightarrow\{y\to 0\}$，所以，有

$$\lim_{x\to 0}\frac{\arcsin x}{x}=\lim_{y\to 0}\frac{y}{\sin y}=1$$

（2）若 $y=\arctan x$，则 $x=\tan y$ 且 $\{x\to 0\}\Leftrightarrow\{y\to 0\}$，所以

$$\lim_{x\to 0}\frac{\arctan x}{x}=\lim_{y\to 0}\frac{y}{\tan y}=\lim_{y\to 0}\frac{y}{\sin y}\cdot\cos y=1$$

3.5.3　重要极限Ⅱ

定理 3-13

$$\lim_{x\to 0}(1+x)^{\frac{1}{x}}=\mathrm{e} \tag{3-24}$$

证　前面已证明

$$a_n=\left(1+\frac{1}{n}\right)^n\to\mathrm{e},\qquad n\to\infty \tag{3-25}$$

现在我们来证明如果 $\{n_k\}$ 是自然数的任一序列（不必严格单增）且有

$$\lim_{k\to\infty} n_k = +\infty \tag{3-26}$$

则

$$\left(1+\frac{1}{n_k}\right)^{n_k}\to\mathrm{e},\qquad k\to\infty \tag{3-27}$$

由式（3-25）知

$$\forall\varepsilon>0,\ \exists N_\varepsilon:\forall n\geqslant N_\varepsilon\to|a_n-\mathrm{e}|<\varepsilon$$

而条件式（3-26）意味着

$$\forall M>0,\ \exists K(M)\in\mathbf{N}_+:\ \forall k\geqslant K(M)\to n_k>M$$

令 $M=N_\varepsilon$，则有对 $k>K_\varepsilon$，$K_\varepsilon=K(N_\varepsilon)$，满足 $n_k>N_\varepsilon$，从而得知，对 $k\geqslant K_\varepsilon$ 有 $|a_{n_k}-\mathrm{e}|<\varepsilon$，即结论成立.

为证明式（3-24）成立，只需要证明

$$\lim_{x\to+0}(1+x)^{\frac{1}{x}}=\lim_{x\to-0}(1+x)^{\frac{1}{x}}=\mathrm{e} \tag{3-28}$$

如果 $\{x_k\}$ 是收敛于零的数列，且对 $k\in\mathbf{N}_+$ 有 $x_k>0$，则可以假定 $0<x_k<1$，$\forall k\in\mathbf{N}_+$，记 $n_k=[1/x_k]$，其中$[t]$表示数 t 的整数部分. 则

$$n_k\leqslant\frac{1}{x_k}<n_k+1$$

由此得

$$1+\frac{1}{n_k+1}<1+x_k\leqslant1+\frac{1}{n_k}$$

因式中各项均大于1，故有

$$\left(1+\frac{1}{n_k+1}\right)^{n_k}<(1+x_k)^{\frac{1}{x_k}}<\left(1+\frac{1}{n_k}\right)^{n_k+1} \tag{3-29}$$

由 $k\to\infty$ 时 $x_k\to+0$，知 $n_k\to+\infty$，所以利用式（3-27）得

$$\left(1+\frac{1}{n_k+1}\right)^{n_k}=\left(1+\frac{1}{n_k+1}\right)^{n_k+1}\left(1+\frac{1}{n_k+1}\right)^{-1}\to\mathrm{e}$$

与

$$\left(1+\frac{1}{n_k}\right)^{n_k+1}\to\mathrm{e},\ k\to\infty$$

从而由式（3-29）得出

$$\lim_{k\to\infty}(1+x_k)^{\frac{1}{x_k}}=\mathrm{e}$$

再根据函数极限的定义3-3知

$$\lim_{x\to+0}(1+x)^{\frac{1}{x}}=\mathrm{e}$$

最后，我们来证明 $\lim\limits_{x\to-0}(1+x)^{\frac{1}{x}}=\mathrm{e}$. 设$\{x_k\}$是收敛于零的任何数列且 $-1<x_k<0$，$k\in\mathbf{N}_+$，则令 $y_k=-x_k$，得 $y_k>0$，且当 $k\to\infty$ 时 $y_k\to0$. 我们指出：

$$(1+x_k)^{\frac{1}{x_k}}=(1-y_k)^{\frac{-1}{y_k}}=\left(1+\frac{y_k}{1-y_k}\right)^{\frac{1}{y_k}}$$

记 $z_k=\dfrac{y_k}{1-y_k}$，则 $z_k>0$ 且 $z_k\to0$，$k\to\infty$，根据上面证明的结论知

$$(1+x_k)^{\frac{1}{x_k}}=(1+z_k)^{1+\frac{1}{z_k}}\to\mathrm{e},\quad k\to\infty$$

这样，证得条件式（3-28）成立，因而结论成立.

推论　如果对于点 x_0 的某个去心邻域内的所有 x，$\alpha(x)\neq0$ 且 $\lim\limits_{x\to x_0}\alpha(x)=0$，则

$$\lim_{x\to x_0}(1+\alpha(x))^{\frac{1}{\alpha(x)}}=\mathrm{e} \tag{3-30}$$

特别地，有

$$\lim_{x\to\infty}\left(1+\frac{1}{x}\right)^{x}=\mathrm{e}$$

证　只需要利用关系式（3-24）与定理3-12.

说明　如果在点 x_0 的某个去心邻域内 $\alpha(x)\neq0$，$\beta(x)\neq0$，$\lim\limits_{x\to x_0}\alpha(x)=\lim\limits_{x\to x_0}\beta(x)=0$，且

存在 $\lim\limits_{x\to x_0}\dfrac{\alpha(x)}{\beta(x)}=\lambda$，则

$$\lim_{x\to x_0}(1+\alpha(x))^{1/\beta(x)}=\mathrm{e}^{\lambda} \tag{3-31}$$

特别地，有

$$\lim_{x\to x_0}(1+\mu\alpha(x))^{1/\alpha(x)}=\mathrm{e}^{\mu} \tag{3-32}$$

其中，μ 是常数.

证　只需要利用式（3-30）与等式

$$(1+\alpha(x))^{\frac{1}{\beta(x)}}=[(1+\alpha(x))^{\frac{1}{\alpha(x)}}]^{\frac{\alpha(x)}{\beta(x)}}$$

【例 3-32】　求极限 $\lim\limits_{x\to\infty}\left(\dfrac{3x^2+4}{3x^2-5}\right)^{x^2}$.

解　因 $\left(\dfrac{3x^2+4}{3x^2-5}\right)^{x^2}=\dfrac{\left(1+\dfrac{4}{3x^2}\right)^{x^2}}{\left(1-\dfrac{5}{3x^2}\right)^{x^2}}$，则利用公式（3-32）可求得极限等于 $\mathrm{e}^{\frac{4}{3}-(-\frac{5}{3})}=\mathrm{e}^3$.

【例 3-33】　求极限 $\lim\limits_{x\to 0}(\cos x)^{1/\tan^2 x}$.

解　利用 $\cos x=1-2\sin^2\dfrac{x}{2}$，根据公式（3-31）可求得极限等于 e^{λ}，其中

$$\lambda=\lim_{x\to 0}\frac{-2\sin^2\dfrac{x}{2}}{\tan^2 x}=\lim_{x\to 0}\left(\frac{\sin\dfrac{x}{2}}{\dfrac{x}{2}}\right)^2\left(\frac{x}{\tan x}\right)^2\left(-\frac{1}{2}\right)=-\frac{1}{2}$$

即所求得极限等于 $\mathrm{e}^{-\frac{1}{2}}$.

3.5.4　某些重要极限

【例 3-34】　证明：若 $a>0$，$a\neq 1$，则

$$\lim_{x\to 0}\frac{\log_a(1+x)}{x}=\log_a\mathrm{e}=\frac{1}{\ln a} \tag{3-33}$$

证　考虑函数

$$f(x)=\begin{cases}(1+x)^{\frac{1}{x}} & x\neq 0\\ \mathrm{e} & x=0\end{cases}$$

这个函数在点 $x=0$ 的某个邻域内有定义，由定理 3-13 知 $f(x)$ 在 $x=0$ 处连续，作为连续函数 $\log_a t$ 与 $t=f(x)$ 的复合函数 $\log_a f(x)$ 亦在 $x=0$ 连续. 因此

$$\lim_{x\to 0}\log_a f(x)=\log_a\left(\lim_{x\to 0}(1+x)^{\frac{1}{x}}\right)=\log_a\mathrm{e}$$

因当 $x\neq 0$ 时，$\log_a f(x)=\dfrac{\log_a(1+x)}{x}$，从而式（3-33）成立.

在该式中令 $a=\mathrm{e}$，可得

$$\lim_{x\to 0}\frac{\ln(1+x)}{x}=1 \tag{3-34}$$

【例 3-35】　证明：若 $a>0$，$a\neq 1$，则

$$\lim_{x\to 0}\frac{a^x-1}{x}=\ln a$$

证　函数 $y=a^x-1$ 在 $\mathbf{R}$ 内严格单调（$a>1$ 时严格递增，$0<a<1$ 时严格递减），所以在区间 $(-1, +\infty)$ 上存在它的反函数 $x=\log_a(1+y)$ 且连续与严格单调，因 $\{x\to 0\}\Leftrightarrow\{y\to 0\}$，利用式（3-33）可得

$$\lim_{x\to 0}\frac{a^x-1}{x}=\lim_{y\to 0}\frac{y}{\log_a(1+y)}=\ln a$$

特别地，令 $a=\mathrm{e}$，得

$$\lim_{x\to 0}\frac{\mathrm{e}^x-1}{x}=1 \tag{3-35}$$

【例 3-36】　证明：

$$\lim_{x\to 0}\frac{\sinh x}{x}=1$$

证　因 $\sinh x=\dfrac{\mathrm{e}^x-\mathrm{e}^{-x}}{2}=\dfrac{\mathrm{e}^{2x}-1}{2\mathrm{e}^x}$，故利用公式（3-35），得

$$\lim_{x\to 0}\frac{\sinh x}{x}=\lim_{x\to 0}\frac{\mathrm{e}^{2x}-1}{2x}\frac{1}{\mathrm{e}^x}=1$$

【例 3-37】　证明：

$$\lim_{x\to 0}\frac{(1+x)^\alpha-1}{x}=\alpha,\quad \forall\alpha\in\mathbf{R},\alpha\neq 0$$

证　考虑函数 $y=(1+x)^\alpha-1=\mathrm{e}^{\alpha\ln(1+x)}-1$，在区间 $(-1, +\infty)$ 上存在其反函数 $x=x(y)$ 且当 $x\to 0$ 时，$y\to 0$，由 $(1+x)^\alpha=1+y$ 得 $\alpha\ln(1+x)=\ln(1+y)$，所以

$$\frac{(1+x)^\alpha-1}{x}=\frac{y}{x}=\frac{y}{\ln(1+y)}\frac{\alpha\ln(1+x)}{x}$$

利用公式（3-34）可证得.

3.5.5　利用等价函数替换计算极限

1. 无穷小量的比较

不同的无穷小量收敛于 0 的速度不同，由此我们考察两个无穷小量的比来判断它们收敛速度的快慢.

设 $f(x)$，$g(x)$ 均为 $x\to x_0$ 时的无穷小量（这里的极限过程 $x\to x_0$ 可以扩展到 $x\to x_0+0$、x_0-0、∞、$+\infty$、$-\infty$ 等情况）.

（1）若 $\lim\limits_{x\to x_0}\dfrac{f(x)}{g(x)}=0$，则称当 $x\to x_0$ 时 f 为 g 的高阶无穷小量（或称 g 为 f 的低阶无穷小量），且记为

$$f(x)=o(g(x)),x\to x_0$$

或简记 $f=o(g)$，$x\to x_0$. 特别地，记法 $f(x)=o(1)$，$x\to x_0$，表示 $f(x)$ 是 $x\to x_0$ 时的无穷小量.

如当 $x\to 0$ 时，x，x^2，x^3，…，$x^n(n\in\mathbf{N}_+)$ 等都是无穷小量，因而有

$$x^k=o(1),x\to 0,k=1,2,\cdots$$

而且它们中后一个也是前一个的高阶无穷小量，即

$$x^{k+1}=o(x^k),x\to 0$$

又如，$x\to 0$ 时，$1-\cos x$，$\cos x\cdot\sinh^2 x$，$\tan^3 x\cdot\sin\dfrac{1}{x}$都是较 x 为高阶无穷小量，所以有

$$1-\cos x=o(x),\ \cos x\cdot\sinh^2 x=o(x),\tan^3 x\cdot\sin\frac{1}{x}=o(x),\ x\to 0$$

易见，上述等式不是通常意义下的等式，符号 $o(x)$ 有着双重含义，既可表示 $x\to 0$ 时较 x 为高阶无穷小量的集合，也可表示 $x\to 0$ 时某个 x 的高阶无穷小量.

下面指出关于 $o(g)(x\to x_0)$ 的某些重要性质，我们把等式理解为凡属于左侧函数类的函数必属于右侧函数类：

$o(Cg)=o(g)$，C 为非零常数　　$o(g^n)\cdot o(g^m)=o(g^{n+m})$，$n\in\mathbf{N}_+$，$m\in\mathbf{N}_+$

$C\cdot o(g)=o(g)$，C 为非零常数　　$g^{n-1}o(g)=o(g^n)$，$n\in\mathbf{N}_+$

$o(g)+o(g)=o(g)$　　$(o(g))^n=o(g^n)$，$n\in\mathbf{N}_+$

$o(o(g))=o(g)$　　$\dfrac{o(g^n)}{g}=o(g^{n-1})$，$n\in\mathbf{N}_+$，$g\neq 0$，$\forall x\in\mathring{U}_\delta(x_0)$

$o(g+o(g))=o(g)$

我们来证明第一个性质.

这里需要证明任何属于函数类 $o(Cg)$ 的函数也属于函数类 $o(g)$，即若$f=o(Cg)$，则 $f=o(g)$，$x\to x_0$.

根据记法 $f=o(Cg)$ 的定义知，$\lim\limits_{x\to x_0}\dfrac{f}{Cg}=\dfrac{1}{C}\lim\limits_{x\to x_0}\dfrac{f}{g}=0$，即 $\lim\limits_{x\to x_0}\dfrac{f}{g}=0$，因此有$f=o(g)$，$x\to x_0$.

练习

1. 已知：$m\in\mathbf{N}_+$，$n\in\mathbf{N}_+$且 $g(x)\to 0$，$x\to x_0$，试证明：

(1) $o(g^n)=o(g^m)$，$m\leqslant n$

(2) $o\left(\sum\limits_{k=1}^{n}C_k g^k\right)=o(g)$，$C_1,C_2,\cdots,C_n$ 均为非零常数

(2) 若存在正数 M，使得在某 $\mathring{U}_\delta(x_0)$ 上成立

$$\left|\frac{f(x)}{g(x)}\right|\leqslant M$$

则称 $x\to x_0$ 时，$\dfrac{f(x)}{g(x)}$ 是有界量，记为

$$f(x)=O(g(x)),x\to x_0$$

如 $x\to 0$ 时，$x\sin\dfrac{1}{x}$与 x 都是无穷小量，且 $\left|\dfrac{x\sin\frac{1}{x}}{x}\right|\leqslant 1$，于是有

$$x\sin\frac{1}{x}=O(x),\ x\to 0$$

又若存在 $m>0$，使得在 $\mathring{U}_\delta(x_0)$ 上成立

$$m \leqslant \left|\frac{f(x)}{g(x)}\right| \leqslant M$$

则称 $f(x)$ 与 $g(x)$ 是当 $x \to x_0$ 时的同阶无穷小量. 特别当 $\lim\limits_{x \to x_0}\frac{f(x)}{g(x)} = c \neq 0$ 时，$f(x)$ 与 $g(x)$ 必为当 $x \to x_0$ 时的同阶无穷小量.

如当 $x \to 0$ 时，$x^2 + 2x^3$ 与 x^2 均为无穷小量，由于

$$\lim_{x \to 0}\frac{x^2 + 2x^3}{x^2} = \lim_{x \to 0}(1 + 2x) = 1$$

故 $x^2 + 2x^3$ 与 x^2 是当 $x \to 0$ 时的同阶无穷小量. 又如，当 $x \to 0$ 时，$x\left(3 + \cos\frac{1}{x}\right)$ 与 x 都是无穷小量，由于 $2 \leqslant \left|3 + \cos\frac{1}{x}\right| \leqslant 4$，所以 $x\left(3 + \cos\frac{1}{x}\right)$ 与 x 为当 $x \to 0$ 时的同阶无穷小量. 于是有

$$x^2 + 2x^3 = O(x^2), x \to 0$$

$$x\left(3 + \cos\frac{1}{x}\right) = O(x), x \to 0$$

特别地，若函数 f 在 $\mathring{U}_\delta(x_0)$ 内有界，则记为

$$f(x) = O(1), x \to x_0$$

如有 $\cos x^2 = O(1), x \to \infty$.

(3) 若 $\lim\limits_{x \to x_0}\frac{f(x)}{g(x)} = 1$，则称 f 与 g 是当 $x \to x_0$ 时的等价无穷小量，且记为 $f(x) \sim g(x)$，$x \to x_0$，或简记为 $f \sim g$，$x \to x_0$.

例如，因 $\lim\limits_{x \to 0}\frac{\sin x}{x} = 1$，所以 $\sin x \sim x$，$x \to 0$.

【例 3-38】 证明：$1 - \cos x \sim \frac{x^2}{2}$，$\cosh x - 1 \sim \frac{x^2}{2}$，$x \to 0$.

证　利用 $1 - \cos x = 2\sin^2\frac{x}{2}$ 且 $\sin\frac{x}{2} \sim \frac{x}{2}$，$x \to 0$，得

$$1 - \cos x \sim \frac{x^2}{2},\ x \to 0$$

利用 $\cosh x - 1 = 2\sinh^2\frac{x}{2}$ 且 $\sinh\frac{x}{2} \sim \frac{x}{2}$，$x \to 0$，得 $\cosh x - 1 \sim \frac{x^2}{2}$，$x \to 0$

练习

2. 证明：无穷小量的等价关系具有

(1) 对称性，即若 $x \to x_0$ 时 $f \sim g$，则有当 $x \to x_0$ 时 $g \sim f$.

(2) 传递性，即若 $x \to x_0$ 时 $f \sim g$ 且 $g \sim \varphi$，则有当 $x \to x_0$ 时 $f \sim \varphi$.

3. 证明：如果当 $x \to x_0$ 时，f，f_1，g，g_1 均为无穷小量，且 $f \sim g$，$f_1 \sim g_1$，则有当 $x \to x_0$ 时 $ff_1 \sim gg_1$.

根据前面的重要极限的结论，我们可以列一个当 $x\to 0$ 时的等价无穷小量表（见表 3-1）.

表 3-1

$\sin x \sim x$	$e^x-1\sim x$
$\tan x \sim x$	$\arctan x \sim x$
$\arcsin x \sim x$	$\ln(1+x)\sim x$
$1-\cos x\sim \frac{1}{2}x^2$	$(1+x)^\alpha-1\sim \alpha x$

这些关系式如用 $\alpha(x)$ 代替 x，而 $\alpha(x)\to 0, x\to x_0$，则上述关系在 $x\to x_0$ 时仍然成立.譬如

$$\sin x^2\sim x^2,\ x\to 0$$

$$\sinh(x-1)^3\sim (x-1)^3,\ x\to 1$$

2. 无穷大量的比较

设当 $x\to x_0$ 时，函数 $f(x)$，$g(x)$ 都是无穷大量，为了比较两个函数在 $x\to x_0$ 时趋近于无穷大的速度，我们来讨论 $\frac{f(x)}{g(x)}$ 的极限情况：

（1）$\lim\limits_{x\to x_0}\frac{f(x)}{g(x)}=\infty$，说明当 $x\to x_0$ 时，函数 $f(x)$ 趋于无穷大的速度比 $g(x)$ 快. 于是称当 $x\to x_0$ 时，函数 $f(x)$ 关于 $g(x)$ 是高阶无穷大量（或 $g(x)$ 关于 $f(x)$ 是低阶无穷大量）.

例如，由于 $\lim\limits_{x\to+\infty}\frac{e^x}{x^n}=\infty$ 和 $\lim\limits_{x\to+\infty}\frac{\ln^n x}{x}=0$（$n\in\mathbf{N}$），所以当 $x\to+\infty$ 时，e^x 关于 x^n 是高阶无穷大量，$\ln^n x$ 关于 x 是低阶无穷大量.

（2）若存在 $a>0$，$A>0$，当 x 在 x_0 的某个去心邻域内成立

$$a\leqslant\left|\frac{f(x)}{g(x)}\right|\leqslant A$$

则称当 $x\to x_0$ 时，函数 $f(x)$ 与 $g(x)$ 是同阶无穷大量.

易见，若 $\lim\limits_{x\to x_0}\frac{f(x)}{g(x)}=l\neq 0$，则函数 $f(x)$ 与 $g(x)$ 必是同阶无穷大量.

（3）$\lim\limits_{x\to x_0}\frac{f(x)}{g(x)}=1$，则称 $x\to x_0$ 时，函数 $f(x)$ 与 $g(x)$ 是等价无穷大量，记为 $f(x)\sim g(x)$，$x\to x_0$.

例如，$\lim\limits_{x\to\infty}\frac{x^3\sin\frac{1}{x}}{x^2}=\lim\limits_{x\to\infty}\frac{\sin\frac{1}{x}}{\frac{1}{x}}=1$，则 $x^3\sin\frac{1}{x}\sim x^2$，$x\to\infty$.

3. 利用等价函数替换计算极限

定理 3-14　如果当 $x\to x_0$ 时，$f\sim f_1$，$g\sim g_1$，则

$$\lim_{x\to x_0}\frac{f(x)}{g(x)}=\lim_{x\to x_0}\frac{f_1(x)}{g_1(x)} \tag{3-36}$$

其中，$\lim\limits_{x\to x_0}\frac{f_1(x)}{g_1(x)}$ 存在.

证
$$\lim_{x\to x_0}\frac{f(x)}{g(x)}=\lim_{x\to x_0}\frac{f(x)}{f_1(x)}\cdot\frac{f_1(x)}{g_1(x)}\cdot\frac{g_1(x)}{g(x)}$$
$$=\lim_{x\to x_0}\frac{f(x)}{f_1(x)}\cdot\lim_{x\to x_0}\frac{f_1(x)}{g_1(x)}\cdot\lim_{x\to x_0}\frac{g_1(x)}{g(x)}=\lim_{x\to x_0}\frac{f_1(x)}{g_1(x)}$$

【例 3-39】 求极限$\lim\limits_{x\to 0}\dfrac{\arcsin x\cdot(e^x-1)}{\cos x-\cos 3x}$.

解 因当$x\to 0$时,
$$\arcsin x\sim x,\ e^x-1\sim x,\ \sin x\sim x,\ \sin 2x\sim 2x$$
$$\cos x-\cos 3x=2\sin x\sin 2x$$
故$\arcsin x(e^x-1)\sim x^2$，$\cos x-\cos 3x\sim 4x^2$，$x\to 0$. 根据定理 3-14 知所求极限等于$\dfrac{1}{4}$.

4. 函数等价的充要条件

定理 3-15 当$x\to x_0$时，函数$f(x)$与$g(x)$是等价无穷小量的充分且必要条件是
$$f(x)=g(x)+o(g(x))\ ,\ x\to x_0 \tag{3-37}$$

证 设$f\sim g$，$x\to x_0$，则$\lim\limits_{x\to x_0}\dfrac{f(x)}{g(x)}=1$. 于是
$$\lim_{x\to x_0}\frac{f(x)-g(x)}{g(x)}=\lim_{x\to x_0}\frac{f(x)}{g(x)}-1=1-1=0$$
于是$f(x)-g(x)=o(g(x))$，$x\to x_0$，即式（3-37）成立.

反之，若式（3-37）成立，则
$$\lim_{x\to x_0}\frac{f(x)}{g(x)}=\lim_{x\to x_0}\frac{g(x)+o(g(x))}{g(x)}=1,\text{即}f\sim g,x\to x_0.$$

练习

4. 证明：$f\sim g,\ x\to x_0\Leftrightarrow g(x)=f(x)+o(f(x)),\ x\to x_0$

利用定理 3-15 可把等价形式（见表 3-1）写成如下形式（见表 3-2）：

表 3-2

$\sin x=x+o(x)$,	$x\to 0$	$e^x-1=x+o(x)$,	$x\to 0$
$\tan x=x+o(x)$,	$x\to 0$	$\arctan x=x+o(x)$,	$x\to 0$
$\arcsin x=x+o(x)$,	$x\to 0$	$\ln(1+x)=x+o(x)$,	$x\to 0$
$1-\cos x=\frac{1}{2}x^2+o(x^2)$,	$x\to 0$	$(1+x)^\alpha-1=\alpha x+o(x)$,	$x\to 0$

利用表 3-2 可以计算函数极限.

【例 3-40】 求极限$\lim\limits_{x\to 0}\dfrac{e^x-\sqrt[3]{1+x}}{2\arctan x-\arcsin x}$.

解 因$x\to 0$，$e^x-1=x+o(x)$，$\sqrt[3]{1+x}-1=\dfrac{1}{3}x+o(x)$，$\arctan x=x+o(x)$，$\arcsin x=x+o(x)$，故

$$e^x-\sqrt[3]{1+x}=\frac{2}{3}x+o(x)$$

$$2\arctan x-\arcsin x=x+o(x)$$

所以

$$\frac{e^x-\sqrt[3]{1+x}}{2\arctan x-\arcsin x}=\frac{\frac{2}{3}x+o(x)}{x+o(x)}=\frac{\frac{2}{3}+\frac{o(x)}{x}}{1+\frac{o(x)}{x}}$$

其中$\frac{o(x)}{x}=o(1)(x\to 0)$，因而所求极限等于$\frac{2}{3}$.

【例 3-41】　试求下列极限.

（1）$\lim\limits_{x\to+\infty}\frac{\sqrt{x^2+14}+x}{\sqrt{x^2-2}+x}$　　（2）$\lim\limits_{x\to-\infty}\frac{\sqrt{x^2+14}+x}{\sqrt{x^2-2}+x}$

解　（1）$\lim\limits_{x\to+\infty}\frac{\sqrt{x^2+14}+x}{\sqrt{x^2-2}+x}=\lim\limits_{x\to+\infty}\frac{\sqrt{1+\frac{14}{x^2}}+1}{\sqrt{1-\frac{2}{x^2}}+1}=1$

（2）

$$\lim_{x\to-\infty}\frac{\sqrt{x^2+14}+x}{\sqrt{x^2-2}+x}\overset{t=-x}{=\!=}\lim_{t\to+\infty}\frac{\sqrt{t^2+14}-t}{\sqrt{t^2-2}-t}$$

$$=\lim_{t\to+\infty}\frac{(\sqrt{t^2+14}-t)(\sqrt{t^2+14}+t)(\sqrt{t^2-2}+t)}{(\sqrt{t^2-2}-t)(\sqrt{t^2-2}+t)(\sqrt{t^2+14}+t)}$$

$$=\lim_{t\to+\infty}\frac{14\left(\sqrt{1-\frac{2}{t^2}}+1\right)}{-2\left(\sqrt{1+\frac{14}{t^2}}+1\right)}=-7$$

【例 3-42】　试求下列极限.

（1）$\lim\limits_{x\to0}(1-2x^3)^{\frac{1}{x^3}}$　　（2）$\lim\limits_{x\to0}(\cos x)^{\frac{1}{x^2}}$

（3）$\lim\limits_{x\to2}\frac{2^x-x^2}{x-2}$　　（4）$\lim\limits_{x\to\infty}\left(e^{\frac{1}{x}}+\frac{1}{x}\right)^x$

解　（1）$\lim\limits_{x\to0}(1-2x^3)^{\frac{1}{x^3}}=e^{\lim\limits_{x\to0}\frac{\ln(1-2x^3)}{x^3}}$

令 $y=-2x^3$，则

$$\lim_{x\to0}\frac{\ln(1-2x^3)}{x^3}=-2\lim_{y\to0}\frac{\ln(1+y)}{y}=-2$$

于是$\lim\limits_{x\to0}(1-2x^3)^{\frac{1}{x^3}}=e^{-2}$.

（2）$\lim\limits_{x\to0}(\cos x)^{\frac{1}{x^2}}=e^{\lim\limits_{x\to0}\frac{\ln\cos x}{x^2}}$，注意到 $x\to0$ 时，

$$\ln(1+x)\sim x, 1-\cos x\sim\frac{1}{2}x^2$$

故

$$\lim_{x\to0}\frac{\ln\cos x}{x^2}=\lim_{x\to0}\frac{\ln(1+\cos x-1)}{x^2}=\lim_{x\to0}\frac{\cos x-1}{x^2}=\lim_{x\to0}\frac{-\frac{1}{2}x^2}{x^2}=-\frac{1}{2}$$

于是$\lim\limits_{x\to0}(\cos x)^{\frac{1}{x^2}}=e^{-\frac{1}{2}}$.

(3) 首先指出

$$\frac{2^x-x^2}{x-2}=\frac{2^x-2^2-(x^2-2^2)}{x-2}=4\,\frac{2^{x-2}-1}{x-2}-\frac{x^2-4}{x-2}$$

而

$$\lim_{x\to2}4\,\frac{2^{x-2}-1}{x-2}=4\lim_{y\to0}\frac{2^y-1}{y}=4\ln2$$

$$\lim_{x\to2}\frac{x^2-4}{x-2}=\lim_{x\to2}(x+2)=4$$

故

$$\lim_{x\to2}\frac{2^x-x^2}{x-2}=4\ln2-4.$$

(4) 令$y=\dfrac{1}{x}$，则

$$\lim_{x\to\infty}\left(e^{\frac{1}{x}}+\frac{1}{x}\right)^x=\lim_{y\to0}(e^y+y)^{\frac{1}{y}}=\lim_{y\to0}e^{\frac{\ln(e^y+y)}{y}}=e^{\lim\limits_{y\to0}\frac{\ln(e^y+y)}{y}}$$

而

$$\begin{aligned}\lim_{y\to0}\frac{\ln(e^y+y)}{y}&=\lim_{y\to0}\frac{\ln(1+e^y+y-1)}{y}\\&=\lim_{y\to0}\frac{e^y+y-1}{y}\\&=\lim_{y\to0}\left(\frac{e^y-1}{y}+1\right)=2\end{aligned}$$

从而得到
$$\lim_{x\to\infty}\left(e^{\frac{1}{x}}+\frac{1}{x}\right)^x=e^2$$

【例 3-43】 计算$\lim\limits_{x\to0}\dfrac{(1+\arcsin x^2)^5-1}{x\tan x}$.

解 由$(1+x)^5-1\sim5x$，$\arcsin x^2\sim x^2$，$\tan x\sim x$ $(x\to0)$，知

$$\lim_{x\to0}\frac{(1+\arcsin x^2)^5-1}{x\tan x}=\lim_{x\to0}\frac{5\arcsin x^2}{x^2}=\lim_{x\to0}\frac{5x^2}{x^2}=5$$

【例 3-44】 计算下列函数极限.

(1) $\lim\limits_{x\to0}\dfrac{\sin2x+2\arctan3x+3x^2}{\ln(1+3x+\sin^2x)+xe^x}$

（2） $\lim\limits_{x\to 0}\dfrac{\ln\cos x}{\tan x^2}$

（3） $\lim\limits_{x\to +\infty} x\left[\ln\left(1+\dfrac{x}{2}\right)-\ln\dfrac{x}{2}\right]$

（4） $\lim\limits_{x\to 0}(1+x^2)^{\cot x}$

解 （1） 当 $x\to 0$ 时，$\sin x = x+o(x)$，$\arctan x = x+o(x)$，
$xe^x = x+o(x)$，$\ln(1+x)=x+o(x)$，得

$$\begin{aligned}\sin 2x+2\arctan 3x+3x^2 &= 2x+o(x)+6x+o(x)+3x^2\\ &= 8x+o(x)\\ \ln(1+3x+\sin^2 x)+xe^x &= 3x+o(x)+x+o(x)\\ &= 4x+o(x)\end{aligned}$$

从而

$$\lim_{x\to 0}\frac{\sin 2x+2\arctan 3x+3x^2}{\ln(1+3x+\sin^2 x)+xe^x}=\lim_{x\to 0}\frac{8x+o(x)}{4x+o(x)}=\lim_{x\to 0}\frac{8x}{4x}=2$$

（2）注意到 $x\to 0$ 时，$\ln(1+x)\sim x$，$1-\cos x\sim\dfrac{1}{2}x^2$，$\tan x^2\sim x^2$，因此，

$$\lim_{x\to 0}\frac{\ln\cos x}{\tan x^2}=\lim_{x\to 0}\frac{\ln(1+\cos x-1)}{x^2}=\lim_{x\to 0}\frac{\cos x-1}{x^2}=\lim_{x\to 0}\frac{-\frac{1}{2}x^2}{x^2}=-\frac{1}{2}$$

（3） $\lim\limits_{x\to +\infty} x\left[\ln\left(1+\dfrac{x}{2}\right)-\ln\dfrac{x}{2}\right]=\lim\limits_{x\to +\infty} x\ln\left(1+\dfrac{2}{x}\right)=\lim\limits_{x\to +\infty} x\cdot\dfrac{2}{x}=2$

（4） $\lim\limits_{x\to 0}(1+x^2)^{\cot x}=\lim\limits_{x\to 0} e^{\frac{\ln(1+x2)}{\tan x}}=e^{\lim\limits_{x\to 0}\frac{\ln(1+x2)}{\tan x}}=e^{\lim\limits_{x\to 0}\frac{x2}{x}}=1$

典型计算题 3

计算函数的极限.

1. $\lim\limits_{x\to 2}\dfrac{\sqrt[3]{4x}-2}{\sqrt{x+2}-\sqrt{2x}}$

2. $\lim\limits_{x\to 1}\dfrac{\sqrt{x}-1}{x^2-1}$

3. $\lim\limits_{x\to 0}\dfrac{\sqrt[3]{1+x}-1}{x}$

4. $\lim\limits_{x\to -8}\dfrac{\sqrt{1-x}-3}{2+\sqrt[3]{x}}$

5. $\lim\limits_{x\to -2}\dfrac{\sqrt[3]{x-6}+2}{x^3+8}$

6. $\lim\limits_{x\to 16}\dfrac{\sqrt[4]{x}-2}{\sqrt{x}-4}$

7. $\lim\limits_{x\to 0}\dfrac{\sqrt[3]{27+x}-\sqrt[3]{27-x}}{x+2\cdot\sqrt[3]{x^4}}$

8. $\lim\limits_{x\to 0}\dfrac{\sqrt{1+x}-\sqrt{1-x}}{\sqrt[3]{1+x}-\sqrt[3]{1-x}}$

9. $\lim\limits_{h\to 0}\dfrac{\sqrt{x+h}-\sqrt{x}}{h}$

10. $\lim\limits_{x\to 1}\dfrac{x^2-\sqrt{x}}{\sqrt{x}-1}$

11. $\lim\limits_{x\to 0}\dfrac{\sqrt{x^2+1}-1}{\sqrt{x^2+16}-4}$

12. $\lim\limits_{x\to 0}\dfrac{\sqrt[3]{8+3x+x^2}-2}{x+x^2}$

13. $\lim\limits_{x\to 3}\dfrac{\sqrt[3]{9x}-3}{\sqrt{3+x}-\sqrt{2x}}$

14. $\lim\limits_{x\to -2}\dfrac{\sqrt[3]{x-6}+2}{x+2}$

15. $\lim\limits_{x\to4}\dfrac{\sqrt{x}-2}{\sqrt[3]{x^2}-16}$

16. $\lim\limits_{x\to1}\dfrac{\sqrt{x-1}}{\sqrt[3]{x^2-1}}$

典型计算题 4

计算函数的极限.

1. $\lim\limits_{x\to\pi}\dfrac{\cos 5x-\cos 3x}{\sin^2x}$

2. $\lim\limits_{x\to\pi}\dfrac{1+\cos x}{\tan^2x}$

3. $\lim\limits_{x\to0}\dfrac{1-\cos 2x}{\cos 7x-\cos 3x}$

4. $\lim\limits_{x\to0}\dfrac{\cos\alpha x-\cos\beta x}{4x^2}$

5. $\lim\limits_{x\to0}\dfrac{2\arcsin 3x}{5x}$

6. $\lim\limits_{x\to\pi}\dfrac{\sin 3x}{\tan 5x}$

7. $\lim\limits_{x\to0}3x\cot\pi x$

8. $\lim\limits_{x\to1}\dfrac{1-x^2}{\sin\pi x}$

9. $\lim\limits_{x\to0}\dfrac{3x^2-5x}{\sin 3x}$

10. $\lim\limits_{x\to0}\dfrac{1-\cos^3x}{4x^2}$

11. $\lim\limits_{x\to0}\dfrac{\tan x-\sin x}{x(1-\cos 2x)}$

12. $\lim\limits_{x\to-2}\dfrac{\tan\pi x}{x+2}$

13. $\lim\limits_{x\to1}\dfrac{1-x^2}{\sin\pi x}$

14. $\lim\limits_{x\to2}\dfrac{\sin 7\pi x}{\sin 8\pi x}$

15. $\lim\limits_{x\to\pi}\dfrac{1+\cos 3x}{\sin^27x}$

16. $\lim\limits_{x\to\frac{\pi}{4}}\dfrac{\sqrt{2}-2\cos x}{\pi-4x}$

17. $\lim\limits_{x\to\frac{\pi}{2}}\left(\dfrac{\pi}{2}-x\right)\tan x$

18. $\lim\limits_{x\to a}\tan\dfrac{\pi x}{2a}\sin\dfrac{x-a}{2}$

19. $\lim\limits_{x\to0}\left(\dfrac{1}{\sin x}-\cot x\right)$

20. $\lim\limits_{x\to1}\dfrac{\tan\pi x}{x-1}$

典型计算题 5

计算函数的极限.

1. $\lim\limits_{x\to\infty}\left(\dfrac{x+1}{x-1}\right)^{3x+2}$

2. $\lim\limits_{x\to2}(3x-5)^{\frac{2x}{x^2-4}}$

3. $\lim\limits_{x\to\infty}\left(\dfrac{4x+1}{4x}\right)^{2x}$

4. $\lim\limits_{x\to\infty}x\,[\ln(x-1)-\ln x]$

5. $\lim\limits_{x\to\infty}(2x+1)\,[\ln(x+3)-\ln x]$

6. $\lim\limits_{x\to2}(3x-5)^{x^2-4}$

7. $\lim\limits_{x\to0}\dfrac{1}{x}\ln\sqrt{\dfrac{1+x}{1-x}}$

8. $\lim\limits_{x\to\infty}\left(1+\dfrac{k}{x}\right)^{mx}$

9. $\lim\limits_{x\to\infty}\left(\dfrac{x^2-2x+1}{x^2-4x+2}\right)^{x}$

10. $\lim\limits_{x\to\infty}\left(\dfrac{3x-4}{3x+2}\right)^{\frac{5x+1}{3}}$

11. $\lim\limits_{x\to\infty}\left(\dfrac{x^2-1}{x^2+1}\right)^{\frac{x-1}{x+1}}$

12. $\lim\limits_{x\to\infty}\left(\dfrac{1+x}{2+x}\right)^{\frac{1-\sqrt{x}}{1-x}}$

13. $\lim\limits_{x\to0}\sqrt[x]{1-2x}$

14. $\lim\limits_{x\to\infty}\left(\dfrac{x^2+1}{2+x}\right)^{x^2}$

15. $\lim\limits_{x\to\infty}\left(\dfrac{x}{1+x}\right)^{x}$

16. $\lim\limits_{x\to\infty} x\ [\ln(x+a)-\ln x]$

典型计算题 6

计算函数的极限.

1. $\lim\limits_{x\to 0}\dfrac{7^{2x}-2^{3x}}{\tan x+x^{3}}$

2. $\lim\limits_{x\to 0}\dfrac{3^{2x}-5^{x}}{\arcsin 3x-5x}$

3. $\lim\limits_{x\to 0}\dfrac{4^{3x}-9^{-2x}}{\sin x-\tan x^{3}}$

4. $\lim\limits_{x\to 0}\dfrac{5^{2x}-2^{3x}}{\arctan 2x-5x}$

5. $\lim\limits_{x\to 0}\dfrac{e^{2x}-e^{-5x}}{2\sin x-\tan x}$

6. $\lim\limits_{x\to 0}\dfrac{e^{2x}-e^{-x}}{x+\tan x^{2}}$

典型计算题 7

计算函数的极限.

1. $\lim\limits_{x\to 0}\dfrac{(1-x^{2})^{20}-1}{\sin^{2}2x}$

2. $\lim\limits_{x\to 0}\dfrac{(2+x)^{10}-2^{10}}{x}$

3. $\lim\limits_{x\to 0}\dfrac{(1+\tan x)^{15}-1}{\sin 15x}$

4. $\lim\limits_{x\to 0}\dfrac{(1+x^{2})^{9}-1}{1-\cos x}$

5. $\lim\limits_{x\to 0}\dfrac{(1+\sqrt{x})^{50}-1}{\sqrt[4]{1-\cos^{4}x}}$

6. $\lim\limits_{x\to 0}\dfrac{\cos^{100}x-1}{x^{2}}$

7. $\lim\limits_{x\to \frac{\pi}{2}}\dfrac{(1+\cos x)^{30}-1}{\pi-2x}$

8. $\lim\limits_{x\to 0}\dfrac{(1+x^{3})^{7}-1}{2\sin x-\sin 2x}$

9. $\lim\limits_{x\to 0}\dfrac{(1-\arcsin x^{2})^{5}-1}{x\sin x}$

10. $\lim\limits_{x\to 0}\dfrac{(3-\cos x)^{10}-2^{10}}{x\tan x}$

11. $\lim\limits_{x\to 0}\dfrac{(1-\arctan x)^{12}-(1+\arctan x)^{9}}{2x}$

12. $\lim\limits_{x\to 0}\dfrac{(1+x)^{100}-(1-x^{2})^{50}}{x\cos x}$

13. $\lim\limits_{x\to \frac{\pi}{4}}\dfrac{\tan^{10}x-1}{20x-5\pi}$

14. $\lim\limits_{x\to 1}\dfrac{(3-x)^{20}-(1+x)^{20}}{x^{2}-1}$

15. $\lim\limits_{x\to 0}\dfrac{(1-\sqrt{x})^{40}-(1-x)^{20}}{\sqrt{x}+x}$

16. $\lim\limits_{x\to 0}\dfrac{(1+\sin^{3}x)^{5}-(1+\sin x)^{15}}{3\tan x}$

17. $\lim\limits_{x\to \frac{\pi}{4}}\dfrac{\sin^{16}x-2^{-8}}{\cos x-\sin x}$

18. $\lim\limits_{x\to 0}\dfrac{(1+x)^{12}-(1+\sin x)^{10}}{\sin 2x}$

19. $\lim\limits_{x\to 0}\dfrac{(1-\tan^{2}x)^{7}-(1+x^{3})^{5}}{x^{2}-x^{3}}$

20. $\lim\limits_{x\to 0}\dfrac{(\cos x+\sin x)^{3}-1}{\sin x\arcsin x}$

21. $\lim\limits_{x\to 1}\dfrac{(5-x^{2})^{6}-4096}{1-x^{3}}$

22. $\lim\limits_{x\to 2}\dfrac{(x-1)^{80}-1}{\sin x-\sin 2}$

23. $\lim\limits_{x\to 0}\dfrac{(1+x+x^{2})^{5}-1}{x+x^{2}+x^{3}}$

24. $\lim\limits_{x\to 0}\dfrac{(2-\sin x)^{14}-2^{14}}{x\cos x}$

典型计算题 8

3.5　习题答案

计算函数的极限.

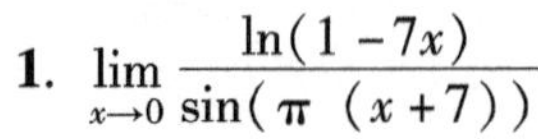

1. $\lim\limits_{x\to 0}\dfrac{\ln(1-7x)}{\sin(\pi(x+7))}$

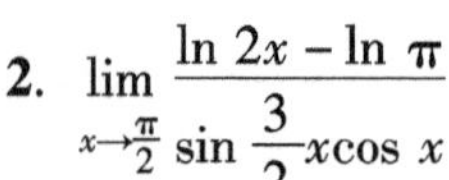
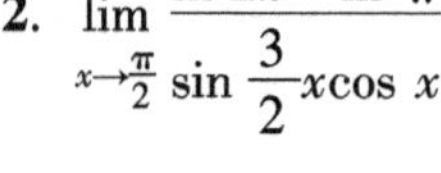
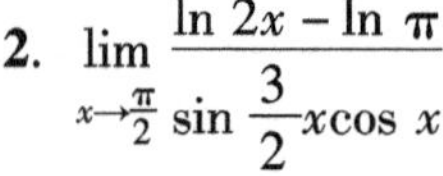

2. $\lim\limits_{x\to\frac{\pi}{2}}\dfrac{\ln 2x-\ln\pi}{\sin\frac{3}{2}x\cos x}$

3. $\lim\limits_{x\to 1}\dfrac{\sqrt{x^2+x-1}-1}{\ln x}$

4. $\lim\limits_{x\to\frac{\pi}{4}}\dfrac{\ln\tan x}{\cos 2x}$

5. $\lim\limits_{x\to 0}\dfrac{\tan\left(\pi\left(1+\frac{x}{2}\right)\right)}{\ln(1+2x+x^2)}$

6. $\lim\limits_{x\to 2}\dfrac{\ln(x-\sqrt[3]{2x-3})}{x^2-4}$

7. $\lim\limits_{x\to 2}\dfrac{\tan x-\tan 2}{\sin(\ln(x-1))}$

8. $\lim\limits_{x\to\frac{\pi}{6}}\dfrac{\ln\sin 3x}{(6x-\pi)^2}$

9. $\lim\limits_{x\to\frac{1}{2}}\dfrac{\ln(4x-1)}{\sqrt{1-\cos\pi x}-1}$

10. $\lim\limits_{x\to\pi}\dfrac{\ln\cos 2x}{\ln\cos 4x}$

11. $\lim\limits_{x\to 1}\dfrac{\sqrt[3]{1+\ln^2 x}-1}{1+\cos\pi x}$

12. $\lim\limits_{x\to\frac{\pi}{4}}\dfrac{\sin x-\cos x}{\ln\sqrt{\tan x}}$

13. $\lim\limits_{x\to 0}\dfrac{\sin 2x-2\sin x}{\ln\cos 5x}$

14. $\lim\limits_{x\to 1}\dfrac{1-x^2}{\log_\pi x}$

15. $\lim\limits_{x\to 3}\dfrac{\log_3 x-1}{\tan\pi x}$

16. $\lim\limits_{x\to 0}\dfrac{\ln(2x^2-4x+1)+x\mathrm{e}^x}{\ln(x+1)+x\cos x}$

17. $\lim\limits_{x\to 1}\dfrac{\ln(x+\sqrt{x})-\ln 2}{1-\sqrt{x}}$

18. $\lim\limits_{x\to 0}\dfrac{\ln(1+\arcsin x^2)^2}{\cos x-\cos^2 x}$

19. $\lim\limits_{x\to 0}\dfrac{\tan x+\tan x^2}{\ln(x+1)-\ln(1-x)}$

20. $\lim\limits_{x\to 0}\dfrac{\ln(1+x\mathrm{e}^x)}{\ln(x+\sqrt{1+x^2})}$

3.6　综合解法举例

3.6　思维导图

【例 3-45】　求下列极限.

(1) $\lim\limits_{x\to 0}\dfrac{\sqrt{1+\tan x}-\sqrt{1+\sin x}}{x\cos x\sin^2 x}$　　(2) $\lim\limits_{x\to+\infty}\arcsin(\sqrt{x+x^2}-x)$

(3) $\lim\limits_{x\to 1}\dfrac{(1-\sqrt{x})(1-\sqrt[3]{x})}{\cos\pi x+1}$

解　(1) $\lim\limits_{x\to 0}\dfrac{\sqrt{1+\tan x}-\sqrt{1+\sin x}}{x\cos x\sin^2 x}=\lim\limits_{x\to 0}\dfrac{\sqrt{1+\tan x}-\sqrt{1+\sin x}}{x^3}\cdot\dfrac{\sqrt{1+\tan x}+\sqrt{1+\sin x}}{\sqrt{1+\tan x}+\sqrt{1+\sin x}}$

$$=\frac{1}{2}\lim_{x\to 0}\frac{\tan x-\sin x}{x^3}$$

$$=\frac{1}{2}\lim_{x\to0}\frac{\sin x\left(\frac{1}{\cos x}-1\right)}{x^3}$$

$$=\frac{1}{2}\lim_{x\to0}\frac{\sin x}{x^3}\cdot\frac{1-\cos x}{\cos x}$$

$$=\frac{1}{2}\lim_{x\to0}\frac{\sin x}{x^3}\cdot\frac{\frac{1}{2}x^2}{\cos x}=\frac{1}{4}$$

注　对于极限$\lim\limits_{x\to0}\frac{\tan x-\sin x}{x^3}$，以下方法是错误的.

$$\lim_{x\to0}\frac{\tan x-\sin x}{x^3}=\lim_{x\to0}\frac{x-x}{x^3}=0$$

原因是 $\tan x-\sin x$ 并不等价于0；而使用等价替换

$$\lim_{x\to0}\frac{\tan x-\sin x}{x^3}=\lim_{x\to0}\frac{x+o(x)-x-o(x)}{x^3}=\lim_{x\to0}\frac{o(x)}{x^3}$$

也无法求出，具体原因见下一章 4.7 节.

（2）$\lim\limits_{x\to+\infty}\arcsin(\sqrt{x+x^2}-x)=\lim\limits_{x\to+\infty}\arcsin\frac{x}{\sqrt{x+x^2}+x}=\arcsin\frac{1}{2}=\frac{\pi}{6}$

（3）$$\lim_{x\to1}\frac{(1-\sqrt{x})(1-\sqrt[3]{x})}{\cos\pi x+1}=\lim_{x\to1}\frac{(1-x)^2}{(\cos\pi x+1)(1+\sqrt{x})(1+\sqrt[3]{x}+\sqrt[3]{x^2})}$$

$$=\frac{1}{6}\lim_{x\to1}\frac{(1-x)^2}{\cos\pi x+1}$$

$$=\frac{1}{6}\lim_{x\to1}\frac{(1-x)^2}{1-\cos\pi(x-1)}$$

$$=\frac{1}{6}\lim_{x\to1}\frac{(1-x)^2}{\frac{\pi^2(x-1)^2}{2}}=\frac{1}{3\pi^2}$$

【例 3-46】　假设对于下列函数 $f(x)$，当 $x\to0$ 时有 $f(x)=O(x^k)$，试确定 k 值.

（1）$f(x)=\sqrt[3]{1+\sqrt[3]{x}}-1$　　　　（2）$f(x)=e^{x^2}-\cos x$

（3）$f(x)=\ln(1+x^2)-2\sqrt[3]{(e^x-1)^2}$

解　（1）由 $f(x)=\sqrt[3]{1+\sqrt[3]{x}}-1=(1+\sqrt[3]{x})^{\frac{1}{3}}-1\sim\frac{1}{3}\sqrt[3]{x}$ 知

$$\lim_{x\to0}\frac{f(x)}{\sqrt[3]{x}}=\frac{1}{3}$$

从而 $f(x)=O(x^{\frac{1}{3}})$，$k=\frac{1}{3}$.

（2）注意到当 $x\to0$ 时，$e^{x^2}-1\sim x^2$，$1-\cos x\sim\frac{1}{2}x^2$，有

$$e^{x^2}-1=x^2+o(x^2),\ 1-\cos x=\frac{1}{2}x^2+o(x^2)$$

故

$$f(x)=e^{x^2}-\cos x=e^{x^2}-1+1-\cos x=x^2+o(x^2)+\frac{1}{2}x^2+o(x^2)=\frac{3}{2}x^2+o(x^2)$$

知 $f(x)\sim\frac{3}{2}x^2$ $(x\to0)$，于是

$$\lim_{x\to0}\frac{f(x)}{x^2}=\frac{3}{2}$$

从而 $f(x)=O(x^2)$，$k=2$.

（3）注意到当 $x\to0$ 时，$\ln(1+x^2)\sim x^2$，$\sqrt[3]{(e^x-1)^2}\sim x^{\frac{2}{3}}$，有

$$\ln(1+x^2)=x^2+o(x^2),\quad -2\sqrt[3]{(e^x-1)^2}=-2x^{\frac{2}{3}}+o(x^{\frac{2}{3}})$$

可得

$$f(x)=\ln(1+x^2)-2\sqrt[3]{(e^x-1)^2}=x^2+o(x^2)-2x^{\frac{2}{3}}+o(x^{\frac{2}{3}})=-2x^{\frac{2}{3}}+o(x^{\frac{2}{3}})$$

于是

$$\lim_{x\to0}\frac{f(x)}{x^{\frac{2}{3}}}=-2$$

从而 $f(x)=O(x^{\frac{2}{3}})$，$k=\frac{2}{3}$.

【例 3-47】 指出函数 $f(x)=\lim\limits_{n\to\infty}\dfrac{x^{2n+1}+1}{x^{2n+1}-x^{n+1}+x}$（$n$ 为正整数）的间断点及其类型.

解

$$f(x)=\begin{cases}1 & |x|>1\\ \dfrac{1}{x} & |x|<1,\ x\neq0\\ 2 & x=1\\ 0 & x=-1\end{cases}$$

因 $\lim\limits_{x\to0}f(x)=\lim\limits_{x\to0}\frac{1}{x}=\infty$，$f(-1-0)=1$，$f(-1+0)=-1$，$f(1-0)=1$，$f(1+0)=1$，所以 $x=0$ 是第二类间断点，$x=-1$，$x=1$ 是第一类间断点.

【例 3-48】 设 $f(x)=\begin{cases}\dfrac{(A+B)\ x+B}{\sqrt{3x+1}-\sqrt{x+3}} & x\neq1\\ 4 & x=1\end{cases}$，试确定 A，B 的值，使 $f(x)$ 在 $x=1$ 处连续.

解 $\lim\limits_{x\to1}f(x)=f(1)=4$，而 $\lim\limits_{x\to1}(\sqrt{3x+1}-\sqrt{x+3})=0$，故

$$\lim_{x\to1}[(A+B)x+B]=0,A=-2B$$

于是

$$\lim_{x\to1}f(x)=\lim_{x\to1}\frac{-B(x-1)}{\sqrt{3x+1}-\sqrt{x+3}}=\lim_{x\to1}\frac{-B(x-1)(\sqrt{3x+1}+\sqrt{x+3})}{2(x-1)}=-2B$$

从而 $-2B=4$，$B=-2$，再由 $A=-2B$，得 $A=4$.

【例 3-49】 设

$$f(x)=a_1\sin x+a_2\sin 2x+\cdots+a_n\sin nx$$

且对所有 x 有 $|f(x)|\leqslant|\sin x|$，试证：$|a_1+2a_2+\cdots+na_n|\leqslant1$.

证　设 $g(x)=\left|\frac{f(x)}{\sin x}\right|=\left|a_1+a_2\frac{\sin 2x}{\sin x}+\cdots+a_n\frac{\sin nx}{\sin x}\right|$
则由条件知 $g(x)\leqslant 1$，而

$$\lim_{x\to 0}g(x)=\lim_{x\to 0}\left|a_1+a_2\frac{\sin 2x}{\sin x}+\cdots+a_n\frac{\sin nx}{\sin x}\right|=|a_1+2a_2+\cdots+na_n|$$

由极限的保序性知

$$|a_1+2a_2+\cdots+na_n|\leqslant 1$$

【例 3-50】

$$\lim_{x\to+\infty}[x-\ln(3e^x+e^{-x})]=\lim_{x\to+\infty}[x-\ln e^x-\ln(3+e^{-2x})]$$
$$=-\lim_{x\to+\infty}\ln(3+e^{-2x})=-\ln 3$$

【例 3-51】

$$\lim_{x\to\infty}\lim_{n\to\infty}\left(\cos\frac{x}{2}\cos\frac{x}{4}\cdots\cos\frac{x}{2^n}\right)$$
$$=\lim_{x\to\infty}\lim_{n\to\infty}\left[\cos\frac{x}{2}\cos\frac{x}{4}\cdots\cos\frac{x}{2^n}\cdot 2\sin\frac{x}{2^n}\Big/\left(2\sin\frac{x}{2^n}\right)\right]$$
$$=\lim_{x\to\infty}\lim_{n\to\infty}\left[\cos\frac{x}{2}\cos\frac{x}{4}\cdots\cos\frac{x}{2^{n-1}}\cdot 2\sin\frac{x}{2^{n-1}}\Big/\left(2^2\sin\frac{x}{2^n}\right)\right]$$
$$=\lim_{x\to\infty}\lim_{n\to\infty}\left[\sin x\Big/2^n\sin\frac{x}{2^n}\right]=\lim_{x\to\infty}\frac{\sin x}{x}=0$$

【例 3-52】 $\lim\limits_{x\to+\infty}\left(\frac{x+c}{x-c}\right)^x=\frac{c-1}{4}e^{2c}$，求常数 c.

解　显然 $c\neq 0$，由于

$$\lim_{x\to+\infty}\left(\frac{x+c}{x-c}\right)^x=\lim_{x\to+\infty}\left(1+\frac{2c}{x-c}\right)^x=\lim_{x\to+\infty}\left[\left(1+\frac{2c}{x-c}\right)^{\frac{x-c}{2c}}\right]^{\frac{2cx}{x-c}}=e^{2c},$$

故 $\frac{c-1}{4}=1$，从而 $c=5$.

【例 3-53】 $\lim\limits_{x\to 0}\dfrac{\sin^3\frac{x}{2}}{x^3+x^4}=\lim\limits_{x\to 0}\dfrac{\left(\frac{x}{2}\right)^3}{x^3}=\dfrac{1}{8}$

【例 3-54】　确定实数 a 和 b，使得当 $x\to a$ 时，函数 $f(x)=\frac{x-1}{\ln|x|}$ 是无穷小；当 $x\to b$ 时，函数 $f(x)$ 是无穷大.

解　当 $x\to a$ 时，函数 $f(x)$ 是无穷小，有两种可能，其一，分子 $x-1$ 为无穷小；其二，分母 $\ln|x|$ 为无穷大.

当分子 $x-1$ 为无穷小时，即 $x\to 1$ 时，有

$$\lim_{x\to 1}f(x)=\lim_{x\to 1}\frac{x-1}{\ln|x|}\xlongequal{t=x-1}\lim_{t\to 0}\frac{t}{\ln(1+t)}=1$$

当 $\ln|x|$ 为无穷大时，即 $x\to 0$ 时（因 a 为实数，$x\to\infty$ 的情况应舍去），有

$$\lim_{x\to 0}\frac{x-1}{\ln|x|}=0$$

故 $a=0$.

当 $x\to b$ 时，函数 $f(x)$ 是无穷大，也有两种可能，其一，分子 $x-1$ 为无穷大，此时需要 $x\to\infty$，因 b 为实数，$b\neq\infty$；其二，分母 $\ln|x|$ 为无穷小，即 $\ln|x|\to 0$，此时需要 $x\to -1$ 或

$x \to 1$. 而

$$\lim_{x\to -1}\frac{x-1}{\ln|x|}=\infty,\ \lim_{x\to 1}\frac{x-1}{\ln|x|}=1$$

故 $b=-1$.

【例 3-55】 已知 $\lim\limits_{x\to+\infty}\left[\sqrt{x^2+x+1}-ax-b\right]=0$，求 a，b.

解 由极限与无穷小的关系有

$$\sqrt{x^2+x+1}-ax-b=\alpha\ (\alpha\to 0,\ x\to+\infty)$$

因此，$\sqrt{x^2+x+1}=ax+b+\alpha$，故有

$$\frac{\sqrt{x^2+x+1}}{x}=a+\frac{b}{x}+\frac{\alpha}{x}$$

两边取极限

$$\lim_{x\to+\infty}\frac{\sqrt{x^2+x+1}}{x}=\lim_{x\to+\infty}\left(a+\frac{b}{x}+\frac{\alpha}{x}\right)$$

得 $a=1$，而

$$b=\lim_{x\to+\infty}\left(\sqrt{x^2+x+1}-ax-\alpha\right)=\lim_{x\to+\infty}\left(\sqrt{x^2+x+1}-x\right)$$

$$=\lim_{x\to+\infty}\frac{x+1}{\sqrt{x^2+x+1}+x}=\lim_{x\to+\infty}\frac{1+\frac{1}{x}}{\sqrt{1+\frac{1}{x}+\frac{1}{x^2}}+1}=\frac{1}{2}$$

3.6　习题答案

即 $b=\frac{1}{2}$.

习　题　3

1. 证明：（1）若函数 $f(x)=f(2a-x)$，则函数 $f(x)$ 的图形对称于直线 $x=a$；（2）若函数 $f(x)$ 的图形同时对称于直线 $x=a$ 和 $x=b$（$a\neq b$），则 $f(x)$ 为周期函数.

2. 设 $f\left(x+\frac{1}{x}\right)=x^2+\frac{1}{x^2}$，求 $f(x)$，$f\left(x-\frac{1}{x}\right)$.

3. 设 $f(x)=\frac{1}{2}(x+|x|)$，$g(x)=\begin{cases}x & x<0\\ x^2 & x\geqslant 0\end{cases}$，求 $f(g(x))$，$g(f(x))$.

4. 设 $f(x)$ 定义在区间 $(-\infty,+\infty)$ 上，且 $\forall x,y\in\mathbf{R}$，满足 $f(xy)=xf(x)+yf(y)$，证明：$f(x)\equiv 0$.

5. 已知 $f(x)=\frac{1}{1+x}$，求 $f(f(x))$ 的定义域.

6. 试证方程 $x=a\sin x+b$，$a>0$，$b>0$，至少有一个正根并且它不超过 $a+b$.

7. 若 $f(x)\in C[0,2a]$，且 $f(0)=f(2a)$，试证在区间 $[0,a]$ 内至少存在一点 ξ，使 $f(\xi)=f(\xi+a)$.

8. 指出函数 $y=\left[1-\exp\left(\frac{x}{x-1}\right)\right]^{-1}$ 的间断点，并说明其类型.（$\exp(x)=e^x$）

9. 设 $f(x)=\frac{e^x-a}{x(x-1)}$，若 $x=1$ 是可去间断点，则 $x=0$ 是哪类间断点？求出 a 的值.

10. 若函数 $f(x)\in C(-\infty,+\infty)$，且 $f(f(x))=x$，证明：必有点 ξ 使 $f(\xi)=\xi$.

11. 设函数 $f(x)$ 与 $g(x)$ 在 x_0 处没有极限，试问，由此能否得出函数 $f+g$, fg 在 x_0 处也不存在极限?

12. 证明：若函数 f 在点 x_0 处连续，而 g 在点 x_0 处间断，则函数 $f+g$ 在 x_0 处间断.

13. 证明：若函数 f 在区间 $[a, +\infty)$ 上连续，且存在有限极限 $\lim\limits_{x\to+\infty} f(x)$，则这个函数在区间 $[a, +\infty)$ 上有界.

14. 证明：若函数 f 在 $\mathbf{R}$ 上连续，则函数 $|f(x)|$ 与 $f(|x|)$ 也在 $\mathbf{R}$ 上连续.

15. 证明：如果 $a>0$，$b>0$，则 $\lim\limits_{n\to+\infty}\left(\dfrac{\sqrt[n]{a}+\sqrt[n]{b}}{2}\right)^n=\sqrt{ab}$.

16. 证明：$\lim\limits_{n\to\infty} n^2\left(\sqrt[n]{a}-\sqrt[n+1]{a}\right)=\ln a$，$a>0$.

17. 证明：若 $a_k>0$，$k=1, 2, \cdots, m$，则 $\lim\limits_{n\to\infty}\left(\dfrac{1}{m}\sum\limits_{k=1}^{m}\sqrt[n]{a_k}\right)^n=\sqrt[m]{a_1a_2\cdots a_m}$.

18. 如果

(1) $f(x)=\dfrac{x^4}{2x^2+x+3}$，$a=0$，$a=\infty$　　(2) $f(x)=\sqrt[3]{x^6+3\sqrt[5]{x}}$，$a=0$，$a=\infty$

(3) $f(x)=\dfrac{\ln(1+x+x^2)}{x^2}$，$a=0$　　(4) $f(x)=\dfrac{\cos^2 3x-\cos^2 5x}{x}$，$a=0$

试确定当 $x\to a$ 时，与函数 $f(x)$ 等价的函数 $g(x)=Cx^\alpha$ 中的 C 与 α 值.

习题 3 答案

第4章　思维导图
4.1　思维导图

第 4 章 导数及其应用

4.1 导数

4.1.1 引入导数概念的实际问题

1. 速度问题

假设一质点进行直线运动，已知运动方程 $s=s(t)$，它表示从运动起点开始在时间 t 内所通过的路程. 试确定质点在 t_0 时刻的速度 $v(t_0)$.

从时刻 t_0 到 $t_0+\Delta t$ 质点通过的路程可表示为

$$\Delta s=s(t_0+\Delta t)-s(t_0)$$

这段时间内的平均速度

$$\bar{v}=\frac{\Delta s}{\Delta t}$$

若运动是匀速的，则 $\bar{v}$ 就等于质点在每时刻的速度，若运动是非匀速运动，则对于固定的 t，$\bar{v}=\bar{v}(\Delta t)$，且 Δt 越小，$\bar{v}(\Delta t)$ 越好地刻画质点在 t 时刻的运动状态.

自然，可把质点在 t_0 时刻的瞬时速度定义为

$$v(t_0)=\lim_{\Delta t\to 0}\frac{s(t_0+\Delta t)-s(t_0)}{\Delta t}$$

因此，质点在 t_0 时刻的瞬时速度由对应在 t_0 时刻的路程增量 $\Delta s=s(t_0+\Delta t)-s(t_0)$ 与时间增量 Δt 的比当$\Delta t\to 0$ 时的极限来描述.

譬如，如果质点按运动规律 $s=\frac{1}{2}gt^2$（自由落体运动）运动，则

$$\begin{aligned}\bar{v}(t_0)&=\frac{s(t_0+\Delta t)-s(t_0)}{\Delta t}\\&=\frac{g}{2\Delta t}[(t_0+\Delta t)^2-t_0^2]\\&=gt_0+\frac{g}{2}\Delta t\end{aligned}$$

由此得 $\lim\limits_{\Delta t\to 0}\bar{v}(t_0)=gt_0$.

2. 切线问题

设函数 f 在点 x_0 的邻域 $\mathring{U}_{\delta(x_0)}$ 内有定义，且在 x_0 处连续. 我们来讨论函数$y=f(x)$的图形在点 $M_0(x_0,y_0)$，$y_0=f(x_0)$的切线问题.

如果 Δx 是自变量的增量，且 $0<\Delta x<\delta$，则通过点 M_0 和 $M(x_0+\Delta x,y_0+\Delta y)$的直线 l

的方程为

$$y-y_0=\frac{\Delta y}{\Delta x}(x-x_0)$$

其中，$\Delta y=f(x_0+\Delta x)-f(x_0)$，$\frac{\Delta y}{\Delta x}=\tan\alpha$（见图 4-1）. 我们称这条直线为割线，$k=\tan\alpha$ 为直线 l 的斜率. 这里，α 是割线 l 与 x 轴正向间按逆时针所成的角.

设 $\Delta x\to0$，由 $y=f(x)$ 在 x_0 处连续知 $\Delta y\to0$，从而 $|\overrightarrow{MM_0}|=\sqrt{(\Delta x)^2+(\Delta y)^2}\to0$. 这样，当点 M 沿曲线 $y=f(x)$ 趋于点 M_0 时，若割线 l 有极限位置 l_0，则称这条极限位置的直线为曲线 $y=f(x)$ 在点 M_0 处的切线. 如果存在

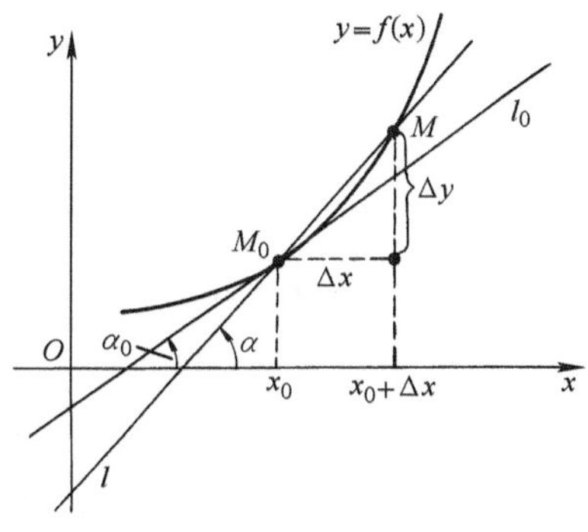

图　4-1

$$\lim_{\Delta x\to0}\frac{\Delta y}{\Delta x}=k_0 \tag{4-1}$$

则割线的极限位置必存在. 因此，如果极限式（4-1）存在，则通过点 M_0 且斜率为 k_0 的直线就是曲线 $y=f(x)$ 在 M_0 处的切线.

在我们所考虑的问题中，都涉及函数增量与自变量增量比值的极限问题，由此，我们将引入数学分析中的一个重要概念，这就是导数的概念.

4.1.2　导数的定义

定义 4-1　设函数 $y=f(x)$ 在点 x_0 的某个邻域内有定义，且当 $\Delta x\to0$ 时，

$$\frac{f(x_0+\Delta x)-f(x_0)}{\Delta x}$$

存在有限的极限，则称这个极限为函数 f 在点 x_0 的**导数**，且记为 $f'(x_0)$，$f'_x(x_0)$ 或 $y'(x_0)$，$\left.\frac{\mathrm{d}y}{\mathrm{d}x}\right|_{x=x_0}$，即

$$f'(x_0)=\lim_{\Delta x\to0}\frac{f(x_0+\Delta x)-f(x_0)}{\Delta x} \tag{4-2}$$

或

$$f'(x_0)=\lim_{\Delta x\to0}\frac{\Delta y}{\Delta x} \tag{4-3}$$

【例 4-1】　证明下列函数在每一点 $x\in\mathbf{R}$ 都存在导数，并求出这些导数.

（1）$y=C$　（2）$y=x^n$，$n\in\mathbf{N}_+$　（3）$y=\sin x$　（4）$y=\cos x$　（5）$y=a^x$

解　（1）因 $y=C$ 是常数，故 $\Delta y=C-C=0$，从而

$$\lim_{\Delta x\to0}\frac{\Delta y}{\Delta x}=0$$

即 $(C)'=0$

（2）$\Delta y=(x+\Delta x)^n-x^n=x^n+\mathrm{C}_n^1x^{n-1}\Delta x+\cdots+(\Delta x)^n-x^n$

$=nx^{n-1}\Delta x+o(\Delta x)$

由此得

$$\frac{\Delta y}{\Delta x}=nx^{n-1}+o(1)$$

即

$$\lim_{\Delta x\to 0}\frac{\Delta y}{\Delta x}=nx^{n-1}$$

所以

$$(x^n)'=nx^{n-1},\quad n\in\mathbf{N}_+$$

（3）$\Delta y=\sin(x+\Delta x)-\sin x=2\cos\left(x+\frac{\Delta x}{2}\right)\cdot\sin\frac{\Delta x}{2}$，由此得

$$\frac{\Delta y}{\Delta x}=\cos\left(x+\frac{\Delta x}{2}\right)\cdot\frac{\sin\frac{\Delta x}{2}}{\Delta x/2}$$

利用 $\cos x$ 的连续性及$\frac{\sin t}{t}\to 1$，$t\to 0$ 得$\frac{\Delta y}{\Delta x}\to\cos x$，$\Delta x\to 0$，即

$$(\sin x)'=\cos x$$

（4）$\Delta y=\cos(x+\Delta x)-\cos x=-2\sin\left(x+\frac{\Delta x}{2}\right)\cdot\sin\frac{\Delta x}{2}$，由此得

$$\lim_{\Delta x\to 0}\frac{\Delta y}{\Delta x}=-\sin x$$

即

$$(\cos x)'=-\sin x$$

（5）$\Delta y=a^{x+\Delta x}-a^x=a^x(a^{\Delta x}-1)$，$\frac{\Delta y}{\Delta x}=a^x\cdot\frac{a^{\Delta x}-1}{\Delta x}$，由此得$\frac{\Delta y}{\Delta x}\to a^x\ln a$，$\Delta x\to 0$，这里利用公式$\lim\limits_{t\to 0}\frac{a^t-1}{t}=\ln a$. 所以若 $a>0$ 且 $a\neq 1$，有

$$(a^x)'=a^x\ln a$$

令 $a=\mathrm{e}$，得

$$(\mathrm{e}^x)'=\mathrm{e}^x$$

【例 4-2】 求函数 $y=\log_a x$（$a>0$，$a\neq 1$，$x>0$）与 $y=x^\alpha$（$\alpha\in\mathbf{R}$，$x>0$）的导数.

解 （1）$y=\log_a x$，$\Delta y=\log_a(x+\Delta x)-\log_a x=\log_a\left(1+\frac{\Delta x}{x}\right)$

$\frac{\Delta y}{\Delta x}=\frac{\log_a\left(1+\frac{\Delta x}{x}\right)}{\Delta x/x}\cdot\frac{1}{x}$，由此得$\lim\limits_{\Delta x\to 0}\frac{\Delta y}{\Delta x}=\frac{1}{x\ln a}$，即当 $a>0$，$a\neq 1$ 且 $x>0$ 时，有

$$(\log_a x)'=\frac{1}{x\ln a}$$

令 $a=\mathrm{e}$，得

$$(\ln x)'=\frac{1}{x}$$

（2）$y=x^\alpha(\alpha\in\mathbf{R},\ x>0)$，$\Delta y=(x+\Delta x)^\alpha-x^\alpha=x^\alpha\left[\left(1+\frac{\Delta x}{x}\right)^\alpha-1\right]$

由此得

$$\frac{\Delta y}{\Delta x}=x^{\alpha-1}\frac{\left(1+\frac{\Delta x}{x}\right)^{\alpha}-1}{\Delta x/x}\to\alpha x^{\alpha-1},\ \Delta x\to0$$

从而有

$$(x^{\alpha})'=\alpha x^{\alpha-1}$$

【例 4-3】 设 $f(x)=x|x|$，$x\in\mathbf{R}$，若 $x_0>0$，则当 $x>0$，$x\neq x_0$ 时

$$\begin{aligned}\frac{f(x)-f(x_0)}{x-x_0}&=\frac{x|x|-x_0|x_0|}{x-x_0}\\&=\frac{x^2-x_0^2}{x-x_0}=x+x_0\to2x_0=2|x_0|,x\to x_0\end{aligned}$$

若 $x_0<0$，则当 $x<0$，$x\neq x_0$ 时

$$\frac{f(x)-f(x_0)}{x-x_0}=\frac{-x^2+x_0^2}{x-x_0}=-x-x_0\to-2x_0=2|x_0|,x\to x_0$$

当 $x_0=0$，$x\neq x_0$ 时

$$\frac{f(x)-f(x_0)}{x-x_0}=\frac{f(x)-f(0)}{x-0}=\frac{x|x|}{x}=|x|\to0,x\to0$$

因此

$$\forall x\in\mathbf{R}:(x|x|)'=2|x|$$

【例 4-4】 对于函数

$$f(x)=\begin{cases}x\sin\frac{1}{x} & x\neq0\\ 0 & x=0\end{cases}$$

及点 $x_0=0$，有

$$\frac{f(x)-f(x_0)}{x-x_0}=\frac{x\sin\frac{1}{x}-0}{x-0}=\sin\frac{1}{x}$$

当 $x\to0$ 时无极限，故函数 f 在点 $x_0=0$ 处的导数不存在.

练习

1. 设函数 f 在点 x_0 处有导数，试求下列极限.

(1) $\lim\limits_{\Delta x\to0}\dfrac{f(x_0+\Delta x)-f(x_0-\Delta x)}{\Delta x}$

(2) $\lim\limits_{n\to\infty}n\left[f\left(x_0+\dfrac{1}{n}\right)-f(x_0)\right]$

(3) $\lim\limits_{n\to\infty}\left(\dfrac{f\left(x_0+\frac{1}{n}\right)}{f(x_0)}\right)^n$，$f(x_0)>0$

(4) $\lim\limits_{n\to\infty}\dfrac{f(x_n)-f(x_0)}{x_n-x_0}$，$x_n\to x_0$，$n\to\infty$ 且 $x_n\neq x_0$，$n\geqslant1$

定理 4-1　若函数 $y=f(x)$ 在点 x_0 处有导数（或在点 x_0 处可导），则 $f(x)$ 在点 x_0 处连续. 即可导必连续.

证　由等式（4-3）得

$$\frac{\Delta y}{\Delta x}-f'(x_0)=\varepsilon(\Delta x)$$

其中，$\varepsilon(\Delta x)\to 0$，$\Delta x\to 0$，由此得

$$\Delta y=f'(x_0)\Delta x+\Delta x\cdot\varepsilon(\Delta x)$$

当 $\Delta x\to 0$ 时右端趋于零，所以 $\Delta y\to 0$，$\Delta x\to 0$. 即函数 $y=f(x)$ 在点 x_0 处连续.

4.1.3　导数的几何意义

由前面讨论知，导数 $f'(x_0)$ 的几何意义是它表示曲线 $y=f(x)$ 在点 $M_0(x_0, f(x_0))$ 处的切线斜率.

如图 4-2 所示，设函数 $y=f(x)$ 在点 x_0 处有导数，则函数 $y=f(x)$ 的图形在点 $M_0(x_0, f(x_0))$ 的切线的斜率等于 $f'(x_0)$，因而在点 M_0 处的切线方程为

$$l_0:\ y-f(x_0)=f'(x_0)(x-x_0) \qquad (4\text{-}4)$$

法线方程为

$$m_0:\ y-f(x_0)=-\frac{1}{f'(x_0)}(x-x_0),\ f'(x_0)\neq 0$$

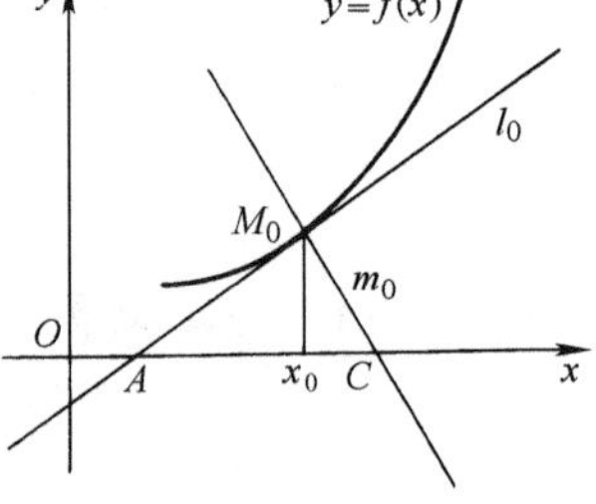

图　4-2

【例 4-5】　写出函数 $y=\mathrm{e}^x$ 的图形的平行于直线 $y=x-1$ 的切线方程.

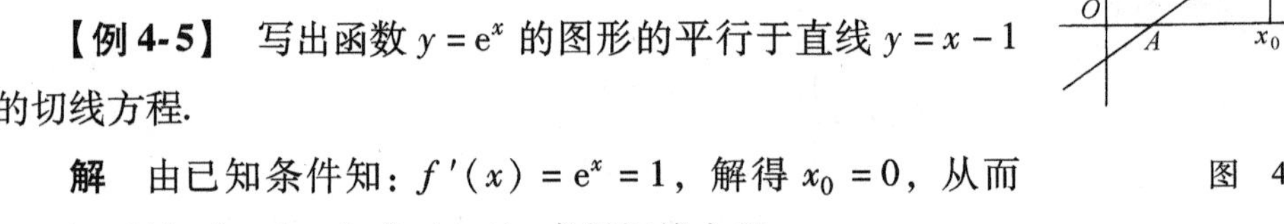

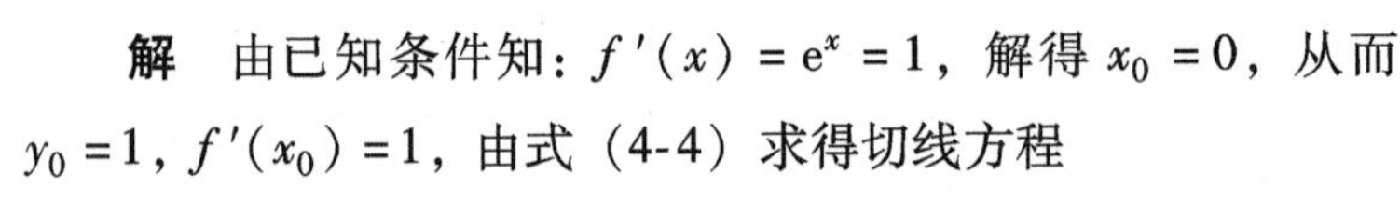

解　由已知条件知：$f'(x)=\mathrm{e}^x=1$，解得 $x_0=0$，从而 $y_0=1$，$f'(x_0)=1$，由式（4-4）求得切线方程

$$y=x+1$$

【例 4-6】　求函数 $y=\sin x$ 与 x 轴的交角（见图 4-3）.

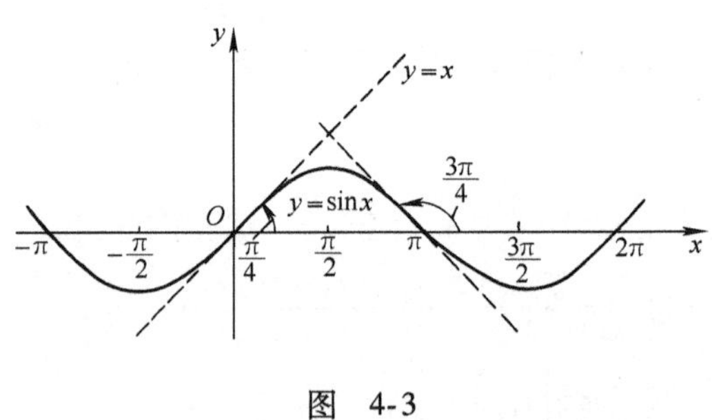

图　4-3

解　正弦曲线与 x 轴交于点 $x_k=k\pi$，$k\in\mathbf{Z}$. 设 α_k 表示对应于 x_k 的正弦曲线与 x 轴的交角，则 $f'(x_k)=\cos k\pi=(-1)^k=\tan\alpha_k$. 因而在点 $x_k'=2k\pi$ 处，交角为 $\frac{\pi}{4}$，而在点 $\tilde{x}_k=(2k+1)\pi$ 时，交角为 $\frac{3}{4}\pi$.

说明　设 $y=f_1(x)$ 与 $y=f_2(x)$ 在其交点 N 处可导，则图形在 $N(x_0, f_1(x_0))$ 处的交角 φ 可由下式求得

$$\tan\varphi=\left|\frac{f_1'(x_0)-f_2'(x_0)}{1+f_1'(x_0)f_2'(x_0)}\right|,\ 0\leqslant\varphi<\frac{\pi}{2};\ 若\ 1+f_1'f_2'=0,\ 则\ \varphi=\frac{\pi}{2}$$

4.1.4　单侧导数与无穷大导数

1. 左导数与右导数

类似于单侧极限，我们引入左导数与右导数的概念.

设函数 $y=f(x)$ 在点 x_0 处左连续，且 $\Delta y=f(x_0+\Delta x)-f(x_0)$，若存在极限 $\lim\limits_{\Delta x\to -0}\dfrac{\Delta y}{\Delta x}$，则称这个极限为函数 f 在点 x_0 处的左导数且记 $f'_-(x_0)$. 类似地，若函数 $y=f(x)$ 在点 x_0 处右连续，则称极限 $\lim\limits_{\Delta x\to +0}\dfrac{\Delta y}{\Delta x}$ 为函数 f 在点 x_0 处的右导数且记为 $f'_+(x_0)$.

称过点 $M_0(x_0,f(x_0))$，斜率分别为 $f'_-(x_0)$ 与 $f'_+(x_0)$ 的直线，对应的是函数 $y=f(x)$ 的图形在点 M_0 处的左切线与右切线.

函数图形在点 $M_0(x_0,f(x_0))$ 处的右切线方程为

$$y-f(x_0)=f'_+(x_0)(x-x_0)$$

类似地，$y=f(x)$ 的图形在点 M_0 处的左切线方程为

$$y-f(x_0)=f'_-(x_0)(x-x_0)$$

显然，$y=f(x)$ 在 x_0 可导、充分且必要条件是 $f'_-(x_0)=f'_+(x_0)$. 这时，函数 $y=f(x)$ 的图形在点 M_0 处的左切线与右切线相互重合.

【例 4-7】　求函数 $f(x)=|x|$ 在 x_0 处的左、右导数.

解　$\Delta y=\Delta x$，所以

$$f'_-(0)=\lim_{\Delta x\to -0}\frac{\Delta y}{\Delta x}=\lim_{\Delta x\to -0}\frac{-\Delta x}{\Delta x}=-1$$

$$f'_+(0)=\lim_{\Delta x\to +0}\frac{\Delta x}{\Delta x}=1$$

$y=-x$ 与 $y=x$ 是函数 $y=|x|$ 在点 O 的左切线与右切线（见图 4-4).

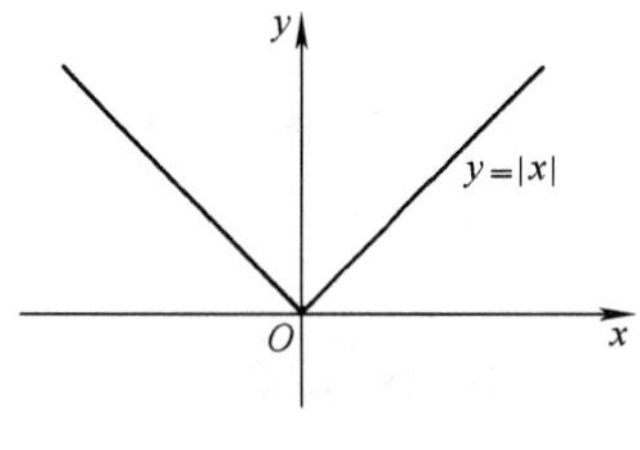

图　4-4

2. 无穷大导数

假设函数 $y=f(x)$ 在 x_0 连续，且有

$$\lim_{\Delta x\to 0}\frac{\Delta y}{\Delta x}=\lim_{\Delta x\to 0}\frac{f(x_0+\Delta x)-f(x_0)}{\Delta x}=\infty$$

则称直线 $x=x_0$ 为函数 $y=f(x)$ 的图形在点 $M_0(x_0,f(x_0))$ 处的切线.

如果 $\lim\limits_{\Delta x\to 0}\dfrac{\Delta y}{\Delta x}=+\infty$，则称函数 $y=f(x)$ 有无穷大导数，且等于 $+\infty$. 记为 $f'(x)=+\infty$. 这时，我们分别称单侧极限

$$\lim_{\Delta x\to -0}\frac{\Delta y}{\Delta x}与\lim_{\Delta x\to +0}\frac{\Delta y}{\Delta x}$$

为函数 $y=f(x)$ 在点 x_0 处的左导数与右导数，并记作 $f'_-(x_0)$ 与 $f'_+(x_0)$. 因此，若 $f'(x_0)=+\infty$，则 $f'_-(x_0)=+\infty$ 且 $f'_+(x_0)=+\infty$.

如 $f(x)=\sqrt[3]{x}$，$f'(0)=+\infty$，即

$$\lim_{\Delta x \to 0} \frac{\sqrt[3]{\Delta x}}{\Delta x} = \lim_{\Delta x \to 0} \frac{1}{\sqrt[3]{(\Delta x)^2}} = +\infty$$

$y=\sqrt[3]{x}$的图形在点（0，0）的切线是 y 轴：$x=0$（见图4-5）.

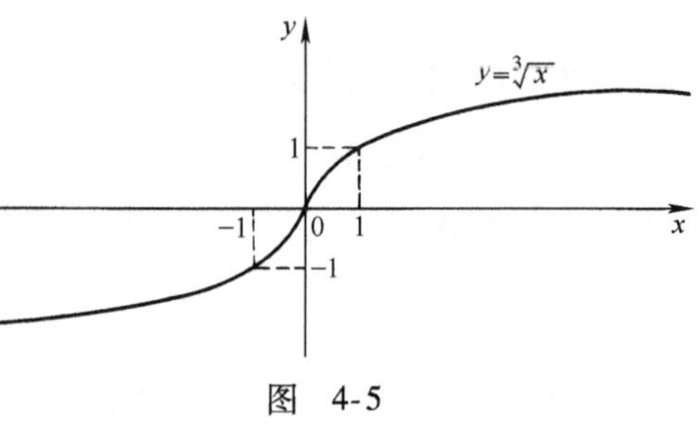

图 4-5

现在考虑 $\lim\limits_{\Delta x \to 0} \frac{\Delta y}{\Delta x} = \infty$，但不满足条件：$f'(x_0)=+\infty$，$f'(x_0)=-\infty$．这时我们称 $\lim\limits_{\Delta x \to 0} \frac{\Delta y}{\Delta x}$不是定号无穷大. 譬如，若 $\lim\limits_{\Delta x \to -0} \frac{\Delta y}{\Delta x} = -\infty$，$\lim\limits_{\Delta x \to +0} \frac{\Delta y}{\Delta x} = +\infty$，就属于这种情形，显然，函数 $y=\sqrt{|x|}$ 在点 $x_0=0$ 具有上述性质，即 $f'_+(0) = \lim\limits_{\Delta x \to +0} \frac{\sqrt{|\Delta x|}}{\Delta x} = +\infty$，而 $f'_-(x_0) = -\infty$，如图4-6所示.

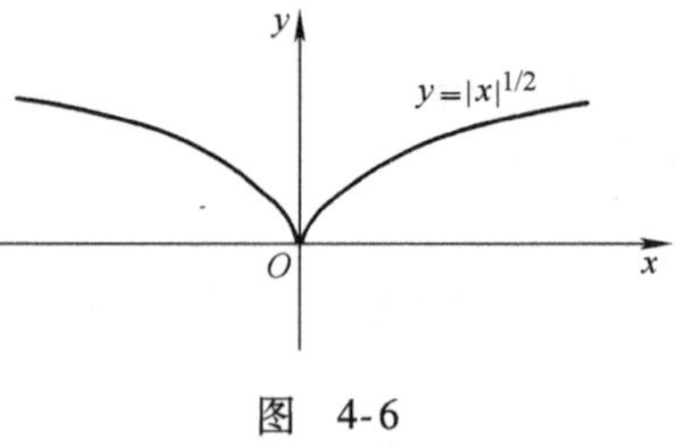

图 4-6

练习

2. 证明：若 $f'_-(x_0)$与 $f'_+(x_0)$存在，则函数 f 在 x_0 处连续.

3. 已知：函数 f：$\mathbf{R}\to\mathbf{R}$，在 $\mathbf{R}$ 上有导数，试问函数 $|f|$ 在哪些点处有导数.

4. 已知：f：$\mathbf{R}\to\mathbf{R}$，g：$\mathbf{R}\to\mathbf{R}$，f'与 g' 在 $\mathbf{R}$ 上存在，试问函数 $h(x)=\max\ (f(x),\ g(x))$，$x\in\mathbf{R}$，在哪些点上有导数.

5. 有一细杆，已知从杆的一端算起长度为 x 的一段的质量为 $m(x)$，给出细杆上距离这端点为 x_0 的点处线密度的定义.

6. 高温物质在低温介质中冷却，已知温度 τ 和时间 t 的关系为 $\tau=\tau(t)$，给出 t_0 时冷却速度的定义式.

7. 已知通过导体横截面的电荷 Q 与时间 t 的关系 $Q=Q(t)$，试确定电流强度 $i(t_0)$.

4.2 求导法则

4.1 习题答案

4.2 思维导图

4.2.1 四则运算求导法则与反函数求导法则

定理 4-2 如果函数 f 与 g 在点 x 可导，则函数 $f+g$，fg，$\frac{f}{g}$ $(g(x)\neq 0)$ 也在点 x 可导，并且

$$(f(x)+g(x))'=f'(x)+g'(x) \tag{4-5}$$

$$(f(x)g(x))'=f'(x)g(x)+f(x)g'(x) \tag{4-6}$$

$$\left(\frac{f(x)}{g(x)}\right)'=\frac{f'(x)g(x)-f(x)g'(x)}{(g(x))^2},\ g(x)\neq 0 \tag{4-7}$$

证　记 $\Delta f=f(x+\Delta x)-f(x)$，$\Delta g=g(x+\Delta x)-g(x)$，因 $f'(x)$ 与 $g'(x)$ 存在，故当 $\Delta x\to 0$ 时，有 $\frac{\Delta f}{\Delta x}\to f'(x)$，$\frac{\Delta g}{\Delta x}\to g'(x)$. 此外

$$f(x+\Delta x)=f(x)+\Delta f,\ g(x+\Delta x)=g(x)+\Delta g$$

因 f 与 g 在点 x 连续，所以有 $\Delta f\to 0$，$\Delta g\to 0$，$\Delta x\to 0$.

（1）若 $y=f(x)+g(x)$，则

$$\Delta y=f(x+\Delta x)+g(x+\Delta x)-f(x)-g(x)=\Delta f+\Delta g$$

由此得

$$\frac{\Delta y}{\Delta x}=\frac{\Delta f}{\Delta x}+\frac{\Delta g}{\Delta x}$$

再令 $\Delta x\to 0$ 便证得式（4-5）.

（2）若 $y=f(x)g(x)$，则 $\Delta y=f(x+\Delta x)g(x+\Delta x)-f(x)g(x)$，将 $f(x+\Delta x)=f(x)+\Delta f$, $g(x+\Delta x)=g(x)+\Delta g$ 代入得

$$\begin{aligned}\Delta y&=(f(x)+\Delta f)\ (g(x)+\Delta g)-f(x)g(x)\\&=f(x)\Delta g+g(x)\Delta f+\Delta f\Delta g\end{aligned}$$

所以

$$\frac{\Delta y}{\Delta x}=f(x)\frac{\Delta g}{\Delta x}+g(x)\frac{\Delta f}{\Delta x}+\frac{\Delta f}{\Delta x}\Delta g$$

令 $\Delta x\to 0$，并注意 $\frac{\Delta f}{\Delta x}\to f'(x)$，$\frac{\Delta g}{\Delta x}\to g'(x)$，$\Delta g\to 0$，即可得到式（4-6）.

（3）若 $y=\frac{f(x)}{g(x)}$，则 $\Delta y=\frac{f(x+\Delta x)}{g(x+\Delta x)}-\frac{f(x)}{g(x)}=\frac{f(x)+\Delta f}{g(x)+\Delta g}-\frac{f(x)}{g(x)}$，或

$$\Delta y=\frac{\Delta fg(x)-\Delta gf(x)}{g(x)g(x+\Delta x)}$$

由此得

$$\frac{\Delta y}{\Delta x}=\left(\frac{\Delta f}{\Delta x}g(x)-\frac{\Delta g}{\Delta x}f(x)\right)\cdot\frac{1}{g(x+\Delta x)g(x)}$$

令 $\Delta x\to 0$，并注意得 $g(x+\Delta x)\to g(x)$ 且 $g(x)\neq 0$，便得到式（4-7）.

推论 1　若函数 f 在点 x 可导，C 为常数，则 $(Cf(x))'=Cf'(x)$.

推论 2　若函数 f_k（$k=1,2,\cdots,n$）在点 x 可导，且 C_k（$k=1,2,\cdots,n$）是常数，则

$$\left(\sum_{k=1}^{n}C_kf_k(x)\right)'=\sum_{k=1}^{n}C_k\cdot f_k'(x)$$

如 $y=2e^x-3x^2+4\cos x$，则 $y'=2e^x-6x-4\sin x$.

【例 4-8】　证明：

$$(\tan x)'=\frac{1}{\cos^2x}=\sec^2x,\qquad x\neq\frac{\pi}{2}+k\pi,\ k\in\mathbf{Z}\tag{4-8}$$

$$(\cot x)'=-\frac{1}{\sin^2x}=-\csc^2x,\qquad x\neq k\pi,\ k\in\mathbf{Z}$$

证　因 $(\sin x)'=\cos x$，$(\cos x)'=-\sin x$，故利用式（4-7），得

$$(\tan x)'=\left(\frac{\sin x}{\cos x}\right)'=\frac{(\sin x)'\cos x-\sin x(\cos x)'}{\cos^2 x}=\frac{\cos^2 x+\sin^2 x}{\cos^2 x}=\frac{1}{\cos^2 x}$$

类似地，有

$$(\cot x)'=\left(\frac{\cos x}{\sin x}\right)'=\frac{(\cos x)'\sin x-\cos x(\sin x)'}{\sin^2 x}=-\frac{\sin^2 x+\cos^2 x}{\sin^2 x}=-\frac{1}{\sin^2 x}$$

定理 4-3　若函数 $y=f(x)$ 在区间 $\Delta=[x_0-\delta, x_0+\delta]$，$\delta>0$ 上连续且严格单调且 $f'(x_0)\neq 0$，则 $y=f(x)$ 的反函数 $x=\varphi(y)$ 在点 $y_0=f(x_0)$ 可导且

$$\varphi'(y_0)=\frac{1}{f'(x_0)} \tag{4-9}$$

证　不妨设 f 在闭区间 Δ 上严格递增，记 $\alpha_1=f(x_0-\delta)$，$\beta_1=f(x_0+\delta)$，则由反函数定理知，在闭区间 $[\alpha_1, \beta_1]$ 上定义一个 f 的反函数 $x=\varphi(y)$ 是连续且严格递增的，并且 $y_0=f(x_0)\in(\alpha_1, \beta_1)$.

设 Δy 是自变元 y 的增量且有 $y_0+\Delta y\in(\alpha_1, \beta_1)$，记 $\Delta x=\varphi(y_0+\Delta y)-\varphi(y_0)$，下面证明：$\lim\limits_{\Delta y\to 0}\dfrac{\Delta x}{\Delta y}=\dfrac{1}{f'(x_0)}$.

我们指出：若 $\Delta y\neq 0$，则 $\Delta x\neq 0$. 如若不然，$\varphi(y_0+\Delta y)=\varphi(y_0)$，$\Delta y\neq 0$. 这与函数 φ 严格递增相矛盾，所以当 $\Delta y\neq 0$ 时，有

$$\frac{\Delta x}{\Delta y}=\frac{1}{\dfrac{\Delta y}{\Delta x}}$$

因函数 $x=\varphi(y)$ 在点 y_0 连续，故若 $\Delta y\to 0$，则必有 $\Delta x\to 0$. 而极限 $\lim\limits_{\Delta x\to 0}\dfrac{\Delta y}{\Delta x}=f'(x_0)$ 存在，所以有

$$\lim_{\Delta y\to 0}\frac{\Delta x}{\Delta y}=\frac{1}{\lim\limits_{\Delta x\to 0}\dfrac{\Delta y}{\Delta x}}$$

即

$$\varphi'(y_0)=\frac{1}{f'(x_0)}$$

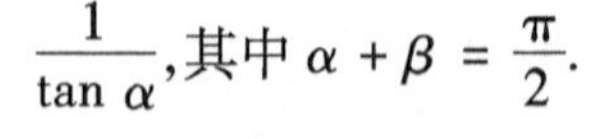

如图 4-7 所示，$\varphi'(y_0)=\tan\beta, f'(x_0)=\tan\alpha, \tan\beta=\dfrac{1}{\tan\alpha}$，其中 $\alpha+\beta=\dfrac{\pi}{2}$.

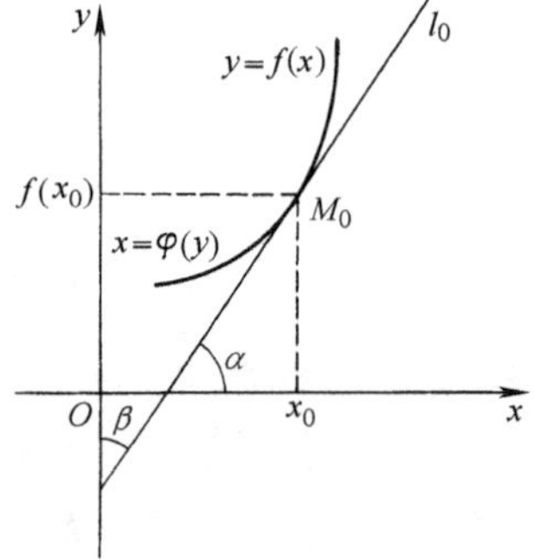

图　4-7

说明 1　在式（4-9）中，用 x 替换 y_0，并用 y 替换 x_0，则可把式（4-9）写成

$$\varphi'(x)=\frac{1}{f'(\varphi(x))} \tag{4-10}$$

【例 4-9】　证明：

$$(\arcsin x)'=\frac{1}{\sqrt{1-x^2}},\quad |x|<1 \tag{4-11}$$

$$(\arccos x)'=-\frac{1}{\sqrt{1-x^2}},\quad |x|<1 \tag{4-12}$$

$$(\arctan x)' = \frac{1}{1+x^2},\ x \in \mathbf{R} \tag{4-13}$$

$$(\operatorname{arccot} x)' = -\frac{1}{1+x^2},\ x \in \mathbf{R} \tag{4-14}$$

证　(1) 设 $y=\varphi(x)=\arcsin x$，$|x|<1$，则反函数 $x=\varphi(y)=\sin y$，$|y|<\frac{\pi}{2}$，按式 (4-10) 求导.

$$(\arcsin x)' = \frac{1}{(\sin y)'} = \frac{1}{\cos y}$$

因 $\sin y = x$ 且 $y \in \left(-\frac{\pi}{2}, \frac{\pi}{2}\right)$，则 $\cos y = \sqrt{1-x^2}$，因而式 (4-11) 成立.

(2) 设 $y=\arctan x$，$x\in\mathbf{R}$，则 $x=\tan y$，$|y|<\frac{\pi}{2}$. 利用式 (4-10) 与式(4-8) 得

$$(\arctan x)' = \frac{1}{(\tan y)'} = \cos^2 y$$

其中，$\cos^2 y = \frac{1}{1+\tan^2 y} = \frac{1}{1+x^2}$，因此，式 (4-13) 成立.

式 (4-12) 与式 (4-14) 类似可证.

4.2.2　复合函数的求导法则

定理 4-4　如果函数 $y=\varphi(x)$ 与 $z=f(y)$ 分别在点 x_0 与点 y_0 可导，且 $y_0=\varphi(x_0)$，则复合函数 $z=f(\varphi(x))$ 在点 x_0 可导，且

$$z'(x_0) = f'(y_0)\varphi'(x_0) = f'(\varphi(x_0))\varphi'(x_0) \tag{4-15}$$

证　因 f 与 y 对应在 y_0 与 x_0 可导，故在 y_0 与 x_0 上分别连续，所以复合函数 $z(x)$ 在 x_0 连续. 据此知函数 $z(x)$ 在某个 $U_\delta(x_0)$ 内有定义.

设 Δx 是自变元的任意增量且 $\Delta x \neq 0$，$|\Delta x|<\delta$. 记

$$\Delta y = \varphi(x_0+\Delta x) - \varphi(x_0),\quad \Delta z = z(x_0+\Delta x) - z(x_0)$$

依赖于 Δx 的增量 Δy 确定了函数 $f(y)$ 在点 y_0 的增量 $\Delta z = \Delta f$，即

$$\Delta z = \Delta f = f(y_0+\Delta y) - f(y_0),\ y_0 = \varphi(x_0)$$

因函数 f 在点 y_0 可导，故有

$$\Delta z = \Delta f = f'(y_0)\Delta y + \Delta y \cdot \alpha(\Delta y) \tag{4-16}$$

其中，$\alpha(\Delta y) \to 0$，$\Delta y \to 0$.

这里需要指出，函数 $\alpha(\Delta y)$ 在 $\Delta y=0$ 处无定义. 然而当 $\Delta x\neq 0$ 时，Δy 可能取零值. 所以对 $\alpha(\Delta y)$ 补充定义：当 $\Delta y=0$ 时，$\alpha(0)=0$. 这样，当 $\Delta x=0$ 时式 (4-16) 亦成立.

用 $\Delta x\neq 0$ 除式 (4-16) 两端，得

$$\frac{\Delta z}{\Delta x} = f'(y_0)\frac{\Delta y}{\Delta x} + \frac{\Delta y}{\Delta x}\cdot \alpha(\Delta y)$$

左端的 Δz 可以看成复合函数 $z=f(\varphi(x))$ 对应于自变元增量 Δx 的增量. 再令 $\Delta x\to 0$，并注意到 $\Delta y \to 0$ 与 $\alpha(\Delta y)\to 0$，便得出式 (4-15).

说明 2　对于复合函数 $f(\varphi(x))$ 的求导法则通常表示为

$$(f(\varphi(x)))'=f'(\varphi(x))\varphi'(x)$$

而对于 $z=f(y)=f(\varphi(x))$ 的求导法则可表示为

$$\frac{\mathrm{d}z}{\mathrm{d}x}=\frac{\mathrm{d}z}{\mathrm{d}y}\cdot\frac{\mathrm{d}y}{\mathrm{d}x}\text{或 } z_x'=z_y'\cdot y_x'$$

对于 $z=z(y)=z(y(x))=z(y(x(t)))$ 的求导法则有

$$\frac{\mathrm{d}z}{\mathrm{d}t}=\frac{\mathrm{d}z}{\mathrm{d}y}\cdot\frac{\mathrm{d}y}{\mathrm{d}x}\cdot\frac{\mathrm{d}x}{\mathrm{d}t}$$

称上述法则为链导法则.

【例 4-10】　证明下述公式.

$$(\sinh x)'=\cosh x,\ (\cosh x)'=\sinh x$$

$$(\tanh x)'=\frac{1}{\cosh^2 x},\ (\coth x)'=-\frac{1}{\sinh^2 x}$$

证　(1) $(\sinh x)'=\left(\dfrac{\mathrm{e}^x-\mathrm{e}^{-x}}{2}\right)'=\dfrac{1}{2}(\mathrm{e}^x-\mathrm{e}^{-x}(-1))=\cosh x$

(2) $(\tanh x)'=\left(\dfrac{\sinh x}{\cosh x}\right)'=\dfrac{(\sinh x)'\cosh x-\sinh x(\cosh x)'}{\cosh^2 x}$

$$=\frac{\cosh^2 x-\sinh^2 x}{\cosh^2 x}=\frac{1}{\cosh^2 x}$$

其他公式类似可证.

【例 4-11】　证明：$(\ln|x|)'=\dfrac{1}{x}$.

证　当 $x>0$ 时，$\ln|x|=\ln x$，显然 $(\ln|x|)'=(\ln x)'=\dfrac{1}{x}$

当 $x<0$ 时，$\ln|x|=\ln(-x)$，此时 $(\ln|x|)'=(\ln(-x))'=\dfrac{1}{-x}\cdot(-1)=\dfrac{1}{x}$. 所以 $\forall x\in\mathbf{R}$ 且 $x\neq 0$，有 $(\ln|x|)'=\dfrac{1}{x}$.

若 φ 在 x 可导且 $\varphi(x)\neq 0$，则有

$$(\ln|\varphi(x)|)'=\frac{\varphi'(x)}{\varphi(x)}$$

【例 4-12】　若 $f(x)$ 在区间 $(-a,a)$ 内可导，试证明：如果 $f(x)$ 是偶函数，则 $f'(x)$ 是奇函数；如果 $f(x)$ 是奇函数，则 $f'(x)$ 是偶函数.

证　设 f 是偶函数，则

$$f(-x)\equiv f(x),\qquad \forall x\in(-a,a)$$

从而有

$$-f'(-x)\equiv f'(x),\ \forall x\in(-a,a)$$

这表明 $f'(x)$ 是奇函数，另一结论类似可证.

综述上面介绍过的求导方法，我们给出下述基本求导公式.

基本初等函数的导数公式

1. $(C)'=0$（C 为任意常数）

2. $(x^{\mu})'=\mu x^{u-1}$

3. $(\log_a x)'=\dfrac{1}{x\ln a}$（$a>0$，$a\neq 1$）

4. $(\ln x)'=\dfrac{1}{x}$

5. $(a^x)'=a^x\ln a$（$a>0$，$a\neq 1$）

6. $(e^x)'=e^x$

7. $(\sin x)'=\cos x$

8. $(\cos x)'=-\sin x$

9. $(\tan x)'=\dfrac{1}{\cos^2 x}=\sec^2 x$

10. $(\cot x)'=\dfrac{-1}{\sin^2 x}=-\csc^2 x$

11. $(\sec x)'=\sec x\tan x$

12. $(\csc x)'=-\csc x\cot x$

13. $(\arcsin x)'=\dfrac{1}{\sqrt{1-x^2}}$

14. $(\arccos x)'=-\dfrac{1}{\sqrt{1-x^2}}$

15. $(\arctan x)'=\dfrac{1}{1+x^2}$

16. $(\text{arccot}\, x)'=-\dfrac{1}{1+x^2}$

求导公式

（对 x 求导）

1. $y=C$　　$y'=0$，C 是常数

2. $y=x$　　$y'=1$

3. $y=u^{\alpha}(x)$　　$y=\alpha u^{\alpha-1}(x)u'(x)$，$\alpha$ 是实数

4. $y=\dfrac{1}{u(x)}$　　$y'=-\dfrac{u'(x)}{u^2(x)}$

5. $y=\sqrt{u(x)}$　　$y'=\dfrac{u'(x)}{2\sqrt{u(x)}}$

6. $y=a^{u(x)}$　　$y'=a^{u(x)}\ln a\, u'(x)$，$a>0$，$a\neq 1$

7. $y=e^{u(x)}$　　$y'=e^{u(x)}u'(x)$

8. $y=\log_a u(x)$　　$y'=\dfrac{u'(x)}{u(x)}\log_a e=\dfrac{u'(x)}{u(x)\ln a}$

9. $y=\ln u(x)$　　$y'=\dfrac{u'(x)}{u(x)}$

10. $y=\sin u(x)$　　$y'=\cos u(x)u'(x)$

11. $y=\cos u(x)$　　$y'=-\sin u(x)u'(x)$

12. $y=\tan u(x)$　　$y'=\dfrac{u'(x)}{\cos^2 u(x)}$

13. $y=\cot u(x)$　　$y'=-\dfrac{u'(x)}{\sin^2 u(x)}$

14. $y=\sec u(x)$	$y'=\sec u(x)\tan u(x)u'(x)$
15. $y=\csc u(x)$	$y'=-\csc u(x)\cot u(x)u'(x)$
16. $y=\arcsin u(x)$	$y'=\dfrac{u'(x)}{\sqrt{1-u^2(x)}}$
17. $y=\arccos u(x)$	$y'=-\dfrac{u'(x)}{\sqrt{1-u^2(x)}}$
18. $y=\arctan u(x)$	$y'=\dfrac{u'(x)}{1+u^2(x)}$
19. $y=\operatorname{arccot} u(x)$	$y'=-\dfrac{u'(x)}{1+u^2(x)}$
20. $y=\sinh u(x)$	$y'=\cosh u(x)u'(x)$
21. $y=\cosh u(x)$	$y'=\sinh u(x)u'(x)$
22. $y=\tanh u(x)$	$y'=\dfrac{u'(x)}{\cosh^2 u(x)}$
23. $y=\coth u(x)$	$y'=-\dfrac{u'(x)}{\sinh^2 u(x)}$

此外，还有如下法则.

1. $y=Cu(x)$	$y'=Cu'(x)$，C是常数
2. $y=u(x)+v(x)$	$y'=u'(x)+v'(x)$
3. $y=u(x)v(x)$	$y'=u'(x)v(x)+u(x)v'(x)$
4. $y=\dfrac{u(x)}{v(x)}$	$y'=\dfrac{u'(x)v(x)-u(x)v'(x)}{v^2(x)}$

5. $(f(\varphi(x)))'=f'(\varphi(x))\cdot\varphi'(x)$

6. 若$x=\varphi(y)$是$y=f(x)$的反函数，$\varphi'(x)=\dfrac{1}{f'(\varphi(x))}$

【例 4-13】 设$y=\arctan\dfrac{x}{a}$，$a\neq0$，求y'.

解 $$y'=\frac{\left(\dfrac{x}{a}\right)'}{1+\left(\dfrac{x}{a}\right)^2}=\frac{\dfrac{1}{a}}{1+\dfrac{x^2}{a^2}}=\frac{a}{a^2+x^2}$$

【例 4-14】 设$y=\ln\dfrac{x-a}{x+a}$，$a\neq0$，求y'.

解 $$y'=\frac{1}{\dfrac{x-a}{x+a}}\cdot\left(\frac{x-a}{x+a}\right)'=\frac{x+a}{x-a}\cdot\frac{(x+a)-(x-a)}{(x+a)^2}=\frac{2a}{x^2-a^2}$$

【例 4-15】 设$y=\ln(x+\sqrt{x^2+a^2})$，$a\neq0$，求y'.

解　$y' = \frac{1}{x+\sqrt{x^2+a^2}} \cdot \left(1+\frac{x}{\sqrt{x^2+a^2}}\right) = \frac{1}{\sqrt{x^2+a^2}}$

练习

1. 设 $y = \arccos \frac{x}{a}$，$a \neq 0$，求 y'

2. 设 $y = \ln(x+\sqrt{x^2-a^2})$，$a \neq 0$，求 y'.

【例 4-16】　已知：$z = u(x)^{v(x)}$，其中 u，v 在点 x 可导，且 $u(x) > 0$，求$\frac{dz}{dx}$.

解　因 $z = e^{v(x)\ln u(x)}$ 可看成由可导函数复合而成的函数，故 z 可导，对等式$\ln z = v(x)\ln u(x)$两边求导，得

$$\frac{z'}{z} = v'\ln u + v\frac{u'}{u}$$

由此得 $z' = z\left(v'\ln u + \frac{vu'}{u}\right)$或

$$(u^v)' = u^v\left(v'\ln u + \frac{vu'}{u}\right) = u^v \ln u \cdot v' + vu^{v-1}u'$$

对函数

$$y = u(x)^{v(x)}$$

利用取对数求导时，要注意避免如下两种错误解法：

（1）$y' = u(x)^{v(x)}\ln u(x) \cdot v'(x)$（仅当 u 是常数才成立）

（2）$y' = v(x)u(x)^{v(x)-1} \cdot u'(x)$（仅当 v 是常数才成立）

此外，对于因式多于两个的函数表达式，如

$$y = \frac{xe^x \arctan x}{\ln^6 x}$$

$$y = \frac{\sqrt{x+2}\ (3-x)^6}{(x+1)^5}$$

$$y = \frac{(1+x^2)\ e^{x^3}\cos x}{(\arcsin x)^2}$$

等也常运用取对数求导法来求导.

【例 4-17】　求函数 $y = (x-1)\sqrt[3]{\frac{(x-2)^2}{x-3}}$的导数.

解　先取函数的绝对值，再取对数得

$$\ln|y| = \ln|x-1| + \frac{2}{3}\ln|x-2| - \frac{1}{3}\ln|x-3|$$

两边关于 x 求导，整理得

$$y' = (x-1)\sqrt[3]{\frac{(x-2)^2}{x-3}}\left(\frac{1}{x-1} + \frac{2}{3}\cdot\frac{1}{x-2} - \frac{1}{3}\cdot\frac{1}{x-3}\right)$$

4.2.3 隐函数与参数方程式函数求导法

（1）如果可导函数 $y=f(x)$ 由隐函数方程 $F(x, y)=0$ 给定，则对恒等式 $F(x, f(x))=0$ 关于 x 求导，可求得 $\frac{\mathrm{d}y}{\mathrm{d}x}=f'(x)$.

【例 4-18】 求由方程 $F(x, y)=\mathrm{e}^y-2x+\cos y=0$ 确定的函数 $y=f(x)$ 的导数.

解 设想 $y=f(x)$ 已代入方程，得 $F(x, y)\equiv 0$，将此恒等式两边同时对 x 求导，得

$$\mathrm{e}^y\cdot y'-2-\sin y\cdot y'=0$$

这里对 e^y，$\cos y$ 关于 x 求导要利用复合函数求导法，由此解得

$$y'=\frac{2}{\mathrm{e}^y-\sin y}$$

（2）设 $x=x(t)$，$y=y(t)$ 在闭区间 $[t_0-\delta, t_0+\delta]$ 上有定义且函数 $x(t)$ 连续，严格单调（譬如，严格递增），则在闭区间 $[\alpha, \beta]$ 上确定了一个 $x=x(t)$ 的反函数 $t=t(x)$ 连续且严格递增. 其中，$\alpha=x(t_0-\delta)$，$\beta=x(t_0+\delta)$.

我们还假定存在 $x'(t_0)$ 与 $y'(t_0)$ 且 $x'(t_0)\neq 0$，为简单起见，记 $x_t'=x'(t_0)$，$y_t'=y'(t_0)$. 则复合函数 $y=y(t)=y(t(x))$ 在点 $x_0=x(t_0)$ 可导，并且

$$\frac{\mathrm{d}y}{\mathrm{d}x}=\frac{y_t'}{x_t'} \tag{4-17}$$

证 利用复合函数 $y=y(t(x))$ 的求导法则，有 $\frac{\mathrm{d}y}{\mathrm{d}x}=y_x'=y_t'\cdot t_x'$，再利用反函数的求导法则，$t_x'=\frac{1}{x_t'}$，从而得知，式（4-17）成立.

【例 4-19】 已知：$x=\ln(1+\mathrm{e}^{2t})$，$y=\arctan \mathrm{e}^t$，求 $\frac{\mathrm{d}y}{\mathrm{d}x}$.

解

$$x_t'=\frac{2\mathrm{e}^{2t}}{1+\mathrm{e}^{2t}},\quad y_t'=\frac{\mathrm{e}^t}{1+\mathrm{e}^{2t}}$$

由式（4-17）得

$$\frac{\mathrm{d}y}{\mathrm{d}x}=\frac{y_t'}{x_t'}=\frac{1}{2}\mathrm{e}^{-t}$$

【例 4-20】 求摆线 $\begin{cases}x=a(t-\sin t)\\ y=a(1-\cos t)\end{cases}$ 在 $t=\frac{\pi}{2}$ 处的切线方程.

解 $\frac{\mathrm{d}y}{\mathrm{d}x}=\frac{y_t'}{x_t'}=\frac{\sin t}{1-\cos t}(t\neq 2k\pi)$，所以摆线在 $t=\frac{\pi}{2}$ 处，切线斜率为 $\left.\frac{\mathrm{d}y}{\mathrm{d}x}\right|_{t=\frac{\pi}{2}}=1$，对应 $t=\frac{\pi}{2}$ 的切点是 $\left(\frac{1}{2}(\pi-2)a, a\right)$，因而所求切线方程为

$$y-a=x-\frac{1}{2}(\pi-2)a$$

即

$$x-y+\frac{1}{2}(4-\pi)a=0$$

练习

3. 试求下列曲线在指定点的切线与法线方程.

(1) $\begin{cases} x=\ln(1+t^2) \\ y=t-\arctan t \end{cases}$ 　$t_0=1$

(2) $\begin{cases} x=2\ln\cot t+1 \\ y=\tan t+\cot t \end{cases}$ 　$t_0=\dfrac{\pi}{4}$

(3) $\begin{cases} x=\dfrac{2t+t^2}{1+t^3} \\ y=\dfrac{2t-t^2}{1+t^3} \end{cases}$ 　$t_0=1$

说明 3　对于已知 $x=x(t)$，$y=y(t)$，求$\dfrac{\mathrm{d}y}{\mathrm{d}x}$时，有时可先消去参数 t，求出$y=f(x)$后再求 $\dfrac{\mathrm{d}y}{\mathrm{d}x}$，比直接运用公式 $\dfrac{\mathrm{d}y}{\mathrm{d}x}=\dfrac{y_t'}{x_t'}$要简单. 如已知

$$x=\arcsin\frac{t}{\sqrt{1+t^2}},\ y=\arccos\frac{1}{\sqrt{1+t^2}}$$

经过复杂的运算，可得 $x_t'=y_t'=\dfrac{1}{1+t^2}$，从而有

$$y_x'=\frac{y_t'}{x_t'}=1$$

若考虑

$$\arcsin\frac{t}{\sqrt{1+t^2}}=\arctan t=\arccos\frac{1}{\sqrt{1+t^2}}$$

有 $y=x$，所以 $y_x'=1$.

为提高综合求导运算的能力，再介绍下面几个例题.

【例 4-21】　已知：$y=\sqrt{x+\sqrt{x+\cos x}}$，求 y'.

解　$y'=\dfrac{1}{2\sqrt{x+\sqrt{x+\cos x}}}\cdot\left[1+\dfrac{1}{2\sqrt{x+\cos x}}(1-\sin x)\right]$

【例 4-22】　设 $\mathrm{e}^x-\mathrm{e}^y=\sin xy$，求 y'，$y'|_{x=0}$.

解　对两端关于 x 求导，得 $\mathrm{e}^x-\mathrm{e}^y\cdot y'=\cos xy\cdot(y+xy')$

$$y'=\frac{\mathrm{e}^x-y\cos xy}{\mathrm{e}^y+x\cos xy},\ y'(0)=1$$

【例 4-23】　已知：$y=(y+x)^{\frac{1}{x}}$，求$\dfrac{\mathrm{d}y}{\mathrm{d}x}$.

解　取对数得 $\ln y=\dfrac{1}{x}\ln(y+x)$，求导得

$$\frac{y'}{y}=-\frac{1}{x^2}\ln(y+x)+\frac{1}{x}\frac{1}{y+x}(y'+1)$$

$$x^2(y+x)y'=-y(y+x)\ln(y+x)+xy(y'+1)$$

$$y'=\frac{xy-y(y+x)\ln(x+y)}{x^2(x+y)-xy}$$

【例 4-24】 设 $y=(\cos x)^{\sin x}+(\sin x)^{\cos x}$，求 y'.

解 $y=\mathrm{e}^{\sin x\ln\cos x}+\mathrm{e}^{\cos x\ln\sin x}$

$$y'=\mathrm{e}^{\sin x\ln\cos x}\left[\cos x\ln\cos x+\sin x\left(-\frac{\sin x}{\cos x}\right)\right]+\mathrm{e}^{\cos x\ln\sin x}\left(-\sin x\ln\sin x+\cos x\cdot\frac{\cos x}{\sin x}\right)$$

$$=(\cos x)^{\sin x}(\cos x\ln\cos x-\sin x\tan x)+(\sin x)^{\cos x}(-\sin x\ln\sin x+\cos x\cot x)$$

【例 4-25】 设 $f(x)$ 在 $x=a$ 处可导，且 $f(a)\neq0$，试求 $\lim\limits_{x\to\infty}\left[\frac{f\left(a+\frac{1}{x}\right)}{f(a)}\right]^x$.

解 令 $x=\frac{1}{t}$，则原式 $=\lim\limits_{t\to0}\mathrm{e}^{\frac{\ln f(a+t)-\ln f(a)}{t}}=\mathrm{e}^{[(\ln f(x))']x=a}=\mathrm{e}^{\frac{f'(a)}{f(a)}}$.

练习

4. 试求下列函数在点 $M(x_0, f(x_0))$ 处的切线方程.

(1) $y=x-\frac{x+1}{x^4+1}$，$x_0=1$

(2) $y=\frac{x}{\sqrt{3+x^2}}$，$x_0=1$

(3) $y=\arcsin\frac{x-1}{2}$，$x_0=1$

4.2 习题答案

4.2.4 相关变化率

最后，介绍相关变化率问题.

设 x，y 都是 t 的函数，对于函数 $y=f(x)$，已知 x_t' 求 y_t' 的问题，通常称之为相关（或相对）变化率问题. 这实际上就是复合函数的求导问题. 即

$$y_t'=y_x'\cdot x_t'$$

如果 $y=f(x)$ 由 $F(x, y)=0$ 确定，则按隐函数求导方法，也可求出 y_t'.

练习

5. 一气球从离开观察员 500m 处离地面铅直上升，其速率为 140m/min，当气球高度为 500m 时，观察员视线的仰角增加率是多少？

6. 溶液从深为 18cm，顶直径为 12cm 的正圆锥形漏斗中漏入直径为 10cm 的圆柱形筒中，当溶液在漏斗中深为 12cm 时下降速度为 1cm/min，此时圆柱形筒中的液面上升的速度是多少？

4.3 二阶导数

设函数 $f(x)$ 在区间 $(a,\ b)$ 内可导. 如果函数 $f'(x)$ 在 $x_0\in(a,\ b)$ 可导，则称 $f'(x)$ 的导数为函数 $f(x)$ 在点 x_0 的二阶导数，且记为 $f''(x_0)$，$f^{(2)}(x_0)$，$\dfrac{\mathrm{d}^2f(x_0)}{\mathrm{d}x^2}$，$f''_{xx}(x_0)$. 因此

$$f''(x_0)=\lim_{\Delta x\to 0}\frac{f'(x_0+\Delta x)-f'(x_0)}{\Delta x}$$

今后，我们常称 $f'(x)$ 为 $f(x)$ 的一阶导数，且假设 $f(x)$ 的零阶导数

$$f^{(0)}(x)\equiv f(x)$$

二阶导数的物理意义可解释为：进行变速直线运动的质点在 t 时刻的瞬时加速度 $a(t)$，即 $a(t)=s''(t)$.

【例 4-26】 求下列函数的二阶导数 $f''(x)$.

4.3　思维导图

(1) $f(x)=\sin^2x$　　(2) $f(x)=\mathrm{e}^{-x^2}$

(3) $f(x)=\ln(x+\sqrt{x^2+1})$　　(4) $f(x)=|x|^3$

解 (1) $f'(x)=2\sin x\cos x=\sin 2x$　　$f''(x)=2\cos 2x$

(2) $f'(x)=-2x\mathrm{e}^{-x^2}$

$f''(x)=-2\mathrm{e}^{-x^2}+(-2x)^2\mathrm{e}^{-x^2}=2\mathrm{e}^{-x^2}(2x^2-1)$

(3) $f'(x)=\dfrac{1}{\sqrt{x^2+1}}$　　$f''(x)=-x(x^2+1)^{-\frac{3}{2}}$

(4) 若 $x\neq0$，则

$$f'(x)=\begin{cases}3x^2 & x>0\\-3x^2 & x<0\end{cases}$$

当 $x=0$ 时，有

$$f'(0)=\lim_{x\to 0}\frac{f(0+\Delta x)-f(0)}{\Delta x}=\lim_{\Delta x\to 0}\frac{|\Delta x|^3}{\Delta x}=0$$

因此

$$f'(x)=3x^2\operatorname{sgn}x$$

类似可求得

$$f''(x)=\begin{cases}6x & x>0\\-6x & x<0\end{cases}$$

$$f''(0)=\lim_{\Delta x\to 0}\frac{f'(0+\Delta x)-f'(0)}{\Delta x}=\lim_{\Delta x\to 0}\frac{3\Delta x^2\operatorname{sgn}\Delta x}{\Delta x}=0$$

$$f''(x)=6|x|,\ x\in\mathbf{R}$$

下面来讨论对于参数方程式函数求二阶导数的法则.

假设 $x=x(t)$，$y=y(t)$ 满足上节第三段所提出参数方程的求导条件，除此以外，再设存在 $x''(t_0)=x''_{tt}$，$y''(t_0)=y''_{tt}$，则函数 $y=y(x)$ 在 $x_0=x(t_0)$ 存在二阶导数 $y''_{xx}=y''_{xx}(x_0)$ 且

$$y''_{xx}=\left(\frac{y'_t}{x'_t}\right)'_t\cdot\frac{1}{x'_t}$$

或

$$y''_{xx}=\frac{y''_{tt}x'_t-y'_tx''_{tt}}{(x'_t)^3}$$

【例 4-27】 已知：$x=t-\sin t$，$y=1-\cos t$，$t\in(0,\ 2\pi)$，求 y''_{xx}.

$$y'_x=\frac{y'_t}{x'_t}=\frac{\sin t}{1-\cos t}=\cot\frac{t}{2}$$

$$y''_{xx}=\left(\cot\frac{t}{2}\right)'_t t'_x=-\frac{1}{2\sin^2\frac{t}{2}}\frac{1}{x'_t}$$

$$=-\frac{1}{2\sin^2\frac{t}{2}}\frac{1}{1-\cos t}=-\frac{1}{4\sin^4\frac{t}{2}}$$

说明 已知函数的参数方程，利用

$$y''_{xx}=\frac{x'_ty''_{tt}-x''_{tt}y'_t}{(x'_t)^3}$$

求 y''_{xx}时，常常得到烦琐的表达式，因而在计算中容易出错，而利用

$$y''_{xx}=\frac{(y'_x)'_t}{x'_t}$$

较为方便.

【例 4-28】 设 $x=\mathrm{e}^{-t}$，$y=t\mathrm{e}^{t}$，求$\frac{\mathrm{d}y}{\mathrm{d}x}$，$\frac{\mathrm{d}^2y}{\mathrm{d}x^2}$.

解 $$\frac{\mathrm{d}y}{\mathrm{d}x}=\frac{(1+t)\mathrm{e}^t}{-\mathrm{e}^{-t}}=-(1+t)\mathrm{e}^{2t}$$

$$\frac{\mathrm{d}^2y}{\mathrm{d}x^2}=\frac{\mathrm{d}}{\mathrm{d}t}\left(\frac{\mathrm{d}y}{\mathrm{d}x}\right)\frac{1}{x'_t}=\frac{[1+2(t+1)]\mathrm{e}^{2t}}{\mathrm{e}^{-t}}=(2t+3)\mathrm{e}^{3t}$$

【例 4-29】 设 $x=t-\arctan t$，$y=\ln(1+t^2)$，求$\frac{\mathrm{d}x}{\mathrm{d}y}$，$\frac{\mathrm{d}^2x}{\mathrm{d}y^2}$.

解 $$\frac{\mathrm{d}x}{\mathrm{d}y}=\frac{1-\frac{1}{1+t^2}}{\frac{2t}{1+t^2}}=\frac{t^2}{2t}=\frac{t}{2}$$

$$\frac{\mathrm{d}^2x}{\mathrm{d}y^2}=\frac{1}{2}\cdot\left(\frac{2t}{1+t^2}\right)^{-1}=\left(\frac{4t}{1+t^2}\right)^{-1}=\frac{1+t^2}{4t}$$

【例 4-30】 已知：$x=\mathrm{e}^{-t}(1+\cos t)$，$y=\mathrm{e}^{-t}(1+\sin t)$，求$\frac{\mathrm{d}y}{\mathrm{d}x}$，$\frac{\mathrm{d}^2y}{\mathrm{d}x^2}$.

解 $$\frac{\mathrm{d}y}{\mathrm{d}x}=\frac{-\mathrm{e}^{-t}(1+\sin t)+\mathrm{e}^{-t}\cos t}{-\mathrm{e}^{-t}(1+\cos t)-\mathrm{e}^{-t}\sin t}=\frac{\sin t-\cos t+1}{\sin t+\cos t+1}$$

$$\frac{\mathrm{d}^2y}{\mathrm{d}x^2}=\frac{\mathrm{d}}{\mathrm{d}t}\left(\frac{\sin t-\cos t+1}{\sin t+\cos t+1}\right)\frac{1}{-\mathrm{e}^{-t}(1+\cos t+\sin t)}$$

$$=\frac{-2\mathrm{e}^{t}(\sin t+1)}{(\sin t+\cos t+1)^3}$$

关于隐函数的二阶导数，在某些最简单的情况下，先计算一阶导数，对于所得到的恒等式再进行一次求导运算，便可求得 y''_{xx}.

【例 4-31】 设 $x^2+xy+y^2=4$，求 y''_{xx}.

解 方程两边对 x 求导，得

$$2x+y+xy'+2yy'=0 \tag{1}$$

解得 $y'=-\dfrac{2x+y}{x+2y}$，再对式（1）两边求导，得

$$2+y'+y'+xy''+2(y')^2+2yy''=0$$

解得

$$y''=-\frac{2+2y'+2(y')^2}{x+2y}$$

将 y' 代入上式，整理得 $y''=-\dfrac{6(x^2+xy+y^2)}{(x+2y)^3}=-\dfrac{24}{(x+2y)^3}$

【例 4-32】 设 $y=\sin(x+y)$，求 y'，y''.

解 $y'=\cos(x+y)\cdot(1+y')$，$y'=\dfrac{\cos(x+y)}{1-\cos(x+y)}$

$$y''=\frac{-\sin(x+y)}{[1-\cos(x+y)]^2}\cdot(1+y')=-\frac{\sin(x+y)}{[1-\cos(x+y)]^3}$$

【例 4-33】 设 $y=xe^y+1$，求 y'，$y''|_{x=0}$.

解 $y'=e^y+xe^yy'$ (1)

$y'=\dfrac{e^y}{1-xe^y}$，对式（1）两边求导，得

$$y''(1-xe^y)+y'(-e^y-xe^yy')=e^y\cdot y'$$

即

$$y''(1-xe^y)-xe^yy'^2=2e^y\cdot y' \tag{2}$$

把 $y|_{x=0}=1$，$y'(0)=e$ 代入式（2），得

$$y''(0)=2e^2$$

【例 4-34】 设 $\sqrt{x^2+y^2}=e^{\arctan\frac{y}{x}}$，求 y'，y''.

解 对已知等式两端取对数得

$$\frac{1}{2}\ln(x^2+y^2)=\arctan\frac{y}{x}$$

求导得

$$\frac{x+yy'}{x^2+y^2}=\frac{1}{1+\left(\dfrac{y}{x}\right)^2}\frac{xy'-y}{x^2}$$

即

$$x+yy'=xy'-y$$

或者

$$y'=\frac{x+y}{x-y}$$

再求导得

$$1+y'^2+yy''=y'+xy''-y'$$
$$y''=\frac{1+y'^2}{x-y}=\frac{2(x^2+y^2)}{(x-y)^3}$$

【例 4-35】 设 $u=f(\varphi(x)+y^2)$，其中，x，y 满足 $y+\mathrm{e}^y=x$，且 $f(x)$，$\varphi(x)$ 均二阶可导，求 $\frac{\mathrm{d}u}{\mathrm{d}x}$，$\frac{\mathrm{d}^2u}{\mathrm{d}x^2}$.

解 由 $y+\mathrm{e}^y=x$ 两端求导，得 $y'+\mathrm{e}^yy'=1$，再求导得

$$y''+\mathrm{e}^yy'^2+\mathrm{e}^yy''=0$$
$$y'=\frac{1}{1+\mathrm{e}^y},\ y''=\frac{-\mathrm{e}^yy'^2}{1+\mathrm{e}^y}=\frac{-\mathrm{e}^y}{(1+\mathrm{e}^y)^3}$$
$$\frac{\mathrm{d}u}{\mathrm{d}x}=f'(\varphi(x)+y^2)\cdot(\varphi'(x)+2yy')=f'(\varphi(x)+y^2)\left[\varphi'(x)+\frac{2y}{1+\mathrm{e}^y}\right]$$
$$\frac{\mathrm{d}^2u}{\mathrm{d}x^2}=f''(\varphi(x)+y^2)\left[\varphi'(x)+2yy'\right]^2+f'(\varphi(x)+y^2)\cdot\left[\varphi''(x)+2y'^2+2yy''\right]$$

将 y'，y'' 代入即可.

【例 4-36】 设 $\varphi(x)=\lim\limits_{t\to0}\frac{(\mathrm{e}^{tx}-1)[f(x+\pi^2t)-f(x)]}{t^2}$，其中 $f(x)$ 二阶可导，求 $\varphi'(x)$.

解 因为 $\mathrm{e}^x-1\sim x(x\to0)$，由导数定义有

$$\lim_{t\to0}\frac{tx\left[f(x+\pi^2t)-f(x)\right]}{t^2}=\pi^2x\lim_{t\to0}\frac{f(x+\pi^2t)-f(x)}{\pi^2t}=\pi^2xf'(x)$$

故
$$\varphi'(x)=\pi^2\left[f'(x)+xf''(x)\right]$$

典型计算题 1

求函数的导数.

1. (1) $y=\mathrm{e}^{-\frac{1}{x}}\left(1+\frac{1}{x}\right)$，求 $y'(1)$　　(2) $y=\frac{1}{5}\sqrt[3]{(1+x^2)^5}$

(3) $y=\left(x-\frac{1}{2}\right)\arcsin\sqrt{x}$　　(4) $y=\left(1+\frac{1}{x}\right)^x$

(5) $y=4^{-\sin^2x}$　　(6) $y\mathrm{e}^y=\mathrm{e}^{x+y}$

(7) $y=\frac{1}{\sqrt[3]{x}}$，求 y''　　(8) $\begin{cases}x=\sin^2t\\ y=\frac{1}{2}t^2\end{cases}$，求 y''_{xx}

2. (1) $y=\sin\frac{x}{2}\cos^3\frac{x}{3}$，求 $y'(\pi)$　　(2) $y=\mathrm{e}^{\sin^2x}\tan x$

(3) $y=\frac{\arctan x}{x^2}$　　(4) $y=\left(\tan\frac{x}{2}\right)^{2x}$

(5) $y=3^{\ln^22x}$　　(6) $\sqrt{xy^3}=\frac{y-1}{x}$

(7) $y=\sqrt[3]{x}\,(1+x^2)$，求 y''　　(8) $\begin{cases}x=\ln t\\ y=\sqrt[3]{t}\end{cases}$，求 y''_{xx}

3. （1）$y=\mathrm{e}^{-\frac{x}{2}}\sin\left(\frac{\sqrt{2}}{3}x+\frac{\pi}{4}\right)$，求 $y'(0)$　（2）$y=\frac{\arcsin 2x}{\sqrt{1-4x^2}}$

（3）$y=\sqrt[3]{x}\ln x\sin 3x$　（4）$y=x^{\mathrm{e}^x}$

（5）$y=2^{\arctan\frac{1}{x}}$　（6）$xy=\mathrm{e}^{\frac{x}{y}}$

（7）$y=x^2\sqrt{1-x^2}$，求 y''　（8）$\begin{cases}x=\frac{1}{t^2}\\ y=\arctan t\end{cases}$，求 y''_{xx}

4. （1）$y=-\frac{x}{\sqrt{x^2+1}}+\ln(x+\sqrt{x^2+1})$，求 $y'(0)$　（2）$y=\ln\tan\frac{x}{4}$

（3）$y=\frac{1}{\cos x(1+\cos x)}$　（4）$y=\sqrt[x]{a^2-x^2}$

（5）$y=10^{\log_2 x}$　（6）$\ln(1-y^2)=x\sqrt{y}$

（7）$y=x\sqrt{a+bx}$，求 y''　（8）$\begin{cases}x=\ln(1-t)\\ y=t^2\end{cases}$，求 y''_{xx}

5. （1）$y=(\sin 2x+2x+2)\frac{1}{\cos x}$，求 $y'(\pi)$　（2）$y=x\sin\frac{x}{2}\cot^2\frac{x}{2}$

（3）$y=\frac{1-x}{\sqrt[3]{x}}$　（4）$y=\sqrt[2x]{\tan\frac{x}{2}}$

（5）$y=\sqrt[3]{x}\arctan\frac{x}{2}$　（6）$\mathrm{e}^{xy}=x+y$

（7）$y=\log_2 5x$，求 y''　（8）$\begin{cases}x=\ln(1-t^2)\\ y=t^2\end{cases}$，求 y''_{xx}

6. （1）$y=(x+1)\mathrm{e}^{-\frac{1}{2}x^2}$，求 $y'(0)$　（2）$y=\frac{\ln(x+\sqrt{x^2+1})}{x}$

（3）$y=x\arcsin\frac{a}{x}$　（4）$y=\sqrt[3]{1+\mathrm{e}^x}$

（5）$y=\left(\frac{1}{2}\right)^{\frac{1}{\sin x}}$　（6）$\sqrt{xy}=\ln y$

（7）$y=\arctan x$，求 y''　（8）$\begin{cases}x=\frac{\ln t}{t}\\ y=\frac{1}{t}\end{cases}$，求 y''_{xx}

7. （1）$y=\sqrt[3]{9+3x^2}\sin^2\frac{x}{2}$，求 $y'(0)$　（2）$y=2^{\tan x}\cos^2 x$

（3）$y=\frac{\arcsin x}{\sqrt[3]{x^2}}$　（4）$y=x^{\sin 2^x}$

（5）$y=\ln\left(1+\frac{1}{\sqrt{x}}\right)$　（6）$\sqrt{xy^3}=\log_3(x+y)$

（7）$y=x\sqrt{1+x^3}$，求 y''　（8）$\begin{cases}x=t^2\\ y=\ln(1+t^2)\end{cases}$，求 y''_{xx}

8. (1) $y=\dfrac{\tan 3x+\cos^2 x}{\sin 2x}$，求 $y'\left(\dfrac{\pi}{3}\right)$　　(2) $y=3^{\cos 2x}\cot 2x$

(3) $y=\dfrac{x\sqrt[3]{x}-3}{\sqrt{x^3}}$　　(4) $y=(\sin 5x)^{3x}$

(5) $y=\log_3(5x-\sqrt[3]{x})$　　(6) $e^{\frac{x}{y}}=y\sqrt{x}$

(7) $y=\dfrac{x^2}{\sqrt{1+x^2}}$，求 y''　　(8) $\begin{cases}x=\ln^2 t\\ y=2t^2\end{cases}$，求 y''_{xx}

9. (1) $y=e^{\frac{1}{x}}\sqrt{1+x^2}-\arcsin\dfrac{x}{2}$，求 $y'(1)$　　(2) $y=2^{\ln(1+x^2)}\sqrt{1+x}$

(3) $y=\dfrac{\sin^2 x-\cos x}{\cos x}$　　(4) $y=(\arctan x)^{3x}$

(5) $y=(x^2)\sqrt[9]{1-x^2}$　　(6) $\ln(x+y)=\sqrt{1-xy}$

(7) $y=\arctan^2 x$，求 y''　　(8) $\begin{cases}x=\cos 3t\\ y=\sin^2 3t\end{cases}$，求 y''_{xx}

10. (1) $y=\sqrt{2}\dfrac{x}{e^2}\cos\left(\dfrac{\sqrt{3}}{x}+\dfrac{\pi}{4}\right)$，求 $y'(1)$　　(2) $y=\log(x^2-1)$

(3) $y=\arcsin(\tan 2x)$　　(4) $y=(\cos 3x)^{2x}$

(5) $y=2^{\tan\frac{1}{x}}$　　(6) $x+y-\arctan\dfrac{x}{y}=0$

(7) $y=\sqrt[3]{x^2-1}$，求 y''　　(8) $\begin{cases}x=2\cos t-\cos 2t\\ y=2\sin t-\sin 2t\end{cases}$，求 y''_{xx}

4.4 任意 n 阶导数

定义 4-2　$f(x)$的 **n 阶导数**

$$f^{(n)}(x)=(f^{(n-1)}(x))',\ n=2,\ 3,\ \cdots$$

在计算任意 n 阶导数时常要用下列基本公式：

(1) $(x^\alpha)^{(n)}=\alpha(\alpha-1)\cdots[\alpha-(n-1)]x^{\alpha-n}$

特别地，若 $\alpha=m$，$m\in\mathbf{N}_+$，则

$$(x^m)^{(n)}=\begin{cases}m! & n=m\\ 0 & n>m\end{cases}$$

4.3　习题答案

(2) $(a^x)^{(n)}=a^x\ln^n a$，$a>0$，$a\neq 1$

特别地，

$$(e^x)^{(n)}=e^x$$

(3) $\left(\dfrac{1}{x+\alpha}\right)^{(n)}=\dfrac{(-1)^n n!}{(x+\alpha)^{n+1}}$

(4) $(\ln|x+\alpha|)^{(n)}=\dfrac{(-1)^{n-1}(n-1)!}{(x+\alpha)^n}$

4.4　思维导图

(5) $(\sin x)^{(n)}=\sin\left(x+n\cdot\dfrac{\pi}{2}\right)$

$(\cos x)^{(n)}=\cos\left(x+n\cdot\frac{\pi}{2}\right)$

$(\sin \alpha x)^{(n)}=\alpha^n\sin\left(\alpha x+n\cdot\frac{\pi}{2}\right)$

$(\cos \alpha x)^{(n)}=\alpha^n\cos\left(\alpha x+n\cdot\frac{\pi}{2}\right)$

(6) $(au(x)+bv(x))^{(n)}=au^{(n)}(x)+bv^{(n)}(x)$，$a$，$b$ 为常数

(7) 莱布尼茨公式

$$(uv)^{(n)}=\sum_{k=0}^{n}C_n^k u^{(n-k)}v^{(k)}$$

【例 4-37】 设 $f(x)=\sin^3 x$，求 $f^{(n)}(x)$.

解 由三倍角公式

$$\sin 3x=3\sin x-4\sin^3 x$$

得

$$\sin^3 x=\frac{3}{4}\sin x-\frac{1}{4}\sin 3x$$

所以

$$\begin{aligned}(\sin^3 x)^{(n)}&=\frac{3}{4}(\sin x)^{(n)}-\frac{1}{4}(\sin 3x)^{(n)}\\&=\frac{3}{4}\sin\left(x+n\cdot\frac{\pi}{2}\right)-\frac{3^n}{4}\sin\left(3x+n\cdot\frac{\pi}{2}\right)\end{aligned}$$

【例 4-38】 设

$$f(x)=\frac{1}{x^2-3x+2}$$

求 $f^{(n)}(x)$.

解 由

$$\frac{1}{x^2-3x+2}=\frac{1}{x-2}-\frac{1}{x-1}$$

得

$$f^{(n)}(x)=(-1)^n n!\left(\frac{1}{(x-2)^{n+1}}-\frac{1}{(x-1)^{n+1}}\right)$$

【例 4-39】 设

$$f(x)=(x-1)^2\sin x\sin(x-1)$$

求 $f^{(n)}(x)$，$n>2$.

解

$$\sin x\sin(x-1)=\frac{1}{2}(\cos 1-\cos(2x-1))$$

利用基本公式的 (5) 与 (7)，并注意

$$[(x-1)^2]^{(k)}=0,\ k>2$$

得

$$f^{(n)}(x)=-(x-1)^2 2^{n-1}\cos\left(2x-1+\frac{n\pi}{2}\right)-$$
$$n(x-1)2^{n-1}\cos\left(2x-1+\frac{(n-1)\pi}{2}\right)-n(n-1)2^{n-3}\cos\left(2x-1+\frac{(n-2)\pi}{2}\right)$$

【例 4-40】 已知

$$f(x)=(1-2x^2)\ \ln\ (1-3x)^3$$

求 $f^{(n)}(x)$，$n>2$.

解　利用基本公式的（7）和（4）得

$$f^{(n)}(x)=(2x^2-1)\frac{3^{n+1}(n-1)!}{(1-3x)^n}+4xn\frac{3^n(n-2)!}{(1-3x)^{n-1}}+2n(n-1)\frac{3^{n-1}(n-3)!}{(1-3x)^{n-2}}$$

【例 4-41】 已知 $f(x)=\arctan x$，求 $f^{(n)}(0)$.

解　因

$$f'(x)=\frac{1}{1+x^2}$$

故有

$$(1+x^2)\ f'(x)=1$$

对这个等式两端求 $n-1$ 阶导数. 令 $u=f'(x)$，$v=1+x^2$，利用莱布尼茨公式得

$$(1+x^2)f^{(n)}(x)+2(n-1)xf^{(n-1)}(x)+(n-1)(n-2)f^{(n-2)}(x)=0$$

令 $x=0$，由此得

$$f^{(n)}(0)=-(n-1)(n-2)f^{(n-2)}(0)$$

注意到 $f'(0)=1$，$f^{(2)}(0)=0$，由递推公式可求得

$$f^{(n)}(0)=\begin{cases}0 & n=2k\\ (-1)^k(2k)! & n=2k+1\end{cases}$$

练习

计算 n 阶导数.

1. $(x^n e^x)^{(n)}$

2. $(x^n \ln x)^{(n)}$

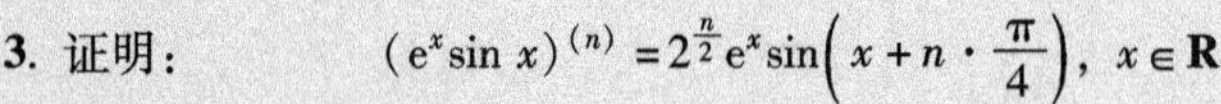

3. 证明：　$(e^x \sin x)^{(n)}=2^{\frac{n}{2}}e^x\sin\left(x+n\cdot\frac{\pi}{4}\right)$，$x\in\mathbf{R}$

4.4　习题答案

典型计算题 2

求出下列函数的 n 阶导数.

1. $y=\sqrt{ax+b}$　　2. $y=xe^{4x}$　　3. $y=\cos^2 x$

4. $y=\sqrt{e^{3x+1}}$　　5. $y=\dfrac{ax+b}{cx+d}$　　6. $y=\sin^3 x$

7. $y=\sin\alpha x\ \sin\beta x$　　8. $y=x\ \sinh x$　　9. $y=\ln\dfrac{ax+b}{cx+d}$

10. $y=a^{5x}$　　**11.** $y=\ln(1+x)$　　**12.** $y=\dfrac{1}{x^2-3x+2}$

13. $y=x^2\cos ax$　　**14.** $y=x\sqrt{x^2+1}$，求 $f^{(n)}(0)$　　**15.** $y=\sin 2x+\cos(x-1)$

4.5 函数的微分

4.5　思维导图

4.5.1　函数微分的定义

定义 4-3　如果 $y=f(x)$ 在 x_0 的 δ 邻域内有定义，而函数 $y=f(x)$ 在 x_0 处的增量可表示为

$$\Delta y=A\Delta x+\Delta x\cdot\varepsilon(\Delta x) \tag{4-18}$$

其中，$A=A(x_0)$ 不依赖于 Δx，而当 $\Delta x\to 0$ 时，$\varepsilon(\Delta x)\to 0$，则称函数 $y=f(x)$ 在 x_0 处是**可微的**，称 $A\Delta x$ 是 $f(x)$ 在 x_0 处的**微分**，记为 $\mathrm{d}f(x_0)$ 或 $\mathrm{d}y$.

因此

$$\Delta y=\mathrm{d}y+o(\Delta x),\ \Delta x\to 0 \tag{4-19}$$

其中

$$\mathrm{d}y=A\Delta x$$

需要指出，在考虑 $\Delta y=f(x_0+\Delta x)-f(x_0)$ 时，要求 Δx 必须使 $f(x_0+\Delta x)$ 有确定的值，同时使 $\mathrm{d}y$ 对任何 Δx 都有定义.

定理 4-5　函数 $y=f(x)$ 在 x_0 处可微的充分且必要条件是 $y=f(x)$ 在 x_0 处可导，且

$$\mathrm{d}y=f'(x_0)\Delta x \tag{4-20}$$

证　如果函数 $y=f(x)$ 在 x_0 处可微，则有式（4-18）成立，从而

$$\frac{\Delta y}{\Delta x}=A+\varepsilon(\Delta x)$$

其中，当 $\Delta x\to 0$，$\Delta x\neq 0$ 时，$\varepsilon(\Delta x)\to 0$，由此得 $\lim\limits_{\Delta x\to 0}\dfrac{\Delta y}{\Delta x}=A$. 即存在 $f'(x_0)=A$.

反之，若存在 $f'(x_0)$，则有

$$\Delta y=f'(x_0)\Delta x+\Delta x\cdot\varepsilon(\Delta x)$$

从而式（4-18）成立，这就证明了函数 f 在点 x_0 处可微，并且 $A=f'(x_0)$.

因此，函数在已知点 x_0 可导等价于函数在已知点 x_0 可微. 如果函数在区间（a，b）内的每一点都是可导的，则称 f 在区间（a，b）内可微. 如果函数 f 在区间（a，b）内可微，且存在 $f'_+(a)$ 与 $f'_-(b)$，则称 f 在闭区间 $[a,b]$ 上可微.

说明 1　如果 $f'(x_0)\neq 0$，则由式（4-19）与式（4-20）知，当 $\Delta x\neq 0$ 时，$\Delta y\neq 0$ 且

$$\Delta y\sim \mathrm{d}y,\ \Delta x\to 0$$

因函数的微分是 Δx 的线性函数，且与 Δy 相差一个较 Δx 的高阶无穷小，故常称函数的微分是函数增量的线性主部.

说明 2　通常把 Δx 记作 $\mathrm{d}x$ 且称它为自变量微分，所以式（4-20）可以写为

$$\mathrm{d}y=f'(x_0)\mathrm{d}x \tag{4-21}$$

根据式（4-21），只要知道函数的导数，就能求出它的微分，如 $\mathrm{d}(\sin x)=\cos x\,\mathrm{d}x$，$\mathrm{d}e^x=$

$e^x dx$ 等.

由式（4-21）我们得到

$$f'(x_0)=\frac{dy}{dx}$$

这表明，可把导数看作是函数的微分与自变量微分之比.

说明3 如果在式（4-19）中舍去 $o(\Delta x)$，即用函数的微分来代替它的增量，则可得到近似等式

$$f(x_0+\Delta x)\approx f(x_0)+f'(x_0)\Delta x \tag{4-22}$$

若 $f(x_0)$ 与 $f'(x_0)$ 已知，且当 Δx 很小时，可利用式（4-22）来近似计算 $f(x_0+\Delta x)$. 特别地，当 $x_0=0$ 时，$\Delta x=x-0=x$，由式（4-22）得

$$f(x)\approx f(0)+f'(0)\ x$$

由此可以推出工程上常用的近似计算公式：

（1）$\sin x\approx x$

（2）$\tan x\approx x$

（3）$e^x\approx 1+x$

（4）$(1+x)^\mu\approx 1+\mu x$，当 $\mu=\frac{1}{2}$ 时 $\sqrt{1+x}\approx 1+\frac{1}{2}x$

（5）$\ln(1+x)\approx x$

【例 4-42】 求函数 $y=x-3x^2$ 在点 $x=2$ 处的微分.

解 方法一

$$\begin{aligned}\Delta y|_{x=2}&=y(2+\Delta x)-y(2)=2+\Delta x-3(2+\Delta x)^2-2+12\\&=-11\Delta x-3\Delta x^2\end{aligned}$$

由定义知：$A=-11$，$\varepsilon(\Delta x)=-3\Delta x^2\to 0$，$\Delta x\to 0$，因此

$$dy|_{x=2}=-11dx.$$

方法二

$$y'(x)=1-6x,\ y'(2)=-11$$
$$dy\ (2)=y'(2)\ dx=-11dx$$

【例 4-43】 试求函数 $y=\sqrt{x}$ 在 $x=3.98$ 处的近似值.

解 设 $f(x)=\sqrt{x}$，$x_0=4$，$\Delta x=-0.02$，则

$$\begin{aligned}f(3.98)&=f(4+(-0.02))\approx f(4)+df(4)\\&=\sqrt{4}+\frac{1}{2\sqrt{4}}\times(-0.02)\approx 1.995\end{aligned}$$

4.5.2 微分的几何意义与物理意义

如果函数 $y=f(x)$ 在 $x=x_0$ 可微，则存在这个函数图形在点 $M_0(x_0,\ f(x_0))$ 的切线 l_0（见图 4-8）：

$$y=f(x_0)+f'(x_0)(x-x_0)$$

设 $M(x_0+\Delta x,\ y_0+\Delta y)$ 是 f 图形上的点，E，F 是直线 $x=x_0+\Delta x$ 与切线 l_0 和直线 $y=y_0=f(x_0)$ 的交点，则 F 为 $(x_0+\Delta x,\ y_0)$，E 为 $(x_0+\Delta x,\ y_0+f'(x_0)\Delta x)$，$E$ 与 F 的纵坐标之差

为 $f'(x_0)\Delta x$，即是 f 在 $x=x_0$ 的微分 dy. 因此，函数 $y=f(x)$ 在点 x_0 的微分等于当自变量从 x_0 变到 $x_0+\Delta x$ 时函数 $y=f(x)$ 的图形在点 $(x_0, f(x_0))$ 的切线的纵坐标的增量. 由于 $MF=\Delta y$，$EF=dy$，故由式（4-19）知

$$ME=o(\Delta x),\ \Delta x\to 0$$

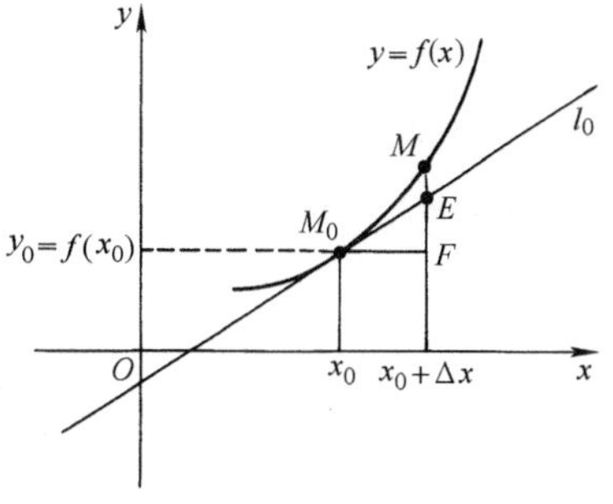

图　4-8

现在考虑微分的物理意义.

设 $s(t)$ 是质点从起点开始经过时间 t 所通过的路程，则

$$s'(t)=\lim_{\Delta t\to 0}\frac{s(t+\Delta t)-s(t)}{\Delta t}$$

表示质点在 t 时刻的速度，即 $v(t)=s'(t)$. 根据微分的定义 $ds=v\Delta t$，所以函数的微分 $ds(t)$ 等于质点以 $v(t)$ 为速度经过时间 Δt 所通过的距离.

4.5.3　微分的性质

（1）对任何可微函数 u 与 v，有

$$d(au+bv)=a\ du+b\ dv,\ a,\ b \text{ 为常数}$$

$$d(uv)=u\ dv+v\ du$$

$$d\left(\frac{u}{v}\right)=\frac{v\ du-u\ dv}{v^2},\ v\neq 0$$

（2）$dy=f'(x)dx$ 中的 x 也可以表示函数.

证　设 $y=f(\varphi(x))$，$u=\varphi(x)$，则

$$dy=\{f(\varphi(x))\}'dx=f'(u)\cdot\varphi'(x)dx=f'(u)du$$

这表明，无论 u 是自变量 x，还是 x 的函数，函数 $y=f(u)$ 的微分形式都是一样的，这个性质叫作一阶微分形式不变性.

【例 4-44】　利用性质（2）计算下列函数的微分.

（1）$y=e^{\sin x}$　　　　（2）$y=\ln^{\mu}x$

解　（1）$dy=de^{\sin x}=e^{\sin x}d(\sin x)=e^{\sin x}\cos x\ dx$

（2）$dy=d(\ln^{\mu}x)=\mu\ln^{\mu-1}x\,d(\ln x)=\frac{\mu}{x}\ln^{\mu-1}x\ dx$

【例 4-45】　设 u 与 v 是可微函数且它们的微分 du 与 dv 是已知的，还已知

$$y=\arctan\left(\frac{u}{v}\right)+\ln\sqrt{u^2+v^2}$$

试求 dy.

解　$dy=d\left(\arctan\frac{u}{v}\right)+\frac{1}{2}d[\ln(u^2+v^2)]$

$$=\frac{d\left(\frac{u}{v}\right)}{1+\frac{u^2}{v^2}}+\frac{d(u^2+v^2)}{2(u^2+v^2)}=\frac{v\ du-u\ dv}{u^2+v^2}+\frac{u\ du+v\ dv}{u^2+v^2}$$

$$=\frac{(v+u)du+(v-u)dv}{u^2+v^2},\ u^2+v^2>0$$

练习

试求下列微分.

1. $\mathrm{d}(\sqrt{x}+2\sqrt{x+\sqrt{x}})$
2. $\mathrm{d}(2\sqrt{x^3}\ (3\ln x-2))$
3. $\mathrm{d}\ (\arccos \mathrm{e}^x)$
4. $\mathrm{d}\left(\dfrac{\arcsin x}{\sqrt{1-x^2}}+\ln\sqrt{\dfrac{1-x}{1+x}}\right)$
5. $\mathrm{d}\left(\ln\dfrac{1+\sqrt{\sin x}}{1-\sqrt{\sin x}}+2\arctan\sqrt{\sin x}\right)$
6. $\mathrm{d}(x^{x^2})$

典型计算题 3

利用微分计算下列各值的近似值.

1. $y=\sqrt[3]{x}$, $x=26.46$
2. $\cos\dfrac{7\pi}{36}$
3. $y=\sin x$, $x=359°$
4. $y=\sqrt[3]{x^2+2x+5}$, $x=0.97$
5. $y=\dfrac{1}{\sqrt{2x^2+x+1}}$, $x=1.016$
6. $y=\arcsin x$, $x=0.51$
7. $y=\ln\tan x$, $x=47°15'$
8. $y=\arctan x$, $x=1.05$
9. $y=\mathrm{e}^{1-x^2}$, $x=1.05$
10. $y=\sqrt{1+x+\sin x}$, $x=0.01$
11. $\arctan(0.97)$
12. $\sqrt{320}$
13. $y=\sqrt{\dfrac{2-x}{2+x}}$, $x=1.05$
14. $\cos 61°$
15. $\sqrt[3]{200}$

4.5.4 高阶微分

设函数 $y=f(x)$ 在区间 $(a,\ b)$ 内可微，则它的微分

$$\mathrm{d}y=f'(x)\mathrm{d}x$$

依赖于两个变量 x 与 $\mathrm{d}x$.

如果与自变量的增量 Δx 相等的微分 $\mathrm{d}x$ 不变化（或固定），则微分 $\mathrm{d}y$ 仅是 x 的函数，假设 $f(x)$ 在 $x\in(a,\ b)$ 处有二阶导数，利用 $\mathrm{d}g=g'(x)\mathrm{d}x$ 与 $\mathrm{d}(Cg)=C\ \mathrm{d}g$，$C$ 是常数，可得

$$\begin{aligned}\mathrm{d}^2y&=\mathrm{d}(\mathrm{d}y)=\mathrm{d}(f'(x)\mathrm{d}x)=\mathrm{d}x\ \mathrm{d}(f'(x))\\&=\mathrm{d}x\cdot f''(x)\mathrm{d}x=f''(x)\mathrm{d}x^2\end{aligned}$$

称 d^2y 为函数 $y=f(x)$ 在 x 处的**二阶微分**或称函数 $y=f(x)$ 在 x 处是**二次可微的**，且有

$$\mathrm{d}^2y=y''\mathrm{d}x^2,\text{其中 }\mathrm{d}x^2=(\mathrm{d}x)^2 \tag{4-23}$$

类似地，假设 $y=f(x)$ 在 $x\in(a,\ b)$ 处有 n 阶导数，可定义 n 阶微分

$$\mathrm{d}^ny=\mathrm{d}(\mathrm{d}^{n-1}y)=y^{(n)}\mathrm{d}x^n \tag{4-24}$$

从而得

$$y^{(n)}=\frac{\mathrm{d}^ny}{\mathrm{d}x^n}$$

即函数 $y=f(x)$ 的 n 阶导数等于这个函数的 n **阶微分**与自变量微分的 n **次幂之比**.

由式（4-24）得

$$d^n x = 0, n > 1$$

即当 $n \geqslant 2$ 时自变量的 n 阶微分等于零.

4.5　习题答案

设存在 $u^{(n)}$ 与 $v^{(n)}$，则有

（1）$d^n(Au+Bv)=A\,d^n u+B\,d^n v$，$A$，$B$ 均为常数

（2）$d^n(uv)=\sum\limits_{k=0}^{n} C_n^k\, d^k u \cdot d^{n-k} v$

注　区别于一阶微分，二阶微分已不具有微分形式的不变性，即当用 $\varphi(t)$ 代替 x 时，式（4-24）不再保形.

事实上，设 $x=\varphi(t)$，则 $y=f(x)=f(\varphi(t))$，如果存在 $f''(x)$ 与 $\varphi''(t)$，则

$$dy = f'(x)dx = f'(\varphi(t))\varphi'(t)dt$$

由此得

$$\begin{aligned} d^2 y &= (f'(\varphi(t)) \cdot \varphi'(t))' dt^2 \\ &= f''(\varphi(t))(\varphi'(t)dt)^2 + f'(\varphi(t))\varphi''(t)dt^2 \end{aligned}$$

因为 $\varphi'(t)dt=dx$，$\varphi''(t)d^2t=d^2x$，故有

$$d^2 y = f''(x)dx^2 + f'(x)d^2 x$$

或

$$d^2 y = y''dx^2 + y'd^2 x \tag{4-25}$$

由式（4-25）可看出，用 $\varphi(t)$ 代换 x，二阶微分形式改变了，多出一项 $y'd^2x$，如果 $x=\varphi(t)=at+b$，a、b 为常数，则 $d^2x=0$. 在这种情况下，二阶微分形式不变.

4.6　可微函数的基本定理

4.6.1　极值与费尔玛定理

设存在数 $\delta>0$，使函数 $f(x)$ 在 x_0 的 δ 邻域，即 $U_\delta(x_0)=(x_0-\delta,\ x_0+\delta)$ 上有定义，且假定对所有的 $x \in U_\delta(x_0)$ 有不等式

$$f(x) \geqslant f(x_0)$$

则称函数 $y=f(x)$ 在点 x_0 有极小值.

类似地，如果存在 $\delta>0$，使对所有的 $x \in U_\delta(x_0)$ 满足不等式

$$f(x) \leqslant f(x_0)$$

4.6　思维导图

则称函数 $y=f(x)$ 在点 x_0 有极大值.

极大值与极小值我们统称为极值，$y=f(x)$ 的图形如图 4-9 所示，它在 $x_1=1$，$x_2=3$，$x_3=4$ 处有极值，其中在 $x_1=1$，$x_3=4$ 处有极小值，在 $x_2=3$ 处有极大值.

定理 4-6　（**费尔玛定理**）如果函数 $f(x)$ 在点 x_0 有极值且在 x_0 可微，则

$$f'(x_0)=0$$

证 不妨假设函数 $y=f(x)$ 在 x_0 有极小值，则对任何 $x\in U_\delta(x_0)$ 都满足

$$f(x)-f(x_0)\geqslant 0$$

如果 $x\in(x_0-\delta,\ x_0)$，则 $x-x_0<0$，得

$$\frac{f(x)-f(x_0)}{x-x_0}\leqslant 0$$

因函数 f 在点 x_0 是可微的，所以令 $x\to x_0$ 取极限，得 $f'_-(x_0)=f'(x_0)$，再由极限性质知

$$f'(x_0)\leqslant 0$$

而当 $x\in(x_0,\ x_0+\delta)$ 时，有

$$\frac{f(x)-f(x_0)}{x-x_0}\geqslant 0$$

同理可证

$$f'(x_0)\geqslant 0$$

从而可得出 $f'(x_0)=0$.

说明1 费尔玛定理有简单的几何意义：函数 $y=f(x)$ 的图形在极值点 x_0 处对应的切线平行于 x 轴（见图4-10）.

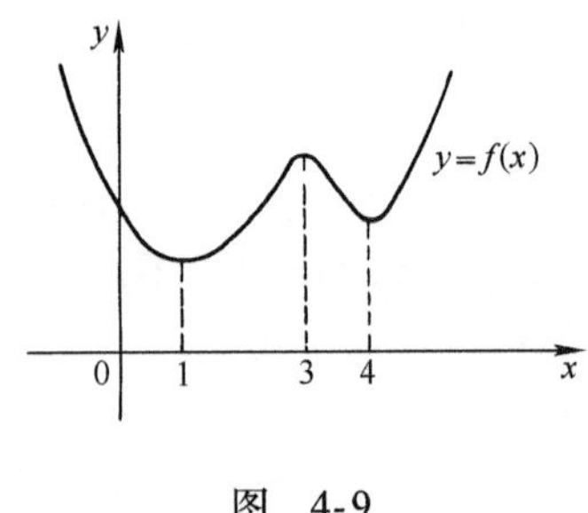

图 4-9

图 4-10

4.6.2 关于导数的零点的罗尔定理

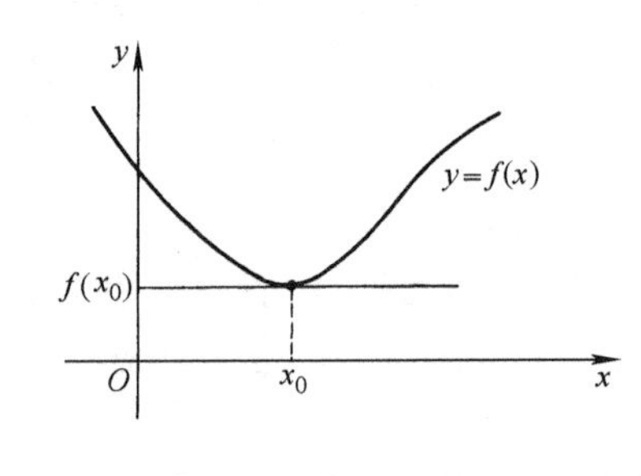

定理4-7 （**罗尔定理**）如果函数 $f(x)$ 在闭区间 $[a,\ b]$ 上连续，在开区间 $(a,\ b)$ 内可导且 $f(a)=f(b)$，则在开区间 $(a,\ b)$ 内至少存在一点 ξ，使得

$$f'(\xi)=0$$

证 记 $M=\sup\limits_{a\leqslant x\leqslant b}f(x)$，$m=\inf\limits_{a\leqslant x\leqslant b}f(x)$，则在区间 $[a,\ b]$ 上存在 C_1 和 C_2，使得 $f(C_1)=m$，$f(C_2)=M$.

如果 $m=M$，则 $f(x)\equiv$ 常数且可取区间 $(a,\ b)$ 内的任何点作为 ξ.

如果 $m\neq M$，则 $m<M$，从而 $f(C_1)<f(C_2)$，因 $f(a)=f(b)$，所以 C_1、C_2 中至少有一个是区间 $[a,\ b]$ 的内点，不妨设 $C_1\in(a,\ b)$，则存在 $\delta>0$，使得 $U_\delta(C_1)\subset(a,\ b)$，因对所有 $x\in U_\delta(C_1)$ 满足 $f(x)\geqslant f(C_1)=m$，故由费尔玛定理知：$f'(C_1)=0$，即当 $\xi=C_1$ 时，结论成立，类似可考虑 $C_2\in(a,\ b)$ 的情形.

由罗尔定理知：可微的函数若在两点取值相等，则在这两点间至少存在一个这个函数

的导数的零点，对于$f(a)=f(b)=0$ 的情形，则有：可微函数的两个零点之间至少存在一个这个函数的导数的零点.

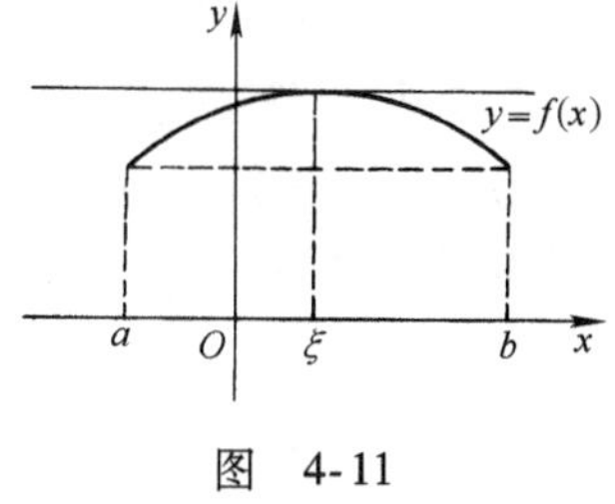

图 4-11

说明 2　定理 4-7 的几何意义：在满足定理 4-7 的条件下存在$\xi\in(a,b)$，使函数$y=f(x)$的图形在点$(\xi, f(\xi))$的切线平行于x轴（见图 4-11）.

说明 3　罗尔定理中的所有条件必须同时满足，否则，三个条件中若有一个条件不满足，则定理结论不能成立，如图 4-12、图 4-13、图 4-14所示.

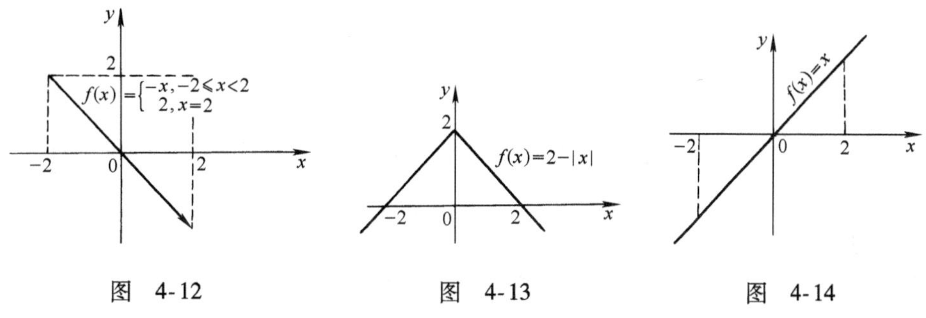

图 4-12　　图 4-13　　图 4-14

练习

1. 设$p(x)=x(x-1)(x-2)\cdots(x-n)$，$n\in\mathbf{N}_+$. 试证：多项式$p'(x)$有$n$个实根，且分布在由$p(x)$的根所界的每一个区间内.

2. 设$a>0$，函数$f\in C([a,b])$在区间(a,b)内可导，并满足$\dfrac{f(a)}{a}=\dfrac{f(b)}{b}$，试证：$\exists\theta\in(a,b)$使得$\theta f'(\theta)=f(\theta)$.

4.6.3　拉格朗日有限增量公式

定理 4-8　（**拉格朗日定理**）如果函数$f(x)$在区间$[a,b]$上连续且在区间(a,b)内可导，则至少存在一点$\xi\in(a,b)$使得

$$f(b)-f(a)=f'(\xi)(b-a) \tag{4-26}$$

证　考虑函数

$$\varphi(x)=f(x)+\lambda x$$

其中，λ 可这样选取，使$\varphi(a)=\varphi(b)$，即$f(a)+\lambda a=f(b)+\lambda b$.

由此求得

$$\lambda=-\frac{f(b)-f(a)}{b-a}$$

因函数$\varphi(x)$在区间$[a,b]$上连续且在区间(a,b)内可导，$\varphi(a)=\varphi(b)$，故由罗尔定理知，至少存在一点$\xi\in(a,b)$，使得$\varphi'(\xi)=f'(\xi)+\lambda=0$，代入上述$\lambda$值得

$$f'(\xi)=\frac{f(b)-f(a)}{b-a}$$

它等价于式（4-26），证毕.

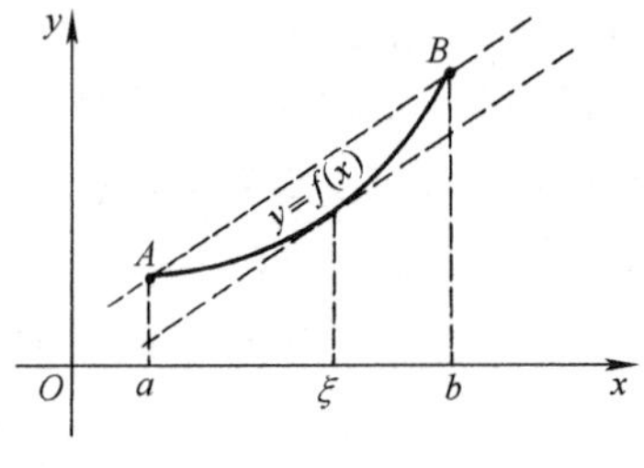

图 4-15

说明 4 拉格朗日定理有如下的几何意义，即存在 $\xi \in (a, b)$，使得函数 $y=f(x)$ 的图形在点 $(\xi, f(\xi))$ 的切线平行于连接点 $A(a, f(a))$ 与点 $B(b, f(b))$ 的割线（见图 4-15）.

说明 5 设 f 满足定理 4-8 的所有条件，如果 $x_0 \in [a, b]$，而增量 $\Delta x \neq 0$ 且使点 $x_0+\Delta x \in [a, b]$，则对函数 $f(x)$ 在以 x_0 与 $x_0+\Delta x$ 为端点的闭区间 l 上运用拉格朗日定理，得

$$f(x_0+\Delta x)-f(x_0)=\Delta x f'(\xi) \tag{4-27}$$

其中，ξ 是闭区间 l 的某个内点.

设 $\Delta x>0$，则 $0<\xi-x_0<\Delta x$（见图 4-16），从而有 $0<\frac{\xi-x_0}{\Delta x}<1$，令 $\theta=\frac{\xi-x_0}{\Delta x}$，得

$$\xi=x_0+\theta \cdot \Delta x,\ 0<\theta<1 \tag{4-28}$$

类似地，若 $\Delta x<0$，则 $0<x_0-\xi<-\Delta x$（见图 4-17），从而有 $0<\frac{x_0-\xi}{-\Delta x}<1$，令 $\theta=\frac{x_0-\xi}{-\Delta x}$，则 $\theta=\frac{x_0-\xi}{-\Delta x}=\frac{\xi-x_0}{\Delta x}$，故仍有式（4-28）成立.

因而，式（4-27）可写成

$$f(x_0+\Delta x)-f(x_0)=\Delta x \cdot f'(x_0+\theta\Delta x),\ 0<\theta<1 \tag{4-29}$$

称式（4-29）为拉格朗日有限增量公式. 它给出了函数增量的精确表达式，它区别于近似等式

$$f(x_0+\Delta x)-f(x_0)\approx \Delta x f'(x_0)$$

有时称这个式子为无穷小增量公式.

图 4-16　　图 4-17

【例 4-46】 证明下列不等式.

（1）$\ln(1+x)<x,\ x>0$

（2）$|\arctan x_2-\arctan x_1| \leqslant |x_2-x_1|,\ x_1, x_2 \in \mathbf{R}$

证 （1）对函数 $f(x)=\ln(1+x)$ 在区间 $[0, x]$，$x>0$ 上运用拉格朗日定理得 $\ln(1+x)=\frac{1}{1+\xi}x$，因 $0<\xi<x$，故不等式成立.

（2）对函数 $\arctan x$ 在以 x_1，x_2 为端点的区间上运用拉格朗日定理，得

$$\arctan x_2-\arctan x_1=\frac{1}{1+\xi^2}(x_2-x_1)$$

因 $0<\frac{1}{1+\xi^2}\leqslant 1$，所以

$$|\arctan x_2 - \arctan x_1| = \frac{|x_2 - x_1|}{1+\xi^2} \leqslant |x_2 - x_1|$$

若在式中令 $x_2 = x$，$x_1 = 0$，得

$$|\arctan x| \leqslant |x|,\ x \in \mathbf{R}$$

特别地，有

$$0 \leqslant \arctan x \leqslant x,\ x \geqslant 0$$

练习

3. 设函数 $f(x)$ 在区间 (a, b) 内可导且对所有的 $x \in (a, b)$ 有 $f'(x) = 0$，证明：$f(x) = C$，$x \in (a, b)$，C 为常数.

4. 设函数 $f(x)$ 在区间 $[a, b]$ 上连续，在区间 (a, b) 内可导，且对所有的 $x \in (a, b)$ 有 $f'(x) = k$，k 是常数，证明：$f(x) = kx + B$，$x \in [a, b]$，即 $f(x)$ 是线性函数.

4.6.4　拉格朗日定理的几个推论

推论 1　如果函数 $f(x)$ 在区间 (a, b) 内除了 x_0 外可导且在 x_0 处连续，则若存在有限或无穷极限

$$\lim_{x \to x_0 - 0} f'(x) = A \tag{4-30}$$

那么在点 x_0 存在左导数且

$$f'_-(x_0) = A \tag{4-31}$$

类似地，若存在

$$\lim_{x \to x_0 + 0} f'(x) = B \tag{4-32}$$

则

$$f'_+(x_0) = B \tag{4-33}$$

证　设 $\Delta x \neq 0$，且 $x_0 + \Delta x \in (a, b)$，则把式（4-29）写成

$$\frac{f(x_0 + \Delta x) - f(x_0)}{\Delta x} = f'(x_0 + \theta \Delta x),\ 0 < \theta < 1 \tag{4-34}$$

如果极限式（4-30）存在，即

$$\lim_{x \to x_0 - 0} f'(x) = \lim_{\Delta x \to -0} f'(x_0 + \Delta x) = A$$

则式（4-34）右端有极限且等于 A，从而式（4-34）左端存在极限且等于 $f'_-(x_0)$，即式（4-31）成立.

类似地，可由式（4-32）得出式（4-33）成立.

假设函数 $f(x)$ 在点 x_0 处可导，则

$$f'_-(x_0) = f'_+(x_0) = f'(x_0) \tag{4-35}$$

如果极限式（4-30）与式（4-32）存在且有限，则由式（4-31）、式（4-33）、式（4-35）得

$$\lim_{x \to x_0 - 0} f'(x) = \lim_{x \to x_0 + 0} f'(x) = f'(x_0)$$

这表明，若函数$f(x)$在区间（a，b）内可导，则它的导数$f'(x)$不可能有第一类间断点，换句话说，每个点$x_0\in(a,b)$或是$f'(x)$的连续点，或是$f'(x)$的第二类间断点.

【例4-47】 设$f(x)=\arcsin\dfrac{2x}{1+x^2}$，求$f'_-(1)$与$f'_+(1)$.

解 因$1+x^2\geqslant 2x$，故在**R**上有定义，当$x\neq 1$时，

$$f'(x)=\frac{1}{\sqrt{1-\left(\dfrac{2x}{1+x^2}\right)^2}}\cdot\frac{2(1-x^2)}{(1+x^2)^2}=\frac{2(1-x^2)}{|1-x^2|(1+x^2)}$$

由此得

$$f'(x)=\begin{cases}\dfrac{2}{1+x^2} & |x|<1\\ -\dfrac{2}{1+x^2} & |x|>1\end{cases}$$

运用推论1，得

$$f'_-(1)=\lim_{x\to 1-0}f'(x)=\lim_{x\to 1-0}\frac{2}{1+x^2}=1$$

$$f'_+(1)=\lim_{x\to 1+0}\left(-\frac{2}{1+x^2}\right)=-1$$

【例4-48】 设

$$f(x)=\begin{cases}x^2\sin\dfrac{1}{x} & x\neq 0\\ 0 & x=0\end{cases}$$

求函数$f'(x)$的间断点.

解 若$x\neq 0$，则$f'(x)=2x\sin\dfrac{1}{x}-\cos\dfrac{1}{x}$，若$x=0$，则利用导数的定义得$f'(0)=\lim\limits_{x\to 0}\dfrac{x^2\sin\dfrac{1}{x}}{x}=0$，因而$f'(x)$在**R**上有定义且当$x\neq 0$时连续，因当$x\to 0$时函数$f'(x)=2x\sin\dfrac{1}{x}-\cos\dfrac{1}{x}$不存在极限，所以$x=0$是$f'(x)$的第二类间断点.

推论2 如果函数φ与ψ当$x\geqslant x_0$时可导，且满足条件$\varphi(x_0)=\psi(x_0)$，$\varphi'(x)>\psi'(x)$，$x>x_0$，则$\varphi(x)>\psi(x)$，$x>x_0$.

证 对函数$f(x)=\varphi(x)-\psi(x)$在区间$[x_0,x]$，$x>x_0$上运用定理4-8，因$f(x_0)=0$，故有$f(x)=f'(\xi)(x-x_0)$，由此并考虑到

$$\xi>x_0,\ f'(\xi)=\varphi'(\xi)-\psi'(\xi)>0$$

得$f(x)>0$，即$\varphi(x)>\psi(x)$，$x>x_0$.

【例4-49】 证明不等式

$$\ln(1+x)>x-\frac{x^2}{2},\quad x>0$$

证 设$\varphi(x)=\ln(1+x)$，$\psi(x)=x-\dfrac{x^2}{2}$，则$\varphi(0)=\psi(0)$

$$\varphi'(x)=\frac{1}{1+x},\ \psi'(x)=1-x,\ x>0$$

因当 $x>0$ 时 $1-x^2<1$，即$\frac{1}{1+x}>1-x$，故由推论 2 知不等式成立.

4.6.5　推广的有限增量公式

定理 4-9　（**柯西定理**）如果函数 $f(x)$ 与 $g(x)$ 在区间 $[a,\ b]$ 上连续，在区间 $(a,\ b)$ 内可导，且 $g'(x)\neq 0$，$\forall x\in(a,\ b)$，则至少存在一点 $\xi\in(a,\ b)$，使

$$\frac{f(b)-f(a)}{g(b)-g(a)}=\frac{f'(\xi)}{g'(\xi)} \tag{4-36}$$

证　考虑函数 $\varphi(x)=f(x)+\lambda g(x)$，其中数 λ 可这样选取，使 $\varphi(a)=\varphi(b)$，它等价于下述条件：

$$f(b)-f(a)+\lambda(g(b)-g(a))=0 \tag{4-37}$$

需要指出 $g(b)\neq g(a)$，如若不然，则由罗尔定理知，存在一点 $c\in(a,\ b)$，使得 $g'(c)=0$，与假设条件矛盾，这样，$g(b)-g(a)\neq 0$，并由式（4-37）解得

$$\lambda=-\frac{f(b)-f(a)}{g(b)-g(a)} \tag{4-38}$$

因函数 φ 对任何 λ 都在区间 $[a,\ b]$ 上连续，且在区间 $(a,\ b)$ 内可导，同时当式（4-38）成立时，有 $\varphi(a)=\varphi(b)$，故由罗尔定理知：存在 $\xi\in(a,\ b)$，使得 $\varphi'(\xi)=0$，即 $f'(\xi)+\lambda g'(\xi)=0$，由此得 $\lambda=-\frac{f'(\xi)}{g'(\xi)}$，从而有

$$\frac{f'(\xi)}{g'(\xi)}=\frac{f(b)-f(a)}{g(b)-g(a)}$$

说明 6　拉格朗日定理是柯西定理的特殊情况.

说明 7　定理 4-9 不能由对式（4-36）的左端分式的分子与分母运用定理 4-8 得出，事实上，按定理 4-8 这个分式为 $\frac{f'(\xi_1)}{g'(\xi_2)}$，$\xi_1$，$\xi_2\in(a,\ b)$，通常 $\xi_1\neq\xi_2$.

【例 4-50】　试证：$\forall x>0$：$\mathrm{e}^x>1+x+\frac{x^2}{2}$.

证　对函数 $f(u)=\mathrm{e}^u$，$u\in[0,\ x]$ 运用拉格朗日中值定理证得：

$$\mathrm{e}^x>1+x,\ x>0 \tag{1}$$

对函数

$$f(u)=\mathrm{e}^u,\ g(u)=1+u+\frac{u^2}{2},\ u\in[0,\ x]$$

运用柯西中值定理，得

$$\exists c\in(0,\ x):\ \frac{\mathrm{e}^x-\mathrm{e}^0}{1+x+\frac{x^2}{2}-1}=\frac{\mathrm{e}^c}{1+c}$$

注意到式（1），当 $x>0$ 时有

$$\frac{e^x-1}{x+\frac{x^2}{2}}>1 \text{ 即 } e^x>1+x+\frac{x^2}{2},\ x>0$$

【例 4-51】 设 $f(x)$ 在区间 $[a,b]$ 上可导，且 $f'(a)\cdot f'(b)<0$，试证：

$$\exists\zeta\in(a,b):f'(\zeta)=0$$

证 因 $f(x)$ 在区间 $[a,b]$ 上可导，所以 $f(x)$ 在区间 $[a,b]$ 上连续，它在区间 $[a,b]$ 上可取最大值 M 与最小值 m. 因 $f'(a)\cdot f'(b)<0$，不妨设 $f'(a)>0$，$f'(b)<0$，则 $\exists\delta>0$，使当 $a<x<a+\delta$ 时，$f(x)>f(a)$，当 $b-\delta<x<b$ 时，$f(x)>f(b)$. 这表明，最大值不能在区间端点上取得，因而必在区间内部达到，由费尔玛定理知，$f'(\zeta)=0$，$\zeta\in(a,b)$,类似可证：$f'(a)<0$，$f'(b)>0$的情形.

【例 4-52】 设 $f\in C([a,b])$ 在区间 (a,b) 内可导，且

$$f^2(b)-f^2(a)=b^2-a^2$$

试证：方程 $f'(x)f(x)=x$ 在区间 (a,b) 内至少有一个根.

证 函数 $f^2(x)-x^2$ 显然满足罗尔定理的条件，故

$$\exists c\in(a,b):[f^2(x)-x^2]'_{x=c}=0$$

即

$$2[f(c)\cdot f'(c)-c]=0$$

故

$$f(c)f'(c)=c$$

【例 4-53】 设 $f:[a,b]\to\mathbf{R}$ 在区间 $[a,b]$ 上可导，且 $b-a\geqslant4$，试证：

$$\exists x^0\in(a,b):f'(x^0)<1+f^2(x^0)$$

证 考虑函数 $\arctan f(x)$，$x\in[a,b]$，容易验证它满足拉格朗日中值定理的条件，所以 $\exists x^0\in(a,b)$，使得

$$\arctan f(b)-\arctan f(a)=\frac{f'(x^0)}{1+f^2(x^0)}(b-a)$$

因 $b-a\geqslant4$，而 $\arctan f(b)-\arctan f(a)<\pi$，所以有

$$\frac{f'(x^0)}{1+f^2(x^0)}\leqslant\frac{\pi}{4}<1$$

即

$$f'(x^0)<1+f^2(x^0)$$

【例 4-54】 设 $f(x)=(x-1)\varphi(x)$ 且 $\varphi(x)$ 在区间 $[1,2]$ 上二次可导，$\varphi(1)=\varphi(2)=0$，试证：在区间 $(1,2)$ 内至少存在一点 ξ_0，使 $f''(\xi_0)=0$.

证 $f(x)$ 在区间 $[1,2]$ 上连续可导，且 $f(1)=0$，$f(2)=0$，所以由罗尔定理知，必有 $\xi_0\in(1,2)$，使 $f'(\xi_0)=0$. 因 $f'(x)=\varphi(x)+(x-1)\varphi'(x)$，且 $f'(x)$ 在区间 $[1,\xi_0]$ 上连续可导，又 $f'(1)=\varphi(1)=0$，$f'(\xi_0)=0$，仍由罗尔定理知，必有 $\xi\in(1,\xi_0)$ 使 $f''(\xi)=0$,显然 $(1,\xi_0)\subset(1,2)$.

练习

5. 已知函数 f, $g\in C$（$[a, b]$）在区间 (a, b) 内可导，且 $f(a)=f(b)=0$，试证：方程 $f(x)g'(x)+f'(x)=0$ 在区间 (a, b) 内至少有一根.

6. 已知数 a_0，a_1，…，a_n 满足条件

$$\frac{a_0}{n+1}+\frac{a_1}{n}+\cdots+a_n=0$$

试证：多项式 $P(x)=a_0x^n+a_1x^{n-1}+\cdots+a_n$ 在区间 $(0, 1)$ 内至少有一根.

提示：对函数

$$Q(x)=\frac{a_0}{n+1}x^{n+1}+\frac{a_1}{n}x^n+\cdots+a_nx,\ x\in[0, 1]$$

运用罗尔定理.

7. 设函数 $f\in C([a, b])$ 在区间 (a, b) 内可导，并且不是线性函数，试证：

$$\exists\theta_1,\ \theta_2\in(a, b): f'(\theta_1)<\frac{f(b)-f(a)}{b-a}<f'(\theta_2)$$

提示：设点 $c\in(a, b)$，且

$$f(c)>(\text{或}<)f(a)+\frac{f(b)-f(a)}{b-a}(c-a)$$

分别在区间 $[a, c]$ 与 $[c, b]$ 上运用拉格朗日中值定理.

8. 设 $f\in C$（$[0, 1]$）在区间 $(0, 1)$ 内可导，且

$$f(0)=f(1)=0,\ \exists x_0\in(0, 1): f(x_0)=1$$

试证：$\exists\theta\in(0, 1): |f'(\theta)|\geqslant 2$.

提示：分 $x_0\neq\frac{1}{2}$ 与 $x_0=\frac{1}{2}$ 两种情形讨论，并运用拉格朗日中值定理.

4.6　习题答案

9. 设 $a>0$，函数 $f\in C([a, b])$ 在区间 (a, b) 内可导，试证：

$$\exists\theta\in(a, b): \frac{bf(a)-af(b)}{b-a}=f(\theta)-\theta f'(\theta)$$

提示：对函数 $\varphi(x)=\frac{f(x)}{x}$，$\psi(x)=\frac{1}{x}$，$x\in[a, b]$ 运用柯西定理.

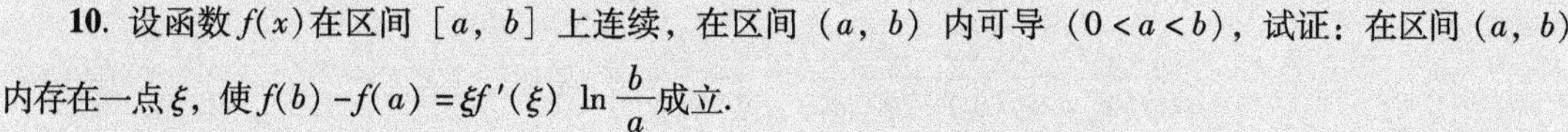

10. 设函数 $f(x)$ 在区间 $[a, b]$ 上连续，在区间 (a, b) 内可导（$0<a<b$），试证：在区间 (a, b) 内存在一点 ξ，使 $f(b)-f(a)=\xi f'(\xi)\ln\frac{b}{a}$ 成立.

提示：构造 $F(x)=[f(b)-f(a)]\ln x-f(x)\ln\frac{b}{a}$，利用罗尔定理或对 $f(x)$，$\ln x$ 在区间 $[a, b]$ 上利用柯西定理.

4.7 泰勒公式

4.7.1 含有拉格朗日型余项的泰勒公式

4.7　思维导图

引理 1　如果函数 $f(x)$ 在 x_0 处有 n 阶导数，则存在次数不高于 n 的多项式

$P_n(x)$，使有

$$P_n(x_0)=f(x_0),\ P_n^{(k)}(x_0)=f^{(k)}(x_0),\ k=1,\ 2,\ \cdots,\ n \tag{4-39}$$

这个多项式可表示为

$$P_n(x)=f(x_0)+\frac{f'(x_0)}{1!}(x-x_0)+\frac{f''(x_0)}{2!}(x-x_0)^2+\cdots+\frac{f^{(n)}(x_0)}{n!}(x-x_0)^n \tag{4-40}$$

证　设 $\varphi(x)=(x-x_0)^m$，$m\in\mathbf{N}_+$，则 $\varphi(x_0)=0$

$$\varphi^{(k)}(x_0)=\begin{cases}0 & k\neq m\\ k! & k=m\end{cases}$$

可以得知，用式（4-40）给定的多项式 $P_n(x)$ 满足条件（4-39），我们称这个多项式是函数 $f(x)$ 在点 x_0 的 n 阶泰勒多项式.

练习

试证：如果 $Q_n(x)$ 是任一次数不高于 n 的多项式，则

$$Q_n(x)=\sum_{k=0}^{n}\frac{Q_n^{(k)}(x_0)}{k!}(x-x_0)^k$$

引理 2　设函数 $\varphi(x)$ 与 $\psi(x)$ 在点 x_0 的邻域内有定义，且满足以下条件：

（1）$\forall x\in U_\delta(x)$，$\exists\psi^{(n+1)}(x)$ 与 $\varphi^{(n+1)}(x)$

（2）$\varphi(x_0)=\varphi'(x_0)=\cdots=\varphi^{(n)}(x_0)=0$

$$\psi(x_0)=\psi'(x_0)=\cdots=\psi^{(n)}(x_0)=0 \tag{4-41}$$

（3）$\varphi^{(k)}(x)\neq 0$，$\psi^{(k)}(x)\neq 0$，$\forall x\in \mathring{U}_\delta(x_0)$，$k=1,\ 2,\ \cdots,\ n+1$

则对每一点 $x\in U_\delta(x_0)$，都存在 $\xi\in\Delta$，Δ 是以 x_0 与 x 为端点的开区间，使得

$$\frac{\varphi(x)}{\psi(x)}=\frac{\varphi^{(n+1)}(\xi)}{\psi^{(n+1)}(\xi)} \tag{4-42}$$

证　不妨设 $x\in(x_0,\ x_0+\delta)$，则对函数 $\varphi(x)$ 与 $\psi(x)$ 在闭区间 $[x_0,\ x]$ 上运用柯西定理，且考虑到 $\varphi(x_0)=\psi(x_0)=0$，根据条件（4-41）得

$$\frac{\varphi(x)}{\psi(x)}=\frac{\varphi(x)-\varphi(x_0)}{\psi(x)-\psi(x_0)}=\frac{\varphi'(\xi_1)}{\psi'(\xi_1)},\ x_0<\xi_1<x \tag{4-43}$$

类似地，对函数 φ' 与 ψ' 在区间 $[x_0,\ \xi_1]$ 上运用柯西定理，得

$$\frac{\varphi'(\xi_1)}{\psi'(\xi_1)}=\frac{\varphi'(\xi_1)-\varphi'(x_0)}{\psi'(\xi_1)-\psi'(x_0)}=\frac{\varphi''(\xi_2)}{\psi''(\xi_2)},\ x_0<\xi_2<\xi_1 \tag{4-44}$$

由式（4-43）与式（4-44）得

$$\frac{\varphi(x)}{\psi(x)}=\frac{\varphi'(\xi_1)}{\psi'(\xi_1)}=\frac{\varphi''(\xi_2)}{\psi''(\xi_2)},\ x_0<\xi_2<\xi_1<x<x_0+\delta$$

再对函数 φ'' 与 ψ''，$\varphi^{(3)}$ 与 $\psi^{(3)}$，…，$\varphi^{(n)}$ 与 $\psi^{(n)}$ 在对应的区间上运用柯西定理得

$$\frac{\varphi(x)}{\psi(x)}=\frac{\varphi'(\xi_1)}{\psi'(\xi_1)}=\cdots=\frac{\varphi^{(n)}(\xi_n)}{\psi^{(n)}(\xi_n)}=\frac{\varphi^{(n+1)}(\xi)}{\psi^{(n+1)}(\xi)}$$

类似地，可考虑 $x\in(x_0-\delta,\ x_0)$ 的情况，证毕.

定理 4-10　设存在 $\delta>0$，使得函数 $f(x)$ 在点 x_0 的 δ - 邻域内具有 $n+1$ 阶导数，则对任何 $x\in U_\delta(x_0)$，存在 $\xi\in\Delta$（以 x_0 与 x 为端点的开区间）使有

$$f(x)=f(x_0)+\frac{f'(x_0)}{1!}(x-x_0)+\cdots+\frac{f^{(n)}(x_0)}{n!}(x-x_0)^n+\frac{f^{(n+1)}(\xi)}{(n+1)!}(x-x_0)^{n+1} \tag{4-45}$$

证　设 $x\in\mathring{U}_\delta(x_0)$，$P_n(x)=\sum\limits_{k=0}^{n}\frac{f^{(k)}(x_0)}{k!}(x-x_0)^n$ 是函数 $f(x)$ 的泰勒多项式，记

$$r_n(x)=f(x)-P_n(x) \tag{4-46}$$

因由引理 1 知多项式 $P_n(x)$ 满足条件（4-39），故由等式（4-46）得

$$r_n(x_0)=r_n'(x_0)=\cdots=r_n^{(n)}(x_0)=0 \tag{4-47}$$

考虑函数 $\varphi(x)=r_n(x)$，$\psi(x)=(x-x_0)^{n+1}$，这些函数满足引理 2 的条件，所以它们满足等式（4-42），即

$$\frac{\varphi(x)}{\psi(x)}=\frac{r_n(x)}{(x-x_0)^{n+1}}=\frac{r_n^{(n+1)}(\xi)}{(n+1)!}=\frac{f^{(n+1)}(\xi)}{(n+1)!},\ \xi\in\Delta$$

说明 1　称 $r_n(x)=\frac{f^{(n+1)}(\xi)}{(n+1)!}(x-x_0)^{n+1}$ 为拉格朗日余项，式（4-45）在 $x=x_0$ 处仍然成立.

推论　如果函数 φ 与 ψ 当 $x\geqslant x_0$ 时 n 次可导，且满足

$$\varphi^{(k)}(x_0)=\psi^{(k)}(x_0),\ k=0,\ 1,\ \cdots,\ n-1$$

$$\varphi^{(n)}(x)>\psi^{(n)}(x),\ x>x_0$$

则

$$\varphi(x)>\psi(x),\ x>x_0$$

证　当 $n=1$ 时，由拉格朗日定理的推论 2 知命题成立，记 $f(x)=\varphi(x)-\psi(x)$，则 $f^{(k)}(x_0)=0$，$k=0,\ 1,\ \cdots,\ n-1$，且按式（4-45）得

$$f(x)=\frac{1}{n!}(x-x_0)^n f^{(n)}(\xi)$$

如果 $x>x_0$，则 $\xi>x_0$，$f^{(n)}(\xi)=\varphi^{(n)}(\xi)-\psi^{(n)}(\xi)>0$，从而 $f(x)>0$，即 $\varphi(x)>\psi(x)$，$x>x_0$.

【例 4-55】　证明下列不等式成立.

（1）$|\sin t-t|\leqslant\frac{t^2}{2}$，$t\in\mathbf{R}$

（2）$x-\frac{x^3}{3!}\leqslant\sin x\leqslant x-\frac{x^3}{3!}+\frac{x^5}{5!}$，$x>0$　　(4-48)

证　（1）在式（4-45）中令 $n+1=2$，$x_0=0$，$f(t)=\sin t$，则有

$$\sin t=t-\frac{\sin\xi}{2!}t^2,\ t\in\mathbf{R} \tag{4-49}$$

由此得

$$|\sin t-t|\leqslant\frac{t^2}{2},\ t\in\mathbf{R} \tag{4-50}$$

（2）在式（4-45）中，令 $n+1=5$，$x_0=0$，$f(x)=\sin x$，且考虑到 $f^{(n)}(x)=\sin\left(x+n\cdot\frac{\pi}{2}\right)$，得

$$\sin x=x-\frac{x^3}{3!}+\frac{x^5}{5!}\sin\left(\xi+5\cdot\frac{\pi}{2}\right) \tag{4-51}$$

因当 $x>0$ 时，$\left|\frac{x^5}{5!}\sin\left(\xi+5\cdot\frac{\pi}{2}\right)\right|\leqslant\frac{x^5}{5!}$，故有式（4-48）的右侧不等式成立. 若在式（4-45）中令 $n+1=3$，$x_0=0$，$f(x)=\sin x$，则可证得式（4-48）中左侧不等式.

泰勒公式也可以表示成如下的形式

（1）$$f(x)=f(x_0)+\sum_{k=1}^{n}\frac{f^{(k)}(x_0)}{k!}(x-x_0)^k+\frac{f^{(n+1)}(\xi)}{(n+1)!}(x-x_0)^{n+1} \tag{4-52}$$

（2）$f(x)=f(x_0)+\sum\limits_{k=1}^{n}\frac{\mathrm{d}^kf(x_0)}{k!}+R_{n+1}(x)$，其中 $R_{n+1}(x)=\frac{1}{(n+1)!}\mathrm{d}^{n+1}f(x_0+\theta\Delta x)$.

（3）$f(x)=\sum\limits_{k=0}^{n}\frac{f^{(k)}(x_0)}{k!}(x-x_0)^k+o((x-x_0)^n),x\to x_0$

（4）$f(x)=a_0+a_1(x-x_0)+\cdots+a_n(x-x_0)^n+o((x-x_0)^n)$

其中，$a_k=\frac{f^{(k)}(x_0)}{k!}$，$k=0,1,2,\cdots,n$.

【例 4-56】 按泰勒公式把函数 $\frac{1}{1-x}$ 在 $x_0=0$ 的邻域展开到 $o(x^n)$.

解 利用 $(1+x+\cdots+x^n)(1-x)=1-x^{n+1}$，得

$\frac{1}{1-x}=1+x+x^2+\cdots+x^n+r_n(x)$，其中 $r_n(x)=\frac{x^{n+1}}{1-x}=o(x^n)$，$x\to0$

因此

$$\frac{1}{1-x}=1+x+x^2+\cdots+x^n+o(x^n) \tag{4-53}$$

4.7.2 基本初等函数按泰勒公式展开的方法

如果 $x_0=0$，且存在 $f^{(n)}(0)$，则式（4-52）变成

$$f(x)=\sum_{k=0}^{n}\frac{f^{(k)}(0)}{k!}x^k+o(x^n),x\to0 \tag{4-54}$$

称为**麦克劳林公式**.

说明 2 对于无限次可导的偶函数 f，公式（4-54）可写成

$$f(x)=\sum_{k=0}^{n}\frac{f^{(2k)}(0)}{(2k)!}x^{2k}+o(x^{2n+1}),x\to0$$

而对无限次可导的奇函数，则有

$$f(x)=\sum_{k=0}^{n} \frac{f^{(2k+1)}(0)}{(2k+1)!} x^{2k+1} + o(x^{2n+2}),x \to 0$$

常见的基本初等函数的麦克劳林公式：当 $x\to 0$ 时

$$e^x = \sum_{k=0}^{n} \frac{x^k}{k!} + o(x^n) \tag{4-55}$$

$$\sinh x = \sum_{k=0}^{n} \frac{x^{2k+1}}{(2k+1)!} + o(x^{2n+2}) \tag{4-56}$$

$$\cosh x = \sum_{k=0}^{n} \frac{x^{2k}}{(2k)!} + o(x^{2n+1}) \tag{4-57}$$

$$\sin x = \sum_{k=0}^{n} (-1)^k \frac{x^{2k+1}}{(2k+1)!} + o(x^{2n+2}) \tag{4-58}$$

$$\cos x = \sum_{k=0}^{n} (-1)^k \frac{x^{2k}}{(2k)!} + o(x^{2n+1}) \tag{4-59}$$

$$(1+x)^\alpha = \sum_{k=0}^{n} C_\alpha^k x^k + o(x^n) \tag{4-60}$$

其中，$C_\alpha^0=1$，$C_\alpha^k=\dfrac{\alpha(\alpha-1)\ \cdots\ (\alpha-k+1)}{k!}$，$k=1$，2，…

$$\ln(1+x) = \sum_{k=1}^{n} \frac{(-1)^{k-1}x^k}{k} + o(x^n) \tag{4-61}$$

$$\ln(1-x) = -\sum_{k=1}^{n} \frac{x^k}{k} + o(x^n) \tag{4-62}$$

说明 3

（1）若 $f(x) = \sum_{k=0}^{n} a_k x^k + o(x^n)$，则

$$f(bx) = \sum_{k=0}^{n} b^k a_k x^k + o(x^n) \tag{4-63}$$

（2）若

$$f(x) = \sum_{k=0}^{n} a_k (x-x_0)^k + o((x-x_0)^n)$$

$$g(x) = \sum_{k=0}^{n} b_k (x-x_0)^k + o((x-x_0)^n)$$

则

$$f(x)g(x) = \sum_{k=0}^{n} c_k (x-x_0)^k + o((x-x)^n) \tag{4-64}$$

其中，$c_k = \sum_{p=0}^{k} a_p b_{k-p}$.

【例 4-57】 将下列函数 f 按泰勒公式在点 $x_0=0$ 的邻域内展开到 $o(x^n)$.

（1）$f(x)=\dfrac{1}{\sqrt{1+x}}$　　　　（2）$f(x)=\dfrac{1}{3x+2}$

(3) $f(x)=\ln\dfrac{x-5}{x-4}$　　　　(4) $f(x)=(x+3)\mathrm{e}^{-2x}$

解　(1) 运用式（4-60），其中$\alpha=-\dfrac{1}{2}$，得

$$\frac{1}{\sqrt{1+x}}=\sum_{k=0}^{n}\mathrm{C}_{-\frac{1}{2}}^{k}x^k+o(x^n),x\to 0$$

其中，

$$\mathrm{C}_{-\frac{1}{2}}^{k}=\frac{\left(-\frac{1}{2}\right)\left(-\frac{1}{2}-1\right)\cdots\left(-\frac{1}{2}-(k-1)\right)}{k!}=\frac{(-1)^k 1\cdot 3\cdot\cdots\cdot(2k-1)}{2^k k!}$$

若记$(2k-1)!!=1\cdot 3\cdot\cdots\cdot(2k-1)$，则有

$$\frac{1}{\sqrt{1+x}}=1+\sum_{k=1}^{n}\frac{(-1)^k(2k-1)!!}{2^k k!}x^k+o(x^n),x\to 0 \tag{4-65}$$

在式中若$n=3$，则得

$$\frac{1}{\sqrt{1+x}}=1-\frac{1}{2}x+\frac{3}{8}x^2-\frac{5}{16}x^3+o(x^3),\ x\to 0$$

(2) 因$\dfrac{1}{3x+2}=\dfrac{1}{2\left(1+\dfrac{3x}{2}\right)}$，则运用式（4-53），得

$$\frac{1}{3x+2}=\sum_{k=0}^{n}(-1)^k\frac{3^k}{2^{k+1}}x^k+o(x^n),x\to 0$$

(3) 利用$\ln\dfrac{x-5}{x-4}=\ln\dfrac{5}{4}+\left[\ln\left(1-\dfrac{x}{5}\right)-\ln\left(1-\dfrac{x}{4}\right)\right]$与式（4-62），得

$$\ln\frac{x-5}{x-4}=\ln\frac{5}{4}+\sum_{k=1}^{n}\frac{x^k}{k}\left(\frac{1}{4^k}-\frac{1}{5^k}\right)+o(x^n),x\to 0$$

(4) 因$f(x)=x\mathrm{e}^{-2x}+3\mathrm{e}^{-2x}$，则运用式（4-55），得

$$\begin{aligned}f(x)&=x\left(\sum_{k=0}^{n-1}\frac{(-1)^k\cdot 2^k}{k!}x^k+o(x^{n-1})\right)+3\sum_{k=0}^{n}\frac{(-1)^k\cdot 2^k}{k!}x^k+o(x^n),x\to 0\\&=3+\sum_{k=1}^{n}\frac{(-1)^{k-1}\cdot 2^{k-1}}{k!}(k-6)x^k+o(x^n),x\to 0\end{aligned}$$

【例 4-58】　把函数$f(x)=\cos^4 x$按麦克劳林公式展开到$o(x^{2n+1})$.

解　利用$\cos^2 x=\dfrac{1+\cos 2x}{2}$，得

$$\cos^4 x=\frac{1}{4}\left(1+2\cos 2x+\frac{1+\cos 4x}{2}\right)=\frac{3}{8}+\frac{1}{2}\cos 2x+\frac{1}{8}\cos 4x$$

再运用式（4-59）得

$$\cos^4 x=1+\sum_{k=1}^{n}\frac{(-1)^k\cdot 2^{2k-1}}{(2k)!}(1+2^{2k-2})x^{2k}+o(x^{2n+1}),x\to 0$$

【例 4-59】　求下列函数的麦克劳林公式.

(1) $f(x)=\mathrm{e}^{\frac{1}{2}x+2}$　　　　(2) $f(x)=(x+5)\mathrm{e}^{2x}$

(3) $f(x)=e^x\ln(1+x)$, $n=4$

解　(1) $e^{\frac{1}{2}x+2}=e^2\cdot e^{\frac{1}{2}x}=\sum\limits_{k=0}^{n}\frac{e^2}{2^k k!}x^k+o(x^n)$

$$
\begin{aligned}
(2)\ f(x)&=xe^{2x}+5e^{2x}\\
&=x\left(\sum_{k=0}^{n-1}\frac{2^k x^k}{k!}+o(x^{n-1})\right)+5\sum_{k=0}^{n}\frac{2^k}{k!}x^k+o(x^n)\\
&=\sum_{k=0}^{n-1}\frac{2^k x^{k+1}}{k!}+\sum_{k=0}^{n}\frac{5\cdot 2^k}{k!}x^k+o(x^n)
\end{aligned}
$$

因

$$
\sum_{k=0}^{n-1}\frac{2^k x^{k+1}}{k!}=\sum_{k=1}^{n}\frac{2^{k-1}}{(k-1)!}x^k
$$

故

$$
\begin{aligned}
f(x)&=5+\sum_{k=1}^{n}\left(\frac{2^{k-1}}{(k-1)!}+\frac{5\cdot 2^k}{k!}\right)x^k+o(x^n)\\
&=\sum_{k=0}^{n}\frac{2^{k-1}}{k!}(k+10)x^k+o(x^n)
\end{aligned}
$$

$$
\begin{aligned}
(3)\ f(x)&=\left(1+x+\frac{x^2}{2!}+\frac{x^3}{3!}+o(x^3)\right)\left(x-\frac{x^2}{2}+\frac{x^3}{3}-\frac{x^4}{4}+o(x^4)\right)\\
&=x+\left(-\frac{1}{2}+1\right)x^2+\left(\frac{1}{3}-\frac{1}{2}+\frac{1}{2}\right)x^3+\left(-\frac{1}{4}+\frac{1}{3}-\frac{1}{4}+\frac{1}{6}\right)x^4\\
&=x+\frac{1}{2}x^2+\frac{1}{3}x^3+o(x^4)
\end{aligned}
$$

【例 4-60】　求 $f(x)=e^{x\cos x}$ 的麦克劳林公式，$n=3$.

解　$e^{x\cos x}=\sum\limits_{k=0}^{3}a_k x^k+o(x^3)$

因 $x\cos x=x+o(x)$，$(x\cos x)^k=x^k+o(x^k)$，$k=1,2,\cdots$，故令 $\omega=x\cos x$，有

$$
e^{x\cos x}=e^{\omega}=\sum_{k=0}^{3}\frac{\omega^k}{k!}+o(\omega^3)
$$

又 $\omega=x\cos x=x-\frac{x^3}{2!}+o(x^4)$，$\omega^2=x^2+o(x^3)$，$\omega^3=x^3+o(x^3)$，所以

$$
\begin{aligned}
e^{x\cos x}&=1+x-\frac{x^3}{2!}+o(x^4)+\frac{1}{2!}(x^2+o(x^3))+\frac{1}{3!}(x^3+o(x^3))+o(x^3)\\
&=1+x+\frac{1}{2}x^2-\frac{1}{3}x^3+o(x^3)
\end{aligned}
$$

说明 4　如果存在 $f^{(n+1)}(0)$，且已知函数 $f'(x)$ 的展开式

$$
f'(x)=\sum_{k=0}^{n}b_k x^k+o(x^n),x\to 0
$$

其中，$b_k=\frac{f^{(k+1)}(0)}{k!}$，则

$$f(x)=f(0)+\sum_{k=1}^{n+1}\frac{f^{(k)}(0)}{k!}x^k+o(x^{n+1})$$

$$=f(0)+\sum_{k=0}^{n}\frac{f^{(k+1)}(0)}{(k+1)k!}x^{k+1}+o(x^{n+1}),x\to 0$$

即

$$f(x)=f(0)+\sum_{k=0}^{n}\frac{b_k}{k+1}x^{k+1}+o(x^{n+1}),x\to 0$$

这个结论将在第 14 章 14.3 节中给予证明.

【例 4-61】 把下列函数按麦克劳林公式展开到 $o(x^{2n+1})$.

(1) $f(x)=\arctan x$　　(2) $f(x)=\arcsin x$

(3) $f(x)=\ln(x+\sqrt{1+x^2})$

解 (1) 因 $(\arctan x)'=\dfrac{1}{1+x^2}$，故由式 (4-53) 得

$$\frac{1}{1+x^2}=\sum_{k=0}^{n}(-1)^k x^{2k}+o(x^{2n+1}),x\to 0$$

再根据说明 4，得

$$\arctan x=\sum_{k=0}^{n}(-1)^k\frac{x^{2k+1}}{2k+1}+o(x^{2n+2}),x\to 0$$

若令 $n=2$ 可求得

$$\arctan x=x-\frac{x^3}{3}+\frac{x^5}{5}+o(x^6),\ x\to 0$$

(2) 因 $(\arcsin x)'=\dfrac{1}{\sqrt{1-x^2}}$，故利用式 (4-65) 得

$$\frac{1}{\sqrt{1-x^2}}=1+\sum_{k=1}^{n}\frac{(2k-1)!!}{2^k k!}x^{2k}+o(x^{2n+1}),x\to 0$$

再利用说明 4，得

$$\arcsin x=x+\sum_{k=1}^{n}\frac{(2k-1)!!}{2^k k!(2k+1)}x^{2k+1}+o(x^{2n+2}),x\to 0$$

若令 $n=2$，则得

$$\arcsin x=x+\frac{1}{6}x^3+\frac{3}{40}x^5+o(x^6),x\to 0$$

(3) 因 $(\ln(x+\sqrt{1+x^2}))'=\dfrac{1}{\sqrt{1+x^2}}$，故利用式 (4-65) 得

$$\frac{1}{\sqrt{1+x^2}}=1+\sum_{k=1}^{n}\frac{(-1)^k(2k-1)!!}{2^k k!}x^{2k}+o(x^{2n+1}),x\to 0$$

再利用说明 4，得

$$\ln(x+\sqrt{1+x^2})=x+\sum_{k=1}^{n}\frac{(-1)^k(2k-1)!!}{2^k k!(2k+1)}x^{2k+1}+o(x^{2n+2}),x\to 0$$

若令 $n=2$，则得

$$\ln(x+\sqrt{1+x^2})=x-\frac{x^3}{6}+\frac{3}{40}x^5+o(x^6),x\to 0$$

【例 4-62】 将下列函数 f 按麦克劳林公式展开到 $o(x^6)$.

(1) $f(x)=\tan x$　　　　(2) $f(x)=\tanh x$

解　(1) 因 $\tan x$ 是奇函数，故可设 $\tan x=a_1x+a_3x^3+a_5x^5+o(x^6)$，$x\to 0$. 由 $\tan x\sim x$，$x\to 0$ 知 $a_1=1$，再利用 $\sin x=\cos x\tan x$ 得

$$x-\frac{x^3}{3!}+\frac{x^5}{5!}+o(x^6)=(x+a_3x^3+a_5x^5+o(x^6))\left(1-\frac{x^2}{2!}+\frac{x^4}{4!}+o(x^5)\right)$$

比较 x^3 与 x^5 的系数，求得

$$-\frac{1}{6}=-\frac{1}{2}+a_3,\ \frac{1}{5!}=\frac{1}{4!}-\frac{a_3}{2!}+a_5$$

解得 $a_3=\frac{1}{3}$，$a_5=\frac{2}{15}$，所以

$$\tan x=x+\frac{x^3}{3}+\frac{2}{15}x^5+o(x^6) \tag{4-66}$$

(2) 因 $\tanh x$ 是奇函数，故 $\tanh x=a_1x+a_3x^3+a_5x^5+o(x^6)$，由 $\tanh x\sim x$，$x\to 0$ 知 $a_1=1$. 利用 $\sinh x=\cosh x\tanh x$ 及式（4-56）与式（4-57）得

$$x+\frac{x^3}{3!}+\frac{x^5}{5!}+o(x^6)=(x+a_3x^3+a_5x^5+o(x^6))\left(1+\frac{x^2}{2!}+\frac{x^4}{4!}+o(x^5)\right)$$

比较 x^3 与 x^5 的系数，得 $a_3=-\frac{1}{3}$，$a_5=\frac{2}{15}$，因而

$$\tanh x=x-\frac{x^3}{3}+\frac{2}{15}x^5+o(x^6) \tag{4-67}$$

说明 5　称求式（4-66）与式（4-67）时所用的方法为待定系数法.

说明 6　若在式（4-52）中变量代换 $x-x_0=t$，则可将其化为求函数 $g(t)=f(x_0+t)$ 的麦克劳林展开式.

【例 4-63】 把函数 $f(x)=\frac{1}{x^2+5x}$ 在 $x_0=-2$ 的邻域内按泰勒公式展开到 $o((x+2)^n)$.

解　因 $f(x)=\frac{1}{5}\left(\frac{1}{x}-\frac{1}{x+5}\right)$，故令 $x=t-2$，得

$$f(x)=g(t)=\frac{1}{5}\left(\frac{1}{t-2}-\frac{1}{t+3}\right)=\frac{1}{5}\left[-\frac{1}{2\left(1-\frac{t}{2}\right)}-\frac{1}{3\left(1+\frac{t}{3}\right)}\right]$$

利用式（4-53）得

$$g(t)=\sum_{k=0}^{n}\left(\frac{(-1)^{k+1}}{5\cdot 3^{k+1}}-\frac{1}{5\cdot 2^{k+1}}\right)t^k+o(t^n),t\to 0$$

由此得

$$f(x)=\sum_{k=0}^{n}\left(\frac{(-1)^{k+1}}{5\cdot 3^{k+1}}-\frac{1}{5\cdot 2^{k+1}}\right)(x+2)^k+o((x+2)^n),x\to -2$$

4.7.3 利用泰勒公式求极限

考虑极限$\lim\limits_{x\to 0}\dfrac{f(x)}{g(x)}$，其中$f(0)=g(0)=0$，即为$\dfrac{0}{0}$型极限.

假定$f(0)=f'(0)=\cdots=f^{(n-1)}(0)=0$，$f^{(n)}(0)\neq 0$，则把$f$按麦克劳林公式展开得

$$f(x)=ax^n+o(x^n),x\to 0,\text{且 }a\neq 0$$

类似地，设$g(0)=g'(0)=\cdots=g^{(m-1)}(0)=0$，$g^{(m)}(0)\neq 0$且有

$$g(x)=bx^m+o(x^m),\ x\to 0,\ \text{且 }b\neq 0$$

这样我们有

$$\lim_{x\to 0}\frac{f(x)}{g(x)}=\lim_{x\to 0}\frac{ax^n+o(x^n)}{bx^m+o(x^m)}=\begin{cases}0 & n>m\\ \dfrac{a}{b} & n=m\\ \infty & n<m\end{cases}$$

【例 4-64】 求极限

$$\lim_{x\to 0}\frac{\sqrt{1+2\tan x}-\mathrm{e}^x+x^2}{\arcsin x-\sin x}$$

解 因

$$\left.\begin{aligned}\sin x&=x-\frac{x^3}{6}+o(x^3)\\ \arcsin x&=x+\frac{x^3}{6}+o(x^3)\end{aligned}\right.\qquad x\to 0$$

故

$$\arcsin x-\sin x=\frac{x^3}{3}+o(x^3),x\to 0$$

从而分子的麦克劳林展开式应到$o(x^3)$.

利用

$$\sqrt{1+t}=1+\frac{1}{2}t-\frac{1}{8}t^2+\frac{1}{16}t^3+o(t^3),\ t\to 0$$

$$\tan x=x+\frac{x^3}{3}+o(x^3),\ x\to 0$$

得

$$\begin{aligned}\sqrt{1+2\tan x}&=1+\frac{1}{2}(2\tan x)-\frac{1}{8}(2\tan x)^2+\frac{1}{16}(2\tan x)^3+o(\tan^3 x)\\ &=1+x+\frac{x^3}{3}-\frac{x^2}{2}+\frac{x^3}{2}+o(x^3)=1+x-\frac{x^2}{2}+\frac{5}{6}x^3+o(x^3)\end{aligned}$$

考虑到

$$\mathrm{e}^x=1+x+\frac{x^2}{2}+\frac{x^3}{6}+o(x^3)$$

有

$$\sqrt{1+2\tan x}-\mathrm{e}^x+x^2=\frac{2}{3}x^3+o(x^3),x\to 0$$

最后,得

$$\lim_{x\to0}\frac{\sqrt{1+2\tan x}-e^x+x^2}{\arcsin x-\sin x}=\lim_{x\to0}\frac{\frac{2}{3}x^3+o(x^3)}{\frac{x^3}{3}+o(x^3)}=2$$

【例 4-65】 求极限

$$\lim_{x\to0}\frac{e^{\arctan x}-\frac{1}{1-x}+\frac{x^2}{2}}{\ln\frac{1+x}{1-x}-2x}$$

解 利用

$$\ln(1+x)=x-\frac{x^2}{2}+\frac{x^3}{3}+o(x^3)$$

$$\ln(1-x)=-x-\frac{x^2}{2}-\frac{x^3}{3}+o(x^3)$$

求得

$$\ln\frac{1+x}{1-x}-2x=\frac{2}{3}x^3+o(x^3),\ x\to0$$

所以分子的麦克劳林展开式应到 $o(x^3)$，因为

$$\arctan x=x-\frac{x^3}{3}+o(x^3)$$

所以

$$e^{\arctan x}=1+\left(x-\frac{x^3}{3}\right)+\frac{1}{2}x^2+\frac{1}{6}x^3+o(x^3)=1+x+\frac{x^2}{2}-\frac{x^3}{6}+o(x^3),\ x\to0$$

注意到

$$\frac{1}{1-x}=1+x+x^2+x^3+o(x^3),\ x\to0$$

得到

$$e^{\arctan x}-\frac{1}{1-x}+\frac{x^2}{2}=-\frac{7}{6}x^3+o(x^3),\ x\to0$$

最后，有

$$\lim_{x\to0}\frac{e^{\arctan x}-\frac{1}{1-x}+\frac{x^2}{2}}{\ln\frac{1+x}{1-x}-2x}=\lim_{x\to0}\frac{-\frac{7}{6}x^3+o(x^3)}{\frac{2}{3}x^3+o(x^3)}=-\frac{7}{4}$$

【例 4-66】 设函数 $f(x)$ 在闭区间 $[-1,1]$ 上具有三阶连续导数，且 $f(-1)=0, f(1)=1, f'(0)=0$，证明：在开区间 $(-1,1)$ 内至少存在一点 ξ，使 $f'''(\xi)=3$.

证 由麦克劳林公式得

$$f(x)=f(0)+f'(0)x+\frac{1}{2!}f''(0)x^2+\frac{1}{3!}f'''(\eta)x^3$$

式中，η 介于 0 与 x 之间，$x\in[-1,1]$. 分别令 $x=-1$ 和 $x=1$，并由已知条件得

$$0=f(-1)=f(0)+\frac{f''(0)}{2}-\frac{1}{6}f'''(\eta_1)\quad(-1<\eta_1<0)$$

$$1=f(1)=f(0)+\frac{1}{2}f''(0)+\frac{1}{6}f'''(\eta_2)\quad(0<\eta_2<0)$$

两式相减可得
$$f'''(\eta_1)+f'''(\eta_2)=6$$
又因 $f'''(x)$ 连续，所以 $f'''(x)$ 在区间 $[\eta_1, \eta_2]$ 上有最大值和最小值，设其分别为 M 和 m，则有

$$m\leqslant\frac{1}{2}[f'''(\eta_1)+f'''(\eta_2)]\leqslant M$$

再由介值定理知，至少存在一点 $\xi\in[\eta_1, \eta_2]\subset(-1, 1)$，使

$$f'''(\xi)=\frac{1}{2}[f'''(\eta_1)+f'''(\eta_2)]=\frac{1}{2}\cdot 6=3$$

最后，我们将举例说明，泰勒公式在证明不等式中的应用.

【例 4-67】 设 $f(x)$ 在区间 $[a, b]$ 上二阶可导，且 $f(a)=f(b)=0$，$|f''(x)|\leqslant 8$，试证：

$$\left|f\left(\frac{a+b}{2}\right)\right|\leqslant(b-a)^2$$

证 由泰勒公式得

$$f(a)=f\left(\frac{a+b}{2}\right)+f'\left(\frac{a+b}{2}\right)\left(a-\frac{a+b}{2}\right)+\frac{f''(\zeta_1)}{2!}\left(a-\frac{a+b}{2}\right)^2$$

$$f(b)=f\left(\frac{a+b}{2}\right)+f'\left(\frac{a+b}{2}\right)\left(b-\frac{a+b}{2}\right)+\frac{f''(\zeta_2)}{2!}\left(b-\frac{a+b}{2}\right)^2$$

$$a<\zeta_1<\frac{a+b}{2},\ \frac{a+b}{2}<\zeta_2<b$$

因 $f(a)=f(b)=0$，所以上两式相加，得

$$0=2f\left(\frac{a+b}{2}\right)+\frac{f''(\zeta_1)+f''(\zeta_2)}{2}\ \frac{(b-a)^2}{4}$$

因 $|f''(x)|\leqslant 8$，故有

$$2\left|f\left(\frac{a+b}{2}\right)\right|\leqslant\frac{|f''(\zeta_1)|+|f''(\zeta_2)|}{2}\ \frac{(b-a)^2}{4}\leqslant 2(b-a)^2$$

于是

$$\left|f\left(\frac{a+b}{2}\right)\right|\leqslant(b-a)^2$$

典型计算题 4

计算下列极限.

1. $\lim\limits_{x\to 0}\dfrac{e^x-\sqrt[3]{1+3x+\frac{9}{2}x^2}}{x^3}$

2. $\lim\limits_{x\to 0}\dfrac{\ln(1+x^3)-2\sin x+2x\cos x^2}{\arctan x^3}$

3. $\lim\limits_{x\to 0}\dfrac{x\sqrt{1+\sin x}-\frac{1}{2}\ln(1+x^2)-x}{\tan^3 x}$

4. $\lim\limits_{x\to 0}\dfrac{e^{\sin x}-\sqrt{1+x^2}-x\cos x}{\ln^3(1-x)}$

5. $\lim\limits_{x\to 0}\dfrac{\sqrt[3]{1+3x}-e^{\sin x}+\frac{3}{2}x^2}{\arcsin x-\tan x}$

6. $\lim\limits_{x\to 0}\dfrac{e^{\tan x}-\sqrt{1+2x}-x(x+x^2)}{x-\arctan x}$

7. $\lim\limits_{x\to0}\dfrac{\sqrt{1+x}\sin x+\ln\cos x-x}{\sqrt[3]{1-x^3}-1}$　　8. $\lim\limits_{x\to0}\dfrac{\arcsin x+3\cos x-3\sqrt[3]{1+x}}{1+\ln(1+x)-e^x}$

9. $\lim\limits_{x\to0}\dfrac{\ln(e^{2x}+\sin x)-3\arcsin x+\dfrac{5}{2}x^2}{\sqrt[3]{8+x^3}-2}$　　10. $\lim\limits_{x\to0}\dfrac{x^2e^x-\ln(1+x^2)-\arcsin x^3}{x\sin x-x^2}$

11. $\lim\limits_{x\to0}\dfrac{\sqrt{1+2x^3}-\cos x^4}{\tan x-x}$　　12. $\lim\limits_{x\to0}\dfrac{xe^{\tan x}-\sin^2x-x}{x+x^3-\tan x}$

13. $\lim\limits_{x\to0}\dfrac{\sqrt[3]{1+x^3}-x\cot x-\dfrac{1}{3}x^2}{x\cos x-\sin x}$　　14. $\lim\limits_{x\to0}\dfrac{e^{\sin x}+\ln(1-x)-1}{\arcsin x-\sin x}$

15. $\lim\limits_{x\to0}\dfrac{\cos x-\sqrt{1-2x}-x}{x^2\tan x-e^{-x^3}+1}$

4.7　习题答案

4.8 洛必达法则

有时，我们需要计算 $x\to a$ 时的函数比 $\dfrac{f(x)}{g(x)}$ 的极限，其中 f 与 g 或同为无穷小的函数，或同为无穷大的函数，这时运用所谓的“洛必达法则”求极限还是方便的，这个法则允许我们用函数 f 与 g 的导数比 $\dfrac{f'}{g'}$ 的极限来替换函数比 $\dfrac{f}{g}$ 的极限.

4.8.1 $\dfrac{0}{0}$ 型未定式

如果函数 $f(x)$ 与 $g(x)$ 在点 a 可导，$f(a)=g(a)=0$ 但 $g'(a)\neq0$，则对函数 f 与 g 运用泰勒公式（4.7 节中式（4-52）），且 $n=1$，得

4.8　思维导图

$$f(x)=f'(a)(x-a)+o((x-a))$$
$$g(x)=g'(a)(x-a)+o((x-a))$$

由此得

$$\lim_{x\to a}\frac{f(x)}{g(x)}=\frac{f'(a)}{g'(a)}$$

类似地，如果存在 $f^{(n)}(a)$ 与 $g^{(n)}(a)$ 且满足条件

$$f(a)=f'(a)=\cdots=f^{(n-1)}(a)=0$$
$$g(a)=g'(a)=\cdots=g^{(n-1)}(a)=0$$

但 $g^{(n)}(a)\neq0$，则

$$\lim_{x\to a}\frac{f(x)}{g(x)}=\lim_{x\to a}\frac{\dfrac{f^{(n)}(a)}{n!}(x-a)^n+o((x-a)^n)}{\dfrac{g^{(n)}(a)}{n!}(x-a)^n+o((x-a)^n)}=\frac{f^{(n)}(a)}{g^{(n)}(a)}$$

【例 4-68】　求极限 $\lim\limits_{x\to1}\dfrac{3x^{10}-2x^5-1}{x^3-4x^2+3}$.

解　记 $f(x)=3x^{10}-2x^5-1$，$g(x)=x^3-4x^2+3$，$f(1)=g(1)=0$ 但 $f'(x)=30x^9-10x^4$，

$g'(x)=3x^2-8x$, $f'(1)=20$, $g'(1)=-5$，所以所求极限等于 -4.

定理 4-11　设函数 $f(x)$ 与 $g(x)$ 在区间 $(a,\ b)$ 内可导，

$$\lim_{x\to a+0} f(x)=0,\quad \lim_{x\to a+0} g(x)=0 \tag{4-68}$$

$$g'(x)\neq 0, \forall x\in(a,b)$$

且存在极限

$$\lim_{x\to a+0}\frac{f'(x)}{g'(x)}=A\quad（有限或无穷大） \tag{4-69}$$

则

$$\lim_{x\to a+0}\frac{f(x)}{g(x)}=\lim_{x\to a+0}\frac{f'(x)}{g'(x)} \tag{4-70}$$

证　设 $x\in(a,\ b)$，对函数 $f(x)$ 与 $g(x)$ 在 $x=a$ 处补充定义，令

$$f(a)=g(a)=0 \tag{4-71}$$

则由条件式（4-68）和式（4-71）知，函数 f 与 g 在闭区间 $[a,\ x]$ 上连续，根据柯西定理，存在点 $\xi\in(a,\ x)$，使得

$$\frac{f(x)}{g(x)}=\frac{f(x)-f(a)}{g(x)-g(a)}=\frac{f'(\xi)}{g'(\xi)} \tag{4-72}$$

如果 $x\to a+0$，则 $\xi\to a+0$，且根据条件式（4-69）知 $\lim\limits_{\xi\to a+0}\frac{f'(\xi)}{g'(\xi)}=A$，从而由式（4-72）取极限便可得到式（4-70）.

说明 1　在定理 4-11 中若将 $x\to a+0$ 改为 $x\to a-0$，$x\to a$（a 是有限数），则定理的证明仍是正确的. 当 $a\to+\infty$（或 $a\to-\infty$）时，也有类似的结论：如果 $\lim\limits_{x\to+\infty}f(x)=\lim\limits_{x\to+\infty}g(x)=0$，$g'(x)\neq 0$，$\forall x\in(x_0,\ +\infty)$，且存在 $\lim\limits_{x\to+\infty}\frac{f'(x)}{g'(x)}=A$，则有 $\lim\limits_{x\to+\infty}\frac{f(x)}{g(x)}=A$. 其证明只需要在定理 4-11 的证明中利用变量代换 $x=\frac{1}{t}$ 便可证得结论. 此外，还要注意在式（4-70）中，右端极限不存在，但左端极限存在，如 $\lim\limits_{x\to 0}\frac{x^2\sin\frac{1}{x}}{\sin x}=\lim\limits_{x\to 0}x\sin\frac{1}{x}=0$，然而 $\lim\limits_{x\to 0}\frac{\left(x^2\sin\frac{1}{x}\right)'}{(\sin x)'}=\lim\limits_{x\to 0}\frac{2x\sin\frac{1}{x}-\cos\frac{1}{x}}{\cos x}$ 不存在.

4.8.2　$\frac{\infty}{\infty}$ 型未定式

定理 4-12　设函数 $f(x)$ 与 $g(x)$ 在区间 $(a,\ +\infty)$ 内可导且 $g'(x)\neq 0$，$\forall x\in(a,+\infty)$

$$\lim_{x\to+\infty}f(x)=\infty,\ \lim_{x\to+\infty}g(x)=\infty$$

且存在有限极限

$$\lim_{x\to+\infty}\frac{f'(x)}{g'(x)}=A$$

则

$$\lim_{x\to+\infty}\frac{f(x)}{g(x)}=\lim_{x\to+\infty}\frac{f'(x)}{g'(x)}$$

说明 2　当$A=+\infty$时，或$A=-\infty$时，定理4-12仍成立，同样，对$x\to a(x\to a-0, x\to a+0)$的情形，定理4-12也是正确的.

说明 3　由定理4-11、定理4-12知，洛必达法则主要是用来求$\frac{0}{0}$型与$\frac{\infty}{\infty}$型的未定式. 而对于$0\cdot\infty$，0^0，∞^0，$\infty-\infty$，1^∞型未定式可利用代数变形化为$\frac{0}{0}$型与$\frac{\infty}{\infty}$型的未定式.

（1）$0\cdot\infty$型未定式（$f(x)g(x)$，$f(x)\to 0$，$g(x)\to\infty$，$x\to a$），显然有$f(x)g(x)=\frac{f}{1/g}\left(\frac{0}{0}\right)$，或$f\cdot g=\frac{g}{1/f}\left(\frac{\infty}{\infty}\right)$.

（2）对于表达式f^g的1^∞，0^0，∞^0型未定式可化为$0\cdot\infty$型未定式，根据函数的定义$f^g=e^{g\ln f}(f>0)$，如果

$$\lim_{x\to a}g\ln f=k$$

则

$$\lim_{x\to a}f^g=e^k$$

（3）$\infty-\infty$型未定式($f(x)-g(x)$，$f\to+\infty$，$g\to+\infty$，$x\to a$)容易看到

$$f-g=\frac{1}{\frac{1}{f}}-\frac{1}{\frac{1}{g}}=\frac{\frac{1}{g}-\frac{1}{f}}{\frac{1}{f}\frac{1}{g}}\qquad\left(\frac{0}{0}\right)$$

【例 4-69】　利用洛必达法则可证明

$$\lim_{x\to+\infty}\frac{x^\alpha}{a^x}=0,\forall\alpha>0,a>1$$

$$\lim_{x\to+\infty}\frac{\ln x}{x^\alpha}=0,\forall\alpha>0$$

事实上，运用洛必达法则k次（$k\geqslant\alpha$，若α是自然数，则$k=\alpha$）

$$\lim_{x\to+\infty}\frac{x^\alpha}{a^x}=\lim_{x\to+\infty}\frac{cx^{\alpha-k}}{a^x(\ln a)^k}=0,c\text{ 为常数}$$

而

$$\lim_{x\to+\infty}\frac{\ln x}{x^\alpha}=\lim_{x\to+\infty}\frac{1/x}{\alpha x^{\alpha-1}}=\lim_{x\to+\infty}\frac{1}{\alpha x^\alpha}=0$$

【例 4-70】　设$\{\alpha,\beta\}\subset\mathbf{R}$，试证：

$$\lim_{x\to e}\frac{(\ln x)^\alpha-\left(\frac{x}{e}\right)^\beta}{x-e}=\frac{\alpha-\beta}{e}$$

证　对函数

$$f(x)=(\ln x)^{\alpha}-\left(\frac{x}{e}\right)^{\beta},\ g(x)=x-e,\ x\in(1,e)$$

运用定理4-11，此外，

$$\frac{f'(x)}{g'(x)}=\alpha(\ln x)^{\alpha-1}\frac{1}{x}-\beta\left(\frac{x}{e}\right)^{\beta-1}\frac{1}{e}\to\frac{\alpha-\beta}{e},x\to e-0$$

从而

$$\lim_{x\to e}\frac{(\ln x)^{\alpha}-\left(\frac{x}{e}\right)^{\beta}}{x-e}=\frac{\alpha-\beta}{e}$$

说明4 在利用洛必达法则求极限时，要注意和其他求极限方法（如等价无穷小代替）的综合运用，力求计算过程最简单.

练习

1. 计算极限.

(1) $\lim\limits_{x\to 0}\frac{x-\sin x}{x^3}$ (2) $\lim\limits_{x\to 0}\frac{\sin x^n-\sin^n x}{x^{n+2}}$, $n\in\mathbf{N}_+$

2. 证明：

(1) $\lim\limits_{x\to 0}\left(\frac{\sin x}{x}\right)^{\frac{1}{x}}=1$ (2) $\lim\limits_{x\to 0+0}\left(\frac{\ln(1+x)}{x}\right)^{\frac{1}{x}}=e^{\frac{-1}{2}}$

提示：利用$f^g=e^{g\ln f}$及$f(x)=e^x$，$x\in\mathbf{R}$的连续性.

3. 计算极限.

$$\lim_{x\to+\infty}\frac{\ln(x+1)-\ln(x-1)}{\sqrt{x^2+1}-\sqrt{x^2-1}}$$

4. 证明：

$$\lim_{x\to+\infty}x\left(\frac{\pi}{2}-\arctan x\right)=1$$

5. 证明：

(1) $\lim\limits_{x\to+\infty}\frac{\ln x}{x^{\delta}}=0$，$\delta>0$ (2) $\lim\limits_{x\to 1+0}(\ln x\ln\ln x)=0$

(3) $\lim\limits_{x\to+\infty}\frac{x}{2x+\sin x}=\frac{1}{2}$ (4) $\lim\limits_{n\to\infty}\frac{n}{2^{\sqrt{n}}}=0$

(5) $\lim\limits_{x\to 0+0}x^n\ln x=0$ (6) $\lim\limits_{x\to 0+0}x^x=1$

6. 计算下列极限.

(1) $\lim\limits_{x\to 0}(\cos x)^{\frac{1}{x^2}}$ (2) $\lim\limits_{x\to\infty}\left(x\sin\frac{1}{x}\right)^x$

(3) $\lim\limits_{x\to+\infty}\left(x\sin\frac{1}{x}+\frac{1}{x}\right)^x$ (4) $\lim\limits_{x\to+\infty}\left(x\sin\frac{1}{x}+\frac{1}{x^2}\right)^x$

(5) $\lim\limits_{x\to 0}\frac{(1+x)^{\frac{1}{x}}-e}{x}$ (6) $\lim\limits_{x\to+\infty}\left(\sin\frac{\pi x}{6x+1}+\cos\frac{\pi x}{3x+1}\right)^x$

(7) $\lim\limits_{x\to+\infty}\left(\sin^2\frac{\pi x}{4x+\sqrt{x}}+\cos^2\frac{\pi x+\sqrt{x}}{4x}\right)^x$

【例 4-71】　求极限

$$\lim_{x \to 0} \frac{\sin x - x\cos x}{\sin^3 x}$$

解　注意当 $x \to 0$ 时，$\sin^3 x \sim x^3$，故

$$\begin{aligned}\lim_{x \to 0} \frac{\sin x - x\cos x}{\sin^3 x} &= \lim_{x \to 0} \frac{\sin x - x\cos x}{x^3} \\ &= \lim_{x \to 0} \frac{\cos x - \cos x + x\sin x}{3x^2} \\ &= \frac{1}{3}\lim_{x \to 0} \frac{\sin x}{x} = \frac{1}{3}\end{aligned}$$

【例 4-72】　求极限

$$\lim_{x \to 0} \frac{\sinh^2 x \ln(1+x)}{\tan x - x}$$

解　注意当 $x \to 0$ 时，$\ln(1+x) \sim x$，$\sinh x \sim x$，故

$$\begin{aligned}\lim_{x \to 0} \frac{\sinh^2 x \ln(1+x)}{\tan x - x} &= \lim_{x \to 0} \frac{x^3}{\tan x - x} \\ &= \lim_{x \to 0} \frac{3x^2}{\dfrac{1}{\cos^2 x} - 1} \\ &= \lim_{x \to 0} \frac{3x^2}{\sin^2 x}\cos^2 x = 3\end{aligned}$$

【例 4-73】　求极限

$$\lim_{x \to 0}\left(\frac{1}{x^2} - \cot^2 x\right)$$

解

$$\begin{aligned}\lim_{x \to 0}\left(\frac{1}{x^2} - \cot^2 x\right) &= \lim_{x \to 0} \frac{\sin^2 x - x^2\cos^2 x}{x^2\sin^2 x} \\ &= \lim_{x \to 0} \frac{(\sin x + x\cos x)(\sin x - x\cos x)}{x^2\sin^2 x} \\ &= \lim_{x \to 0} \frac{\sin x + x\cos x}{x} \cdot \lim_{x \to 0} \frac{\sin x - x\cos x}{x^3} \\ &= \frac{2}{3}\text{（利用例 4-71 的结果）}\end{aligned}$$

【例 4-74】　求极限

$$\lim_{x \to +\infty} (x + \sqrt{x^2+1})^{\frac{1}{\ln x}}$$

解　因

$$\lim_{x \to +\infty} \frac{\ln(x + \sqrt{x^2+1})}{\ln x} = \lim_{x \to +\infty} \frac{\dfrac{1}{\sqrt{x^2+1}}}{\dfrac{1}{x}} = 1$$

故

$$\lim_{x\to+\infty}(x+\sqrt{x^2+1})^{\frac{1}{\ln x}}=\mathrm{e}$$

【例 4-75】 求下列极限.

(1) $\lim\limits_{x\to0}\dfrac{\mathrm{e}^{\cos x}(\sin x-x)}{x\tan^2x}=\mathrm{e}\lim\limits_{x\to0}\dfrac{1}{x^3}\left(x-\dfrac{x^3}{3!}+o(x^3)-x\right)=-\dfrac{\mathrm{e}}{6}$

(2) $\lim\limits_{x\to0}(\cos x+x\sin x)^{\frac{1}{x^2}}=\mathrm{e}^{\lim\limits_{x\to0}\frac{\ln(\cos x+x\sin x)}{x^2}}=\mathrm{e}^{\lim\limits_{x\to0}\frac{\cos x+x\sin x-1}{x^2}}=\mathrm{e}^{\lim\limits_{x\to0}\frac{\left(-\frac{1}{2}x^2+x^2+o(x^2)\right)}{x^2}}$

$=\mathrm{e}^{\frac{1}{2}}$

(3) $\lim\limits_{x\to0}\dfrac{\mathrm{e}^x-\mathrm{e}^{\sin x}}{x\sin^2x}=\lim\limits_{x\to0}\dfrac{\mathrm{e}^{\sin x}(\mathrm{e}^{x-\sin x}-1)}{x^3}=\lim\limits_{x\to0}\dfrac{x-\sin x}{x^3}=\dfrac{1}{6}$

(4) $\lim\limits_{x\to\infty}x^2\left(1-x\sin\dfrac{1}{x}\right)\xlongequal{x=\frac{1}{t}}\lim\limits_{t\to0}\dfrac{1}{t^2}\left(1-\dfrac{\sin t}{t}\right)=\lim\limits_{t\to0}\dfrac{t-\sin t}{t^3}=\dfrac{1}{6}$

(5) $\lim\limits_{x\to0}\left(\dfrac{3-\mathrm{e}^x}{2+x}\right)^{\frac{1}{\sin x}}=\mathrm{e}^{\lim\limits_{x\to0}\frac{\ln(3-\mathrm{e}^x)-\ln(2+x)}{\sin x}}=\mathrm{e}^{\lim\limits_{x\to0}\frac{1}{\cos x}\left(\frac{-\mathrm{e}^x}{3-\mathrm{e}^x}-\frac{1}{2+x}\right)}=\mathrm{e}^{-1}$

(6) $\lim\limits_{x\to0}\left(\dfrac{1}{\sin^2x}-\dfrac{1}{x^2}\right)=\lim\limits_{x\to0}\dfrac{x^2-\sin^2x}{x^2\sin^2x}=\lim\limits_{x\to0}\dfrac{2x-\sin 2x}{4x^3}=\lim\limits_{x\to0}\dfrac{2x-2x+\frac{1}{3!}(2x)^3}{4x^3}=\dfrac{1}{3}$

(7) $\lim\limits_{x\to0}(\cos x)^{\frac{1}{\tan^2x}}=\mathrm{e}^{\lim\limits_{x\to0}\frac{\ln\cos x}{\tan^2x}}=\mathrm{e}^{\lim\limits_{x\to0}\frac{\ln\cos x}{x^2}}=\mathrm{e}^{\lim\limits_{x\to0}\frac{-\tan x}{2x}}=\mathrm{e}^{-\frac{1}{2}}$

(8) $\lim\limits_{x\to0}\dfrac{\ln(\mathrm{e}^x+\mathrm{e}^{-x})-\ln(2\cos x)}{\sin(3x^2)}=\lim\limits_{x\to0}\dfrac{\ln(\mathrm{e}^x+\mathrm{e}^{-x})-\ln(2\cos x)}{3x^2}$

$=\lim\limits_{x\to0}\dfrac{\dfrac{\mathrm{e}^x-\mathrm{e}^{-x}}{\mathrm{e}^x+\mathrm{e}^{-x}}+\dfrac{\sin x}{\cos x}}{6x}=\lim\limits_{x\to0}\left(\dfrac{\mathrm{e}^x-\mathrm{e}^{-x}}{12x}+\dfrac{\sin x}{6x}\right)=\dfrac{1}{3}$

(9) $\lim\limits_{x\to+\infty}\left(\dfrac{\pi}{2}-\arctan x\right)^{\frac{1}{\ln x}}=\mathrm{e}^{\lim\limits_{x\to+\infty}\frac{\ln\left(\frac{\pi}{2}-\arctan x\right)}{\ln x}}$

$=\mathrm{e}^{\lim\limits_{x\to+\infty}\frac{-x}{(1+x^2)\left(\frac{\pi}{2}-\arctan x\right)}}$

$=\mathrm{e}^{\lim\limits_{x\to+\infty}\frac{\left(\frac{-x}{1+x^2}\right)'}{\left(\frac{\pi}{2}-\arctan x\right)'}}=\mathrm{e}^{\lim\limits_{x\to+\infty}\frac{1-x^2}{1+x^2}}=\mathrm{e}^{-1}$

(10) $\lim\limits_{n\to\infty}\left(\cos\dfrac{x}{n}\right)^{n^2}=\lim\limits_{y\to+\infty}\left(\cos\dfrac{x}{y}\right)^{y^2}$

$=\mathrm{e}^{\lim\limits_{y\to+\infty}y^2\ln\left(\cos\frac{x}{y}\right)}$

$=\mathrm{e}^{\lim\limits_{y\to+\infty}\frac{-\left(1/\cos\frac{x}{y}\right)\sin\frac{x}{y}\left(-\frac{x}{y^2}\right)}{-2(1/y^3)}}$

$=\mathrm{e}^{\lim\limits_{y\to+\infty}\frac{-x\sin\frac{x}{y}}{\frac{2}{y}\cos\frac{x}{y}}}=\mathrm{e}^{-\frac{x^2}{2}}$ $(x\neq0)$，当 $x=0$ 时也成立.

【例 4-76】 试讨论函数 $f(x)=\begin{cases}\dfrac{x}{\tan 2x} & x<0\\ \dfrac{1}{2} & x=0\\ (\sin x)^x & x>0\end{cases}$ 在点 $x=0$ 处的连续性.

解 因 $\lim\limits_{x\to 0^-}f(x)=\lim\limits_{x\to 0^-}\dfrac{x}{\tan 2x}=\dfrac{1}{2}$

$$\lim_{x\to 0^+}f(x)=\lim_{x\to 0^+}(\sin x)^x=e^{\lim\limits_{x\to 0^+}\frac{\ln(\sin x)}{\frac{1}{x}}}=e^{\lim\limits_{x\to 0^+}\frac{\frac{\cos x}{\sin x}}{-\frac{1}{x^2}}}=1$$

所以，$f(x)$在点 $x=0$ 处不连续，$x=0$ 是第一类间断点.

【例 4-77】 证明：函数

$$f(x)=\begin{cases}\sqrt{1+x^2} & x<0\\ 1 & x=0\\ 1-e^{-\frac{1}{x}} & x>0\end{cases}$$

的导函数 $f'(x)$在 $x=0$ 处连续.

证 因为$f(0)=1$，$f(0+0)=f(0-0)=1$，故 $f(x)$在点 $x=0$ 处连续，且

$$f'(x)=\begin{cases}\dfrac{x}{\sqrt{1+x^2}} & x<0\\ -\dfrac{1}{x^2}e^{-\frac{1}{x}} & x>0\end{cases}$$

$$f'_+(0)=\lim_{x\to 0^+}\frac{f(x)-f(0)}{x}=\lim_{x\to 0^+}\frac{1-e^{-\frac{1}{x}}-1}{x}\overset{t=\frac{1}{x}}{=\!=\!=}\lim_{t\to+\infty}\frac{-t}{e^t}=0$$

$$f'_-(0)=\lim_{x\to 0^-}\frac{\sqrt{1+x^2}-1}{x}=\lim_{x\to 0^-}\frac{\frac{1}{2}x^2}{x}=0$$

这表明，$f'(0)=0$，又 $\lim\limits_{x\to 0^-}f'(x)=\lim\limits_{x\to 0^-}\dfrac{x}{\sqrt{1+x^2}}=0$

$$\lim_{x\to 0^+}f'(x)\overset{t=\frac{1}{x}}{=\!=\!=}\lim_{t\to+\infty}\frac{-t^2}{e^t}=0$$

所以，$\lim\limits_{x\to 0}f'(x)=f'(0)$，故 $f'(x)$在 $x=0$ 处连续.

【例 4-78】 设

$$f(x)=\begin{cases}\dfrac{a(\sqrt{1+x}-1)}{x} & x<0\\ 1 & x=0\\ b(e^{-\frac{1}{x}}+2)+c\ln(1+x) & x>0\end{cases}$$

试确定常数 a，b，c，使$f(x)$在点 $x=0$ 处连续、可导.

解 $\lim\limits_{x\to0^-}f(x)=\lim\limits_{x\to0^-}\dfrac{a(\sqrt{1+x}-1)}{x}=\dfrac{a}{2}$

$\lim\limits_{x\to0^+}f(x)=\lim\limits_{x\to0^+}\left[b(\mathrm{e}^{-\frac{1}{x}}+2)+c\ln(1+x)\right]=2b,\ f(0)=1$

所以$\dfrac{a}{2}=2b=1$，故当$a=2$，$b=\dfrac{1}{2}$，c取任何实数时，$f(x)$在点$x=0$处连续.

由于
$$f'_-(0)=\lim_{x\to0^-}\frac{\dfrac{2(\sqrt{1+x}-1)}{x}-1}{x}=\lim_{x\to0^-}\frac{2(\sqrt{1+x}-1)-x}{x^2}$$
$$=\lim_{x\to0^-}\frac{2\left(\dfrac{x}{2}-\dfrac{1}{2\cdot4}x^2\right)-x}{x^2}=-\frac{1}{4}$$

$$f'_+(0)=\lim_{x\to0^+}\frac{\dfrac{1}{2}(\mathrm{e}^{-\frac{1}{x}}+2)+c\ln(1+x)-1}{x}$$
$$=\lim_{x\to0^+}\left(\frac{1}{2x^2}\mathrm{e}^{-\frac{1}{x}}+\frac{c}{1+x}\right)=c$$

当$f'_-(0)=f'_+(0)$，即当$c=-\dfrac{1}{4}$时，$f'(0)$存在. 所以，当$\begin{cases}a=2\\ b=\dfrac{1}{2}\\ c=-\dfrac{1}{4}\end{cases}$时，$f(x)$在点$x=0$连续、可导.

【例4-79】 设$\lim\limits_{x\to0}\left(1+x+\dfrac{f(x)}{x}\right)^{\frac{1}{x}}=\mathrm{e}^3$，其中$f(x)$有连续二阶导数，求$f(0)$，$f'(0)$，$f''(0)$.

解 原式$=\mathrm{e}^{\lim\limits_{x\to0}\ln\left(1+x+\frac{f(x)}{x}\right)/x}=\mathrm{e}^3$

$$\ln\left(1+x+\frac{f(x)}{x}\right)\to0,x\to0$$

即
$$\lim_{x\to0}\left(x+\frac{f(x)}{x}\right)=0$$
$$\lim_{x\to0}\frac{f(x)}{x}=0,\ f(0)=0$$

由于
$$f(x)=f'(0)x+\frac{f''(0)}{2}x^2+o(x^2)$$

所以
$$f'(0)=0,\ f(x)=\frac{f''(0)}{2}x^2+o(x^2)$$
$$1+x+\frac{f(x)}{x}=1+x+\frac{f''(0)}{2}x+o(x)$$

$$\frac{\ln\left(1+x+\frac{f(x)}{x}\right)}{x} \sim \frac{\left(x+\frac{f''(0)}{2}x\right)}{x} \sim 1+\frac{f''(0)}{2} \quad (x\to 0)$$

故有
$$e^{\lim\limits_{x\to 0}\left(1+\frac{f''(0)}{2}\right)} = e^3$$

即
$$1+\frac{f''(0)}{2}=3,\ f''(0)=4$$

典型计算题 5

利用洛必达法则计算下列函数的极限.

1. $\lim\limits_{x\to 0}\frac{\tan x - x}{x^3}$

2. $\lim\limits_{x\to 0}\frac{\tan x - x}{\sin x - x^2}$

3. $\lim\limits_{x\to 0+0} x^x$

4. $\lim\limits_{x\to +\infty}\frac{\ln(1+x^2)}{\ln\left(\frac{\pi}{2}-\arctan x\right)}$

5. $\lim\limits_{x\to +\infty}\frac{\ln x}{x^a}\quad (a>0)$

6. $\lim\limits_{x\to \frac{\pi}{2}}\left(x-\frac{\pi}{2}\right)\tan x$

7. $\lim\limits_{x\to +\infty}\frac{x^\alpha}{a^x}\quad (\alpha>0)$

8. $\lim\limits_{x\to +\infty}(\ln 2x)^{\frac{1}{\ln x}}$

9. $\lim\limits_{x\to 0}\frac{\tan x - x}{\sin x - x}$

10. $\lim\limits_{x\to 0}(1+\sin^2 x)^{\frac{1}{\tan^2 x}}$

11. $\lim\limits_{x\to \frac{\pi}{2}}\left(x-\frac{\pi}{2}\right)\cot 2x$

12. $\lim\limits_{x\to 1-0}(1-x)^{\ln x}$

13. $\lim\limits_{x\to \frac{3\pi}{4}}\frac{1+\sqrt[3]{\tan x}}{1-2\cos^2 x}$

14. $\lim\limits_{x\to 0+0}[\ln(x+e)]^{\frac{1}{x}}$

15. $\lim\limits_{x\to 0}\frac{\cos(\sin x)-\cos x}{x^4}$

16. $\lim\limits_{x\to 1}\left(\frac{1}{\ln x}-\frac{1}{x-1}\right)$

17. $\lim\limits_{x\to \infty}(e^x - x^2)$

18. $\lim\limits_{x\to +\infty}x^2\cdot e^{-2x}$

19. $\lim\limits_{x\to 1+0}\ln x\ln(x-1)$

20. $\lim\limits_{x\to 0+0}x^\alpha \ln x\ (\alpha>0)$

21. $\lim\limits_{x\to 0}\left(\frac{1}{x}-\frac{1}{e^x-1}\right)$

22. $\lim\limits_{x\to +\infty}(\ln x-\sqrt{x})$

23. $\lim\limits_{x\to 0}(1-\cos x)^x$

24. $\lim\limits_{x\to 0+0}\left(\ln\frac{1}{x}\right)^x$

4.8　习题答案

25. $\lim\limits_{x\to 0}(\cos x)^{\cot^2 x}$

26. $\lim\limits_{x\to a}\frac{a^x - x^a}{x-a}$

27. $\lim\limits_{x\to 1}(2-x)^{\tan\frac{\pi x}{2}}$

28. $\lim\limits_{x\to 0}\left(\cot x-\frac{1}{x}\right)$

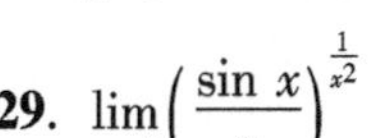

29. $\lim\limits_{x\to 0}\left(\frac{\sin x}{x}\right)^{\frac{1}{x^2}}$

30. $\lim\limits_{x\to \infty}\left(\tan\frac{\pi x}{2x+1}\right)^{\frac{1}{x}}$

4.9 函数的单调性　极值和最大（小）值

4.9　思维导图

4.9.1 函数的单调性

1. 可导函数在区间上单调的判定准则

定理 4-13　设函数 $f(x)$ 在区间 (a, b) 内可导. $f(x)$ 在区间 (a, b) 内是递增的函数，充分且必要条件是

$$f'(x) \geqslant 0, \forall x \in (a,b) \tag{4-73}$$

类似地，有

$$f'(x) \leqslant 0, \forall x \in (a,b)$$

是 $f(x)$ 在区间 (a, b) 内递减的充要条件.

证　下面仅限于证明递增函数的情形.

（1）必要性. 设 x_0 是区间（a, b）内的任一点，由函数递增的定义知

$$\forall x \in (a,b): x > x_0 \rightarrow f(x) \geqslant f(x_0)$$

$$\forall x \in (a,b): x < x_0 \rightarrow f(x) \leqslant f(x_0)$$

因而，若 $x \in (a, b)$ 且 $x \neq x_0$，则有不等式

$$\frac{f(x) - f(x_0)}{x - x_0} \geqslant 0$$

由导数的定义及极限的保号性知，当 $x \to x_0$ 时，有

$$f'(x_0) \geqslant 0, \forall x_0 \in (a,b)$$

（2）充分性. 设条件式（4-73）成立，且设 x_1，x_2 是区间（a, b）内任意两点，$x_1 < x_2$，则对函数 $f(x)$ 在闭区间 $[x_1, x_2]$ 上运用拉格朗日定理得

$$f(x_2) - f(x_1) = f'(\xi)(x_2 - x_1)$$

其中，$f'(\xi) \geqslant 0$，$\xi \in (a, b)$. 由此得

$$\forall x_1, x_2 \in (a,b): x_2 > x_1 \rightarrow f(x_2) \geqslant f(x_1)$$

这表明函数 $f(x)$ 在区间 (a, b) 内是递增的函数.

2. 函数严格单调的充分条件

定理 4-14　若对所有的 $x \in (a, b)$ 满足条件

$$f'(x) > 0 \tag{4-74}$$

则函数 $f(x)$ 在区间 (a, b) 上是严格递增的；而若对所有的 $x \in (a, b)$，满足

$$f'(x) < 0 \tag{4-75}$$

则函数 $f(x)$ 在区间（a, b）上是严格递减的.

证　这里仅限于证明满足条件式（4-74）的情形. 设 x_1 与 x_2 是区间(a, b)内任意两点，且 $x_1 < x_2$，由拉格朗日定理知

$$f(x_2) - f(x_1) = f'(\xi)(x_2 - x_1), \xi \in (a, b)$$

利用条件式（4-74）得 $f(x_2) > f(x_1)$. 证毕.

说明 1　条件式（4-74）对于函数严格单增来讲不是必要条件，如 $f(x) = x^3$，在 $\mathbf{R}$ 上严格单增，但有 $f'(0) = 0$.

定理 4-15　若 $f(x)$在区间$[a, b]$上连续且在区间(a, b)内可导，同时满足条件式（4-74），则函数 $f(x)$在区间$[a, b]$上严格递增；若同时满足条件式（4-75），则函数 $f(x)$ 在区间 $[a, b]$ 上严格递减.

定理 4-15 同定理 4-14 一样，可利用拉格朗日有限增量公式证明.

3. 函数在一点处的单调性

如果$\exists \delta > 0$：

$$\forall x \in (x_0 - \delta, x_0) \to f(x) < f(x_0)$$
$$\forall x \in (x_0, x_0 + \delta) \to f(x) > f(x_0) \tag{4-76}$$

则称函数 $f(x)$在点 x_0 处严格递增，需要指出条件式（4-76）等价于条件

$$\frac{f(x) - f(x_0)}{x - x_0} > 0, x \in \mathring{U}_\delta(x_0) \tag{4-77}$$

类似地，可给出函数 $f(x)$在点 x_0 处严格递减的概念，此时有

$$\frac{f(x) - f(x_0)}{x - x_0} < 0, x \in \mathring{U}_\delta(x_0)$$

定理 4-16　若 $f'(x_0) > 0$，则函数 $f(x)$在点 x_0 处严格递增. 而若 $f'(x_0) < 0$，则函数 $f(x)$在点 x_0 处严格递减.

证　不妨设 $f'(x_0) > 0$. 则由导数定义知，对于给定的 $\varepsilon = f'(x_0) > 0$，存在 $\delta > 0$，使得所有的 $x \in \mathring{U}_\delta(x_0)$满足不等式：

$$\left|\frac{f(x) - f(x_0)}{x - x_0} - f'(x_0)\right| < f'(x_0)$$

由此知式（4-77）成立，可类似考虑 $f'(x_0) < 0$ 的情形.

【例 4-80】　试证：若 $0 < x < \frac{\pi}{2}$，则 $\sin x > \frac{2}{\pi}x$（见图 4-18）.

证　考虑函数

$$f(x) = \begin{cases} \frac{\sin x}{x} & x \neq 0 \\ 1 & x = 0 \end{cases}$$

这个函数在区间$\left[0, \frac{\pi}{2}\right]$上连续且在区间$\left(0, \frac{\pi}{2}\right)$内可导，而在区间$\left(0, \frac{\pi}{2}\right)$内

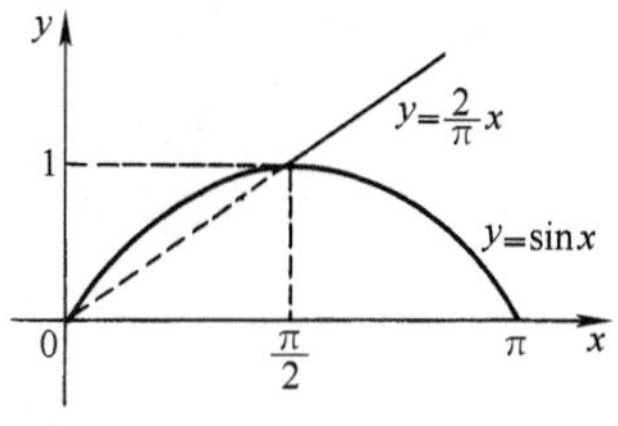

图 4-18

$$f'(x) = \frac{\cos x}{x^2}(x - \tan x) < 0$$

故由定理 4-15 知，$f(x)$ 在区间 $\left[0, \frac{\pi}{2}\right]$ 上严格递减，所以当 $x \in \left(0, \frac{\pi}{2}\right)$ 时，$f(x) > f\left(\frac{\pi}{2}\right)$，即

$$\frac{\sin x}{x} > \frac{2}{\pi}, x \in \left(0, \frac{\pi}{2}\right)$$

练习

1. 试确定下列函数的单调区间.

(1) $f(x) = x^x$, $x > 0$

(2) $f(x) = \left(1 + \frac{1}{x}\right)^x$, $x \in \mathbf{R} \backslash [-1, 0]$

2. 试证不等式

$$\forall x > 0: \ln(1 + x) < \frac{x(x + 2)}{2(x + 1)}$$

提示：考虑

$$g(x) = \ln(1 + x) - \frac{x(x + 2)}{2(x + 1)}$$

的单调性，证明不等式 $g(x) < g(0)$.

3. 证明：$x^2 \cos x < \sin^2 x$，$x \in \left(0, \frac{\pi}{2}\right)$.

4. 证明：$\frac{1}{3}\tan x + \frac{2}{3}\sin x > x$，$x \in \left(0, \frac{\pi}{2}\right)$.

5. 证明函数

$$f(x) = \begin{cases} 0 & x = 0 \\ x + x^2 \sin \frac{2}{x} & x \neq 0 \end{cases}$$

在点 $x = 0$ 处单调递增，但在任何区间 $(-\varepsilon, \varepsilon)$（$\varepsilon > 0$ 可任意小）内不是单调递增的.

利用本节定理还可证明某些不等式及判定代数方程根的存在性，如下面例子.

【例 4-81】 设函数 $f(x)$ 在区间 $[a, b]$ 上连续，在区间 (a,b) 内 $f''(x) > 0$，试证：函数 $\varphi(x) = \frac{f(x) - f(a)}{x - a}$ 在区间 (a, b) 内单调增加.

证 因 $f''(x) > 0$，故 $f'(x)$ 在区间 (a, b) 内单增.

$$\begin{aligned} \varphi'(x) &= \frac{(x-a)f'(x) - [f(x) - f(a)]}{(x-a)^2} \\ &= \frac{(x-a)f'(x) - f'(\xi)(x-a)}{(x-a)^2} \\ &= \frac{f'(x) - f'(\xi)}{x - a} > 0 \quad (a < \xi < x) \end{aligned}$$

所以，$\varphi(x)$ 在区间 (a, b) 内单增.

【例 4-82】　设$f(x)$在区间$[0, +\infty)$内可导，且$x>0$时，$f'(x)>k>0$，试证：当$f(0)<0$时，$f(x)=0$在区间$(0, +\infty)$内有且仅有一根.

证　令$F(x)=f(x)-kx$，因$F'(x)=f'(x)-k>0$，所以，$F(x)$在区间$(0, +\infty)$内递增，$F(x)>F(0)=f(0)$，即$f(x)-kx>f(0)$，$f(x)>kx+f(0)$，取$x_0\in(0, +\infty)$，使$kx_0+f(0)\geqslant 0$，即取$x_0\geqslant -\dfrac{f(0)}{k}>0$时，有$f(x_0)>0$，而$f(0)<0$，于是由介值定理知区间$[0, x_0]$内至少存在一点$\xi$：$f(\xi)=0$.

由于$f'(x)>k>0$，故$f(x)$在区间$[0, +\infty)$上递增，于是$f(x)=0$在区间$(0, +\infty)$内仅有一实根.

【例 4-83】　设$a>0$，$b>0$，试证明：当$n\geqslant 2$时，有$\sqrt[n]{a}+\sqrt[n]{b}>\sqrt[n]{a+b}$.

证　设$f(x)=x^{\frac{1}{n}}+b^{\frac{1}{n}}-(x+b)^{\frac{1}{n}}$，因

$$f'(x)=\frac{1}{n}x^{\frac{1}{n}-1}-\frac{1}{n}(x+b)^{\frac{1}{n}-1}$$

$$=\frac{1}{n}\left[\frac{1}{\sqrt[n]{x^{n-1}}}-\frac{1}{\sqrt[n]{(x+b)^{n-1}}}\right]>0$$

且$f(0)=0$，所以$f(x)$递增$(x>0)$. 于是$f(x)>0$，即$x^{\frac{1}{n}}+b^{\frac{1}{n}}-(x+b)^{\frac{1}{n}}>0$，取$x=a$，得证.

4.9.2　函数的极值

1. 极值的必要条件

在 4.6 节已经给出了有关极值的概念.

容易由费尔玛定理得到极值的必要条件，即如果函数在点x_0取极值且在x_0处可导，则必有$f'(x_0)=0$. 同时，根据这个定理知，函数的极值点集合应包含在使其导数等于零的点集与定义域内使其导数不存在的点集的并集之中，我们称导数等于零的点为函数$f(x)$的驻点. 需要注意：不是任何驻点或使其导数不存在的点都是极值点.

因此，有必要讨论极值的充分条件.

2. 极值的充分条件

如果

$$\exists\delta>0:\forall x\in\mathring{U}_\delta(x_0)\to f(x)<f(x_0)\tag{4-78}$$

则称x_0是函数$f(x)$的严格极大点. 如果

$$\exists\delta>0:\forall x\in\mathring{U}_\delta(x_0)\to f(x)>f(x_0)\tag{4-79}$$

则称x_0是函数$f(x)$的严格极小点.

需要指出，如果函数f在x_0处的δ-邻域内有定义，且在区间$(x_0-\delta, x_0]$内是严格递增的，而在区间$[x_0, x_0+\delta)$内是严格递减的，则满足条件式（4-78），从而x_0是函数的严格极大点.

类似地，可叙述严格极小的充分条件.

现在我们来讨论可导函数极值的充分条件. 先提出一个概念：

如果函数 $g(x)$ 在点 x_0 的某个去心 δ - 邻域内有定义，且对所有 $x\in(x_0-\delta,x_0)$ 满足不等式 $g(x)<0$，而对所有的 $x\in(x_0,x_0+\delta)$ 满足 $g(x)>0$，则称函数 $g(x)$ 当 x 渐增经过 x_0 时从负变正，还可类似定义当 x 渐增经过 x_0 时 $g(x)$ 从正变负.

说明 2　若 x_0 是函数 $f(x)$ 的严格极值点，则差 $f(x)-f(x_0)$ 在点 x_0 的去心 δ - 邻域内保号. 反之，若差 $f(x)-f(x_0)$ 在 $U_\delta(x_0)$ 内保号，则 x_0 是 $f(x)$ 的严格极值点.

若这个差当 x 渐增经过 x_0 时变号，则函数 $f(x)$ 在点 x_0 没有极值.

定理 4-17　（严格极值的第一充分条件）

设函数 $f(x)$ 在点 x_0 的某个邻域内可导（x_0 可以除外，但在 x_0 连续），则

（1）如果当 x 渐增经过 x_0 时，函数 $f'(x)$ 从负变正，即

$$\forall x\in(x_0-\delta,x_0)\to f'(x)<0$$

$$\forall x\in(x_0,x_0+\delta)\to f'(x)>0 \tag{4-80}$$

则 x_0 是函数 f 的严格极小点（见图 4-19）.

（2）若当 x 渐增经过 x_0 时，$f'(x)$ 从正变负，则 x_0 是函数 f 的严格极大点（见图 4-20）.

证　设满足条件式（4-80），如果 $x\in(x_0-\delta,\ x_0)$ 是任一点，则函数在区间 $[x,\ x_0]$ 上连续，在区间 $(x,\ x_0)$ 内可导，由拉格朗日定理知

$$f(x)-f(x_0)=f'(\xi)(x-x_0) \tag{4-81}$$

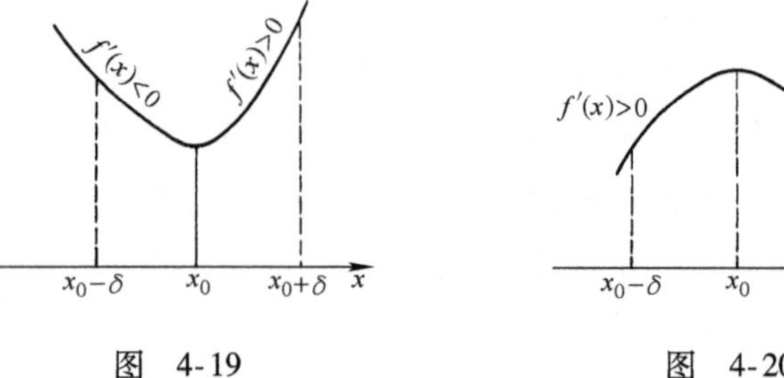

图　4-19　　　　图　4-20

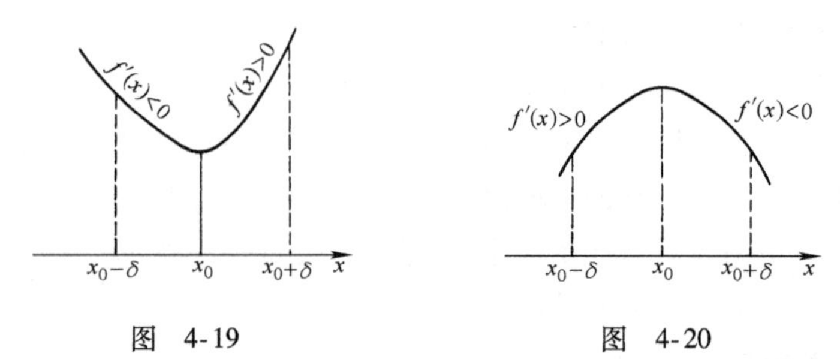

其中，$f'(\xi)<0$，这是因为 $x_0-\delta<x<\xi<x_0$，且 $x-x_0<0$. 由此可得

$$\forall x\in(x_0-\delta,x_0)\to f(x)>f(x_0) \tag{4-82}$$

类似地，对函数 $f(x)$ 在区间 $[x_0,\ x]$，$x_0<x<x_0+\delta$ 上运用拉格朗日定理，得

$$\forall x\in(x_0,x_0+\delta)\to f(x)>f(x_0)$$

由条件式（4-81）与式（4-82）得论断式（4-79），即 x_0 是函数 $f(x)$ 的严格极小点.

类似可证得严格极大点的情形.

说明 3　如果函数 $f(x)$ 在 x_0 处有极大值，能否断定：在 x_0 的足够小的邻域内，当 $x<$

x_0 时函数 $f(x)$ 单调递增，而当 $x>x_0$ 时 $f(x)$ 单调递减？答案是否定的.

研究函数

$$y=\begin{cases}2 & x=0\\ 2-x^2\left(1-\sin\dfrac{1}{x}\right) & x\neq 0\end{cases}$$

显然 y 在 x_0 处连续且有极值：$y(x)\leqslant 2=y(0)$，$\forall x$. 然而不存在点 $x=0$ 的足够小的领域，使当 $x<0$ 时函数 y 单调递增，而当 $x>0$ 时函数 y 单调递减.

事实上，

$$y'=-2x\left(1-\sin\frac{1}{x}\right)-\cos\frac{1}{x}(x\neq 0)$$

$$y'(0)=\lim_{x\to 0}\frac{2-x^2\left(1-\sin\dfrac{1}{x}\right)-2}{x}=-\lim_{x\to 0}x(1-\sin x)=0$$

由于当 x 充分小时，$2x\left(1-\sin\dfrac{1}{x}\right)$ 可任意小，所以导数的符号将依赖于 $\cos\dfrac{1}{x}$ 的取值. 当 $x>0$时，$\cos\dfrac{1}{x}$ 取 ± 1 任意多次，这意味着在 $x=0$ 的任何邻域内，函数都是振荡式的变化.

此例说明判断函数 $y=f(x)$ 在连续点 x_0 处达到极大值的判定条件：

$$\exists U(x_0):\forall x\in U(x_0-0)\rightarrow\frac{f(x)-f(x_0)}{x-x_0}\geqslant 0,\text{而}\forall x\in U(x_0+0)\rightarrow\frac{f(x)-f(x_0)}{x-x_0}\leqslant 0$$

仅是充分条件，但不是必要条件. 对于极小值也有类似的情形.

定理 4-18　（**严格极值的第二充分条件**）

设 x_0 是 $f(x)$ 的驻点，即 $f'(x_0)=0$ 且存在二阶导数 $f''(x_0)$，

(1) 若 $f''(x_0)>0$，则 x_0 是函数 $f(x)$ 的严格极小点.

(2) 若 $f''(x_0)<0$，则 x_0 是函数 $f(x)$ 的严格极大点.

证　若 $f''(x_0)>0$，则由定理 4-16 可知，函数 $f'(x)$ 在点 x_0 处是递增的，即存在 $\delta>0$，使得

$$\forall x\in(x_0-\delta,x_0)\rightarrow f'(x)<f'(x_0)=0$$

$$\forall x\in(x_0,x_0+\delta)\rightarrow f'(x)>f'(x_0)=0$$

由此得出，当 x 渐增经过 x_0 时，$f'(x)$ 从负变正. 再由定理 4-17 知，x_0 是函数 $f(x)$ 的严格极小点. 类似可证明 $f''(x_0)<0$ 的情形. 如对 $f(x)=x^2$，有 $f'(0)=0$，$f''(0)=2$. 从而知 $x_0=0$ 是函数 $f(x)=x^2$ 的严格极小点.

说明 4　如果 $f'(x_0)=0$，且 $f''(x_0)=0$，则函数 $f(x)$ 在 x_0 处可能有极值 ($f(x)=x^4$，$x_0=0$)，也可能无极值 ($f(x)=x^3$，$x_0=0$). 因此，下面定理给出了当 $f''(x_0)=0$ 时，函数极值的充分条件.

定理 4-19　（**严格极值的第三充分条件**）

假设存在 $f^{(n)}(x_0)$，$n>2$，且满足条件

$$f'(x_0)=f''(x_0)=\cdots=f^{(n-1)}(x_0)=0 \tag{4-83}$$

$$f^{(n)}(x_0) \neq 0 \tag{4-84}$$

（1）若 n 是偶数，则 x_0 是函数 $f(x)$ 的极值点，且当 $f^{(n)}(x_0)<0$ 时，x_0 是严格极大点；当 $f^{(n)}(x_0)>0$ 时，x_0 是严格极小点.

（2）若 n 是奇数，则 x_0 不是函数 $f(x)$ 的严格极值点.

证　利用在 x_0 的邻域上的泰勒公式与条件式（4-83）得

$$f(x)-f(x_0)=\frac{f^{(n)}(x_0)}{n!}(x-x_0)^n+o((x-x_0)^n)$$

可将等式写成

$$f(x)-f(x_0)=\frac{f^{(n)}(x_0)}{n!}(x-x_0)^n(1+\alpha(x)) \tag{4-85}$$

其中，因 $C\cdot o((x-x_0)^n)=o((x-x_0)^n)$，故当 $x\to x_0$ 时，$\alpha(x)=o(1)\to 0$，所以 $\exists\delta>0:\forall x\in\mathring{U}_\delta(x_0)\to|\alpha(x)|<\frac{1}{2}$，由此得

$$1+\alpha(x)>0,\forall x\in\mathring{U}_\delta(x_0)$$

再由式（4-85）得

$$\operatorname{sgn}(f(x)-f(x_0))=\operatorname{sgn}(f^{(n)}(x_0)\cdot(x-x_0)^n),\forall x\in\mathring{U}_\delta(x_0) \tag{4-86}$$

（1）设 $n=2k$ 是偶数，则

$$\forall x\in\mathring{U}_\delta(x_0)\to(x-x_0)^n=(x-x_0)^{2k}>0$$

且由式（4-86）得

$$\operatorname{sgn}(f(x)-f(x_0))=\operatorname{sgn}f^{(n)}(x_0)$$

如果 $f^{(n)}(x_0)>0$，则对任何 $x\in\mathring{U}_\delta(x_0)$ 都满足 $f(x)-f(x_0)>0$，这表明 x_0 是函数 $f(x)$ 的严格极小点. 类似有：若 $f^{(n)}(x_0)<0$，则 x_0 是 $f(x)$ 的严格极大点.

（2）设 $n=2k+1$ 是奇数，则由式（4-86）知，因当 x 渐增经过 x_0 时 $(x-x_0)^{2k+1}$ 变号，从而差 $f(x)-f(x_0)$ 变号. 这表明 x_0 不是 $f(x)$ 的极值点. 证毕.

【例 4-84】　求下列函数的极值点.

（1）$f(x)=(x-2)^2(x+1)^3$　　　（2）$f(x)=|x^2-4|\mathrm{e}^{-|x|}$

解　（1）因函数 $f(x)$ 在 $\mathbf{R}$ 内可导，所以它的极值点只能包含在驻点集合之中，由

$$\begin{aligned}f'(x)&=2(x-2)(x+1)^3+3(x+1)^2(x-2)^2\\&=(x-2)(x+1)^2(5x-4)=0\end{aligned}$$

解得根为 $x_1=-1$，$x_2=\frac{4}{5}$，$x_3=2$，并且当 x 渐增经过 x_1 时 $f'(x)$ 不变号，而当 x 渐增经过 x_2，x_3 时，$f'(x)$ 变号，且对于 x_2，$f'(x)$ 由正变负，而对 x_3，$f'(x)$ 由负变正，因而 x_2 是 $f(x)$ 的严格极大点，x_3 是 $f(x)$ 的严格极小点.

（2）函数 $f(x)$ 在 $\mathbf{R}$ 内连续，且除了 $x=-2$，0，2 三点外，在 $\mathbf{R}$ 内可导，$f(x)$ 是偶函数. 如果 $x>0$，则记

$$f(x) = \begin{cases} -g(x) & x \in [0,2] \\ g(x) & x > 2 \end{cases}$$

其中，$g(x)=(x^2-4)e^{-x}$. 方程 $g'(x)=(-x^2+2x+4)e^{-x}=0$ 在区间（0，$+\infty$）内有唯一的根 $x_1=1+\sqrt{5}$，且当 $x>2$ 时，$g'(x)=f'(x)$，因当 x 渐增经过 x_1 时，$g'(x)$ 由正变负，所以点 x_1 是 $f(x)$ 的严格极大点.

再考虑使 $f(x)$ 导数不存在的点 $x_2=2$，$x_3=0$ 的情形.

因为当 $x\in(0,2)$ 时，$f'(x)=-g'(x)$，且当 $x>2$ 时，$f'(x)=g'(x)$，所以当 x 渐增经过 $x_2=2$ 时，$f'(x)$ 从负变正，所以 $x_2=2$ 是 $f(x)$ 的严格极小点.

考虑到 $f(x)$ 在区间（0，2）上严格递减而在 $\mathbf{R}$ 上又是偶函数，故可直接得出结论：$x_3=0$ 是 $f(x)$ 的严格极大点.

最后，考虑到 $f(x)$ 在 $\mathbf{R}$ 上是偶函数，故可知：$x=-2$ 与 $x=2$ 是 $f(x)$ 的严格极小点，而 $x=-(1+\sqrt{5})$，$x=0$，$x=1+\sqrt{5}$ 是 $f(x)$ 的严格极大点.

4.9.3　函数的最大值与最小值

根据连续函数 $f(x)$ 在闭区间 $[a, b]$ 上的性质知，在区间 $[a, b]$ 上 $f(x)$ 一定可以取到它的最大值与最小值.

我们经常遇到如下两种情形：

(1) 设 $f(x)$ 在区间 $[a, b]$ 上连续且有极大点 x_1，…，x_k 与极小点 x_1'，…，x_m'（不再有其他的极值点），则 $f(x)$ 在区间 $[a, b]$ 上的最大值等于 $\max\{f(a), f(x_1), \cdots, f(x_k), f(b)\}$，而 $f(x)$ 在区间 $[a, b]$ 上的最小值等于 $\min\{f(a), f(x_1'), \cdots, f(x_m'), f(b)\}$.

(2) 设 $f(x)$ 在区间 $[a, b]$ 上连续，在区间 (a, b) 内可导，而 $f'(x)=0$ 仅有一根 $x_0\in(a, b)$. 若 $\forall x\in(a,x_0): f'(x)<0$ 而 $\forall x\in(x_0, b): f'(x)>0$，则 $f(x_0)$ 即为 $f(x)$ 在区间 $[a, b]$ 上的最小值；若 $\forall x\in(a, x_0): f'(x)>0$ 而 $\forall x\in(x_0, b): f'(x)<0$，则 $f(x_0)$ 是 $f(x)$ 在区间 $[a, b]$ 上的最大值.

【例 4-85】 求函数

$$f(x) = (x-3)^2 e^{|x|}$$

在区间 $[-1, 4]$ 上的最大值与最小值.

解　因为 $f(x)\geqslant 0$，且 $f(3)=0$，所以 $f_{\min}=0$.

下面在区间 $(-1, 4)$ 内求 $f'(x)$.

$$f'(x) = \begin{cases} 2(x-3)e^{-x} - (x-3)^2 e^{-x} = (x-3)(5-x)e^{-x} & x < 0 \\ 2(x-3)e^{x} + (x-3)^2 e^{x} = (x-3)(x-1)e^{x} & x > 0 \end{cases}$$

在 $x=0$ 处导数不存在. 由 $f'(x)=0$ 解得 $x_1=1$，$x_2=3$. 利用定理 4-18 知 $x_1=1$ 是极大点且由经过 $x=0$ 时 $f'(x)$ 由负变正知，$f(x)$ 在 $x=0$ 取极小值，计算 $f(x)$ 在 -1，1，4 的值，得

$$f(-1) = 16e, f(1) = 4e, f(4) = e^4$$

由 $e^4>16e>4e$ 知

$$\max_{x\in[-1,4]} f(x) = f(4) = e^4, \text{且} \min_{x\in[-1,4]} f(x) = f(3) = 0$$

【例 4-86】 证明：

$$0 \leqslant \sin^3 x \cos x \leqslant \frac{3\sqrt{3}}{16},\ x \in \left[0,\frac{\pi}{2}\right] \tag{4-87}$$

证 记 $\varphi(x)=\sin^3 x\cos x$，则

$$\varphi(x) = \frac{1}{4}\sin 2x(1-\cos 2x) = \frac{1}{4}\sin 2x - \frac{1}{8}\sin 4x$$

$$\varphi'(x) = \frac{1}{2}(\cos 2x - \cos 4x) = \sin x \sin 3x$$

由 $\varphi'(x)=0$ 得唯一解 $x=x_0=\frac{\pi}{3}\in\left(0,\ \frac{\pi}{2}\right)$，且当 $x\in\left(0,\ \frac{\pi}{3}\right)$时，$\varphi'(x)>0$，而当 $x\in\left(\frac{\pi}{3},\ \frac{\pi}{2}\right)$时，$\varphi'(x)<0$，因此，$x_0$ 是 $\varphi(x)$的极大点，并且

$$\max_{x\in\left[0,\frac{\pi}{2}\right]}\varphi(x) = \varphi(x_0) = \frac{3\sqrt{3}}{16}$$

式（4-87）的右侧不等式得证，而式（4-87）的左侧不等式因 $x\in\left[0,\ \frac{\pi}{2}\right]$，$\sin x\geqslant 0$，$\cos x\geqslant 0$ 而得证.

说明 5 若连续函数在闭区间 $[a,\ b]$ 内只有一个极值点 x_0，且 $f(x_0)$为极大值（极小值），则 $f(x_0)$就是 $f(x)$在区间$[a,\ b]$上的最大值（最小值）.

【例 4-87】 证明：$xe^{1-x}\leqslant 1$，$x\in(-\infty,+\infty)$.

证 设 $f(x)=xe^{1-x}$，$f'(x)=e^{1-x}-xe^{1-x}=0$，$x=1$，因

$$f''(x) = e^{1-x}(x-2),\ f''(1)<0$$

所以 $f(x)$在 $x=1$ 处取极大值，即最大值，故 $f(x)\leqslant 1$，即 $xe^{1-x}\leqslant 1$.

【例 4-88】 试证方程 $a^x=bx(a>1)$，（1）当 $b<0$ 时有唯一实根；（2）当$b>e\ln a$时有两个实根；当 $0<b<e\ln a$ 时无实根.

证 （1）当 $b<0$ 时，设 $f(x)=a^x-bx$，则 $f'(x)=a^x\ln a-b>0$，所以，$f(x)$单调增加，而 $\lim\limits_{x\to-\infty}f(x)=-\infty$，$\lim\limits_{x\to+\infty}f(x)=+\infty$，所以在区间（$-\infty$，$+\infty$）内仅有 x_0 使 $f(x_0)=0$，即 $a^{x_0}=bx_0$，有唯一实根.

（2）当 $b>0$ 时，令 $f'(x)=0$，即 $a^x\ln a-b=0$ 有唯一实根.

$x_0=\log_a\frac{b}{\ln a}=\frac{\ln b-\ln\ln a}{\ln a}$，$f(x_0)$为极值，因

$$f''(x) = a^x(\ln a)^2 > 0$$

所以 $f(x_0)$ 为唯一极小值，且当 $x<x_0$ 时，$f'(x)<0$，$f(x)$ 递减，当 $x>x_0$ 时，$f'(x_0)>0$，$f(x)$递增，$f(x_0)=\frac{b}{\ln a}\ln\frac{e\ln a}{b}$.

因当 $a>1$，$\ln a>0$，$b>0$，故若$\frac{e\ln a}{b}<1$，即 $b>e\ln a$，$f(x_0)<0$，$f(x)=0$ 有两个实根；若$\frac{e\ln a}{b}>1$，即 $0<b<e\ln a$ 时，$f(x_0)>0$，$f(x)=0$ 无实根.

【例 4-89】 设函数 $f(x)$ 在区间 $[0,\ 1]$ 上二阶可导，且 $\max\limits_{x\in(0,\ 1)} f(x)=\dfrac{1}{4}$，$|f''(x)|\leqslant 1$，试证：

$$|f(0)|+|f(1)|<1$$

证　设 $x=a$ $(0<a<1)$ 是 $f(x)$ 的最大点，则 $f'(a)=0$.

由

$$f(0)=f(a)+f'(a)(0-a)+\frac{f''(\zeta_1)}{2!}(0-a)^2$$

$$=\frac{1}{4}+\frac{f''(\zeta_1)}{2}a^2,0<\zeta_1<a$$

$$f(1)=f(a)+f'(a)(1-a)+\frac{f''(\zeta_2)}{2!}(1-a)^2$$

$$=\frac{1}{4}+\frac{f''(\zeta_2)}{2}(1-a)^2,a<\zeta_2<1$$

知

$$|f(0)|\leqslant\frac{1}{4}+\frac{1}{2}a^2,\ |f(1)|\leqslant\frac{1}{4}+\frac{1}{2}(1-a)^2$$

$$|f(0)|+|f(1)|\leqslant 1+a(a-1)<1\quad(0<a<1)$$

练习

6. 用薄铝片冲压制成圆柱形平底无盖铝锅，当铝锅表面积为定值时，试确定底半径 r 与高 h 之比，使铝锅的容量最大.

7. 某出版社出一种书，印刷 x 册所需要成本为 $y=2500+5x$（元）. 每册售价 p 与 x 之间有经验公式：$\dfrac{x}{1000}=6\left(1-\dfrac{p}{30}\right)$. 问价格 p 定为多少时，出版社获利最大（假设该书全部售出）.

8. 以倾角 α，初速 v_0 向右上方斜抛一物体，若忽略空气阻力，α 为多大时射程最大?

9. 用一半径为 R 的扇形片做一漏斗，漏斗的高为多大时，漏斗的容积最大，此时扇形圆心角是多大?

10. 用某种仪器测量某零件的长度 n 次，所得的数据（长度）为 x_1，x_2，…，x_n，试证：应用表达式 $x=\dfrac{1}{n}$（$x_1+x_2+\cdots+x_n$）算得的长度能较好地表达该零件的长度，亦即使之与 n 个数据的差的平方和 $(x-x_1)^2+(x-x_2)^2+\cdots+(x-x_n)^2$ 为最小.

典型计算题 6

1. 试求下列函数的极值.

(1) $y=x^3-3x^2+1$　　(2) $y=x^2+\dfrac{16}{x}-14$

(3) $y=x^4-2x^2+3$　　(4) $y=\sqrt[3]{2x^2}+1$

(5) $y=\dfrac{4x}{4+x^2}$　　(6) $y=-\dfrac{x^2}{2}+\dfrac{8}{x}+8$

(7) $y=x^3-18x^2+96x$　　(8) $y=\sin 2x-x$

(9) $y=\sqrt{5-3x}$　　(10) $y=\sqrt{4-x^2}$

(11) $y=\dfrac{1+x^2}{1+x^4}$　　(12) $y=|x^2-3x+2|$

(13) $y=x\mathrm{e}^{-0.01x}$　　(14) $y=\sqrt[3]{2(x-1)^2(x-4)}$

(15) $y=3-x-\dfrac{4}{(x+2)^2}$

4.9　习题答案

2. 试求下列函数在给定区间上的最大值和最小值.

(1) $y=2\sqrt{x}-x, x\in[0, 4]$　　(2) $y=\dfrac{4-x^2}{4+x^2}$, $x\in[-1, 3]$

(3) $y=\dfrac{1}{x^2-1}$, $x\in\left[-\dfrac{1}{2}, \dfrac{1}{2}\right]$　　(4) $y=\cos 2x+2x$, $x\in\left[-\dfrac{\pi}{2}, \dfrac{\pi}{2}\right]$

(5) $y=\tan x-x$, $x\in\left[-\dfrac{\pi}{4}, \dfrac{\pi}{4}\right]$

4.10　函数的凹凸性　拐点与渐近线　分析作图法

为了准确地描绘函数的图形，除曲线的单调性及极值外，还需要掌握光滑曲线的弯曲方向及曲线如何伸向无穷远等性态.

4.10　思维导图

4.10.1　函数的凹凸性

若曲线段位于其上各点的切线上（下）方，则说曲线段凸向下（上）或称是下（上）凸的，下凸的曲线段也称为凹向上的，上凸的曲线段称为凹向下的.

下面我们给出数学上的精确定义.

设函数 $f(x)$ 在区间 (a, b) 上有定义，$-\infty\leqslant a<b\leqslant+\infty$.

定义 4-4　若

$$\forall\{x_1, x_2\}\subset(a, b), \forall\alpha\in[0, 1]: f(\alpha x_1+(1-\alpha)x_2)\leqslant\alpha f(x_1)+(1-\alpha)f(x_2)$$

则称 f 在区间 (a, b) 上是**下凸的**. 若 $-f$ 在区间 (a, b) 上是下凸的，则称 f 在区间 (a, b) 上是**上凸的**.

定义 4-5　若

$$\forall\{x_1, x_2\}\subset(a, b), x_1\neq x_2, \forall\alpha\in(0, 1):$$

$$f(\alpha x_1+(1-\alpha)x_2)<\alpha f(x_1)+(1-\alpha)f(x_2)$$

则称函数 f 在区间 (a, b) 上是**严格下凸的**. 若 $-f$ 在区间 (a, b) 上严格下凸，则 f 在区间 (a, b) 上是**严格上凸的**.

【例 4-90】　$f(x)=Lx+M$, $x\in\mathbf{R}$, $\{L, M\}\subset\mathbf{R}$, 在 $\mathbf{R}$ 上既是下凸的，又是上凸的，但

不是严格的.

【例 4-91】 $f(x)=x^2$, $x\in\mathbf{R}$ 在 $\mathbf{R}$ 上是严格下凸的.

证 设 $x_1\neq x_2,\alpha\in(0,1)$，则

$$\begin{aligned}(\alpha x_1+(1-\alpha)x_2)^2&=\alpha^2x_1^2+2\alpha(1-\alpha)x_1x_2+(1-\alpha)^2x_2^2\\&<\alpha^2x_1^2+(x_1^2+x_2^2)\alpha(1-\alpha)+(1-\alpha)^2x_2^2\\&=\alpha x_1^2+(1-\alpha)x_2^2\end{aligned}$$

由定义 4-5 得证.

练习

1. 证明：$f(x)=|x|$, $x\in\mathbf{R}$，在 $\mathbf{R}$ 上是下凸的.
2. 证明：$f(x)=\dfrac{1}{x}$, $x>0$，在区间 $(0,+\infty)$ 上是严格下凸的.

说明 1 对于在区间 $[a,b]$ 上连续的函数 $f(x)$，若

$$\forall\{x_1,x_2\}\subset[a,b]:f\left(\frac{x_1+x_2}{2}\right)\geqslant\frac{f(x_1)+f(x_2)}{2}\tag{4-88}$$

则 f 在区间 $[a,b]$ 上是上凸的；若 $x_1\neq x_2$,

$$f\left(\frac{x_1+x_2}{2}\right)>\frac{f(x_1)+f(x_2)}{2}\tag{4-89}$$

则 f 在区间 $[a,b]$ 上是严格上凸的.

这个定义可在定义 4-4 中令 $\alpha=\dfrac{1}{2}$ 得出．类似地，可给出 f 在区间 $[a,b]$ 上是下凸或严格下凸的定义. 事实上，可以证明它们分别与定义 4-4，定义 4-5 是等价的.

对于式 (4-88)，我们给出相应的几何解释. 设 M_1, M_2, M_0 是 $y=f(x)$ 的图形上的三点，其横坐标对应为 x_1, x_2, $x_0=\dfrac{x_1+x_2}{2}$，则 $\dfrac{f(x_1)+f(x_2)}{2}$ 是线段 M_1M_2 的中点 K 的纵坐标，而 $f\left(\dfrac{x_1+x_2}{2}\right)=f(x_0)$ 是与 K 有同样横坐标 x_0 的点 M_0 的纵坐标，条件式 (4-88) 表明，对于函数 $y=f(x)$ 的图形上任意两点 M_1 与 M_2，弦 M_1M_2 的中点 K 总不高于点 M_0（见图 4-21).

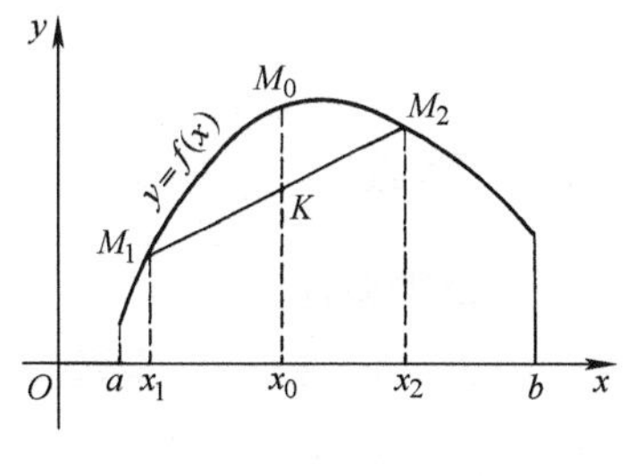

图 4-21

4.10.2 判别函数凹凸性的充分条件

定理 4-20 设 $f(x)$ 在区间 $[a,b]$ 上可导，且在区间 (a,b) 内存在 $f''(x)$：

(1) 若对所有的 $x\in(a,b)$，有 $f''(x)\geqslant0$，则 $f(x)$ 在区间 $[a,b]$ 上是下凸的.

(2) 若对所有的 $x\in(a,b)$，有 $f''(x)\leqslant0$，则 $f(x)$ 在区间 $[a,b]$ 上是上凸的.

证　下面仅限于证明（1），即要证明：对任何 $x_1, x_2 \in [a, b]$ 满足不等式（4-88）的反向不等式．设 $x_1 < x_2$（若 $x_1 = x_2$，则式(4-88)自然成立），记 $x_0 = \frac{x_1 + x_2}{2}$，$x_2 - x_1 = 2h$，则 $x_2 - x_0 = x_0 - x_1 = h$，由此得 $x_1 = x_0 - h$，$x_2 = x_0 + h$．对函数 $y = f(x)$ 分别在区间 $[x_1, x_0]$ 和 $[x_0, x_2]$ 上运用含有拉格朗日型余项的泰勒公式且令 $n = 2$，得

$$f(x_1) = f(x_0 - h) = f(x_0) - f'(x_0)h + \frac{f''(\xi_1)}{2!}h^2,\ x_0 - h < \xi_1 < x_0$$

$$f(x_2) = f(x_0 + h) = f(x_0) + f'(x_0)h + \frac{f''(\xi_2)}{2!}h^2,\ x_0 < \xi_2 < x_0 + h$$

由此可求得

$$f(x_1) + f(x_2) = 2f(x_0) + \frac{h^2}{2}(f''(\xi_1) + f''(\xi_2)) \tag{4-90}$$

因 $\xi_1 \in (a, b)$，$\xi_2 \in (a, b)$，故由（1）中的条件知：$f''(\xi_1) \geqslant 0$，$f''(\xi_2) \geqslant 0$，再由式(4-90)得证．

说明 2　在定理 4-20 中，若 $f''(x) \neq 0, x \in [a, b]$，则函数 f 的凸性是严格的．

【例 4-92】　试证：

$$e^{\frac{x+y}{2}} \leqslant \frac{e^x + e^y}{2},\ x,\ y \in \mathbf{R}$$

证　设 $f(x) = e^x$，因 $f''(x) = e^x > 0$，故 $f(x) = e^x$ 在 $\mathbf{R}$ 上是严格下凸的．由式（4-89）得知，当 $x_1 \neq x_2$ 时，取 $x_1 = x$，$x_2 = y$，$x, y \in \mathbf{R}$，得

$$e^{\frac{x+y}{2}} < \frac{e^x + e^y}{2}$$

而当 $x = y$ 时，有

$$e^{\frac{x+y}{2}} = \frac{e^x + e^x}{2} = e^x$$

4.10.3　拐点

1. 拐点的概念

设函数 $f(x)$ 在点 x_0 连续且在 x_0 处或存在有限导数 $f'(x)$，或存在无穷大导数（$f'(x_0) = +\infty$ 或 $f'(x_0) = -\infty$）．

如果当 x 渐增经过 x_0 时 $f(x)$ 改变了凹凸性，则称点 $(x_0, f(x_0))$ 为函数 $y = f(x)$ 图形的拐点．

如对 $y = x^3$ 或 $y = \sqrt[3]{x}$ 的图形，点（0，0）即是拐点．

2. 拐点存在的必要条件

定理 4-21　如果点 $(x_0, f(x_0))$ 是函数 $y = f(x)$ 的图形的拐点，$f(x)$ 在点 x_0 的某个邻域内存在二阶导数，且二阶导数在 x_0 处连续，则

$$f''(x_0) = 0$$

证　设 $f''(x_0)\neq 0$，则由 $f''(x)$ 在 x_0 处连续知

$$\exists\delta>0:\forall x\in U_\delta(x_0)\rightarrow \operatorname{sgn} f''(x)=\operatorname{sgn} f''(x_0)$$

即对任何 $x\in U_\delta(x_0)$ 有 $f''(x)>0$ 或 $f''(x)<0$，因此，$f(x)$ 在 $U_\delta(x_0)$ 内或为下凸的，或为上凸的，与已知点 $(x_0, f(x_0))$ 是 $f(x)$ 的拐点相矛盾. 证毕.

说明 3　由上可知，f 的拐点横坐标点集合应包含在使 $f''(x)=0$ 的点集与使 f'' 不存在的点集的并集之中.

3. 拐点存在的充分条件

定理 4-22　设函数 f 在 x_0 处连续，且满足

(1) $\exists\delta>0$，$\forall x\in U_\delta(x_0)$：$f''(x)$ 存在

(2) $f''(x_0)=0$

(3) f'' 在 x_0 的左邻域与右邻域的符号保号（即或总取 +，或总取 −）

若 f'' 在 x_0 的左邻域与右邻域的符号相反，则点 (x_0, y_0) 是 f 的拐点，若符号相同，则点 (x_0, y_0) 不是 f 的拐点.（证略）

定理 4-23　若 $f(x)$ 在 x_0 的邻域内三阶可导，且 $f^{(2)}(x_0)=0$，$f^{(3)}(x_0)\neq 0$，则点 $(x_0, f(x_0))$ 是 $y=f(x)$ 的图形的拐点.

证　若 $f^{(3)}(x_0)\neq 0$，故由 4.9 节定理 4-16 知，$f''(x)$ 在 x_0 或严格递增，或严格递减，由 $f^{(2)}(x_0)=0$ 知存在某个 $\delta>0$，使 $f''(x)$ 在区间 $(x_0-\delta, x_0)$ 与 $(x_0, x_0+\delta)$ 内有不同的符号，再由定理 4-22 知点 $(x_0, f(x_0))$ 是 $y=f(x)$ 图形的拐点.

【例 4-93】　求曲线 $y=(x-2)^{5/3}-\frac{5}{9}x^2$ 的拐点及凸向.

解

$$y'=\frac{5}{3}(x-2)^{2/3}-\frac{10}{9}x$$

$$y''=\frac{10}{9}(x-2)^{-1/3}-\frac{10}{9}=\frac{10}{9}\,\frac{1-(x-2)^{1/3}}{(x-2)^{1/3}}$$

y'' 的零点是 $x_1=3$，y'' 不存在的点是 $x_2=2$.

有关结论的讨论如下：

x	$(-\infty, 2)$	2	$(2, 3)$	3	$(3, +\infty)$
$f''(x)$	−	不存在	+	0	−
曲线 $y=f(x)$	上凸	拐点 $\left(2, -\frac{20}{9}\right)$	下凸	拐点 $(3, -4)$	上凸

【例 4-94】　试求下列函数的拐点.

(1) $f(x)=\dfrac{|x-1|}{x\sqrt{x}}$　　　(2) $\begin{cases} x(t)=1+\cot t \\ y(t)=\dfrac{\cos 2t}{\sin t} \end{cases}\quad 0<t<\pi$

解　(1) $f(x)$在区间 $(0,+\infty)$ 内有定义且在区间$(0,+\infty)\setminus\{1\}$内可导，求二阶导数

$$f''(x)=\begin{cases}\dfrac{3}{4}\dfrac{5-x}{x^3\cdot\sqrt{x}} & x\in(0,1)\\[2mm] \dfrac{3}{4}\dfrac{x-5}{x^3\cdot\sqrt{x}} & x\in(1,+\infty)\end{cases}$$

令$f''(x)=0$，解得$x=5$. 由

$$f''(x)>0,\ x\in(0,1)$$
$$f''(x)<0,\ x\in(1,5)$$
$$f''(x)>0,\ x\in(5,+\infty)$$

知$\left(5,\dfrac{4}{5\sqrt{5}}\right)$是 f 的拐点．因 f 在 $x=1$ 处既无有限导数，也无无限大导数，故点$(1,0)$ 不是f的拐点.

(2) 因当$t\in(0,\pi)$时，$x(t)$，$y(t)$二次可微，而$x'_t=-\dfrac{1}{\sin^2 t}<0$，所以$y=f(x)$二次可微，且

$$y'_x=\frac{y'_t}{x'_t},\ y''_{xx}=(y'_x)'_t\frac{1}{x'_t}$$

因

$$y'_t=-\frac{\cos t(2\sin^2 t+1)}{\sin^2 t}$$

故

$$y'_x=\cos t(2\sin^2 t+1)$$

又 $(y'_x)'_t=3\cos 2t\sin t$，所以

$$y''_{xx}=-3\sin^3 t\cos 2t$$

令 $y''_{xx}=0$，解得 $t_1=\dfrac{\pi}{4}$，$t_2=\dfrac{3\pi}{4}$. 容易验证，当经过 t_1 与 t_2 时，y''_{xx} 均变号，即点$(2,0)$和点$(0,0)$ 是函数 $y=f(x)$的两个拐点.

典型计算题 7

试求下列函数的拐点.

1. $f(x)=2x^4-3x^2+x-1$

2. $f(x)=x^5-10x^2+3x$

3. $f(x)=\dfrac{1}{1-x^2}$

4. $f(x)=\dfrac{x^3}{12+x^2}$

5. $f(x)=\sqrt[3]{x+1}$

6. $f(x)=\dfrac{\sqrt{x}}{x+1}$

7. $f(x)=\sqrt[3]{4x^3-12x}$

8. $f(x)=\dfrac{x}{\sqrt[3]{x^2-1}}$

9. $f(x)=\cos x$

10. $f(x)=\mathrm{e}^{-x^2}$

11. $f(x)=\mathrm{e}^{\frac{1}{x}}$

12. $f(x)=\dfrac{10}{x}\ln\dfrac{x}{10}$

13. $f(x)=x\sin\ln x$

14. $f(x)=\arctan\dfrac{1}{x}$

15. $f(x)=\mathrm{e}^{\arctan x}$

4.10.4　曲线的渐近线

若动点 $M(x,f(x))$ 沿着曲线 $y=f(x)$ 无限远离坐标原点时，它与某一直线 l 的距离趋于零，则称直线 l 为曲线 $y=f(x)$ 的一条**渐近线**.

如在平面解析几何中，双曲线 $\dfrac{x^2}{a^2}-\dfrac{y^2}{b^2}=1$ 有两条渐近线 $y=\pm\dfrac{b}{a}x$.

在应用中，常利用下述定义求曲线 $y=f(x)$ 的渐近线.

定义 4-6　如果

$$\lim_{x\to+\infty}(f(x)-kx-b)=0 \tag{4-91}$$

或

$$\lim_{x\to-\infty}(f(x)-kx-b)=0$$

则称直线 $y=kx+b$，$x\in\mathbf{R}$ 为函数 f 的图形当 $x\to+\infty$ 或 $x\to-\infty$ 时的渐近线，如果至少满足下式之一

$$\lim_{x\to a-0}f(x)=+\infty\text{ 或 }-\infty$$

$$\lim_{x\to a+0}f(x)=+\infty\text{ 或 }-\infty$$

则称 $x=a$ 为 f 的图形的垂直渐近线.

说明 4　设 $y=kx+b$，$x\in\mathbf{R}$ 为 f 图形当 $x\to+\infty$ 时的渐近线，则

$$k=\lim_{x\to+\infty}\frac{f(x)}{x},\ b=\lim_{x\to+\infty}(f(x)-kx)$$

事实上，由式（4-91）知，$f(x)=kx+b+\alpha(x)$，$\alpha(x)\to0$，$x\to+\infty$，因而

$$\frac{f(x)}{x}=k+\frac{b}{x}+\frac{\alpha(x)}{x}$$

令 $x\to+\infty$，便得 $k=\lim\limits_{x\to+\infty}\dfrac{f(x)}{x}$，再由 $f(x)-kx=b+\alpha(x)$，令 $x\to+\infty$，得 $b=\lim\limits_{x\to+\infty}(f(x)-kx)$.

上述结论，反之亦成立.

练习

3. 试求下列函数的渐近线.

(1) $f(x)=\dfrac{1}{x}+x$，$x\neq0$

(2) $f(x)=\dfrac{(x-1)^2(x+2)}{x^2}$，$x\neq0$

【例 4-95】 试求下列函数当 $x\to+\infty$ 或 $x\to-\infty$ 时的渐近线.

(1) $y=\dfrac{3-2x}{x+1}$　　(2) $y=\dfrac{x^3}{(x+1)^2}$

(3) $y=\sqrt[3]{x^3+x^2}$　　(4) $y=\dfrac{x^2-4}{x}e^{-\frac{5}{3x}}$

解 (1) 由 $y=-2+\dfrac{5}{x+1}$ 知 $y=-2$ 是函数 $y=\dfrac{3-2x}{x+1}$ 的图形当 $x\to+\infty$ 和 $x\to-\infty$ 时的水平渐近线.

说明 5 一般地，$y=b$ 是 $y=f(x)$ 的图形的水平渐近线（$x\to+\infty$）当且仅当 $\lim\limits_{x\to+\infty}f(x)=b$.

(2) 利用

$$x^3=((x+1)-1)^3=(x+1)^3-3(x+1)^2+3(x+1)-1$$

得

$$\frac{x^3}{(x+1)^2}=x-2+\frac{3x+2}{(x+1)^2}$$

所以，$y=x-2$ 是所求的渐近线（$x\to+\infty$ 或 $x\to-\infty$）.

(3) 利用泰勒公式，得

$$\begin{aligned}y&=\sqrt[3]{x^3+x^2}\\&=x\left(1+\frac{1}{x}\right)^{\frac{1}{3}}\\&=x\left(1+\frac{1}{3x}+o\left(\frac{1}{x}\right)\right)\\&=x+\frac{1}{3}+o(1),\text{当 }x\to+\infty\end{aligned}$$

由此得知 $y=x+\dfrac{1}{3}$ 是 $y=\sqrt[3]{x^3+x^2}$ 当 $x\to+\infty$ 和 $x\to-\infty$ 时的渐近线.

(4) 由

$$y=\left(x-\frac{4}{x}\right)\left(1-\frac{5}{3x}+o\left(\frac{1}{x}\right)\right)=x-\frac{5}{3}+o(1)$$

知，$y=x-\dfrac{5}{3}$ 是所给函数当 $x\to+\infty$ 和 $x\to-\infty$ 时的渐近线.

【例 4-96】 求曲线 $y=\dfrac{x^{1+x}}{(1+x)^x}(x>0)$ 的斜渐近线.

解 斜渐近线的形式为 $y=kx+b$. 求 k：

$$k=\lim_{x\to+\infty}\frac{x^x}{(1+x)^x}=\lim_{x\to+\infty}\frac{1}{\left(1+\frac{1}{x}\right)^x}=\frac{1}{e}$$

求 b：

$$b=\lim_{x\to+\infty}\left[\frac{x^{1+x}}{(1+x)^x}-\frac{x}{e}\right]=\lim_{x\to+\infty}x\left[\frac{1}{\left(1+\frac{1}{x}\right)^x}-\frac{1}{e}\right]$$

$$=\frac{1}{e^2}\lim_{x\to+\infty}x\left[e-\left(1+\frac{1}{x}\right)^x\right]\xlongequal{令x=\frac{1}{t}}\frac{1}{e^2}\lim_{t\to+0}\left[\frac{e-(1+t)^{\frac{1}{t}}}{t}\right]$$

$$=\frac{1}{e^2}\lim_{t\to+0}(1+t)^{\frac{1}{t}}\left[\frac{e^{1-\frac{\ln(1+t)}{t}}-1}{t}\right]=\frac{1}{e^2}\lim_{t\to+0}(1+t)^{\frac{1}{t}}\left[\frac{1}{t}-\frac{1}{t^2}\ln(1+t)\right]$$

$$=\frac{1}{e}\lim_{t\to+0}\frac{t-\ln(1+t)}{t^2}=\frac{1}{e}\lim_{t\to+0}\frac{1-\frac{1}{1+t}}{2t}=\frac{1}{2e}$$

故所求斜渐近线方程为 $y=\frac{1}{e}x+\frac{1}{2e}$.

4.10.5　函数图形的分析作图法

利用导数研究函数并作 $y=f(x)$ 的图形的一般步骤如下：

（1）确定函数的定义域，阐明函数是否为偶函数（奇函数）与周期函数.

（2）确定函数图形与坐标轴的交点，并找出使 $f(x)>0$ 及 $f(x)<0$ 的区间.

（3）求出函数图形的渐近线.

（4）作出函数图形的略图.

（5）计算 $f'(x)$，求极值并确定函数的单调区间.

（6）计算 $f''(x)$，求出 $f(x)$ 的拐点并确定函数 $y=f(x)$ 的上凸或下凸区间.

（7）描绘函数图形.

【例 4-97】　求函数 $y=x+\frac{x}{x^2-1}$ 的单调区间、极值、凹凸区间，拐点和渐近线并作图.

解　(1) 定义域 $(-\infty,-1)\cup(-1,1)\cup(1,+\infty)$，$y$ 是奇函数.

(2) $y'=\frac{x^2(x^2-3)}{(x^2-1)^2}$，$y''=\frac{2x(x^2+3)}{(x^2-1)^3}$

由 $y'=0$ 得 $x_1=0$，$x_2=-\sqrt{3}$，$x_3=\sqrt{3}$

由 $y''=0$，得 $x=0$

(3) $\lim\limits_{x\to\pm1}y=\infty$

所以，$x=\pm1$ 是垂直渐近线，$y=x$ 是斜渐近线.

x	$(-\infty,-\sqrt{3})$	$-\sqrt{3}$	$(-\sqrt{3},-1)$	$(-1,0)$	0	$(0,1)$	$(1,\sqrt{3})$	$\sqrt{3}$	$(\sqrt{3},+\infty)$
y'	+	0	−	−	0	−	−	0	+
y''	−	−	−	+	0	−	+	+	+
y		极大			拐点			极小	
y	上凸	$-\frac{3\sqrt{3}}{2}$	上凸	下凸	(0, 0)	上凸	下凸	$\frac{3\sqrt{3}}{2}$	下凸

函数图形如图 4-22 所示.

【例 4-98】　全面讨论函数 $y=\dfrac{x}{\ln x}$ 的性态，并画出它的草图.

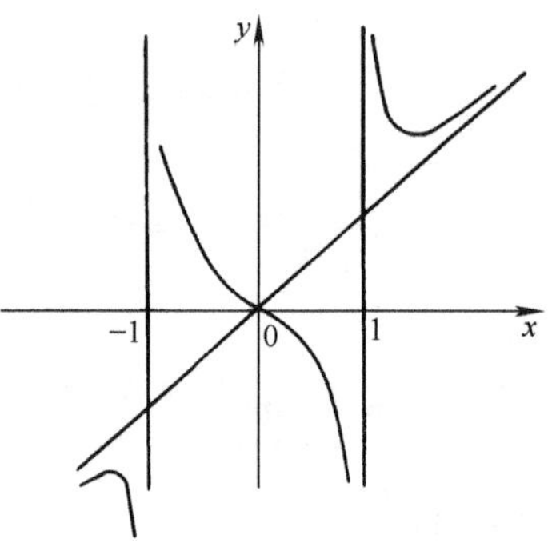

图　4-22

解　(1) 定义域为 $(0,1)\cup(1,+\infty)$

(2) 由 $y'=\dfrac{\ln x-1}{(\ln x)^2}=0$ 解得 $x=\mathrm{e}$

由 $y''=\dfrac{2-\ln x}{x(\ln x)^3}=0$ 解得 $x=\mathrm{e}^2$

(3) 因 $\lim\limits_{x\to1}\dfrac{x}{\ln x}=\infty$，所以 $x=1$ 是 $y=\dfrac{x}{\ln x}$ 的垂直渐近线，列表：

x	$(0,1)$	$(1,\mathrm{e})$	e	$(\mathrm{e},\mathrm{e}^2)$	e^2	$(\mathrm{e}^2,+\infty)$
y'	−	−	0	+	+	+
y''	−	+	+	+	0	−
y			极小		拐点	
y	上凸	下凸	e	下凸	$\dfrac{\mathrm{e}^2}{2}$	上凸

函数图形如图 4-23 所示.

4.10　习题答案

4.11　思维导图

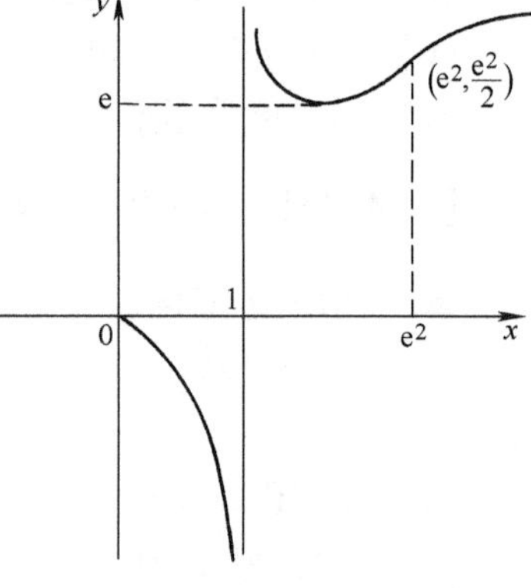

图　4-23

典型计算题 8

研究下列函数并画出图形.

1. $y=x^3-x^2-x+1$

2. $y=\dfrac{x}{1+x^2}$

3. $y=x+\operatorname{arccot} x$

4. $y=\dfrac{(x-1)^2}{3(x+1)}$

5. $y=\sqrt[3]{x^3-x^2-x+1}$

4.11　曲线的曲率

1. 平面曲线的弧微分

设函数 $f(x)$ 在区间 (a,b) 内有连续导数，在曲线 $y=f(x)$ 上取一定点 $M_0(x_0,y_0)$ 作为度量弧长的基点（见图 4-24），并规定依 x 增大的方向作为曲线的正向，对曲线上任一点 $M(x,y)$，规定有向弧段 $\overset{\frown}{M_0M}$ 的值 s 如下：s 的绝对值等于这弧段的长度，且当 $\overset{\frown}{M_0M}$ 的方向与曲线方向一致时，$s>0$，相反时，$s<0$，显然 $s=\overset{\frown}{M_0M}$ 是 x 的函数：$s=s(x)$，且 $s(x)$ 是 x 的单调增加函数.

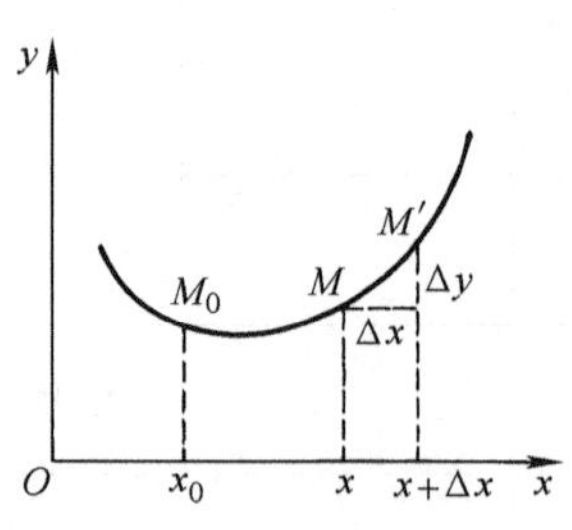

图　4-24

由微分的几何意义（见图 4-8）知：$dy = y'dx$，且在直角三角形 EM_0F 中 $|M_0E|^2 = (dx)^2 + (dy)^2 = (1+y'^2)(dx)^2$，可以证明 $|M_0E|$ 与 M_0M 之间相差一个 $o(\Delta x)$，所以我们定义弧微分

$$ds = \sqrt{1+y'^2}\,dx \tag{4-92}$$

2. 平面曲线的曲率

设曲线 C 是光滑的，在曲线 C 上取定一点 M_0 作为度量弧的基点，建立 xOy 坐标系. 设曲线上点 M 对应弧 s，在点 M 处切线的倾斜角为 α，曲线 C 上另一点 M' 对应弧 $s+\Delta s$，在点 M' 处的切线的倾斜角为 $\alpha+\Delta\alpha$，则弧段 $\widehat{MM'}$ 的长度为 $|\Delta s|$，当动点从 M 移动到 M' 时切线转过的角度为 $|\Delta\alpha|$（见图 4-25）.

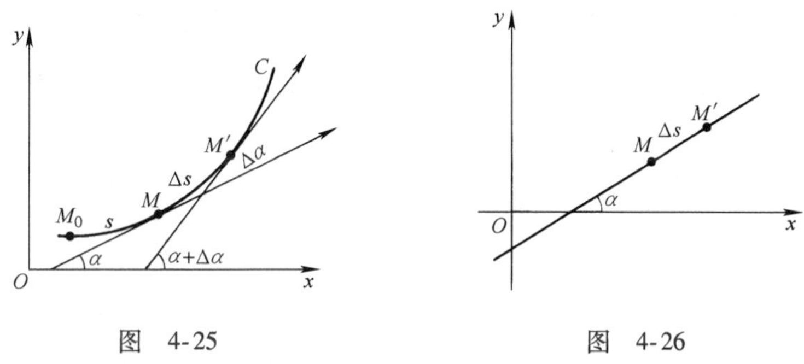

图　4-25　　　　图　4-26

我们用比值 $\dfrac{|\Delta\alpha|}{|\Delta s|}$，即单位弧段上切线转过的角度的大小来表示弧段 $\widehat{MM'}$ 的平均弯曲程度，把这个比值叫作弧段 $\widehat{MM'}$ 的**平均曲率**，记为 $\bar{\kappa}$. 即

$$\bar{\kappa} = \left|\frac{\Delta\alpha}{\Delta s}\right|$$

而称极限

$$\kappa = \lim_{\Delta s\to 0}\left|\frac{\Delta\alpha}{\Delta s}\right|$$

为曲线 C 在点 M 处的曲率. 若 $\lim\limits_{\Delta s\to 0}\left|\dfrac{\Delta\alpha}{\Delta s}\right| = \left|\dfrac{d\alpha}{ds}\right|$ 存在，则

$$\kappa = \left|\frac{d\alpha}{ds}\right| \tag{4-93}$$

说明 1　直线上任一点 M 处的曲率都等于零，而圆上各点的曲率等于其半径 a 的倒数 $\dfrac{1}{a}$（见图 4-26 与图 4-27）.

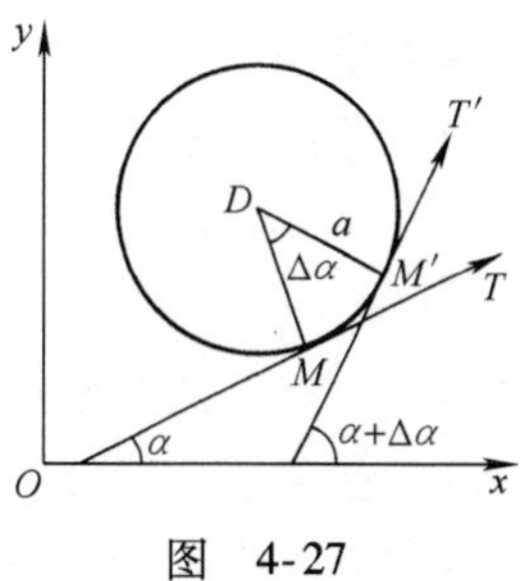

图　4-27

下面来推导计算曲率的公式.

设曲线的直角坐标系方程是 $y=f(x)$，且 $f(x)$ 具有二阶导数，从而 $f'(x)$ 连续，即曲线是光滑的，因 $\tan\alpha = y'$，所以

$$\sec^2\alpha\,\frac{d\alpha}{dx} = y''$$

$$\frac{\mathrm{d}\alpha}{\mathrm{d}x}=\frac{y''}{1+\tan^2\alpha}=\frac{y''}{1+y'^2}$$

于是

$$\mathrm{d}\alpha=\frac{y''}{1+y'^2}\,\mathrm{d}x$$

又由式（4-92）知

$$\mathrm{d}s=\sqrt{1+y'^2}\,\mathrm{d}x$$

所以由曲率的表达式（4-93）知

$$\kappa=\frac{|y''|}{(1+y'^2)^{3/2}} \tag{4-94}$$

【例 4-99】 求函数 $f(x)=\ln(x+\sqrt{x^2+1})$ 的图形的曲率最大值.

解 因 $f'(x)=\dfrac{1}{\sqrt{x^2+1}}$, $f''(x)=-\dfrac{x}{(x^2+1)^{3/2}}$，故由式（4-94）求得

$$\kappa(x)=\frac{|x|}{(x^2+1)^{3/2}\left(1+\dfrac{1}{x^2+1}\right)^{3/2}}=\frac{|x|}{(x^2+2)^{3/2}}$$

$$\kappa'(x)=\frac{(x^2+2)^{3/2}-\dfrac{3x}{2}(x^2+2)^{1/2}\cdot 2x}{(x^2+2)^3}=\frac{2(1-x^2)}{(x^2+2)^{5/2}}$$

由此知当 $x=\pm 1$ 时，将达到曲率的最大值 $\kappa_{\max}$，且

$$\kappa_{\max}=\kappa(\pm 1)=\frac{\sqrt{3}}{9}$$

在实际工程问题中，$|y'|$ 同 1 比较起来是很小的，故可忽略不计，从而有曲率的近似计算公式

$$\kappa\approx|y''|$$

3. 曲率圆与曲率半径

设曲线 $y=f(x)$ 在点 $M(x,y)$ 处的曲率为 κ（$\kappa\neq 0$），在点 M 处的曲线的法线上，在凹的一侧取一点 D，使 $|DM|=\dfrac{1}{\kappa}=\rho$，以 D 为圆心，ρ 为半径作圆（见图4-28），这个圆叫作曲线在点 M 处的**曲率圆**. 称 D 为曲线在点 M 处的**曲率中心**，ρ 称作曲线在点 M 处的**曲率半径**.

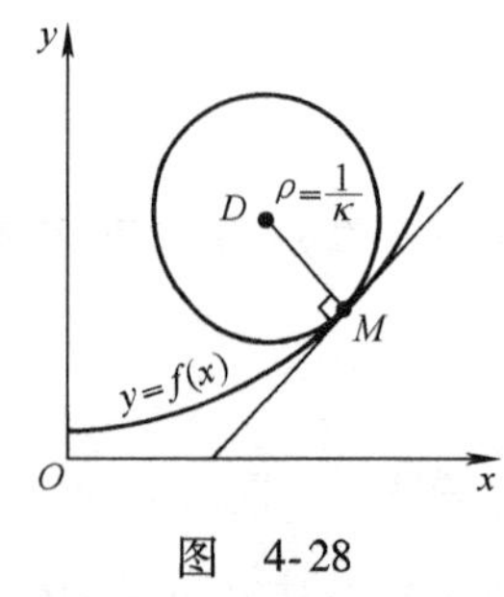

图　4-28

由上述规定知

$$\rho=\frac{1}{\kappa}\text{ 或 }\kappa=\frac{1}{\rho}$$

即曲线上一点处的曲率半径与曲线在该点处的曲率互为倒数.

由于曲率圆与曲线 C 在该点 M 处有公切线，有相同的曲率，相同的弯曲方向，所以在工程上常常以曲率圆的弧段近似代替复杂的小曲线段.

容易推证曲率中心 $D(\xi,\eta)$ 的坐标计算公式.

设曲线方程为 $y=f(x)$，$f''(x)\neq 0$，则

$$\xi = x - y'(1+y'^2)/y'',\ \eta = y + (1+y'^2)/y'' \tag{4-95}$$

当点 $M(x, f(x))$ 沿曲线 C 移动时，曲率中心 D 的轨迹 G 称为 C 的渐屈线，式（4-95）即为渐屈线的参数方程.

【例 4-100】 求抛物线 $y=ax^2$ 的渐屈线方程（见图 4-29）.

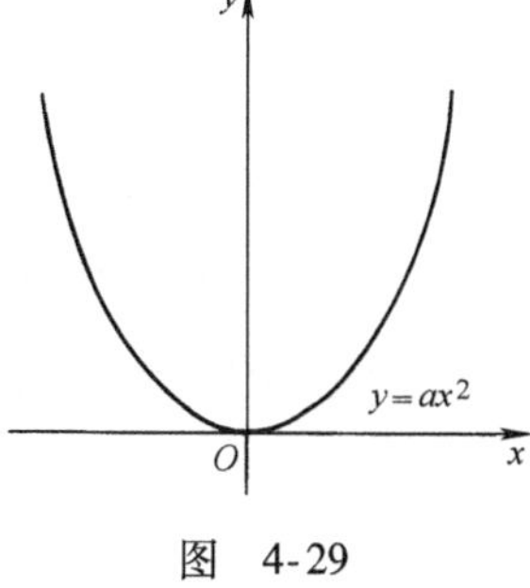

图 4-29

解 $y'=2ax$，$y''=2a$，由式（4-95）得

$$\xi = x - \frac{1+4a^2x^2}{2a}\cdot 2ax = -4a^2x^3$$

$$\eta = ax^2 + \frac{1+4a^2x^2}{2a} = \frac{6a^2x^2+1}{2a}$$

消去 x 得

$$\left(\frac{\xi}{4a^2}\right)^2 = \left(\frac{2a\eta-1}{6a^2}\right)^3$$

由此得

$$\xi = \pm\frac{4}{3}\sqrt{\frac{a}{3}}\left(\eta - \frac{1}{2a}\right)^{3/2}$$

说明 2 若曲线 C 由参数方程 $x=x(t)$，$y=y(t)$ 给出，则有

$$\kappa = \frac{|x'(t)y''(t) - x''(t)y'(t)|}{[x'(t)^2 + y'(t)^2]^{3/2}} \tag{4-96}$$

$$\xi = x' - \frac{x'(t)^2 + y'(t)^2}{x'(t)y''(t) - x''(t)y'(t)}y'(t)$$

$$\eta = y + \frac{x'(t)^2 + y'(t)^2}{x'(t)y''(t) - x''(t)y'(t)}x'(t) \tag{4-97}$$

【例 4-101】 求椭圆 $x=a\cos t$，$y=b\sin t$，$a\geqslant b>0$ 的曲率半径与渐屈线.

解 $x'=-a\sin t$，$y'=b\cos t$，$x''=-a\cos t$，$y''=-b\sin t$，利用式（4-96）得

$$\rho = \frac{1}{\kappa} = \frac{(a^2\sin^2 t + b^2\cos^2 t)^{\frac{3}{2}}}{ab\sin^2 t + ab\cos^2 t} = \frac{(a^2\sin^2 t + b^2\cos^2 t)^{\frac{3}{2}}}{ab}$$

再利用式（4-97）得

$$\xi = a\cos t - b\cos t\,\frac{a^2\sin^2 t + b^2\cos^2 t}{ab} = \frac{a^2-b^2}{a}\cos^3 t$$

$$\eta = b\sin t - a\sin t\,\frac{a^2\sin^2 t + b^2\cos^2 t}{ab} = \frac{b^2-a^2}{b}\sin^3 t$$

消去参数 t，得渐屈线方程

$$(a\xi)^{\frac{2}{3}} + (b\eta)^{\frac{2}{3}} = (a^2-b^2)^{\frac{2}{3}}$$

称这条曲线为星形线（见图 4-30）.

【例 4-102】 汽车连同载重共 5t，在抛物线拱桥上行驶，速度为 21.6km/h，桥的跨度

为 10m，拱的矢高为 0.25m（见图 4-31）．求汽车越过桥顶时对桥的压力.

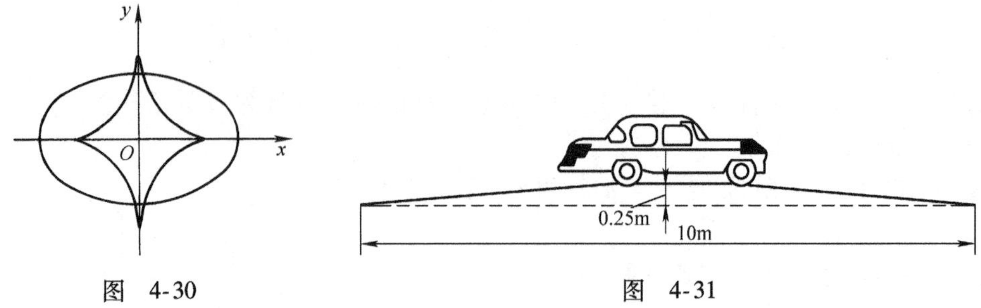

图　4-30　　　　图　4-31

解　以竖直向下为 y 轴负方向，以桥顶为原点，则桥的抛物线方程可以设为 $y=ax^2$，$a<0$，由于抛物线过点（5，−0.25），所以 $a=\frac{0.25}{5^2}=-0.01$，因此，抛物线方程为

$$y=-0.01x^2,\ y'=-0.02x,\ y''=-0.02$$

从而曲率

$$\kappa\big|_{(0,0)}=\left.\frac{|y''|}{(1+y'^2)^{\frac{3}{2}}}\right|_{(0,0)}=0.02$$

故在点（0，0）处的曲率半径 $\rho=50\text{m}$. 汽车受到的向心力为

$$F=\frac{mv^2}{\rho}=\frac{5\times10^3\times\left(\frac{21.6}{3.6}\right)^2}{50}=3600\text{N}$$

从而汽车过桥顶时对桥的压力为

$$N=G-F=5\times10^3\times9.8-3600=45400\text{N}$$

【例 4-103】　曲率与圆弧轨道设计

由力学知，一个质点沿曲线运动时产生的离心力，其大小为 $F=\frac{mv^2}{R}$，其中 m 是质点的质量，v 是质点的运动速度，R 是曲线上的点对应的曲率半径.

在设计铁路时，通常不把直线部分直接连接到圆弧轨道，而是用三次抛物线 $y=\frac{x^3}{6q}$ 作为缓冲曲线把它们平滑地连接起来，以免火车从直线部分一下子过渡到圆弧轨道瞬间发生离心力，从而引起剧烈冲撞，这对于车厢及道路上层结构都会有伤害. 显然 $y'=\frac{x^2}{2q}$，$y''=\frac{x}{q}$，曲率半径

$$R=\frac{q}{x}\left(1+\frac{x^4}{4q^2}\right)^{\frac{3}{2}}$$

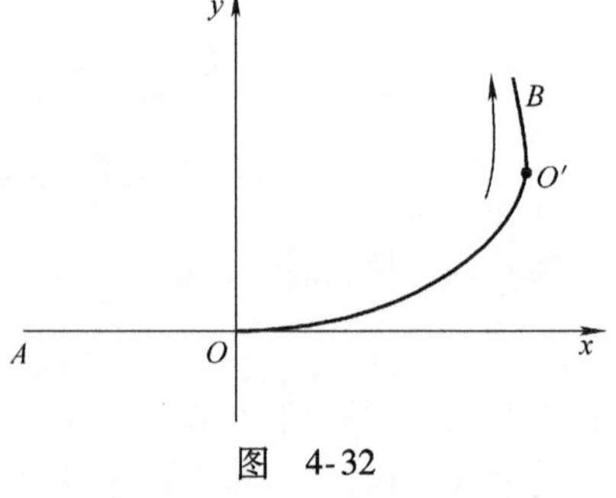

图　4-32

在 $x=0$ 时有 $y'=0$ 而 $R=+\infty$，所以该曲线在坐标原点与 x 轴相切而曲率为零. 这样，沿着缓冲曲线曲率半径由无穷大逐渐减至圆的半径，而离心力相应地逐渐增大（如图 4-32，曲线 OO'：$y=\frac{x^3}{6q}$，$q>0$，AO：

直线轨道，$O'B$：圆弧轨道），这样可以确保行车平稳安全.

练习

一飞机沿抛物线路径 $y=\frac{x^2}{10000}$（y 轴铅直向上，单位为 m）俯冲飞行，在坐标原点 O 处飞机的速度为 $v=200\text{m/s}$. 飞行员体重 $m=70\text{kg}$. 求飞机俯冲至最低点即原点 O 处时，座椅对飞行员的反冲力.

习　题　4

1. 设函数 $y=f(x)$ 由方程 $y-x=\mathrm{e}^{x(1-y)}$ 确定，计算极限 $\lim\limits_{n\to\infty}n\left[f\left(\frac{1}{n}\right)-1\right]$.

2. 设函数 $y=f(x)$ 由方程 $y^3+xy^2+x^2y+6=0$ 确定，求 $f(x)$ 的极值.

3. 曲线上曲率最大的点称为此曲线的顶点，试求曲线 $y=\mathrm{e}^x$ 的顶点，并求在该点处的曲率半径.

4. 设 $f(x)=\begin{cases}\frac{g(x)-\mathrm{e}^{-x}}{x} & x\neq 0\\ 0 & x=0\end{cases}$，其中 $g(x)$ 具有二阶连续导数，$g(0)=1, g'(0)=-1$，

（1）求 $f'(x)$；

（2）讨论 $f'(x)$ 在区间（$-\infty$，$+\infty$）上的连续性.

4.11　习题答案
习题 4 答案

5. 设函数 $f(x)=\ln x+\frac{1}{x}$，

（1）求 $f(x)$ 的最小值；

（2）设数列 $\{x_n\}$ 满足 $\ln x_n+\frac{1}{x_{n+1}}<1$，证明极限 $\lim\limits_{n\to\infty}x_n$ 存在，并求此极限.

6. 证明不等式 $x\ln\frac{1+x}{1-x}+\cos x\geqslant 1+\frac{x^2}{2}$，$-1<x<1$.

7. 已知函数 $f(x)=\frac{1+x}{\sin x}-\frac{1}{x}$，记 $a=\lim\limits_{x\to 0}f(x)$，

（1）求 a 的值；

（2）当 $x\to 0$ 时，$f(x)-a$ 与 bx^k 是等价无穷小量，求 b，k 的值.

8. 讨论方程 $k\arctan x-x=0$ 不同实根的个数，其中 k 为参数.

9. 设函数 $f(x)$ 在区间［0，3］上连续，在区间（0，3）内可导，且 $f(0)+f(1)+f(2)=3, f(3)=1$，试证必存在 $\xi\in$（0，3），使得 $f'(\xi)=0$.

10. 设函数 $f(x)$ 在区间 $\left[0,\frac{\pi}{2}\right]$ 上具有连续的一阶导数，在区间 $\left(0,\frac{\pi}{2}\right)$ 内二阶可导，且 $f(0)=0$，$f(1)=3$，$f\left(\frac{\pi}{2}\right)=1$，试证必存在 $\xi\in\left(0,\frac{\pi}{2}\right)$，使得 $f'(\xi)+f''(\xi)\tan\xi=0$.

11. 设 $f(x)$，$g(x)$ 在区间［a，b］上连续，在区间（a，b）内二阶可导，$f(x)$ 和 $g(x)$ 均在区间（a，b）内取得最大值并且这两个函数的最大值相等，$f(a)=g(a)$，$f(b)=g(b)$，证明 $\exists\xi\in(a,b)$，使得 $f''(\xi)=g''(\xi)$.

12. 设函数 $f(x)$ 在区间［0，1］上二阶可导，且 $f(0)=f(1)$，试证至少存在一个 $\xi\in(0,1)$，使 $f''(\xi)=\frac{2f'(\xi)}{1-\xi}$.

13. 设 $f(x)$ 在区间［x_1，x_2］上可导，且 $0<x_1<x_2$，试证明在区间（x_1，x_2）内至少存在一个 ξ，使

得 $\dfrac{1}{e^{x_1}-e^{x_2}}\begin{vmatrix} e^{x_1} & e^{x_2} \\ f(x_1) & f(x_2) \end{vmatrix}=f(\xi)-f'(\xi)$.

14. 设$f(x)$在区间［0，1］上连续，在区间（0，1）内可导，且$f(0)=0, f(1)=1$，试证对任意给定的正数a，b，在区间（0，1）内存在不同的ξ，η，使得$\dfrac{a}{f'(\xi)}+\dfrac{b}{f'(\eta)}=a+b$.

15. 设奇函数$f(x)$在区间［-1，1］上具有二阶导数，且$f(1)=1$，证明：

（1）存在$\xi\in$（0，1），使得$f'(\xi)=1$；

（2）存在$\eta\in$（-1，1），使得$f''(\eta)+f'(\eta)=1$.

16. 设$f_n(x)=x^n+x^{n-1}+\cdots+x^2+x$，求证：对任意大于1的自然数$n$，方程$f_n(x)=1$在区间$\left(\dfrac{1}{2}, 1\right)$内有且仅有一个实根$x_n$，并求$\lim\limits_{n\to\infty}x_n$.

第5章　思维导图
5.1　思维导图

第5章 不定积分

5.1 不定积分的概念与性质

在4.1节中曾研究过"已知质点运动规律 $s=s(t)$，求质点的瞬时速度问题". 利用导数的定义知：在时刻 t 的瞬时速度 $v(t)$ 等于 $s(t)$ 的导数，即

$$v=s'(t)$$

在物理学中，还会遇到相反的问题：根据已知的瞬时速度 $v=v(t)$ 求出运动规律，即求 $s(t)$，使得 $s'(t)=v(t)$，这恰是不定积分中所研究的求原函数问题.

5.1.1 原函数

定义5-1 设函数 $f(x)$ 与 $F(x)$ 在区间 (a, b) 内有定义，若函数 $F(x)$ 在区间 (a, b) 内可导，且对所有的 $x\in(a, b)$ 都满足

$$F'(x)=f(x) \tag{5-1}$$

则称函数 $F(x)$ 是函数 $f(x)$ 在区间 (a, b) 上的**原函数**.

说明1 可以对其他类型的区间（如半无限区间、闭区间等）引入原函数定义. 譬如对闭区间，我们给出原函数的定义：若函数 $f(x)$ 与 $F(x)$ 在区间 $[a, b]$ 上有定义，函数 $F(x)$ 在区间 (a, b) 内可导，在区间 $[a, b]$ 上连续，且对所有的 $x\in(a, b)$ 都满足等式(5-1)，则称函数 $F(x)$ 为 $f(x)$ 在区间 $[a,b]$ 上的原函数.

说明2 若 $F(x)$ 是函数 $f(x)$ 在区间 (a, b) 上的原函数，则 $F(x)+C$，C 是任意常数，也是 $f(x)$ 在区间 (a, b) 上的原函数.

定理5-1 如果 $F_1(x)$ 与 $F_2(x)$ 是 $f(x)$ 在区间 (a, b) 上的两个原函数，则对所有的 $x\in(a, b)$ 满足等式

$$F_2(x)=F_1(x)+C \tag{5-2}$$

其中，C 是常数.

证 记 $\Phi(x)=F_2(x)-F_1(x)$，根据原函数的定义及定理的条件知，对所有的 $x\in(a, b)$ 满足

$$F'_2(x)=f(x),\ F'_1(x)=f(x)$$

由此得知，函数 $\Phi(x)$ 在区间 (a, b) 内可导且对所有的 $x\in(a, b)$，有

$$\Phi'(x)=0$$

根据拉格朗日定理的推论1知：对所有 $x\in(a, b)$，$\Phi(x)=C$（常数）或 $F_2(x)-F_1(x)=C$，从而有式（5-2）成立.

因此，对于给定的函数$f(x)$，其原函数的全体是一个集合，要从原函数集合中选择出某个原函数$F_1(x)$，只需要明确属于函数$y=F_1(x)$的图形的一个点$M_0(x_0, y_0)$.

【例5-1】 对于函数$f(x)=\dfrac{1}{x^2}$，试求它的一个原函数$F_1(x)$，使其图形通过点(1，2).

解 函数$\dfrac{1}{x^2}$的所有原函数的集合为

$$\left\{F_1(x)=-\frac{1}{x}+C\right\}$$

由条件知：$F_1(1)=2$，即$2=-1+C$，$C=3$，因而$F_1(x)=3-\dfrac{1}{x}$.

说明3 在6.3节中将证明：对任何在闭区间（或开区间）上连续的函数必存在原函数，即定理6.10.

5.1.2 不定积分的概念

定义5-2 如果$F(x)$是$f(x)$在区间Δ上的原函数，则称集合$\{F(x)+C, C\in\mathbf{R}\}$是函数$f(x)$的**不定积分**，且记为$\int f(x)\mathrm{d}x$，因此，由定义知

$$\int f(x)\mathrm{d}x=\{F(x)+C\}$$

其中，$F(x)$是$f(x)$在区间Δ上的某一个原函数；C是任意常数. 通常等式右端的括号略去不写，即

$$\int f(x)\mathrm{d}x=F(x)+C \tag{5-3}$$

我们称$\int$为积分符号，$f(x)$是被积函数，$f(x)\mathrm{d}x$是被积表达式，被积表达式可记作$F'(x)\mathrm{d}x$或$\mathrm{d}F(x)$，即

$$f(x)\mathrm{d}x=\mathrm{d}F(x) \tag{5-4}$$

求已知函数的不定积分的运算，我们称之为积分运算，所以，根据求导公式$F'(x)=f(x)$可以写出式（5-3），利用求导基本公式可以求得某些初等函数的不定积分，如由$(\sin x)'=\cos x$可写出$\int\cos x\mathrm{d}x=\sin x+C$等，从而有下述积分公式：

1. $\int x^{\alpha}\mathrm{d}x=\dfrac{x^{\alpha+1}}{\alpha+1}+C$，$\alpha\neq-1$

2. $\int\dfrac{\mathrm{d}x}{x+\alpha}=\ln|x+\alpha|+C$

3. $\int a^x\mathrm{d}x=\dfrac{a^x}{\ln a}+C$，$a>0$，$a\neq1$

   $\int \mathrm{e}^x\mathrm{d}x=\mathrm{e}^x+C$

4. $\int\sin x\mathrm{d}x=-\cos x+C$

5. $\int \cos x \mathrm{d}x = \sin x + C$

6. $\int \frac{\mathrm{d}x}{\cos^2 x} = \tan x + C$

7. $\int \frac{\mathrm{d}x}{\sin^2 x} = -\cot x + C$

8. $\int \sinh x \, \mathrm{d}x = \cosh x + C$

9. $\int \cosh x \, \mathrm{d}x = \sinh x + C$

10. $\int \frac{\mathrm{d}x}{\cosh^2 x} = \tanh x + C$

11. $\int \frac{\mathrm{d}x}{\sinh^2 x} = -\coth x + C$

12. $\int \frac{\mathrm{d}x}{\sqrt{1-x^2}} = \arcsin x + C$

13. $\int \frac{\mathrm{d}x}{1+x^2} = \arctan x + C$

14. $\int \sec x \tan x \, \mathrm{d}x = \sec x + C$

15. $\int \csc x \cot x \, \mathrm{d}x = -\csc x + C$

5.1.3　不定积分的性质

性质1

$$\mathrm{d}\left(\int f(x)\mathrm{d}x\right) = f(x)\mathrm{d}x \tag{5-5}$$

证　由等式（5-3）得

$$\mathrm{d}\left(\int f(x)\mathrm{d}x\right) = \mathrm{d}(F(x) + C) = \mathrm{d}F(x) + \mathrm{d}C = \mathrm{d}F(x)$$

这个性质表明，如果微分符号在积分符号前面，则微分符号与积分符号可以相互抵消.

性质2

$$\int \mathrm{d}F(x) = F(x) + C \tag{5-6}$$

式（5-6）可由式（5-3）与式（5-4）得出，这个性质表明，如果积分符号位于微分符号前面，则它们也可以看作相互抵消（如果不计常数C）.

性质3　如果函数$f(x)$与$g(x)$在某个区间上有原函数，则对任何$\alpha \in \mathbf{R}$，$\beta \in \mathbf{R}$且$\alpha\beta \neq 0$，函数$\varphi(x) = \alpha f(x) + \beta g(x)$也在这个区间上有原函数，并且

$$\int(\alpha f(x) + \beta g(x))\mathrm{d}x = \alpha\int f(x)\mathrm{d}x + \beta\int g(x)\mathrm{d}x \tag{5-7}$$

证 设 F 与 G 是对应 f 与 g 的原函数，因

$$(\alpha F(x)+\beta G(x))'=\alpha f(x)+\beta g(x)=\varphi(x)$$

所以，$\Phi(x)=\alpha F(x)+\beta G(x)$ 是 φ 的原函数，根据不定积分的定义知式（5-7）的左端等于 $\Phi(x)+C$，而右端 $\alpha F(x)+\alpha C_1+\beta G(x)+\beta C_2=\Phi(x)+\alpha C_1+\beta C_2$，因 $\alpha\beta\neq 0$，所以形如 $\Phi(x)+C$ 的每个函数都将属于形如 $\Phi(x)+\alpha C_1+\beta C_2$ 的函数集合，反之亦然.

因此，积分运算具有线性性质.

【例 5-2】 $$\int\frac{(\sqrt{x}-2\sqrt[3]{x})^2}{x}\mathrm{d}x=\int\mathrm{d}x-4\int x^{\frac{-1}{6}}\mathrm{d}x+4\int x^{\frac{-1}{3}}\mathrm{d}x$$
$$=x-\frac{24}{5}x^{\frac{5}{6}}+6x^{\frac{2}{3}}+C,\ x>0$$

5.1 习题答案

【例 5-3】 $$\int\cos^2\frac{x}{2}\mathrm{d}x=\int\frac{1+\cos x}{2}\mathrm{d}x$$
$$=\frac{1}{2}\int\mathrm{d}x+\frac{1}{2}\int\cos x\,\mathrm{d}x$$
$$=\frac{x}{2}+\frac{\sin x}{2}+C,\ x\in\mathbf{R}$$

5.2 思维导图

【例 5-4】 $$\int\tan^2x\,\mathrm{d}x=\int\left(\frac{1}{\cos^2x}-1\right)\mathrm{d}x=\tan x-x+C$$

【例 5-5】 $$\int 3^x5^{2x}\mathrm{d}x=\int 75^x\mathrm{d}x=\frac{75^x}{\ln 75}+C,\ x\in\mathbf{R}$$

5.2 换元积分法

利用基本积分表与积分的性质，所能求出的不定积分非常有限，本节所介绍的两类换元积分法可扩充能求不定积分的函数集合，且简化计算.

5.2.1 第一类换元积分法

设函数 $t=\varphi(x)$ 在区间 Δ 上有定义且可微，并设 $\tilde{\Delta}=\varphi(\Delta)$ 是函数 φ 在区间 Δ 上的取值集合.

如果函数 $U(t)$ 在区间 $\tilde{\Delta}$ 上有定义且可导，并且

$$U'(t)=u(t) \tag{5-8}$$

则在区间 Δ 上，复合函数 $F(x)=U(\varphi(x))$ 有定义且可导，同时

$$F'(x)=[U(\varphi(x))]'=U'(\varphi(x))\varphi'(x)=u(\varphi(x))\varphi'(x) \tag{5-9}$$

由等式（5-8）与（5-9）可知，如果 $U(t)$ 是函数 $u(t)$ 的原函数，则 $U(\varphi(x))$ 就是 $u(\varphi(x))\varphi'(x)$ 的原函数. 这意味着，如果

$$\int u(t)\mathrm{d}t=U(t)+C \tag{5-10}$$

则有

$$\int u(\varphi(x))\varphi'(x)\mathrm{d}x=U(\varphi(x))+C \tag{5-11}$$

或

$$\int u(\varphi(x))\mathrm{d}\varphi(x) = U(\varphi(x)) + C \tag{5-12}$$

由此可见，只需要将式（5-10）中的 t 换成 $\varphi(x)$，即令 $t=\varphi(x)$，便可得式（5-11）或式(5-12).

现在我们指出式（5-12）的几种特殊情形：

（1）设 $F(x)$是函数 $f(x)$的原函数，即

$$\int f(x)\mathrm{d}x = F(x) + C$$

则

$$\int f(ax+b)\mathrm{d}x = \frac{1}{a}F(ax+b) + C,\ a \neq 0$$

其中，$\varphi(x)=ax+b$, $f(ax+b)\mathrm{d}x=\frac{1}{a}f(ax+b)\mathrm{d}(ax+b)$.

（2）利用等式

$$\int \frac{\mathrm{d}t}{t} = \ln|t| + C$$

得

$$\int \frac{\mathrm{d}\varphi(x)}{\varphi(x)} = \int \frac{\varphi'(x)\mathrm{d}x}{\varphi(x)} = \ln|\varphi(x)| + C,\ \varphi(x) \neq 0$$

（3）因

$$\int t^{\alpha}\mathrm{d}t = \frac{t^{\alpha+1}}{\alpha+1} + C,\ \alpha \neq -1,\ t > 0$$

故有

$$\int (\varphi(x))^{\alpha}\varphi'(x)\mathrm{d}x = \int \varphi^{\alpha}(x)\mathrm{d}\varphi(x) = \frac{\varphi(x)^{\alpha+1}}{\alpha+1} + C$$

其中，$\varphi(x)>0$，$\alpha\neq-1$.

【例 5-6】 $\int(2x+3)^6\mathrm{d}x = \frac{1}{2}\int(2x+3)^6\mathrm{d}(2x+3) = \frac{(2x+3)^7}{14} + C$

【例 5-7】 $\int \frac{\mathrm{d}x}{(x+a)^k} = \begin{cases} \ln|x+a| + C & k=1 \\ \frac{(x+a)^{-k+1}}{1-k} + C & k \neq 1 \end{cases}$

【例 5-8】 $\int \frac{x\,\mathrm{d}x}{x^2+a} = \frac{1}{2}\int \frac{\mathrm{d}(x^2+a)}{x^2+a} = \frac{1}{2}\ln|x^2+a| + C$

【例 5-9】 $\int \cot x\,\mathrm{d}x = \int \frac{\mathrm{d}(\sin x)}{\sin x} = \ln|\sin x| + C$

【例 5-10】 $\int \frac{x\,\mathrm{d}x}{\sqrt{x^2+a}} = \int \frac{\mathrm{d}(x^2+a)}{2\sqrt{x^2+a}} = \sqrt{x^2+a} + C$

【例 5-11】 $\int \frac{\mathrm{d}x}{x^2+a^2} = \frac{1}{a}\int \frac{\mathrm{d}\left(\frac{x}{a}\right)}{1+\left(\frac{x}{a}\right)^2} = \frac{1}{a}\arctan\frac{x}{a} + C$

【例 5-12】 $\int \frac{\mathrm{d}x}{\sqrt{a^2-x^2}} = \int \frac{\mathrm{d}\left(\frac{x}{a}\right)}{\sqrt{1-\left(\frac{x}{a}\right)^2}} = \arcsin\frac{x}{a} + C$

【例 5-13】 $\int \frac{\mathrm{d}x}{x^2-a^2} = \frac{1}{2a}\int\left(\frac{1}{x-a} - \frac{1}{x+a}\right)\mathrm{d}x = \frac{1}{2a}\ln\left|\frac{x-a}{x+a}\right| + C,\ a \neq 0$

【例 5-14】 $J = \int \frac{\mathrm{d}x}{\sqrt{x^2+a}},\ a \neq 0$

解　设 $x + \sqrt{x^2+a} = t = t(x)$，则 $\frac{\mathrm{d}x}{\sqrt{x^2+a}} = \frac{\mathrm{d}t(x)}{t(x)}$，所以

$$J = \int \frac{\mathrm{d}t(x)}{t(x)} = \ln|t(x)| + C = \ln\left|x + \sqrt{x^2+a}\right| + C$$

即

$$\int \frac{\mathrm{d}x}{\sqrt{x^2+a}} = \ln\left|x + \sqrt{x^2+a}\right| + C$$

到这里，我们再对基本积分表补充几个常用的公式.

16. $\int \frac{\mathrm{d}x}{x^2+a^2} = \frac{1}{a}\arctan\frac{x}{a} + C,\ a \neq 0$

17. $\int \frac{\mathrm{d}x}{x^2-a^2} = \frac{1}{2a}\ln\left|\frac{x-a}{x+a}\right| + C,\ a \neq 0$

18. $\int \frac{\mathrm{d}x}{\sqrt{a^2-x^2}} = \arcsin\frac{x}{|a|} + C = -\arccos\frac{x}{|a|} + C,\ a \neq 0$

19. $\int \frac{\mathrm{d}x}{\sqrt{x^2+a^2}} = \ln(x + \sqrt{x^2+a^2}) + C,\ a \neq 0$

20. $\int \frac{\mathrm{d}x}{\sqrt{x^2-a^2}} = \ln\left|x + \sqrt{x^2-a^2}\right| + C,\ a \neq 0$

下面继续举例练习.

【例 5-15】 $\int \frac{\mathrm{d}x}{x^4+4x^2} = \frac{1}{4}\int \frac{\mathrm{d}x}{x^2} - \frac{1}{4}\int \frac{\mathrm{d}x}{x^2+4}$

$$= -\frac{1}{4x} - \frac{1}{8}\arctan\frac{x}{2} + C,\ x \neq 0$$

【例 5-16】 $\int \frac{\sqrt{x^2-3}+3\sqrt{x^2+3}}{\sqrt{x^4-9}}\mathrm{d}x = \int \frac{\mathrm{d}x}{\sqrt{x^2+3}} + 3\int \frac{\mathrm{d}x}{\sqrt{x^2-3}}$

$$= \ln(x+\sqrt{x^2+3}) + 3\ln\left|x+\sqrt{x^2-3}\right| + C,\ |x| > \sqrt{3}$$

【例 5-17】 利用第一类换元积分法求下列不定积分.

(1) $\int x^2 \sqrt[5]{5x^3+1}\,\mathrm{d}x$　　(2) $\int \frac{\mathrm{d}x}{2+\cos^2 x}$

(3) $\int \frac{x^7\mathrm{d}x}{\sqrt{1-x^{16}}}$　　(4) $\int \frac{x^2+1}{\sqrt{x^6-7x^4+x^2}}\mathrm{d}x$

解　(1) $\int x^2 \sqrt[5]{5x^3+1}\,\mathrm{d}x = \frac{1}{15}\int \sqrt[5]{5x^3+1}(5x^3+1)'\mathrm{d}x$

$$= \frac{1}{15}\int \sqrt[5]{5x^3+1}\,\mathrm{d}(5x^3+1)$$

$$= \frac{1}{15}\int \sqrt[5]{t}\,\mathrm{d}t$$

$$= \frac{1}{18}\sqrt[5]{t^6} + C$$

$$= \frac{1}{18}(5x^3+1)\sqrt[5]{5x^3+1} + C$$

(2) $\int \frac{\mathrm{d}x}{2+\cos^2 x} = \int \frac{\mathrm{d}x}{3\cos^2 x + 2\sin^2 x}$

$$= \int \frac{1}{3+2\tan^2 x}\frac{\mathrm{d}x}{\cos^2 x}$$

$$= \int \frac{\mathrm{d}(\tan x)}{3+2\tan^2 x}$$

$$= \frac{1}{\sqrt{6}}\arctan\left(\frac{\sqrt{2}\tan x}{\sqrt{3}}\right) + C$$

(3) $\int \frac{x^7\mathrm{d}x}{\sqrt{1-x^{16}}} = \frac{1}{8}\int \frac{\mathrm{d}x^8}{\sqrt{1-x^{16}}} = \frac{1}{8}\arcsin x^8 + C$

(4) $\int \frac{x^2+1}{\sqrt{x^6-7x^4+x^2}}\mathrm{d}x = \int \frac{1+\frac{1}{x^2}}{\sqrt{x^2-7+\frac{1}{x^2}}}\mathrm{d}x$

$$
\begin{aligned}
&= \int \frac{\mathrm{d}\left(x - \frac{1}{x}\right)}{\sqrt{\left(x - \frac{1}{x}\right)^2 - 5}} \\
&= \int \frac{\mathrm{d}t}{\sqrt{t^2 - 5}} \\
&= \ln | t + \sqrt{t^2 - 5} | + C \\
&= \ln \left| x - \frac{1}{x} + \sqrt{x^2 - 7 + \frac{1}{x^2}} \right| + C
\end{aligned}
$$

【例 5-18】 计算下列不定积分.

(1) $\int \frac{3x - 1}{x^2 - x + 1} \mathrm{d}x$　　(2) $\int \frac{3x + 4}{\sqrt{-x^2 + 6x - 8}} \mathrm{d}x$

解 (1)

$$
\begin{aligned}
\int \frac{3x - 1}{x^2 - x + 1} \mathrm{d}x &= \frac{3}{2} \int \frac{2x - 1}{x^2 - x + 1} \mathrm{d}x + \frac{1}{2} \int \frac{1}{x^2 - x + 1} \mathrm{d}x \\
&= \frac{3}{2} \int \frac{\mathrm{d}(x^2 - x + 1)}{x^2 - x + 1} + \frac{1}{2} \int \frac{\mathrm{d}\left(x - \frac{1}{2}\right)}{\left(x - \frac{1}{2}\right)^2 + \frac{3}{4}} \\
&= \frac{3}{2} \ln(x^2 - x + 1) + \frac{1}{\sqrt{3}} \arctan \frac{2x - 1}{\sqrt{3}} + C
\end{aligned}
$$

(2)

$$
\begin{aligned}
\int \frac{3x + 4}{\sqrt{-x^2 + 6x - 8}} \mathrm{d}x &= -\frac{3}{2} \int \frac{-2x + 6}{\sqrt{-x^2 + 6x - 8}} \mathrm{d}x + 13 \int \frac{\mathrm{d}x}{\sqrt{-x^2 + 6x - 8}} \\
&= -\frac{3}{2} \int (-x^2 + 6x - 8)^{\frac{1}{2}} \mathrm{d}(-x^2 + 6x - 8) + 13 \int \frac{\mathrm{d}(x - 3)}{\sqrt{1 - (x - 3)^2}} \\
&= -3 \sqrt{-x^2 + 6x - 8} + 13 \arcsin(x - 3) + C
\end{aligned}
$$

典型计算题 1

计算下列不定积分.

1. $\int \sin^6 x \cos x \, \mathrm{d}x$　　**2.** $\int \frac{\sin x \, \mathrm{d}x}{1 + \cos x}$

3. $\int \frac{1}{x^2} \cos \frac{1}{x} \mathrm{d}x$　　**4.** $\int \cot x \, \mathrm{d}x$

5. $\int \frac{\mathrm{d}x}{\cos x}$　　**6.** $\int \frac{\mathrm{d}x}{3\cos^2 x + 4\sin^2 x}$, $|x| < \frac{\pi}{2}$

7. $\int \frac{\sin \sqrt{x}}{\sqrt{x}} \mathrm{d}x$　　**8.** $\int \sqrt{\sin x} \cos^5 x \, \mathrm{d}x$

9. $\int \frac{\sin^3 x}{\sqrt{\cos x}} dx$

10. $\int \frac{\sin x \, dx}{\sqrt{1 + 2\cos x}}$

11. $\int \frac{\sin x \, dx}{\sqrt{\cos 2x}}$

12. $\int \frac{\cos x \, dx}{\sqrt{\cos 2x}}$

13. $\int \frac{\sin 2x \, dx}{\sqrt{25\sin^2 x + 9\cos^2 x}}$

14. $\int \frac{\sin 2x \, dx}{\sqrt{\sin^2 x - \cos^2 x}}$

15. $\int \frac{\sqrt[4]{\tan x} \, dx}{\sin^2 x}$

16. $\int \frac{\sin x \, dx}{\sqrt{1 + 4\cos x + \cos^2 x}}$

17. $\int \frac{\cos \ln x}{x} dx$

18. $\int \frac{\ln \tan x}{\sin 2x} dx$

19. $\int \frac{e^{\tan x} + \cot x}{\cos^2 x} dx$

20. $\int \frac{\cos x \, dx}{\sqrt{e^{\sin x} - 1}}$

21. $\int \frac{dx}{\sqrt{1 - x^2} \arcsin x}$

22. $\int \sqrt{\frac{\arcsin x}{1 - x^2}} dx$

23. $\int \frac{\arccos^2 2x}{\sqrt{1 - 4x^2}} dx$

24. $\int \frac{\ln \arccos x \, dx}{\sqrt{1 - x^2} \arccos x}$

25. $\int \frac{\arctan^2 x}{1 + x^2} dx$

26. $\int \frac{\sqrt[3]{\operatorname{arccot} x}}{1 + x^2} dx$

27. $\int \frac{\arctan \sqrt{x}}{(1 + x)\sqrt{x}} dx$

28. $\int \frac{\arctan e^x}{\cosh x} dx$

29. $\int \frac{\ln 2x}{x \ln 4x} dx$

30. $\int \frac{dx}{x \ln x (\ln \ln x)}$

5.2.2　第二类换元积分法

有时在计算积分

$$J = \int f(x) dx \tag{5-13}$$

时，常常要化成对新的变量积分.

设 $x = \varphi(t)$ 是在某个区间上严格单调且可导的函数，则它存在反函数

$$t = \omega(x) \tag{5-14}$$

利用变量代换 $x = \varphi(t)$ 变换式（5-12）中的被积表达式，$f(x) dx = f(\varphi(t))\varphi'(t) dt$，记 $u(t) = f(\varphi(t))\varphi'(t)$，则

$$f(x) dx = u(t) dt \tag{5-15}$$

设 $U(t)$ 是 $u(t)$ 的原函数，则

$$\int u(t)\,\mathrm{d}t = U(t) + C \tag{5-16}$$

由式（5-13）~（5-16）可求得

$$J = \int f(x)\,\mathrm{d}x = \int u(t)\,\mathrm{d}t = U(t) + C = U(\omega(x)) + C \tag{5-17}$$

我们称公式（5-17）为第二类换元积分公式. 这里，由 $u(t)$ 求 $U(t)$ 比直接求 $f(x)$ 的原函数要容易得多.

【例 5-19】 计算下列不定积分.

(1) $\int \frac{\mathrm{d}x}{2+\sqrt{x}}$ (2) $\int \frac{\mathrm{d}x}{x^2\sqrt{1+x^2}},\ x>0$ (3) $\int \frac{\mathrm{d}x}{\sqrt{\mathrm{e}^x+1}}$

解 (1) 设 $x=t^2$，由 $x\geqslant 0$ 且 $t\geqslant 0$，利用式（5-17）

$$x = \varphi(t) = t^2,\ f(x) = \frac{1}{2+\sqrt{x}}$$

$$\begin{aligned}\int \frac{\mathrm{d}x}{2+\sqrt{x}} &= \int \frac{1}{2+\sqrt{t^2}}(t^2)'\mathrm{d}t\Big|_{t=\sqrt{x}} \\ &= \int \frac{2t\,\mathrm{d}t}{2+t}\Big|_{t=\sqrt{x}} \\ &= 2\int\left(1-\frac{2}{2+t}\right)\mathrm{d}t\Big|_{t=\sqrt{x}} \\ &= (2t-4\ln|2+t|+C)\Big|_{t=\sqrt{x}} \\ &= 2\sqrt{x}-4\ln|2+\sqrt{x}|+C\end{aligned}$$

(2) 设 $x=\frac{1}{t}$，则 $\mathrm{d}x=-\frac{1}{t^2}\mathrm{d}t$

$$\begin{aligned}\int \frac{\mathrm{d}x}{x^2\sqrt{1+x^2}} &= -\int \frac{t^2\mathrm{d}t}{t^2\sqrt{1+\frac{1}{t^2}}} = -\int \frac{t\,\mathrm{d}t}{\sqrt{t^2+1}} \\ &= -\int \mathrm{d}(\sqrt{t^2+1}) = -\sqrt{t^2+1}+C \\ &= -\sqrt{\frac{1}{x^2}+1}+C\end{aligned}$$

(3) 设 $\mathrm{e}^x+1=t^2$，$t>0$，则

$$\mathrm{e}^x\mathrm{d}x = 2t\,\mathrm{d}t,\ 且\ \mathrm{d}x = \frac{2t\,\mathrm{d}t}{t^2-1}$$

$$\int \frac{\mathrm{d}x}{\sqrt{\mathrm{e}^x + 1}} = 2\int \frac{\mathrm{d}t}{t^2 - 1} = \ln\left|\frac{t - 1}{t + 1}\right| + C = \ln \frac{\sqrt{\mathrm{e}^x + 1} - 1}{\sqrt{\mathrm{e}^x + 1} + 1} + C$$

典型计算题 2

计算下列不定积分.

1. $\int \frac{\mathrm{d}x}{\sqrt{x} + \sqrt[4]{x}}$

2. $\int \frac{x\,\mathrm{d}x}{\sqrt{x + 1}}$

3. $\int \frac{\mathrm{d}x}{x\sqrt{x - 1}}$

4. $\int \frac{1 + x}{1 + \sqrt{x}}\mathrm{d}x$

5. $\int \frac{x^3\,\mathrm{d}x}{\sqrt{x - 1}}$

6. $\int \frac{\sqrt{1 + \ln x}}{x \ln x}\mathrm{d}x$

7. $\int \frac{\mathrm{e}^{2x}}{\sqrt[3]{\mathrm{e}^x + 1}}\mathrm{d}x$

8. $\int \frac{\mathrm{d}x}{x(1 + \sqrt[3]{x})}$

9. $\int \frac{\sqrt{x}\,\mathrm{d}x}{1 + \sqrt[3]{x}}$

10. $\int \sqrt{1 + \mathrm{e}^x}\,\mathrm{d}x$

11. $\int \frac{\mathrm{d}x}{1 - \sqrt[3]{x - 1}}$

12. $\int \frac{\mathrm{d}x}{\sqrt{x}(\sqrt{x} - 1)}$

13. $\int \frac{\mathrm{e}^{2x}\mathrm{d}x}{\sqrt[4]{\mathrm{e}^x + 1}}$

14. $\int \frac{x^2\mathrm{d}x}{\sqrt{x + 1}}$

15. $\int x\sqrt[3]{x - 1}\,\mathrm{d}x$

16. $\int \frac{\mathrm{d}x}{\sqrt{\mathrm{e}^x - 1}}$

17. $\int \frac{\mathrm{d}x}{x^4\sqrt{1 + x^2}}$

18. $\int \frac{\mathrm{d}x}{x\sqrt{2x + 1}}$

19. $\int x\sqrt{1 + x}\,\mathrm{d}x$

20. $\int \frac{\mathrm{d}x}{\mathrm{e}^x + \sqrt{\mathrm{e}^x}}$

21. $\int \frac{\mathrm{d}x}{1 + \sqrt[3]{x + 1}}$

22. $\int \frac{\mathrm{d}x}{\sqrt{x}(x - 1)}$

23. $\int \frac{\mathrm{d}x}{\sqrt{x} + \sqrt[3]{x}}$

24. $\int \frac{x\,\mathrm{d}x}{(x - 1)^6}$

25. $\int \frac{\ln x\,\mathrm{d}x}{x\sqrt{1 + \ln x}}$

26. $\int \frac{\sqrt{x}\,\mathrm{d}x}{x^2 + 9}$

27. $\int \frac{\mathrm{d}x}{\mathrm{e}^x - 1}$

28. $\int \frac{\mathrm{d}x}{2 + \sqrt{x + 1}}$

5.2 习题答案

29. $\int \frac{\sqrt[3]{x}\,dx}{\sqrt[3]{x}+1}$

30. $\int x\sqrt{2x-3}\,dx$

5.3 分部积分法

5.3 思维导图

这一节，我们利用两个函数乘积的微分法则

$$d(uv) = u\,dv + v\,du$$

导出另一个求积分的基本方法，即分部积分法.

所谓分部积分法是按下述公式计算不定积分：

$$\int u\,dv = uv - \int v\,du$$

其中，$u=u(x)$ 与 $v=v(x)$ 是可微函数. 当被积表达式可以表示为某个函数 $u(x)$ 与函数$v(x)$ 的微分之积时，可以使用分部积分法，而 $u(x)$ 与 $dv(x)$ 的选择可以这样来确定：根据 dv 容易求出 $v(x)$，而求 $\int v\,du$ 比求$\int u\,dv$ 简单.

说明 利用分部积分法可以求如下形式的不定积分：

(1) $\int P_n(x)a^{kx}dx, \int P_n(x)\sin kx\,dx, \int P_n(x)\cos kx\,dx$

其中，$P_n(x)=a_0x^n+a_1x^{n-1}+\cdots+a_{n-1}x+a_n$ 是关于 x 的 n 次多项式，$a>0$，k 是常数.

在上述情形中，设 $u(x)=P_n(x)$，而 dv 分别等于 $a^{kx}dx$，$\sin kx\,dx$，$\cos kx\,dx$.

【例 5-20】 计算 $\int(x^2+1)3^x dx$.

解 令 $u = x^2+1$，$dv = 3^x dx$

$$du = 2x\,dx,\quad v = \int 3^x dx = \frac{3^x}{\ln 3}$$

$$\text{原式} = \frac{3^x(x^2+1)}{\ln 3} - \frac{2}{\ln 3}\int x3^x\,dx$$

再令$u = x$， $dv = 3^x dx$

$$du = dx,\quad v = \frac{3^x}{\ln 3}$$

$$\begin{aligned}\text{原式} &= \frac{3^x(x^2+1)}{\ln 3} - \frac{2}{\ln 3}\left(\frac{3^x x}{\ln 3} - \frac{1}{\ln 3}\int 3^x dx\right)\\ &= \frac{3^x}{\ln 3}\left(x^2+1-\frac{2x}{\ln 3}+\frac{2}{\ln^2 3}\right)+C\end{aligned}$$

(2) $\int P_n(x)\ln x\,dx, \int P_n(x)\arcsin x\,dx, \int P_n(x)\arccos x\,dx,$

$\int P_n(x)\arctan x\,dx, \int P_n(x)\operatorname{arccot} x\,dx$

这里，$u(x)$分别等于 $\ln x$，$\arcsin x$，$\arccos x$，$\arctan x$，$\operatorname{arccot} x$，而 dv 取$P_n(x)dx$.

【例 5-21】 计算

$$\int x \arctan x \, dx$$

解 $\int x \arctan x \, dx = \left| \begin{array}{l} u = \arctan x, \ du = \dfrac{dx}{1+x^2} \\ dv = x\,dx, \ v = \int x\,dx = \dfrac{x^2}{2} \end{array} \right|$

$$= \frac{x^2}{2}\arctan x - \frac{1}{2}\int \frac{x^2}{1+x^2}\,dx$$

$$= \frac{x^2}{2}\arctan x - \frac{1}{2}\int\left(1 - \frac{1}{1+x^2}\right)dx$$

$$= \frac{x^2}{2}\arctan x - \frac{x}{2} + \frac{1}{2}\arctan x + C$$

$$= \frac{1}{2}(x^2+1)\arctan x - \frac{x}{2} + C$$

(3) $\int a^{kx}\sin nx\,dx, \int a^{kx}\cos nx\,dx$

求这些不定积分需要两次分部积分，并且如若在第一次中选 $u(x)$ 等于 a^{kx}，则第二次用分部积分时，必须仍取 a^{kx} 作为 $u(x)$. 最后，得到关于所求积分的方程，从中解得所求的不定积分. 也可直接运用公式

$$\int uv''\,dx = uv' - u'v + \int u''v\,dx$$

【例 5-22】 计算

$$J = \int e^{\alpha x}\cos\beta x\,dx, \ \alpha\beta \neq 0$$

解 设 $u = \cos\beta x$, $v = \dfrac{e^{\alpha x}}{\alpha^2}$，则

$$u' = -\beta\sin\beta x, \ u'' = -\beta^2\cos\beta x$$

$$v' = \frac{e^{\alpha x}}{\alpha}, \ v'' = e^{\alpha x}$$

利用上面的公式，得

$$J = \frac{e^{\alpha x}}{\alpha}\cos\beta x + \frac{\beta}{\alpha^2}e^{\alpha x}\sin\beta x - \frac{\beta^2}{\alpha^2}J + C$$

$$J = \frac{\alpha\cos\beta x + \beta\sin\beta x}{\alpha^2+\beta^2}e^{\alpha x} + C$$

【例 5-23】 计算

$$J = \int\sqrt{x^2+a}\,dx, \ a \neq 0$$

解　设 $u=\sqrt{x^2+a}$，$v=x$，则

$$J = x\sqrt{x^2+a} - \int \frac{x^2}{\sqrt{x^2+a}}\mathrm{d}x$$

而

$$\int \frac{x^2}{\sqrt{x^2+a}}\mathrm{d}x = J - a\int \frac{\mathrm{d}x}{\sqrt{x^2+a}}$$

为了计算

$$\int \frac{\mathrm{d}x}{\sqrt{x^2+a}}$$

设 $x+\sqrt{x^2+a}=t(x)$，则

$$\mathrm{d}t = t'(x)\mathrm{d}x = \left(1+\frac{x}{\sqrt{x^2+a}}\right)\mathrm{d}x = \frac{t(x)}{\sqrt{x^2+a}}\mathrm{d}x$$

$$\frac{\mathrm{d}x}{\sqrt{x^2+a}} = \frac{\mathrm{d}\,t(x)}{t(x)}$$

所以

$$\int \frac{\mathrm{d}x}{\sqrt{x^2+a}} = \int \frac{\mathrm{d}t}{t} = \ln|t| + C = \ln\left|x+\sqrt{x^2+a}\right| + C$$

最后，解得

$$\int \sqrt{x^2+a}\,\mathrm{d}x = \frac{x}{2}\sqrt{x^2+a} + \frac{a}{2}\ln\left|x+\sqrt{x^2+a}\right| + C$$

【例 5-24】　设

$$J_n = \int \frac{\mathrm{d}x}{(x^2+a^2)^n},\ n\in\mathbf{N}_+,\ a\neq 0$$

试导出计算 J_n 的递推公式.

解　设 $u=(x^2+a^2)^{-n}$，$v=x$，则 $u'=-2nx(x^2+a^2)^{-n-1}$，$v'=1$，由分部积分公式得

$$J_n = \frac{x}{(x^2+a^2)^n} + 2n\int \frac{x^2}{(x^2+a^2)^{n+1}}\mathrm{d}x$$

其中

$$\int \frac{x^2}{(x^2+a^2)^{n+1}}\mathrm{d}x = \int \frac{(x^2+a^2)-a^2}{(x^2+a^2)^{n+1}}\mathrm{d}x = J_n - a^2J_{n+1}$$

因此

$$J_n = \frac{x}{(x^2+a^2)^n} + 2nJ_n - 2na^2J_{n+1}$$

由此得

$$J_{n+1} = \frac{x}{2na^2(x^2+a^2)^n} + \frac{2n-1}{2na^2}J_n$$

典型计算题 3

计算下列不定积分.

1. $\int(2+x)e^{8x}dx$

2. $\int \arcsin 2x\, dx$

3. $\int x\cos^2 x\, dx$

4. $\int \arctan\sqrt{3x-1}\, dx$

5. $\int(x-1)e^{-2x}dx$

6. $\int(4-3x)\sin 4x\, dx$

7. $\int \ln(x^2+9)dx$

8. $\int \text{arccot}\sqrt{x}\, dx$

9. $\int(2x-5)e^{4x}dx$

10. $\int x\sin^2 2x\, dx$

11. $\int \ln(2x^2+1)dx$

12. $\int \arctan\sqrt{4x-1}\, dx$

13. $\int(5x+2)2^x dx$

14. $\int x^3\ln x\, dx$

15. $\int x\cos(5x-3)dx$

16. $\int \arccos(5x-2)dx$

17. $\int x^2\arctan x\, dx$

18. $\int x\arcsin x\, dx$

19. $\int(2x+3)\cos 5x\, dx$

20. $\int(x-1)3^x dx$

21. $\int(4+x)e^{-2x}dx$

22. $\int \arctan\sqrt{2x-1}dx$

23. $\int\sqrt{x}\ln x\, dx$

24. $\int \arcsin^2 x\, dx$

25. $\int x^2\arctan x\, dx$

26. $\int \ln^2 x\, dx$

27. $\int x^2\sin x\, dx$

28. $\int(x+5)e^x dx$

29. $\int\frac{\ln x}{\sqrt[3]{x}}dx$

30. $\int\frac{x\,dx}{\cos^2 x}$

典型计算题 4

计算下列不定积分.

1. $\int e^x\cos x\mathrm{d}x$

2. $\int \frac{\ln \sin x}{\sin^2 x}\mathrm{d}x$

3. $\int\sqrt{1+x^2}\mathrm{d}x$

4. $\int \sqrt{x}\sin\sqrt{x}\mathrm{d}x$

5. $\int e^{\sqrt[3]{x}}\mathrm{d}x$

6. $\int \arctan\sqrt{x}\mathrm{d}x$

7. $\int \sin(\ln x)\mathrm{d}x$

8. $\int \frac{\arctan e^x}{e^x}\mathrm{d}x$

9. $\int e^{\sqrt{x}}\mathrm{d}x$

10. $\int \frac{\ln(x+1)}{\sqrt{x+1}}\mathrm{d}x$

11. $\int \frac{\arccos x}{\sqrt{1+x}}\mathrm{d}x$

12. $\int \cos(\ln x)\mathrm{d}x$

13. $\int \sin^2(\ln x)\mathrm{d}x$

14. $\int \frac{\arcsin e^x}{e^x}\mathrm{d}x$

15. $\int \frac{\cot x}{\ln \sin x}\mathrm{d}x$

16. $\int e^x\sin x\mathrm{d}x$

17. $\int \cos^2\sqrt{x}\,\mathrm{d}x$

18. $\int\sqrt{1+4x^2}\,\mathrm{d}x$

19. $\int \frac{\arctan\sqrt{x}}{\sqrt{x+1}}\mathrm{d}x$

20. $\int e^{\arcsin x}\mathrm{d}x$

21. $\int x\sin\sqrt{x}\,\mathrm{d}x$

22. $\int x\arccos\frac{1}{x}\mathrm{d}x$

23. $\int \frac{e^{\arctan x}}{(1+x^2)^{\frac{3}{2}}}\mathrm{d}x$

24. $\int \frac{\sin^2 x}{e^x}\mathrm{d}x$

25. $\int \frac{\arcsin\sqrt{x}}{\sqrt{x}}\mathrm{d}x$

26. $\int \cos^2(\ln x)\mathrm{d}x$

27. $\int \sin\sqrt{x}\,\mathrm{d}x$

28. $\int \frac{x\arcsin x}{\sqrt{1-x^2}}\mathrm{d}x$

29. $\int e^x\sin^2 x\,\mathrm{d}x$

30. $\int \frac{\ln\cos x}{\cos^2 x}\mathrm{d}x$

5.3　习题答案

5.4　思维导图

5.4 综合解法举例（一）

【例 5-25】

$$\int \frac{x+\ln(1-x)}{x^2}\mathrm{d}x = \int\frac{1}{x}\mathrm{d}x - \int \ln(1-x)\mathrm{d}\left(\frac{1}{x}\right)$$

$$= \ln|x| - \frac{1}{x}\ln(1-x) - \int \frac{1}{x(1-x)}\mathrm{d}x$$

$$= \ln|x| - \frac{1}{x}\ln(1-x) - \int\left(\frac{1}{x} + \frac{1}{1-x}\right)\mathrm{d}x$$

$$= \ln|x| - \frac{1}{x}\ln(1-x) - \ln|x| + \ln(1-x) + C$$

$$= \left(1 - \frac{1}{x}\right)\ln(1-x) + C$$

【例 5-26】 $\int \frac{x\mathrm{e}^{-x}}{(1-x)^2}\mathrm{d}x = \int x\mathrm{e}^{-x}\mathrm{d}\left(\frac{1}{1-x}\right)$

$$= \frac{x\mathrm{e}^{-x}}{1-x} - \int \frac{1}{1-x}(1-x)\mathrm{e}^{-x}\mathrm{d}x$$

$$= \frac{x\mathrm{e}^{-x}}{1-x} + \mathrm{e}^{-x} + C = \frac{\mathrm{e}^{-x}}{1-x} + C$$

【例 5-27】 $\int \frac{x\mathrm{e}^{x}}{(1+x)^2}\mathrm{d}x = -\int x\mathrm{e}^{x}\mathrm{d}\left(\frac{1}{1+x}\right) = -\frac{x\mathrm{e}^{x}}{1+x} + \int \mathrm{e}^{x}\mathrm{d}x$

$$= \mathrm{e}^{x} - \frac{x\mathrm{e}^{x}}{1+x} + C$$

【例 5-28】 $\int \frac{\mathrm{e}^{x}(1 + x\ln x)}{x}\mathrm{d}x = \int \frac{\mathrm{e}^{x}}{x}\mathrm{d}x + \int \mathrm{e}^{x}\ln x\,\mathrm{d}x$

$$= \int \frac{\mathrm{e}^{x}}{x}\mathrm{d}x + \mathrm{e}^{x}\ln x - \int \frac{\mathrm{e}^{x}}{x}\mathrm{d}x$$

$$= \mathrm{e}^{x}\ln x + C$$

【例 5-29】 $\int \frac{\ln(1+\mathrm{e}^{x})}{\mathrm{e}^{x}}\mathrm{d}x = -\int \ln(1+\mathrm{e}^{x})\mathrm{d}\mathrm{e}^{-x}$

$$= -\mathrm{e}^{-x}\ln(1+\mathrm{e}^{x}) + \int \frac{\mathrm{d}x}{1+\mathrm{e}^{x}}$$

$$= -\mathrm{e}^{-x}\ln(1+\mathrm{e}^{x}) + \int\left(1 - \frac{\mathrm{e}^{x}}{1+\mathrm{e}^{x}}\right)\mathrm{d}x$$

$$= -\mathrm{e}^{-x}\ln(1+\mathrm{e}^{x}) + x - \ln(1+\mathrm{e}^{x}) + C$$

【例 5-30】 $\int \frac{\ln(1+x^2)}{x^3}\mathrm{d}x = \frac{1}{2}\int \frac{\ln(1+x^2)}{x^4}\mathrm{d}(x^2)$

$$= \frac{1}{2}\int \frac{\ln(1+t)}{t^2}\mathrm{d}t$$

$$= \frac{1}{2}\int \ln(1+t)\mathrm{d}\left(\frac{-1}{t}\right)$$

$$= -\frac{1}{2t}\ln(1+t) + \frac{1}{2}\int\frac{\mathrm{d}t}{t(t+1)}$$

$$= -\frac{1}{2t}\ln(1+t) + \frac{1}{2}\ln\left|\frac{t}{1+t}\right| + C$$

$$= -\frac{\ln(1+x^2)}{2x^2} + \frac{1}{2}\ln\frac{x^2}{1+x^2} + C$$

【例 5-31】 $\int\frac{\mathrm{e}^x(x^2-2x-1)}{(x^2-1)^2}\mathrm{d}x = \int\frac{\mathrm{e}^x}{x^2-1}\mathrm{d}x - \int\frac{2x\mathrm{e}^x}{(x^2-1)^2}\mathrm{d}x$

$$= \int\frac{\mathrm{e}^x}{x^2-1}\mathrm{d}x + \frac{\mathrm{e}^x}{x^2-1} - \int\frac{\mathrm{e}^x}{x^2-1}\mathrm{d}x$$

$$= \frac{\mathrm{e}^x}{x^2-1} + C$$

【例 5-32】 $\int\frac{x^2\arctan x}{1+x^2}\mathrm{d}x = \int\frac{(1+x^2)\arctan x}{1+x^2}\mathrm{d}x - \int\frac{\arctan x}{1+x^2}\mathrm{d}x$

$$= \int\arctan x\,\mathrm{d}x - \int\arctan x\,\mathrm{d}(\arctan x)$$

$$= x\arctan x - \int\frac{x}{1+x^2}\mathrm{d}x - \frac{1}{2}(\arctan x)^2$$

$$= x\arctan x - \frac{1}{2}\ln(1+x^2) - \frac{1}{2}(\arctan x)^2 + C$$

【例 5-33】 $\int x^2\arcsin x\,\mathrm{d}x = \frac{1}{3}\int\arcsin x\,\mathrm{d}(x^3)$

$$= \frac{1}{3}x^3\arcsin x - \frac{1}{3}\int\frac{x^3\mathrm{d}x}{\sqrt{1-x^2}}$$

$$= \frac{1}{3}x^3\arcsin x + \frac{1}{3}\int\frac{x-x^3-x}{\sqrt{1-x^2}}\mathrm{d}x$$

$$= \frac{1}{3}x^3\arcsin x + \frac{1}{3}\int x\sqrt{1-x^2}\,\mathrm{d}x + \frac{1}{3}\sqrt{1-x^2}$$

$$= \frac{1}{3}x^3\arcsin x + \frac{1}{3}\sqrt{1-x^2} - \frac{1}{9}(1-x^2)^{\frac{3}{2}} + C$$

【例 5-34】 $\int\frac{\arctan x}{x^3}\mathrm{d}x = -\frac{1}{2}\int\arctan x\,\mathrm{d}(x^{-2})$

$$= -\frac{1}{2}\left[x^{-2}\arctan x - \int\frac{\mathrm{d}x}{x^2(1+x^2)}\right]$$

$$= -\frac{1}{2x^2}\arctan x + \frac{1}{2}\int\frac{1+x^2-x^2}{x^2(1+x^2)}\mathrm{d}x$$

$$= -\frac{1}{2x^2}\arctan x - \frac{1}{2x} - \frac{1}{2}\arctan x + C$$

【例 5-35】 计算

$$\int\mathrm{e}^x\arcsin\mathrm{e}^{-x}\mathrm{d}x$$

解　令 $e^{-x}=t$, $dt=-e^{-x}dx=-t\,dx$, $dx=-\frac{1}{t}dt$

5.4　习题答案

$$
\begin{aligned}
\text{原式} &= -\int\frac{\arcsin t}{t^2}dt=\frac{1}{t}\arcsin t-\int\frac{dt}{t\sqrt{1-t^2}}\\
&=\frac{1}{t}\arcsin t+\int\frac{d\left(\frac{1}{t}\right)}{\sqrt{\left(\frac{1}{t}\right)^2-1}}\\
&=\frac{1}{t}\arcsin t+\ln\left(\frac{1}{t}+\sqrt{\frac{1}{t^2}-1}\right)+C\\
&=e^x\arcsin e^{-x}+\ln(e^x+\sqrt{e^{2x}-1})+C
\end{aligned}
$$

【例 5-36】　求 $I_n=\int\ln^n x\,dx$ 的递推公式.

解　$I_n=x\ln^n x-n\int\ln^{n-1}x\,dx=x\ln^n x-nI_{n-1}$, $I_0=x+C_0$

【例 5-37】

$$
\begin{aligned}
&\int x\arctan x\ln(1+x^2)dx\\
=&\int\arctan x\,d\frac{1}{2}[(1+x^2)\ln(1+x^2)-x^2]\\
=&\frac{1}{2}\arctan x[(1+x^2)\ln(1+x^2)-x^2]-\frac{1}{2}\int\left[\ln(1+x^2)-\frac{x^2}{1+x^2}\right]dx\\
=&\frac{1}{2}\arctan x[(1+x^2)\ln(1+x^2)-x^2]-\frac{1}{2}x\ln(1+x^2)+\frac{3}{2}\int\frac{x^2}{1+x^2}dx\\
=&\frac{1}{2}\arctan x[(1+x^2)\ln(1+x^2)-x^2]-\frac{1}{2}x\ln(1+x^2)+\frac{3}{2}x-\frac{3}{2}\arctan x+C\\
=&\frac{1}{2}[(1+x^2)\arctan x-x][\ln(1+x^2)-1]+x-\arctan x+C
\end{aligned}
$$

5.5 有理分式函数的积分法

定义 5-3　称

$$
\frac{P(x)}{Q(x)}=\frac{a_0x^n+a_1x^{n-1}+\cdots+a_{n-1}x+a_n}{b_0x^m+b_1x^{m-1}+\cdots+b_{m-1}x+b_m}
$$

5.5　思维导图

其中，a_i，$b_j\in\mathbf{R}$，$i=0$，1，2，…，n，$j=0$，1，2，…，m，为**有理分式函数**. 当 $m>n$ 时，称为**有理真分式**；当 $m\leqslant n$ 时，称为**有理假分式**. 对于有理假分式可通过多项式除以多项式把它表示为一个有理整式与一个有理真分式之和.

对一般有理真分式的积分，在代数学中下述结论起着关键作用：

任何一个有理真分式都可表示为下述有限个最简有理分式之和，这里的最简分式包括

$$\frac{A}{x-a},\ \frac{B}{(x-a)^k},\ \frac{Mx+N}{x^2+px+q},\ \frac{Mx+N}{(x^2+px+q)^k}$$

其中，$k\geqslant 2$，$\frac{p^2}{4}-q<0$.

具体地，如果 $Q(x)$ 在 $\mathbf{R}$ 上的质因式分解式为

$$Q(x) = b_0(x-a)^{\lambda}\cdots(x^2+px+q)^{\mu}\cdots,\lambda,\mu \in \mathbf{N}_+$$

则

$$\frac{P(x)}{Q(x)} = \frac{A_1}{(x-a)^{\lambda}} + \frac{A_2}{(x-a)^{\lambda-1}} + \cdots + \frac{A_{\lambda}}{x-a} + \cdots + \frac{M_1x+N_1}{(x^2+px+q)^{\mu}} + \frac{M_2x+N_2}{(x^2+px+q)^{\mu-1}} + \cdots + \frac{M_{\mu}x+N_{\mu}}{x^2+px+q} + \cdots$$

而这些最简分式可以通过如下方式进行积分：

(1) $\int\frac{A\,\mathrm{d}x}{x-a} = A\ln|x-a| + C$

(2) $\int\frac{B\,\mathrm{d}x}{(x-a)^n} = -\frac{B}{(n-1)(x-a)^{n-1}} + C,\ n\neq 1$

(3)
$$\begin{aligned}\int\frac{Mx+N}{x^2+px+q}\mathrm{d}x &= \frac{M}{2}\int\frac{2x+p}{x^2+px+q}\mathrm{d}x + \left(N-\frac{Mp}{2}\right)\int\frac{\mathrm{d}x}{x^2+px+q}\\ &= \frac{M}{2}\ln(x^2+px+q) + \left(N-\frac{Mp}{2}\right)\int\frac{\mathrm{d}x}{\left(x+\frac{p}{2}\right)^2+q-\frac{p^2}{4}}\\ &= \frac{M}{2}\ln(x^2+px+q) + \frac{N-\frac{Mp}{2}}{\sqrt{q-\frac{p^2}{4}}}\arctan\frac{x+\frac{p}{2}}{\sqrt{q-\frac{p^2}{4}}} + C\end{aligned}$$

(4)
$$\int\frac{(Mx+N)\mathrm{d}x}{(x^2+px+q)^n} = \frac{M}{2}\int\frac{(2x+p)\mathrm{d}x}{(x^2+px+q)^n} + \left(N-\frac{Mp}{2}\right)\int\frac{\mathrm{d}x}{(x^2+px+q)^n}$$

$$= \frac{M}{2}\frac{(x^2+px+q)^{1-n}}{1-n} + \left(N-\frac{Mp}{2}\right)\int\frac{\mathrm{d}x}{\left[\left(x+\frac{p}{2}\right)^2+q-\frac{p^2}{4}\right]^n},\ n>1$$

其中，后面的不定积分只需要令 $t=x+p/2$ 便可化为 5.3 节中例 5-24 的类型. 建议读者通过例子验证上述结论，便于记忆.

【例 5-38】 计算

$$\int\frac{2x^4+5x^2-2}{2x^3-x-1}\mathrm{d}x$$

解

$$\frac{2x^4+5x^2-2}{2x^3-x-1} = x + \frac{6x^2+x-2}{2x^3-x-1}$$

由于 $$2x^3-x-1=(x-1)(2x^2+2x+1)$$
故可设
$$\frac{6x^2+x-2}{2x^3-x-1}=\frac{A}{x-1}+\frac{Mx+N}{2x^2+2x+1}$$
由此得
$$6x^2+x-2=A(2x^2+2x+1)+(Mx+N)(x-1)$$
令 $x=1$，得 $5=5A$，$A=1$. 再比较 x^2 的系数与常数项得
$$6=2A+M,\ -2=A-N$$
解得 $M=4$，$N=3$. 所以
$$\begin{aligned}\int\frac{2x^4+5x^2-2}{2x^3-x-1}\mathrm{d}x&=\int\left(x+\frac{1}{x-1}+\frac{4x+3}{2x^2+2x+1}\right)\mathrm{d}x\\&=\frac{x^2}{2}+\ln|x-1|+\int\frac{4x+3}{2x^2+2x+1}\mathrm{d}x\\&=\frac{x^2}{2}+\ln|x-1|+\ln(2x^2+2x+1)+\arctan(2x+1)+C\end{aligned}$$

【例 5-39】 计算
$$\int\frac{x\,\mathrm{d}x}{(x+1)(x+2)(x-3)}$$

解 设
$$\frac{x}{(x+1)(x+2)(x-3)}=\frac{A_1}{x+1}+\frac{A_2}{x+2}+\frac{A_3}{x-3}$$
去分母，得
$$x=A_1(x+2)(x-3)+A_2(x+1)(x-3)+A_3(x+1)(x+2)$$
依次令 $x=-1$，$x=-2$，$x=3$，得
$$A_1=\frac{1}{4},\ A_2=-\frac{2}{5},\ A_3=\frac{3}{20}$$
因而
$$\int\frac{x}{(x+1)(x+2)(x-3)}\mathrm{d}x=\frac{1}{4}\ln|x+1|-\frac{2}{5}\ln|x+2|+\frac{3}{20}\ln|x-3|+C$$

【例 5-40】 计算
$$\int\frac{2x^3+x^2+5x+1}{(x^2+3)(x^2-x+1)}\mathrm{d}x$$

解 设 $$\frac{2x^3+x^2+5x+1}{(x^2+3)(x^2-x+1)}=\frac{Ax+B}{x^2+3}+\frac{Cx+D}{x^2-x+1}$$
去分母，得
$$2x^3+x^2+5x+1=(Ax+B)(x^2-x+1)+(Cx+D)(x^2+3)$$
利用待定系数法求得
$$A=0,\ B=1,\ C=2,\ D=0$$
因而

$$\int \frac{2x^3+x^2+5x+1}{(x^2+3)(x^2-x+1)}\mathrm{d}x = \frac{1}{\sqrt{3}}\arctan\frac{x}{\sqrt{3}} + \ln(x^2-x+1) + \frac{2}{\sqrt{3}}\arctan\frac{2x-1}{\sqrt{3}} + C$$

【例 5-41】 计算

$$\int \frac{(x^4+1)\mathrm{d}x}{x^5+x^4-x^3-x^2}$$

解 因

$$x^5+x^4-x^3-x^2 = x^2(x+1)^2(x-1)$$

故可设

$$\frac{x^4+1}{x^2(x+1)^2(x-1)} = \frac{A}{x} + \frac{B}{x^2} + \frac{C}{x-1} + \frac{D}{x+1} + \frac{E}{(x+1)^2}$$

去分母得

$$\begin{aligned} x^4+1 = {} & Ax(x-1)(x+1)^2 + B(x-1)(x+1)^2 + \\ & Cx^2(x+1)^2 + Dx^2(x^2-1) + Ex^2(x-1) \end{aligned}$$

令 $x=0$，$x=1$，$x=-1$，得 $B=-1$，$C=\frac{1}{2}$，$E=-1$.

再对上式求导，得

$4x^3 = A(x-1)(x+1)^2 + B(x+1)^2 + 2B(x^2-1) + \cdots$（略去各项均含 x 的因式）

令 $x=0$，得 $0=-A-B$，即 $A=1$.

类似地，在 $4x^3 = Dx^2(x-1) + 2Ex(x-1) + Ex^2 + \cdots$

中令 $x=-1$，得 $-4=-2D+4E+E$，即 $D=-\frac{1}{2}$，因此，

$$\int \frac{(x^4+1)\mathrm{d}x}{x^5+x^4-x^3-x^2} = \ln|x| + \frac{1}{x} + \frac{1}{2}\ln|x-1| - \frac{1}{2}\ln|x+1| + \frac{1}{x+1} + C$$

【例 5-42】 计算

$$\int \frac{4x^2-8x}{(x-1)^2(x^2+1)^2}\mathrm{d}x$$

解 设

$$\frac{4x^2-8x}{(x-1)^2(x^2+1)^2} = \frac{A}{x-1} + \frac{B}{(x-1)^2} + \frac{Cx+D}{x^2+1} + \frac{Ex+F}{(x^2+1)^2}$$

则有

$$\begin{aligned} 4x^2-8x = {} & A(x-1)(x^2+1)^2 + B(x^2+1)^2 + \\ & (Cx+D)(x-1)^2(x^2+1) + (Ex+F)(x-1)^2 \end{aligned} \tag{5-18}$$

令 $x=1$，得 $B=-1$，再令 $x=\mathrm{i}$，得 $-4-8\mathrm{i} = (E\mathrm{i}+F)(\mathrm{i}-1)^2 = 2E-2\mathrm{i}F$，即$E=-2$，$F=4$，将式（5-18）两边求导，且在

$$8x-8 = A(x^2+1)^2 + 2B(x^2+1)2x + \cdots$$

之中令 $x=1$，得 $0=4A+8B$，即 $A=2$，在

$$8x-8 = (Cx+D)(x-1)^2 2x + E(x-1)^2 + (Ex+F)2(x-1) + \cdots$$

之中令 $x=\mathrm{i}$，得 $C=-2$，$D=-1$. 因此

$$\int \frac{4x^2-8x}{(x-1)^2(x^2+1)^2}\mathrm{d}x = 2\ln|x-1| + \frac{1}{x-1} - \int \frac{(2x+1)\mathrm{d}x}{x^2+1} - \int \frac{2x-4}{(x^2+1)^2}\mathrm{d}x$$

$$= \ln\frac{(x-1)^2}{x^2+1} + \arctan x + \frac{1}{x-1} + \frac{1+2x}{x^2+1} + C$$

$$\int \frac{\mathrm{d}x}{(x^2+1)^2} = \frac{1}{2}\left(\frac{x}{x^2+1} + \arctan x\right) + C$$ （见例 5-24）

练习

求下列不定积分.

(1) $\int \frac{x^3-x^2}{x^2-4x-5}\mathrm{d}x$

(2) $\int \frac{4x}{(x+1)^2(x+2)}\mathrm{d}x$

(3) $\int \frac{2x^2+9}{(x+1)(x^2+1)}\mathrm{d}x$

【例 5-43】

$$\int \frac{\mathrm{d}x}{1+x^4} = \frac{1}{2}\int \frac{1+x^2-x^2+1}{1+x^4}\mathrm{d}x$$

$$= \frac{1}{2}\int \frac{1+x^2}{1+x^4}\mathrm{d}x - \frac{1}{2}\int \frac{x^2-1}{1+x^4}\mathrm{d}x$$

$$= \frac{1}{2}\int \frac{1+\frac{1}{x^2}}{x^2+\frac{1}{x^2}}\mathrm{d}x - \frac{1}{2}\int \frac{1-\frac{1}{x^2}}{x^2+\frac{1}{x^2}}\mathrm{d}x$$

$$= \frac{1}{2}\int \frac{\mathrm{d}\left(x-\frac{1}{x}\right)}{\left(x-\frac{1}{x}\right)^2+2} - \frac{1}{2}\int \frac{\mathrm{d}\left(x+\frac{1}{x}\right)}{\left(x+\frac{1}{x}\right)^2-2}$$

$$= \frac{1}{2\sqrt{2}}\arctan\frac{x^2-1}{x\sqrt{2}} + \frac{1}{4\sqrt{2}}\ln\left|\frac{x^2+x\sqrt{2}+1}{x^2-x\sqrt{2}+1}\right| + C$$

【例 5-44】 $\int \frac{(x+1)\mathrm{d}x}{x(1+x\mathrm{e}^x)} = \int \frac{\mathrm{e}^x(1+x)\mathrm{d}x}{\mathrm{e}^x x(1+x\mathrm{e}^x)}$

$$\xlongequal{x\mathrm{e}^x=t} \int \frac{\mathrm{d}t}{t(t+1)} = \ln\left|\frac{t}{1+t}\right| + C$$

$$= x + \ln|x| - \ln|1+x\mathrm{e}^x| + C$$

【例 5-45】 $I=\int\frac{\mathrm{d}x}{x^6(1+x^2)}$

$$\xlongequal{x=\frac{1}{t}}-\int\frac{t^6\,\mathrm{d}t}{t^2+1}$$

$$=-\int\left(t^4-t^2+1-\frac{1}{1+t^2}\right)\mathrm{d}t$$

$$=-\frac{1}{5}t^5+\frac{1}{3}t^3-t+\arctan t+C$$

$$=-\frac{1}{5x^5}+\frac{1}{3x^3}-\frac{1}{x}+\arctan\frac{1}{x}+C$$

【例 5-46】 求$\int\frac{x^2}{(1-x)^{100}}\mathrm{d}x$.

解　这是有理函数的积分，但分母是 100 次多项式. 如果按有理函数积分法运算是很麻烦的. 我们如果选取到一个适当的变换，使分母为单项式，而分子为多项式，除一下，就可化为和差的积分了.

令 $t=1-x$，即 $x=1-t$，则 $\mathrm{d}x=-\mathrm{d}t$，于是

$$\int\frac{x^2}{(1-x)^{100}}\mathrm{d}x=\int\frac{-(1-t)^2}{t^{100}}\mathrm{d}t$$

$$=\int(-t^{-100}+2t^{-99}-t^{-98})\mathrm{d}t$$

$$=\frac{1}{99t^{99}}-\frac{1}{49t^{98}}+\frac{1}{97t^{97}}+C$$

$$=\frac{1}{99(1-x)^{99}}-\frac{1}{49(1-x)^{98}}+\frac{1}{97(1-x)^{97}}+C$$

【例 5-47】 求$\int\frac{x^5-x}{x^8+1}\mathrm{d}x$.

解　首先这个被积表达式中多项式的次数可以降下来，令 $u=x^2$ 且 $u\neq0$，则

$$\int\frac{x^5-x}{x^8+1}\mathrm{d}x=\frac{1}{2}\int\frac{u^2-1}{u^4+1}\mathrm{d}u$$

$$=\frac{1}{2}\int\frac{1-\frac{1}{u^2}}{u^2+\frac{1}{u^2}}\mathrm{d}u=\frac{1}{2}\int\frac{\left(1-\frac{1}{u^2}\right)\mathrm{d}u}{\left(u+\frac{1}{u}\right)^2-2}$$

5.5　习题答案

$$=\frac{1}{2}\int\frac{\mathrm{d}\left(u+\frac{1}{u}\right)}{\left(u+\frac{1}{u}\right)^2-2}=\frac{1}{2}\frac{1}{\sqrt{2}}\frac{1}{2}\ln\left|\frac{u+\frac{1}{u}-\sqrt{2}}{u+\frac{1}{u}+\sqrt{2}}\right|+C$$

$$= \frac{1}{4\sqrt{2}} \ln \left| \frac{x^4 - \sqrt{2}x^2 + 1}{x^4 + \sqrt{2}x^2 + 1} \right| + C$$

5.6 几类最简单的无理函数的积分

（1）考虑积分

$$\int \frac{\mathrm{d}x}{\sqrt{ax^2 + bx + c}}$$

可以利用配方法把 $ax^2 + bx + c$ 化为 $a\left(x + \frac{b}{2a}\right)^2 + \frac{4ac - b^2}{4a}$，从而可利用积分表求出不定积分.

如

5.6　思维导图

$$\int \frac{\mathrm{d}x}{\sqrt{12 + 4x - x^2}} = \int \frac{\mathrm{d}x}{\sqrt{16 - (x - 2)^2}}$$

$$= \int \frac{\mathrm{d}(x - 2)}{\sqrt{16 - (x - 2)^2}} = \arcsin \frac{x - 2}{4} + C$$

（2）对于积分

$$\int R\left(x, \left(\frac{ax + b}{cx + d}\right)^{p_1}, \cdots, \left(\frac{ax + b}{cx + d}\right)^{p_n}\right) \mathrm{d}x$$

其中，$n \in \mathbf{N}$，p_1，p_2，…，$p_n \in \mathbf{Q}$，a，b，c，$d \in \mathbf{R}$，且 $ad - bc \neq 0$，R 是 $n + 1$ 元有理函数.

可设

$$\frac{ax + b}{cx + d} = t^m$$

其中，m 是 p_1，…，p_n 的公分母，把已知积分化为有理函数的积分.

【例 5-48】 计算

$$\int \frac{\sqrt[6]{x^5} + \sqrt[3]{x^2} + \sqrt[6]{x}}{x(1 + \sqrt[3]{x})} \mathrm{d}x$$

解 这里，$n = 3$，$p_1 = 1$，$p_2 = \frac{1}{3}$，$p_3 = \frac{1}{6}$，故 $m = 6$，$a = d = 1$，$b = c = 0$.

令 $x = t^m$，得

$$\int \frac{\sqrt[6]{x^5} + \sqrt[3]{x^2} + \sqrt[6]{x}}{x(1 + \sqrt[3]{x})} \mathrm{d}x = 6\int \frac{t^5 + t^4 + t}{t^6(1 + t^2)} t^5 \mathrm{d}t$$

$$= 6\int \frac{t^4 + t^3 + 1}{1 + t^2} \mathrm{d}t = 6\int (t^2 + t - 1)\mathrm{d}t + 6\int \frac{2 - t}{t^2 + 1} \mathrm{d}t$$

$$= 2\sqrt{x} + 3\sqrt[3]{x} - 6\sqrt[6]{x} + 12\arctan \sqrt[6]{x} - 3\ln(\sqrt[3]{x} + 1) + C$$

【例 5-49】 计算

$$\int \frac{\mathrm{d}x}{\sqrt[3]{(2+x)(2-x)^5}}$$

解
$$\int \frac{\mathrm{d}x}{\sqrt[3]{(2+x)(2-x)^5}} = \int \sqrt[3]{\frac{2-x}{2+x}} \frac{\mathrm{d}x}{(2-x)^2}$$

令$\frac{2-x}{2+x}=t^3$，则

$$x = 2\frac{1-t^3}{1+t^3},\ \mathrm{d}x = -12\frac{t^2\mathrm{d}t}{(1+t^3)^2},\ \frac{1}{2-x} = \frac{1+t^3}{4t^3}$$

因此，

$$\int \sqrt[3]{\frac{2-x}{2+x}} \frac{\mathrm{d}x}{(2-x)^2} = -12\int \frac{(t^3+1)^2 t^3 \mathrm{d}t}{16t^6(t^3+1)^2}$$

$$= -\frac{3}{4}\int \frac{\mathrm{d}t}{t^3}$$

$$= \frac{3}{8}\sqrt[3]{\left(\frac{2+x}{2-x}\right)^2} + C$$

（3）考虑积分

(A) $\int R(x,\sqrt{a^2-x^2})\mathrm{d}x$　　　　(B) $\int R(x,\sqrt{x^2-a^2})\mathrm{d}x$

(C) $\int R(x,\sqrt{a^2+x^2})\mathrm{d}x$

其中，$R(x,\circ)$是关于x及“$\circ$”的有理函数.

在积分（A）中可进行变量代换

$$x = a\sin t, x = a\cos t \text{ 或 } x = a\tanh x$$

在积分（B）中可进行代换

$$x = \frac{a}{\cos t} \text{ 或 } x = a\cosh t$$

在积分（C）中可进行代换

$$x = a\tan t \text{ 或 } x = a\sinh t$$

【例 5-50】 求$\int \sqrt{a^2-x^2}\,\mathrm{d}x \quad (a>0)$.

解 设$x=a\sin t$，$-\frac{\pi}{2}<t<\frac{\pi}{2}$，则$\sqrt{a^2-x^2}=\sqrt{a^2-a^2\sin^2 t}=a\cos t$，

$\mathrm{d}x=a\cos t\,\mathrm{d}t$. 所以，

$$\int\sqrt{a^2-x^2}\,\mathrm{d}x = a^2\int \cos^2 t\,\mathrm{d}t$$

$$= \frac{a^2}{2}\int(1 + \cos 2t)\,\mathrm{d}t$$

$$= \frac{a^2}{2}t + \frac{a^2}{4}\sin 2t + C$$

$$= \frac{a^2}{2}t + \frac{a^2}{2}\sin t\cos t + C$$

由于 $x = a\sin t$，$-\frac{\pi}{2} < t < \frac{\pi}{2}$，所以，

$$t = \arcsin\frac{x}{a}$$

$$\cos t = \sqrt{1 - \sin^2 t} = \frac{\sqrt{a^2 - x^2}}{a}$$

所以，

$$\int\sqrt{a^2 - x^2}\,\mathrm{d}x = \frac{a^2}{2}\arcsin\frac{x}{a} + \frac{1}{2}x\sqrt{a^2 - x^2} + C$$

【例 5-51】 求 $\int\frac{\mathrm{d}x}{\sqrt{x^2 - a^2}}$ $(a > 0)$.

解 注意函数定义域为 $x > a$ 或 $x < -a$，所以我们在两个区间分别求不定积分.

当 $x > a$ 时，设 $x = a\sec t\left(0 < t < \frac{\pi}{2}\right)$，则有

$$\int\frac{\mathrm{d}x}{\sqrt{x^2 - a^2}} = \int\frac{a\sec t\tan t}{a\tan t}\,\mathrm{d}t$$

$$= \int\sec t\,\mathrm{d}t = \int\frac{\sec t(\sec t + \tan t)}{\sec t + \tan t}\,\mathrm{d}t$$

$$= \ln(\sec t + \tan t) + C$$

因 $\sec t = \frac{x}{a}$，故 $\tan t = \frac{\sqrt{x^2 - a^2}}{a}$，因此，

$$\int\frac{\mathrm{d}x}{\sqrt{x^2 - a^2}} = \ln\left(\frac{x}{a} + \frac{\sqrt{x^2 - a^2}}{a}\right) + C_1 = \ln(x + \sqrt{x^2 - a^2}) + C$$

其中，$C = C_1 - \ln a$.

当 $x < -a$ 时，可令 $x = -u$，$u > a$，利用上面的结果，有

$$\int\frac{\mathrm{d}x}{\sqrt{x^2 - a^2}} = -\int\frac{\mathrm{d}u}{\sqrt{u^2 - a^2}}$$

$$= -\ln(u + \sqrt{u^2 - a^2}) + C_1$$

$$= \ln(-x - \sqrt{x^2 - a^2}) + C$$

其中，$C = C_1 - 2\ln a$.

把两种结果合起来，可写成

$$\int \frac{\mathrm{d}x}{\sqrt{x^2 - a^2}} = \ln\left|x + \sqrt{x^2 - a^2}\right| + C$$

【例 5-52】 求 $\int \frac{\mathrm{d}x}{\sqrt{x^2 + a^2}} \quad (a > 0)$.

解 设 $x = a \tan t\left(-\frac{\pi}{2} < t < \frac{\pi}{2}\right)$，则

$$\int \frac{\mathrm{d}x}{\sqrt{x^2 + a^2}} = \int \sec t \, \mathrm{d}t$$

由 $\tan t = \frac{x}{a}$ 知，$\sec t = \frac{\sqrt{x^2 + a^2}}{a}$ 且 $\sec t + \tan t > 0$，因此，

$$\int \frac{\mathrm{d}x}{\sqrt{x^2 + a^2}} = \ln(x + \sqrt{x^2 + a^2}) + C$$

【例 5-53】 计算

$$\int \frac{\mathrm{d}x}{(2x + 1)^2\sqrt{4x^2 + 4x + 5}}$$

解 先设 $t = 2x + 1$，再进行代换 $t = 2\sinh u$，得

$$\begin{aligned}
\int \frac{\mathrm{d}x}{(2x + 1)^2 \sqrt{4x^2 + 4x + 5}} &= \frac{1}{2}\int \frac{\mathrm{d}t}{t^2\sqrt{t^2 + 4}} \\
&= \frac{1}{8}\int \frac{\mathrm{d}u}{\sinh^2 u} \\
&= -\frac{1}{8}\coth u + C \\
&= -\frac{\sqrt{1 + \sinh^2 u}}{8\sinh u} + C \\
&= -\frac{\sqrt{t^2 + 4}}{8t} + C \\
&= -\frac{\sqrt{4x^2 + 4x + 5}}{8(2x + 1)} + C
\end{aligned}$$

(4) 二项微分式的积分

$$\int x^m (ax^n + b)^p \mathrm{d}x$$

其中，a，$b \in \mathbf{R}$，m，n，$p \in \mathbf{Q}$ 且 $a \neq 0$，$b \neq 0$，$n \neq 0$，$p \neq 0$，这个积分在如下三种情况下可

化为对有理函数的积分：

（A）p 是整数

（B）$\frac{m+1}{n}$是整数

（C）$\frac{m+1}{n}+p$ 是整数

在情形（A）中可进行代换 $x=t^N$，N 是 m 与 n 的公分母；在情形（B）与（C）中，对应可令 $ax^n+b=t^s$ 及 $a+bx^{-n}=t^s$，其中 s 是 p 的分母.

如果条件（A），（B），（C）均不满足，则二项微分式的积分不可能用初等函数来表示.

【例 5-54】 计算

$$\int\frac{\sqrt[3]{1+\sqrt[4]{x}}}{\sqrt{x}}\mathrm{d}x$$

解

$$\int\frac{\sqrt[3]{1+\sqrt[4]{x}}}{\sqrt{x}}\mathrm{d}x=\int x^{-\frac{1}{2}}(1+x^{\frac{1}{4}})^{\frac{1}{3}}\mathrm{d}x$$

这里，$m=-\frac{1}{2}$，$n=\frac{1}{4}$，$p=\frac{1}{3}$，$a=1$，$b=1$，由

$$\frac{m+1}{n}=2$$

知，可设

$$1+x^{\frac{1}{4}}=t^3$$

则 $x=(t^3-1)^4$，$\mathrm{d}x=12t^2(t^3-1)^3\mathrm{d}t$

$$\begin{aligned}\int\frac{\sqrt[3]{1+\sqrt[4]{x}}}{\sqrt{x}}\mathrm{d}x&=12\int\frac{t^3(t^3-1)^3}{(t^3-1)^2}\mathrm{d}t\\&=12\int t^3(t^3-1)\mathrm{d}t\\&=12\left(\frac{1}{7}t^7-\frac{1}{4}t^4\right)+C\\&=\frac{12}{7}\sqrt[3]{(1+\sqrt[4]{x})^7}-3\sqrt[3]{(1+\sqrt[4]{x})^4}+C\end{aligned}$$

典型计算题 5

求下列不定积分.

1. $\int\sqrt[3]{\frac{x+1}{x-1}}\mathrm{d}x$

2. $\int\frac{x\,\mathrm{d}x}{\sqrt[4]{x^3(4-x)}}$

3. $\int \frac{dx}{3x+\sqrt[3]{x^2}}$

4. $\int x\sqrt[4]{x-2}\,dx$

5. $\int \frac{\sqrt[3]{x+2}}{x+\sqrt[3]{x+2}}x\,dx$

6. $\int x\sqrt{\frac{x-1}{x+1}}\,dx$

7. $\int \sqrt[3]{\frac{x}{x+1}}\frac{dx}{x^3}$

8. $\int \frac{dx}{\sqrt[6]{(x-7)^7(x-5)^5}}$

9. $\int \frac{dx}{\sqrt{x}+\sqrt[3]{x^2}}$

10. $\int \frac{\sqrt[6]{x}\,dx}{1+\sqrt[3]{x}}$

11. $\int \frac{dx}{(\sqrt[4]{x}+\sqrt[4]{x^3})^3}$

12. $\int \frac{dx}{x+2\sqrt{x^3}+\sqrt[3]{x^4}}$

13. $\int \frac{dx}{2\sqrt{x}-\sqrt[3]{x}-\sqrt[4]{x}}$

14. $\int \frac{x^6\,dx}{\sqrt{x^2+1}}$

15. $\int \frac{x^3\,dx}{\sqrt{x^2-1}}$

16. $\int \frac{\sqrt{x^2+1}}{x^2+2}dx$

17. $\int x^{-\frac{1}{3}}(1-x^{\frac{1}{6}})^{-1}dx$

18. $\int x^{\frac{1}{2}}(1+x^{\frac{1}{3}})^{-2}dx$

19. $\int x^{-\frac{2}{3}}(1+x^{\frac{1}{3}})^{-3}dx$

20. $\int x^{-\frac{1}{2}}(1+x^{\frac{1}{4}})^{-10}dx$

21. $\int x^2\sqrt[3]{(x+1)^2}\,dx$

22. $\int \sqrt[3]{1+\sqrt[4]{x}}\,dx$

23. $\int \frac{\sqrt[3]{x}}{\sqrt{1+\sqrt[3]{x}}}dx$

24. $\int \frac{x\,dx}{\sqrt{1+\sqrt[3]{x^2}}}$

25. $\int \frac{dx}{x^5\sqrt{x^8+1}}$

26. $\int \frac{dx}{x^2\sqrt[3]{(2+x^3)^5}}$

27. $\int \frac{dx}{x^3\sqrt[3]{2-x^3}}$

28. $\int \frac{dx}{\sqrt[3]{1+x^3}}$

29. $\int \sqrt[3]{x-x^3}\,dx$

5.6　习题答案

5.7　有理三角函数的积分法

（1）考虑积分

$$\int \sin mx\cos nx\,dx,\quad \int \sin mx\sin nx\,dx, \int \cos mx\cos nx\,dx$$

5.7　思维导图

1）当 $m\neq n$ 时，利用公式

$$\sin mx\sin nx=\frac{1}{2}[\cos(m-n)x-\cos(m+n)x]$$

$$\cos mx\cos nx=\frac{1}{2}[\cos(m+n)x+\cos(m-n)x]$$

$$\sin mx \cos nx = \frac{1}{2}[\sin(m+n)x + \sin(m-n)x]$$

2）当 $m=n$ 时，利用公式

$$\sin^2 x = \frac{1}{2}(1-\cos 2x),\ \cos^2 x = \frac{1}{2}(1+\cos 2x)$$

$$\sin nx \cos nx = \frac{1}{2}\sin 2nx$$

【例 5-55】

$$\int \sin x \sin 3x \, \mathrm{d}x = \frac{1}{2}\int(\cos 2x - \cos 4x)\mathrm{d}x = \frac{\sin 2x}{4} - \frac{\sin 4x}{8} + C$$

（2）考虑积分

$$\int \sin^m x \cos^n x \, \mathrm{d}x$$

其中，m 和 n 是整数.

1）若 $m>0$ 是奇数，则令 $t=\cos x$.

若 $n>0$ 是奇数，则令 $t=\sin x$.

2）若 $m>0$，$n>0$ 均为偶数，则可利用恒等变换将被积表达式降次.

3）若 $m<0$，$n<0$ 而 $|m+n|$ 是偶数，则令 $t=\tan x$（或 $t=\cot x$）.

【例 5-56】 $$\int \frac{\mathrm{d}x}{\cos^6 x} \xlongequal{t=\tan x} \int (1+t^2)^2 \mathrm{d}t = t + \frac{2}{3}t^3 + \frac{t^5}{5} + C$$

$$= \tan x\left(1 + \frac{2}{3}\tan^2 x + \frac{1}{5}\tan^4 x\right) + C$$

【例 5-57】 $$\int \sin^3 x \cos^4 x \, \mathrm{d}x = \int (\cos^2 x - 1)\cos^4 x \, \mathrm{d}(\cos x)$$

$$= \frac{\cos^7 x}{7} - \frac{\cos^5 x}{5} + C$$

【例 5-58】 $$\int \sin^2 x \cos^4 x \, \mathrm{d}x = \frac{1}{8}\int \sin^2 2x(1+\cos 2x)\mathrm{d}x$$

$$= \frac{1}{16}\int(1-\cos 4x)\mathrm{d}x + \frac{1}{16}\int \sin^2 2x \, \mathrm{d}(\sin 2x)$$

$$= \frac{1}{16}x - \frac{1}{64}\sin 4x + \frac{1}{48}\sin^3 2x + C$$

【例 5-59】 $$\int \frac{\mathrm{d}x}{\sin x \cos^3 x} = \int \frac{\sin^2 x + \cos^2 x}{\sin x \cos^3 x}\mathrm{d}x = \int \frac{\sin x}{\cos^3 x}\mathrm{d}x + \int \frac{\mathrm{d}x}{\sin x \cos x}$$

$$= -\int \frac{\mathrm{d}(\cos x)}{\cos^3 x} + \int \frac{\mathrm{d}(\tan x)}{\tan x} = \frac{1}{2\cos^2 x} + \ln|\tan x| + C$$

（3）若 $R(u, v)$ 是 u，v 的有理函数，且

1）$R(-\sin x, \cos x) = -R(\sin x, \cos x)$

2）$R(\sin x, -\cos x) = -R(\sin x, \cos x)$

3) $R(-\sin x, -\cos x) = R(\sin x, \cos x)$

则可分别利用代换

1) $t = \cos x, x \in (0, \pi)$

2) $t = \sin x, x \in \left(-\dfrac{\pi}{2}, \dfrac{\pi}{2}\right)$

3) $t = \tan x, x \in \left(-\dfrac{\pi}{2}, \dfrac{\pi}{2}\right)$或 $t = \cos 2x$

【例 5-60】 $$\int \frac{dx}{\sin^2 x + 2\sin x \cos x + 5\cos^2 x} = \int \frac{d(\tan x)}{\tan^2 x + 2\tan x + 5}$$

$$\xlongequal{t=\tan x} \int \frac{dt}{(t+1)^2 + 4} = \frac{1}{2}\arctan\left(\frac{1+\tan x}{2}\right) + C$$

(4) 考虑积分 $\int R(\sin x, \cos x)dx$ ，其中，$R(u, v)$是 u，v 的有理函数，可以利用代换

$$t = \tan\frac{x}{2}, x \in (-\pi, \pi)$$

把这个积分化为有理函数的积分. 这里

$$\sin x = \frac{2t}{1+t^2},\ \cos x = \frac{1-t^2}{1+t^2},\ x = 2\arctan t,\ dx = \frac{2\,dt}{1+t^2}$$

说明　此种代换常常使运算烦杂，故在使用此法之前，应尽量考虑能否使用其他积分法.

【例 5-61】 利用代换 $t = \tan\dfrac{x}{2}$，则

$$\int \frac{dx}{\sin x} = \int \frac{dt}{t} = \ln\left|\tan\frac{x}{2}\right| + C$$

5.7　习题答案

从而有

$$\int \frac{dx}{\cos x} = \int \frac{d\left(x + \frac{\pi}{2}\right)}{\sin\left(x + \frac{\pi}{2}\right)} = \ln\left|\tan\left(\frac{x}{2} + \frac{\pi}{4}\right)\right| + C$$

其实，这里还可利用另一种方法求 $\int \dfrac{dx}{\sin x}$.

$$\int \frac{dx}{\sin x} = \int \frac{\sin x}{\sin^2 x}dx = \int \frac{d(\cos x)}{\cos^2 x - 1} = \frac{1}{2}\ln\frac{1-\cos x}{1+\cos x} + C$$

5.8 综合解法举例（二）

【例 5-62】 $$\int \frac{dx}{\cos^4 x} = \int \frac{\sin^2 x + \cos^2 x}{\cos^4 x}dx$$

$$= \int \frac{\sin^2 x}{\cos^2 x}\frac{dx}{\cos^2 x} + \int \frac{dx}{\cos^2 x}$$

$$= \int \tan^2 x\, d(\tan x) + \tan x = \frac{1}{3}\tan^3 x + \tan x + C$$

5.8　思维导图

【例 5-63】 $\int \frac{dx}{\sqrt[3]{\sin^5 x \cos x}} = \int \frac{1}{\sqrt[3]{\frac{\sin^5 x}{\cos^5 x}}} \frac{dx}{\cos^2 x}$

$$= \int (\tan x)^{-\frac{5}{3}} d(\tan x) = -\frac{3}{2}(\tan x)^{-\frac{2}{3}} + C$$

【例 5-64】 $\int \frac{x \sin x}{\cos^5 x} dx = \frac{1}{4}\int x d\left(\frac{1}{\cos^4 x}\right)$

$$= \frac{x}{4\cos^4 x} - \frac{1}{4}\int \frac{1}{\cos^4 x} dx$$

$$= \frac{x}{4\cos^4 x} - \frac{1}{4}\tan x - \frac{1}{12}\tan^3 x + C$$

【例 5-65】 计算

$$\int \frac{2\sin x + 3\cos x}{\sin^2 x \cos x + 9\cos^3 x} dx$$

解　因被积表达式具有性质

$$R(-\sin x, -\cos x) = R(\sin x, \cos x)$$

故令 $t = \tan x \quad \left(-\frac{\pi}{2} < x < \frac{\pi}{2}\right)$

$$\int \frac{2\sin x + 3\cos x}{\sin^2 x \cos x + 9\cos^3 x} dx = \int \frac{2\tan x + 3}{\tan^2 x + 9} d(\tan x)$$

$$= \int \frac{2t + 3}{t^2 + 9} dt = \ln(t^2 + 9) + \arctan \frac{t}{3} + C$$

$$= \ln(\tan^2 x + 9) + \arctan \frac{\tan x}{3} + C$$

【例 5-66】

$$\int \frac{\tan x \, dx}{3\sin^2 x + 2\cos^2 x} = \int \frac{\tan x}{3\tan^2 x + 2} d(\tan x) = \frac{1}{6}\ln(3\tan^2 x + 2) + C$$

【例 5-67】

$$\int \frac{\sin^3 x}{2 + \cos x} dx \overset{令 t = \cos x}{=\!=\!=} \int \frac{t^2 - 1}{2 + t} dt = \int \left(t - 2 + \frac{3}{t + 2}\right) dt$$

$$= \frac{t^2}{2} - 2t + 3\ln|t + 2| + C$$

$$= \frac{1}{2}\cos^2 x - 2\cos x + 3\ln|\cos x + 2| + C$$

【例 5-68】

$$\int \frac{\sin x \cos x}{\sin x + \cos x} dx = \frac{1}{2}\int \left(\frac{2\sin x \cos x + 1}{\sin x + \cos x} - \frac{1}{\sin x + \cos x}\right) dx$$

$$= \frac{1}{2}\int (\sin x + \cos x) dx - \frac{1}{2\sqrt{2}}\int \frac{dx}{\sin\left(x + \frac{\pi}{4}\right)}$$

$$= \frac{1}{2}(\sin x - \cos x) - \frac{1}{2\sqrt{2}} \ln\left|\tan \frac{1}{2}\left(x + \frac{\pi}{4}\right)\right| + C$$

【例 5-69】 求$\int \frac{1-\sin x+\cos x}{1+\sin x-\cos x}\mathrm{d}x$.

解 先将被积函数恒等变形，把它写成函数和的形式（注意分母的简化，把多项变成单项更方便），然后再积分. 因为

$$\begin{aligned}\frac{1-\sin x+\cos x}{1+\sin x-\cos x} &= \frac{-(1+\sin x-\cos x)+2}{1+\sin x-\cos x}\\ &= -1+\frac{2}{1+\sin x-\cos x}\\ &= -1+\frac{2}{2\sin^2\frac{x}{2}+2\sin\frac{x}{2}\cos\frac{x}{2}}\\ &= -1+\frac{2}{\left(2\tan^2\frac{x}{2}+2\tan\frac{x}{2}\right)\cos^2\frac{x}{2}}\\ &= -1+\frac{1}{\tan\frac{x}{2}\left(\tan\frac{x}{2}+1\right)}\cdot\frac{1}{\cos^2\frac{x}{2}}\\ &= -1+\left(\frac{1}{\tan\frac{x}{2}}-\frac{1}{\tan\frac{x}{2}+1}\right)\frac{1}{\cos^2\frac{x}{2}}\end{aligned}$$

所以

$$\begin{aligned}\int\frac{1-\sin x+\cos x}{1+\sin x-\cos x}\mathrm{d}x &= \int(-1)\mathrm{d}x+\int\left(\frac{1}{\tan\frac{x}{2}}-\frac{1}{\tan\frac{x}{2}+1}\right)\frac{\mathrm{d}x}{\cos^2\frac{x}{2}}\\ &= -x+2\int\left(\frac{1}{\tan\frac{x}{2}}-\frac{1}{\tan\frac{x}{2}+1}\right)\mathrm{d}\left(\tan\frac{x}{2}\right)\\ &= -x+2\ln\left|\tan\frac{x}{2}\right|-2\ln\left|\tan\frac{x}{2}+1\right|+C\\ &= -x+\ln\frac{1-\cos x}{1+\sin x}+C\end{aligned}$$

【例 5-70】 求$\int\frac{\mathrm{d}x}{3\sin x+4\cos x+5}$.

解 设$t=\tan\frac{x}{2}$，$-\pi<x<\pi$

$$\sin x=\frac{2t}{1+t^2},\ \cos x=\frac{1-t^2}{1+t^2},\ \mathrm{d}x=\frac{2\,\mathrm{d}t}{1+t^2}$$

因此

$$\int\frac{\mathrm{d}x}{3\sin x+4\cos x+5}=2\int\frac{\mathrm{d}t}{6t+4(1-t^2)+5(1+t^2)}$$

$$=2\int\frac{\mathrm{d}t}{t^2+6t+9}=2\int(t+3)^{-2}\mathrm{d}t=-\frac{2}{t+3}+C$$

$$=-\frac{2}{3+\tan\frac{x}{2}}+C$$

【例 5-71】 $\int\frac{x\,\mathrm{d}x}{\cos^2x\tan^3x}=\int\frac{x\cos x}{\sin^3x}\mathrm{d}x=-\frac{1}{2}\int x\,\mathrm{d}\left(\frac{1}{\sin^2x}\right)$

$$=-\frac{x}{2}\csc^2x-\frac{1}{2}\cot x+C$$

【例 5-72】 $\int\frac{x\cos^4\frac{x}{2}}{\sin^3x}\mathrm{d}x=\int\frac{x\cos^4\frac{x}{2}}{8\sin^3\frac{x}{2}\cos^3\frac{x}{2}}\mathrm{d}x=\frac{1}{8}\int\frac{x\cos\frac{x}{2}}{\sin^3\frac{x}{2}}\mathrm{d}x$

$$=\frac{1}{4}\int x\sin^{-3}\frac{x}{2}\mathrm{d}\left(\sin\frac{x}{2}\right)=-\frac{1}{8}\int x\,\mathrm{d}\left(\sin^{-2}\frac{x}{2}\right)$$

$$=-\frac{x}{8}\sin^{-2}\frac{x}{2}+\frac{1}{8}\int\frac{1}{\sin^2\frac{x}{2}}\mathrm{d}x$$

$$=-\frac{x}{8\sin^2\frac{x}{2}}-\frac{1}{4}\cot\frac{x}{2}+C$$

【例 5-73】 $\int\frac{x+\sin x}{1+\cos x}\mathrm{d}x=\int\frac{x+\sin x}{2\cos^2\frac{x}{2}}\mathrm{d}x=\int\frac{x}{2}\sec^2\frac{x}{2}\mathrm{d}x+\int\tan\frac{x}{2}\mathrm{d}x$

$$=\int x\,\mathrm{d}\left(\tan\frac{x}{2}\right)+\int\tan\frac{x}{2}\mathrm{d}x=x\tan\frac{x}{2}+C$$

【例 5-74】 $\int\frac{x^2+1}{x\sqrt{1+x^4}}\mathrm{d}x=\frac{1}{2}\int\frac{x^2+1}{x^2\sqrt{1+x^4}}\mathrm{d}(x^2)$

$$\xlongequal{x^2=\tan t}\frac{1}{2}\int\csc t\,\mathrm{d}t+\frac{1}{2}\int\sec t\,\mathrm{d}t$$

$$=\frac{1}{2}\ln|\csc t-\cot t|+\frac{1}{2}\ln|\sec t+\tan t|+C$$

【例 5-75】 $I_n=\int\sec^{2n+1}x\,\mathrm{d}x=\int\sec^{2n-1}x\,\mathrm{d}(\tan x)$

$$= \tan x \sec^{2n-1}x - \int \tan x(2n-1)\sec^{2n-2}x \sec x \tan x \, dx$$

$$= \tan x \sec^{2n-1}x - \int (2n-1)(\sec^2 x - 1)\sec^{2n-1}x \, dx$$

$$= \tan x \sec^{2n-1}x - (2n-1)I_n + (2n-1)I_{n-1}$$

$$I_n = \frac{1}{2n}\tan x \sec^{2n-1}x + \frac{2n-1}{2n}I_{n-1}$$

$$I_0 = \int \sec x \, dx = \ln|\sec x + \tan x| + C$$

【例 5-76】 确定系数 A、B 使式

$$\int \frac{dx}{(a+b\cos x)^2} = \frac{A\sin x}{a+b\cos x} + B\int \frac{dx}{a+b\cos x}$$

成立.

解 所论等式等价于

$$\left(\frac{A\sin x}{a+b\cos x} + B\int \frac{dx}{a+b\cos x}\right)' = \frac{1}{(a+b\cos x)^2}$$

即

$$\frac{A(a+b\cos x)\cos x + Ab\sin^2 x}{(a+b\cos x)^2} + \frac{B}{a+b\cos x} = \frac{1}{(a+b\cos x)^2}$$

亦即

$$Ab + Ba + (Aa + Bb)\cos x = 1$$

从而有

$$\begin{cases} Ab + Ba = 1 \\ Aa + Bb = 0 \end{cases}$$

当 $a^2 \neq b^2$ 时，解得

$$A = -\frac{b}{a^2-b^2}, \quad B = \frac{a}{a^2-b^2}$$

当 $a^2 = b^2$ 时，无解.

最后，我们指出，有些函数的不定积分不能用初等函数表示，譬如在应用中遇到的这类积分有

(1) $\int e^{-x^2} dx$　（普阿松积分）

(2) $\int \sin x^2 dx$ 与 $\int \cos x^2 dx$　（菲列涅尔积分）

(3) $\int \frac{dx}{\ln x}$　（对数积分）

(4) $\int \frac{\sin x}{x} dx$　（正弦积分）

(5) $\int \frac{\cos x}{x} dx$　（余弦积分）等

典型计算题 6

求下列不定积分.

1. $\int \frac{\sin^3 x\, dx}{\cos^2 x}$

2. $\int \frac{\sin^3 x\, dx}{\cos^2 x + 1}$

3. $\int \frac{\cos^2 x\, dx}{\sin^4 x}$

4. $\int \frac{\sin^4 x\, dx}{\cos x}$

5. $\int \frac{dx}{\sin^3 x \cos^3 x}$

6. $\int \frac{dx}{\sin^4 x \cos^2 x}$

7. $\int \frac{dx}{\sin^3 x \cos x}$

8. $\int \sin^5 x \sqrt[3]{\cos x}\, dx$

9. $\int \cos^5 x\, dx$

10. $\int \frac{dx}{\sin^3 x}$

11. $\int \frac{dx}{\tan^3 x}$

12. $\int \frac{\sin^2 x}{\cos^3 x} dx$

13. $\int \frac{\sin^3 x}{\cos x} dx$

14. $\int \frac{dx}{1 + \sin^2 x}$

15. $\int \frac{\cos^3 x}{\sin^4 x} dx$

16. $\int \frac{\sin^3 x\, dx}{\cos^4 x}$

17. $\int \frac{dx}{\sin^4 x \cos^4 x}$

18. $\int \frac{\sin^2 x}{\cos^4 x} dx$

19. $\int \frac{\cos^5 x\, dx}{\sin^2 x}$

20. $\int \frac{dx}{\sin^2 x \cos^4 x}$

21. $\int \frac{dx}{\sin x \cos^3 x}$

22. $\int \frac{\sin^3 x\, dx}{\sqrt[3]{\cos x}}$

23. $\int \frac{dx}{7\cos^2 x + 2\sin^2 x}$

24. $\int \cos^6 x\, dx$

25. $\int \tan^5 x\, dx$

26. $\int \frac{dx}{\sin^6 x}$

27. $\int \frac{\sin^3 x}{\sqrt[3]{\cos^4 x}} dx$

28. $\int \frac{dx}{\sqrt[3]{\tan x}}$

29. $\int \frac{\cos^3 x}{\sin^5 x} dx$

30. $\int \cos^2 x \sin^4 x\, dx$

典型计算题 7

1. 求下列不定积分.

(1) $\int \sin^4 x\, \mathrm{d}x$

(2) $\int 3^{\tan x} \dfrac{\mathrm{d}x}{\cos^2 x}$

(3) $\int \dfrac{x^3}{x^2+11}\, \mathrm{d}x$

(4) $\int \dfrac{1}{x^2}\arctan \dfrac{1}{x}\, \mathrm{d}x$

(5) $\int \dfrac{\mathrm{d}x}{x(x+1)^2}$

(6) $\int \sqrt[3]{2x-3}\, \mathrm{d}x$

(7) $\int \dfrac{\mathrm{d}x}{(\sqrt[3]{x^2}+\sqrt[3]{x})^2}$

(8) $\int \dfrac{x^2-5x+9}{x^2-5x+6}\, \mathrm{d}x$

(9) $\int \dfrac{\mathrm{d}x}{\sin x}$

(10) $\int x3^{1-x^2}\, \mathrm{d}x$

(11) $\int \dfrac{x}{\sqrt{1-2x^2-x^4}}\, \mathrm{d}x$

(12) $\int \dfrac{x}{\cos^2 x}\, \mathrm{d}x$

(13) $\int \dfrac{\mathrm{d}x}{2x^2-4x+9}$

(14) $\int \dfrac{\mathrm{d}x}{(\sqrt[3]{(x+1)^2}+\sqrt[3]{x+1})^2}$

(15) $\int \dfrac{\mathrm{d}x}{(3x-2)^4}$

2. 求下列不定积分.

(1) $\int \cos^2 x \sin 2x\, \mathrm{d}x$

(2) $\int \dfrac{x-5}{x^2-2x-3}\, \mathrm{d}x$

(3) $\int \dfrac{x-3}{2x+1}\, \mathrm{d}x$

(4) $\int \dfrac{\sin^3 x}{\cos^6 x}\, \mathrm{d}x$

(5) $\int \dfrac{\mathrm{d}x}{1+\sin^2 2x}$

(6) $\int \sqrt{x^2+2x-1}\, \mathrm{d}x$

(7) $\int x^2\sqrt{5-x}\, \mathrm{d}x$

(8) $\int \ln(x^2+1)\mathrm{d}x$

(9) $\int \dfrac{x-1}{\sqrt{x^2-2x+5}}\, \mathrm{d}x$

(10) $\int x^3(1+2x^2)^{-\frac{3}{2}}\mathrm{d}t$

(11) $\int \dfrac{\mathrm{d}x}{3+5\cos x}$

(12) $\int \dfrac{x-1}{x^2+3}\, \mathrm{d}x$

(13) $\int \sqrt{4-3x}\, \mathrm{d}x$

(14) $\int \dfrac{5x^3+2}{x^3-5x^2+4x}\, \mathrm{d}x$

3. 求下列不定积分.

(1) $\int \dfrac{\mathrm{d}x}{\sqrt{x}+\sqrt[3]{x}}$

(2) $\int \dfrac{\mathrm{d}x}{\mathrm{e}^x+1}$

(3) $\int \dfrac{\mathrm{d}x}{x(x+1)^2}$

(4) $\int \dfrac{x\, \mathrm{d}x}{\sqrt{1-2x^2-x^4}}$

(5) $\int \dfrac{1+z}{1+\sqrt{z}}\, \mathrm{d}z$

(6) $\int \dfrac{\mathrm{d}x}{(x+1)(2x+1)}$

(7) $\int \dfrac{\mathrm{d}x}{\sqrt[4]{1+x^4}}$

(8) $\int \dfrac{\mathrm{d}x}{\sin x+\cos x}$

(9) $\int \frac{e^x dx}{\sqrt[3]{e^x+1}}$

(10) $\int \frac{x\,dx}{\sin^2 x}$

(11) $\int \frac{\cos x}{1+\cos x} dx$

(12) $\int \frac{x-5}{x^2-2x+5} dx$

(13) $\int \frac{2x^2+41x-91}{(x-1)(x+3)(x-4)} dx$

(14) $\int \frac{dx}{\sqrt{x^2+4x+5}}$

4. 求下列不定积分.

(1) $\int \frac{2x+1}{2x^2+1} dx$

(2) $\int \frac{dx}{\sqrt[3]{5x-1}}$

(3) $\int \frac{dx}{x^4\sqrt{1+x^2}}$

(4) $\int \frac{dx}{\sqrt{x^2+3x+1}}$

(5) $\int \frac{\sin x}{1-\sin x} dx$

(6) $\int \frac{\sin^2 x+\cot^3 x}{\sin^2 x} dx$

(7) $\int \frac{x^2-1}{4x^3-x} dx$

(8) $\int \frac{dx}{(3x+1)^5}$

(9) $\int (e^x+1)^2 dx$

(10) $\int \frac{\ln x}{\sqrt{x}} dx$

(11) $\int \cos\frac{x}{2}\cos\frac{x}{3} dx$

(12) $\int \frac{dx}{(x-1)(x+2)(x+3)}$

(13) $\int \frac{dx}{\sqrt{x+1}+\sqrt[3]{x+1}}$

(14) $\int \frac{dx}{1+2\cos x}$

(15) $\int \frac{x+2}{\sqrt{x^2+4x-1}} dx$

5. 求下列不定积分.

(1) $\int \frac{dx}{1+\cos x}$

(2) $\int \frac{\ln^2 3x}{x} dx$

(3) $\int \sin^4 t\cos^2 t\, dt$

(4) $\int \frac{x^2+2}{x^3-5x^2+4x} dx$

(5) $\int \frac{2^x}{1-4^x} dx$

(6) $\int \frac{5x}{\sqrt{1+x^4}} dx$

(7) $\int (x-1)e^{2x} dx$

(8) $\int \frac{dx}{\sin x+\cos x}$

(9) $\int \sqrt{3-x}\, dx$

(10) $\int \frac{dx}{(2x-1)^3}$

(11) $\int \frac{2x-3}{x^2-4x+8} dx$

(12) $\int \frac{x}{\sqrt{x^2+3x-1}} dx$

(13) $\int \frac{dx}{1+\cos 2x}$

(14) $\int \frac{\ln\tan x}{\sin 2x} dx$

(15) $\int \frac{2x^2+3}{(x+1)(x^2+1)} dx$

6. 求下列不定积分.

(1) $\int \frac{x\,\mathrm{d}x}{\cos^2 3x}$　　(2) $\int \frac{\mathrm{d}x}{\sqrt[3]{1+x^3}}$

(3) $\int \sqrt{9-x^2}\,\mathrm{d}x$　　(4) $\int (x+5)\ln x\,\mathrm{d}x$

(5) $\int \frac{x+5}{x^2+5x+7}\mathrm{d}x$　　(6) $\int x^2 \sin x^3 \mathrm{d}x$

(7) $\int \frac{2x^2+x-1}{(x+1)(x^2+3)}\mathrm{d}x$　　(8) $\int 2^x \sin x\,\mathrm{d}x$

(9) $\int \cot\left(2x-\frac{\pi}{3}\right)\mathrm{d}x$　　(10) $\int (x-1)\sin 2x\,\mathrm{d}x$

(11) $\int x\sqrt{\frac{x-1}{x+1}}\,\mathrm{d}x$　　(12) $\int \frac{3x\,\mathrm{d}x}{x^2+4x+13}$

(13) $\int \frac{1-\sqrt[3]{x}}{\sqrt{x}}\mathrm{d}x$　　(14) $\int \frac{2-\sin x}{2+\cos x}\mathrm{d}x$

(15) $\int \frac{\mathrm{d}x}{\sqrt[3]{(x-1)^2}}$

7. 求下列不定积分.

(1) $\int \frac{x^3+1}{x^3-1}\mathrm{d}x$　　(2) $\int \frac{\mathrm{d}x}{x(1+\sqrt[3]{x})^3}$

(3) $\int \frac{\sqrt{1+\ln x}}{x\ln x}\mathrm{d}x$　　(4) $\int \frac{\mathrm{d}x}{1+\tan x}$

(5) $\int \frac{x-5}{x^2+3x-4}\mathrm{d}x$　　(6) $\int \frac{\mathrm{d}x}{\tan x\cos 2x}$

(7) $\int \frac{x\arctan x}{\sqrt{1+x^2}}\mathrm{d}x$　　(8) $\int \frac{\mathrm{d}x}{x^4-x^2}$

(9) $\int \frac{1-\cos x}{1+\cos x}\mathrm{d}x$　　(10) $\int \frac{\mathrm{d}x}{x(\sqrt{x}+\sqrt[3]{x})}$

(11) $\int \ln(x^2+1)\mathrm{d}x$　　(12) $\int (x^2+1)2^x\mathrm{d}x$

(13) $\int \frac{\mathrm{d}x}{5+4\sin x}$　　(14) $\int \frac{\mathrm{d}x}{1-\cos x}$

(15) $\int \frac{\lg x}{x^3}\mathrm{d}x$

8. 求下列不定积分.

(1) $\int \frac{x+1}{x^3-x^2+x-1}\mathrm{d}x$　　(2) $\int \frac{x}{\sqrt{(x+1)^2-9}}\mathrm{d}x$

(3) $\int \frac{2-\sin x}{2+\sin x}\mathrm{d}x$　　(4) $\int \frac{\ln\tan x}{\sin x\cos x}\mathrm{d}x$

(5) $\int \frac{x^3}{(x-1)^{12}}\,dx$　　(6) $\int \sin(\lg x)\,\frac{dx}{x}$

(7) $\int \frac{\sqrt{2+x^2}-\sqrt{2-x^2}}{\sqrt{4-x^4}}\,dx$　　(8) $\int x(2x+5)^{10}dx$

(9) $\int \frac{3x+1}{\sqrt{5x^2+1}}\,dx$　　(10) $\int (x^2+3)e^{-x}dx$

(11) $\int \sin^3 6x\cos 6x\,dx$　　(12) $\int \frac{x}{x^2-7x+13}\,dx$

(13) $\int \frac{x-1}{x(x+1)^2}\,dx$　　(14) $\int \frac{x-\sqrt{\arctan 2x}}{1+4x^2}\,dx$

(15) $\int \frac{dx}{\sqrt{x-x^2}}$

9. 求下列不定积分.

(1) $\int x^2\cos x\,dx$　　(2) $\int \frac{dx}{2+\cos 2x}$

(3) $\int e^{-(x^2+1)}x\,dx$　　(4) $\int \frac{1+\sin 5x}{\cos^2 5x}\,dx$

(5) $\int x\ln(x^2-1)dx$　　(6) $\int \frac{dx}{1-\cos 4x}$

(7) $\int \sin^5 5x\,dx$　　(8) $\int \frac{(1-x)^2}{x^2+1}\,dx$

(9) $\int \frac{2x+1}{x^2-9}\,dx$　　(10) $\int \frac{dx}{1-\tan x}$

(11) $\int \frac{2x+1}{\sqrt{5x^2-1}}\,dx$　　(12) $\int x\sin x\cos x\,dx$

(13) $\int e^{\frac{1}{x}}\frac{dx}{x^2}$　　(14) $\int \cot^3 3x\,dx$

(15) $\int x^2(x-1)^3dx$

10. 求下列不定积分.

(1) $\int \frac{x-1}{\sqrt{1-4x^2}}\,dx$　　(2) $\int \frac{x^2+3x-1}{x^2-4x+3}\,dx$

(3) $\int x\sin(1-x^2)dx$　　(4) $\int \frac{dx}{\sin^2 x\cos^4 x}$

(5) $\int \frac{x+(\arccos 3x)^2}{\sqrt{1-9x^2}}\,dx$　　(6) $\int \frac{dx}{4+4\cos 2x}$

(7) $\int (x-1)(x+2)^{10}dx$　　(8) $\int \frac{2-\sin x}{2+\cos x}\,dx$

(9) $\int \frac{2x-1}{\sqrt{3-4x^2}\,\mathrm{d}x}$

(10) $\int \frac{3^x\mathrm{d}x}{\sqrt{9^x-1}}$

(11) $\int \frac{3x^2-x+1}{x^2+4x-5}\mathrm{d}x$

(12) $\int \operatorname{arccot}\sqrt{x}\,\mathrm{d}x$

(13) $\int x^2\ln(x+3)\mathrm{d}x$

(14) $\int \frac{\mathrm{d}x}{x^3\sqrt{x^2+1}}$

(15) $\int 2^{\cot x}\frac{\mathrm{d}x}{\sin^2 x}$

5.8　习题答案

习　题　5

1. 下列命题中有（　　）个命题是正确的.

(1) $f'(x)\mathrm{d}x=f(x)+C$　　(2) $\left(\int f(x)\mathrm{d}x\right)'=f(x)$

(3) $\int f(x)\mathrm{d}x=\int f(x)\mathrm{d}x+2$　　(4) $\int f(x)\mathrm{d}x-\int f(x)\mathrm{d}x=0$

A. 0　　B. 1　　C. 2　　D. 3

2. 计算下列不定积分：

(1) $\int \mathrm{e}^{\sin x}\frac{x\cos^3x-\sin x}{\cos^2x}\mathrm{d}x$　　(2) $\int \frac{x^{11}}{x^8+3x^4+2}\mathrm{d}x$

(3) $\int \frac{x\ln(x+\sqrt{1+x^2})}{(1-x^2)^2}\mathrm{d}x$　　(4) $\int \sqrt{\frac{\ln(x+\sqrt{1+x^2})}{1+x^2}}\mathrm{d}x$

3. 已知 $f(x)=\begin{cases}x^2 & -1\leqslant x<0\\ \sin x & 0\leqslant x<1\end{cases}$，求 $\int f(x)\mathrm{d}x$.

4. 已知 $f(x)$ 的一个原函数是 e^{-x^2}，求 $\int xf'(x)\mathrm{d}x$.

5. 设 $f(x^2-1)=\ln\frac{x^2}{x^2-2}$，且 $f(\varphi(x))=\ln x$，求 $\int\varphi(x)\mathrm{d}x$.

6. 计算 $\int\max(1,|x|)\mathrm{d}x$.

7. 设 $f(x)$ 在区间 $[1,+\infty)$ 上可导，$f(1)=0$，$f'(\mathrm{e}^x+1)=3\mathrm{e}^{2x}+2$，求 $f(x)$.

8. 设 $f(x)=\mathrm{e}^{-x}$，计算不定积分 $\int\frac{f'(\ln x)}{x}\mathrm{d}x$.

9. 设 $f'(\ln x)=\begin{cases}1 & 0<x\leqslant 1\\ x & 1<x<+\infty\end{cases}$，且 $f(0)=0$，求 $f(x)$.

10. 设有一条曲线，其上任意一点 (x,y) 处的法线斜率是该点横坐标平方与四次方之和，且曲线过点 $(1,1)$，试求该曲线的方程.

习题5答案

第 6 章 定积分

6.1 定积分的定义与存在条件

6.1.1 两个实际问题

1. 曲边梯形的面积

设函数 $f(x)$ 在闭区间 $\Delta=[a,b]$ 上连续且 $f(x)\geqslant 0$，$\forall x\in[a,b]$. 考虑图形 G（见图6-1），它是由直线 $x=a$，$x=b$，$y=0$ 与函数 $y=f(x)$ 的图形所围成的，即 $G=\{(x,y)\mid a\leqslant x\leqslant b,\ 0\leqslant y\leqslant f(x)\}$，其中线段 Δ 是底边，而称 G 是曲边梯形.

现在，用一组分点 x_i，$i=1$，2，…，$n-1$；$x_1<x_2<\cdots<x_{n-1}$，把区间 Δ 分成 n 个子区间，且过这些分点建立平行于 y 轴的直线，则把 G 分成 n 个小条，其中每一个仍是曲边梯形.

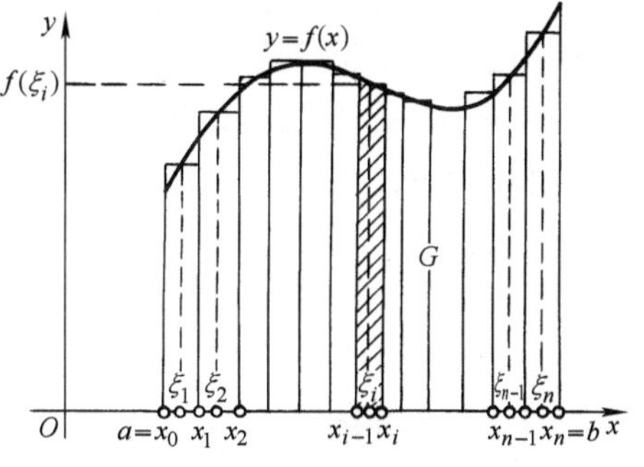

图 6-1

记 $\Delta x_i=x_i-x_{i-1}$，$x_0=a$，$x_n=b$ 且设 $\xi_i\in\Delta_i$，$\Delta_i=[x_{i-1},x_i]$，$i=1$，2，…，n. 则和式

$$\sigma=\sum_{i=1}^{n}f(\xi_i)\Delta x_i$$

依赖于区间 Δ 的分法与点 ξ_i 的取法，而在数值上等于阶梯图形（见图6-1）的面积，这个图形由 n 个矩形组成，且 Δ_i 是第 i 个矩形的底边，而 $f(\xi_i)$ 等于它的高度. 很明显，当 Δ 分划足够细时，阶梯图形的面积与所求曲边梯形 G 的面积相差很小，为了达到无限细分图形 G，我们让 Δ_i 的长度中最大值趋于零. 这时，如果 σ 有极限 S，它既不依赖于区间 Δ 的分法，也不依赖于点 ξ_i 的取法，则自然可以断定曲边梯形 G 的面积等于 S，这个极限的存在性定理将在 6.1.5 节中给出.

【例 6-1】 求由抛物线 $y=x^2$ 与直线 $x=a$，$a>0$ 与 $y=0$ 所围成图形的面积（见图6-2）.

解 将 $\Delta=[0,a]$ n 等分，且在 $\sigma=\sum\limits_{i=1}^{n}f(\xi_i)\Delta x_i$ 中取 $\xi_i=x_i=\dfrac{a}{n}i$ 而 $\Delta x_i=\dfrac{a}{n}$，则有

$$\sigma=\sum_{i=1}^{n}x_i^2\Delta x_i=\frac{a^3}{n^3}\sum_{i=1}^{n}i^2=\frac{a^3}{n^3}\frac{n(n+1)(2n+1)}{6}$$

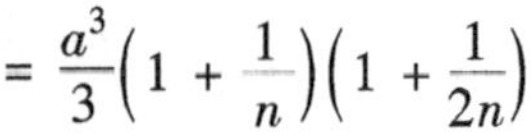

$$= \frac{a^3}{3}\left(1+\frac{1}{n}\right)\left(1+\frac{1}{2n}\right)$$

所以

$$\lim_{n\to\infty}\sigma = \frac{a^3}{3}$$

注意，在计算中，利用了对于函数 $f(x) = x^2$ 的和式极限与闭区间 Δ 的分法及 ξ_i 的选取方法无关这一条件.

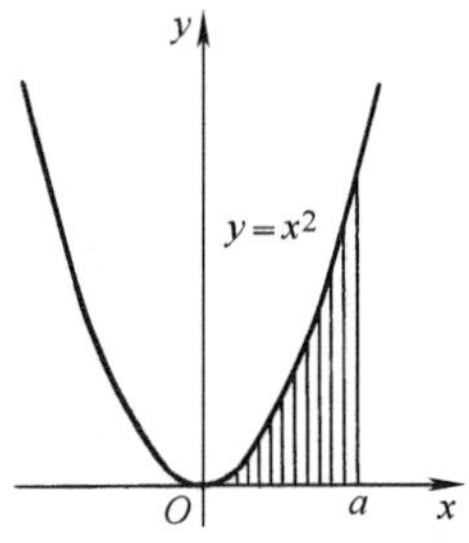

图　6-2

2. 变速直线运动的路程

设某物体进行变速直线运动，其速度函数 $v(t)$ 是时间间隔 $[a,b]$ 上关于时间 t 的连续函数，且 $v(t)\geqslant 0$，计算在这段时间内物体所经过的路程 s.

与解决曲边梯形面积计算问题一样，我们用分点 x_i 将 $\Delta=[a,b]$ 分割，且选取 $\xi_i\in\Delta_i(i=1, 2, \cdots, n)$，则该物体在区间 Δ_i 上所经过的路程近似地等于 $v(\xi_i)\Delta x_i$，而在区间 Δ 上所经过的路程近似等于 $\sum\limits_{i=1}^{n} v(\xi_i)\Delta x_i$. 我们自然在这里称这个和式的极限(假如存在的话)为该物体在区间 $[a,b]$ 这段时间内所经过的路程.

在上述所研究的问题中，都是采用分割、作积、求和、取极限的方法，我们通常称这种和式为积分和. 事实上，几何学、物理学与科学技术中许多重要问题的解决都归结到计算积分和的极限，因而它就成了积分学中所要研究的重要内容.

6.1.2　定积分的概念

设一元函数 $f(x)$ 在闭区间 $[a,b]$ 上有定义，且设 x_i，$i=0, 1, 2, \cdots, n$ 是属于区间 $[a,b]$ 的点集并满足

$$a=x_0<x_1<\cdots<x_{i-1}<x_i<\cdots<x_{n-1}<x_n=b$$

我们称这样的点集为区间 $[a,b]$ 的分划，并记为 $T=\{x_i \mid i=0, 1, 2, \cdots, n\}$，而称区间 $\Delta_i=[x_{i-1}, x_i]$，$i=1, 2, \cdots, n$ 为对应分划 T 的区间.

设 $\Delta x_i=x_i-x_{i-1}$ 是分划 T 的第 i 个区间的长度，则 $l(T)=\max\limits_{1\leqslant i\leqslant n}\Delta x_i$ 我们称作分划 T 的细度(或称 T 的直径). 如果 $\xi_i\in\Delta_i$，则称点集 ξ_i，$i=1, 2, \cdots, n$ 为取法且记 $\xi=\{\xi_i \mid i=1, 2, \cdots, n\}$.

我们称和式

$$\sigma_T(\xi,f) = \sigma_T(\xi)=\sum_{i=1}^{n} f(\xi_i)\Delta x_i$$

为函数 f 的对于给定分划 T 与固定取法 ξ 的黎曼和.

定义 6-1　如果对于任何 $\varepsilon>0$，存在数 $\delta=\delta(\varepsilon)>0$，使对任何分划 T，其细度 $l(T)<\delta$ 且对任何的取法 ξ 满足不等式

$$\left|\sum_{i=1}^{n} f(\xi_i)\Delta x_i - J\right| < \varepsilon$$

则称数 J 是函数 f 在区间 $[a,b]$ 上的**定积分**，记为 $\int_a^b f(x)\mathrm{d}x$ ，其中，称“$\int$”为积分号，“a”为积分下限，“b”为积分上限，“$f(x)$”为被积函数，“$f(x)\mathrm{d}x$”为被积表达式，“x”

为积分变量，“$[a,b]$”为积分区间，“dx”为积分变量的微分.

利用逻辑符号来叙述这个定义，有

$$\left\{J=\int_a^b f(x)\,dx\right\}\Leftrightarrow\{\forall\varepsilon>0,\exists\delta(\varepsilon)>0:\forall T:l(T)<\delta(\varepsilon),\forall\xi\rightarrow\left|\sigma_T(\xi,f)-J\right|<\varepsilon\}\quad(6\text{-}1)$$

通常把式(6-1)简记为：存在不依赖于取法ξ的极限：

$$\sigma_T(\xi)\rightarrow J,\ l(T)\rightarrow 0\text{ 或 }\lim_{l(T)\rightarrow 0}\sigma_T(\xi)=J$$

如果存在由条件(6-1)所确定的数J，则称函数f在区间$[a,b]$上是黎曼可积的，或说在区间$[a,b]$上存在对函数f的积分，记为$f\in R([a,b])$.

6.1.3 函数可积的必要条件

定理 6-1 如果函数$f(x)$在区间$[a,b]$上可积，则$f(x)$在区间$[a,b]$上有界.

证 假设函数$f(x)$在区间$[a,b]$上无界，则对

$$\forall M>0,\ \exists x_0\in[a,b]:\ |f(x_0)|>\frac{M}{b-a}$$

则一定存在一个分划T和取法ξ，使得

$$|\sigma_T(\xi)|>M$$

所以，$\lim\limits_{l(T)\rightarrow 0}\sigma_T(\xi)=\infty$，这与$f(x)$在区间$[a,b]$上可积矛盾，即$f(x)$在区间$[a,b]$上有界.

说明 函数有界不是它可积的充分条件. 譬如狄利克雷函数

$$D(x)=\begin{cases}1 & x\in\mathbf{Q}\\ 0 & x\in\mathbf{J}\end{cases}$$

尽管在区间$[0,1]$上有界，但它不可积.

证 如果取法ξ，ξ'分别对应于有理点集与无理点集，则$\sigma_T(\xi)=1$与$\sigma_T(\xi')=0$对于区间$[0,1]$的任何分划T都成立，所以当$l(T)\rightarrow 0$时积分和的极限不存在.

6.1.4 达布和及其性质

设在区间$[a,b]$上定义的函数f在这个区间上有界，且设$T=\{x_i\mid i=0,1,\cdots,n\}$是区间$[a,b]$的分划，$\Delta_i=[x_{i-1},x_i]$，$\Delta x_i=x_i-x_{i-1}(i=1,2,\cdots,n)$. 记

$$M_i=\sup_{x\in\Delta_i}f(x),m_i=\inf_{x\in\Delta_i}f(x)$$

$$S_T=\sum_{i=1}^n M_i\Delta x_i,s_T=\sum_{i=1}^n m_i\Delta x_i$$

我们称S_T与s_T分别为当给定区间$[a,b]$分划T时，函数$f(x)$的**达布上和与达布下和**. 在这里，我们仅介绍达布和的性质，有关证明部分全部略去，有兴趣的同学可参看其他数学分析教程.

性质 1 对于任何取法ξ都有

$$s_T\leqslant\sigma_T(\xi)\leqslant S_T$$

性质 2 有下述等式成立：

$$S_T=\sup_{\xi}\sigma_T(\xi)$$

$$s_T = \inf_{\xi} \sigma_T(\xi)$$

下面的达布和性质还与一个有关分划的概念相联系. 如果分划 T_1 的每个点都是分划 T_2 的点，则称分划 T_2 是分划 T_1 的延续，换句话说，分划 T_2 或与分划 T_1 相同，或可至少向 T_1 补充一个新的点而得到.

性质3　如果分划 T_2 是分划 T_1 的延续，则有

$$s_{T_1} \leqslant s_{T_2} \leqslant S_{T_2} \leqslant S_{T_1}$$

即当分划加细时达布下和不减而达布上和不增.

性质4　对任何分划 T' 与 T''，都有

$$s_{T'} \leqslant S_{T''}$$

性质5　存在数

$$\underline{J} = \sup_T s_T,\quad \bar{J} = \inf_T S_T$$

使对区间 $[a,b]$ 的任何分划 T' 与 T'' 都满足条件

$$s_{T'} \leqslant \underline{J} \leqslant \bar{J} \leqslant S_{T''}$$

我们分别称数 $\underline{J}$ 与 $\bar{J}$ 是函数 f 在区间 $[a,b]$ 上的**达布下积分与达布上积分**.

6.1.5　函数可积的判定准则与可积函数类

在这里，我们仅介绍函数可积的判定准则与可积函数类，注重其应用，因而有关证明部分全部略去，有兴趣的同学可参看其他数学分析教程.

定理 6-2　设 $f(x)$ 在区间 $[a,b]$ 上有定义. $f(x)$ 在区间 $[a,b]$ 上可积的充分且必要条件是 $f(x)$ 在区间 $[a,b]$ 上有界且满足条件

$$\forall \varepsilon > 0,\ \exists \delta_\varepsilon > 0:\ \forall T:\ l(T) < \delta_\varepsilon \rightarrow 0 \leqslant S_T - s_T < \varepsilon$$

推论　如果函数 f 在区间 $[a,b]$ 上可积，且数 J 是它在区间 $[a,b]$ 上的积分，则

$$J = \sup s_T = \inf S_T$$

定理 6-3　如果函数 $f(x)$ 在区间 $[a,b]$ 上连续，则它必在区间 $[a,b]$ 上可积.

定理 6-4　如果函数 $f(x)$ 在区间 $[a,b]$ 上有定义且单调，则它必在区间 $[a,b]$ 上可积.

定理 6-5　如果函数 f 在区间 $[a,b]$ 上有界，且除有限个点 c_k，$k=1, 2, \cdots, m$ 外在区间 $[a,b]$ 上其余所有点处连续，则 f 在区间 $[a,b]$ 上可积.

定理 6-6　如果函数 $f(x)$ 在区间 $[a,b]$ 上有界，且对任何 $\eta \in [a,b)$ 都在区间 $[a,\eta]$ 上可积，且存在有限极限

$$\lim_{\eta \to b-0} \int_a^\eta f(x)\,\mathrm{d}x = A$$

则函数 f 在区间 $[a,b]$ 上可积，且

$$\int_a^b f(x)\,\mathrm{d}x = A$$

6.1　习题答案

6.2 定积分的性质

首先，我们指出，如果函数f在区间$[a,b]$上可积，则其积分是一个数值，它与积分变量的记法无关，即

$$\int_a^b f(x)\,\mathrm{d}x = \int_a^b f(t)\,\mathrm{d}t = \int_a^b f(z)\,\mathrm{d}z.$$

有时我们用$\int_\Delta f(x)\,\mathrm{d}x$，$\Delta=[a,b]$来替代记法$\int_a^b f(x)\,\mathrm{d}x$.

6.2 思维导图

在下面讨论所有定积分的性质时，都假定被积函数在闭区间上有界且可积.

6.2.1 与被积函数相联系的性质

性质1 $\int_a^b 1\,\mathrm{d}x = b - a$

性质2 如果函数f与g在区间$[a,b]$上可积，则对任何α与β（$\alpha\in\mathbf{R}$，$\beta\in\mathbf{R}$）函数$\varphi(x) = \alpha f(x) + \beta g(x)$在区间上$[a,b]$仍可积，且有

$$\int_a^b (\alpha f(x) + \beta g(x))\,\mathrm{d}x = \alpha\int_a^b f(x)\,\mathrm{d}x + \beta\int_a^b g(x)\,\mathrm{d}x \tag{6-2}$$

证 设$\sigma_T(\xi;\varphi)$，$\sigma_T(\xi;f)$，$\sigma_T(\xi;g)$是对应函数φ，f与g在区间$[a,b]$上的积分和，其中分划T已知且ξ为固定取法. 则有

$$\sigma_T(\xi;\varphi) = \alpha\sigma_T(\xi;f) + \beta\sigma_T(\xi;g)$$

令$l(T)\to 0$，注意到右边的极限由于f与g在区间$[a,b]$上可积而存在，从而左边的极限亦存在，即$\varphi(x)$在区间$[a,b]$上可积，同时等式（6-2）成立.

性质3 如果函数f与g在区间$[a,b]$上可积，则函数$\varphi(x)=f(x)g(x)$在区间$[a,b]$上也可积.（证略）

6.2.2 与积分区间相联系的性质

性质1 如果函数$f(x)$在区间$[a,b]$上可积，则$f(x)$在任何区间$\Delta_1\subset\Delta$上可积.（证略）

性质2 如果函数$f(x)$在区间$[a,b]$上可积且$a<c<b$，则有

$$\int_a^b f(x)\,\mathrm{d}x = \int_a^c f(x)\,\mathrm{d}x + \int_c^b f(x)\,\mathrm{d}x \tag{6-3}$$

（证略）

说明1 在上述性质2中的命题，若改成下述命题依然成立：

如果$a<c<b$且$f(x)$分别在区间$[a,c]$与$[c,b]$上可积，则$f(x)$在区间$[a,b]$上可积且有式（6-3）成立.

下面的性质要求推广积分$\int_a^b f(x)\,\mathrm{d}x$的概念，考虑（1）$a=b$；（2）$a>b$的情形：

（1）如果函数f在点a有定义，则由积分定义知

$$\int_a^a f(x)\,\mathrm{d}x = 0$$

(2) 如果函数 f 在区间 $[a,b]$ 上可积，则根据定义有

$$\int_b^a f(x)\,\mathrm{d}x = -\int_a^b f(x)\,\mathrm{d}x,\ a < b$$

事实上，当 $a=b$ 时，可以认为分划的所有区间长度都等于零，所以任何积分和都等于零. 当 $b>a$ 时，$\int_b^a f(x)\mathrm{d}x$ 的积分和与 $\int_a^b f(x)\mathrm{d}x$ 的积分和只相差一个符号.

性质 3 如果函数 $f(x)$ 在区间 $[a,b]$ 上可积，且 c_1，c_2，c_3 是这个区间的任意三点，则

$$\int_{c_1}^{c_3} f(x)\,\mathrm{d}x = \int_{c_1}^{c_2} f(x)\,\mathrm{d}x + \int_{c_2}^{c_3} f(x)\,\mathrm{d}x$$

（证略）

6.2.3 积分的估值

命题 1 如果对所有的 $x\in[a,b]$，$f(x)\geqslant 0$ 且 f 在区间 $[a,b]$ 上可积，则

$$\int_a^b f(x)\,\mathrm{d}x \geqslant 0$$

证 因对区间 $[a,b]$ 的任何分划 T 与任何取法 $\xi=\{\xi_i \mid i=1,2,\cdots,n\}$，都有

$$\sigma_T(\xi,f)=\sum_{i=1}^{n} f(\xi_i)\Delta x_i \geqslant 0$$

故对这个不等式取极限，令 $l(T)\to 0$ 便可得证.

推论 如果函数 $f(x)$ 与 $g(x)$ 在区间 $[a,b]$ 上可积且对所有的 $x\in[a,b]$ 满足 $f(x)\geqslant g(x)$. 则

$$\int_a^b f(x)\,\mathrm{d}x \geqslant \int_a^b g(x)\,\mathrm{d}x$$

练习

1. 设函数 $f(x)$ 在区间 $[a,b]$ 上可积，且存在 m，M 使对任何 $x\in[a,b]$ 满足 $m\leqslant f(x)\leqslant M$，试证：

$$m(b-a) \leqslant \int_a^b f(x)\,\mathrm{d}x \leqslant M(b-a)$$

命题 2 如果函数 $f(x)$ 在区间 $[a,b]$ 上可积，且

$$f(x)\geqslant 0,\ \forall x\in[a,b] \tag{6-4}$$

同时存在 $x_0\in(a,b)$，使 $f(x_0)>0$，而函数 $f(x)$ 在点 x_0 连续，则有

$$\int_a^b f(x)\,\mathrm{d}x > 0$$

证 设 $x_0\in(a,b)$，则根据连续函数的保号性质知

$$\exists\delta>0: \forall x\in U_\delta(x_0)\subset[a,b] \to f(x)\geqslant\frac{f(x_0)}{2}$$

记 $\Delta_1=[a,x_0-\delta]$，$\Delta_0=[x_0-\delta,x_0+\delta]$，$\Delta_2=[x_0+\delta,b]$. 由式(6-4)知

$$\int_{\Delta_i} f(x)\,\mathrm{d}x \geqslant 0,\ i=0,1,2$$

而

$$\int_{\Delta_0} f(x)\,dx \geqslant \int_{\Delta_0} \frac{f(x_0)}{2}dx = f(x_0)\delta > 0$$

所以

$$\int_a^b f(x)\,dx = \int_{\Delta_1} f(x)\,dx + \int_{\Delta_0} f(x)\,dx + \int_{\Delta_2} f(x)\,dx \geqslant f(x_0)\delta > 0$$

类似可证：$x_0 = a$ 与 $x_0 = b$ 的情形.

说明2 使 $f(x)$ 在点 x_0 处大于零且不连续的条件是必要的. 譬如：

$$f(x) = 0,\ 0 < x \leqslant 1,\ f(0) = 1,\ \int_0^1 f(x)\,dx = 0$$

命题3 若函数 $f(x)$ 在区间 $[a,b]$ 上可积，则函数 $|f(x)|$ 也在区间 $[a,b]$ 上可积，且有

$$\left|\int_a^b f(x)\,dx\right| \leqslant \int_a^b |f(x)|\,dx$$

（证略）

说明3 如果函数 f 在以 a，b 为端点的闭区间上可积，则

$$\left|\int_a^b f(x)\,dx\right| \leqslant \left|\int_a^b |f(x)|\,dx\right|$$

说明4 由函数 $|f(x)|$ 在区间 $[a,b]$ 上的可积性不能得出 $f(x)$ 在这个区间上的可积性，如

$$f(x) = \begin{cases} 1 & x \in \mathbf{Q} \\ -1 & x \in \mathbf{J} \end{cases}$$

练习

2. 设函数 $f(x)$ 在区间 $[a,b]$ 上可积，且存在数 $M > 0$，使有 $|f(x)| \leqslant M$. 试证：对任何 α，$\beta \in [a,b]$ 有

$$\left|\int_\alpha^\beta f(x)\,dx\right| \leqslant M(\beta - \alpha)$$

6.2.4 积分中值定理

定理 6-7 设函数 $f(x)$ 在区间 $[a,b]$ 上连续，而函数 $g(x)$ 在区间 $[a,b]$ 上可积且不变号，则存在 $\xi \in [a,b]$，使得

$$\int_a^b f(x)g(x)\,dx = f(\xi)\int_a^b g(x)\,dx \tag{6-5}$$

特别地，若 $g(x) = 1$，则存在 $\xi \in [a,b]$，使得

$$\int_a^b f(x)\,dx = f(\xi)(b-a) \tag{6-6}$$

证 由函数 $f(x)$ 在区间 $[a,b]$ 上连续以及闭区间上连续函数的最值定理可知，存在 x_1，$x_2 \in [a,b]$，使得 $M = f(x_1) = \max\limits_{x \in [a,b]} f(x)$，$m = f(x_2) = \min\limits_{x \in [a,b]} f(x)$，即 $m \leqslant f(x) \leqslant M$. 由于 $g(x)$ 在区间 $[a,b]$ 上不变号，不妨设 $g(x) \geqslant 0$，因此

$$mg(x) \leqslant f(x)g(x) \leqslant Mg(x)$$

由 $g(x)$ 在区间 $[a,b]$ 上可积可知，$\int_a^b g(x)\,dx \geqslant 0$，由定积分的性质可知

$$m\int_a^b g(x)\mathrm{d}x \leqslant \int_a^b f(x)g(x)\mathrm{d}x \leqslant M\int_a^b g(x)\mathrm{d}x \tag{6-7}$$

（1）若 $\int_a^b g(x)\mathrm{d}x = 0$，由式(6-7)可知，$\int_a^b f(x)g(x)\mathrm{d}x = 0$，此时任取 $\xi \in [a,b]$ 均有

$$0 = \int_a^b (x)g(x)\mathrm{d}x = f(\xi)\int_a^b g(x)\mathrm{d}x = 0$$

（2）若 $\int_a^b g(x)\mathrm{d}x > 0$，则式(6-7)等价于

$$m \leqslant \frac{\int_a^b f(x)g(x)\mathrm{d}x}{\int_a^b g(x)\mathrm{d}x} \leqslant M$$

由闭区间上连续函数的介值定理可知，存在 $\xi \in [a,b]$ 使得

$$f(\xi) = \frac{\int_a^b f(x)g(x)\mathrm{d}x}{\int_a^b g(x)\mathrm{d}x}$$

即式(6-5)成立，而式(6-6)显然是式(6-5)的一个推论.

说明5　可以证明式(6-5)中的点 ξ 总能取在区间 (a,b) 内.

说明6　如果 $f(x) \geqslant 0$，则公式(6-6)表明，在区间 $[a,b]$ 上的曲边梯形的面积等于一个矩形面积，这个矩形的底是区间 $[a,b]$ 且高等于函数 $f(x)$ 在区间 $[a,b]$ 上某点 ξ 处的函数值.

练习

3. 设函数 $f(x)$ 与 $g(x)$ 满足如下条件：

（1）$f(x)$ 与 $g(x)$ 在区间 $[a,b]$ 上可积；

（2）$\exists m$，M 使得对 $\forall x \in [a,b]$，有 $m \leqslant f(x) \leqslant M$ 成立；

（3）$g(x)$ 在区间 $[a,b]$ 上不变号，

试证：存在 $\mu \in [m,M]$，使得 $\int_a^b f(x)g(x)\mathrm{d}x = \mu\int_a^b g(x)\mathrm{d}x$.

6.2　习题答案

6.3　变限积分　牛顿-莱布尼茨公式

6.3.1　历史的简单回顾

6.3　思维导图

利用积分和式极限定义定积分

$$\lim_{\lambda_T \to 0} \sigma_T = \lim_{\max \Delta x_i \to 0} \sum_{i=0}^{n-1} f(\xi_i)\Delta x_i = \int_a^b f(x)\mathrm{d}x (a < b) \tag{6-8}$$

求式（6-8）中的极限，并没有给出计算定积分的一般方法. 直接按式（6-8）计算是有困难的，这是由于任何一个复杂的函数的积分和式都很冗繁，且不易把它变换成易于计

算极限的形式. 在任何情况下，对于直接计算式（6-8）的极限都没有成功地建立一般的方法. 有趣的是阿基米德解决了个别的这类问题，他借助于推理计算了抛物线弓形的面积，并向人们提出了现代的极限方法. 后来，在相当长的时间里，许多数学家解决了许多图形的面积和立体体积的计算问题. 进入十七世纪后，几乎所有这类问题的提法及其解法都带有鲜明的个性. 给这个问题带来实质性进展的是牛顿和莱布尼茨，他们提出了解决这类问题的一般方法，证明了联系数学分析中两个重要概念：导数与积分的定理（牛顿 - 莱布尼茨公式）：

$$F(b) - F(a) = \int_a^b f(x)\,\mathrm{d}x \tag{6-9}$$

这里，$f(x)$是在 $[a, b]$ 上的连续函数，$F(x)$是$f(x)$在$[a,b]$上的任何一个原函数($F'(x)=f(x)$).

6.3.2　变上限积分

设有一进行变速直线运动的物体，其速度函数为$v(t)\geqslant 0$，由6.1节知道，物体在时间间隔$[a,t]$内所经过的路程为

$$s(t) = \int_a^t v(t)\,\mathrm{d}t = \int_a^t v(s)\,\mathrm{d}s$$

另一方面，由第4章导数的物理意义知道，

$$v(t) = s'(t) = \left(\int_a^t v(s)\,\mathrm{d}s\right)' \tag{6-10}$$

如果将积分上限当作变量，则可以定义一个新的函数 $\varphi(t) = \int_a^t v(s)\,\mathrm{d}s$ ，而利用此函数以及关系式（6-8）可以揭示导数与积分之间的关系，利用此函数还可以证明计算定积分的简便公式——牛顿 - 莱布尼茨公式. 因此，这个函数在本章中起着至关重要的作用，将其称为变上限积分，我们首先来讨论变上限积分.

定义 6-2　设函数$f(x)$在区间$[a,b]$上可积，则对于每一个取定的$x\in[a,b]$，定积分 $\int_a^x f(t)\,\mathrm{d}t$ 有唯一一个对应值，所以它在区间$[a,b]$上定义了一个新的函数

$$F(x) = \int_a^x f(t)\,\mathrm{d}t \tag{6-11}$$

将$F(x)$称为$f(x)$在区间$[a,b]$上的**变上限积分**.

1. 积分的连续性

定理 6-8　如果函数f在区间$[a,b]$上可积，则函数$F(x)$在区间$[a,b]$上连续.

证　设$x\in[a,b]$且$x+\Delta x\in[a,b]$，我们来证明

$$\Delta F = F(x+\Delta x) - F(x)\to 0,\ \Delta x\to 0$$

根据积分的性质，知

$$\Delta F = \int_a^{x+\Delta x} f(t)\,\mathrm{d}t - \int_a^x f(t)\,\mathrm{d}t = \int_x^{x+\Delta x} f(t)\,\mathrm{d}t \tag{6-12}$$

因函数f在区间$[a,b]$上可积，故它有界，即

$$\exists M>0: \forall x\in[a,b]\to |f(x)|\leqslant M$$

根据积分估值准则，由式(6-12)得

$$|\Delta F| \leqslant \left|\int_x^{x+\Delta x} |f(t)|\,\mathrm{d}t\right| \leqslant M \cdot |\Delta x|$$

由此得当 $\Delta x \to 0$ 时，$\Delta F \to 0$，所以 F 在点 x 连续. 由于点 x 是区间 $[a,b]$ 上任一点，所以 F 在区间 $[a,b]$ 上连续.

2. 积分的可微性

定理 6-9 设函数 $f(x)$ 在区间 $[a,b]$ 上连续，则 $F(x) = \int_a^x f(t)\,\mathrm{d}t$ 在区间 $[a,b]$ 上可导，且

$$F'(x) = \left(\int_a^x f(t)\,\mathrm{d}t\right)' = f(x)$$

证 任取 $x \in (a,b)$，并设 $x+\Delta x \in (a,b)$，则由式(6-12)可得

$$\frac{F(x+\Delta x)-F(x)}{\Delta x} = \frac{\int_x^{x+\Delta x} f(t)\,\mathrm{d}t}{\Delta x}\text{(因 } f(x) \text{ 在区间}[a,b]\text{ 上连续,故由积分中值定理)} = \frac{f(\xi)\Delta x}{\Delta x} = f(\xi)$$

其中，ξ 介于 x 与 $x+\Delta x$ 之间，从而

$$\lim_{\Delta x \to 0} \frac{F(x+\Delta x)-F(x)}{\Delta x} = \lim_{\Delta x \to 0} f(\xi) = f(x)$$

因此，$F'(x)=f(x)$. 类似可证，$F(x)$ 在 $x=a$ 处右导数存在，且 $F'_+(a)=f(a)$，$F(x)$ 在 $x=b$ 处左导数存在，且 $F'_-(b)=f(b)$.

3. 连续函数 f 的原函数的存在性

定理 6-10 如果函数 f 在区间 $[a,b]$ 上连续，则它在区间 $[a,b]$ 上存在原函数

$$F(x) = \int_a^x f(t)\,\mathrm{d}t$$

从而

$$\int f(x)\,\mathrm{d}x = \int_a^x f(t)\,\mathrm{d}t + C \tag{6-13}$$

其中，C 是任意常数.

证 设 x 是区间 $[a,b]$ 上的任意点，由定理 6-9 知，由式(6-11)确定的函数 $F(x)$ 在点 x 处可导且

$$F'(x) = \frac{\mathrm{d}}{\mathrm{d}x}\left(\int_a^x f(t)\,\mathrm{d}t\right) = f(x)$$

由原函数的定义知 $F(x)$ 就是 $f(x)$ 在区间 $[a,b]$ 上的原函数，从而式(6-13)成立.

推论 在区间 $[a,b]$ 上连续的函数 $f(x)$ 的任何原函数都可写成

$$\Phi(x) = \int_a^x f(t)\,\mathrm{d}t + C,\quad a \leqslant x \leqslant b \tag{6-14}$$

其中，C 是常数.

6.3.3 牛顿 – 莱布尼茨公式

定理 6-11 如果函数 $f(x)$ 在区间 $[a,b]$ 上连续，且 $\Phi(x)$ 是 $f(x)$ 在区间 $[a,b]$ 上的某个原函数，则有牛顿 – 莱布尼茨公式成立，即

$$\int_a^b f(x)\,\mathrm{d}x = \Phi(b) - \Phi(a) \tag{6-15}$$

证 根据定理6-10知存在C，使等式(6-14)成立，在式(6-14)中将$x=a$代入，且注意到$\int_a^a f(t)\,\mathrm{d}t = 0$，得$C = \Phi(a)$，所以可将式（6-14）写成

6.3 习题答案

$$\Phi(x) = \int_a^x f(t)\,\mathrm{d}t + \Phi(a)$$

该等式对任何$x\in[a,b]$都成立，故当$x=b$时，有

$$\Phi(b) = \int_a^b f(t)\,\mathrm{d}t + \Phi(a)$$

考虑到定积分的值不依赖于积分变量的记法，从而将t换成x便可得到公式(6-15).

说明 称牛顿－莱布尼茨公式为积分学的基本公式且常用记号

$$\int_a^b f(x)\,\mathrm{d}x = \Phi(x)\Big|_a^b = \Phi(b) - \Phi(a)$$

6.4 综合解法举例（一）

6.4.1 积分不等式的证明

6.4 思维导图

【例6-2】 证明不等式

$$\frac{4}{9}(\mathrm{e}-1) < \int_0^1 \frac{\mathrm{e}^x\,\mathrm{d}x}{(x+1)(2-x)} < \frac{1}{2}(\mathrm{e}-1)$$

证 设
$$f(x)=\frac{1}{(x+1)(2-x)},\quad x\in[0,1]$$

令
$$f'(x)=\frac{2x-1}{(x+1)^2(2-x)^2}=0$$

解得$x=\frac{1}{2}$. 因当x渐增经过$x=\frac{1}{2}$时，$f'(x)$的符号由负变正，故

$$f\left(\frac{1}{2}\right)=\frac{4}{9}=f_{\min}$$

而$f_{\max}=f(0)=f(1)=\frac{1}{2}$，所以

$$\frac{4}{9}\leqslant\frac{1}{(x+1)(2-x)}\leqslant\frac{1}{2}$$

从而当$x\neq0$，$x\neq\frac{1}{2}$及$x\neq1$时，有

$$\frac{4}{9}\mathrm{e}^x<\frac{\mathrm{e}^x}{(x+1)(2-x)}<\frac{1}{2}\mathrm{e}^x$$

故
$$\frac{4}{9}\int_0^1 \mathrm{e}^x\,\mathrm{d}x < \int_0^1 \frac{\mathrm{e}^x\,\mathrm{d}x}{(x+1)(2-x)} < \frac{1}{2}\int_0^1 \mathrm{e}^x\,\mathrm{d}x$$

$$\frac{4}{9}(\mathrm{e}-1) < \int_0^1 \frac{\mathrm{e}^x\,\mathrm{d}x}{(x+1)(2-x)} < \frac{1}{2}(\mathrm{e}-1)$$

【例 6-3】 设函数$f:[a,b]\to[m,M]$满足下述条件

$$f \in R([a,b]) \text{ 且} \int_a^b f(x)\,\mathrm{d}x = 0$$

试证：

$$\int_a^b f^2(x)\,\mathrm{d}x \leqslant -mM(b-a)$$

证 因$m=\min\limits_{x\in[a,b]} f(x)$，$M=\max\limits_{x\in[a,b]} f(x)$，所以当$x\in[a,b]$时，$M-f(x)\geqslant 0$，$f(x)-m \geqslant 0$. 从而有

$$\int_a^b (M-f(x))(f(x)-m)\,\mathrm{d}x \geqslant 0$$

或

$$\int_a^b (Mf(x)-Mm-f^2(x)+mf(x))\,\mathrm{d}x \geqslant 0$$

利用已知条件，整理得

$$\int_a^b f^2(x)\,\mathrm{d}x \leqslant -Mm\int_a^b \mathrm{d}x = -Mm(b-a)$$

【例 6-4】 设函数$f(x)$在区间$[0,1]$上有连续导数，且$0<f'(x)\leqslant 1$，$f(0)=0$，证明：

$$\left[\int_0^1 f(t)\,\mathrm{d}t\right]^2 \geqslant \int_0^1 [f(t)]^3\,\mathrm{d}t$$

证 设$F(x)=\left[\int_0^x f(t)\,\mathrm{d}t\right]^2-\int_0^x [f(t)]^3\,\mathrm{d}t$

$$F'(x)=2f(x)\int_0^x f(t)\,\mathrm{d}t-f^3(x)=f(x)\left[2\int_0^x f(t)\,\mathrm{d}t-f^2(x)\right]$$

设$G(x)=2\int_0^x f(t)\,\mathrm{d}t-f^2(x)$，则有

$$G'(x)=2f(x)[1-f'(x)]$$

因$f(0)=0$，$f'(x)>0$，$x\in[0,1]$，由$1-f'(x)\geqslant 0 \Rightarrow G'(x)\geqslant 0$，又$G(0)=0$，故有$G(x)\geqslant 0$. 因而$F'(x)\geqslant 0$，又$F(0)=0$，所以$F(x)\geqslant 0$，于是由$F(1)\geqslant 0$知原不等式成立.

【例 6-5】 设$f(x)$与$g(x)$在区间$[a,b]$上可积，证明不等式

$$\left[\int_a^b f(x)g(x)\,\mathrm{d}x\right]^2 \leqslant \left[\int_a^b f^2(x)\,\mathrm{d}x\right]\left[\int_a^b g^2(x)\,\mathrm{d}x\right]$$

证 由于$f(x)$与$g(x)$在区间$[a,b]$上可积，则由定积分的性质可知$f(x)g(x)$在区间$[a,b]$上也可积，令$A=\int_a^b f^2(x)\,\mathrm{d}x$，$B=\int_a^b f(x)g(x)\,\mathrm{d}x$，$C=\int_a^b g^2(x)\,\mathrm{d}x$，则构造二次函数

$$\begin{aligned}\varphi(x) &= Ax^2+2Bx+C\\ &= x^2\int_a^b f^2(u)\,\mathrm{d}u+2x\int_a^b f(u)g(u)\,\mathrm{d}u+\int_a^b g^2(u)\,\mathrm{d}u\\ &= \int_a^b [x^2f^2(u)+2xf(u)g(u)+g^2(u)]\,\mathrm{d}u\\ &= \int_a^b [xf(u)+g(u)]^2\,\mathrm{d}u \geqslant 0\end{aligned}$$

由于$A\geqslant 0$，因此，$\varphi(x)$的判别式

$$\Delta = (2B)^2 - 4AC = \left[2\int_a^b f(u)g(u)\mathrm{d}u\right]^2 - 4\int_a^b f^2(u)\mathrm{d}u \cdot \int_a^b g^2(u)\mathrm{d}u \leqslant 0$$

考虑到定积分的值不依赖于积分变量的记法，因而不等式得证.

【例6-6】 设$f(x)$在区间$[a,b]$上满足$|f'(x)| \leqslant M$，且$f(a)=f(b)=0$，试证：

$$\int_a^b |f(x)| \mathrm{d}x \leqslant \frac{1}{4}M(b-a)^2$$

证 因$f(a)=f(b)=0$，所以有

$$f(x)=f'(\xi_1)(x-a), a<\xi_1<x$$
$$f(x)=f'(\xi_2)(x-b), x<\xi_2<b$$

于是$|f(x)| \leqslant M(x-a)$，$|f(x)| \leqslant M(b-x)$，从而

$$\begin{aligned}\int_a^b |f(x)| \mathrm{d}x &= \int_a^{\frac{a+b}{2}} |f(x)| \mathrm{d}x + \int_{\frac{a+b}{2}}^b |f(x)| \mathrm{d}x \\ &\leqslant \int_a^{\frac{a+b}{2}} M(x-a)\mathrm{d}x + \int_{\frac{a+b}{2}}^b M(b-x)\mathrm{d}x \\ &= \frac{1}{4}M(b-a)^2\end{aligned}$$

【例6-7】 设$f''(x)>0$，$x\in[a,b]$，试证：

$$f\left(\frac{a+b}{2}\right) \leqslant \frac{1}{b-a}\int_a^b f(x)\mathrm{d}x \leqslant \frac{f(b)+f(a)}{2}$$

证 因$f''(x)>0, x\in[a,b]$，故在区间$[a,b]$上曲线$y=f(x)$是下凸的，即曲线的切线在曲线的下方，在点$\left(\frac{a+b}{2}, f\left(\frac{a+b}{2}\right)\right)$处曲线$y=f(x)$的切线方程为

$$y=f\left(\frac{a+b}{2}\right)+f'\left(\frac{a+b}{2}\right)\left(x-\frac{a+b}{2}\right)$$

且有

$$f(x) \geqslant f\left(\frac{a+b}{2}\right)+f'\left(\frac{a+b}{2}\right)\left(x-\frac{a+b}{2}\right)$$

将此式两边从a到b积分，得

$$\int_a^b f(x)\mathrm{d}x \geqslant \int_a^b \left[f\left(\frac{a+b}{2}\right)+f'\left(\frac{a+b}{2}\right)\left(x-\frac{a+b}{2}\right)\right]\mathrm{d}x = f\left(\frac{a+b}{2}\right)(b-a)$$

所以

$$f\left(\frac{a+b}{2}\right) \leqslant \frac{1}{b-a}\int_a^b f(x)\mathrm{d}x$$

由于$A(a, f(a))$，$B(b, f(b))$与弦AB位于曲线$y=f(x)$的上方，从而有

$$f(x) \leqslant f(a)+\frac{f(b)-f(a)}{b-a}(x-a)$$

对上式两边积分，得

$$\int_a^b f(x)\mathrm{d}x \leqslant \int_a^b \left[f(a)+\frac{f(b)-f(a)}{b-a}(x-a)\right]\mathrm{d}x = \frac{f(a)+f(b)}{2}(b-a)$$

【例6-8】 设函数$f(x)$在区间$[0,2]$上连续，且$\int_0^2 f(x)\mathrm{d}x = 0$，$\int_0^2 xf(x)\mathrm{d}x = a > 0$，证明：$\exists\xi \in [0,2]$，使$|f(\xi)| \geqslant a$.

证 由于函数$f(x)$在区间$[0,2]$上连续，故$|f(x)|$在区间$[0,2]$上也连续，因此，由

闭区间上连续函数的最值定理可知，存在 $\xi\in[0,2]$，使得 $|f(\xi)|=\max\limits_{x\in[a,b]}|f(x)|$，即

$$|f(\xi)|\geqslant|f(x)|\geqslant f(x),\ x\in[0,2]$$

因此

$$\begin{aligned}
a&=\left|\int_0^2 xf(x)\,\mathrm{d}x-0\right|=\left|\int_0^2 xf(x)\,\mathrm{d}x-\int_0^2 f(x)\,\mathrm{d}x\right|\\
&=\left|\int_0^2(x-1)f(x)\,\mathrm{d}x\right|\leqslant\int_0^2|x-1|\,|f(x)|\,\mathrm{d}x\\
&\leqslant|f(\xi)|\int_0^2|x-1|\,\mathrm{d}x\\
&=|f(\xi)|\left(\int_0^1(1-x)\,\mathrm{d}x+\int_1^2(x-1)\,\mathrm{d}x\right)=|f(\xi)|
\end{aligned}$$

练习

1. 证明不等式：$\sin 1<\int_{-1}^{1}\frac{\cos x}{1+x^2}\mathrm{d}x<2\sin 1$.

2. 设 $f(x)$ 在区间 $[a,b]$ 上连续，且严格单调递增，证明：$(a+b)\int_a^b f(x)\,\mathrm{d}x\leqslant 2\int_a^b xf(x)\,\mathrm{d}x$.

3. 设 $f(x)$ 在区间 $[a,b]$ 上可导，且 $f'(x)\leqslant M$，$f(a)=0$，证明：$\int_a^b f(x)\,\mathrm{d}x\leqslant\frac{M}{2}(b-a)^2$.

4. 设 $f(x)$ 在区间 $[a,b]$ 上连续且严格单调递增，且 $f''(x)<0$，证明：

$$(b-a)\frac{f(a)+f(b)}{2}<\int_a^b f(x)\,\mathrm{d}x<(b-a)f(b)$$

6.4.2　对变限积分求导

首先，我们总结一下，常用的几个公式：

（1）设函数 $f(x)$ 在区间 $[a,b]$ 上连续，则 $\left(\int_a^x f(t)\,\mathrm{d}t\right)'=f(x)$.

（2）设函数 $f(x)$ 在区间 $[a,b]$ 上连续，则 $\left(\int_x^b f(t)\,\mathrm{d}t\right)'=-f(x)$.

证　$\left(\int_x^b f(t)\,\mathrm{d}t\right)'=\left(-\int_b^x f(t)\,\mathrm{d}t\right)'=-f(x)$

（3）设函数 $f(x)$ 连续，且 $\varphi(x)$，$\psi(x)$ 可导，则

$$\left(\int_{\varphi(x)}^{\psi(x)}f(t)\,\mathrm{d}t\right)'=f(\psi(x))\psi'(x)-f(\varphi(x))\varphi'(x)$$

证　利用定积分的性质及复合函数求导法则，可得

$$\left(\int_{\varphi(x)}^{\psi(x)} f(t)\,\mathrm{d}t\right)' = \left(\int_a^{\psi(x)} f(t)\,\mathrm{d}t + \int_{\varphi(x)}^{a} f(t)\,\mathrm{d}t\right)' = \left(\int_a^{\psi(x)} f(t)\,\mathrm{d}t\right)' + \left(\int_{\varphi(x)}^{a} f(t)\,\mathrm{d}t\right)'$$

$$= f(\psi(x))\psi'(x) - f(\varphi(x))\varphi'(x)$$

【例 6-9】 设 $f(x)$ 为已知的连续函数，计算 $\frac{\mathrm{d}}{\mathrm{d}x}\int_0^x xf(x-t)\,\mathrm{d}t$.

解 令 $x-t=u, \mathrm{d}t=-\mathrm{d}u$

$\int_0^x xf(x-t)\,\mathrm{d}t = x\int_x^0 f(u)\,\mathrm{d}(-u) = x\int_0^x f(u)\,\mathrm{d}u$

原式 $= \frac{\mathrm{d}}{\mathrm{d}x}\left(x\int_0^x f(u)\,\mathrm{d}u\right) = \int_0^x f(u)\,\mathrm{d}u + xf(x)$.

【例 6-10】 设 $y = f(x) = \int_0^x \sin(\sin(t))\,\mathrm{d}t$，求 $\frac{\mathrm{d}f^{-1}}{\mathrm{d}y}$.

解

$$\frac{\mathrm{d}f^{-1}}{\mathrm{d}y} = \frac{1}{\frac{\mathrm{d}f}{\mathrm{d}x}} = \frac{1}{\sin(\sin x)}$$

【例 6-11】 设 $F(x) = \sin\left[\int_0^x \sin\left(\int_0^y \sin^3 t\,\mathrm{d}t\right)\mathrm{d}y\right]$，求 $F'(x)$.

解 $F'(x) = \cos\left[\int_0^x \sin\left(\int_0^y \sin^3 t\,\mathrm{d}t\right)\mathrm{d}y\right]\cdot \sin\left(\int_0^x \sin^3 t\,\mathrm{d}t\right)$

练习

5. 计算 $\frac{\mathrm{d}}{\mathrm{d}x}\int_{\sin x}^{\cos x} \cos \pi t^3\,\mathrm{d}t$.

6. 设 $f(x)$ 为已知的连续函数，计算 $\frac{\mathrm{d}}{\mathrm{d}x}\int_0^x tf(x^2-t^2)\,\mathrm{d}t$.

6.4.3 极限的计算

1. 利用定积分的定义求 n 项和的极限

命题 设 $f(x)$ 在区间[0,1] 上可积，则 $\lim\limits_{n\to\infty}\frac{1}{n}\left[f\left(\frac{1}{n}\right)+f\left(\frac{2}{n}\right)+\cdots+f\left(\frac{n}{n}\right)\right] = \int_0^1 f(x)\,\mathrm{d}x$.

证 将区间 $[0,1]$ n 等分，取分划 $T=\left\{\frac{i}{n}\mid i=0,1,2,\cdots,n\right\}$ 且 $\Delta x_i = \frac{1}{n}$ 和取法 $\xi = \left\{\frac{i}{n}\mid i=1,2,\cdots,n\right\}$，此时，$\sigma_T(\xi) = \frac{1}{n}\left[f\left(\frac{1}{n}\right)+f\left(\frac{2}{n}\right)+\cdots+f\left(\frac{n}{n}\right)\right]$，由于 $f(x)$ 在区间 $[0,1]$ 上可积，因此，对于任意的分划和取法，积分和的极限均存在并且为 $\int_0^1 f(x)\,\mathrm{d}x$，因此，所证等式成立.

【例 6-12】　计算 $\lim\limits_{n\to\infty}\dfrac{1^\alpha+2^\alpha+\cdots+n^\alpha}{n^{\alpha+1}}(\alpha>0)$.

解　$\lim\limits_{n\to\infty}\dfrac{1^\alpha+2^\alpha+\cdots+n^\alpha}{n^{\alpha+1}}=\lim\limits_{n\to\infty}\dfrac{1}{n}\left[\left(\dfrac{1}{n}\right)^\alpha+\left(\dfrac{2}{n}\right)^\alpha+\cdots+\left(\dfrac{n}{n}\right)^\alpha\right]=\int_0^1 x^\alpha\mathrm{d}x=\dfrac{1}{\alpha+1}$

【例 6-13】　计算 $\lim\limits_{n\to\infty}\dfrac{[(n+1)(n+2)\cdots(n+n)]^{\frac{1}{n}}}{n}$.

解

$$\begin{aligned}\lim_{n\to\infty}\frac{[(n+1)(n+2)\cdots(n+n)]^{\frac{1}{n}}}{n}&=\lim_{n\to\infty}\mathrm{e}^{\ln\left[\frac{(n+1)(n+2)\cdots(n+n)}{n^n}\right]^{\frac{1}{n}}}\\&=\lim_{n\to\infty}\mathrm{e}^{\frac{1}{n}\ln\left[\frac{(n+1)(n+2)\cdots(n+n)}{n^n}\right]}\\&=\lim_{n\to\infty}\mathrm{e}^{\frac{1}{n}\ln\left[\frac{n+1}{n}\frac{n+2}{n}\cdots\frac{n+n}{n}\right]}\\&=\lim_{n\to\infty}\mathrm{e}^{\frac{1}{n}\left[\ln\left(1+\frac{1}{n}\right)+\ln\left(1+\frac{2}{n}\right)+\cdots+\ln\left(1+\frac{n}{n}\right)\right]}\\&=\mathrm{e}^{\int_0^1\ln(1+x)\mathrm{d}x}=\frac{4}{\mathrm{e}}\end{aligned}$$

2. 变限积分的极限

【例 6-14】　计算 $\lim\limits_{x\to\infty}\dfrac{\mathrm{e}^{-x^2}}{x}\int_0^x t^2\mathrm{e}^{t^2}\mathrm{d}t$.

解　$\lim\limits_{x\to\infty}\dfrac{\mathrm{e}^{-x^2}}{x}\int_0^x t^2\mathrm{e}^{t^2}\mathrm{d}t=\lim\limits_{x\to\infty}\dfrac{\int_0^x t^2\mathrm{e}^{t^2}\mathrm{d}t}{x\mathrm{e}^{x^2}}\left(\dfrac{\infty}{\infty}\text{型}\right)=\lim\limits_{x\to\infty}\dfrac{x^2\mathrm{e}^{x^2}}{\mathrm{e}^{x^2}+2x^2\mathrm{e}^{x^2}}=\lim\limits_{x\to\infty}\dfrac{x^2}{1+2x^2}=\dfrac{1}{2}$

【例 6-15】　计算 $\lim\limits_{x\to0}\dfrac{1}{x}\int_0^x(1+\sin2t)^{\frac{1}{t}}\mathrm{d}t$.

解　$\lim\limits_{x\to0}\dfrac{1}{x}\int_0^x(1+\sin2t)^{\frac{1}{t}}\mathrm{d}t\left(\dfrac{0}{0}\text{型}\right)=\lim\limits_{x\to0}(1+\sin2x)^{\frac{1}{x}}=\lim\limits_{x\to0}\left[(1+\sin2x)^{\frac{1}{\sin2x}}\right]^{\frac{\sin2x}{x}}=\mathrm{e}^2$

3. 被积函数含有 n 的极限（两边夹准则）

【例 6-16】　计算 $\lim\limits_{n\to\infty}\int_0^1\dfrac{x^n}{\sqrt{1+x}}\mathrm{d}x$.

解　由定积分的性质，可得

$$\frac{1}{\sqrt{2}}\int_0^1 x^n\mathrm{d}x\leqslant\int_0^1\frac{x^n}{\sqrt{1+x}}\mathrm{d}x\leqslant\int_0^1 x^n\mathrm{d}x$$

因此，

$$\frac{1}{\sqrt{2}(n+1)}\leqslant\int_0^1\frac{x^n}{\sqrt{1+x}}\mathrm{d}x\leqslant\frac{1}{n+1}$$

由 $\lim\limits_{n\to\infty}\dfrac{1}{\sqrt{2}(n+1)}=\lim\limits_{n\to\infty}\dfrac{1}{n+1}=0$ 及两边夹准则，可得 $\lim\limits_{n\to\infty}\int_0^1\dfrac{x^n}{\sqrt{1+x}}\mathrm{d}x=0$.

练习

7. 计算下列极限

(1) $\lim\limits_{n\to\infty}\frac{1}{n}\left[\sin\frac{\pi}{n}+\sin\frac{2\pi}{n}+\cdots+\sin\frac{(n-1)\pi}{n}\right]$

(2) $\lim\limits_{n\to\infty}\left[\frac{1}{\sqrt{4n^2-1}}+\frac{1}{\sqrt{4n^2-2^2}}+\cdots+\frac{1}{\sqrt{4n^2-n^2}}\right]$

(3) $\lim\limits_{n\to\infty}\frac{(n!)^{\frac{1}{n}}}{n}$

(4) $\lim\limits_{x\to+\infty}\frac{\int_0^x(\arctan t)^2\mathrm{d}t}{\sqrt{x^2+1}}$

(5) $\lim\limits_{x\to0}\frac{\int_0^{x^2}te^t\sin t\mathrm{d}t}{x^6\mathrm{e}^x}$

(6) $\lim\limits_{x\to+\infty}\left(\int_0^x\mathrm{e}^{t^2}\mathrm{d}t\right)^{\frac{1}{x^2}}$

(7) $\lim\limits_{n\to\infty}\int_0^1\frac{x^2\sin x^n}{1+x^2}\mathrm{d}x$

(8) $\lim\limits_{n\to\infty}\int_0^{\frac{\pi}{4}}\tan^n x\mathrm{d}x$

6.4.4 解函数方程

【例6-17】 设$f\in C([0,+\infty))$且$\forall x\in(0+\infty)$，$f(x)>0$，$2x\int_0^x f(u)\mathrm{d}u=f(x)$. 试确定所有的$f$.

解 由$2x\int_0^x f(u)\mathrm{d}u=f(x)$，$x>0$，则$\int_0^x f(u)\mathrm{d}u=\frac{f(x)}{2x}$，两边同时求导，得

$$\frac{2x^2+1}{x}=\frac{f'(x)}{f(x)},x>0$$

由此得

$$\frac{\mathrm{d}}{\mathrm{d}x}(\ln f(x)-x^2-\ln x)=0,\ x>0$$

所以

$$f(x)=ax\mathrm{e}^{x^2},\ x\geqslant0,a>0$$

【例6-18】 设$f(x)=\frac{1}{1+x^2}+\sqrt{1-x^2}\int_0^1 f(x)\mathrm{d}x$，求$f(x)$.

解 令$A=\int_0^1 f(x)\mathrm{d}x$，则得到$f(x)=\frac{1}{1+x^2}+\sqrt{1-x^2}A$，两边进行定积分，得

$$A=\int_0^1\frac{1}{1+x^2}\mathrm{d}x+A\int_0^1\sqrt{1-x^2}\mathrm{d}x=\frac{\pi}{4}+A\frac{\pi}{4}$$

所以，$A=\frac{\pi}{4-\pi}$，即$f(x)=\frac{1}{1+x^2}+\frac{\pi}{4-\pi}\sqrt{1-x^2}$.

练习

8. 求在区间 $[0,+\infty)$ 上连续的函数 $f(x)$，使等式 $\sin\left(\int_0^x f(u)\mathrm{d}u\right)=\frac{x}{1+x}$，$x\geqslant 0$ 成立.

9. 设 $f(x)=x+2\int_0^1 f(x)\mathrm{d}x-\int_0^2 f(x)\mathrm{d}x$，求 $f(x)$.

10. 求可微函数 $f(x)$，使等式 $\int_0^1 f(tx)\mathrm{d}t=f(x)+x\sin x$ 成立.

6.4.5　积分等式的证明

【例 6-19】　设函数 $f\in C[0,1]$ 且

$$3\int_0^1 f(u)\mathrm{d}u=1$$

试证：

$$\exists\theta\in(0,1):f(\theta)=\theta^2$$

证　由

$$3\int_0^1 f(u)\mathrm{d}u=1$$

知

$$\int_0^1 (f(u)-u^2)\mathrm{d}u=0$$

因 $f(u)-u^2\in C[0,1]$，故由积分中值定理知

$$\exists\theta\in(0,1):\int_0^1 (f(u)-u^2)\mathrm{d}u=(f(\theta)-\theta^2)(1-0)=0$$

即

$$f(\theta)=\theta^2,\theta\in(0,1)$$

【例 6-20】　设 $f\in C([a,b])$，且

$$\int_a^b f(x)\mathrm{d}x=0$$

试证：

$$\exists\theta\in(a,b):\int_a^\theta f(u)\mathrm{d}u=f(\theta)$$

证　容易验证函数

$$g(x)=\mathrm{e}^{-x}\int_a^x f(u)\mathrm{d}u,x\in[a,b]$$

满足罗尔定理的条件，并且

$$g'(x)=-\mathrm{e}^{-x}\int_a^x f(u)\mathrm{d}u+\mathrm{e}^{-x}f(x)$$

因而 $\exists\theta\in(a,b)$ 使得 $g'(\theta)=0$，即

$$\int_a^\theta f(u)\mathrm{d}u=f(\theta)$$

练习

11. 设$f(x)$和$g(x)$在区间$[a,b]$上连续，并且$g(x)\neq 0$，$x\in[a,b]$，证明存在$\theta\in(a,b)$，使得

$$\frac{\int_a^b f(x)\,\mathrm{d}x}{\int_a^b g(x)\,\mathrm{d}x}=\frac{f(\theta)}{g(\theta)}$$

12. 设$f(x)$在区间$[0,1]$上可导，且$f(1)-2\int_0^{\frac{1}{2}} xf(x)\,\mathrm{d}x=0$，证明存在$\xi\in(0,1)$，使得

$$f'(\xi)=-\frac{f(\xi)}{\xi}$$

6.4.6 函数单调性的证明

【例6-21】 设函数$f\in C(0,+\infty)$且单调递增，试证：函数

$$g(x)=\frac{1}{x}\int_0^x f(u)\,\mathrm{d}u,x>0$$

在区间$(0,+\infty)$上递增.

证 由于当$0<u\leqslant x$时，$f(x)-f(u)\geqslant 0$，故对$g(x)$求导，可得

$$g'(x)=\frac{1}{x^2}\left(xf(x)-\int_0^x f(u)\,\mathrm{d}u\right)=\frac{1}{x^2}\int_0^x (f(x)-f(u))\,\mathrm{d}u\geqslant 0$$

所以$g(x)$在区间$(0,+\infty)$上是递增的.

练习

13. 若$f(x)$在区间$[0,+\infty)$上连续且$f(x)>0$，证明：$\varphi(x)=\dfrac{\int_0^x tf(t)\,\mathrm{d}t}{\int_0^x f(t)\,\mathrm{d}t}$在区间$[0,+\infty)$上单调递增.

6.4.7 函数连续性的讨论

【例6-22】 设$F(x)=\begin{cases}\dfrac{1}{x^2}\int_0^x tf(t)\,\mathrm{d}t & x\neq 0\\ c & x=0\end{cases}$，其中，$f(x)$具有连续导数且$f(0)=0$.

(1) 试确定c，使$F(x)$连续；(2) 在(1)的结果下，问$F'(x)$是否连续.

解 (1) $\lim\limits_{x\to 0}F(x)=\lim\limits_{x\to 0}\dfrac{1}{x^2}\int_0^x tf(t)\,\mathrm{d}t=\lim\limits_{x\to 0}\dfrac{xf(x)}{2x}=\dfrac{1}{2}f(0)=0$

所以，当$c=0$时，$F(x)$在$x=0$处连续.

(2) 当$x\neq 0$时

$$F'(x)=\frac{x^2\cdot xf(x)-2x\int_0^x tf(t)\,\mathrm{d}t}{x^4}=\frac{x^2f(x)-2\int_0^x tf(t)\,\mathrm{d}t}{x^3}$$

显然，$F'(x)$ 连续.

当 $x=0$ 时

6.4　习题答案

$$F'(0)=\lim_{x\to 0}\frac{F(x)-F(0)}{x}=\lim_{x\to 0}\frac{\int_0^x tf(t)\,\mathrm{d}t}{x^3}$$

$$=\lim_{x\to 0}\frac{xf(x)}{3x^2}=\lim_{x\to 0}\frac{f(x)}{3x}=\frac{f'(0)}{3}$$

而

6.5　思维导图

$$\lim_{x\to 0}F'(x)=\lim_{x\to 0}\frac{x^2f(x)-2\int_0^x tf(t)\,\mathrm{d}t}{x^3}$$

$$=\lim_{x\to 0}\frac{2xf(x)+x^2f'(x)-2xf(x)}{3x^2}=\lim_{x\to 0}\frac{f'(x)}{3}=\frac{f'(0)}{3}$$

因而 $F'(x)$ 处处连续.

练习

14. 设 $f(x)$ 连续，$\varphi(x)=\int_0^1 f(xt)\,\mathrm{d}t$ 且 $\lim\limits_{x\to 0}\frac{f(x)}{x}=A$，$A$ 为常数，试讨论 $\varphi'(x)$ 在 $x=0$ 处的连续性.

6.5　定积分的换元积分法与分部积分法

6.5.1　换元积分法

定理 6-12　设函数 $f(x)$ 在区间 (a_0,b_0) 上连续，而函数 $\varphi(t)$ 在区间 (α_0,β_0) 上有连续的导数，并且对于所有 $t\in(\alpha_0,\beta_0)$ 有 $\varphi(t)\in(a_0,b_0)$. 如果 $\alpha\in(\alpha_0,\beta_0)$，$\beta\in(\alpha_0,\beta_0)$，$a=\varphi(\alpha)$，$b=\varphi(\beta)$，则有定积分的换元积分公式

$$\int_a^b f(x)\,\mathrm{d}x=\int_\alpha^\beta f(\varphi(t))\varphi'(t)\,\mathrm{d}t \tag{6-16}$$

证　因 $a\in(a_0,b_0)$，$b\in(a_0,b_0)$，而函数 $f(x)$ 在区间 (a_0,b_0) 上连续，故由牛顿 - 莱布尼茨公式求得

$$\int_a^b f(x)\,\mathrm{d}x=\Phi(b)-\Phi(a) \tag{6-17}$$

其中，$\Phi'(x)=f(x)$，$\forall x\in(a_0,b_0)$. 因

$$\frac{\mathrm{d}}{\mathrm{d}t}\Phi(\varphi(t))=\Phi'(\varphi(t))\cdot\varphi'(t)=f(\varphi(t))\varphi'(t)$$

所以 $\Phi(\varphi(t))$ 是 $f(\varphi(t))\varphi'(t)$ 的原函数，对 $f(\varphi(t))\varphi'(t)$ 运用牛顿 - 莱布尼茨公式，且考虑到 $\varphi(\alpha)=a$，$\varphi(\beta)=b$，得

$$\int_\alpha^\beta f(\varphi(t))\varphi'(t)\,\mathrm{d}t=\Phi(\varphi(\beta))-\Phi(\varphi(\alpha))=\Phi(b)-\Phi(a) \tag{6-18}$$

再由式(6-17)与式(6-18)可得到式(6-16).

说明 1　对于定理 6-12 中的条件，无论 $\alpha\leqslant\beta$ 还是 $\alpha>\beta$，式(6-16)都成立.

说明 2　定积分的换元积分法必须换限，并且不需要再还原积分变量.

说明 3　如果存在两个点 α_1，α_2 满足定理 6-12 的条件并且 $a=\varphi(\alpha_1)=\varphi(\alpha_2)$，则换限时，只需要随便取其中一个即可，因为

$$\begin{aligned}\int_a^b f(x)\,\mathrm{d}x &= \int_{\alpha_1}^{\beta} f(\varphi(t))\varphi'(t)\,\mathrm{d}t\\ &= \int_{\alpha_1}^{\alpha_2} f(\varphi(t))\varphi'(t)\,\mathrm{d}t + \int_{\alpha_2}^{\beta} f(\varphi(t))\varphi'(t)\,\mathrm{d}t\\ &= \int_a^a f(x)\,\mathrm{d}x + \int_{\alpha_2}^{\beta} f(\varphi(t))\varphi'(t)\,\mathrm{d}t\\ &= \int_{\alpha_2}^{\beta} f(\varphi(t))\varphi'(t)\,\mathrm{d}t\end{aligned}$$

【例 6-23】　计算

$$\int_0^1 x\sqrt{1+x}\,\mathrm{d}x$$

解　令 $1+x=t^2$，$t>0$，则 $\mathrm{d}x=2t\mathrm{d}t$，$\alpha=1$，$\beta=\sqrt{2}$.

$$\int_0^1 x\sqrt{1+x}\,\mathrm{d}x = 2\int_1^{\sqrt{2}}(t^2-1)t^2\,\mathrm{d}t$$

因

$$\int_1^{\sqrt{2}}(t^2-1)t^2\,\mathrm{d}t = \left(\frac{t^5}{5}-\frac{t^3}{3}\right)\Bigg|_1^{\sqrt{2}} = \frac{2}{15}(\sqrt{2}+1)$$

所以

$$\int_0^1 x\sqrt{1+x}\,\mathrm{d}x = \frac{4}{15}(\sqrt{2}+1)$$

【例 6-24】　$\displaystyle\int_0^1 x\sqrt{\frac{1-x}{1+x}}\,\mathrm{d}x = \int_0^1 \frac{x}{1+x}\sqrt{1-x^2}\,\mathrm{d}x \xlongequal{x=\sin t} \int_0^{\frac{\pi}{2}} \frac{\sin t}{1+\sin t}\cos^2 t\mathrm{d}t$

$$= \int_0^{\frac{\pi}{2}} \sin t(1-\sin t)\,\mathrm{d}t = 1-\frac{\pi}{4}$$

【例 6-25】　$\displaystyle I = \int_0^{\frac{1}{\sqrt{3}}} \frac{\mathrm{d}x}{(2x^2+1)\sqrt{1+x^2}} \xlongequal{x=\tan t} \int_0^{\frac{\pi}{6}} \frac{\sec t\mathrm{d}t}{2\tan^2 t+1}$

$$= \int_0^{\frac{\pi}{6}} \frac{\cos t\mathrm{d}t}{2\sin^2 t+\cos^2 t}$$

$$= \int_0^{\frac{\pi}{6}} \frac{\mathrm{d}\sin t}{1+\sin^2 t} = \arctan(\sin t)\Big|_0^{\frac{\pi}{6}} = \arctan\frac{1}{2}$$

【例 6-26】　$\displaystyle I = \int_1^2 \frac{\mathrm{d}x}{(x^2-2x+4)^{\frac{3}{2}}} = \int_1^2 \frac{\mathrm{d}x}{[(x-1)^2+3]^{\frac{3}{2}}}$

(令 $x-1=\sqrt{3}\tan t$)

$$= \int_0^{\frac{\pi}{6}} \frac{\sqrt{3}\sec^2 t}{(3\sec^2 t)^{\frac{3}{2}}}\mathrm{d}t = \frac{1}{3}\int_0^{\frac{\pi}{6}} \cos t\mathrm{d}t = \frac{1}{6}$$

6.5.2　分部积分法

定理 6-13　如果函数 $u(x)$ 与 $v(x)$ 在区间 $[a,b]$ 上存在连续的导数，则有分部积分公式

$$\int_a^b uv'\mathrm{d}x = (uv)\Big|_a^b - \int_a^b vu'\mathrm{d}x \tag{6-19}$$

成立.

证　在区间 $[a,b]$ 上，积分恒等式

$$uv' = (uv)' - u'v$$

成立，其中，uv'，$(uv)'$，$u'v$ 都是连续函数，得

$$\int_a^b uv'\mathrm{d}x = \int_a^b (uv)'\mathrm{d}x - \int_a^b vu'\mathrm{d}x \tag{6-20}$$

利用牛顿－莱布尼茨公式可求得

$$\int_a^b (uv)'\mathrm{d}x = (uv)\Big|_a^b = u(b)v(b) - u(a)v(a)$$

所以可将等式（6-20）写成式（6-19）.

说明 4　公式（6-19）有时写成

$$\int_a^b u\mathrm{d}v = (uv)\Big|_a^b - \int_a^b v\mathrm{d}u$$

【例 6-27】

$$I = \int_0^\pi x^2\cos x\mathrm{d}x = \int_0^\pi x^2(\sin x)'\mathrm{d}x = x^2\sin x\Big|_0^\pi - 2\int_0^\pi x\sin x\mathrm{d}x = 2\int_0^\pi x(\cos x)'\mathrm{d}x$$

$$= 2x\cos x\Big|_0^\pi - 2\int_0^\pi \cos x\mathrm{d}x = -2\pi - 2\sin x\Big|_0^\pi = -2\pi$$

【例 6-28】　计算 $J = \int_1^2 x\ln x\mathrm{d}x$.

解　利用公式（6-19）有

$$J = \left(\frac{x^2}{2}\ln x\right)\Big|_1^2 - \int_1^2 \frac{x^2}{2}\,\frac{1}{x}\mathrm{d}x = 2\ln 2 - \frac{1}{2}\int_1^2 x\mathrm{d}x = 2\ln 2 - \frac{3}{4}$$

【例 6-29】

$$I = \int_0^1 x^3(\ln x)^2\mathrm{d}x = \int_0^1 (\ln x)^2\mathrm{d}\left(\frac{x^4}{4}\right) = \frac{x^4}{4}(\ln x)^2\Big|_0^1 - \frac{1}{2}\int_0^1 x^3\ln x\mathrm{d}x$$

$$= -\frac{1}{2}\int_0^1 \ln x\mathrm{d}\left(\frac{x^4}{4}\right) = -\frac{1}{2}\left(\frac{x^4}{4}\ln x\Big|_0^1 - \frac{1}{4}\int_0^1 x^3\mathrm{d}x\right) = \frac{1}{32}$$

例 6-29 中的被积函数 $f(x) = x^3(\ln x)^2$ 虽然在 $x=0$ 处无定义，但由于 $\lim\limits_{x\to 0+0} x^3(\ln x)^2 = 0$，因此，$x=0$ 是 $f(x) = x^3(\ln x)^2$ 的第一类间断点，故 $f(x) = x^3(\ln x)^2$ 在区间 $[0,1]$ 上可积.

6.5.3　计算定积分的常用技巧

前面，我们介绍了计算定积分的换元积分法和分部积分法，为了使读者能更好地掌握

定积分的计算方法，我们再有针对性地介绍一些计算定积分的常用技巧及例题.

1. 利用积分区间的对称性及被积函数的奇偶性和周期性简化定积分的计算

命题 1　设 $f(x)$ 是区间 $[-a,a]$ 上可积的奇函数，则 $\int_{-a}^{a}f(x)\mathrm{d}x=0$.

证

$$\int_{-a}^{a}f(x)\mathrm{d}x=\int_{-a}^{0}f(x)\mathrm{d}x+\int_{0}^{a}f(x)\mathrm{d}x(\text{对第一个积分进行变换 } x=-t)$$

$$=\int_{a}^{0}f(-t)(-\mathrm{d}t)+\int_{0}^{a}f(x)\mathrm{d}x$$

$$=\int_{a}^{0}(-f(t))(-\mathrm{d}t)+\int_{0}^{a}f(x)\mathrm{d}x$$

$$=-\int_{0}^{a}f(t)\mathrm{d}t+\int_{0}^{a}f(x)\mathrm{d}x=0$$

命题 2　如果 $f(x)$ 是区间 $[-a,a]$ 上可积的偶函数，则 $\int_{-a}^{a}f(x)\mathrm{d}x=2\int_{0}^{a}f(x)\mathrm{d}x$.

证

$$\int_{-a}^{a}f(x)\mathrm{d}x=\int_{-a}^{0}f(x)\mathrm{d}x+\int_{0}^{a}f(x)\mathrm{d}x(\text{对第一个积分进行变换 } x=-t)$$

$$\int_{a}^{0}f(-t)(-\mathrm{d}t)+\int_{0}^{a}f(x)\mathrm{d}x=\int_{a}^{0}f(t)(-\mathrm{d}t)+\int_{0}^{a}f(x)\mathrm{d}x$$

$$=\int_{0}^{a}f(t)\mathrm{d}t+\int_{0}^{a}f(x)\mathrm{d}x=2\int_{0}^{a}f(x)\mathrm{d}x$$

命题 3　如果 $f(x)$ 是可积的周期函数，$T\neq 0$ 为其周期，则对任意常数 $a\in\mathbf{R}$ 有

$$\int_{a}^{a+T}f(x)\mathrm{d}x=\int_{0}^{T}f(x)\mathrm{d}x$$

证

$$\int_{a}^{a+T}f(x)\mathrm{d}x=\int_{a}^{0}f(x)\mathrm{d}x+\int_{0}^{T}f(x)\mathrm{d}x+\int_{T}^{a+T}f(x)\mathrm{d}x(\text{对第三个积分进行变换 } t=x-T)$$

$$=\int_{a}^{0}f(x)\mathrm{d}x+\int_{0}^{T}f(x)\mathrm{d}x+\int_{0}^{a}f(t+T)\mathrm{d}t$$

$$=\int_{a}^{0}f(x)\mathrm{d}x+\int_{0}^{T}f(x)\mathrm{d}x+\int_{0}^{a}f(t)\mathrm{d}t$$

$$=\int_{0}^{T}f(x)\mathrm{d}x$$

【例 6-30】　$I=\int_{0}^{2a}x\sqrt{2ax-x^2}\mathrm{d}x=\int_{0}^{2a}x\sqrt{a^2-(a-x)^2}\mathrm{d}x(a-x=a\sin t)$

$$-\int_{\frac{\pi}{2}}^{\frac{-\pi}{2}}a^3(1-\sin t)\cos^2t\mathrm{d}t$$

$$=a^3\int_{\frac{-\pi}{2}}^{\frac{\pi}{2}}\cos^2t\mathrm{d}t-a^3\int_{\frac{-\pi}{2}}^{\frac{\pi}{2}}\sin t\cos^2t\mathrm{d}t=2a^3\int_{0}^{\frac{\pi}{2}}\cos^2t\mathrm{d}t=\frac{\pi}{2}a^3$$

【例 6-31】　$I=\int_{-1}^{1}x^3\mathrm{e}^{\arctan x^2}\mathrm{d}x=0$

【例 6-32】　计算 $J=\int_{\pi/2}^{5\pi/2}\sin^5x\cos^8x\mathrm{d}x$.

解　因被积函数是以 2π 为周期的奇函数，所以

$$J=\int_{-\pi}^{\pi}\sin^5 x\cos^8 x\mathrm{d}x=0$$

2. 利用拆限法计算定积分

当被积函数是分段函数或含有绝对值时，计算定积分往往要拆限.

【例 6-33】 $\int_{-1}^{2}|2-x-x^2|\mathrm{d}x=\int_{-1}^{2}|(x+2)(x-1)|\mathrm{d}x$

$$=\int_{-1}^{1}(x+2)(1-x)\mathrm{d}x+\int_{1}^{2}(x+2)(x-1)\mathrm{d}x$$

$$=\frac{31}{6}$$

【例 6-34】 $\int_{0}^{\frac{\pi}{2}}|\sin x-\cos x|\mathrm{d}x=\int_{0}^{\frac{\pi}{4}}(\cos x-\sin x)\mathrm{d}x+\int_{\frac{\pi}{4}}^{\frac{\pi}{2}}(\sin x-\cos x)\mathrm{d}x$

$$=2(\sqrt{2}-1)$$

【例 6-35】 $\int_{0}^{n\pi}|\cos x|\mathrm{d}x=n\int_{0}^{\pi}|\cos x|\mathrm{d}x=n\int_{0}^{\frac{\pi}{2}}\cos x\mathrm{d}x+n\int_{\frac{\pi}{2}}^{\pi}(-\cos x)\mathrm{d}x=2n$

【例 6-36】 计算 $\int_{-1}^{1}|x-y|\mathrm{e}^x\mathrm{d}x$.

解 当 $-1\leqslant y\leqslant 1$ 时，

$$
\begin{aligned}
\text{原式}&=\int_{-1}^{y}(y-x)\mathrm{e}^x\mathrm{d}x+\int_{y}^{1}(x-y)\mathrm{e}^x\mathrm{d}x\\
&=\int_{-1}^{y}(y-x)(\mathrm{e}^x)'\mathrm{d}x+\int_{y}^{1}(x-y)(\mathrm{e}^x)'\mathrm{d}x\\
&=(y-x)\mathrm{e}^x\Big|_{-1}^{y}-\int_{-1}^{y}(-\mathrm{e}^x)\mathrm{d}x+(x-y)\mathrm{e}^x\Big|_{y}^{1}-\int_{y}^{1}\mathrm{e}^x\mathrm{d}x\\
&=-(y+1)\mathrm{e}^{-1}+\mathrm{e}^x\Big|_{-1}^{y}+(1-y)\mathrm{e}-\mathrm{e}^x\Big|_{y}^{1}\\
&=2\mathrm{e}^y-\left(\mathrm{e}+\frac{1}{\mathrm{e}}\right)y-\frac{2}{\mathrm{e}}
\end{aligned}
$$

当 $y>1$ 时，

$$
\begin{aligned}
\text{原式}&=\int_{-1}^{1}(y-x)\mathrm{e}^x\mathrm{d}x=(y-x)\mathrm{e}^x\Big|_{-1}^{1}+\int_{-1}^{1}\mathrm{e}^x\mathrm{d}x=(y-x+1)\mathrm{e}^x\Big|_{-1}^{1}\\
&=y\mathrm{e}-(y+2)\mathrm{e}^{-1}
\end{aligned}
$$

当 $y<-1$ 时，

$$
\begin{aligned}
\text{原式}&=\int_{-1}^{1}(x-y)\mathrm{e}^x\mathrm{d}x=(x-y)\mathrm{e}^x\Big|_{-1}^{1}-\int_{-1}^{1}\mathrm{e}^x\mathrm{d}x=(x-y-1)\mathrm{e}^x\Big|_{-1}^{1}\\
&=-y\mathrm{e}+(y+2)\mathrm{e}^{-1}
\end{aligned}
$$

综上所述，原式 $=\begin{cases}-y\mathrm{e}+(y+2)\mathrm{e}^{-1} & y<-1\\ 2\mathrm{e}^y-\left(\mathrm{e}+\frac{1}{\mathrm{e}}\right)y-\frac{2}{\mathrm{e}} & |y|\leqslant 1\\ y\mathrm{e}-(y+2)\mathrm{e}^{-1} & y>1\end{cases}$

【例 6-37】 设 $f(x)=\begin{cases}\dfrac{1}{1+x} & x\geqslant 0\\ \dfrac{1}{1+\mathrm{e}^x} & x<0\end{cases}$，求 $\int_{0}^{2}f(x-1)\mathrm{d}x$.

解 令 $x-1=u$，则

$$\int_0^2 f(x-1)\,\mathrm{d}x = \int_{-1}^1 f(u)\,\mathrm{d}u$$

$$= \int_{-1}^0 \frac{1}{1+\mathrm{e}^x}\mathrm{d}x + \int_0^1 \frac{1}{1+x}\mathrm{d}x = \ln(1+\mathrm{e})$$

当定积分的被积函数比较复杂，其原函数难以求出，此时不能利用牛顿－莱布尼茨公式计算该定积分，有时，可以利用拆限的技巧计算出该定积分.

【例6-38】 计算$\int_{-\frac{\pi}{4}}^{\frac{\pi}{4}} \frac{\cos^2 x}{1+\mathrm{e}^x}\mathrm{d}x$.

解

原式 $= \int_{-\frac{\pi}{4}}^0 \frac{\cos^2 x}{1+\mathrm{e}^x}\,\mathrm{d}x + \int_0^{\frac{\pi}{4}} \frac{\cos^2 x}{1+\mathrm{e}^x}\,\mathrm{d}x$（对第一个积分进行变量代换 $x=-t$）

$$\int_{\frac{\pi}{4}}^0 \frac{\cos^2(-t)}{1+\mathrm{e}^{-t}}(-\mathrm{d}t) + \int_0^{\frac{\pi}{4}} \frac{\cos^2 x}{1+\mathrm{e}^x}\,\mathrm{d}x$$

$$= \int_0^{\frac{\pi}{4}} \frac{\cos^2 t}{1+\mathrm{e}^{-t}}\,\mathrm{d}t + \int_0^{\frac{\pi}{4}} \frac{\cos^2 x}{1+\mathrm{e}^x}\,\mathrm{d}x = \int_0^{\frac{\pi}{4}} \frac{\cos^2 x}{1+\mathrm{e}^{-x}}\,\mathrm{d}x + \int_0^{\frac{\pi}{4}} \frac{\cos^2 x}{1+\mathrm{e}^x}\,\mathrm{d}x$$

$$= \int_0^{\frac{\pi}{4}} \cos^2 x\left(\frac{1}{1+\mathrm{e}^{-x}} + \frac{1}{1+\mathrm{e}^x}\right)\mathrm{d}x$$

$$= \int_0^{\frac{\pi}{4}} \cos^2 x\,\mathrm{d}x = \frac{\pi}{8} + \frac{1}{4}$$

【例6-39】 计算$\int_0^{\frac{\pi}{2}} \frac{\mathrm{e}^{\sin x}}{\mathrm{e}^{\sin x}+\mathrm{e}^{\cos x}}\,\mathrm{d}x$.

解

原式 $= \int_0^{\frac{\pi}{4}} \frac{\mathrm{e}^{\sin x}}{\mathrm{e}^{\sin x}+\mathrm{e}^{\cos x}}\,\mathrm{d}x + \int_{\frac{\pi}{4}}^{\frac{\pi}{2}} \frac{\mathrm{e}^{\sin x}}{\mathrm{e}^{\sin x}+\mathrm{e}^{\cos x}}\,\mathrm{d}x$（对第二个积分进行变量代换$\frac{\pi}{2}-x=t$）

$$\int_0^{\frac{\pi}{4}} \frac{\mathrm{e}^{\sin x}}{\mathrm{e}^{\sin x}+\mathrm{e}^{\cos x}}\,\mathrm{d}x + \int_{\frac{\pi}{4}}^0 \frac{\mathrm{e}^{\sin(\frac{\pi}{2}-t)}}{\mathrm{e}^{\sin(\frac{\pi}{2}-t)}+\mathrm{e}^{\cos(\frac{\pi}{2}-t)}}\mathrm{d}(-t)$$

$$= \int_0^{\frac{\pi}{4}} \frac{\mathrm{e}^{\sin x}}{\mathrm{e}^{\sin x}+\mathrm{e}^{\cos x}}\,\mathrm{d}x + \int_0^{\frac{\pi}{4}} \frac{\mathrm{e}^{\cos t}}{\mathrm{e}^{\cos t}+\mathrm{e}^{\sin t}}\,\mathrm{d}t = \int_0^{\frac{\pi}{4}} 1\,\mathrm{d}x = \frac{\pi}{4}$$

下面，我们再来看一个例子.

【例6-40】 计算$\int_0^{\pi} \frac{1}{1+3\sin^2 x}\,\mathrm{d}x$.

先来看一个**不正确**的解法：

原式 $= \int_0^{\pi} \frac{1}{4\sin^2 x+\cos^2 x}\,\mathrm{d}x = \int_0^{\pi} \frac{1}{4\tan^2 x+1}\,\frac{\mathrm{d}x}{\cos^2 x}$

$$= \frac{1}{2}\int_0^{\pi} \frac{1}{1+(2\tan x)^2}\,\mathrm{d}(2\tan x)$$

$$= \frac{1}{2}\arctan(2\tan x)\Big|_0^{\pi} = 0$$

这个结果是不可能正确的，因为被积函数在区间 $[0,\pi]$ 上连续且恒大于零，所以必有

$$\int_0^{\pi}\frac{1}{1+3\sin^2 x}\,\mathrm{d}x>0$$

此时，牛顿-莱布尼茨公式居然“失灵”了！

问题出在什么地方呢？请注意牛顿-莱布尼茨公式的条件是“$\Phi(x)$ 是 $f(x)$ 在区间 $[a,b]$ 上的某个原函数”，而在例6-40中，由于 $\frac{1}{2}\arctan(2\tan x)$ 在区间 $[0,\pi]$ 中有不连续点 $x=\frac{\pi}{2}$，因此，它绝不可能是函数 $f(x)=\frac{1}{1+3\sin^2 x}$ 在区间 $[0,\pi]$ 上的原函数.

为了正确求解这道题，我们先来对其进行分析.

首先，在任何一个不含 $x=\frac{\pi}{2}$ 的区间上，$\frac{1}{2}\arctan(2\tan x)$ 确实是 $f(x)$ 的原函数，而 $x=\frac{\pi}{2}$ 是它的第一类不连续点，因此构造函数

$$\Phi(x)=\begin{cases}\frac{1}{2}\arctan(2\tan x) & x\in\left[0,\frac{\pi}{2}\right)\\ \frac{\pi}{4} & x=\frac{\pi}{2}\end{cases}$$

那么可以验证 $\Phi(x)$ 是 $f(x)$ 在区间 $\left[0,\frac{\pi}{2}\right]$ 上的原函数. 同样地，函数

$$\widetilde{\Phi}(x)=\begin{cases}\frac{1}{2}\arctan(2\tan x) & x\in\left(\frac{\pi}{2},\pi\right]\\ -\frac{\pi}{4} & x=\frac{\pi}{2}\end{cases}$$

是 $f(x)$ 在区间 $\left[\frac{\pi}{2},\pi\right]$ 上的原函数.

于是，正确的方法是利用拆限的技巧，利用定积分的区间可加性，分别在区间 $\left[0,\frac{\pi}{2}\right]$ 和区间 $\left[\frac{\pi}{2},\pi\right]$ 上利用牛顿-莱布尼茨公式，即

$$\begin{aligned}\text{原式}&=\frac{1}{2}\int_0^{\frac{\pi}{2}}\frac{1}{1+(2\tan x)^2}\,\mathrm{d}(2\tan x)+\frac{1}{2}\int_{\frac{\pi}{2}}^{\pi}\frac{1}{1+(2\tan x)^2}\,\mathrm{d}(2\tan x)\\&=\Phi(x)\Big|_0^{\frac{\pi}{2}}+\widetilde{\Phi}(x)\Big|_{\frac{\pi}{2}}^{\pi}=\left(\frac{\pi}{4}-0\right)+\left(0-\left(-\frac{\pi}{4}\right)\right)=\frac{\pi}{2}\end{aligned}$$

或直接算成

$$\begin{aligned}\text{原式}&=\frac{1}{2}\int_0^{\frac{\pi}{2}}\frac{1}{1+(2\tan x)^2}\mathrm{d}(2\tan x)+\frac{1}{2}\int_{\frac{\pi}{2}}^{\pi}\frac{1}{1+(2\tan x)^2}\mathrm{d}(2\tan x)\\&=\frac{1}{2}\arctan(2\tan x)\Big|_0^{\frac{\pi}{2}-0}+\frac{1}{2}\arctan(2\tan x)\Big|_{\frac{\pi}{2}+0}^{\pi}=\frac{\pi}{2}\end{aligned}$$

因此，请注意当利用换元积分法计算定积分时，换元后的被积函数在积分区间内出现不连续点，此时，必须将积分区间在该点处拆开.

【例 6-41】 计算 $\int_{-1}^{2}\frac{1+x^2}{1+x^4}dx.$

解

$$原式=\int_{-1}^{0}\frac{1+\frac{1}{x^2}}{x^2+\frac{1}{x^2}}dx+\int_{0}^{2}\frac{1+\frac{1}{x^2}}{x^2+\frac{1}{x^2}}dx=\int_{-1}^{0}\frac{d\left(x-\frac{1}{x}\right)}{2+\left(x-\frac{1}{x}\right)^2}+\int_{0}^{2}\frac{d\left(x-\frac{1}{x}\right)}{2+\left(x-\frac{1}{x}\right)^2}$$

$$=\frac{1}{\sqrt{2}}\int_{-1}^{0}\frac{d\frac{1}{\sqrt{2}}\left(x-\frac{1}{x}\right)}{1+\left[\frac{1}{\sqrt{2}}\left(x-\frac{1}{x}\right)\right]^2}+\frac{1}{\sqrt{2}}\int_{0}^{2}\frac{d\frac{1}{\sqrt{2}}\left(x-\frac{1}{x}\right)}{1+\left[\frac{1}{\sqrt{2}}\left(x-\frac{1}{x}\right)\right]^2}$$

$$=\frac{1}{\sqrt{2}}\arctan\frac{x^2-1}{\sqrt{2}x}\bigg|_{-1}^{0-0}+\frac{1}{\sqrt{2}}\arctan\frac{x^2-1}{\sqrt{2}x}\bigg|_{0+0}^{2}$$

$$=\frac{1}{\sqrt{2}}\left(\frac{\pi}{2}-0\right)+\frac{1}{\sqrt{2}}\arctan\frac{3}{2\sqrt{2}}-\frac{1}{\sqrt{2}}\left(-\frac{\pi}{2}\right)$$

$$=\frac{1}{\sqrt{2}}\arctan\frac{3\sqrt{2}}{4}+\frac{\sqrt{2}}{2}\pi$$

3. 利用某些重要公式计算定积分

命题 4 $\int_0^{\pi}\sin^n x dx=2\int_0^{\frac{\pi}{2}}\sin^n x dx$

证

$$\int_0^{\pi}\sin^n x dx=\int_0^{\frac{\pi}{2}}\sin^n x dx+\int_{\frac{\pi}{2}}^{\pi}\sin^n x dx（对第二个积分进行变量代换 \pi-x=t）$$

$$=\int_0^{\frac{\pi}{2}}\sin^n x dx+\int_{\frac{\pi}{2}}^{0}\sin^n(\pi-t)(-dt)$$

$$=\int_0^{\frac{\pi}{2}}\sin^n x dx+\int_0^{\frac{\pi}{2}}\sin^n t dt=2\int_0^{\frac{\pi}{2}}\sin^n x dx$$

命题 5 $\int_0^{\frac{\pi}{2}}\sin^n x dx=\int_0^{\frac{\pi}{2}}\cos^n x dx$

$$=\begin{cases}\frac{n-1}{n}\cdot\frac{n-3}{n-2}\cdot\cdots\cdot\frac{3}{4}\cdot\frac{1}{2}\cdot\frac{\pi}{2} & n 为正偶数\\ \frac{n-1}{n}\cdot\frac{n-3}{n-2}\cdot\cdots\cdot\frac{4}{5}\cdot\frac{2}{3} & n 为大于 1 的正奇数\end{cases}$$

证 令 $x=\frac{\pi}{2}-t$，当 $x=\frac{\pi}{2}$时，$t=0$，当 $x=0$ 时，$t=\frac{\pi}{2}$，$dx=-dt$

$$\int_0^{\frac{\pi}{2}}\sin^n x dx=\int_{\frac{\pi}{2}}^{0}\sin^n\left(\frac{\pi}{2}-t\right)(-dt)=\int_0^{\frac{\pi}{2}}\cos^n t dt=\int_0^{\frac{\pi}{2}}\cos^n x dx$$

令

$$I_n=\int_0^{\frac{\pi}{2}}\sin^n x dx=\int_0^{\frac{\pi}{2}}\sin^{n-1}x\sin x dx=-\int_0^{\frac{\pi}{2}}\sin^{n-1}x d(\cos x)$$

$$= -\sin^{n-1}x\cos x\Big|_0^{\frac{\pi}{2}} + \int_0^{\frac{\pi}{2}}(n-1)\sin^{n-2}x\cos^2 x\mathrm{d}x$$

$$= (n-1)\int_0^{\frac{\pi}{2}}\sin^{n-2}x(1-\sin^2 x)\mathrm{d}x = (n-1)I_{n-2} - (n-1)I_n$$

所以，$I_n = \dfrac{n-1}{n}I_{n-2}$.

而

$$I_{2m} = \frac{2m-1}{2m}I_{2m-2} = \frac{2m-1}{2m}\cdot\frac{2m-3}{2m-2}I_{2m-4} = \cdots$$

$$= \frac{2m-1}{2m}\cdot\frac{2m-3}{2m-2}\cdot\frac{2m-5}{2m-4}\cdot\cdots\cdot\frac{5}{6}\cdot\frac{3}{4}\cdot\frac{1}{2}I_0$$

$$I_{2m+1} = \frac{2m}{2m+1}I_{2m-1} = \frac{2m}{2m+1}\cdot\frac{2m-2}{2m-1}\cdot I_{2m-3} = \cdots$$

$$= \frac{2m}{2m+1}\cdot\frac{2m-2}{2m-1}\cdot\frac{2m-4}{2m-3}\cdot\cdots\cdot\frac{6}{7}\cdot\frac{4}{5}\cdot\frac{2}{3}I_1$$

$$I_0 = \int_0^{\frac{\pi}{2}}1\mathrm{d}x = \frac{\pi}{2},\ I_1 = \int_0^{\frac{\pi}{2}}\sin x\mathrm{d}x = -\cos x\Big|_0^{\frac{\pi}{2}} = 1$$

因此，所证等式成立.

【例 6-42】 $I = \int_{-\frac{\pi}{2}}^{\frac{\pi}{2}}\sin^2 x\left(\sin^4 x + \ln\dfrac{3+x}{3-x}\right)\mathrm{d}x$

$$= 2\int_0^{\frac{\pi}{2}}\sin^6 x\mathrm{d}x + 0 = 2\times\frac{5\times3\times1}{6\times4\times2}\,\frac{\pi}{2} = \frac{5\pi}{16}$$

【例 6-43】 $I = \int_0^a x^2(a^2-x^2)^{\frac{3}{2}}\mathrm{d}x \xlongequal{\text{令 } x = a\sin t} \int_0^{\frac{\pi}{2}}a^2\sin^2 t\cdot a^3\cos^3 t\cdot a\cos t\mathrm{d}t$

$$= a^6\int_0^{\frac{\pi}{2}}(\cos^4 t - \cos^6 t)\mathrm{d}t$$

$$= a^6\left(\frac{3}{4}\times\frac{1}{2}\times\frac{\pi}{2} - \frac{5}{6}\times\frac{3}{4}\times\frac{1}{2}\times\frac{\pi}{2}\right) = \frac{\pi a^6}{32}$$

【例 6-44】 $I = \int_{-1}^{1}(x^2-1)^n\mathrm{d}x \quad (n\in\mathbf{N})$

令 $x=\sin t$, $I = (-1)^n\times2\int_0^1(1-x^2)^n\mathrm{d}x = (-1)^n\times2\int_0^{\frac{\pi}{2}}\cos^{2n+1}t\mathrm{d}t$

$$= (-1)^n\times2\times\frac{(2n)!!}{(2n+1)!!}$$

练习

若 $f(x)$ 在区间 $[0,1]$ 上连续，

（1）证明：$\int_0^{\frac{\pi}{2}}f(\sin x)\mathrm{d}x = \int_0^{\frac{\pi}{2}}f(\cos x)\mathrm{d}x$，

（2）证明：$\int_0^{\pi}xf(\sin x)\mathrm{d}x = \dfrac{\pi}{2}\int_0^{\pi}f(\sin x)\mathrm{d}x$.

典型计算题 1

计算下列定积分.

1. $\int_{\frac{\pi}{4}}^{\frac{\pi}{3}} \frac{x}{\cos^2 x} dx$

2. $\int_0^{\ln 2} \sqrt{e^x - 1} dx$

3. $\int_0^5 \frac{dx}{2x + \sqrt{3x + 1}}$

4. $\int_0^{\pi} e^x \sin x dx$

5. $\int_0^{\frac{\pi}{2}} \frac{dx}{5 - 3\cos x}$

6. $\int_0^1 \frac{dx}{e^x + 1}$

7. $\int_0^{\ln 3} x^2 e^x dx$

8. $\int_0^{\ln 2} e^x \sqrt{e^x - 1} dx$

9. $\int_0^{\frac{\pi}{3}} (x + 1) \sin x dx$

10. $\int_0^{\frac{\pi}{2}} \frac{dx}{2 - \sin x}$

11. $\int_0^1 \ln(x^2 + 1) dx$

12. $\int_{-\frac{\pi}{2}}^{\frac{\pi}{2}} \frac{dx}{1 + \cos x}$

13. $\int_3^8 \frac{dx}{1 - \sqrt{x + 1}}$

14. $\int_4^9 \frac{\sqrt{x}}{\sqrt{x} - 1} dx$

15. $\int_1^2 x \log_2 x dx$

16. $\int_1^2 \frac{dx}{\sqrt{x} + \sqrt[3]{x}}$

17. $\int_0^1 2^x (x + 1) dx$

18. $\int_e^{e^2} \frac{(\ln x)^3}{x} dx$

19. $\int_1^2 \frac{dx}{\sqrt{e^{2x} - 1}}$

20. $\int_0^1 x \arctan x dx$

典型计算题 2

计算下列定积分.

1. $\int_0^1 \frac{x^2 dx}{\sqrt{x^6 + 4}}$

2. $\int_0^1 \frac{e^x dx}{1 + e^{2x}}$

3. $\int_{-2}^{-1} \frac{dx}{x\sqrt{x^2 - 1}}$

4. $\int_0^1 \frac{x - 1}{x^2 + 1} dx$

5. $\int_0^{\frac{\pi}{4}} \cos \frac{x}{2} \cos \frac{3x}{2} dx$

6. $\int_1^2 \frac{x^3 + 1}{x^3 + x^2} dx$

7. $\int_0^2 (x + 1) \ln(x + 1) dx$

8. $\int_0^{\frac{\pi}{2}} \frac{dx}{1 + \tan^{\lambda} x} (\lambda > 0)$

9. $\int_0^2 \frac{x^2 dx}{x^6 - 4}$

10. $\int_0^2 \frac{(x - 1)^2 + 1}{(x - 1)^2 + x^2 (x - 2)^2} dx$

11. $\int_1^4 \frac{dx}{(1 + \sqrt{x})^4}$

12. $\int_0^{\frac{\pi}{4}} \frac{e^{\tan x}}{\cos^2 x} dx$

13. $\int_0^{\frac{\pi}{2}} \sin x \cos^5 x dx$

14. $\int_0^1 \frac{1 + x}{\sqrt{1 - x^2}} dx$

15. $\int_0^{\pi} \frac{x\sin x}{1+\cos^2 x}\mathrm{d}x$　　16. $\int_0^1 \frac{\sqrt{x}-1}{\sqrt{x}+4}\mathrm{d}x$

17. $\int_2^3 (x+1)\sqrt{x-2}\mathrm{d}x$　　18. $\int_1^3 \frac{x^3\mathrm{d}x}{3x+1}$

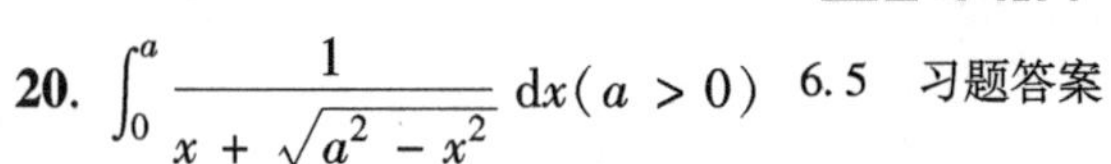

19. $\int_1^2 \frac{\mathrm{d}x}{x(1+x^4)}$　　20. $\int_0^a \frac{1}{x+\sqrt{a^2-x^2}}\mathrm{d}x(a>0)$

6.5　习题答案

6.6 综合解法举例（二）

这里主要介绍换元积分法与分部积分法在计算定积分、证明积分等式、解函数方程、判定曲线凸凹性以及证明积分不等式方面的应用.

6.6　思维导图

【例 6-45】 计算定积分 $J=\int_0^1 \mathrm{e}^x \arcsin \mathrm{e}^{-x}\mathrm{d}x$.

解 先求原函数. 令 $t=\mathrm{e}^{-x}$，再用分部积分法

$$\int \mathrm{e}^x \arcsin \mathrm{e}^{-x}\mathrm{d}x=-\int \frac{\arcsin t}{t^2}\mathrm{d}t=\frac{1}{t}\arcsin t-\int \frac{\mathrm{d}t}{t\sqrt{1-t^2}}$$

其中

$$-\int \frac{\mathrm{d}t}{t\sqrt{1-t^2}}=-\int \frac{\mathrm{d}t}{t^2\sqrt{\frac{1}{t^2}-1}}=\int \frac{\mathrm{d}\left(\frac{1}{t}\right)}{\sqrt{\frac{1}{t^2}-1}}=\ln\left(\frac{1}{t}+\sqrt{\frac{1}{t^2}-1}\right)+C_1$$

因此

$$\int \mathrm{e}^x \arcsin \mathrm{e}^{-x}\mathrm{d}x=\frac{\arcsin t}{t}+\ln\left(\frac{1}{t}+\sqrt{\frac{1}{t^2}-1}\right)+C$$

$$J=\int_0^1 \mathrm{e}^x \arcsin \mathrm{e}^{-x}\mathrm{d}x=\mathrm{e}\arcsin \mathrm{e}^{-1}-\frac{\pi}{2}+\ln(\mathrm{e}+\sqrt{\mathrm{e}^2-1})$$

【例 6-46】 计算积分

$$J_{\alpha,n}=\int_0^1 x^{\alpha}\ln^n x\mathrm{d}x,\alpha>0,\ n\in\mathbf{N}$$

解 设 $f(x)=x^{\alpha}\ln^n x$，显然 f 在区间 $(0,1)$ 内连续，且 $\lim\limits_{x\to 0+0} f(x)=0$. 在 $x=0$ 处补充定义 $f(0)=0$，故 f 在区间 $[0,1]$ 上可积，由分部积分法得

$$\begin{aligned}J_{\alpha,n}&=\int_0^1 (\ln x)^n \mathrm{d}\frac{x^{\alpha+1}}{\alpha+1}\\&=\frac{1}{\alpha+1}x^{\alpha+1}(\ln x)^n\Big|_0^1-\frac{n}{\alpha+1}\int_0^1 x^{\alpha}\ln^{n-1}x\mathrm{d}x\\&=-\frac{n}{\alpha+1}J_{\alpha,n-1}\end{aligned}$$

由此递推公式得

$$J_{\alpha,n}=(-1)^n\frac{n!}{(\alpha+1)^n}J_{\alpha,0}$$

$$= (-1)^n \frac{n!}{(\alpha+1)^n}\int_0^1 x^\alpha dx = (-1)^n \frac{n!}{(\alpha+1)^{n+1}}$$

【例6-47】 $I = \int_{\frac{-3\pi}{2}}^{\frac{-\pi}{3}} \sqrt{1-\cos x}\, dx = \sqrt{2}\int_{\frac{-3\pi}{2}}^{\frac{-\pi}{3}} \left|\sin\frac{x}{2}\right| dx$

$$= 2\sqrt{2}\int_{-\frac{3\pi}{4}}^{\frac{-\pi}{6}} |\sin t|\, dt = -2\sqrt{2}\int_{\frac{-3\pi}{4}}^{\frac{-\pi}{6}} \sin t dt = \sqrt{6}+2$$

【例6-48】 计算 $I = \int_{-\frac{\pi}{4}}^{\frac{\pi}{4}} \frac{e^{\frac{x}{2}}(\cos x - \sin x)}{\sqrt{\cos x}} dx.$

解 $I = \int_{-\frac{\pi}{4}}^{\frac{\pi}{4}} e^{\frac{x}{2}}\sqrt{\cos x}\, dx - \int_{-\frac{\pi}{4}}^{\frac{\pi}{4}} \frac{e^{\frac{x}{2}}\sin x}{\sqrt{\cos x}} dx$，因为

$$-\int_{-\frac{\pi}{4}}^{\frac{\pi}{4}} \frac{e^{\frac{x}{2}}\sin x}{\sqrt{\cos x}} dx = 2\int_{-\frac{\pi}{4}}^{\frac{\pi}{4}} e^{\frac{x}{2}} d(\sqrt{\cos x})$$

$$= 2e^{\frac{x}{2}}\sqrt{\cos x}\,\Big|_{-\frac{\pi}{4}}^{\frac{\pi}{4}} - \int_{-\frac{\pi}{4}}^{\frac{\pi}{4}} e^{\frac{x}{2}}\sqrt{\cos x}\, dx$$

$$= \sqrt[4]{8}(e^{\frac{\pi}{8}} - e^{-\frac{\pi}{8}}) - \int_{-\frac{\pi}{4}}^{\frac{\pi}{4}} e^{\frac{\pi}{2}}\sqrt{\cos x}\, dx$$

代入原积分得，$I = \sqrt[4]{8}(e^{\frac{\pi}{8}} - e^{-\frac{\pi}{8}})$.

【例6-49】 计算 $I = \int_0^{\frac{\pi}{4}} \ln(1+\tan x) dx.$

解

$$I = \int_0^{\frac{\pi}{4}} \ln(1+\tan x) dx \xlongequal{令 x = \frac{\pi}{4} - u} \int_{\frac{\pi}{4}}^0 \ln\left[1+\tan\left(\frac{\pi}{4}-u\right)\right](-du)$$

$$= \int_0^{\frac{\pi}{4}} \ln\left[1+\frac{1-\tan u}{1+\tan u}\right] du = \int_0^{\frac{\pi}{4}} \ln\left(\frac{2}{1+\tan x}\right) dx$$

$$= \int_0^{\frac{\pi}{4}} [\ln 2 - \ln(1+\tan x)] dx$$

$$= \frac{\pi}{4}\ln 2 - I$$

即 $I = \frac{\pi}{8}\ln 2$.

【例6-50】 证明：$\int_0^1 \ln f(x+t) dt = \int_0^x \ln\frac{f(u+1)}{f(u)} du + \int_0^1 \ln f(u) du.$

证 令 $x+t=u$

$$\int_0^1 \ln f(x+t) dt = \int_x^{x+1} \ln f(u) du$$

$$= \int_x^0 \ln f(u) du + \int_0^1 \ln f(u) du + \int_1^{x+1} \ln f(u) du$$

对

$$\int_1^{x+1} \ln f(u) du \xlongequal{令 u = 1+v} \int_0^x \ln f(1+v) dv$$

故有

$$\int_0^1 \ln f(x+t)\,\mathrm{d}t = \int_0^x \ln\frac{f(1+u)}{f(u)}\,\mathrm{d}u + \int_0^1 \ln f(u)\,\mathrm{d}u$$

【例 6-51】 证明：

$$\int_0^1 \frac{\arctan x}{x}\,\mathrm{d}x = \frac{1}{2}\int_0^{\frac{\pi}{2}} \frac{t}{\sin t}\,\mathrm{d}t$$

证 进行变量代换 $x=\tan\frac{t}{2}$，得

$$\int_0^1 \frac{\arctan x}{x}\,\mathrm{d}x = \int_0^{\frac{\pi}{2}} \frac{\arctan\left(\tan\frac{t}{2}\right)}{\tan\frac{t}{2}}\,\frac{\mathrm{d}t}{2\cos^2\left(\frac{t}{2}\right)}$$

$$= \frac{1}{2}\int_0^{\frac{\pi}{2}} \frac{t}{\sin t}\,\mathrm{d}t$$

【例 6-52】 设 $f\in C^1([0,1])$，即 $f'(x)$ 在区间 $[0,1]$ 上连续，证明：

$$\exists\theta\in(0,1)\ \text{使得} \int_0^1 f(x)\,\mathrm{d}x = f(0) + \frac{1}{2}f'(\theta)$$

证 利用分部积分法得

$$\int_0^1 f(x)\,\mathrm{d}x = (x-1)f(x)\Big|_0^1 - \int_0^1 (x-1)f'(x)\,\mathrm{d}x$$

利用积分中值定理，得

$$\int_0^1 f(x)\,\mathrm{d}x = f(0) - f'(\theta)\int_0^1 (x-1)\,\mathrm{d}x,\ \theta\in(0,1)$$

$$= f(0) - f'(\theta)\,\frac{(x-1)^2}{2}\Big|_0^1$$

$$= f(0) + \frac{1}{2}f'(\theta)$$

【例 6-53】 设 $f(x)$，$g(x)$ 在区间 $[a,b]$ 上连续，证明：至少存在一个 $\xi\in(a,b)$，使得

$$f(\xi)\int_\xi^b g(x)\,\mathrm{d}x = g(\xi)\int_a^\xi f(x)\,\mathrm{d}x$$

证 构建辅助函数 $F(x) = \int_a^x f(t)\,\mathrm{d}t \int_x^b g(t)\,\mathrm{d}t$，由于 $f(x)$，$g(x)$ 在区间 $[a,b]$ 上连续，所以 $F(x)$ 在区间 $[a,b]$ 上连续，在区间 (a,b) 内可导，并有 $F(a)=F(b)=0$，由罗尔定理，至少存在一个 $\xi\in(a,b)$，使得 $F'(\xi)=0$，即

$$\frac{\mathrm{d}F(x)}{\mathrm{d}x}\Big|_{x=\xi} = \left[f(x)\int_x^b g(t)\,\mathrm{d}t - g(x)\int_a^x f(t)\,\mathrm{d}t\right]\Big|_{x=\xi}$$

$$= f(\xi)\int_\xi^b g(x)\,\mathrm{d}x - g(\xi)\int_a^\xi f(x)\,\mathrm{d}x = 0$$

即 $f(\xi)\int_\xi^b g(x)\,\mathrm{d}x = g(\xi)\int_a^\xi f(x)\,\mathrm{d}x$.

【例 6-54】 设 $f(x)$，$g(x)$ 在区间 $[-a,a]\,(a>0)$ 上连续，$g(x)$ 为偶函数，且 $f(x)$ 满

足条件 $f(x)+f(-x)=A$，A 为常数，

（1）证明：$\int_{-a}^{a}f(x)g(x)\mathrm{d}x=A\int_{0}^{a}g(x)\mathrm{d}x$；

（2）利用（1）的结论计算定积分 $\int_{-\frac{\pi}{2}}^{\frac{\pi}{2}}|\sin x|\arctan \mathrm{e}^{x}\mathrm{d}x$.

（1）**证** $\int_{-a}^{a}f(x)g(x)\mathrm{d}x=\int_{-a}^{0}f(x)g(x)\mathrm{d}x+\int_{0}^{a}f(x)g(x)\mathrm{d}x$，因为令 $x=-u$，

$$\int_{-a}^{0}f(x)g(x)\mathrm{d}x=-\int_{a}^{0}f(-u)g(-u)\mathrm{d}u=\int_{0}^{a}f(-x)g(x)\mathrm{d}x$$

所以，

$$\begin{aligned}\int_{-a}^{a}f(x)g(x)\mathrm{d}x&=\int_{0}^{a}f(-x)g(x)\mathrm{d}x+\int_{0}^{a}f(x)g(x)\mathrm{d}x\\&=\int_{0}^{a}[f(-x)+f(x)]g(x)\mathrm{d}x=A\int_{0}^{a}g(x)\mathrm{d}x\end{aligned}$$

（2）**解** 取 $f(x)=\arctan\mathrm{e}^{x}$，$g(x)=|\sin x|$，$a=\frac{\pi}{2}$，则 $f(x)$，$g(x)$ 在区间 $\left[-\frac{\pi}{2},\frac{\pi}{2}\right]$上连续，且 $g(x)$ 为偶函数.

因为 $(\arctan\mathrm{e}^{x}+\arctan\mathrm{e}^{-x})'=0$，所以 $\arctan\mathrm{e}^{x}+\arctan\mathrm{e}^{-x}=A$. 令 $x=0$，得 $2\arctan1=A$，于是，$A=\frac{\pi}{2}$，即 $f(-x)+f(x)=\frac{\pi}{2}$. 故

$$\int_{-\frac{\pi}{2}}^{\frac{\pi}{2}}|\sin x|\arctan\mathrm{e}^{x}\mathrm{d}x=\frac{\pi}{2}\int_{0}^{\frac{\pi}{2}}|\sin x|\mathrm{d}x=\frac{\pi}{2}\int_{0}^{\frac{\pi}{2}}\sin x\mathrm{d}x=\frac{\pi}{2}$$

【例6-55】 试确定所有函数 $f\in C(\mathbf{R})$，使其满足

$$\forall x\in\mathbf{R}\text{ 使得}\int_{0}^{x}\mathrm{e}^{u}f(x-u)\mathrm{d}u=\sin x$$

解 令 $x-u=v$，由

$$\int_{0}^{x}\mathrm{e}^{u}f(x-u)\mathrm{d}u=\sin x$$

得

$$\mathrm{e}^{x}\int_{0}^{x}\mathrm{e}^{-v}f(v)\mathrm{d}v=\sin x,\ x\in\mathbf{R}$$

上式两边乘以 e^{-x}并求导，得

$$\mathrm{e}^{-x}f(x)=(\mathrm{e}^{-x}\sin x)',\ x\in\mathbf{R}$$

所以

$$f(x)=\cos x-\sin x,\ x\in\mathbf{R}$$

【例6-56】 设对于一切实数 u，函数 $\varphi(u)$ 是连续正函数，且 $f(x)=\int_{-c}^{c}|x-u|\varphi(u)\mathrm{d}u$，试证：曲线 $y=f(x)$ 在区间$[-c,c]$上是上凹的.

证 由题意，当 $-c\leqslant x\leqslant c$ 时，

$$\begin{aligned}f(x)&=\int_{-c}^{c}|x-u|\varphi(u)\mathrm{d}u=\int_{-c}^{x}|x-u|\varphi(u)\mathrm{d}u+\int_{x}^{c}|x-u|\varphi(u)\mathrm{d}u\\&=\int_{-c}^{x}(x-u)\varphi(u)\mathrm{d}u-\int_{x}^{c}(x-u)\varphi(u)\mathrm{d}u\end{aligned}$$

$$= \int_{-c}^{x} x\varphi(u)\mathrm{d}u - \int_{-c}^{x} u\varphi(u)\mathrm{d}u - \int_{x}^{c} x\varphi(u)\mathrm{d}u + \int_{x}^{c} u\varphi(u)\mathrm{d}u$$

$$= x\int_{-c}^{x} \varphi(u)\mathrm{d}u - \int_{-c}^{x} u\varphi(u)\mathrm{d}u + x\int_{c}^{x} \varphi(u)\mathrm{d}u - \int_{c}^{x} u\varphi(u)\mathrm{d}u$$

$$f'(x) = \int_{-c}^{x} \varphi(u)\mathrm{d}u + \int_{c}^{x} \varphi(u)\mathrm{d}u$$

$$f''(x) = \varphi(x) + \varphi(x) = 2\varphi(x) > 0$$

故 $y=f(x)$ 在区间 $[-c,c]$ 上是上凹的.

【例 6-57】 设 $f(x)$ 在区间 $[0,1]$ 上具有连续导数，且 $f(0)=0$，$f(1)=1$. 证明：

$$\int_0^1 \left| f'(x) - f(x) \right| \mathrm{d}x \geqslant \frac{1}{\mathrm{e}}$$

证 因 $f'(x)-f(x)=\mathrm{e}^x[\mathrm{e}^{-x}f(x)]'$ 且 $\mathrm{e}^x \geqslant 1$，$x\in[0,1]$，故

$$\int_0^1 \left| f'(x) - f(x) \right| \mathrm{d}x = \int_0^1 \left| \mathrm{e}^x(\mathrm{e}^{-x}f(x))' \right| \mathrm{d}x$$

$$\geqslant \int_0^1 [\mathrm{e}^{-x}f(x)]'\mathrm{d}x = \mathrm{e}^{-x}f(x)\Big|_0^1 = \frac{f(1)}{\mathrm{e}} - f(0) = \frac{1}{\mathrm{e}}$$

【例 6-58】 试比较下列积分的大小.

$$\int_0^{\frac{1}{2}} x^a 2^x \mathrm{d}x, \int_0^{\frac{1}{2}} x^{a-1} \mathrm{d}x,\ a > 1$$

解 利用积分中值定理，知

$$\exists\theta \in \left[0,\frac{1}{2}\right] 使得 \int_0^{\frac{1}{2}} x^a 2^x \mathrm{d}x = \theta \cdot 2^{\theta} \int_0^{\frac{1}{2}} x^{a-1} \mathrm{d}x$$

由于 $g(u)=u2^u$，$u\in[0,+\infty)$ 是严格递增函数，且

$$\max_{u\in\left[0,\frac{1}{2}\right]} g(u) = \frac{1}{2} \times 2^{\frac{1}{2}} < 1$$

所以，当 $\theta\in\left[0,\ \frac{1}{2}\right]$ 时，$\theta\cdot 2^{\theta}<1$，从而有

$$\int_0^{\frac{1}{2}} x^a \cdot 2^x \mathrm{d}x = \theta \cdot 2^{\theta} \int_0^{\frac{1}{2}} x^{a-1} \mathrm{d}x < \int_0^{\frac{1}{2}} x^{a-1} \mathrm{d}x$$

【例 6-59】 设 $a>0$，试确定下列积分的符号.

$$\int_0^{2\pi} x^a \sin x\ \mathrm{d}x, \int_0^{2\pi} x^{a+1} \cos x\ \mathrm{d}x$$

解 利用定积分的性质及变量代换，得

$$\int_0^{2\pi} x^a \sin x\mathrm{d}x = \int_0^{\pi} x^a \sin x\ \mathrm{d}x + \int_{\pi}^{2\pi} x^a \sin x\ \mathrm{d}x$$

$$= \int_0^{\pi} x^a \sin x\ \mathrm{d}x + \int_0^{\pi} (\pi + u)^a(-\sin u)\mathrm{d}u$$

$$= \int_0^{\pi} [x^a - (\pi + x)^a] \sin x\ \mathrm{d}x < 0$$

再利用分部积分法，得

$$\int_0^{2\pi} x^{a+1} \cos x\ \mathrm{d}x = x^{a+1}\sin x\Big|_0^{2\pi} - (a+1)\int_0^{2\pi} x^a \sin x\ \mathrm{d}x$$

$$= -(a+1)\int_0^{2\pi} x^a \sin x\mathrm{d}x > 0(\text{利用前一结果})$$

故

$$\int_0^{2\pi} x^a \sin x\mathrm{d}x < \int_0^{2\pi} x^{a+1}\cos x\mathrm{d}x$$

【例 6-60】 试证：

$$\left|\int_x^{x+a}\frac{\sin u}{u}\mathrm{d}u\right| < \frac{3}{x}, x>0, a>0$$

解 利用分部积分法，得

$$\int_x^{x+a}\frac{\sin u}{u}\mathrm{d}u = -\frac{\cos u}{u}\Big|_x^{x+a} - \int_x^{x+a}\frac{\cos u}{u^2}\mathrm{d}u$$

由于

$$\left|-\frac{\cos u}{u}\Big|_x^{x+a}\right| = \left|\frac{\cos x}{x} - \frac{\cos(x+a)}{x+a}\right| \leqslant \frac{2}{x}, x>0, a>0$$

$$\left|\int_x^{x+a}\frac{\cos u}{u^2}\mathrm{d}u\right| \leqslant \int_x^{x+a}\frac{\mathrm{d}u}{u^2} = \frac{1}{x} - \frac{1}{x+a} < \frac{1}{x}$$

所以

$$\left|\int_x^{x+a}\frac{\sin u}{u}\mathrm{d}u\right| \leqslant \left|-\frac{\cos u}{u}\Big|_x^{x+a}\right| + \left|\int_x^{x+a}\frac{\cos u}{u^2}\mathrm{d}u\right|$$

$$< \frac{2}{x} + \frac{1}{x} = \frac{3}{x}, x>0, a>0$$

练习

1. 计算定积分 $I = \int_{\frac{1}{2}}^{2}\left(1+x-\frac{1}{x}\right)e^{x+\frac{1}{x}}\mathrm{d}x$.

2. 证明不等式 $\left|\int_x^{x+1}\sin u^2\mathrm{d}u\right| < \frac{2}{x}$ 对所有的 $x>0$ 均成立.

典型计算题 3

计算下列定积分.

1. $\int_{4\pi}^{6\pi}\frac{\sin x\cos x}{\sin^4 x+\cos^4 x}\mathrm{d}x$

2. $\int_0^{\frac{\pi}{4}}\frac{1-\sin 2x}{1+\sin 2x}\mathrm{d}x$

3. $\int_1^4\frac{\mathrm{d}x}{x(1+\sqrt{x})}$

4. $\int_0^{\ln 2}\sqrt{1-e^{-2x}}\mathrm{d}x$

5. $\int_a^{2a}\frac{\sqrt{x^2-a^2}}{x^4}\mathrm{d}x(a>0)$

6. $\int_{\frac{1}{4}}^{\frac{1}{2}}\frac{\arcsin\sqrt{x}}{\sqrt{x(1-x)}}\mathrm{d}x$

7. $\int_{-2}^{2}\frac{x^5+x^4-x^3-x^2-2}{1+x^2}\mathrm{d}x$

8. $\int_0^{\frac{\pi}{2}}\frac{\sin^{10}x-\cos^{10}x}{4-\sin x-\cos x}\mathrm{d}x$

9. $\int_0^{\pi}(x\sin x)^2\mathrm{d}x$

10. $\int_1^{\mathrm{e}}\sin(\ln x)\mathrm{d}x$

11. $\int_0^3\arcsin\sqrt{\frac{x}{1+x}}\,\mathrm{d}x$

12. $\int_0^{\pi}x\,\sin^6x\cos^4x\mathrm{d}x$

13. $\int_2^4\frac{\sqrt{\ln(9-x)}}{\sqrt{\ln(9-x)}+\sqrt{\ln(x+3)}}\,\mathrm{d}x$

14. $\int_{-\frac{1}{2}}^{\frac{1}{2}}\frac{(1+x)\arcsin x}{\sqrt{1-x^2}}\,\mathrm{d}x$

15. $\int_0^1\frac{\ln(1+x)}{1+x^2}\,\mathrm{d}x$

16. $\int_{\frac{1}{\mathrm{e}}}^{\mathrm{e}}|\ln x|\mathrm{d}x$

17. $\int_0^{\pi}\frac{|\cos x|}{\cos^2x+2\sin^2x}\,\mathrm{d}x$

18. $\int_0^1 t\,|t-x|\,\mathrm{d}t$

19. 设 $f(x)=\begin{cases}x^2 & 0\leqslant x<1\\ 1 & 1\leqslant x<2\\ 4-x & 2\leqslant x<4\end{cases}$，求 $\int_0^4 f(x)\mathrm{d}x$.

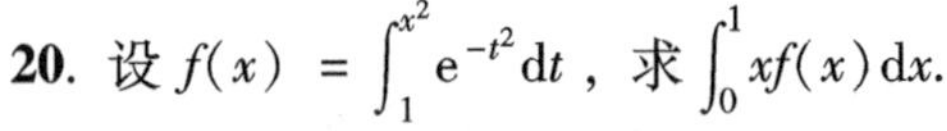

20. 设 $f(x)=\int_1^{x^2}\mathrm{e}^{-t^2}\mathrm{d}t$，求 $\int_0^1 xf(x)\mathrm{d}x$.

6.6 习题答案

习 题 6

1. 下列命题中，假命题的个数为（　　）.

（1）连续的奇函数的原函数是偶函数　　（2）连续的偶函数的原函数是奇函数

（3）连续的周期函数的原函数仍为周期函数　　（4）连续的无界函数的原函数是无界函数

A. 1个　　B. 2个　　C. 3个　　D. 4个

2. 求极限 $\lim\limits_{n\to\infty}\left(\frac{\mathrm{e}^{\frac{1}{n}}}{n^2+1}+\frac{2\mathrm{e}^{\frac{2}{n}}}{n^2+2}+\cdots+\frac{n\mathrm{e}^{\frac{n}{n}}}{n^2+n}\right)$.

3. 求极限 $\lim\limits_{x\to+\infty}\frac{\int_0^x|\sin t|\,\mathrm{d}t}{x}$.

4. 设 $f(x)$ 是定义在区间 $\left[0,\frac{\pi}{4}\right]$ 上的单调、可微函数，且满足 $\int_0^{f(x)}f^{-1}(t)\mathrm{d}t=\int_0^x t\frac{\cos t-\sin t}{\sin t+\cos t}\mathrm{d}t$，其中 $f^{-1}(x)$ 是 $f(x)$ 的反函数，求 $f(x)$.

5. 设 $f(x)$ 连续，且 $\int_0^1 tf(2x-t)\mathrm{d}t=\frac{1}{2}\arctan(x^2)$，$f(1)=1$，计算 $\int_1^2 f(x)\mathrm{d}x$.

6. 试分析 $I_1=\int_0^{\frac{\pi}{4}}\frac{\tan x}{x}\,\mathrm{d}x$，$I_2=\int_0^{\frac{\pi}{4}}\frac{x}{\tan x}\,\mathrm{d}x$，$I_3=1$ 的大小关系.

7. 设 $f(x)$ 在区间 $[0,\pi]$ 上具有连续的二阶导数，$f(\pi)=2$ 且 $\int_0^{\pi}[f(x)+f''(x)]\sin x\mathrm{d}x=5$，求 $f(0)$.

8. 当 a_1，b_1 为何值时，可使下式成立

$$\int_{-\pi}^{\pi}(x-a_1\cos x-b_1\sin x)^2\mathrm{d}x=\min_{a,b\in\mathbf{R}}\left\{\int_{-\pi}^{\pi}(x-a\cos x-b\sin x)^2\mathrm{d}x\right\}$$

9. 设 $f(x)$ 具有连续导数，$f(0)=0$，$f'(0)\neq0$，$\varphi(x)=\int_0^x(x^2-t^2)f(t)\mathrm{d}t$，且当 $x\to0$ 时，$\varphi'(x)$ 与 ax^k 是等价无穷小量，试求 a，k 的值.

10. 设$f(x)$在区间$(-\infty,+\infty)$上连续，且对任何的x，y有$f(x+y)=f(x)+f(y)$，计算$\int_{-1}^{1}(x^2+1)f(x)\mathrm{d}x$.

11. 当非零常数a，b，c为何值时，可使等式$\lim\limits_{x\to 0}\dfrac{1}{\mathrm{e}^x-bx+a}\int_0^x\dfrac{\sin t}{\sqrt{t+c}}\mathrm{d}t=1$成立？

12. 设$f(x)$连续，试证：$\int_0^x\left[\int_0^u f(t)\mathrm{d}t\right]\mathrm{d}u=\int_0^x(x-u)f(u)\mathrm{d}u$.

13. 设$f(x)$在区间$[a,b](a<b)$上连续，且$f(x)>0$，令

$$F(x)=\int_a^x f(t)\mathrm{d}t+\int_b^x\frac{1}{f(t)}\mathrm{d}t$$

(1) 试证：$F'(x)\geqslant 2$；

(2) 证明：$F(x)=0$在区间(a,b)内仅有一个实根.

14. 设$f(x)$在区间$[a,b]$上连续，在区间(a,b)内可导，$f(a)=a$，且$\int_a^b f(x)\mathrm{d}x=\frac{1}{2}(b^2-a^2)$，求证：在区间$(a,b)$内至少存在一点$\xi$，使$f(\xi)+f'(\xi)=\xi+1$.

15. 设$f(x)$在区间$[a,b]$上连续，在区间(a,b)内可导，且$f'(x)>0$，若极限$\lim\limits_{x\to a+0}\dfrac{f(2x-a)}{x-a}$存在，证明：

(1) 在区间(a,b)内，$f(x)>0$；

(2) 在区间(a,b)内存在点ξ，使

$$\frac{b^2-a^2}{\int_a^b f(x)\mathrm{d}x}=\frac{2\xi}{f(\xi)}$$

(3) 在区间(a,b)内存在与(2)中ξ相异的点η，使

$$f'(\eta)(b^2-a^2)=\frac{2\xi}{\xi-a}\int_a^b f(x)\mathrm{d}x$$

习题6答案

第7章　思维导图
7.1　思维导图

第 7 章 广义积分

对于限定在有限区间上的函数已经介绍了黎曼积分，这里自然要提出一个把积分的概念推广到无穷区间上或被积函数是无界的情形. 我们首先讨论在无穷区间上的积分问题.

7.1 在无穷区间上的积分

考虑函数 $f(x) = \dfrac{1}{1+x^2}$，它对任何 $\xi \geqslant 0$ 都在区间 $[0,\xi]$ 上连续，所以存在 $J(\xi) = \int_0^{\xi} \dfrac{\mathrm{d}x}{1+x^2} = \arctan \xi$，从而得 $\lim\limits_{\xi \to +\infty} J(\xi) = \dfrac{\pi}{2}$，这个极限就称作函数 $\dfrac{1}{1+x^2}$ 在无穷区间 $[0, +\infty)$ 上的广义积分，且记为

$$\int_0^{+\infty} \frac{\mathrm{d}x}{1+x^2} = \frac{\pi}{2}$$

这里数 $\dfrac{\pi}{2}$ 表示由函数 $y = \dfrac{1}{1+x^2}$ 的图形，$x \geqslant 0$，与坐标轴所围图形的面积（见图 7-1).

现在我们给出定义：

设函数 $f(x)$ 在区间 $[a, +\infty)$（a 是已知数）上有定义，且对任何 $\xi \geqslant a$ 在区间 $[a,\xi]$ 上可积. 如果存在极限：

$$\lim_{\xi \to +\infty} \int_a^{\xi} f(x)\,\mathrm{d}x = A$$

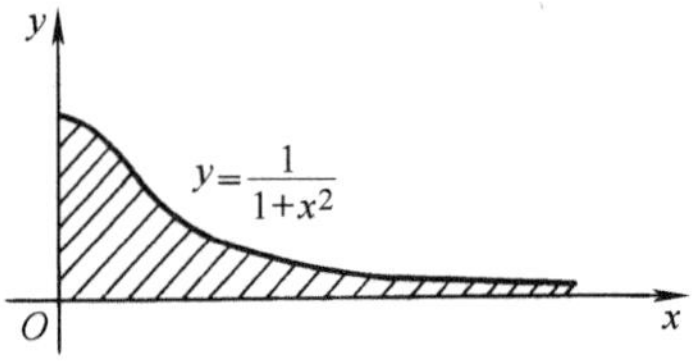

图　7-1

则称 A 为函数 $f(x)$ 在区间 $[a, +\infty)$ 上的**广义积分**，且记为 $\int_a^{+\infty} f(x)\,\mathrm{d}x = A$，而称函数 $f(x)$ 在区间 $[a, +\infty)$ 上**广义可积**. 因此，由定义知

$$\int_a^{+\infty} f(x)\,\mathrm{d}x = \lim_{\xi \to +\infty} \int_a^{\xi} f(x)\,\mathrm{d}x$$

这时，称广义积分 $\int_a^{+\infty} f(x)\,\mathrm{d}x$ 是**收敛的**.

【例 7-1】 证明广义积分 $\int_a^{+\infty} \dfrac{\mathrm{d}x}{x^p} (a > 0)$，当 $p > 1$ 时，收敛；当 $p \leqslant 1$ 时，发散.

证

$$\varphi(\xi) = \int_a^{\xi} \frac{\mathrm{d}x}{x^p} = \begin{cases} \left.\dfrac{x^{1-p}}{1-p}\right|_a^{\xi} = \dfrac{\xi^{1-p}}{1-p} - \dfrac{a^{1-p}}{1-p} & p \neq 1 \\ \left.\ln x\right|_a^{\xi} = \ln \xi - \ln a & p = 1 \end{cases}$$

当 $p>1$，$\xi\to+\infty$ 时，$\varphi(\xi)\to\frac{a^{1-p}}{p-1}$；当 $p\leqslant 1$，$\xi\to+\infty$ 时，$\varphi(\xi)\to+\infty$．因此，广义积分 $\int_a^{+\infty}\frac{\mathrm{d}x}{x^p}$，当 $p>1$ 时，收敛；当 $p\leqslant 1$ 时，发散.

类似地，可定义具有无穷下限的广义积分

$$\int_{-\infty}^{b} f(x)\,\mathrm{d}x = \lim_{\xi\to-\infty}\int_{\xi}^{b} f(x)\,\mathrm{d}x$$

说明

（1）设 $y=f(x)$，$x\in[a,+\infty)$ 连续且非负，则收敛的广义积分

$$\int_a^{+\infty} f(x)\,\mathrm{d}x$$

的值等于无限曲边梯形 $\Phi=\{(x,y)\mid a<x<+\infty,\ 0<y<f(x)\}$ 的面积.

（2）设 $f(x)$ 在 $\mathbf{R}$ 上定义，$c\in\mathbf{R}$，则

$$\int_{-\infty}^{+\infty} f(x)\,\mathrm{d}x = \int_{-\infty}^{c} f(x)\,\mathrm{d}x + \int_{c}^{+\infty} f(x)\,\mathrm{d}x$$

【例 7-2】 证明：广义积分 $J=\int_{-\infty}^{0} x\mathrm{e}^{-x^2}\mathrm{d}x$ 收敛，并求出 J 的值.

证 记 $F(\xi)=\int_{\xi}^{0} x\mathrm{e}^{-x^2}\mathrm{d}x$，则

$$F(\xi) = \frac{1}{2}\int_0^{\xi}\mathrm{e}^{-x^2}\mathrm{d}(-x^2) = \frac{1}{2}\mathrm{e}^{-x^2}\Big|_0^{\xi} = \frac{1}{2}(\mathrm{e}^{-\xi^2}-1)$$

从而

$$J = \lim_{\xi\to-\infty}F(\xi) = -\frac{1}{2}$$

利用说明（2）知

$$\int_{-\infty}^{+\infty} f(x)\,\mathrm{d}x = \lim_{\substack{\xi\to-\infty\\ \eta\to+\infty}}\int_{\xi}^{\eta} f(x)\,\mathrm{d}x$$

收敛，当且仅当 $\int_{-\infty}^{c} f(x)\,\mathrm{d}x$ 与 $\int_{c}^{+\infty} f(x)\,\mathrm{d}x$ 都收敛.

【例 7-3】 证明：广义积分 $J=\int_{-\infty}^{+\infty}\frac{1}{1+x+x^2}\mathrm{d}x$ 收敛，并求出 J 的值.

证 记 $F(\xi,\eta)=\int_{\xi}^{\eta}\frac{\mathrm{d}x}{1+x+x^2}$，则

$$F(\xi,\eta) = \int_{\xi}^{\eta}\frac{\mathrm{d}\left(x+\frac{1}{2}\right)}{\left(x+\frac{1}{2}\right)^2+\frac{3}{4}} = \frac{2}{\sqrt{3}}\arctan\frac{2x+1}{\sqrt{3}}\Big|_{\xi}^{\eta}$$

$$= \frac{2}{\sqrt{3}}\left(\arctan\frac{2\eta+1}{\sqrt{3}} - \arctan\frac{2\xi+1}{\sqrt{3}}\right)$$

因此

$$\lim_{\substack{\xi\to-\infty\\ \eta\to+\infty}}F(\xi,\eta) = \frac{2}{\sqrt{3}}\left(\frac{\pi}{2}-\left(-\frac{\pi}{2}\right)\right) = \frac{2\pi}{\sqrt{3}}，\text{即 } J=\frac{2\pi}{\sqrt{3}}$$

基本公式

(1) $\int_a^{+\infty}(\alpha f(x)+\beta g(x))\mathrm{d}x=\alpha\int_a^{+\infty}f(x)\mathrm{d}x+\beta\int_a^{+\infty}g(x)\mathrm{d}x$（等式中的各积分均收敛，$\alpha,\ \beta\in\mathbf{R}$）.

(2) 若$f(x)$，$x\in[a,+\infty)$连续且$F(x)$，$x\in[a,+\infty)$是$f(x)$的任意原函数，则

$$\int_a^{+\infty}f(x)\mathrm{d}x=F(x)\Big|_a^{+\infty}=F(+\infty)-F(a)$$

$$F(+\infty)=\lim_{x\to+\infty}F(x)$$

(3) 设$f(x)$，$x\in[a,+\infty)$连续，$\varphi(t)$，$t\in[\alpha,\beta)$连续可微，且

$$a=\varphi(\alpha)\leqslant\varphi(t)<\lim_{t\to\beta-0}\varphi(t)=+\infty$$

则

$$\int_a^{+\infty}f(x)\mathrm{d}x=\int_\alpha^\beta f(\varphi(t))\varphi'(t)\mathrm{d}t$$

(4) 若$u(x)$，$v(x)$，$x\in[\alpha,+\infty)$连续可微，且$\lim\limits_{x\to+\infty}(uv)$存在，则

$$\int_a^{+\infty}u\mathrm{d}v=uv\Big|_a^{+\infty}-\int_a^{+\infty}v\mathrm{d}u$$

$$uv\Big|_a^{+\infty}=\lim_{x\to+\infty}(uv)-u(a)v(a)$$

(5) 若$f(x)\leqslant g(x)$，$x\in[a,+\infty)$，而积分

$$\int_a^{+\infty}f(x)\mathrm{d}x\text{ 与 }\int_a^{+\infty}g(x)\mathrm{d}x$$

收敛，则

$$\int_a^{+\infty}f(x)\mathrm{d}x\leqslant\int_a^{+\infty}g(x)\mathrm{d}x$$

【例 7-4】 计算

$$\int_2^{+\infty}\left(\frac{1}{x^2-1}+\frac{2}{(x+1)^2}\right)\mathrm{d}x$$

解 利用牛顿—莱布尼茨公式得

$$\int_2^{+\infty}\left(\frac{1}{x^2-1}+\frac{2}{(x+1)^2}\right)\mathrm{d}x=\frac{1}{2}\ln\frac{x-1}{x+1}\Big|_2^{+\infty}-\frac{2}{x+1}\Big|_2^{+\infty}$$
$$=\frac{1}{2}\ln 3+\frac{2}{3}$$

【例 7-5】 计算

$$\int_{\sqrt{2}}^{+\infty}\frac{x\mathrm{d}x}{(x^2+1)^3}$$

解 令$x=\sqrt{t}$，则$\mathrm{d}x=\dfrac{\mathrm{d}t}{2\sqrt{t}}$，$\alpha=2$，$\beta=+\infty$，从而

$$\int_{\sqrt{2}}^{+\infty}\frac{x\mathrm{d}x}{(x^2+1)^3}=\frac{1}{2}\int_2^{+\infty}\frac{\mathrm{d}t}{(t+1)^3}=-\frac{1}{4}\cdot\frac{1}{(t+1)^2}\Big|_2^{+\infty}=\frac{1}{36}$$

【例 7-6】 计算$I=\displaystyle\int_1^{+\infty}\frac{\mathrm{d}}{x\sqrt{1+x^5+x^{10}}}$

解

$$I=\int_1^{+\infty}\frac{\mathrm{d}x}{x\sqrt{1+x^5+x^{10}}}\xlongequal{x=\frac{1}{t}}\int_1^0\frac{-t^4\mathrm{d}t}{\sqrt{1+t^5+t^{10}}}\xlongequal{u=t^5}\frac{1}{5}\int_0^1\frac{\mathrm{d}u}{\sqrt{u^2+u+1}}$$

$$=\frac{1}{5}\int_0^1\frac{\mathrm{d}u}{\sqrt{\left(u+\frac{1}{2}\right)^2+\frac{3}{4}}}=\frac{1}{5}\ln\left(u+\frac{1}{2}+\sqrt{u^2+u+1}\right)\bigg|_0^1$$

$$=\frac{1}{5}\ln\left(1+\frac{2}{\sqrt{3}}\right)$$

这里，利用变量代换把广义积分化为定积分.

【例 7-7】 试计算由函数 $y=\dfrac{1}{\sqrt{1+\mathrm{e}^x}}$ 的图形与坐标系正半轴所围成的无限曲边梯形的面积.

解 所求面积可表示为广义积分

$$A=\int_0^{+\infty}y\mathrm{d}x=\int_0^{+\infty}\frac{\mathrm{d}x}{\sqrt{1+\mathrm{e}^x}}$$

令 $1+\mathrm{e}^x=t^2$，$t>0$，则 $\alpha=\sqrt{2}$，$\beta=+\infty$ 且

$$\mathrm{d}x=\frac{2t\mathrm{d}t}{t^2-1},\ \frac{\mathrm{d}x}{\sqrt{1+\mathrm{e}^x}}=\frac{2\mathrm{d}t}{t^2-1}$$

$$A=\int_{\sqrt{2}}^{+\infty}\frac{2\mathrm{d}t}{t^2-1}=\ln\frac{t-1}{t+1}\bigg|_{\sqrt{2}}^{+\infty}=2\ln(1+\sqrt{2})$$

【例 7-8】 计算

$$\int_1^{+\infty}\frac{\arctan x}{x^2}\mathrm{d}x$$

解 利用分部积分法. 令

$$u=\arctan x,\ \mathrm{d}v=\frac{\mathrm{d}x}{x^2}$$

$$\mathrm{d}u=\frac{\mathrm{d}x}{x^2+1},\ v=-\frac{1}{x}$$

因而

$$\int_1^{+\infty}\frac{\arctan x}{x^2}\mathrm{d}x=-\frac{\arctan x}{x}\bigg|_1^{+\infty}+\int_1^{+\infty}\frac{\mathrm{d}x}{x(x^2+1)}$$

$$=\frac{\pi}{4}+\int_1^{+\infty}\left(\frac{1}{x}-\frac{x}{x^2+1}\right)\mathrm{d}x$$

$$=\frac{\pi}{4}+\ln\frac{x}{\sqrt{x^2+1}}\bigg|_1^{+\infty}=\frac{\pi}{4}+\frac{\ln 2}{2}$$

【例 7-9】 证明不等式

$$0<\int_2^{+\infty}\frac{\sqrt{x^3-x^2+3}}{x^5+x^2+1}\mathrm{d}x<\frac{1}{10\sqrt{2}}$$

证 当 $x\in[2,+\infty)$ 时，有

$$0 < \frac{\sqrt{x^3 - x^2 + 3}}{x^5 + x^2 + 1} < \frac{\sqrt{x^3}}{x^5} = x^{-\frac{7}{2}}$$

所以

$$0 < \int_2^{+\infty} \frac{\sqrt{x^3 - x^2 + 3}}{x^5 + x^2 + 1}\mathrm{d}x < \int_2^{+\infty} x^{\frac{-7}{2}}\mathrm{d}x$$

而

$$\int_2^{+\infty} x^{-\frac{7}{2}}\mathrm{d}x = -\frac{2}{5}x^{-\frac{5}{2}}\Big|_2^{+\infty} = \frac{2}{5}2^{-\frac{5}{2}} = \frac{1}{10\sqrt{2}}$$

故所证不等式成立.

练习

1. 计算下列积分.

(1) $\displaystyle\int_0^{+\infty} \frac{\mathrm{d}x}{\mathrm{e}^x + \sqrt{\mathrm{e}^x}}$　　(2) $\displaystyle\int_0^{+\infty} \frac{x\mathrm{e}^{\arctan x}}{(1+x^2)\sqrt{1+x^2}}\mathrm{d}x$

2. 证明不等式

$$\left|\int_0^{+\infty} \frac{\cos 4x}{x^2+4}\mathrm{d}x\right| < \frac{\pi}{4}$$

【例 7-10】

$$I = \int_1^{+\infty} 1\frac{\mathrm{d}x}{x\sqrt{x^2+2x-1}} \xlongequal{x=\frac{1}{t}} \int_0^1 \frac{\mathrm{d}t}{\sqrt{1+2t-t^2}}$$

$$= \arcsin\frac{1}{\sqrt{2}}(t-1)\Big|_0^1 = \frac{\pi}{4}$$

【例 7-11】 计算 $I = \displaystyle\int_0^{+\infty} \frac{\mathrm{d}x}{(1+x^2)(1+x^\alpha)}$ $(\alpha > 0)$

解 $I = \displaystyle\int_0^{+\infty} \frac{\mathrm{d}x}{(1+x^2)(1+x^\alpha)} = \int_0^1 \frac{\mathrm{d}x}{(1+x^2)(1+x^\alpha)} + \int_1^{+\infty} \frac{\mathrm{d}x}{(1+x^2)(1+x^\alpha)}$

对积分$\displaystyle\int_1^{+\infty} \frac{\mathrm{d}x}{(1+x^2)(1+x^\alpha)}$进行变量代换，令 $x = \dfrac{1}{t}$，则

$$\int_1^{+\infty} \frac{\mathrm{d}x}{(1+x^2)(1+x^\alpha)} = \int_1^0 \frac{-t^\alpha\mathrm{d}t}{(1+t^2)(1+t^\alpha)} = \int_0^1 \frac{x^\alpha\mathrm{d}x}{(1+x^2)(1+x^\alpha)}$$

$$I = \int_0^1 \frac{\mathrm{d}x}{(1+x^2)(1+x^\alpha)} + \int_0^1 \frac{x^\alpha\mathrm{d}x}{(1+x^2)(1+x^\alpha)} = \int_0^1 \frac{\mathrm{d}x}{1+x^2} = \arctan x\Big|_0^1 = \frac{\pi}{4}$$

【例 7-12】 当 k 为何值时，广义积分 $\displaystyle\int_2^{+\infty} \frac{\mathrm{d}x}{x(\ln x)^k}$ 收敛？并求当 k 为何值时，该广义积分取最小值.

解 $\displaystyle\int_2^{+\infty} \frac{\mathrm{d}x}{x(\ln x)^k} = \int_2^{+\infty} \frac{\mathrm{d}(\ln x)}{(\ln x)^k} \xlongequal{t=\ln x} \int_{\ln 2}^{+\infty} \frac{\mathrm{d}t}{t^k}$，因此，当 $k>1$ 时，该广义积分收敛.

当 $k>1$ 时，原式 $=\dfrac{t^{1-k}}{1-k}\Big|_{\ln 2}^{+\infty} = \dfrac{(\ln 2)^{1-k}}{k-1} = f(k)$，求原问题的最小值，就是求函数 $f(k)$

在区间(1，+∞)内的最小值.

令$f'(k)=\dfrac{(\ln 2)^{1-k}[(1-k)\ln\ln 2-1]}{(k-1)^2}=0$，得$k_0=1-\dfrac{1}{\ln\ln 2}$. 当$1<k<k_0$时，$f'(k)<0$，$f(k)$单调递减，故$f(k)>f(k_0)$；当$k>k_0$时，$f'(k)>0$，$f(k)$单调递增，故$f(k)>f(k_0)$，所以$f(k)$在点$k_0=1-\dfrac{1}{\ln\ln 2}$取得最小值$f(k_0)$，即当$k=1-\dfrac{1}{\ln\ln 2}$时，广义积分$\int_2^{+\infty}\dfrac{\mathrm{d}x}{x(\ln x)^k}$取得最小值.

7.1　习题答案

7.2　思维导图

【例 7-13】 已知$\lim\limits_{x\to+\infty}\left(\dfrac{x+c}{x-c}\right)^x=\int_{-\infty}^{c}te^{2t}\mathrm{d}t$，求$c$.

解　左式$=e^{\lim\limits_{x\to+\infty}x\ln\left(\frac{x+c}{x-c}\right)}=e^{\lim\limits_{x\to+\infty}x\left(\frac{x+c}{x-c}-1\right)}=e^{\lim\limits_{x\to+\infty}\frac{2cx}{x-c}}=e^{2c}$

$$右式=\int_{-\infty}^{c}te^{2t}\mathrm{d}t=\frac{1}{2}\int_{-\infty}^{c}t\mathrm{d}(e^{2t})=\frac{1}{2}\left[te^{2t}\Big|_{-\infty}^{c}-\int_{-\infty}^{c}e^{2t}\mathrm{d}t\right]$$

$$=\left(\frac{c}{2}-\frac{1}{4}\right)e^{2c}$$

$$e^{2c}=\left(\frac{c}{2}-\frac{1}{4}\right)e^{2c},c=\frac{5}{2}$$

7.2 在无穷区间上的积分的敛散性的判定准则

在这里，我们仅介绍常用的敛散性的判定准则，注重其应用，因而有关证明部分，全部略去，有兴趣的同学可参看其他数学分析教程.

比较原理

(1) 设$f(x)$，$g(x)$在区间$[a,+\infty)$上非负且在任何区间$[a,b]$$(b<+\infty)$上可积，若$0\leqslant f(x)\leqslant Kg(x)$，其中$K$为正常数，则当$\int_a^{+\infty}g(x)\mathrm{d}x$收敛时，$\int_a^{+\infty}f(x)\mathrm{d}x$也收敛；当$\int_a^{+\infty}f(x)\mathrm{d}x$发散时，$\int_a^{+\infty}g(x)\mathrm{d}x$也发散.

(2)

1) 设在区间$[a,+\infty)$上恒有$f(x)\geqslant 0$和$g(x)>0$，且$\lim\limits_{x\to+\infty}\dfrac{f(x)}{g(x)}=l\ (0<l<+\infty)$，则积分$\int_a^{+\infty}f(x)\mathrm{d}x$和$\int_a^{+\infty}g(x)\mathrm{d}x$同时收敛或同时发散.

2) 设在区间$[a,+\infty)$上恒有$f(x)\geqslant 0$和$g(x)\geqslant 0$，且当$x\to+\infty$时，$f(x)\sim g(x)$，则积分$\int_a^{+\infty}f(x)\mathrm{d}x$和$\int_a^{+\infty}g(x)\mathrm{d}x$同时收敛或同时发散.

【例 7-14】 研究积分

$$\int_1^{+\infty}\frac{\sin^2 3x}{\sqrt[3]{x^4+1}}\mathrm{d}x$$

的敛散性.

解　在区间$[1,+\infty)$内，有

$$0 \leqslant \frac{\sin^2 3x}{\sqrt[3]{x^4+1}} < \frac{1}{\sqrt[3]{x^4}}$$

因

$$\int_1^{+\infty} \frac{\mathrm{d}x}{\sqrt[3]{x^4}}$$

收敛，所以由比较原理(1)知所给积分收敛.

【例 7-15】 研究积分

$$\int_1^{+\infty} \frac{\mathrm{d}x}{\sqrt{4x+\ln x}}$$

的敛散性.

解 设 $f(x)=\dfrac{1}{\sqrt{4x+\ln x}}$，取 $g(x)=\dfrac{1}{\sqrt{x}}$作为比较函数.

因

$$\lim_{x\to+\infty} \frac{f(x)}{g(x)} = \lim_{x\to+\infty} \frac{\sqrt{x}}{\sqrt{4x+\ln x}} = \frac{1}{2}$$

所以由 $\displaystyle\int_1^{+\infty} \frac{\mathrm{d}x}{\sqrt{x}}$ 发散知，所给积分发散.

【例 7-16】 研究积分

$$\int_1^{+\infty} \frac{x\mathrm{d}x}{x^3+\sin x}$$

的敛散性.

解 因当 $x\to+\infty$ 时

$$\frac{x}{x^3+\sin x} \sim \frac{1}{x^2}$$

而积分

$$\int_1^{+\infty} \frac{\mathrm{d}x}{x^2}$$

收敛，所以所给积分收敛.

【例 7-17】 研究积分 $\displaystyle\int_2^{+\infty} \frac{1}{x^p \ln^q x}\mathrm{d}x$ 的敛散性，其中 p，$q\in\mathbf{R}$.

解 首先证明对任意的 $k>0$，$q\in\mathbf{R}$，有 $\displaystyle\lim_{x\to+\infty}\frac{x^k}{\ln^q x}=+\infty$ 成立，显然，当$q\leqslant 0$ 时，结论成立，当 $q>0$ 时，$\displaystyle\lim_{x\to+\infty}\frac{x^k}{\ln x}\left(\frac{\infty}{\infty}\text{型}\right)=\lim_{x\to+\infty}\frac{kx^{k-1}}{\dfrac{1}{x}}=\lim_{x\to+\infty}kx^k=+\infty$，所以，$\displaystyle\lim_{x\to+\infty}\frac{x^k}{\ln^q x}=\lim_{x\to+\infty}\left(\frac{x^{\frac{k}{q}}}{\ln x}\right)^q=+\infty$，因此，当 x 充分大时，有 $x^k>\ln^q x$. 由于此不等式对 $q\in\mathbf{R}$ 均成立，因此 $x^k>\ln^{-q}x$，故 $\ln^q x>x^{-k}$. 综上所述，对任意的 $k>0$，$q\in\mathbf{R}$，不等式 $x^{-k}<\ln^q x<x^k$ 均成立.

当 $p>1$ 时，对任意的 $q\in\mathbf{R}$，在所证不等式中取 $k=\dfrac{p-1}{2}>0$，故当 x 充分大时，有 $x^{-\frac{p-1}{2}}<\ln^q x$，即 $\dfrac{1}{x^p\ln^q x}<\dfrac{1}{x^{\frac{p+1}{2}}}$，因为 $\dfrac{p+1}{2}>1$，故积分 $\int_2^{+\infty}\dfrac{\mathrm{d}x}{x^{\frac{p+1}{2}}}$ 收敛，由比较原理可知，积分 $\int_2^{+\infty}\dfrac{1}{x^p\ln^q x}\mathrm{d}x$ 收敛.

当 $p<1$ 时，对任意的 $q\in\mathbf{R}$，在所证不等式中取 $k=\dfrac{1-p}{2}>0$，故当 x 充分大时，有 $\ln^q x<x^{\frac{1-p}{2}}$，即 $\dfrac{1}{x^p\ln^q x}>\dfrac{1}{x^{\frac{p+1}{2}}}$，因为 $\dfrac{p+1}{2}<1$，故积分 $\int_2^{+\infty}\dfrac{\mathrm{d}x}{x^{\frac{p+1}{2}}}$ 发散，由比较原理可知，积分 $\int_2^{+\infty}\dfrac{1}{x^p\ln^q x}\mathrm{d}x$ 发散.

当 $p=1$，则 $\int_2^{+\infty}\dfrac{1}{x^p\ln^q x}\mathrm{d}x=\int_2^{+\infty}\dfrac{1}{x\ln^q x}\mathrm{d}x\xlongequal{t=\ln x}\int_{\ln 2}^{+\infty}\dfrac{\mathrm{d}t}{t^q}$，此时，$q>1$ 时，积分 $\int_2^{+\infty}\dfrac{1}{x^p\ln^q x}\mathrm{d}x$ 收敛；当 $q<1$ 时，积分 $\int_2^{+\infty}\dfrac{1}{x^p\ln^q x}\mathrm{d}x$ 发散.

综上所述，当 $p>1$，$q\in\mathbf{R}$ 或 $p=1$，$q>1$ 时，积分 $\int_2^{+\infty}\dfrac{1}{x^p\ln^q x}\mathrm{d}x$ 收敛；在其余情况下，积分 $\int_2^{+\infty}\dfrac{1}{x^p\ln^q x}\mathrm{d}x$ 发散.

练习

试研究下列积分的敛散性.

(1) $\int_0^{+\infty}\dfrac{x^3+7}{x^5-x^2+2}\mathrm{d}x$　　(2) $\int_0^{+\infty}\dfrac{\sqrt{x+1}}{1+2\sqrt{x}+x^2}\mathrm{d}x$

(3) $\int_1^{+\infty}\dfrac{\arctan x}{1+x^3}\mathrm{d}x$

典型计算题1

计算下列广义积分.

1. $\int_0^{+\infty}x\mathrm{e}^{-x}\mathrm{d}x$　　**2.** $\int_{-\infty}^{+\infty}\dfrac{\mathrm{d}x}{(x^2+1)^{\frac{3}{2}}}$

3. $\int_{-\infty}^{+\infty}\dfrac{\mathrm{d}x}{x^2+2x+2}$　　**4.** $\int_0^{+\infty}\dfrac{x\mathrm{d}x}{(1+x)^3}$

5. $\int_0^{+\infty}x2^{-x}\mathrm{d}x$　　**6.** $\int_0^{+\infty}\dfrac{\mathrm{d}x}{x^2-4x+3}$

7. $\int_1^{+\infty}\dfrac{\mathrm{d}x}{x\sqrt{x^2+x+1}}$　　**8.** $\int_1^{+\infty}\dfrac{\mathrm{d}x}{x\sqrt{x^2-1}}$

9. $\int_0^{+\infty}\mathrm{e}^{-2x}\sin 5x\mathrm{d}x$　　**10.** $\int_0^{+\infty}\dfrac{\mathrm{d}x}{(\mathrm{e}^x+\mathrm{e}^{-x})^2}$

11. $\int_2^{+\infty}\dfrac{x\mathrm{d}x}{x^3-1}$　　**12.** $\int_0^{+\infty}\dfrac{\mathrm{d}x}{x^4+1}$

7.2 习题答案

13. $\int_0^{+\infty} e^{-x} x^n dx (n \in \mathbf{N}_+)$　　　　**14.** $\int_0^{+\infty} \frac{\ln x}{1+x^2} dx$

7.3 无界函数的积分

7.3　思维导图

设 $a \in \mathbf{R}$，$b \in \mathbf{R}$ 且 $a < b$，我们考虑这样的函数 $f:[a,b) \to \mathbf{R}$：

$$\forall c \in (a,b): f \in R([a,c])$$

且在区间 (c,b) 内无界，如

(1) $f(x) = \frac{1}{1-x}, x \in [0,1)$

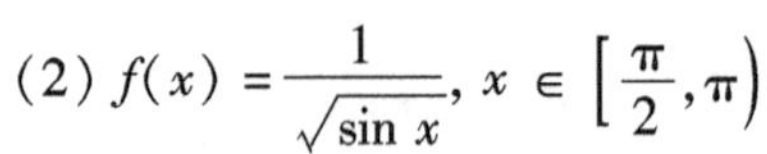

(2) $f(x) = \frac{1}{\sqrt{\sin x}}, x \in \left[\frac{\pi}{2}, \pi\right)$

对 f 在 a 的右邻域无界的情形可类似考虑.

定义 7-1　若

$$\lim_{c \to b-0} \int_a^c f(x) dx \tag{7-1}$$

存在，则称这个极限为 $f(x)$ 在区间 $[a,b)$ 上的**广义积分**，且记为

$$\int_a^b f(x) dx \tag{7-2}$$

同时，也称广义积分(7-2)收敛. 若极限(7-1)是无穷大或不存在，则称广义积分(7-2)发散.

【例 7-18】　广义积分

$$\int_0^1 \ln x dx$$

是收敛的.

事实上，应当利用广义积分的下述定义：

$$\int_a^b f(x) dx = \lim_{c \to a+0} \int_c^b f(x) dx$$

故这里有

$$\int_0^1 \ln x dx = \lim_{c \to 0+0} \int_c^1 \ln x dx = \lim_{c \to 0+0} (x \ln x - x) \Big|_c^1$$
$$= \lim_{c \to 0+0} (c - c \ln c - 1) = -1$$

【例 7-19】　讨论广义积分 $\int_0^1 \frac{1}{x^p} dx$ 的敛散性（$p \in \mathbf{R}$）.

解　当 $p \neq 1$ 时，

$$\int_0^1 \frac{1}{x^p} dx = \lim_{c \to 0+0} \frac{x^{-p+1}}{1-p} \Big|_c^1 = \lim_{c \to 0+0} \frac{1-c^{1-p}}{1-p} = \begin{cases} -\infty & p > 1 \\ \frac{1}{1-p} & p < 1 \end{cases}$$

当 $p = 1$ 时，

$$\int_0^1 \frac{1}{x^p} dx = \int_0^1 \frac{1}{x} dx = \lim_{c \to 0+0} \ln x \Big|_c^1 = -\lim_{c \to 0+0} \ln c = +\infty$$

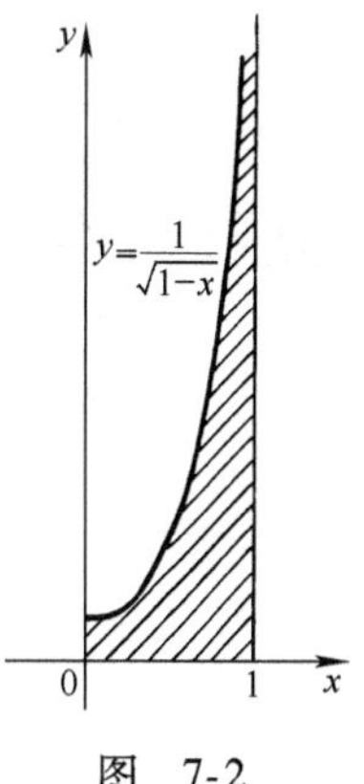

图 7-2

因此，当 $p<1$ 时，广义积分 $\int_0^1 \frac{1}{x^p}\,\mathrm{d}x$ 收敛于 $\frac{1}{1-p}$；当 $p\geqslant 1$ 时，广义积分 $\int_0^1 \frac{1}{x^p}\,\mathrm{d}x$ 发散.

说明

(1) 若 $f(x)\geqslant 0$，广义积分(7-2)的几何解释：表示无界曲边梯形 $\Phi=\{(x,y)\mid a<x<b,\ 0<y<f(x)\}$ 的面积（见图 7-2）. 其中，$f(x)=\frac{1}{\sqrt{1-x}}$，$a=0$，$b=1$.

(2) 若 $f(x)$ 在区间 $[a,c)$ 与 $(c,b]$ 上广义可积，则 $f(x)$ 在区间 $[a,b]$ 上广义可积.

练习

1. 研究下列积分的敛散性.

(1) $\int_0^1 \frac{\mathrm{d}x}{\sqrt{1-x^2}}$　　(2) $\int_{-1}^1 \frac{\arccos x}{\sqrt{1-x^2}}\,\mathrm{d}x$

基本公式

(1) $\int_a^b (\alpha f(x)+\beta g(x))\,\mathrm{d}x=\alpha\int_a^b f(x)\,\mathrm{d}x+\beta\int_a^b g(x)\,\mathrm{d}x$（积分均收敛）.

(2) 若 $f(x)$，$x\in[a,b)$ 连续且 $F(x)$，$x\in[a,b)$ 是 $f(x)$ 任何一个原函数，则

$$\int_a^b f(x)\,\mathrm{d}x=F(x)\Big|_a^{b-0}=F(b-0)-F(a)$$

其中

$$F(b-0)=\lim_{x\to b-0}F(x)$$

(3) 设 $f(x)$，$x\in[a,b)$ 连续，而 $\varphi(t)$，$t\in(\alpha,\beta)$ 连续可微，并且

$$a=\varphi(\alpha)\leqslant\varphi(t)<\lim_{t\to\beta-0}\varphi(t)=b$$

则

$$\int_a^b f(x)\,\mathrm{d}x=\int_\alpha^\beta f(\varphi(t))\varphi'(t)\,\mathrm{d}t$$

(4) 若 $u(x)$，$x\in[a,b)$，$v(x)$，$x\in[a,b)$ 连续可微，且 $\lim\limits_{x\to b-0}(uv)$ 存在，则

$$\int_a^b u\,\mathrm{d}v=uv\Big|_a^b-\int_a^b v\,\mathrm{d}u$$

其中

$$uv\Big|_a^b=\lim_{x\to b-0}(uv)-u(a)v(a)$$

(5) 设当 $x\in[a,b)$ 时，$f(x)\leqslant g(x)$，$\int_a^b f(x)\,\mathrm{d}x$，$\int_a^b g(x)\,\mathrm{d}x$ 均收敛，则

$$\int_a^b f(x)\,\mathrm{d}x\leqslant\int_a^b g(x)\,\mathrm{d}x$$

【例 7-20】 计算

$$\int_0^1 \frac{(\sqrt[6]{x}+1)^2}{\sqrt{x}}\mathrm{d}x$$

解 $\int_0^1 \frac{(\sqrt[6]{x}+1)^2}{\sqrt{x}}\mathrm{d}x = \int_0^1 \frac{\mathrm{d}x}{\sqrt[6]{x}} + 2\int_0^1 \frac{\mathrm{d}x}{\sqrt[3]{x}} + \int_0^1 \frac{\mathrm{d}x}{\sqrt{x}}$

因

$$\int_0^1 \frac{\mathrm{d}x}{\sqrt[6]{x}} = \frac{6}{5}\sqrt[6]{x^5}\Big|_{+0}^1 = \frac{6}{5},\ \int_0^1 \frac{\mathrm{d}x}{\sqrt[3]{x}} = \frac{3}{2}\sqrt[3]{x^2}\Big|_{+0}^1 = \frac{3}{2}$$

$$\int_0^1 \frac{\mathrm{d}x}{\sqrt{x}} = 2\sqrt{x}\Big|_{+0}^1 = 2$$

所以

$$\int_0^1 \frac{(\sqrt[6]{x}+1)^2}{\sqrt{x}}\mathrm{d}x = \frac{6}{5}+3+2 = \frac{31}{5}$$

【例 7-21】 计算

$$\int_0^1 \frac{\mathrm{d}x}{(2-x)\sqrt{1-x}}$$

解 令 $1-x=t^2$，$t>0$，则 $x=1-t^2$，$\mathrm{d}x=-2t\mathrm{d}t$ 且新的积分限 $\alpha=1$，$\beta=0$，因此

$$\int_0^1 \frac{\mathrm{d}x}{(2-x)\sqrt{1-x}} = -2\int_1^0 \frac{t\mathrm{d}t}{t(t^2+1)} = 2\int_0^1 \frac{\mathrm{d}t}{t^2+1}$$

$$= 2\arctan t\Big|_0^1 = \frac{\pi}{2}$$

这里，利用变量代换把广义积分化为定积分.

【例 7-22】 计算

$$\int_0^1 \frac{\ln x}{\sqrt{x}}\mathrm{d}x$$

解 利用分部积分法，得

$$\int_0^1 \frac{\ln x}{\sqrt{x}}\mathrm{d}x = 2\sqrt{x}\ln x\Big|_{+0}^1 - 2\int_0^1 \frac{\mathrm{d}x}{\sqrt{x}}$$

$$= -2\lim_{x\to+0}\sqrt{x}\ln x - 4\sqrt{x}\Big|_{+0}^1 = -4$$

【例 7-23】 试求由横坐标轴上的线段 $\left[0,\frac{\pi}{2}\right]$，函数 $y=\frac{\sin^3 x}{\sqrt[5]{\cos^3 x}}$ 的图形及其渐近线所围成的无界曲边梯形的面积.

解
$$A = \int_0^{\frac{\pi}{2}} y\mathrm{d}x = \int_0^{\frac{\pi}{2}} \frac{\sin^3 x}{\sqrt[5]{\cos^3 x}}\mathrm{d}x$$

令 $\cos x = t$，则 $\mathrm{d}x = -\frac{\mathrm{d}t}{\sin x}$，且有 $\alpha=1$，$\beta=0$，从而

$$A = -\int_1^0 \frac{(1-t^2)\mathrm{d}t}{\sqrt[5]{t^3}} = \int_0^1 \left(t^{\frac{-3}{5}} - t^{\frac{7}{5}}\right)\mathrm{d}t$$

$$= \left(\frac{5}{2}t^{\frac{2}{5}} - \frac{5}{12}t^{\frac{12}{5}}\right)\Big|_0^1 = \frac{25}{12}$$

【例7-24】 计算

$$\int_a^b \frac{\mathrm{d}x}{\sqrt{(x-a)(b-x)}},\ a,\ b\in\mathbf{R},\ b>a$$

解 被积函数在 $x=a$ 及 $x=b$ 的邻域内均无界. 令

$$x = a\cos^2 t + b\sin^2 t,\ t\in\left(0,\frac{\pi}{2}\right)$$

可将这个广义积分化为定积分.

事实上，$\alpha=0$，$\beta=\frac{\pi}{2}$，且

$$x-a=(b-a)\cdot\sin^2 t, b-x=(b-a)\cos^2 t$$

$$\mathrm{d}x = 2(b-a)\sin t\cos t\,\mathrm{d}t$$

最后得

$$\int_a^b \frac{\mathrm{d}x}{\sqrt{(x-a)(b-x)}} = 2\int_0^{\frac{\pi}{2}}\mathrm{d}t = \pi$$

【例7-25】 计算广义积分 $J=\int_0^{\frac{\pi}{2}}\ln\sin x\,\mathrm{d}x$.

解 被积函数在 $x=0$ 处的邻域内无界. 我们先证明这个广义积分是收敛的.

令 $u=\ln\sin x$，$\mathrm{d}v=\mathrm{d}x$，则 $\mathrm{d}u=\frac{\cos x}{\sin x}\mathrm{d}x$，$v=x$.

$$\begin{aligned}\int_0^{\frac{\pi}{2}}\ln\sin x\,\mathrm{d}x &= x\ln\sin x\Big|_{+0}^{\frac{\pi}{2}} - \int_0^{\frac{\pi}{2}}x\cot x\,\mathrm{d}x\\ &= -\lim_{x\to+0}(x\ln\sin x) - \int_0^{\frac{\pi}{2}}x\cot x\,\mathrm{d}x\\ &= -\int_0^{\frac{\pi}{2}}x\cot x\,\mathrm{d}x\end{aligned}$$

因 $x\cot x$ 在区间 $\left[0,\frac{\pi}{2}\right]$ 上有界，故 $\int_0^{\frac{\pi}{2}}x\cot x\,\mathrm{d}x$ 存在，从而原积分也存在.

$$J=\int_0^{\frac{\pi}{2}}\ln\sin x\,\mathrm{d}x = \int_0^{\frac{\pi}{4}}\ln\sin x\,\mathrm{d}x + \int_{\frac{\pi}{4}}^{\frac{\pi}{2}}\ln\sin x\,\mathrm{d}x$$

对积分 $\int_{\frac{\pi}{4}}^{\frac{\pi}{2}}\ln\sin x\,\mathrm{d}x$ 进行变量代换，令 $\frac{\pi}{2}-x=t$，则

$$\int_{\frac{\pi}{4}}^{\frac{\pi}{2}}\ln\sin x\,\mathrm{d}x = -\int_{\frac{\pi}{4}}^{0}\ln\sin\left(\frac{\pi}{2}-t\right)\mathrm{d}t = \int_0^{\frac{\pi}{4}}\ln\cos t\,\mathrm{d}t$$

$$\begin{aligned}J &= \int_0^{\frac{\pi}{4}}\ln\sin x\mathrm{d}x + \int_0^{\frac{\pi}{4}}\ln\cos x\mathrm{d}x = \int_0^{\frac{\pi}{4}}\ln(\sin x\cos x)\mathrm{d}x = \int_0^{\frac{\pi}{4}}\ln\left(\frac{1}{2}\sin 2x\right)\mathrm{d}x\\ &= \int_0^{\frac{\pi}{4}}\ln\sin 2x\mathrm{d}x - \frac{\pi}{4}\ln 2 \xlongequal{2x=u} \frac{1}{2}\int_0^{\frac{\pi}{2}}\ln\sin u\mathrm{d}u - \frac{\pi}{4}\ln 2 = \frac{1}{2}J - \frac{\pi}{4}\ln 2\end{aligned}$$

所以，$J=-\frac{\pi}{2}\ln 2$.

练习

2. 计算下列积分.

(1) $\int_0^1 \frac{x^2\arcsin x}{\sqrt{1-x^2}}\mathrm{d}x$　　(2) $\int_0^{\pi} x\ln\sin x\mathrm{d}x$

(3) $\int_0^1 \frac{\arcsin\sqrt{x}}{\sqrt{1-x}}\mathrm{d}x$

3. 试证不等式

$$\frac{\pi}{10} < \int_0^2 \frac{\mathrm{d}x}{(4+\sqrt{\sin x})\sqrt{4-x^2}} < \frac{\pi}{8}$$

7.3　习题答案

7.4　思维导图

7.4　无界函数的积分敛散性的判定准则

比较原理

(1) 设 $f(x)$, $g(x)$ 在区间 $[a,b)$ 上非负且在任何区间 $[a,\xi]$ $(a<\xi<b)$ 上可积，若 $0\leqslant f(x)\leqslant Kg(x)$，其中 K 为正常数，则当 $\int_a^b g(x)\mathrm{d}x$ 收敛时，$\int_a^b f(x)\mathrm{d}x$ 也收敛；当 $\int_a^b f(x)\mathrm{d}x$ 发散时，$\int_a^b g(x)\mathrm{d}x$ 也发散.

(2)

1) 设在区间 $[a,b)$ 上恒有 $f(x)\geqslant 0$ 和 $g(x)>0$，且 $\lim\limits_{x\to b-0}\frac{f(x)}{g(x)}=l\,(0<l<+\infty)$，则积分 $\int_a^b f(x)\mathrm{d}x$ 和 $\int_a^b g(x)\mathrm{d}x$ 同时收敛或同时发散.

2) 设在区间 $[a,b)$ 上恒有 $f(x)\geqslant 0$ 和 $g(x)\geqslant 0$，且当 $x\to b-0$ 时，$f(x)\sim g(x)$，则积分 $\int_a^b f(x)\mathrm{d}x$ 和 $\int_a^b g(x)\mathrm{d}x$ 同时收敛或同时发散.

【例 7-26】 研究积分

$$\int_0^1 \frac{\cos^2\left(\frac{1}{x}\right)}{\sqrt{x}}\mathrm{d}x$$

的敛散性.

解 在区间 $(0,1)$ 内有 $0\leqslant\frac{\cos^2\left(\frac{1}{x}\right)}{\sqrt{x}}\leqslant\frac{1}{\sqrt{x}}$，由于 $\int_0^1\frac{1}{\sqrt{x}}\mathrm{d}x$ 收敛，所以根据比较原理 (1) 知，积分 $\int_0^1\frac{\cos^2\left(\frac{1}{x}\right)}{\sqrt{x}}\mathrm{d}x$ 收敛.

【例 7-27】 研究 $\int_0^1\frac{\mathrm{d}x}{1-x^3}$ 的敛散性.

解 函数 $f(x)=\frac{1}{1-x^3}$ 在 $x=1$ 的左邻域无界，取 $g(x)=\frac{1}{1-x}$ 作为比较函数，因

$$\lim_{x\to 1-0}\frac{f(x)}{g(x)}=\lim_{x\to 1}\frac{1-x}{1-x^3}=\lim_{x\to 1}\frac{1}{1+x+x^2}=\frac{1}{3}$$

所以，由

$$\int_0^1\frac{dx}{1-x}=\int_0^1\frac{dt}{t}$$

发散及比较原理（2）知，所给积分发散.

【例 7-28】 研究

$$\int_0^1\frac{\ln(1+\sqrt[3]{x^2})}{\sqrt{x}\sin\sqrt{x}}dx$$

的敛散性.

解 因当 $x\to +0$ 时

$$\frac{\ln(1+\sqrt[3]{x^2})}{\sqrt{x}\sin\sqrt{x}}\sim\frac{\sqrt[3]{x^2}}{x}=\frac{1}{\sqrt[3]{x}}$$

而

$$\int_0^1\frac{dx}{\sqrt[3]{x}}$$

收敛，所以所给积分收敛.

【例 7-29】 研究

$$\int_0^1\frac{|\ln x|}{x^\alpha}dx,\ \alpha\in\mathbf{R}$$

的敛散性.

解 首先考虑 $\alpha<1$，令 $\varepsilon=1-\alpha$，$\varepsilon>0$. 把被积函数表示为

$$\frac{|\ln x|}{x^\alpha}=\frac{|\ln x|}{x^{1-\varepsilon}}=\frac{x^{\frac{\varepsilon}{2}}|\ln x|}{x^{1-\frac{\varepsilon}{2}}}$$

因当 $x\to +0$ 时，$x^{\frac{\varepsilon}{2}}|\ln x|\to 0$，所以存在 x_0，使对所有的 $x\in(0,x_0)$ 有

$$x^{\frac{\varepsilon}{2}}|\ln x|<1$$

因此，得

$$\frac{|\ln x|}{x^\alpha}<\frac{1}{x^{1-\frac{\varepsilon}{2}}},\ x\in(0,x_0)$$

由于 $\int_0^{x_0}\frac{dx}{x^{1-\frac{\varepsilon}{2}}}$ 收敛，故由比较原理（1），知 $\int_0^{x_0}\frac{|\ln x|}{x^\alpha}dx$ 收敛，所以，根据

$$\int_0^1\frac{|\ln x|}{x^\alpha}dx=\int_0^{x_0}\frac{|\ln x|}{x^\alpha}dx+\int_{x_0}^1\frac{|\ln x|}{x^\alpha}dx$$

知原积分收敛（$\alpha<1$）.

现在假设 $\alpha\geqslant 1$，这种情况下，对所有 $x\in\left(0,\ \frac{1}{e}\right)$，有 $|\ln x|>1$，因而有

$$\frac{|\ln x|}{x^\alpha}>\frac{1}{x^\alpha}$$

运用比较原理（2）知 $\int_0^{\frac{1}{e}} \frac{|\ln x|}{x^\alpha}dx$ 发散，从而积分 $\int_0^1 \frac{|\ln x|}{x^\alpha}dx$ 发散.

练习

试研究下列积分的敛散性.

(1) $\int_0^1 \frac{1}{\sqrt{x}+\arctan x}dx$　　(2) $\int_0^1 \frac{\arcsin(x^2+x^3)}{x\ln^2(1+x)}dx$　　(3) $\int_0^{\frac{\pi}{2}} \frac{1-\cos x}{x^p}dx$

典型计算题 2

计算下列广义积分.

1. $\int_0^1 \frac{x}{\sqrt{1-x^2}}dx$　　**2.** $\int_1^e \frac{1}{x\sqrt{1-\ln^2 x}}dx$

3. $\int_{-1}^1 \frac{1}{(4-x)\sqrt{1-x^2}}dx$　　**4.** $\int_0^{\frac{\pi}{2}} \frac{1}{\sqrt{\tan x}}dx$

7.4　习题答案

5. $\int_1^2 \frac{dx}{x\sqrt{3x^2-2x-1}}$　　**6.** $\int_0^{\frac{\pi}{2}} \ln\cos x dx$

7. $\int_0^1 \frac{1}{\sqrt{x(x+2)}}dx$　　**8.** $\int_a^b x\sqrt{\frac{x-a}{b-x}}dx$

9. $\int_0^1 \frac{\ln x}{\sqrt{1-x^2}}dx$　　**10.** $\int_0^2 \left(x\sin\frac{\pi}{x^2}-\frac{\pi}{x}\cos\frac{\pi}{x^2}\right)dx$

11. $\int_a^b \frac{x}{\sqrt{(x-a)(b-x)}}dx$　　**12.** $\int_0^{\frac{\pi}{4}} \frac{\sin x+\cos x}{(\sin x-\cos x)^{1/5}}dx$

13. $\int_0^1 \frac{dx}{\sqrt{(1-x^2)\arcsin x}}$　　**14.** $\int_{\frac{1}{2}}^{\frac{3}{2}} \frac{dx}{\sqrt{|x-x^2|}}$

习　题　7

判别下列广义积分的敛散性.

1. $\int_{-\infty}^{+\infty} xe^{-x^2}dx$　　**2.** $\int_0^{+\infty} \frac{dx}{x^2+2x-1}$

3. $\int_1^2 \frac{xdx}{\sqrt{x-1}}$　　**4.** $\int_1^3 \frac{dx}{x\ln x}$

习题 7 答案

第8章　思维导图
8.1　思维导图

第 8 章　定积分的应用

在几何学、物理学及许多工程技术的实际应用中，有很多问题与曲边梯形的面积，变速直线运动的路程的计算一样，都要用定积分来度量.

我们知道，对于$f(x)\in C([a,b])$，存在其原函数$\Phi(x)=\int_a^x f(t)\,\mathrm{d}t$，且$\Phi'(x)=f(x)$，即$\mathrm{d}\Phi=f(x)\mathrm{d}x$. 设区间$[a,b]$上的子区间$[x,x+\Delta x]$上所对应的部分量$\Delta\Phi=f(x)\Delta x\approx\mathrm{d}\Phi$，因而$\Delta\Phi-\mathrm{d}\Phi=o(\Delta x)$，即

$$\lim_{\Delta x\to 0}\frac{\Delta\Phi-\mathrm{d}\Phi}{\Delta x}=0$$

我们称$\Delta\Phi$的近似值$\mathrm{d}\Phi=f(x)\mathrm{d}x$为$\Phi$的积分元素.

在解决一个具体问题时，选定积分变量与积分区间，求出所求量Φ的积分元素$\mathrm{d}\Phi=f(x)\mathrm{d}x$，再直接计算$\int_a^b f(x)\,\mathrm{d}x$的方法，通常称作微元法，在下面讨论的某些问题中，我们将用微元法阐述定积分的应用.

8.1　平面图形的面积计算

我们在前面已经讲过曲边梯形的面积，下面分几种情形进行讨论.

8.1.1　边界曲线方程为直角坐标方程

(1) 设$y=y(x)$在区间$[a,b]$上连续且非负，则由$y=y(x)$的图像，x轴上的线段$[a,b]$及直线$x=a$，$x=b$围成的曲边梯形的面积等于

$$A=\int_a^b y(x)\,\mathrm{d}x$$

(2) 设$y=y_1(x)$和$y=y_2(x)$在区间$[a,b]$上连续且$y_2(x)\geqslant y_1(x)$，$x\in[a,b]$（见图8-1），则由$y_1(x)$及$y_2(x)$的图像与$x=a$，$x=b$所围成的平面图形的面积等于

$$A=\int_a^b (y_2(x)-y_1(x))\,\mathrm{d}x \tag{8-1}$$

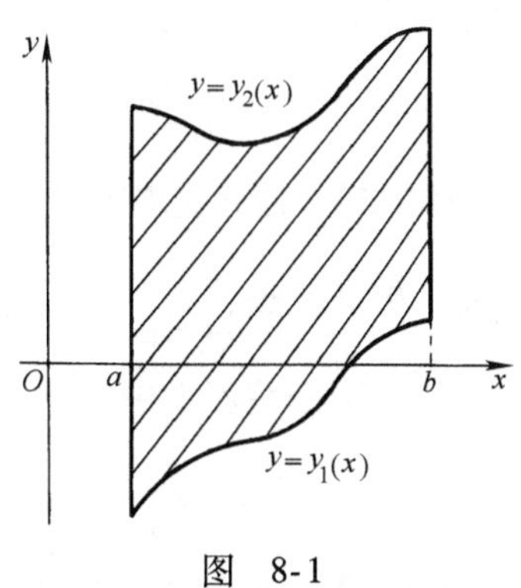

图　8-1

练习

1. 试画图说明下列定积分应表示什么样的平面图形的面积.

(1) $A=\int_c^d x(y)\,\mathrm{d}y$

其中，$x=x(y)\in C([c,b])$且$\forall y\in[c,d]:x(y)\geqslant 0$.

(2) $A=\int_c^d(x_2(y)-x_1(y))\mathrm{d}y$

其中，$\{x_1(y),\ x_2(y)\}\subset C\{[c,d]\}$且$\forall y\in[c,d]:x_2(y)\geqslant x_1(y)$.

【例 8-1】 求由椭圆：$\dfrac{x^2}{a^2}+\dfrac{y^2}{b^2}=1$ 所围成的平面图形的面积（见图 8-2）.

解 设σ为椭圆与x轴，y轴在第一象限所围的图形，则所求面积$A=4\sigma$. 由于

$$\sigma=b\int_0^a\sqrt{1-\frac{x^2}{a^2}}\,\mathrm{d}x=ab\int_0^1\sqrt{1-t^2}\,\mathrm{d}t=\frac{1}{4}\pi ab$$

$$A=\pi ab$$

【例 8-2】 求由抛物线 $y=6x-x^2$ 与直线 $y=x+4$ 所围成的图形的面积（见图 8-3）.

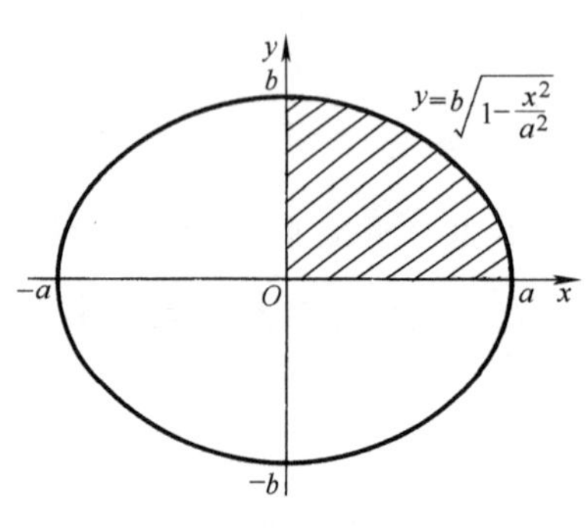

图　8-2

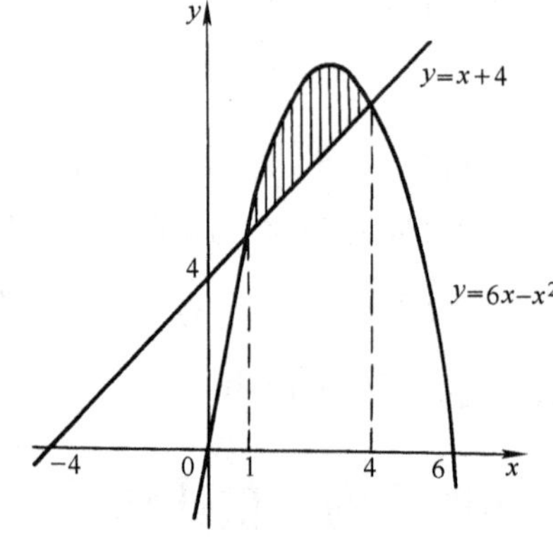

图　8-3

解 解方程组$\begin{cases}y=6x-x^2\\y=x+4\end{cases}$得 $x_1=1$，$x_2=4$ 是抛物线 $y=6x-x^2$ 与直线 $y=x+4$ 交点的横坐标，利用式（8-1）得所求面积.

$$A=\int_1^4[(6x-x^2)-(x+4)]\mathrm{d}x=\left(\frac{5}{2}x^2-\frac{x^3}{3}-4x\right)\Big|_1^4=\frac{9}{2}$$

【例 8-3】 求由抛物线 $2y^2=1-x$ 与直线 $y=x$ 所围成的平面图形的面积（见图 8-4）.

解 解方程组$\begin{cases}2y^2=1-x\\y=x\end{cases}$得交点坐标$B\left(\dfrac{1}{2},\ \dfrac{1}{2}\right)$与$C(-1,\ -1)$. 取$y$为积分变量计算较为方便，利用练习 1 中（2）的计算式得

$$A=\int_{-1}^{\frac{1}{2}}[(1-2y^2)-y]\mathrm{d}y=\left(y-\frac{2}{3}y^3-\frac{y^2}{2}\right)\Big|_{-1}^{\frac{1}{2}}=\frac{9}{8}$$

【例 8-4】 过椭圆

$$\frac{x^2}{a^2}+\frac{y^2}{b^2}=1$$

上的一点$\left(\dfrac{a}{2},\ \dfrac{\sqrt{3}}{2}b\right)$引切线，试求曲边三角形 ABC 的面积（见图 8-5）.

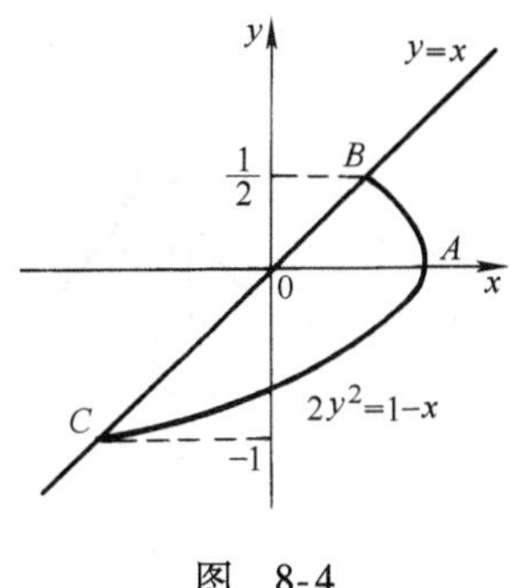

图　8-4

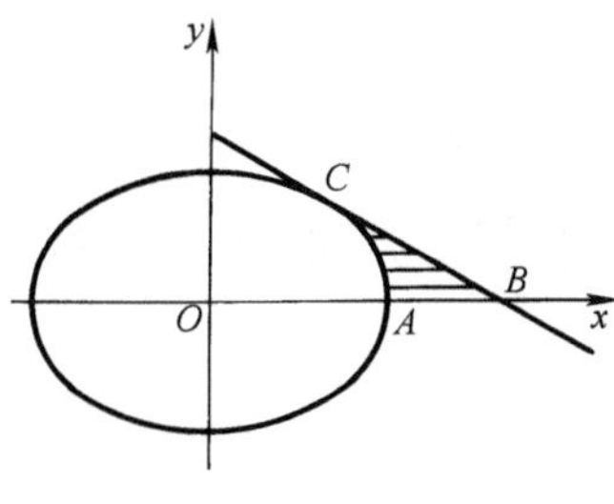

图　8-5

解　设 $x=x_1(y)$ 表示弧段 AC，$x=x_2(y)$ 表示线段 BC，曲边三角形 ABC 的面积记为 A，则

$$x = x_1(y) = a\sqrt{1-\frac{y^2}{b^2}}$$

$$x = x_2(y) = a\left(2-\frac{y\sqrt{3}}{b}\right),\ 0 \leqslant y \leqslant \frac{\sqrt{3}}{2}b$$

$$A = \int_0^{\frac{\sqrt{3}}{2}b}(x_2(y)-x_1(y))\mathrm{d}y$$

由

$$J_2 = \int_0^{\frac{\sqrt{3}b}{2}} x_2(y)\mathrm{d}y = \frac{5\sqrt{3}}{8}ab$$

$$J_1 = \int_0^{\frac{\sqrt{3}b}{2}} x_1(y)\mathrm{d}y = \left|\begin{matrix} y = b\sin t & \mathrm{d}y = b\cos t\mathrm{d}t \\ x = a\cos t & 0 \leqslant t \leqslant \frac{\pi}{3}\end{matrix}\right|$$

$$= ab\int_0^{\frac{\pi}{3}}\cos^2 t\mathrm{d}t = \left(\frac{\pi}{6}+\frac{\sqrt{3}}{8}\right)ab$$

得

$$A = J_2 - J_1 = \frac{ab}{6}(3\sqrt{3}-\pi)$$

如果 $y = y(x)$ 由参数方程给定，即

$$x=x(t),\ y=y(t),\ t\in[\alpha,\beta]$$

其中，$x(t)$ 在区间 $[\alpha,\beta]$ 上具有连续且非负的导数 $x'(t)$，$x(\alpha)=a$，$x(\beta)=b$，$y(t)$ 在区间 $[\alpha,\beta]$ 上连续且非负，则

$$\int_\alpha^\beta y(t)x'(t)\mathrm{d}t$$

为由已知曲线，x 轴及直线 $x=x(t_1)$，$x=x(t_2)$ 所围成的曲边梯形的面积.

【例 8-5】　试求由曲线

$$\left(\frac{x}{a}\right)^{\frac{2}{3}}+\left(\frac{y}{b}\right)^{\frac{2}{3}}=1$$

所围成图形的面积.

解　已知曲线关于 x 轴及 y 轴对称，故只需要计算在第一象限内的图形面积（见图

8-6)，即曲边三角形 OAB 的面积即可.

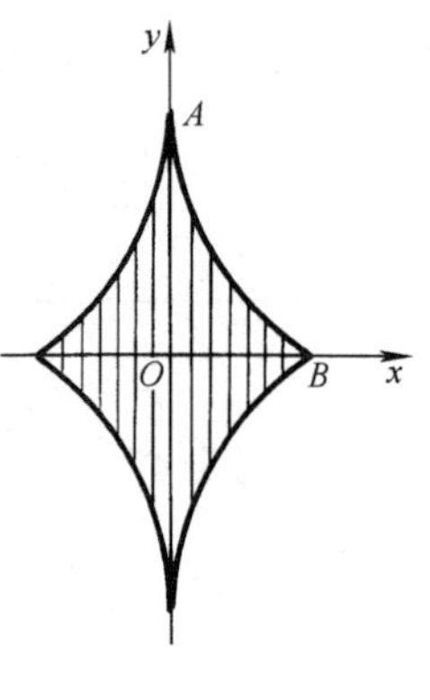

图　8-6

设

$$x=a\sin^3 t,\ y=b\cos^3 t,\ 0\leqslant t\leqslant 2\pi$$

则 $x(0)=0$，$x\left(\frac{\pi}{2}\right)=a$. 曲边三角形 OAB 的面积

$$A=\int_0^{\frac{\pi}{2}} y(t)x'(t)\,\mathrm{d}t$$

利用分部积分法，得

$$A=y(t)x(t)\Big|_0^{\frac{\pi}{2}}-\int_0^{\frac{\pi}{2}} x(t)y'(t)\,\mathrm{d}t=-\int_0^{\frac{\pi}{2}} x(t)y'(t)\,\mathrm{d}t$$

故

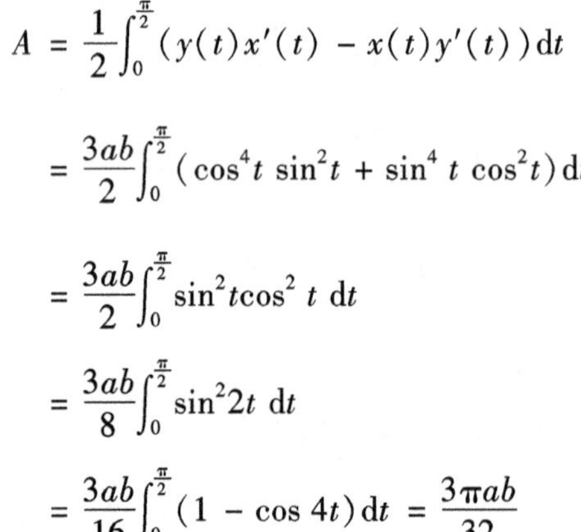

$$\begin{aligned}A&=\frac{1}{2}\int_0^{\frac{\pi}{2}}(y(t)x'(t)-x(t)y'(t))\,\mathrm{d}t\\&=\frac{3ab}{2}\int_0^{\frac{\pi}{2}}(\cos^4 t\sin^2 t+\sin^4 t\cos^2 t)\,\mathrm{d}t\\&=\frac{3ab}{2}\int_0^{\frac{\pi}{2}}\sin^2 t\cos^2 t\,\mathrm{d}t\\&=\frac{3ab}{8}\int_0^{\frac{\pi}{2}}\sin^2 2t\,\mathrm{d}t\\&=\frac{3ab}{16}\int_0^{\frac{\pi}{2}}(1-\cos 4t)\,\mathrm{d}t=\frac{3\pi ab}{32}\end{aligned}$$

从而所求图形的面积等于$\frac{3\pi ab}{8}$.

【例 8-6】 试求由曲线

$$x=a\sin t\cos^2 t,\ y=a\cos t\sin^2 t,\ 0\leqslant t\leqslant\frac{\pi}{2}$$

所围成的平面图形的面积（见图 8-7）.

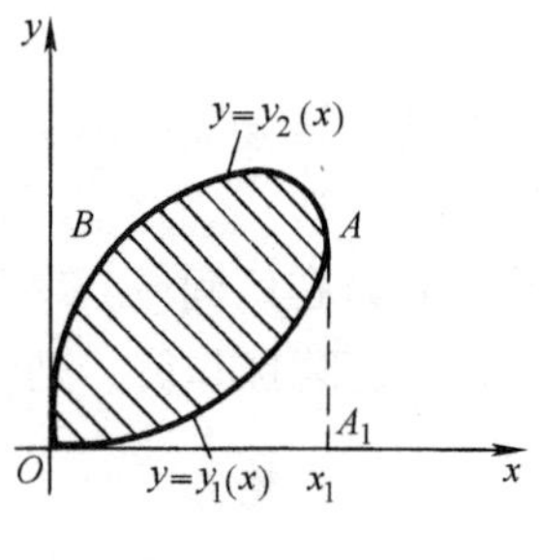

图　8-7

解　设当 $t=t_1\in\left(0,\ \frac{\pi}{2}\right)$时

$$x(t)=a\sin t\cos^2 t$$

有最大值 x_1，则所求图形的面积

$$A=\int_{\frac{\pi}{2}}^{t_1} y(t)x'(t)\,\mathrm{d}t-\int_0^{t_1} y(t)x'(t)\,\mathrm{d}t$$

即

$$A=-\int_0^{\frac{\pi}{2}} y(t)x'(t)\,\mathrm{d}t$$

类似于例 8-4，可将 A 表示成

$$A=\frac{1}{2}\int_0^{\frac{\pi}{2}}[x(t)y'(t)-y(t)x'(t)]\,\mathrm{d}t$$

利用此公式来计算本题相当简便.

$$A=\frac{a^2}{2}\int_0^{\frac{\pi}{2}}[\sin t\cos^2 t(2\sin t\cos^2 t-\sin^3 t)-\cos t\sin^2 t(\cos^3 t-2\sin^2 t\cos t)]\mathrm{d}t$$

$$=\frac{a^2}{2}\int_0^{\frac{\pi}{2}}\sin^2 t\cos^2 t\mathrm{d}t=\frac{\pi a^2}{32}$$

8.1.2　边界曲线方程为极坐标方程

设 $\rho=\rho(\theta)$，$\theta\in[\alpha,\beta]$，$0<\beta-\alpha\leqslant 2\pi$，在区间 $[\alpha,\beta]$ 上连续且非负，求在极坐标系中函数 $\rho(\theta)$ 的图形与射线 $\theta=\alpha$，$\theta=\beta$ 所围成的平面图形 G 的面积（见图 8-8）.

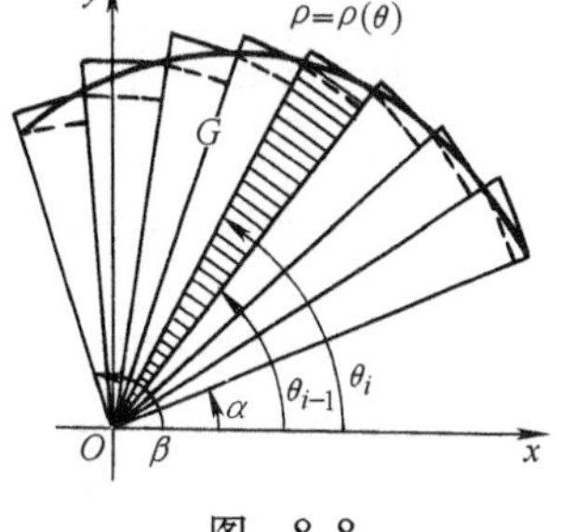

由于 $\rho(\theta)$ 是 θ 的连续函数，所以当 θ 微小变化时，ρ 变化微小，从而在区间 $[\alpha,\beta]$ 的小子区间 $[\theta,\theta+\Delta\theta]$ 上对应的曲边扇形面积 ΔA 近似地等于圆扇形面积，即 $\Delta A\approx\frac{1}{2}\rho^2(\theta)\Delta\theta=\mathrm{d}A$. 于是，所求曲边扇形的面积

$$A=\frac{1}{2}\int_\alpha^\beta\rho^2(\theta)\mathrm{d}\theta$$

图　8-8

【例 8-7】　试求两条曲线 $\rho=1-\cos\theta$，$\rho=\cos\theta$ 所围平面图形公共部分的面积.

解　由 $\begin{cases}\rho=1-\cos\theta\\\rho=\cos\theta\end{cases}$ 解得 $\theta_1=\frac{\pi}{3}$，$\theta_2=-\frac{\pi}{3}$，由对称性知

$$A=2\left[\frac{1}{2}\int_0^{\frac{\pi}{3}}(1-\cos\theta)^2\mathrm{d}\theta+\frac{1}{2}\int_{\frac{\pi}{3}}^{\frac{\pi}{2}}\cos^2\theta\mathrm{d}\theta\right]$$

$$=\frac{7}{12}\pi-\sqrt{3}$$

【例 8-8】　计算由曲线

$$\rho=a(1+\tan\theta)\text{与}\rho=a(1+\cot\theta)$$

所围成的平面图形的面积.

解　首先求 θ_1，θ_2.

$$\begin{cases}\rho=a(1+\tan\theta)\\\rho=a(1+\cot\theta)\end{cases}$$

得 $\tan\theta=\pm1$，故 $\theta_1=-\frac{\pi}{4}$，$\theta_2=\frac{\pi}{4}$，由对称性知（见图 8-9），所求面积

$$A=4A_1=2\int_{-\frac{\pi}{4}}^{\frac{\pi}{4}}a^2(1+\tan\theta)^2\mathrm{d}\theta$$

$$=2a^2\int_{-\frac{\pi}{4}}^{\frac{\pi}{4}}(1+2\tan\theta+\tan^2\theta)\mathrm{d}\theta$$

$$=2a^2\left(\int_{-\frac{\pi}{4}}^{\frac{\pi}{4}}\frac{-2\mathrm{d}(\cos\theta)}{\cos\theta}+\int_{-\frac{\pi}{4}}^{\frac{\pi}{4}}\frac{\mathrm{d}\theta}{\cos^2\theta}\right)$$

$$=2a^2(-2\ln\cos\theta+\tan\theta)\Big|_{-\frac{\pi}{4}}^{\frac{\pi}{4}}=4a^2$$

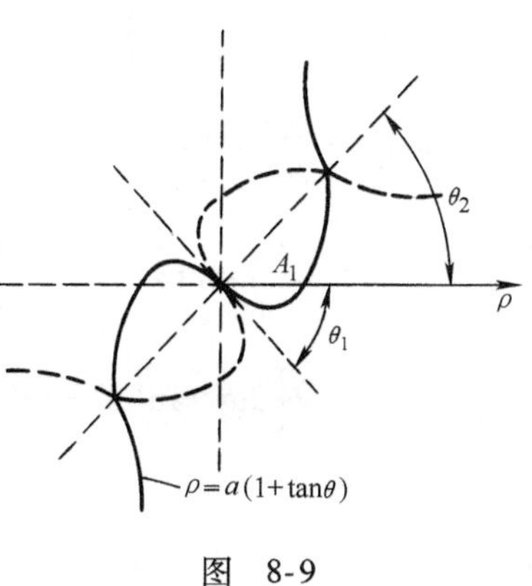

图　8-9

最后，介绍几个综合应用的例子.

【例 8-9】 在抛物线 $y=-x^2+1(x>0)$ 上找一点 $P(x_0, y_0)$ 构造切线，使抛物线与切线和两个坐标轴所围成的图形面积 A 最小，并求这个最小值.

解 因为 $y'|_{x=x_0}=-2x_0$，$y_0=-x_0^2+1$，所以切线 AB 的方程为

$$y=-2x_0x+x_0^2+1$$

令 $y=0$，得到切线与 x 轴交点 A 的横坐标 $a=\frac{1}{2}\left(x_0+\frac{1}{x_0}\right)$；令 $x=0$，得到切线与 y 轴交点 B 的纵坐标 $b=x_0^2+1$. 图形的面积

$$\begin{aligned}A&=\frac{1}{2}ab-\int_0^1(-x^2+1)\mathrm{d}x=\frac{1}{2}\times\frac{1}{2}\left(x_0+\frac{1}{x_0}\right)(x_0^2+1)+\frac{1}{3}-1\\&=\frac{1}{4}\left(x_0^3+2x_0+\frac{1}{x_0}\right)-\frac{2}{3}\end{aligned}$$

它关于 x_0 的导数是

$$\frac{\mathrm{d}A}{\mathrm{d}x_0}=\frac{1}{4}\left(3x_0^2+2-\frac{1}{x_0^2}\right)=\frac{1}{4}\left(3x_0-\frac{1}{x_0}\right)\left(x_0+\frac{1}{x_0}\right)$$

令 $\frac{\mathrm{d}A}{\mathrm{d}x_0}=0$，求得驻点 $x_0=\frac{1}{\sqrt{3}}$. 又因

$$\frac{\mathrm{d}^2A}{\mathrm{d}x_0^2}=\frac{1}{4}\left(6x_0+\frac{2}{x_0^3}\right)>0,\ (x_0>0)$$

所以当 $x_0=\frac{1}{\sqrt{3}}$时，面积函数 S 取最小值，由于在区间$(0, +\infty)$上它是唯一的极值，所以它就是最小值

$$A_{\min}=\frac{4\sqrt{3}-6}{9}$$

【例 8-10】 试问 C 位于何处，A_1+A_2 的值为最小（见图 8-10）.

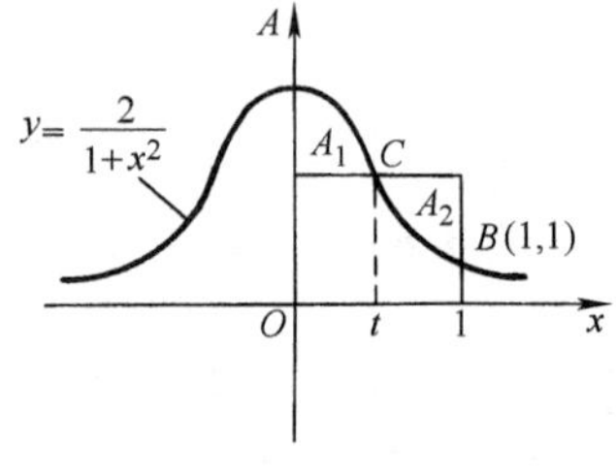

图 8-10

解 设 $C=\left(t, \frac{2}{1+t^2}\right)$

$$\begin{aligned}A_1+A_2&=\int_0^t\left(\frac{2}{1+x^2}-\frac{2}{1+t^2}\right)\mathrm{d}x+\int_t^1\left(\frac{2}{t^2+1}-\frac{2}{x^2+1}\right)\mathrm{d}x\\&=2\left[\arctan t-\frac{t}{t^2+1}\right]+2\left[\frac{1-t}{1+t^2}-\arctan1+\arctan t\right]\\&=2\left[2\arctan t+\frac{1-2t}{1+t^2}-\arctan1\right]=2g(t)\end{aligned}$$

$$g'(t)=\frac{(2t-1)2t}{(1+t^2)^2}=0,\ t_1=0,\ t_2=\frac{1}{2}$$

当 t 渐增地经过$\frac{1}{2}$时，$g'(t)$由负变正. 所以，C 为$\left(\frac{1}{2}, \frac{8}{5}\right)$时，$A_1+A_2$ 最小.

【例 8-11】 设函数 $f(x)$ 在区间 $[a,b]$ 上非负连续，试证：在区间 (a,b) 内存在一点 ζ，使直线 $x=\zeta$ 将曲线 $y=f(x)$，$x=a$，$x=b$，$y=0$ 所围的曲边梯形面积两等分.

解 设 $F(x)=\int_a^x f(t)\mathrm{d}t, x\in[a,b]$，则因 $F(x)$ 是区间 $[a,b]$ 上的连续函数，且 $F'(x)=f(x)\geqslant 0$，即 $F(x)$ 在区间 $[a,b]$ 上单调增加，所以 $m=F(a)=0$ 为最小值，$M=F(b)$ 为最大值，从而有 $m<\frac{1}{2}\int_a^b f(x)\mathrm{d}x<M$，由闭区间上连续函数的介值定理可知，在区间 (a,b) 内存在点 ζ，使 $F(\zeta)=\frac{1}{2}\int_a^b f(x)\mathrm{d}x$，即在区间 (a,b) 内存在一点 $x=\zeta$ 将曲边梯形面积两等分.

练习

2. 设 $a>1$，当 $x\in[a,\ b]$ 时，有 $kx+q\geqslant \ln x$，求使积分 $I=\int_a^b(kx+q-\ln x)\mathrm{d}x$ 取最小值的 k 与 q 的值.

典型计算题 1

试求出由下列给定曲线所围的平面图形的面积（画出草图）.

1. $\rho=a\ (1+\cos\theta)$
2. $x=a\ (t-\sin t)$，$y=a\ (1-\cos t)$，$t\in[0,\ 2\pi]$
3. $\rho=a\ (2+\cos\theta)$
4. $\rho=a\sin 3\theta$，$\theta\in\left[0,\ \frac{\pi}{3}\right]$
5. $\rho=a\theta$，$\theta\in[\theta_1,\ \theta_2]$
6. $P=2+\sin 2\theta$
7. $(x^2+y^2)^2=3(x^2-y^2)$
8. $(x^2+y^2)^2=2a^2xy$
9. $y=2x^2+3x-5$，$y=1-x^2$
10. $y=\frac{2}{x^2+1}$，$y=2-x$

8.1　习题答案

8.2　思维导图

8.2 平面曲线弧长的计算

我们在第 4 章中曾介绍弧微分的概念及计算公式

$$\mathrm{d}s=\sqrt{1+y'^2}\,\mathrm{d}x$$

因而，我们得到计算平面光滑曲线的弧长时的计算公式：

如果平面曲线方程 $y=y(x)$，$x\in[a,b]$ 且 $y=y(x)$ 在区间 $[a,b]$ 上连续可微，则它的弧长

$$L=\int_a^b\sqrt{1+y'^2}\,\mathrm{d}x \tag{8-2}$$

如果平面曲线方程为参数方程

$$x = x(t),\ y = y(t),\ t \in [t_1, t_2]$$

且 $x(t)$，$y(t)$ 在区间 $[t_1, t_2]$ 上连续可微，则

$$L = \int_{t_1}^{t_2} \sqrt{x'(t)^2 + y'(t)^2}\,\mathrm{d}t \tag{8-3}$$

如果平面曲线方程为极坐标方程

$$\rho = \rho(\theta),\ \theta \in [\alpha, \beta]$$

且 $\rho(\theta)$ 在区间 $[\alpha, \beta]$ 上连续可微，则

$$L = \int_{\alpha}^{\beta} \sqrt{\rho^2 + \rho'^2}\,\mathrm{d}\theta \tag{8-4}$$

说明 1 由 $x = \rho(\theta)\cos\theta$，$y = \rho(\theta)\sin\theta$ 可推导出

$$\sqrt{(\mathrm{d}x)^2 + (\mathrm{d}y)^2} = \sqrt{\rho^2 + \rho'^2}\,\mathrm{d}\theta$$

【例 8-12】 试求 $y = \sqrt{x - x^2} - \arcsin\sqrt{x}$ 的弧长.

解 $y(x)$ 的定义域为 $[0,1]$，求导

$$y' = \frac{1 - 2x}{2\sqrt{x - x^2}} - \frac{1}{2\sqrt{1 - x}\sqrt{x}} = -\frac{\sqrt{x}}{\sqrt{1 - x}}$$

故

$$\begin{aligned} L &= \int_0^1 \sqrt{1 + y'^2}\,\mathrm{d}x \\ &= \int_0^1 \frac{\mathrm{d}x}{\sqrt{1 - x}} = 2\sqrt{1 - x}\,\Big|_1^0 = 2 \end{aligned}$$

说明 2 这里计算的是具有无界函数的广义积分，见第 7 章.

【例 8-13】 用椭圆函数来表示椭圆

$$\frac{x^2}{25} + \frac{y^2}{9} = 1$$

的周长.

解 由于对称性，先仅研究椭圆在第一象限的弧长，设

$$x = 5\sin t,\ y = 3\cos t,\ 0 \leqslant t \leqslant \frac{\pi}{2}$$

这段弧长等于

$$\begin{aligned} L_1 &= \int_0^{\frac{\pi}{2}} \sqrt{x'(t)^2 + y'(t)^2}\,\mathrm{d}t \\ &= \int_0^{\frac{\pi}{2}} \sqrt{25\cos^2 t + 9\sin^2 t}\,\mathrm{d}t \\ &= 5\int_0^{\frac{\pi}{2}} \sqrt{1 - \frac{16}{25}\sin^2 t}\,\mathrm{d}t = 5E\left(\frac{4}{5}\right) \end{aligned}$$

故这个椭圆的全长可表示为 $20E\left(\frac{4}{5}\right)$（最后这个积分称为第二类椭圆积分，在数学用表中可查到它的近似值）.

【例 8-14】　试求曲线 $\rho=a\sin^3\dfrac{\theta}{3}$ 的弧长（见图 8-11）.

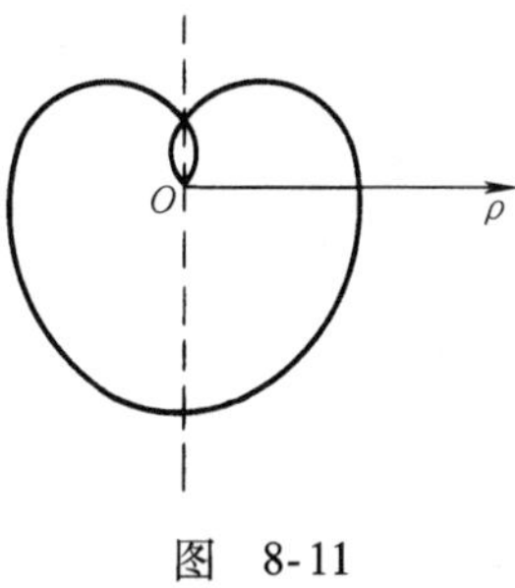

图　8-11

解　由 $\rho\geqslant0$ 确定 θ_1，θ_2，解不等式

$$\sin^3\left(\frac{\theta}{3}\right)\geqslant0$$

得 $0\leqslant\theta\leqslant3\pi$，$\theta_1=0$，$\theta_2=3\pi$

$$L=\int_0^{3\pi}\sqrt{\left(a\sin^3\frac{\theta}{3}\right)^2+a^2\left(3\sin^2\frac{\theta}{3}\cdot\cos\frac{\theta}{3}\cdot\frac{1}{3}\right)^2}\,\mathrm{d}\theta$$

$$=a\int_0^{3\pi}\sin^2\frac{\theta}{3}\,\mathrm{d}\theta=\frac{3\pi a}{2}$$

【例 8-15】　试证：曲线 $y=\sin x$（$0\leqslant x\leqslant2\pi$）的弧长等于椭圆 $x^2+2y^2=2$ 的周长.

证　$l_1=\int_0^b\sqrt{1+y'^2}\,\mathrm{d}x=4\int_0^{\frac{\pi}{2}}\sqrt{1+\cos^2x}\,\mathrm{d}x$

$$l_2=\int_\alpha^\beta\sqrt{x'^2+y'^2}\,\mathrm{d}t$$

$$=4\int_0^{\frac{\pi}{2}}\sqrt{(-\sqrt{2}\sin t)^2+\cos^2t}\,\mathrm{d}t$$

$$=4\int_0^{\frac{\pi}{2}}\sqrt{1+\sin^2t}\,\mathrm{d}t\left(t=\frac{\pi}{2}-x\right)$$

$$=4\int_0^{\frac{\pi}{2}}\sqrt{1+\cos^2x}\,\mathrm{d}x=l_1$$

8.2　习题答案

典型计算题 2

试求下列曲线的弧长.

1. $y=2x^{\frac{3}{2}}$，$0\leqslant x\leqslant11$　　**2.** $x=\dfrac{2}{3}\sqrt{(y-1)^3}$，$0\leqslant x\leqslant2\sqrt{3}$

3. $y^2=\dfrac{16}{27}\left(x-\dfrac{1}{2}\right)^3$，$y^2\leqslant x$　　**4.** $x=a\cos^3t$，$y=a\sin^3t$，$0\leqslant t\leqslant2\pi$

5. $x=8at^3$，$y=3a(2t^2-t^4)$，$y\geqslant0$，$a>0$

6. $x=6-3t^2$，$y=4t^3$，$x\geqslant0$　　**7.** $\rho=a\cos^3\left(\dfrac{\theta}{3}\right)$

8. $\rho=a\sin^4\left(\dfrac{\theta}{4}\right)$　　**9.** $\rho=1+\cos t$，$\theta=t-\tan\dfrac{t}{2}$，$0\leqslant t\leqslant t_0\leqslant\pi$

10. $\theta=\dfrac{1}{2}\left(\rho+\dfrac{1}{\rho}\right)$，$1\leqslant\rho\leqslant\rho_0$

8.3　思维导图

8.3　旋转体体积的计算

设 $y=y(x)$ 在区间 $[a,b]$ 上连续且非负，求由 $y=y(x)$ 的图形，x 轴及直线 $x=a$，$x=b$ 所围成的图形绕 x 轴旋转所形成的旋转体的体积（见图 8-12）.

在区间 $[a,b]$ 的子区间 $[x,\ x+\Delta x]$ 上的小旋转体体积 ΔV 可近似地用薄圆柱体的体积来代替，得到积分元素，即

$$\Delta V \approx \pi y^2 \Delta x = \pi[y(x)]^2 \Delta x = \mathrm{d}V$$

于是

$$V = \pi\int_a^b y^2(x)\,\mathrm{d}x \tag{8-5}$$

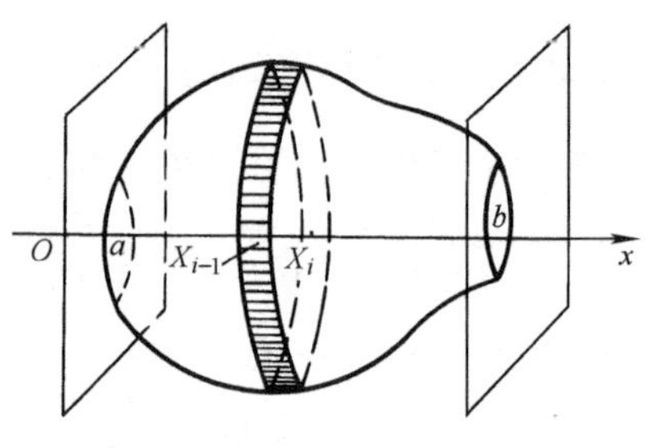

图　8-12

如果 $y=y(x)$ 由 $x=x(t)$，$y=y(t)$，$t\in[\alpha,\beta]$ 给定，且 $x(t)$ 在区间 $[\alpha,\beta]$ 上具有连续非负的导数，$x(\alpha)=a$，$x(\beta)=b$ 而 $y(t)$ 在区间 $[\alpha,\beta]$ 上连续非负，则

$$V = \pi\int_\alpha^\beta y^2(t)x'(t)\,\mathrm{d}t \tag{8-6}$$

若 $x(t)$ 递减且 $x(\alpha)=b$，$x(\beta)=a$，则

$$V = -\pi\int_\alpha^\beta y^2(t)x'(t)\,\mathrm{d}t$$

设 $y=y_1(x)$ 与 $y=y_2(x)$ 在区间 $[a,b]$ 上连续且 $y_2(x)\geqslant y_1(x)\geqslant 0$，$x\in[a,b]$，则由 $y_1(x)$ 与 $y_2(x)$ 的图形与 $x=a$，$x=b$ 所围成的平面图形绕 x 轴旋转所成的旋转体体积为

$$V = \pi\int_a^b (y_2^2(x) - y_1^2(x))\,\mathrm{d}x \tag{8-7}$$

类似地，可给出绕 y 轴旋转所成的旋转体体积的计算公式

$$V = \pi\int_c^d x^2(y)\,\mathrm{d}y \tag{8-8}$$

$$V = \pi\int_\alpha^\beta x^2(t)y'(t)\,\mathrm{d}t \tag{8-9}$$

$$V = \pi\int_c^d (x_2^2(y) - x_1^2(y))\,\mathrm{d}y \tag{8-10}$$

设在极坐标系中，由曲线 $\rho=\rho(\theta)$，$\theta\in[\theta_1,\ \theta_2]$，及 $\theta=\theta_1$，$\theta=\theta_2$ 所围成的曲边扇形绕极轴旋转所成的旋转体体积为

$$V = \frac{2\pi}{3}\int_{\theta_1}^{\theta_2} \rho^3(\theta)\sin\theta\,\mathrm{d}\theta \tag{8-11}$$

【例 8-16】 设 $y=4-x^2$，x 轴上的线段 $[-2,\ 0]$ 及 $y=3x$ 所围成的平面图形为 φ，试求由 φ 绕 x 轴旋转所成的旋转体体积（见图 8-13）.

解 由 $4-x^2=0$ 解得 $x_1=-2$ 是 A 点的横坐标. 联立 $y=4-x^2$ 与 $y=3x$，解得 C 点的横坐标 $x=1$，故由曲边梯形 $ABCD$ 绕 x 轴旋转所成的体积为

$$V_1 = \pi\int_{-2}^1 (4-x^2)^2\,\mathrm{d}x = \frac{153}{5}\pi$$

而由三角形 OCD 绕 x 轴旋转所成的体积

$$V_2 = \pi\int_0^1 (3x)^2\,\mathrm{d}x = 3\pi$$

从而所求的体积为

$$V = V_1 - V_2 = \frac{138}{5}\pi$$

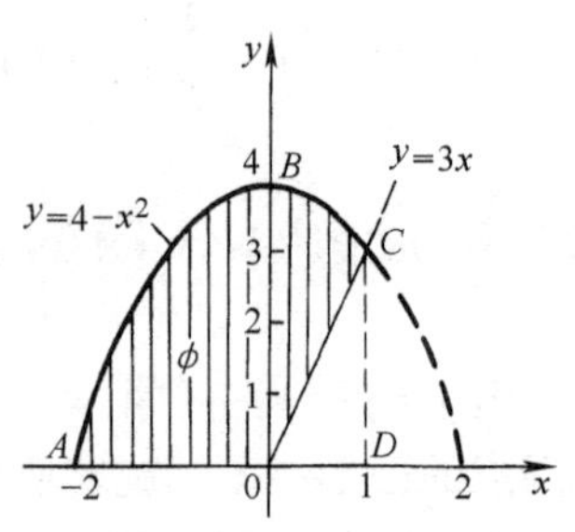

图　8-13

【例 8-17】 求曲线 $y=x^2+7$ 与 $y=3x^2+5$ 所围图形绕 x 轴旋转一周而成的旋转体的体积.

解　由 $\begin{cases} y=x^2+7 \\ y=3x^2+5 \end{cases}$ 解得交点 $(-1, 8)$，$(1, 8)$，于是

$$V = \pi\int_{-1}^{1}[(x^2+7)^2-(3x^2+5)^2]\mathrm{d}x = \frac{512}{15}\pi$$

【例 8-18】　试求由曲线 $x=a\cos^3 t$，$y=a\sin^3 t$，$0\leqslant t\leqslant 2\pi$，所围成的平面图形绕 x 轴旋转所成的旋转体体积.

解　如图 8-14 所示，由曲边三角形 OAB 绕 x 轴旋转所成的旋转体体积为

$$\begin{aligned} V &= -\pi\int_0^{\frac{\pi}{2}} a^2\sin^6 t\cdot 3a\cos^2 t(-\sin t)\mathrm{d}t \\ &= -3\pi a^3\int_0^{\frac{\pi}{2}}(1-\cos^2 t)^3\cos^2 t\mathrm{d}(\cos t) \\ &= \frac{16}{105}\pi a^3 \end{aligned}$$

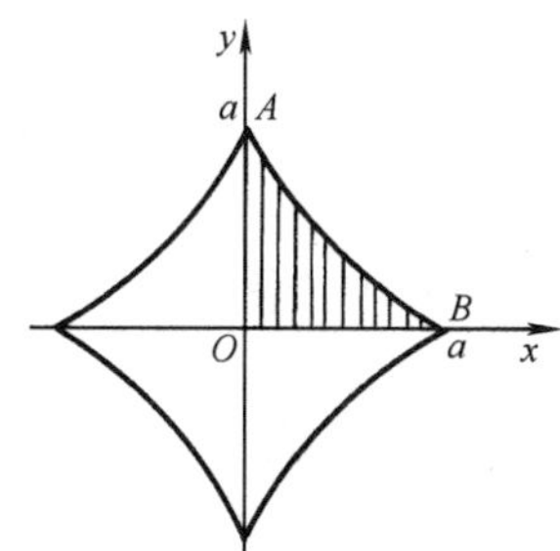

图　8-14

故所求体积 $V_{全}=\frac{32}{105}\pi a^3$.

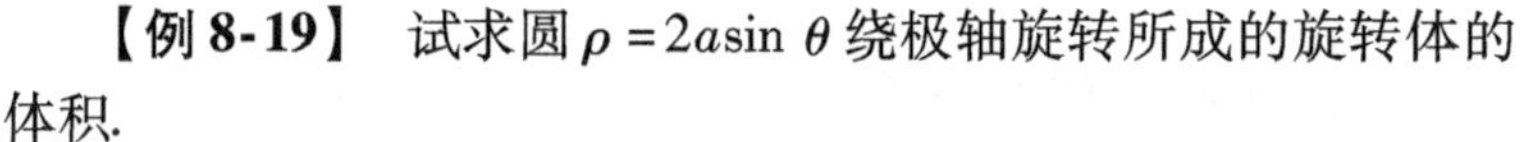

【例 8-19】　试求圆 $\rho=2a\sin\theta$ 绕极轴旋转所成的旋转体的体积.

解　由 $\rho=2a\sin\theta\geqslant 0$ 知，$\theta\in[0, \pi]$，故

$$\begin{aligned} V &= \frac{2\pi}{3}\int_0^{\pi}\rho^3(\theta)\sin\theta\,\mathrm{d}\theta \\ &= \frac{32\pi a^3}{3}\int_0^{\frac{\pi}{2}}\sin^4\theta\mathrm{d}\theta \\ &= \frac{32\pi a^3}{3}\times\frac{3\times 1}{4\times 2}\times\frac{\pi}{2} = 2\pi^2 a^3 \end{aligned}$$

说明　在公式（8-5）中的条件下，求立在 x 轴上的曲边梯形绕 y 轴旋转所得旋转体的体积公式是

$$V = \int_a^b 2\pi xy\mathrm{d}x$$

【例 8-20】　求由圆弧 $y=\sqrt{2-x^2}$ 与抛物线 $y=\sqrt{x}$ 及 y 轴所围成的平面图形绕 y 轴旋转所成的旋转体体积.

解　$V = \int_0^1 2\pi x(\sqrt{2-x^2}-\sqrt{x})\mathrm{d}x$

$$= \left[-\frac{2\pi}{3}(2-x^2)^{3/2}-\frac{4\pi}{5}x^{5/2}\right]_0^1 = \frac{20\sqrt{2}-22}{15}\pi$$

【例 8-21】　周长为 $2l$ 的等腰三角形绕其底边旋转形成旋转体，试问当等腰三角形的腰长与底边长的比是多少时，所得的旋转体体积最大?

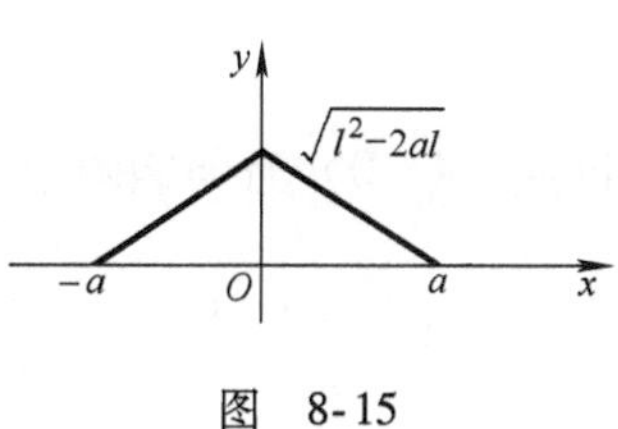

图　8-15

解　如图 8-15 所示，建立坐标系，则一腰的直线方程为

$$\frac{x}{a}+\frac{y}{\sqrt{l^2-2al}}=1$$

$$y=\sqrt{l^2-2al}\left(1-\frac{x}{a}\right),\ 0<a<\frac{l}{2},\ 0\leqslant x\leqslant a$$

$$V=2\int_0^a \pi y^2 \mathrm{d}x=2\pi(l^2-2al)\int_0^a\left(1-\frac{x}{a}\right)^2\mathrm{d}x$$

$$=\frac{2\pi a}{3}(l^2-2al),\ a\in\left(0,\frac{l}{2}\right)$$

$$V'(a)=\frac{2\pi}{3}(l^2-4al),\ V''(a)=-\frac{8\pi l}{3}$$

由 $V'(a)=0$，得 $a=\frac{l}{4}$，$V''\left(\frac{l}{4}\right)<0$，故极大值 $V\left(\frac{l}{4}\right)$就是 V 在区间（0，l）上的最大值，此时，腰长∶底长 $=\frac{l-a}{2a}=\frac{3}{2}$.

【例 8-22】 设 $0\leqslant t\leqslant\frac{\pi}{2}$，曲线 $y=\sin x$ 与三条直线 $x=t$，$x=2t$，$y=0$ 所围平面部分绕 x 轴旋转而成的旋转体的体积为 $V(t)$. t 取何值时，V 最大?

解

$$V(t)=\pi\int_t^{2t}\sin^2 x\mathrm{d}x=\pi\int_0^{2t}\sin^2 x\mathrm{d}x-\pi\int_0^t\sin^2 x\mathrm{d}x$$

$$V'(t)=\pi\sin^2 t(2\sqrt{2}\cos t+1)(2\sqrt{2}\cos t-1)$$

由 $V'(t)=0$ 得

$$2\sqrt{2}\cos t-1=0,\ t=\arccos\frac{\sqrt{2}}{4}$$

当 $0<t<\arccos\frac{\sqrt{2}}{4}$时，$V'(t)>0$；当 $\arccos\frac{\sqrt{2}}{4}<t<\frac{\pi}{2}$时，$V'(t)<0$. 故当 $t=\arccos\frac{\sqrt{2}}{4}$时，$V(t)$达到极大值，且为最大值.

【例 8-23】 椭球面 S_1 是椭圆$\frac{x^2}{4}+\frac{y^2}{3}=1$ 绕 x 轴旋转而成的，圆锥面 S_2 是过点（4，0）且与椭圆$\frac{x^2}{4}+\frac{y^2}{3}=1$ 相切的直线绕 x 轴旋转而成的，

（1）求 S_1 及 S_2 的方程；

（2）求当 $x\geqslant 0$ 时，S_1 与 S_2 之间的立体体积.

解 （1）S_1 的方程为

$$\frac{x^2}{4}+\frac{y^2+z^2}{3}=1$$

设过点（4，0）且与椭圆$\frac{x^2}{4}+\frac{y^2}{3}=1$ 相切的切线方程为 $y=k(x-4)$，并设切点为(x_0,y_0)，由方程$\frac{x^2}{4}+\frac{y^2}{3}=1$ 得 $y'=-\frac{3x}{4y}$，所以

$$\begin{cases} k = -\dfrac{3x_0}{4y_0} \\ y_0 = k(x_0 - 4) \\ \dfrac{x_0^2}{4} + \dfrac{y_0^2}{3} = 1 \end{cases}$$

解得，$k = \pm\dfrac{1}{2}$，因此，所求切线方程为 $y = \pm\left(\dfrac{1}{2}x - 2\right)$，所以，$S_2$ 的方程为

$$y^2 + z^2 = \left(\frac{1}{2}x - 2\right)^2$$

（2）记 $y_1 = \dfrac{1}{2}x - 2$，由 $\dfrac{x^2}{4} + \dfrac{y^2}{3} = 1$，记 $y_2 = \sqrt{3\left(1 - \dfrac{x^2}{4}\right)}$，则

$$\begin{aligned} V &= \int_0^4 \pi y_1^2 \mathrm{d}x - \int_0^2 \pi y_2^2 \mathrm{d}x = \pi\int_0^4\left(\frac{1}{4}x^2 - 2x + 4\right)\mathrm{d}x - \pi\int_0^2\left(3 - \frac{3}{4}x^2\right)\mathrm{d}x \\ &= \pi\left(\frac{1}{12}x^3 - x^2 + 4x\right)\Big|_0^4 - \pi\left(3x - \frac{1}{4}x^3\right)\Big|_0^2 = \frac{4}{3}\pi \end{aligned}$$

典型计算题 3

试求下列平面图形绕 x 轴或极轴旋转所成的旋转体体积.

1. $y^2 = 2px$，$y = 0$，$x = a$

2. $xy = a^2$，$y = 0$，$x = a$，$x = 2a$

3. $y = \sin 2x$，$0 \leqslant x \leqslant \dfrac{\pi}{2}$，$y = 0$

4. $y = \dfrac{\ln x}{x}$ $(1 \leqslant x \leqslant \mathrm{e})$，$y = 0$，$x = \mathrm{e}$

5. $y = x$，$y = \dfrac{1}{x}$，$x = 2$，$y = 0$

6. $y = x$，$y = x + \sin^2 x$，$0 \leqslant x \leqslant \pi$

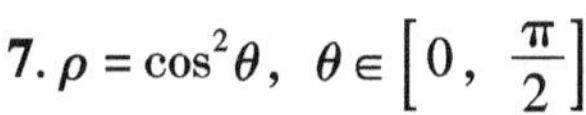

7. $\rho = \cos^2\theta$，$\theta \in \left[0, \dfrac{\pi}{2}\right]$

8. $\rho = a\theta$ $(a > 0)$，$\theta \in [0, \pi]$

9. $x = t^3$，$y = t^2$，$y = 0$，$|x| = 1$

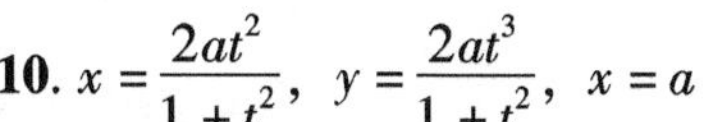

10. $x = \dfrac{2at^2}{1 + t^2}$，$y = \dfrac{2at^3}{1 + t^2}$，$x = a$

8.3　习题答案

8.4　旋转曲面面积的计算

设 $y = y(x)$ 在区间 $[a, b]$ 上连续可微，求由 $y = y(x)$ 的图形绕 x 轴旋转所成的旋转曲面的面积.

在区间 $[a, b]$ 的子区间 $[x, x + \mathrm{d}x]$ 上的旋转曲面的面积近似等于其曲线的弧微分 $\mathrm{d}s$ 绕 x 轴的旋转曲面面积（小圆台的侧面积），即

$$\begin{aligned} \Delta A &\approx 2\pi \times \frac{|y| + |y + \mathrm{d}y|}{2}\mathrm{d}s \quad \text{（略去高阶无穷小量 } \mathrm{d}y\mathrm{d}s\text{）} \\ &\approx 2\pi|y|\mathrm{d}s = 2\pi|y|\sqrt{1 + y'^2}\,\mathrm{d}x \end{aligned}$$

于是，有

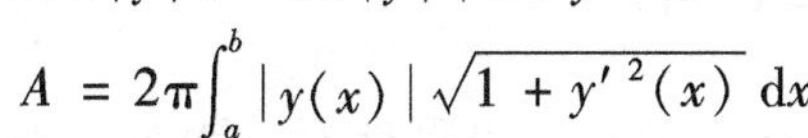

$$A = 2\pi\int_a^b |y(x)|\sqrt{1 + y'^2(x)}\,\mathrm{d}x$$

8.4　思维导图

如果在 $y \geqslant 0$ 的条件下，曲线参数方程为

$$x = x(t), y = y(t), t \in [\alpha, \beta]$$

而 $x(t)$，$y(t)$ 在区间 $[\alpha,\beta]$ 上连续可微，则该曲线绕 x 轴旋转所成的旋转曲面的面积为

$$A = 2\pi\int_{\alpha}^{\beta} y(t)\sqrt{x'^{2}(t) + y'^{2}(t)}\,\mathrm{d}t$$

若 $y\leqslant 0$，则

$$A = 2\pi\int_{\alpha}^{\beta} |y(t)|\sqrt{x'^{2}(t) + y'^{2}(t)}\,\mathrm{d}t$$

在类似的条件下，有计算绕 y 轴旋转所成的旋转曲面的面积公式

$$A = 2\pi\int_{c}^{d} |x(y)|\sqrt{1 + x'^{2}(y)}\,\mathrm{d}y$$

$$A = 2\pi\int_{\alpha}^{\beta} x(t)\sqrt{x'^{2}(t) + y'^{2}(t)}\,\mathrm{d}t \quad (x(t) \geqslant 0)$$

$$A = 2\pi\int_{\alpha}^{\beta} |x(t)|\sqrt{x'^{2}(t) + y'^{2}(t)}\,\mathrm{d}t \quad (x(t) \leqslant 0)$$

设 $\rho=\rho(\theta)$，$0\leqslant\theta_1\leqslant\theta\leqslant\theta_2\leqslant\pi$，在区间 $[\theta_1, \theta_2]$ 上连续可微，则曲线 $\rho=\rho(\theta)$，$\theta\in[\theta_1, \theta_2]$，绕极轴旋转所成的旋转曲面面积为

$$A = 2\pi\int_{\theta_1}^{\theta_2} \rho(\theta)\sqrt{\rho^{2}(\theta) + \rho'^{2}(\theta)}\sin\theta\,\mathrm{d}\theta$$

而绕射线 $\theta=\dfrac{\pi}{2}$ 旋转所成的旋转曲面面积为

$$A = 2\pi\int_{\theta_1}^{\theta_2} \rho(\theta)\sqrt{\rho^{2}(\theta) + \rho'^{2}(\theta)}\cos\theta\,\mathrm{d}\theta$$

这里，$-\dfrac{\pi}{2}\leqslant\theta_1\leqslant\theta\leqslant\theta_2\leqslant\dfrac{\pi}{2}$.

设可求长曲线 L 的长为 s_0，该曲线位于直线 l 的同侧. $r(s)$ 表示从长为 s 的曲线弧的终点到直线 l 的距离，且设 $r(s)$，$s\in[0, s_0]$ 是连续函数，则 L 绕直线 l 旋转所成的旋转曲面面积为

$$A = 2\pi\int_{0}^{s_0} r(s)\,\mathrm{d}s$$

【例 8-24】 试求抛物线弧

$$2ay = x^2 - a^2,\ 0\leqslant x\leqslant 2\sqrt{2}a$$

绕 x 轴及 y 轴旋转所成的旋转曲面面积（见图 8-16）.

解 绕 x 轴旋转，有

$$\begin{aligned} A &= 2\pi\int_{0}^{2\sqrt{2}a} |y(x)|\sqrt{1 + y'^{2}(x)}\,\mathrm{d}x \\ &= 2\pi\int_{0}^{2\sqrt{2}a} \left|\frac{x^2 - a^2}{2a}\right|\sqrt{1 + \frac{x^2}{a^2}}\,\mathrm{d}x \end{aligned}$$

进行变量代换 $x=at$，并去掉绝对值符号，得

$$A = \pi a^2\left(-\int_{0}^{1} f(t)\,\mathrm{d}t + \int_{1}^{2\sqrt{2}} f(t)\,\mathrm{d}t\right)$$

其中，$f(t)=(t^2-1)\sqrt{1+t^2}$. 利用代换 $t=\sinh\varphi$ 可求得 $f(t)$ 的原函数 $F(t)$.

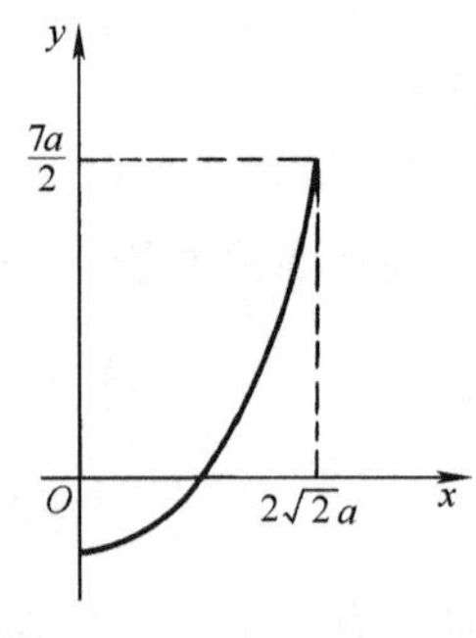

图 8-16

$$F(t)=\frac{1}{8}t\sqrt{1+t^2}(2t^2-3)-\frac{5}{8}\ln(t+\sqrt{1+t^2})$$

从而

$$\begin{aligned}A&=\pi a^2(-F(1)+F(0)+F(2\sqrt{2})-F(1))\\&=\pi a^2\left[\frac{39\sqrt{2}}{4}-\frac{5}{8}\ln(3+2\sqrt{2})+\frac{\sqrt{2}}{4}+\frac{5}{4}\ln(1+\sqrt{2})\right]\\&=10\pi a^2\sqrt{2}\end{aligned}$$

绕 y 轴旋转，有 $A=2\pi\int_0^{2\sqrt{2}a}x\sqrt{1+y'^2(x)}\,\mathrm{d}x$　　（把 x 看作参数）

$$\begin{aligned}&=2\pi\int_0^{2\sqrt{2}a}x\sqrt{1+\frac{x^2}{a^2}}\,\mathrm{d}x\\&=\pi a^2\,\frac{2}{3}\left(1+\frac{x^2}{a^2}\right)^{\frac{3}{2}}\Bigg|_0^{2\sqrt{2}a}=\frac{52}{3}\pi a^2\end{aligned}$$

【例 8-25】 已知直线 $y=a$ 交旋轮线

$x=a(t-\sin t)$，$y=a(1-\cos t)$，$0\leqslant t\leqslant 2\pi$

于 A，B 两点，试求 $\overset{\frown}{AB}$ 绕 $y=a$ 旋转所成的旋转曲面面积（见图 8-17）.

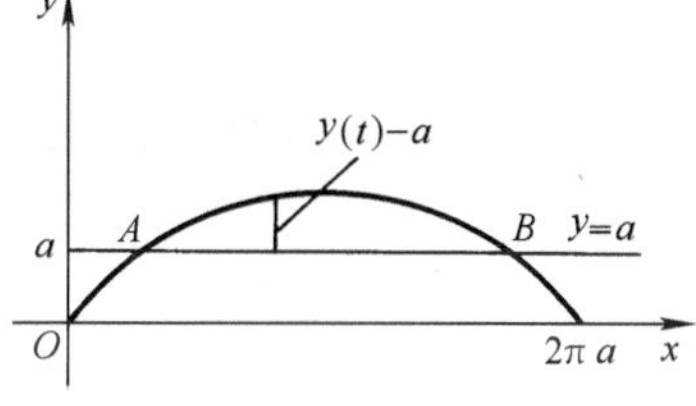

图　8-17

解　对于弧 AB，有 $t\in\left[\frac{\pi}{2},\frac{3\pi}{2}\right]$，所求面积为

$$\begin{aligned}A&=2\pi\int_{\frac{\pi}{2}}^{\frac{3\pi}{2}}(y(t)-a)\sqrt{x'^2(t)+y'^2(t)}\,\mathrm{d}t\\&=2\pi\int_{\frac{\pi}{2}}^{\frac{3\pi}{2}}(-a\cos t)\sqrt{a^2(1-\cos t)^2+a^2\sin^2 t}\,\mathrm{d}t\\&=-4\pi a^2\int_{\frac{\pi}{2}}^{\frac{3\pi}{2}}\cos t\sin\frac{t}{2}\,\mathrm{d}t\end{aligned}$$

令 $\cos\frac{t}{2}=z$，得

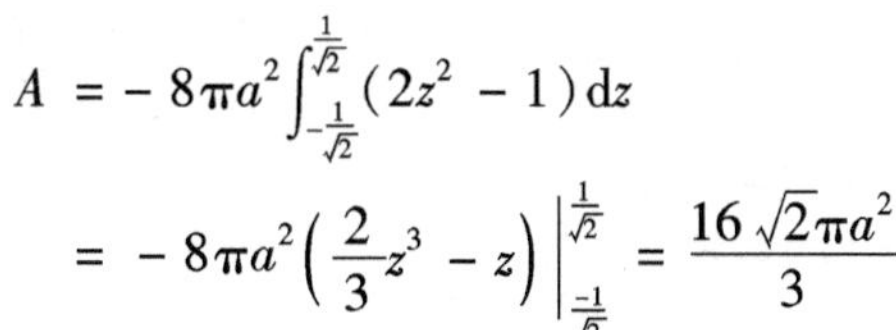

$$\begin{aligned}A&=-8\pi a^2\int_{-\frac{1}{\sqrt{2}}}^{\frac{1}{\sqrt{2}}}(2z^2-1)\,\mathrm{d}z\\&=-8\pi a^2\left(\frac{2}{3}z^3-z\right)\Bigg|_{\frac{-1}{\sqrt{2}}}^{\frac{1}{\sqrt{2}}}=\frac{16\sqrt{2}\pi a^2}{3}\end{aligned}$$

【例 8-26】 试求由曲线弧 $\rho=\mathrm{e}^{\theta}$，$0\leqslant\theta\leqslant\pi$ 绕极轴旋转所成的旋转曲面的面积.

解　所求的面积

$$\begin{aligned}A&=2\pi\int_0^{\pi}\rho\sin\theta\sqrt{\rho^2+\rho'^2}\,\mathrm{d}\theta\\&=2\pi\int_0^{\pi}\mathrm{e}^{\theta}\sin\theta\sqrt{\mathrm{e}^{2\theta}+\mathrm{e}^{2\theta}}\,\mathrm{d}\theta\\&=2\pi\sqrt{2}\int_0^{\pi}\mathrm{e}^{2\theta}\sin\theta\,\mathrm{d}\theta\end{aligned}$$

$$= 2\pi\sqrt{2}\left(e^{2\pi} + 1 + 2\int_0^{\pi} e^{2\theta}\cos\theta\, d\theta\right)$$

$$= 2\pi\sqrt{2}(e^{2\pi} + 1) - 4A$$

即

$$5A = 2\pi\sqrt{2}(e^{2\pi} + 1),\ A = \frac{2\pi\sqrt{2}(e^{2\pi} + 1)}{5}$$

【例 8-27】 曲线 $y=\dfrac{e^x+e^{-x}}{2}$ 与直线 $x=0$，$x=t$（$t>0$）及 $y=0$ 围成一曲边梯形，曲边梯形绕 x 轴旋转一周得一旋转体，其体积 $V(t)$，侧面积为 $S(t)$，在 $x=t$ 处的底面积为 $F(t)$，

（1）求 $\dfrac{S(t)}{V(t)}$ 的值；

（2）计算极限 $\lim\limits_{t\to+\infty}\dfrac{S(t)}{F(t)}$.

解　（1）$V(t) = \pi\int_0^t y^2 dx = \pi\int_0^t\left(\dfrac{e^x+e^{-x}}{2}\right)^2 dx$

$$S(t) = 2\pi\int_0^t y\sqrt{1+y'^2}\,dx = 2\pi\int_0^t \frac{e^x+e^{-x}}{2}\sqrt{1+\frac{e^{2x}-2+e^{-2x}}{4}}\,dx$$

$$= 2\pi\int_0^t\left(\frac{e^x+e^{-x}}{2}\right)^2 dx$$

因此，$\dfrac{S(t)}{V(t)} = 2$.

（2）在 $x=t$ 处的底面积为

$$F(t) = \pi y^2\big|_{x=t} = \pi\left(\frac{e^t+e^{-t}}{2}\right)^2$$

因此

$$\lim_{t\to+\infty}\frac{S(t)}{F(t)} = \lim_{t\to+\infty}\frac{2\pi\int_0^t\left(\frac{e^x+e^{-x}}{2}\right)^2 dx}{\pi\left(\frac{e^t+e^{-t}}{2}\right)^2}\left(\frac{\infty}{\infty}\text{型}\right) = \lim_{t\to+\infty}\frac{2\left(\frac{e^t+e^{-t}}{2}\right)^2}{2\left(\frac{e^t+e^{-t}}{2}\right)\left(\frac{e^t-e^{-t}}{2}\right)}$$

$$= \lim_{t\to+\infty}\left(\frac{e^t+e^{-t}}{e^t-e^{-t}}\right) = 1$$

典型计算题 4

试求下列曲线段绕 x 轴旋转所成的旋转曲面的面积.

1. $y=x^3$，$0\leqslant x\leqslant 1$　　**2.** $y=e^{-x}$，$0\leqslant x\leqslant a$

3. $y=\sin x$，$0\leqslant x\leqslant \pi$　　**4.** $x=2\sqrt{3}\cos t$，$y=\sin 2t$

5. $x=a(t-\sin t)$，$y=a(1-\cos t)$，$t\in[0,\ 2\pi]$

6. $y=\dfrac{x^2}{2}-\dfrac{1}{4}\ln x$，$x\in[1,\ 2]$　　**7.** $x=2t$，$y=t^{-1}+\dfrac{t^3}{3}$，$t\in[1,\ 2]$

8. $\rho=2a\sin\theta$　　**9.** $\rho=\sqrt{\cos 2\theta}$，$0\leqslant\theta\leqslant\dfrac{\pi}{4}$

8.4　习题答案

10. $\rho^2 = 2a^2\cos 2\theta$

8.5　定积分在物理学中的简单应用

8.5.1　平均值

8.5　思维导图

连续函数 $y=f(x)$ 在区间 $[a,b]$ 上的平均值定义为

$$\bar{y} = \frac{1}{b-a}\int_a^b f(x)\,dx$$

事实上，在定积分 $\int_a^b f(x)\,dx$ 的定义中，只需要取 $\Delta x_i = \Delta x = \frac{b-a}{n}$，便有

$$\int_a^b f(x)\,dx = \lim_{n\to\infty}\sum_{i=1}^{n} f(\xi_i)\Delta x = (b-a)\lim_{n\to\infty}\frac{\sum\limits_{i=1}^{n} f(\xi_i)}{n}$$

即

$$\frac{1}{b-a}\int_a^b f(x)\,dx = \lim_{n\to\infty}\frac{\sum\limits_{i=1}^{n} f(\xi_i)}{n}$$

【例 8-28】　自由落体降落速度 $v=gt$，则在区间 $[0,T]$ 上的平均速度

$$\bar{v} = \frac{1}{T-0}\int_0^T gt\,dt = \frac{1}{2}gT$$

【例 8-29】　正弦电流 $I=I_m\sin\omega t$ 在半个周期 $\frac{\pi}{\omega}$ 之内的平均电流

$$\bar{I} = \frac{1}{\frac{\pi}{\omega}-0}\int_0^{\frac{\pi}{\omega}} I_m\sin\omega t\,dt = \frac{2}{\pi}I_m$$

在下述各项计算中，我们直接给出了计算公式，但积分元素的选取十分重要，因此，在这里留给同学们一道思考题：在下述各项计算中是如何选取积分元素的?

8.5.2　变力做功

设某物体在变力 $f(x)$ 的作用下，沿 x 轴由点 a 移动到点 b，则变力所做的功

$$W = \int_a^b f(x)\,dx$$

【例 8-30】　设有一个弹簧，劲度系数 $k=10^4$N/m，被拉长了 0.05m，则克服弹力做的功

$$W = \int_0^{0.05} kx\,dx = 12.5\text{J}$$

8.5.3　力的计算

【例 8-31】　设有一质量为 M，长为 l 的均匀细棒，在细棒的延长线上有一质量为 m 的质点，与棒的距离为 a，则细棒与质点间的万有引力为

$$F = \int_a^{a+l} \frac{k}{l} \frac{mM}{x^2} \mathrm{d}x = k \frac{mM}{a(a+l)}$$

8.5.4 转动惯量

表示物体转动惯性大小的量叫作转动惯量.

质点对某一轴的转动惯量等于质点的质量乘以质点到该轴距离的平方，即$I=mr^2$.

【例 8-32】 设均质矩形板长为 a，宽为 b，面密度为 μ，则该矩形板绕宽边的转动惯量

$$I = \int_0^a \mathrm{d}I = \int_0^a x^2 \mathrm{d}m = \int_0^a \mu b x^2 \mathrm{d}x = \frac{1}{3}\mu b a^3$$

8.5.5 重心

设有一平面薄片，其边界为 $y=f(x)$，$y=g(x)$（$f(x) \geqslant g(x)$），$x=a$，$x=b$，面密度为 σ，则薄片对 x 轴和 y 轴的静力矩依次为

$$M_x = \frac{\sigma}{2}\int_a^b [f^2(x) - g^2(x)]\mathrm{d}x$$

$$M_y = \sigma\int_a^b x[f(x) - g(x)]\mathrm{d}x$$

薄片质量为

$$m = \sigma\int_a^b [f(x) - g(x)]\mathrm{d}x$$

薄片重心坐标为(ζ,η)，其中

$$\zeta = \frac{M_y}{m} = \frac{\int_a^b x[f(x) - g(x)]\mathrm{d}x}{\int_a^b [f(x) - g(x)]\mathrm{d}x}$$

$$\eta = \frac{M_x}{m} = \frac{\frac{1}{2}\int_a^b [f^2(x) - g^2(x)]\mathrm{d}x}{\int_a^b [f(x) - g(x)]\mathrm{d}x}$$

【例 8-33】 对于半径为 a 的半圆形均匀薄片，可取圆心为坐标原点，直径所在直线为 x 轴，y 轴指向圆弧，则此薄片的重心为$(0,\eta)$

$$\eta = \frac{\frac{1}{2} \times 2\int_0^a (a^2 - x^2)\mathrm{d}x}{\frac{1}{2}\pi a^2} = \frac{4a}{3\pi}$$

【例 8-34】 用铁锤将一铁钉钉入木板，设木板对铁锤钉的阻力与铁钉伸入木板内部分的长度成正比. 设第一锤将钉击入 1cm，如果每锤所做的功相等，问第二锤能将铁钉击入多少厘米?

解 由于木板的阻力与伸入木板内部分的钉的长度 x 成正比，所以第一锤所做的功

$$W_1 = \int_0^1 kx\mathrm{d}x = \frac{k}{2}$$

设两锤后，铁钉共伸入木板 Hcm，则第二锤做的功为

$$W_2 = \int_1^H kx\mathrm{d}x = \frac{1}{2}k(H^2 - 1)$$

因为每锤做的功相等，故

$$\frac{k}{2} = \frac{1}{2}k(H^2 - 1)$$

所以

$$H = \sqrt{2}\mathrm{cm}$$

即第二锤能将铁钉击入（$\sqrt{2}-1$）cm.

【例 8-35】 某水库有一闸门，其水下部分为半径等于 1 的半圆形，以匀速 a 垂直提起，求 $t=0$ 时，闸门受到的水压力的变化速度.

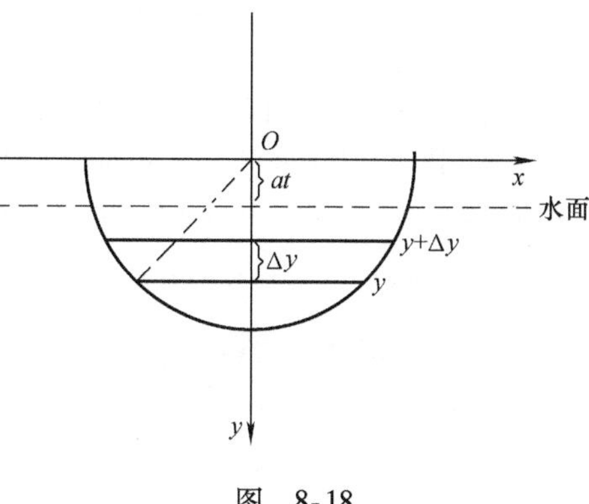

图　8-18

解　如图 8-18 所示，将坐标系取在闸门上，直径位于 x 轴上，到了 t 时刻，任取 $[y, y+\Delta y]$，则水压力 $F(t)$ 的微元为

$$\mathrm{d}F(t) = \rho g(y - at)2\sqrt{1 - y^2}\mathrm{d}y$$

其中，ρ 表示水的密度. 这时，闸门受到的水压力为

$$F(t) = \int_{at}^1 \rho g(y - at)2\sqrt{1 - y^2}\mathrm{d}y$$

$$= 2\rho g\int_{at}^1 y\sqrt{1 - y^2}\mathrm{d}y - 2\rho gat\int_{at}^1 \sqrt{1 - y^2}\mathrm{d}y$$

因此

$$F'(t) = -2\rho ga^2t\sqrt{1 - a^2t^2} - 2\rho ga\int_{at}^1 \sqrt{1 - y^2}\mathrm{d}y + 2\rho ga^2t\sqrt{1 - a^2t^2}$$

$$= -2\rho ga\int_{at}^1 \sqrt{1 - y^2}\mathrm{d}y$$

故当 $t=0$ 时，闸门受到的水压力的变化速度为

$$F'(0) = -2\rho ga\int_0^1 \sqrt{1 - y^2}\mathrm{d}y = -\frac{\pi}{2}\rho ga$$

8.5　习题答案

习　题　8

1. 求两点 $A(1,0,0)$ 与 $B(0,1,1)$ 的连线 AB 绕 z 轴旋转一周所得的旋转体的表面积 S 与两平面 $z=0$，$z=1$ 围成的立体的体积 V.

2. 求由曲线 $y=3-|x^2-1|$ 与 x 轴所围成的平面图形绕直线 $y=3$ 旋转一周所得的旋转体的体积 V.

3. 设抛物线 $y=ax^2+bx+c$ 过原点，当 $0\leqslant x\leqslant 1$ 时，$y\geqslant 0$，又已知该抛物线与 x 轴及直线 $x=1$ 所围成图形的面积为$\frac{1}{3}$，若要使此图形绕 x 轴旋转一周而成的旋转体的体积最小，试求该抛物线的解析式.

4. 设 $f(x)$ 是区间 $[0,1]$ 上的任意非负连续函数，

（1）试证明存在 $x_0 \in (0,1)$，使区间 $[0,x_0]$ 上以 $f(x_0)$ 为高的矩形面积等于在区间 $[x_0,1]$ 上以 $y=f(x)$ 为曲边的曲边梯形面积，

（2）又设$f(x)$在区间$(0,1)$内可导，且$f'(x)>-\dfrac{2f(x)}{x}$，证明（1）中的x_0是唯一的.

5. 过坐标原点构造曲线$y=\ln x$的切线，该切线与曲线$y=\ln x$及x轴围成的平面图形为D，

（1）试求D的面积A；

（2）求D绕直线$x=\mathrm{e}$旋转一周所得的旋转体的体积V.

6. 已知曲线L的方程为$\begin{cases}x=t^2+1\\y=4t-t^2\end{cases}$（$t\geqslant0$），

（1）讨论L的凹凸性；

（2）过点（-1，0）引L的切线，求切点（x_0，y_0），并写出切线的方程；

（3）求此切线与L（对应$x\leqslant x_0$的部分）及x轴所围的平面图形的面积S.

7. 设函数$f(x)$在闭区间$[0,1]$上连续，在开区间（0，1）内大于零，并且满足$xf'(x)=f(x)+\dfrac{3a}{2}x^2$，其中$a$为常数，又设曲线$y=f(x)$与$x=1$，$y=0$所围成的图形$S$的面积为2，

（1）求函数$f(x)$的表达式，

（2）问当a为何值时，图形S绕x轴旋转一周所得到的旋转体的体积最小，并求出旋转体体积的最小值.

8. 求由曲线$\dfrac{x^2}{a^2}+\dfrac{y^2}{b^2}=1$（$a>b>0$），$x^2+y^2=a^2$和$y$轴围成的第一象限图形的重心.

9. 设有一半径为R，高为l的圆柱体，平放在深为$2R$的水中，设圆柱的相对密度为ρ（$\rho>1$），现把它移出水中，设水的密度为$1\mathrm{g/cm^3}$，问至少需要做多少功？

10. 某建筑工程打地基时，需要用汽锤将桩打进土层. 汽锤每次打击，都将克服土层对桩的阻力而做功. 设土层对桩的阻力大小与桩被打进地下的深度成正比（比例系数为k，$k>0$）. 汽锤第一次击打将桩打进地下a m（m表示长度单位米）. 根据设计方案，要求汽锤每次击打桩时所做的功与前一次击打所做的功之比为常数r（$0<r<1$），问：

（1）汽锤击打桩3次后，可将桩打进地下多深？

（2）若击打次数不限，求汽锤至多能将桩打进地下多深？

习题8答案

第 9 章 常微分方程

9.1 一般概念　例

9.1.1 微分方程的定义、通解与特解

把形如

$$F(x,y(x),y'(x),\cdots,y^{(n)}(x))=0 \tag{9-1}$$

的方程式称作常微分方程．其中，F 是已知函数，x 是自变量，$y(x)$是未知函数．称微分方程中所含未知函数的导数的最高阶数为微分方程的阶．如果函数$y(x)$在某个区间 I 上 n 次连续可微并当 $x\in I$ 时满足方程（9-1），则称 $y(x)$为微分方程（9-1)的解(或积分).

【例 9-1】　设 $f(x)$是在区间 $I=(a,b)$上已知的连续函数，$y(x)$表示它的原函数．为求出原函数，我们得到一阶常微分方程

$$y'(x)=f(x) \tag{9-2}$$

显然，它的解是

$$y(x)=\int_{x_0}^{x}f(t)\,\mathrm{d}t+C,x_0\in I$$

其中 C 是任意常数．

微分方程（9-2）具有无穷多个解，事实上，任一常微分方程都有无穷多个解．为了求得方程（9-2）的唯一解，只需要给定原函数 $y(x)$在某一点处的值，如 $y(x_0)=y_0$，此时解是唯一的且等于

$$y(x)=y_0+\int_{x_0}^{x}f(t)\,\mathrm{d}t$$

基本初等函数均为最简单的常微分方程的解．

微分方程的解中若含有任意常数，并且所含任意常数的个数与微分方程的阶数相同，则称这种解为方程的通解．

在通解中，由任意常数取特定的值而得到的解，称为特解，用来确定特解的条件为定解条件．如一阶方程：有 $y(x_0)=y_0$；二阶方程：$y(x_0)=y_0,y'(x_0)=y'_0$；…

【例 9-2】　对于方程

$$y''+y=0 \tag{9-3}$$

可直接验证，三角函数 $\sin x$，$\cos x$ 都是它的解．显然对函数 $y=\sin x$ 有

$$y(0)=0,\ y'(0)=-1 \tag{9-4}$$

而对函数 $y=\cos x$ 有

$$y(0)=1,\ y'(0)=0 \tag{9-5}$$

在后面将证明，方程（9-3）的满足条件（9-4）或（9-5）的解是唯一的，所以可把函数 $y=\sin x$ 确定为方程（9-3）的满足条件（9-4）的解．类似地，可定义函数 $y=\cos x$ 是方程（9-3）的满足条件（9-5）的解．由这个定义可推出正弦和余弦的全部性质．

许多自然科学问题都可化为常微分方程．

【例 9-3】　受外力作用的质量为 m 的质点运动遵循牛顿第二定律

$$ma=F$$

设质点在 x 轴上运动且用 $x(t)$ 表示在 t 时刻质点的横坐标，则函数 $x(t)$ 满足二阶常微分方程

$$m\frac{\mathrm{d}^2x}{\mathrm{d}t^2}=F\left(t,\ x,\ \frac{\mathrm{d}x}{\mathrm{d}t}\right) \tag{9-6}$$

设质点在三维空间中运动，且用 $\boldsymbol{r}(t)=(x(t),y(t),z(t))$ 表示它的向径，此时有

$$m\frac{\mathrm{d}^2\boldsymbol{r}}{\mathrm{d}t^2}=\boldsymbol{F}\left(t,\ \boldsymbol{r},\ \frac{\mathrm{d}\boldsymbol{r}}{\mathrm{d}t}\right)$$

这个关系式是由含有三个未知函数 $x(t)$，$y(t)$，$z(t)$ 的三个常微分方程构成的方程组．

为了确定在 t 时刻质点的位置，由力学知，必须给出质点在某个初始时刻 t_0 的位置与速度．譬如，为求出牛顿方程（9-6）的唯一解，必须给定初值

$$x(t_0)=x_0,\frac{\mathrm{d}x(t_0)}{\mathrm{d}t}=v_0$$

如果关于微分方程所有解的求法能归结到对已知函数进行有限次求导或积分及代数运算，则称方程是可积的．遗憾的是这种可积方程类型甚少．譬如，牛顿方程（9-6）当且仅当其右端力函数只依赖于变量 t、x、$\frac{\mathrm{d}x}{\mathrm{d}t}$ 中的一个量，即方程为下述方程

$$m\frac{\mathrm{d}^2x}{\mathrm{d}t^2}=F(t),m\frac{\mathrm{d}^2x}{\mathrm{d}t^2}=F(x),m\frac{\mathrm{d}^2x}{\mathrm{d}t^2}=F\left(\frac{\mathrm{d}x}{\mathrm{d}t}\right)$$

之一时才是可积的．

设 $q(x)=x^\alpha$，则黎卡提方程

$$y'+y^2=q(x)$$

当且仅当 $\alpha=-4n/(2n-1)$（n 是整数）或 $\alpha=-2$ 时可积（刘维尔证明了这一事实）．

可积类型的微分方程总是不能满足自然科学的需要．所以对于微分方程的研究广泛地运用近似方法与数值解法，这类方法还是由牛顿首先建立的．

研究常微分方程解的一般性质并发展其精确解法，渐近解法与数值解法是常微分方程的理论问题．

9.1.2　微分方程的积分曲线　方向场

定义 9-1　微分方程的解所表示的曲线称为积分曲线.

考虑一阶微分方程

$$\frac{\mathrm{d}y}{\mathrm{d}x}=f(x,\ y),$$

其中$f(x, y)$是平面区域 G 内的连续函数. 在区域 G 内每一点 $M(x, y)$，根据导数的几何意义，$\tan\alpha=\dfrac{\mathrm{d}y}{\mathrm{d}x}=f(x, y)$表示点 $M(x, y)$处切线的斜率，我们可以作一个以$f(x, y)$为斜率的直线段，并标明积分曲线在该点的切线方向. 区域 G 连同这些向量称为微分方程的方向场.

求解一阶微分方程的初值问题就是求过点（x_0，y_0）的积分曲线.

在构造一阶微分方程的方向场时，通常将利用关系式$f(x, y)=k$确定的曲线称为方向场的等斜线. 显然，在等斜线上各向量的斜率都等于 k. 因此，等斜线简化了向量场逐点构造的方法，有助于积分曲线的近似作图（见图 9-1 和图 9-2）. 只要向量场构造得足够精细，就可以非常清楚地表示出积分曲线的草图，因此可直接从微分方程本身获得解的某些性质.

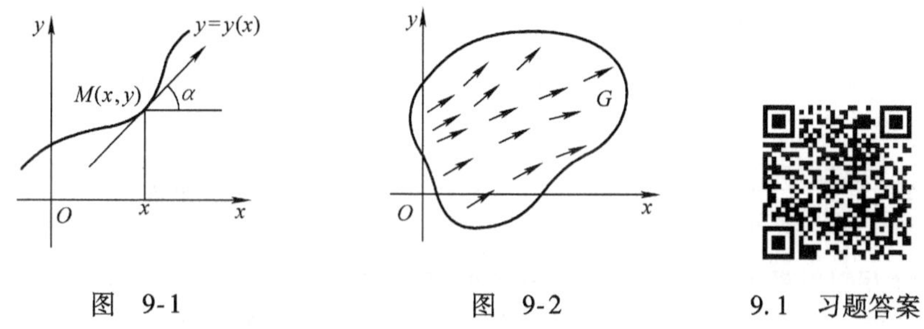

图　9-1　　　图　9-2　　　9.1　习题答案

【例 9-4】　画出微分方程 $y'=\sqrt{x^2+y^2}$的方向场与积分曲线.

解　所给方程的等斜线方程为$\sqrt{x^2+y^2}=k$，即在半径为 k 的圆周上各向量的斜率都等于 k. 方向场与积分曲线分别如图 9-3 和图 9-4 所示.

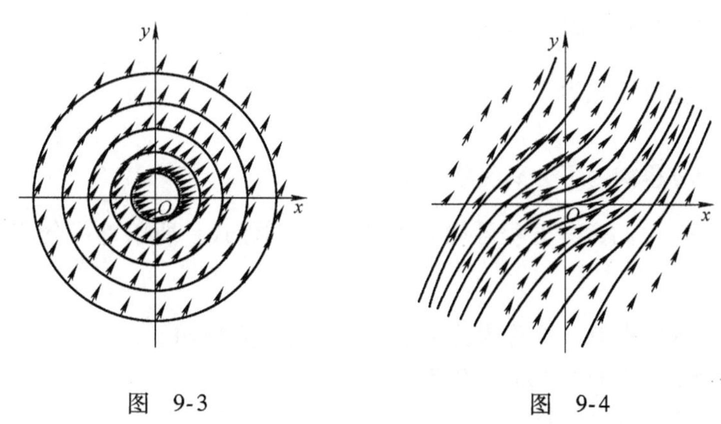

图　9-3　　　图　9-4

【例 9-5】　画出微分方程 $y'=y-x^2$ 的方向场与积分曲线.

解　所给方程的等斜线方程为 $y-x^2=k$，即 $y=x^2+k$，它是一簇抛物线，当 $k=0$ 时，$y=x^2$，当 $k=\pm1$ 时，$y=x^2\pm1$. 因此方程的方向场与积分曲线分别如图 9-5 和图 9-6 所示.

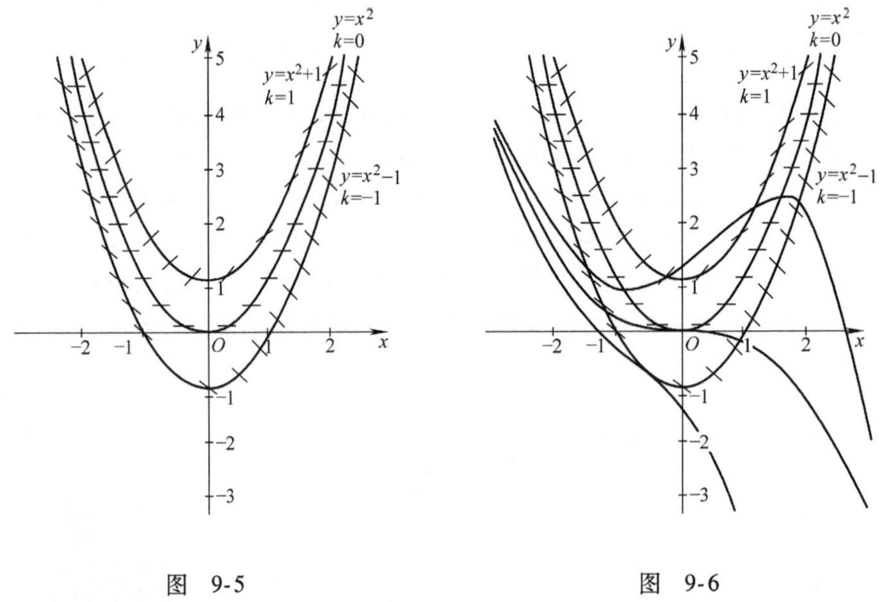

图 9-5　　　　图 9-6

很多微分方程很难求出其精确解，直接通过微分方程本身确定微分方程的近似解并获得解的某些性质，这在实际应用中是很有意义的．由于计算机的发展．现在通过软件描绘微分方程的方向场是很方便的，而且比较准确．读者可以自己练习一下．

9.2 可分离变量方程

9.2.1 可分离变量方程概念及举例

9.2 思维导图

若一阶微分方程可以化为

$$g(y)\mathrm{d}y=f(x)\mathrm{d}x \tag{9-7}$$

的形式，则说这个方程式为可分离变量方程．

形如$\dfrac{\mathrm{d}y}{\mathrm{d}x}=f(x)h(y)$的微分方程可化为式（9-7）的形式，所以是可分离变量方程．

可分离变量方程的求解方法称为分离变量法，具体方法如下：

（1）分离变量，化为标准形式（9-7）；

（2）将式（9-7）两边积分，得到

$$\int g(y)\mathrm{d}y=\int f(x)\mathrm{d}x+C \tag{9-8}$$

其中，C为任意常数．由式（9-8）确定的函数关系$y=y(x,\ C)$就是方程的通解．

注意：形如$\dfrac{\mathrm{d}y}{\mathrm{d}x}=f(x)h(y)$的方程，在化为标准形式（9-7）时，要求$h(y)\neq 0$，若存在常数$\eta$，使得$h(\eta)=0$，则$y=\eta$也是方程的解．

【例 9-6】 求$(1+\mathrm{e}^x)yy'=\mathrm{e}^x$满足条件$y(0)=1$的解．

解　分离变量：$y\,\mathrm{d}y=\dfrac{\mathrm{e}^x\mathrm{d}x}{1+\mathrm{e}^x}$，积分得

$$\frac{1}{2}y^2=\ln(1+\mathrm{e}^x)+C$$

由 $y(0)=1$ 得

$$\frac{1}{2}-\ln2=C,\ C=\ln\frac{1}{2}\sqrt{\mathrm{e}}$$

$$\frac{1}{2}y^2=\ln(1+\mathrm{e}^x)+\ln\frac{1}{2}\sqrt{\mathrm{e}}$$

$$\mathrm{e}^{\frac{1}{2}y^2}=\frac{1}{2}\sqrt{\mathrm{e}}(1+\mathrm{e}^x)$$

【例 9-7】　求$\dfrac{\mathrm{d}y}{y}=\dfrac{\mathrm{d}x}{x}$的通解．

解　$\ln|y|=\ln|x|+\ln C_1$，$C_1>0$

$$|y|=C_1|x|,\ y=\pm C_1x=Cx\ (C\neq0).$$

【例 9-8】　在平面上求一条过点(1，0）的光滑曲线，要求曲线上各点的切线与原点到该点的向量垂直．

解　设曲线上任意一点的坐标为（x，y），则原点到该点的向量为（x，y），则有

$$\frac{\mathrm{d}y}{\mathrm{d}x}\cdot\frac{y}{x}=-1.$$

显然 $y=0$ 不是方程的解，故有

$$\frac{\mathrm{d}y}{\mathrm{d}x}=-\frac{x}{y}.$$

分离变量，积分得

$$\int y\,\mathrm{d}y=-\int x\,\mathrm{d}x+C$$

有

$$\frac{1}{2}y^2=-\frac{1}{2}x^2+C.$$

由曲线过点（1，0），知 $x=1$ 时 $y=0$，得 $C=\dfrac{1}{2}$，于是所求曲线的方程为

$$x^2+y^2=1.$$

9.2.2　齐次方程

有些方程不是可分离变量方程，例如$\dfrac{\mathrm{d}y}{\mathrm{d}x}=\dfrac{y}{x}+\cos\dfrac{y}{x}$. 但是，这些方程可经过变量代换转化为可分离变量方程．本小节主要来研究一类特殊的可化为可分离变量方程的方程——齐次方程．

若方程$\dfrac{\mathrm{d}y}{\mathrm{d}x}=f(x,y)$的右端$f(x,y)$可化为$g\left(\dfrac{y}{x}\right)$的形式，则称此方程为齐次方程．

例如，$\dfrac{\mathrm{d}y}{\mathrm{d}x}=\dfrac{x+y}{x-y}$，$x\dfrac{\mathrm{d}y}{\mathrm{d}x}=y+\sqrt{x^2+y^2}$都是齐次方程．

【例 9-9】　不必把 y' 解出来，判别下列方程是否为齐次方程.

(1) $xy'\sin\dfrac{y}{x}+x=y\sin\dfrac{y}{x}$

(2) $xy+y^2=(2x^2+xy)y'$

(3) $xyy'=y^2+2x^2$

(4) $(x^2+y^2)\mathrm{d}x-xy\,\mathrm{d}y=0$

(5) $(y+\sqrt{xy})\mathrm{d}x=x\,\mathrm{d}y$

(6) $xy'=y(\ln y-\ln x)$

(7) $x\,\mathrm{d}y=(y+\sqrt{x^2+y^2})\mathrm{d}x$

(8) $x\dfrac{\mathrm{d}y}{\mathrm{d}x}-y=x\sqrt{x^2+y^2}$

解　(1) ~ (7) 是齐次方程，(8) 不是.

齐次方程的求解方法步骤如下：

(1) 将方程化为$\dfrac{\mathrm{d}y}{\mathrm{d}x}=g\left(\dfrac{y}{x}\right)$的标准形式；

(2) 令 $u=\dfrac{y}{x}$，即 $y=ux$，得到$\dfrac{\mathrm{d}y}{\mathrm{d}x}=x\dfrac{\mathrm{d}u}{\mathrm{d}x}+u$；

(3) 将上述结果代入齐次方程的标准形式，得到 $x\dfrac{\mathrm{d}u}{\mathrm{d}x}+u=g(u)$，于是有

$$x\frac{\mathrm{d}u}{\mathrm{d}x}=g(u)-u$$

此方程为可分离变量方程. 利用分离变量法，可得解 $u=u(x,C)$，进而可得方程的通解$y=x\,u(x,C)$.

【例 9-10】　解方程$\dfrac{\mathrm{d}y}{\mathrm{d}x}=\dfrac{y}{x}+\cos\dfrac{y}{x}$.

解　令 $y=ux$，变换方程得

$$\frac{\mathrm{d}y}{\mathrm{d}x}=x\frac{\mathrm{d}u}{\mathrm{d}x}+u,\quad x\frac{\mathrm{d}u}{\mathrm{d}x}+u=u+\cos u$$

$$\frac{\mathrm{d}u}{\cos u}=\frac{1}{x}\,\mathrm{d}x,\quad \ln|\sec u+\tan u|=\ln|x|+\ln C_1,\quad C_1>0$$

$$|\sec u+\tan u|=C_1|x|,\quad \sec u+\tan u=\pm C_1x=Cx,\quad C=\pm C_1$$

方程的通解为

$$1+\sin\frac{y}{x}=Cx\cos\frac{y}{x}$$

此外，由 $\cos u=0$，解得 $y=\left(k\pi+\dfrac{\pi}{2}\right)x$ 也是方程的解，$k\in\mathbf{Z}$.

【例 9-11】　$x\dfrac{\mathrm{d}y}{\mathrm{d}x}-y=x\tan\dfrac{y}{x}$，$y(1)=\dfrac{\pi}{2}$

解　$\dfrac{\mathrm{d}y}{\mathrm{d}x}-\dfrac{y}{x}=\tan\dfrac{y}{x}$，令$\dfrac{y}{x}=u$，$\dfrac{\mathrm{d}y}{\mathrm{d}x}=x\dfrac{\mathrm{d}u}{\mathrm{d}x}+u$，原方程化为

$$x\frac{\mathrm{d}u}{\mathrm{d}x}+u-u=\tan u,\quad \frac{\mathrm{d}u}{\tan u}=\frac{1}{x}\,\mathrm{d}x,\quad \ln|\sin u|=\ln|x|+\ln C_1,\quad C_1>0$$

$$|\sin u| = C_1|x|,\ \sin u = \pm C_1 x = Cx,\ C = \pm C_1$$

$y = x\arcsin Cx$，由 $y(1) = \dfrac{\pi}{2}$ 得 $C=1$，$y = x\arcsin x$. $y=0$ 不满足初始条件.

【例 9-12】 $\dfrac{\mathrm{d}y}{\mathrm{d}x} = \dfrac{x+y}{x-y}$

解 设 $y = ux$，$x\dfrac{\mathrm{d}u}{\mathrm{d}x} + u = \dfrac{1+u}{1-u}$，$x\dfrac{\mathrm{d}u}{\mathrm{d}x} = \dfrac{1+u^2}{1-u}$

$$\frac{1-u}{1+u^2}\mathrm{d}u = \frac{1}{x}\mathrm{d}x, \arctan u - \frac{1}{2}\ln(1+u^2) = \ln|x| + \ln C_1, C_1>0$$

$$\arctan u = \ln C_1|x|\sqrt{1+u^2}, \mathrm{e}^{\arctan\frac{y}{x}} = C\sqrt{x^2+y^2}, C = \pm C_1$$

上面我们研究了齐次方程的解法，中心思想是通过变量代换把齐次方程化为可分离变量的方程来求解. 变量代换是微分方程求解的重要方法，利用它可以解决一些其他类型方程的求解问题. 考虑如下几个例子：

【例 9-13】 恰当选取变量代换，化下列方程为可积类型.

(1) $\dfrac{\mathrm{d}y}{\mathrm{d}x} = f(x+y)$，$f(u)$ 是 u 的连续函数

令 $x+y=u$，$\dfrac{\mathrm{d}u}{\mathrm{d}x} = 1 + \dfrac{\mathrm{d}y}{\mathrm{d}x}$，$\dfrac{\mathrm{d}u}{\mathrm{d}x} = 1 + f(u)$，$\dfrac{1}{f(u)+1}\mathrm{d}u = \mathrm{d}x$

如 $(x+y)^2\dfrac{\mathrm{d}y}{\mathrm{d}x} = a^2$，应设 $x+y=u$，而变为 $(x^2+2xy+y^2)\dfrac{\mathrm{d}y}{\mathrm{d}x} = a^2$ 不可取.

(2) $x\dfrac{\mathrm{d}y}{\mathrm{d}x} - y = x\sqrt{x^2+y^2}$（不是齐次方程）

令 $y = ux$，$x\left(x\dfrac{\mathrm{d}u}{\mathrm{d}x} + u\right) - ux = x^2\sqrt{1+u^2}$，$\dfrac{\mathrm{d}u}{\sqrt{1+u^2}} = \mathrm{d}x$

说明 $y = ux$ 不是齐次方程专有的代换，对于某些不是齐次方程的方程也可利用这个代换.

(3) $\dfrac{\mathrm{d}y}{\mathrm{d}x} = \dfrac{y}{x}\dfrac{1}{\sin^2 xy} - \dfrac{y}{x}$

令 $xy = u$，$x\dfrac{\mathrm{d}y}{\mathrm{d}x} + y = \dfrac{\mathrm{d}u}{\mathrm{d}x}$，$x\left(\dfrac{y}{x}\dfrac{1}{\sin^2 u} - \dfrac{y}{x}\right) + y = \dfrac{\mathrm{d}u}{\mathrm{d}x}$

$$\frac{y}{\sin^2 u} = \frac{\mathrm{d}u}{\mathrm{d}x},\ \frac{\mathrm{d}u}{\mathrm{d}x} = \frac{u}{x\sin^2 u},\ \frac{\mathrm{d}x}{x} = \frac{\sin^2 u}{u}\mathrm{d}u$$

(4) $\dfrac{\mathrm{d}y}{\mathrm{d}x} = \dfrac{y}{2x} + \dfrac{1}{2y}\tan\dfrac{y^2}{x}$

令 $y^2 = ux$，$2y\dfrac{\mathrm{d}y}{\mathrm{d}x} = x\dfrac{\mathrm{d}u}{\mathrm{d}x} + u$

原方程两边同乘以 $2y$，得

$$2y\frac{\mathrm{d}y}{\mathrm{d}x} = \frac{y^2}{x} + \tan\frac{y^2}{x},\ x\frac{\mathrm{d}u}{\mathrm{d}x} + u = u + \tan u,\ \frac{\mathrm{d}u}{\tan u} = \frac{\mathrm{d}x}{x}$$

(5) $\dfrac{\mathrm{d}y}{\mathrm{d}x} = \dfrac{3x^2+y^2-6x+2y+4}{2xy+2x-2y-2}$

可令 $\xi=x-1$，$\eta=y+1$，$\dfrac{\mathrm{d}\eta}{\mathrm{d}\xi}=\dfrac{3\xi^2+\eta^2}{2\xi\eta}$

最后，考虑可化为齐次方程的方程

$$\frac{\mathrm{d}y}{\mathrm{d}x}=\frac{a_1x+b_1y+c_1}{a_2x+b_2y+c_2}，\text{其中 } c_1，c_2 \text{ 不全为零}$$

设 l_1：$a_1x+b_1y+c_1=0$，$l_2=a_2x+b_2y+c_2=0$ 是两条直线方程

（1）相交：$\begin{vmatrix} a_1 & b_1 \\ a_2 & b_2 \end{vmatrix}\neq 0$

要把二直线方程化为 $a_1X+b_1Y=0$，$a_2X+b_2Y=0$ 需要进行坐标平移变换：设 $x=X+h$，$y=Y+k$，其中（h，k）是方程组

$$\begin{cases} a_1h+b_1k+c_1=0 \\ a_2h+b_2k+c_2=0 \end{cases}$$

的解，事实上将变量代换式代入方程，可得

$$\frac{\mathrm{d}(Y+k)}{\mathrm{d}(X+h)}=\frac{a_1(X+h)+b_1(Y+k)+c_1}{a_2(X+h)+b_2(Y+k)+c_2}=\frac{a_1X+b_1Y+a_1h+b_1k+c_1}{a_2X+b_2Y+a_2h+b_2k+c_2}$$

即

$$\frac{\mathrm{d}Y}{\mathrm{d}X}=\frac{a_1X+b_1Y}{a_2X+b_2Y}$$

（2）平行：$\begin{vmatrix} a_1 & b_1 \\ a_2 & b_2 \end{vmatrix}=0$，$\dfrac{a_1}{a_2}=\dfrac{b_1}{b_2}=\lambda\neq\dfrac{c_1}{c_2}$

可得

$$\frac{\mathrm{d}y}{\mathrm{d}x}=\frac{a_1x+b_1y+c_1}{a_2x+b_2y+c_2}=\frac{\lambda(a_2x+b_2y)+c_1}{a_2x+b_2y+c_2}$$

从而令 $a_2x+b_2y=u$

$$\frac{\mathrm{d}u}{\mathrm{d}x}=a_2+b_2\frac{\mathrm{d}y}{\mathrm{d}x}，\ \frac{1}{b_2}\left(\frac{\mathrm{d}u}{\mathrm{d}x}-a_2\right)=\frac{\lambda u+c_1}{u+c_2}$$

为可分离变量方程.

【例 9-14】　考虑方程 $\dfrac{\mathrm{d}y}{\mathrm{d}x}=\dfrac{x+y-2}{x-y+4}$. 由 $\begin{cases} h+k-2=0 \\ h-k+4=0 \end{cases}$ 解得 $h=-1$，$k=3$

设 $x=X-1$，$y=Y+3$，得 $\dfrac{\mathrm{d}Y}{\mathrm{d}X}=\dfrac{X+Y}{X-Y}$，由前面得

$$\mathrm{e}^{\arctan\frac{Y}{X}}=C\sqrt{X^2+Y^2}，C\neq 0 \text{ 为任意常数}$$

$$\mathrm{e}^{\arctan\frac{y-3}{x+1}}=C\sqrt{(x+1)^2+(y+3)^2}$$

典型计算题 1

试解下列微分方程.

1. $xy\mathrm{d}x+(x+1)\mathrm{d}y=0$　　**2.** $\sqrt{y^2+1}\mathrm{d}x=xy\mathrm{d}y$

3. $(x^2-1)y'+2xy^2=0, y(0)=1$　　**4.** $xy'+y=y^2, y(1)=\dfrac{1}{2}$

5. $y'=3\sqrt[3]{y^2},y(2)=0$　　**6.** $y'\cot x+y=2,y(0)=-1$

7. $xy'-y=x\tan\left(\frac{y}{x}\right),y(1)=\frac{\pi}{2}$　　**8.** $xy'\sin\left(\frac{y}{x}\right)+x=y\sin\left(\frac{y}{x}\right)$

9. $xy+y^2=(2x^2+xy)y'$　　**10.** $xy'\ln\left(\frac{y}{x}\right)=x+y\ln\frac{y}{x}$

11. $xyy'=y^2+2x^2$　　**12.** $y'=4+\frac{y}{x}+\left(\frac{y}{x}\right)^2,y(1)=2$

9.2　习题答案

9.3 一阶线性方程

9.3.1 一阶线性方程定义

定义 9-2

$$\frac{dy}{dx}+p(x)y=q(x) \tag{9-9}$$

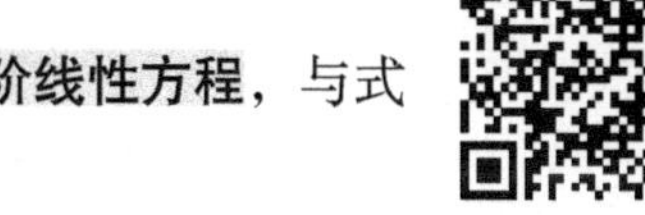

其中，$p(x)$，$q(x)$是任意连续函数，则称式（9-9）为**一阶线性方程**，与式（9-9）对应的齐次线性方程为

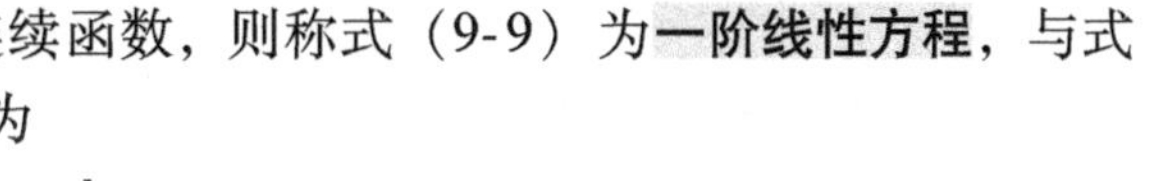

$$\frac{dy}{dx}+p(x)y=0 \tag{9-10}$$

9.3　思维导图

设$\bar{y}$是式（9-10）的**解**，y^*是式（9-9）的**特解**，则

$$y^{*\prime}+p(x)y^*=q(x),\bar{y}+p(x)\bar{y}=0$$

$$(\bar{y}+y^*)'+p(\bar{y}+y^*)=q(x)$$

即$y=\bar{y}+y^*$是（9-9）的**通解**.（为什么?）

下面来求式（9-9）的通解：

先求$\bar{y}$：由$\frac{dy}{dx}+p(x)y=0$得$\frac{dy}{y}=-p(x)dx$，$\ln|y|=-\int p(x)dx+C_1$

$$|y|=e^{-\int p(x)dx+C_1},\ y=\pm e^{C_1}e^{-\int p(x)dx}=C'e^{-\int p(x)dx},\ C'=\pm e^{C_1}$$

因$y=0$也是方程的解，故通解（全部解）可记为

$$\bar{y}=Ce^{-\int p(x)dx},C\in\mathbf{R}$$

由$y=\bar{y}+y^*=Ce^{-\int p(x)dx}+y^*=e^{-\int p(x)dx}(C+y^*e^{\int p(x)dx})$知：可设

$$y=C(x)e^{-\int p(x)dx}$$

代入方程（9-9）得

$$\frac{dC(x)}{dx}e^{-\int p(x)dx}+C(x)(-p(x)e^{-\int p(x)dx})+p(x)C(x)e^{-\int p(x)dx}=q(x)$$

$$\frac{dC(x)}{dx}=q(x)e^{\int p(x)dx},\ C(x)=\int q(x)e^{\int p(x)dx}dx+C_1$$

从而

$$y=e^{-\int p(x)dx}\left(\int q(x)e^{\int p(x)dx}dx+C_1\right)$$

是式（9-9）的通解．称上述解法为常数变易法．

可类似考虑

$$\frac{dx}{dy}+p(y)x=q(y)$$

【例 9-15】 解方程$\frac{dy}{dx}+2xy=2xe^{-x^2}$.

解 $p(x)=2x$，$q(x)=2xe^{-x^2}$

$$y=e^{-\int 2x\,dx}\left(\int 2xe^{-x^2}e^{\int 2x\,dx}dx+C_1\right)=e^{-x^2}(x^2+C_1)$$

【例 9-16】 解方程$\frac{dy}{dx}=\frac{1}{x\cos y+\sin 2y}$.

解 $\frac{dx}{dy}-x\cos y=\sin 2y$，$p(y)=-\cos y$，$q(y)=\sin 2y$

$$\begin{aligned}x&=e^{\sin y}\left(\int \sin 2y\,e^{-\sin y}dy+C\right)\\&=e^{\sin y}\left(\int 2\sin y\cos y\,e^{-\sin y}dy+C\right)\\&=e^{\sin y}\left(\int 2ue^{u}\,du+C\right)(u=-\sin y)\\&=e^{\sin y}\ (2ue^{u}-2e^{u}+C)\ =e^{\sin y}\ (-2\sin y\,e^{-\sin y}-2e^{-\sin y}+C)\\&=Ce^{\sin y}-2(1+\sin y)\end{aligned}$$

【例 9-17】 解下列方程．

（1）$\frac{dy}{dx}+y\tan x=\sec x$

解 $y=e^{-\int\tan x\,dx}\left(\int\sec x\,e^{\int\tan x\,dx}dx+C\right)=\sin x+C\cos x$

（2）$x^2+xy'=y$，$y(1)=0$

解 $\frac{dy}{dx}-\frac{y}{x}=-x, y=e^{\int\frac{1}{x}dx}\left(\int(-x)e^{-\int\frac{1}{x}dx}dx+C\right)=Cx-x^2$

由 $y(1)=0$ 得 $C=1$，特解为 $y=x-x^2$.

（3）$(xy+e^x)\ dx-x\ dy=0$

解 $\frac{dy}{dx}-y=\frac{e^x}{x}, y=e^{\int dx}\left(\int\frac{e^x}{x}e^{-\int dx}dx+C\right)=e^x(\ln x+C)$

（4）$(x+y^2)dy=y\ dx$，取 x 为未知函数

解 $\frac{dx}{dy}-\frac{1}{y}x=y$，$p(y)=-\frac{1}{y}$，$q(y)=y$

$$x=e^{\int\frac{1}{y}dy}\left(\int ye^{-\int\frac{1}{y}dy}dy+C\right)=y(y+C)$$

（5）$(2e^y-x)y'=1$，取 x 为未知函数

解 $\frac{dx}{dy}+x=2e^y, x=e^{-\int dy}\left(\int 2e^y e^{\int dy}dy+C\right)=e^{-y}(e^{2y}+C)=Ce^{-y}+e^y$

（6）$(1+x^2)y'+y=\arctan x$

解 $\dfrac{dy}{dx}+\dfrac{1}{1+x^2}y=\dfrac{\arctan x}{1+x^2}$

$$y = e^{-\int\frac{dx}{1+x^2}}\left(\int\frac{\arctan x}{1+x^2}e^{\int\frac{dx}{1+x^2}}dx + C\right)$$

$$= e^{-\arctan x}\left[e^{\arctan x}(\arctan x-1)+C\right]=Ce^{-\arctan x}+\arctan x-1$$

（7） $y'\cos^2x+y=\tan x$

解 $y = e^{-\int\frac{1}{\cos^2x}dx}\left(\int\frac{\tan x}{\cos^2x}e^{\int\frac{1}{\cos^2x}dx}dx + C\right)$

$$= e^{-\tan x}\left(\int\tan x\sec^2x\, e^{\tan x}dx + C\right) = e^{-\tan x}\left(\int\tan x\, e^{\tan x}d(\tan x) + C\right)$$

$$= Ce^{-\tan x} + \tan x - 1$$

典型计算题 2

试解下列微分方程．

1. $(2x+1)y'=4x+2y$　　**2.** $xy'-2y=2x^4$

3. $x^2y'+xy+1=0$　　**4.** $y=x(y'-x\cos x)$

5. $y'\cos x-y\sin x=2x$，$y(0)=0$　　**6.** $2x(x^2+x)dx=dy$

7. $(xy'-1)\ln x=2y$　　**8.** $xy'+(x+1)y=3x^2e^{-x}$

9. $(x+y^2)dy=y\,dx$　　**10.** $y'+2y=e^{-x}$

11. $y'-2xy=2xe^{x^2}$

9.3.2　伯努利方程

$\dfrac{dy}{dx}+p(x)y=q(x)y^n(n\neq0,1)$可利用变量代换 $z=y^{1-n}$ 化为一阶线性方程：

$$\frac{dz}{dx}=\frac{dz}{dy}\frac{dy}{dx}=(1-n)y^{-n}\frac{dy}{dx}$$

用$(1-n)y^{-n}$乘伯努利方程两端，得

$$(1-n)y^{-n}\frac{dy}{dx}+(1-n)y^{1-n}p(x) = (1-n)q(x)$$

$$\frac{dz}{dx}+(1-n)p(x)z = (1-n)q(x)$$

$$z = e^{(n-1)\int p(x)dx}\left(\int(1-n)q(x)e^{(1-n)\int p(x)dx}dx + C\right)$$

即 $y^{1-n} = e^{(n-1)\int p(x)dx}\left(\int(1-n)q(x)e^{(1-n)\int p(x)dx}dx + C\right)$

【**例 9-18**】　试解下列方程．

（1） $y'-2ye^x=2\sqrt{y}e^x$

解　设$z=y^{1-\frac{1}{2}}=\sqrt{y}$，则

$$z = e^{\left(\frac{1}{2}-1\right)\int(-2e^x)dx}\left[\left(1-\frac{1}{2}\right)\int 2e^xe^{\left(1-\frac{1}{2}\right)\int(-2e^x)dx}dx + C\right]$$

$$= e^{e^x}\left(\int e^xe^{-e^x}dx + C\right) = e^{e^x}(-e^{-e^x}+C) = Ce^{e^x}-1$$

$$\sqrt{y}+1 = Ce^{e^x}$$

(2) $(x^3+e^y)\ y'=3x^2$

解 原方程可化为：$\dfrac{dx}{dy}=\dfrac{x^3+e^y}{3x^2}=\dfrac{1}{3}x+\dfrac{1}{3}e^y x^{-2}$

设 $z=x^{1-(-2)}=x^3$，$1-n=3$，

$$z = e^{(-3)\int(\frac{-1}{3})dy}\left(\int 3\times\frac{1}{3}e^y e^{3\int(-\frac{1}{3})dy}dy + C\right)$$

$$=e^y(y+C),$$

即

$$x^3=e^y(y+C)$$

(3) $xy\ dy=(y^2+x)dx$

解 原方程化为标准形式：$\dfrac{dy}{dx}=\dfrac{y^2+x}{xy}=\dfrac{y}{x}+\dfrac{1}{y}$，$\dfrac{dy}{dx}-\dfrac{1}{x}y=y^{-1}$

令 $z=y^{1-(-1)}=y^2$

$$z = e^{-2\int(\frac{-1}{x})dx}\left(\int 2e^{2\int(-\frac{1}{x})dx}dx + C\right)$$

$$= e^{\ln x^2}\left(2\int\frac{1}{x^2}\,dx + C\right) = Cx^2-2x,$$

即

$$y^2 = Cx^2-2x$$

(4) $y'+\dfrac{3x^2y}{x^3+1}=y^2(x^3+1)\sin x$，$y(0)=1$

解 设 $z=y^{1-2}=\dfrac{1}{y}$

$$z = e^{(+1)\int\frac{3x2}{x3+1}dx}\left[(-1)\int(x^3+1)\sin x\ e^{-\int\frac{3x2}{x3+1}dx}dx + C\right]$$

$$= (x^3+1)\left(\int(-\sin x)dx + C\right) = (x^3+1)(\cos x + C)$$

由 $y(0)=1$ 得 $C=0$

$$\frac{1}{y}=(x^3+1)\cos x, y=\frac{\sec x}{x^3+1}$$

典型计算题 3

试解下列微分方程．

1. $y'+2xy=2xy^2$ **2.** $3xy^2y'-2y^3=x^2$

3. $y'+2xy=y^2e^{x^2}$ **4.** $y'-2ye^x=2\sqrt{y}e^x$

5. $2y'\ln x+\dfrac{y}{x}=y^{-1}\cos x$ **6.** $2y'\sin x+y\cos x=y^3\sin^2 x$

9.3 习题答案

9.4 某些特殊类型的高阶方程

9.4.1 $y^{(n)}=f(x)$

9.4　思维导图

可利用逐次积分方法得

$$y^{(n-1)} = \int f(x)\mathrm{d}x + C_1 = f_1(x) + C_1$$

$$y^{(n-2)} = \int f_1(x)\mathrm{d}x + C_1x + C_2 = f_2(x) + C_1x + C_2$$

$$\vdots$$

$$y = \int f_{n-1}(x)\mathrm{d}x + \frac{C_1}{(n-1)!}x^{n-2} + \cdots + C_{n-1}x + C_n$$

【例9-19】　解方程 $y'''=\mathrm{e}^{2x}-\cos x$.

解　$y''=\frac{1}{2}\mathrm{e}^{2x}-\sin x+C_1$，$y'=\frac{1}{4}\mathrm{e}^{2x}+\cos x+C_1x+C_2$

$$y=\frac{1}{8}\mathrm{e}^{2x}+\sin x+\frac{C_1}{2}x^2+C_2x+C_3$$

9.4.2 $y''=f(x, y')$

利用变量代换的方法，令 $y'=p$，$y''=\frac{\mathrm{d}p}{\mathrm{d}x}=p'$，则 $p'=f(x, p)$是一阶方程，设其通解为 $p=\varphi(x, C_1)$，则有

$$\frac{\mathrm{d}y}{\mathrm{d}x} = \varphi(x,C_1),\ y = \int\varphi(x,C_1)\mathrm{d}x + C_2$$

【例9-20】　求 $(1+x^2)\ y''=2xy'$满足初始条件 $y|_{x=0}=1$，$y'|_{x=0}=3$ 的解.

解　方程属于 $y''=f(x, y')$型，令 $y'=p$，$p'=f(x, p)$，$\frac{\mathrm{d}p}{p}=\frac{2x}{1+x^2}\mathrm{d}x$

$$\ln|p|=\ln(1+x^2)+\ln C_1',\ p=\pm C_1'(1+x^2)=C_1(1+x^2)$$

由 $y'(0)=3$，得 $C_1=3$，$y'=3(1+x^2)$，$y=x^3+3x+C_2$

由 $y(0)=1$，得 $C_2=1$

$$y=x^3+3x+1$$

9.4.3 $y''=f(y,y')$

利用变量代换法，令 $y'=p$，则 $y''=\frac{\mathrm{d}p}{\mathrm{d}x}=\frac{\mathrm{d}p}{\mathrm{d}y}\frac{\mathrm{d}y}{\mathrm{d}x}=p\frac{\mathrm{d}p}{\mathrm{d}y}$，得$\frac{\mathrm{d}p}{\mathrm{d}y}=\frac{1}{p}f(y, p)$，设通解为 $y'=p=\varphi(y,C_1)$，则得

$$\int \frac{\mathrm{d}y}{\varphi(y, C_1)} = \int \mathrm{d}x = x + C_2$$

【例 9-21】　$yy'' - y'^2 = 0$

解　设 $y' = p$，$y'' = p\dfrac{\mathrm{d}p}{\mathrm{d}y}$

$$yp\frac{\mathrm{d}p}{\mathrm{d}y} - p^2 = 0$$

当 $p \neq 0$，$y \neq 0$ 时

$$\frac{\mathrm{d}p}{p} = \frac{\mathrm{d}y}{y}$$

$$\ln|p| = \ln|y| + \ln C_1,\ p = \pm C_1 y = Cy,\ y' = Cy,\ y = C_2\mathrm{e}^{cx}$$

练习

1. 试判定下列高阶方程的类型并进行适当的变换.

（1）$y'' = 1 + y'^2$

（2）$xy'' = (1 + 2x^2)y'$

（3）$(x+1)y'' - (x+2)y' + x + 2 = 0$

（4）$xy'' = y'\ln\dfrac{y'}{x}$

（5）$y'' + y'\tan x = \sin 2x$

2. 解下列微分方程.

（1）$xy'' = (1 + 2x^2)y'$

（2）$y'y'' = -x$

（3）$yy'' - y'(1 + y') = 0$

（4）$y'' + y'\tan x = \sin 2x$

（5）$y'' - 2\cot xy' = \sin^3 x$

典型计算题 4

试解下列微分方程.

1. $xy'' + y' = 0$　　**2.** $y'' = 1 + y'^2$

3. $y^{(4)} = x$　　**4.** $xy'' = (1 + 2x^2)y'$

5. $xy'' = y'\ln\dfrac{y'}{x}$　　**6.** $y'' = y'^2$

7. $y''(x+2)^5 = 1$，$y(-1) = \dfrac{1}{12}$，$y'(-1) = -\dfrac{1}{4}$

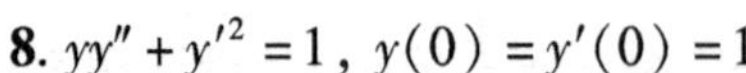

8. $yy'' + y'^2 = 1$，$y(0) = y'(0) = 1$

9.4　习题答案

9.5 例题选解

9.5 思维导图

【例 9-22】　求$\frac{dy}{dx}=\frac{y}{x+y^3e^y}$满足初始条件 $y(0)=-1$ 的特解．

解　原方程改为$\frac{dx}{dy}=\frac{x}{y}+y^2e^y$，$\frac{dx}{dy}-\frac{x}{y}=y^2e^y$

$$x=e^{\int\frac{1}{y}dy}\left(\int y^2e^ye^{-\int\frac{1}{y}dy}dy+C\right)=y[e^y(y-1)+C]$$

因 $y(0)=-1$，得 $C=\frac{2}{e}$

$$x=y\left[e^y(y-1)+\frac{2}{e}\right]$$

【例 9-23】　求 $xy'+(1-x)y=e^{2x}(0<x<+\infty)$满足$\lim\limits_{x\to0^+}y(x)=1$ 的特解．

解　原方程改为 $y'+\frac{1-x}{x}y=\frac{e^{2x}}{x}$ $(0<x<+\infty)$

$$y=e^{-\int\frac{1-x}{x}dx}\left(\int\frac{e^{2x}}{x}e^{\int\frac{1-x}{x}dx}dx+C\right)=\frac{e^x}{x}(e^x+C)$$

$$xy=e^x(e^x+C)$$

$$\lim_{x\to0^+}xy=1+C,\ C=-1,\ y=\frac{e^x}{x}(e^x-1)$$

【例 9-24】　求 $xy''-y'\ln y'+y'\ln x=0$ 满足条件 $y(1)=2$，$y'(1)=e^2$ 的特解．

解　令 $y'=z$，$y''=z'$，得

$$xz'-z\ln z+z\ln x=0$$

即

$$z'=\frac{z}{x}\ln\frac{z}{x}$$

再令 $z=ux$，$\frac{dz}{dx}=u+x\frac{du}{dx}$，得

$$u+x\frac{du}{dx}=u\ln u,\ \frac{du}{u(\ln u-1)}=\frac{dx}{x}$$

积分得

$$\ln|\ln u-1|=\ln C_1|x|,\ C_1>0$$

$$\ln u-1=\pm C_1x=Cx,\ C=\pm C_1,\ u=e^{Cx+1},\ z=xe^{Cx+1}$$

由 $y'=z$ 得 $y'=xe^{Cx+1}$，由 $y'(1)=e^2$ 得 $C=1$

$$y'=xe^{x+1}$$

于是

$$y=\int xe^{x+1}dx=e^{x+1}(x-1)+C_2,$$

由 $y(1)=2$ 得 $C_2=2$

$$y=e^{x+1}(x-1)+2$$

【例 9-25】　解方程 $2yy''+y'^2=y^3$，$y(0)=1$，$y'(0)=\frac{1}{2}$.

解　令 $y'=p$，则 $y''=p\dfrac{dp}{dy}$，原方程化为 $2yp\dfrac{dp}{dy}+p^2=y^3$，即

$$2p\frac{dp}{dy}+\frac{1}{y}p^2=y^2,\ \frac{d}{dy}(p^2)+\frac{1}{y}p^2=y^2$$

令 $p^2=u$，则

$$\frac{du}{dy}+\frac{u}{y}=y^2,u=e^{-\int\frac{1}{y}dy}\left(\int y^2e^{\int\frac{1}{y}dy}dy+C_1\right)=\frac{y^3}{4}+\frac{C_1}{y}$$

即

$$y'^2=\frac{1}{4}y^3+\frac{C_1}{y}$$

由 $y(0)=1$，$y'(0)=\dfrac{1}{2}$，得 $C_1=0$，故有

$y'^2=\dfrac{1}{4}y^3$ 或$\dfrac{dy}{dx}=\dfrac{1}{2}y^{\frac{3}{2}}$，$\dfrac{dy}{dx}=-\dfrac{1}{2}y^{\frac{3}{2}}$（不满足初始条件，舍去）

$y^{-\frac{3}{2}}dy=\dfrac{1}{2}dx$，$\dfrac{1}{\sqrt{y}}=-\dfrac{1}{4}x+C_2$，由 $y(0)=1$ 得 $C_2=1$

$$y=\frac{1}{\left(1-\frac{1}{4}x\right)^2}$$

【例 9-26】　解方程 $y''-a(y')^2=0$，$y(0)=0$，$y'(0)=1$.

解　令 $p=y'$，则 $y''=p\dfrac{dp}{dy}$，原方程可化为 $p\dfrac{dp}{dy}-ap^2=0$

$p=0$（舍去，不满足初始条件），$\dfrac{dp}{dy}-pa=0$，$p=C_1e^{ay}$，$\dfrac{dy}{dx}=C_1e^{ay}$. 由 $y(0)=0,y'(0)=1$得

$$C_1=1,\ \frac{dy}{dx}=e^{ay}$$

解得

$$-\frac{1}{a}e^{-ay}=x+C_2$$

由 $y(0)=0$ 得 $C_2=-\dfrac{1}{a}$，所以 $e^{-ay}=1-ax$.

【例 9-27】　求 $y\dfrac{d^2y}{dx^2}+\left(\dfrac{dy}{dx}\right)^2+1=0$ 满足条件 $y(0)=1$，$\left.\dfrac{dy}{dx}\right|_{x=0}=-\sqrt{3}$的特解.

解　令$\dfrac{dy}{dx}=p$，$\dfrac{d^2y}{dx^2}=p\dfrac{dp}{dy}$，得 $yp\dfrac{dp}{dy}+p^2+1=0$

分离变量得

$$\frac{p}{p^2+1}dp=-\frac{1}{y}dy$$

积分得$\dfrac{1}{2}\ln(p^2+1)=\ln\dfrac{C_1}{y}$，即 $\sqrt{p^2+1}=\dfrac{C_1}{y}$，

由 $y(0)=1$，$y'(0)=-\sqrt{3}$，得

$$C_1=2,\ \sqrt{p^2+1}=\frac{2}{y},\ p=\pm\frac{\sqrt{4-y^2}}{y}$$

因 $y'(0)=-\sqrt{3}$，故取

$$p=-\frac{\sqrt{4-y^2}}{y},\quad -\frac{y}{\sqrt{4-y^2}}\mathrm{d}y=\mathrm{d}x$$

积分得 $\sqrt{4-y^2}=x+C_2$，由 $y(0)=1$ 得 $C_2=\sqrt{3}$，所求特解为 $\sqrt{4-y^2}=x+\sqrt{3}$.

【例 9-28】 试求通过点（1，1）的曲线方程 $y=f(x)>0$，使此曲线在区间$[1,x]$上所形成的曲边梯形面积的值等于该曲线终点的横坐标 x 与纵坐标 y 之比的两倍减去 2，其中 $x>1$.

解 $\int_1^x y\,\mathrm{d}x=\frac{2x}{y}-2, y(1)=1$，求导得 $y=\frac{2y-2xy'}{y^2}$

$$\frac{2}{y(y^2-2)}\mathrm{d}y+\frac{1}{x}\mathrm{d}x=0,\ y(1)=1$$

积分得

$$\frac{1}{2}\ln|y^2-2|-\ln|y|+\ln|x|+\ln C_1=0, C_1>0$$

$$y^2=Cx^2(y^2-2),\ C\text{ 为任意常数}$$

由 $y(1)=1$ 得 $C=-1$，从而

$$y^2=-x^2(y^2-2)$$

【例 9-29】 求柯西问题 $2yy'+2xy^2=x\mathrm{e}^{-x^2}$，$y(0)=1$ 的特解.

解

$$(y^2)'+2xy^2=x\mathrm{e}^{-x^2}$$

$$y^2=\mathrm{e}^{-\int 2x\,\mathrm{d}x}\left(\int x\mathrm{e}^{-x^2}\mathrm{e}^{\int 2x\,\mathrm{d}x}\mathrm{d}x+C\right)$$

$$=\mathrm{e}^{-x^2}\left(\frac{x^2}{2}+C\right)$$

由 $y(0)=1$，得 $C=1$，故

$$y^2=\mathrm{e}^{-x^2}\left(\frac{x^2}{2}+1\right)$$

9.5　习题答案

9.6　思维导图

9.6　线性微分方程及其解的结构

9.6.1　线性微分方程

定义 9-3　如果微分方程中的未知函数及其所有的导数都是线性的，则称其为**线性微分方程**. n 阶线性微分方程的一般形式为

$$y^{(n)}+a_1(x)y^{(n-1)}+\cdots+a_n(x)y=f(x) \tag{9-11}$$

其中，$y(x)$是未知函数，$a_1(x)$，…，$a_n(x)$，$f(x)$均为已知函数.

定义 9-4　如果方程(9-11)的右端函数 $f(x)$不恒等于零，则称式（9-11）为**非齐次方程**. 如果$f(x)\equiv 0$，则称方程（9-11）为**齐次方程**.

9.6.2　线性方程解的结构

首先以二阶线性微分方程为例，说明线性微分方程解的性质.

先看二阶齐次线性微分方程

$$y''+p(x)y'+q(x)y=0 \tag{9-12}$$

性质　如果已知的函数 $y_1(x)$ 与 $y_2(x)$ 皆为齐次方程(9-12)的解，那么，

$$y=C_1y_1(x)+C_2y_2(x) \tag{9-13}$$

也是齐次方程（9-12）的解，其中，C_1 与 C_2 为任意常数.

证　将式（9-13）代入齐次方程(9-12)的左端，可得

$$\begin{aligned}&[C_1y_1(x)+C_2y_2(x)]''+p(x)[C_1y_1(x)+C_2y_2(x)]'+q(x)[C_1y_1(x)+C_2y_2(x)]=\\&C_1[y_1''(x)+p(x)y_1'(x)+q(x)y_1(x)]+C_2[y_2''(x)+p(x)y_2'(x)+q(x)y_2(x)]\end{aligned} \tag{9-14}$$

因为 $y_1(x)$ 与 $y_2(x)$ 皆为齐次方程（9-12）的解，故有

$$y_1''(x)+p(x)y_1'(x)+q(x)y_1(x)=0$$

以及

$$y_2''(x)+p(x)y_2'(x)+q(x)y_2(x)=0$$

将其代入式(9-12)，可知 $C_1y_1(x)+C_2y_2(x)$ 满足方程（9-12），即为齐次方程的解.

这个性质也称为**齐次方程解的叠加原理**.

由通解的定义可知，如果方程的某个解中含有相互独立的任意常数，且任意常数的个数与方程的阶相等，那么这个解就是方程的通解. 由性质可知，叠加后的解 $C_1y_1(x)+C_2y_2(x)$ 含有两个任意常数，这个解是否一定是齐次方程（9-12）的通解呢？不一定. 如果函数 $y_1(x)$ 与 $y_2(x)$ 恒成比例，即存在固定的常数 k（与自变量 x 无关），有

$$\frac{y_1(x)}{y_2(x)}\equiv k$$

则解 $y=C_1y_1(x)+C_2y_2(x)$ 就可以表示为 $y=Cy_1(x)$，其中 $C=C_1+C_2k$. 显然，此时解中的任意常数不是相互独立的，因而此时的解 $y=C_1y_1(x)+C_2y_2(x)$ 不是齐次方程的通解.

为了给出线性微分方程通解的判别依据，我们首先要给出一个关于函数线性无关的定义.

定义 9-5　在区间 D 上，有 n 个已知函数 $y_1(x)$，$y_2(x)$，…，$y_n(x)$，如果存在 n 个不全为零的常数 k_1，k_2，…，k_n，使得对任意的 $x\in D$，有

$$k_1y_1(x)+k_2y_2(x)+\cdots+k_ny_n(x)\equiv0$$

则称这 n 个函数 $y_1(x),y_2(x),\cdots,y_n(x)$ 在区间 D 上是**线性相关的**，否则，称为**线性无关的**.

函数 x，$2x$，$3x$ 在实数域 $\mathbf{R}$ 上是线性相关的. 我们只要取 $k_1=1$，$k_2=1$，$k_3=-1$，则有

$$k_1x+k_2(2x)+k_3(3x)=x+2x-3x\equiv0$$

而函数 1，x，x^2 在实数域 $\mathbf{R}$ 上是线性无关的. 因为不论 k_1，k_2，k_3 如何选取，只要它们不全为零，由二次函数的性质可知，至多存在两个不同的 x，可使

$$k_1 + k_2 x + k_3 x^2$$

等于零. 要想使得上式恒为零，必须要求 k_1，k_2，k_3 同时为零.

由函数线性无关的定义可知，如果对于两个函数 $y_1(x)$ 与 $y_2(x)$，它们线性无关等价于它们不成比例.

有了函数线性无关的定义，下面我们给出对于二阶齐次微分方程通解的判别条件.

定理 9-1　如果函数 $y_1(x)$ 与 $y_2(x)$ 是齐次方程（9-12）的两个解，并且它们线性无关，那么

$$y = C_1 y_1(x) + C_2 y_2(x)$$

就是线性齐次方程（9-12）的通解，其中，C_1 与 C_2 为任意常数.

这个定理也称为二阶线性齐次方程解的结构定理.

对于 n 阶线性齐次方程，不难得到下面的推论.

推论 1　如果 $y_1(x), y_2(x), \cdots, y_n(x)$ 是 n 阶线性齐次方程

$$y^{(n)} + a_1(x) y^{(n-1)} + \cdots + a_n(x) y = 0 \tag{9-15}$$

的 n 个线性无关的解，那么，函数

$$y = C_1 y_1(x) + C_2 y_2(x) + \cdots + C_n y_n(x)$$

就是线性齐次方程(9-15)的通解，其中 C_1，C_2，…，C_n 为任意常数.

下面讨论二阶线性非齐次微分方程

$$y'' + p(x) y' + q(x) y = f(x) \tag{9-16}$$

解的结构与性质.

我们称方程(9-12)是方程(9-16)所对应的齐次微分方程. 对于非齐次方程（9-16）解的结构有如下定理.

定理 9-2　设 $y^*(x)$ 是二阶线性非齐次方程(9-16)的一个特解，$\bar{y}(x)$ 是方程（9-12）对应的齐次方程的一个解，那么，

$$y(x) = y^*(x) + \bar{y}(x)$$

也是非齐次方程(9-16)的一个解.

将 $y(x) = y^*(x) + \bar{y}(x)$ 代入方程直接计算，可以证明此定理.

由此定理可以得到下面的推论.

推论 2　若 $y_1(x)$ 与 $y_2(x)$ 是非齐次方程(9-16)的两个特解，则

$$\bar{y}(x) = y_1(x) - y_2(x)$$

是对应齐次方程（9-12）的解.

推论 3　若 $y^*(x)$ 是二阶线性非齐次方程(9-16)的一个特解，$C_1 \bar{y}_1(x) + C_2 \bar{y}_2(x)$ 是对应的齐次方程(9-12)的通解，那么，

$$y(x) = y^*(x) + C_1 \bar{y}_1(x) + C_2 \bar{y}_2(x)$$

是非齐次方程（9-16）的通解.

对于非齐次方程的解，我们有如下的叠加原理.

定理 9-3　若 $y_1^*(x)$ 与 $y_2^*(x)$ 分别是以下两个非齐次微分方程的特解

$$y'' + p(x) y' + q(x) y = f_1(x)$$

$$y''+p(x)y'+q(x)y=f_2(x)$$

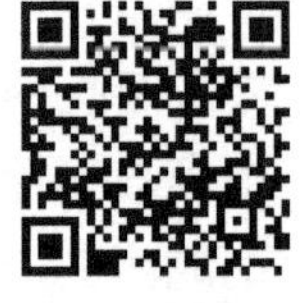

9.6　习题答案

则 $y^*(x)=y_1^*(x)+y_2^*(x)$ 是非齐次方程

$$y''+p(x)y'+q(x)y=f_1(x)+f_2(x)$$

的特解.

以上结论，不难推广至 n 阶线性非齐次微分方程的情形，读者可以自己尝试.

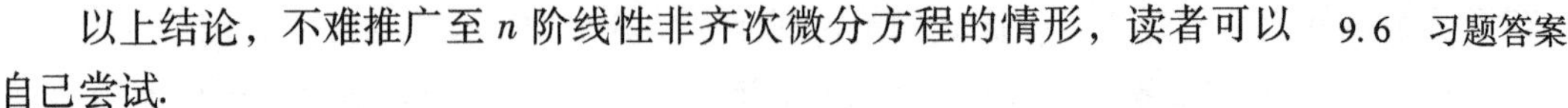

练习

设线性无关的函数 $y_1(x)$，$y_2(x)$，$y_3(x)$ 都是二阶非齐次方程 $y''+p(x)y'+q(x)y=f(x)$ 的解，令 C_1，C_2，C_3 是任意常数，试写出该方程的通解.

9.7　常系数齐次线性微分方程

本节主要研究常系数齐次线性微分方程的通解求法，首先以二阶齐次线性微分方程为对象，给出通解的求法，然后将方法推广至 n 阶常系数齐次线性微分方程的情形.

9.7　思维导图

9.7.1　二阶常系数齐次线性微分方程的通解

二阶常系数齐次线性微分方程的一般形式为

$$y''+py'+qy=0 \tag{9-17}$$

其中，p，q 为常数.

观察方程(9-17)的特点，假设方程(9-17)具有形如

$$y=\mathrm{e}^{\lambda x} \tag{9-18}$$

的解，λ 为待定系数. 将式（9-18）代入方程（9-17），消去 $\mathrm{e}^{\lambda x}$ 后可得

$$\lambda^2+p\lambda+q=0 \tag{9-19}$$

于是，函数(9-18)是方程(9-17)的解的充要条件就是：λ 是代数方程（9-19）的根. 我们把代数方程（9-19）称为二阶常系数齐次线性微分方程（9-17）的特征方程，并称其根为对应微分方程的特征值.

（1）若方程（9-19）有两个相异实根 λ_1 与 λ_2，则由上面分析可知，$y_1=\mathrm{e}^{\lambda_1 x}$ 与 $y_2=\mathrm{e}^{\lambda_2 x}$ 是方程（9-17）的两个解，显然，它们线性无关（$\lambda_1\neq\lambda_2$）. 由上节内容可知

$$y=C_1\mathrm{e}^{\lambda_1 x}+C_2\mathrm{e}^{\lambda_2 x} \tag{9-20}$$

为方程（9-17）的通解，其中 C_1，C_2 为任意常数.

（2）若方程（9-19）有两个相同实根 $\lambda_1=\lambda_2=\lambda$，此时，$y_1=\mathrm{e}^{\lambda x}$ 是方程（9-17）的一个解，要得到方程（9-17）的通解，还需要另一个与 $y_1=\mathrm{e}^{\lambda x}$ 线性无关的解. 假设

$$y_2=Q(x)\mathrm{e}^{\lambda x} \tag{9-21}$$

是方程（9-17）的另一个解，其中 $Q(x)$ 为不是常值的未知函数. 将式（9-21）代入方程（9-17），消去 $\mathrm{e}^{\lambda x}$，整理后可得

$$Q''(x)+(2\lambda+p)Q'(x)+(\lambda^2+p\lambda+q)Q(x)=0 \tag{9-22}$$

于是可知，若式（9-21）是方程的解，则 $Q(x)$ 必满足式（9-22）. 注意到 λ 是方程（9-19）的重根，即有 $\lambda^2+p\lambda+q=0$ 以及 $2\lambda+p=0$，于是方程（9-22）简化为

$$Q''(x)=0 \tag{9-23}$$

我们的目的是寻找一个与 $y_1=e^{\lambda x}$线性无关的特解，显然 $Q(x)=x$ 满足方程（9-23），并且 $y_2=xe^{\lambda x}$与 $y_1=e^{\lambda x}$线性无关，于是，方程（9-17）的通解可表示为

$$y=C_1e^{\lambda x}+C_2xe^{\lambda x}=(C_1+C_2x)e^{\lambda x} \tag{9-24}$$

其中 C_1，C_2 为任意常数.

（3）若方程（9-19）有一对共轭复根，$\lambda_1=\alpha+i\beta$ 与 $\lambda_2=\alpha-i\beta$，由欧拉公式

$$e^{i\omega}=\cos\omega+i\sin\omega$$

可得

$$e^{\lambda_1 x}=e^{(\alpha+i\beta)x}=e^{\alpha x}(\cos\beta x+i\sin\beta x)$$

$$e^{\lambda_2 x}=e^{(\alpha-i\beta)x}=e^{\alpha x}(\cos\beta x-i\sin\beta x)$$

再由线性齐次方程的叠加原理知

$$\frac{1}{2}(e^{\lambda_1 x}+e^{\lambda_2 x})=e^{\alpha x}\cos\beta x$$

$$\frac{1}{2i}(e^{\lambda_1 x}-e^{\lambda_2 x})=e^{\alpha x}\sin\beta x$$

是方程（9-17）的两个实值解，它们线性无关，于是，此时方程（9-17）的通解可表示为

$$y=e^{\alpha x}(C_1\cos\beta x+C_2\sin\beta x)$$

其中 C_1，C_2 为任意常数.

【例 9-30】 求下列方程的通解：

（1）$y''-2y'-3y=0$；（2）$y''+2y'+y=0$；

（3）$y''-2y'+5y=0$.

解 （1）对应的特征方程为 $\lambda^2-2\lambda-3=0$，特征根为 $\lambda_1=-1$ 与 $\lambda_2=3$，于是原方程的通解为

$$y=C_1e^{-x}+C_2e^{3x}$$

其中 C_1，C_2 为任意常数.

（2）对应的特征方程为 $\lambda^2+2\lambda+1=0$，特征根为 $\lambda_1=\lambda_2=-1$，于是原方程的通解为

$$y=(C_1+C_2x)e^{-x}$$

其中 C_1，C_2 为任意常数.

（3）对应的特征方程为 $\lambda^2-2\lambda+5=0$，特征根为 $\lambda_{1,2}=1\pm 2i$，于是原方程的通解为

$$y=e^{x}(C_1\cos 2x+C_2\sin 2x)$$

其中 C_1，C_2 为任意常数.

9.7.2 *n* 阶常系数齐次线性微分方程的通解

n 阶常系数齐次线性微分方程的一般形式为

$$y^{(n)}+a_1y^{(n-1)}+\cdots+a_{n-1}y'+a_ny=0 \tag{9-25}$$

对应的特征方程为

$$\lambda^n+a_1\lambda^{n-1}+\cdots+a_{n-1}\lambda+a_n=0 \tag{9-26}$$

代数方程（9-26）的根称为方程（9-25）的特征根.

根据方程的特征根，可以写出方程（9-25）对应的解，具体方法如下.

（1）若 λ 是式（9-26）的一个单实根，则可以给出方程（9-25）通解中对应的一

项 $Ce^{\lambda x}$.

(2) 若 λ 是方程 (9-26) 的一个 k 重实根，则可以给出方程 (9-25) 通解中对应的 k 项 $(C_1+C_2x+\cdots+C_kx^{k-1})e^{\lambda x}$.

(3) 若 $\lambda_{1,2}=\alpha\pm i\beta$ 是方程 (9-26) 的一对单复根，则可以给出方程 (9-25) 通解中对应的两项 $e^{\alpha x}(C_1\cos\beta x+C_2\sin\beta x)$.

(4) 若 $\lambda_{1,2}=\alpha\pm i\beta$ 是方程 (9-26) 的一对 k 重复根，则可以给出方程 (9-25) 通解中对应的 $2k$ 项 $e^{\alpha x}[(C_1+C_2x+\cdots+C_kx^{k-1})\cos\beta x+(D_1+D_2x+\cdots+D_kx^{k-1})\sin\beta x]$，其中，$C_i$ 与 D_i 为任意常数，$i=1, 2, \cdots, k$.

由代数学基本定理知道，代数方程 (9-26) 有 n 个根 (重根按重数计算)，而由上面的论述知，每个根对应给出通解中的 1 项，且对应含有一个任意常数，于是，我们就可以得到 n 阶常系数齐次线性微分方程的通解表达式.

【例 9-31】 求方程 $y^{(4)}-y''-2y'+2y=0$ 的通解.

解 特征方程为 $\lambda^4-\lambda^2-2\lambda+2=(\lambda-1)^2(\lambda^2+2\lambda+2)=0$，故特征根为 $\lambda_1=1$ (二重根)，$\lambda_{2,3}=1\pm i$ (单共轭复根)，于是方程通解为

$$\begin{aligned}y&=(C_1+C_2x)e^x+e^x(C_3\cos x+C_4\sin x)\\&=e^x(C_1+C_2x+C_3\cos x+C_4\sin x)\end{aligned}$$

9.7.3 欧拉方程

一般而言，高阶变系数线性微分方程的求解是困难的，但是，有一类特殊的变系数线性微分方程——欧拉方程，可以通过变量代换的方法，转换为常系数线性微分方程，进而可以求解.

欧拉方程的一般形式为

$$x^ny^{(n)}+a_1x^{n-1}y^{(n-1)}+\cdots+a_{n-1}xy'+a_ny=0 \tag{9-27}$$

其中，$a_1, a_2, \cdots, a_n$ 是常数，$x>0$. 利用变量代换

$$x=e^t$$

可把欧拉方程化为常系数方程. 事实上，

$$\frac{d}{dx}=e^{-t}\frac{d}{dt}, x\frac{dy}{dx}=\frac{dy}{dt}$$

$$x^2\frac{d^2y}{dx^2}=e^{2t}e^{-t}\frac{d}{dt}\left(e^{-t}\frac{dy}{dt}\right)=\frac{d^2y}{dt^2}-\frac{dy}{dt}$$

类似可以证明，$x^ky^{(k)}$ 是函数 y 对 t 的导数的具有常系数的线性组合.

积分欧拉方程更有效的方法是寻求形如 $y=x^\lambda$ 的解. 这里有

$$xy'=\lambda x^\lambda, x^2y''=\lambda(\lambda-1)x^\lambda, \cdots$$

$$x^ny^{(n)}=\lambda(\lambda-1)\cdots(\lambda-n+1)x^\lambda$$

将它们代入式 (9-27) 并约去 x^λ，得到 λ 的方程

$$\lambda(\lambda-1)\cdots(\lambda-n+1)+a_1\lambda(\lambda-1)\cdots(\lambda-n+2)+\cdots+a_{n-1}\lambda+a_n=0$$

称该式为仿特征方程. 如果 λ 是仿特征方程的根，则函数

$$y=x^\lambda$$

是欧拉方程的解. 我们给出欧拉方程解的一般形式.

（1）仿特征方程的根 λ_1，λ_2，…，λ_n 是互不相同的．此时，欧拉方程的全部解可记为

$$y = C_1 x^{\lambda_1} + C_2 x^{\lambda_2} + \cdots + C_n x^{\lambda_n}$$

其中，C_1，C_2，…，C_n 是任意常数.

（2）仿特征方程有重根 λ_1，λ_2，…，λ_s，它们的重数对应为 k_1，k_2，…，k_s．欧拉方程的全部解可记为

$$y = P_1(\ln x)x^{\lambda_1} + P_2(\ln x)x^{\lambda_2} + \cdots + P_s(\ln x)x^{\lambda_s}$$

其中，$P_j(t)$是 t 的 $k_j - 1$ 次任意多项式.

注　如果 λ 是复数，则当 $x>0$ 时，根据定义有

$$x^{\lambda} = \mathrm{e}^{\lambda \ln x}$$

【例 9-32】　求方程 $x^3 y''' + x^2 y'' - 4xy' = 0$ 的通解.

解　设 $y = x^{\lambda}$ 是解，代入方程，计算后约去 x^{λ}，得到对应的仿特征方程为

$$\lambda(\lambda-1)(\lambda-2) + \lambda(\lambda-1) + 4\lambda = 0$$

整理后可得

$$\lambda(\lambda+1)(\lambda-3) = 0$$

于是仿特征方程的根为 $\lambda_1 = 0$，$\lambda_2 = -1$，$\lambda_3 = 3$，皆为单实根，于是方程的通解为

$$y = C_1 + C_2 \frac{1}{x} + C_3 x^3$$

9.7　习题答案

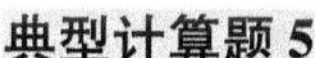

典型计算题 5

1. $y'' - 7y' + 10y = 0$

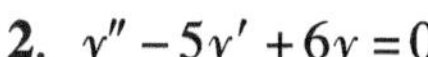

2. $y'' - 5y' + 6y = 0$
3. $y'' - 4y' + 4y = 0$
4. $y'' + 6y' + 9y = 0$
5. $y'' - 4y' + 5y = 0$
6. $y''' - 3y' + 3y' - y = 0$
7. $y''' - 6y'' + 11y' - 6y = 0$
8. $y''' - y'' + y' - y = 0$
9. $y^{(4)} + 2y'' + y = 0$
10. $x^2 y'' + xy' - y = 0$
11. $x^3 y''' + 3x^2 y'' - 2xy' + 2y = 0$

9.8　思维导图

9.8　二阶常系数非齐次线性微分方程

二阶常系数非齐次线性微分方程的一般形式为

$$y'' + py' + qy = f(x) \tag{9-28}$$

其中，p，q 为已知常数，$f(x)$为非零函数.

由线性方程解的结构可知，方程（9-28）的通解 y 可以表示为方程（9-28）对应的齐次方程

$$y'' + py' + qy = 0 \tag{9-29}$$

的通解$\bar{y}$与方程（9-28）的一个特解 y^* 的和，即 $y = \bar{y} + y^*$，而$\bar{y}$的求法上节内容已经介绍，因此，本节主要研究方程（9-28）的特解 y^* 的求法.

主要针对两种特殊的右端函数 $f(x)$，给出非齐次线性方程的一种重要求解方法——待定系数法.

(1) $f(x)=\mathrm{e}^{\lambda x}P_m(x)$，其中，$P_m(x)$为$m$次多项式.

观察方程的形式，注意到指数函数与多项式的导数仍然是指数函数与多项式形式，设$y^*=Q(x)\mathrm{e}^{\lambda x}$，其中，$Q(x)$为待定多项式.

将$y^*=Q(x)\mathrm{e}^{\lambda x}$代入方程（9-28），消去$\mathrm{e}^{\lambda x}$，整理后可得

$$Q''(x)+(2\lambda+p)Q'(x)+(\lambda^2+p\lambda+q)Q(x)=P_m(x) \tag{9-30}$$

1）若λ不是方程（9-29）的特征根，即$\lambda^2+p\lambda+q\neq 0$，此时，左端多项式的最高次数发生在$Q(x)$，因此，此时可设$Q(x)$为$m$次多项式，即

$$Q(x)=Q_m(x)=b_0+b_1x+\cdots+b_mx^m$$

其中，b_0，b_1，$\cdots$，b_m为待定系数. 将$Q(x)$代入式（9-30），比较两端多项式的系数，可以建立代数方程，解得b_0，b_1，$\cdots$，b_m，于是可得$Q(x)$的表达式，进而得到特解y^*.

2）若λ是方程（9-29）的特征方程的单实根，即$\lambda^2+p\lambda+q=0$，但是$2\lambda+p\neq 0$. 此时，左端多项式的最高次数发生在$Q'(x)$，此时可设$Q(x)=xQ_m(x)$（为何不是$Q(x)=Q_{m+1}(x)$?），即

$$Q(x)=xQ_m(x)=b_0x+b_1x^2+\cdots+b_mx^{m+1}$$

3）若λ是方程（9-29）的特征方程的重根，即$\lambda^2+p\lambda+q=0$，$2\lambda+p=0$. 此时，左端多项式的最高次数发生在$Q''(x)$，此时可设$Q(x)=x^2Q_m(x)$，即

$$Q(x)=x^2Q_m(x)=b_0x^2+b_1x^3+\cdots+b_mx^{m+2}$$

综上，可设方程的特解形式为

$$y(x)=x^kQ_m(x)\mathrm{e}^{\lambda x}$$

若λ不是对应齐次微分方程特征方程的根，则$k=0$；若λ是对应齐次微分方程特征方程的单实根，则$k=1$；若λ是对应齐次微分方程特征方程的重根，则$k=2$.

【例 9-33】 求方程$y''-2y'-3y=3x+1$的通解.

解 $\lambda=0$，$P_m(x)=3x+1$，对应的齐次方程的特征方程为

$$\lambda^2-2\lambda-3=0$$

特征根为$\lambda_1=-1$，$\lambda_2=3$，对应齐次方程的通解为

$$\bar{y}=C_1\mathrm{e}^{-x}+C_2\mathrm{e}^{3x}$$

$\lambda=0$不是特征根，故设$y^*=b_0+b_1x$，代入方程得

$$-3b_1x-2b_1-3b_0=3x+1$$

比较两端系数，可得$b_0=\dfrac{1}{3}$，$b_1=-1$，于是

$$y^*=\frac{1}{3}-x$$

$$y=\bar{y}+y^*=C_1\mathrm{e}^{-x}+C_2\mathrm{e}^{3x}+\frac{1}{3}-x$$

【例 9-34】 求方程$y''-5y'+6y=x\mathrm{e}^{2x}$的通解.

解 $\lambda=2$，$P_m(x)=x$，对应的齐次方程的特征方程为

$$\lambda^2-5\lambda+6=0$$

特征根为$\lambda_1=2$，$\lambda_2=3$，对应齐次方程的通解为

$$\bar{y}=C_1\mathrm{e}^{2x}+C_2\mathrm{e}^{3x}$$

$\lambda=2$ 是特征方程的单根，故设 $y^*=x(b_0+b_1x)e^{2x}$，代入方程，消掉 e^{2x} 得

$$-2b_1x+2b_1-b_0=x$$

比较两端系数，可得 $b_0=-1$，$b_1=-\frac{1}{2}$，于是

$$y^*=x\left(-1-\frac{1}{2}x\right)e^{2x}$$

通解为

$$y=\bar{y}+y^*=C_1e^{2x}+C_2e^{3x}+x\left(-1-\frac{1}{2}x\right)e^{2x}$$

（2）$f(x)=e^{\lambda x}[P_l(x)\cos\omega x+P_n(x)\sin\omega x]$

此时，可设特解的形式为

$$y^*=x^ke^{\lambda x}[R_m^{(1)}(x)\cos\omega x+R_m^{(2)}(x)\sin\omega x]$$

其中，$R_m^{(1)}(x)$，$R_m^{(2)}(x)$ 为两个特定 m 次多项式，$m=\max\{l,n\}$. 关于 k 的取值：当 $\lambda+i\omega$ 是对应齐次方程的特征方程的特征根时，$k=1$，否则，$k=0$.

【例 9-35】　求方程 $y''+y=x\cos 2x$ 的一个特解.

解　$\lambda=0$，$\omega=2$，$P_l(x)=x$，$P_n(x)=0$，对应的齐次方程的特征方程为

$$\lambda^2+1=0$$

$\lambda+i\omega=0+2i=2i$ 不是特征根，故设

$$\begin{aligned}y^*&=x^0e^{0x}[(ax+b)\cos 2x+(cx+d)\sin 2x]\\&=(ax+b)\cos 2x+(cx+d)\sin 2x\end{aligned}$$

代入方程，整理得

$$(-3ax-3b+4c)\cos 2x-(3cx+3d+4a)\sin 2x=x\cos 2x$$

比较两端同类项的系数，可得 $\begin{cases}-3a=1\\-3b+4c=0\\-3c=0\\-3d-4a=0\end{cases}$，解得 $a=-\frac{1}{3}$，$b=0$，$c=0$，$d=\frac{4}{9}$，

所求特解为

$$y^*=-\frac{1}{3}x\cos 2x+\frac{4}{9}\sin 2x$$

9.8　习题答案

典型计算题 6

求下列方程的通解.

1. $y''-4y'+4y=x^2$

2. $y''+8y'=8x$

3. $y''-3y'+2y=(15-12x)e^{-x}$

4. $y''-2y'+y=(3x+7)e^{2x}$

5. $y''+y=(4x+9)e^{2x}$

6. $y''-4y'+8y=(6x-11)e^{-x}$

7. $y''+3y'+2y=(2x-5)e^{-x}$

8. $y''-y'=xe^x$

9. $y''-4y'+4y=2xe^{2x}$

10. $y''+2y'+y=(x+1)e^{-x}$

11. $y''+2y'=4e^x(\sin x+\cos x)$

12. $y''+y=2\cos 7x+3\sin 7x$

13. $y''-2y'+5y=e^x\sin 2x$

14. $y''-4y'+8y=e^{2x}\cos 2x$

9.9 常系数线性方程例题选解

【例 9-36】 写出方程 $y''-4y'=2\cos^2 4x$ 的特解形式（其中待定形式不必求出）.

解 原方程写为 $y''-4y'=1+\cos 8x$，对应齐次方程 $y''-4y'=0$. 特征方程 $\lambda^2-4\lambda=0$，$\lambda_1=0$，$\lambda_2=4$，故设 $y^*=ax+b\cos 8x+c\sin 8x$.

【例 9-37】 求方程 $y''+y'-2y=x+1+e^x$ 的通解.

解 $\lambda^2+\lambda-2=0$，$\lambda_1=1$，$\lambda_2=-2$，$\bar{y}=C_1e^x+C_2e^{-2x}$

记 y_1^* 是 $y''+y'-2y=x+1$ 的特解，y_2^* 是 $y''+y'-2y=e^x$ 的特解，因 0 不是特征根，$y_1^*=ax+b$，而 1 是特征根，故 $y_2^*=cxe^x$，所以原方程的特解为

$$y^*=ax+b+cxe^x,\quad y^{*\prime}=a+ce^x+cxe^x,\quad y^{*\prime\prime}=2ce^x+cxe^x$$

代入原方程得

$$-2ax+a-2b+3ce^x=x+1+e^x$$

9.9 思维导图

比较两端系数，$a=-\dfrac{1}{2}$，$b=-\dfrac{3}{4}$，$c=\dfrac{1}{3}$

$$y^*=-\frac{1}{2}x-\frac{3}{4}+\frac{1}{3}xe^x$$

所以，$y=\bar{y}+y^*=C_1e^x+C_2e^{-2x}-\dfrac{1}{2}x-\dfrac{3}{4}+\dfrac{1}{3}xe^x$.

【例 9-38】 求 $y''-2y'-8y=e^{-2x}$ 的通解.

解 $\lambda^2-2\lambda-8=0$，$\lambda_1=-2$，$\lambda_2=4$，$\bar{y}=C_1e^{-2x}+C_2e^{4x}$，因 -2 是特征方程的根，所以设

$$y^*=Axe^{-2x},y^{*\prime}=Ae^{-2x}(1-2x),y^{*\prime\prime}=4Ae^{-2x}(x-1)$$

代入原方程,解得

$$y^*=-\frac{1}{6}xe^{-2x}$$

所以,

$$y=C_1e^{-2x}+C_2e^{4x}-\frac{1}{6}xe^{-2x}$$

【例 9-39】 求 $y''-y'-2y=xe^{-x}$ 的通解.

解 $\lambda^2-\lambda-2=0$，$\lambda_1=-1$，$\lambda_2=2$，$\bar{y}=C_1e^{-x}+C_2e^{2x}$

因 -1 是特征方程的根，所以令

$$y^*=x(ax+b)e^{-x},y^{*\prime}=(-ax^2+2ax-bx+b)e^{-x}$$
$$y^{*\prime\prime}=(ax^2-4ax+bx+2a-2b)e^{-x}$$

代入原方程得

$$(ax^2-4ax+bx+2a-2b)e^{-x}-(-ax^2+2ax-bx+b)e^{-x}-2x(ax+b)e^{-x}=xe^{-x}$$

即 $$-6ax+2a-3b=x,\quad -6a=1,\quad 2a-3b=0$$

解得 $a=-\dfrac{1}{6}$，$b=-\dfrac{1}{9}$.

$$y^* = x\left(-\frac{1}{6}x-\frac{1}{9}\right)e^{-x}, y = C_1e^{-x}+C_2e^{2x}-x\left(\frac{1}{6}x+\frac{1}{9}\right)e^{-x}$$

【例 9-40】 求 $y''+y=\cos x-\cos 3x$ 的通解.

解 $\lambda^2+1=0$，$\lambda_{1,2}=\pm i$，$\overline{y}=C_1\cos x+C_2\sin x$

对于
$$y''+y=\cos x \tag{9-31}$$
$\lambda=i$ 是特征方程的根

$$y_1^* = x(a\cos x+b\sin x), y_1^{*}{}'' = (a+bx)\cos x+(b-ax)\sin x$$
$$y_1^{*}{}'' = (2b-ax)\cos x-(2a+bx)\sin x$$

代入方程(9-31)得

$$(2b-ax)\cos x-(2a+bx)\sin x+x(a\cos x+b\sin x)=\cos x$$
$$-2a\sin x+2b\cos x=\cos x, a=0, b=\frac{1}{2}$$
$$y_1^* = \frac{1}{2}x\sin x$$

对于
$$y''+y=-\cos 3x \tag{9-32}$$
$3i$ 不是特征方程的根

$$y_2^* = A\cos 3x+B\sin 3x$$
$$y_2^{*}{}' = -3A\sin 3x+3B\cos 3x,\ y_2^{*}{}'' = -9A\cos 3x-9B\sin 3x$$

代入方程(9-32)得

$$-9A\cos 3x-9B\sin 3x+A\cos 3x+B\sin 3x=-\cos 3x$$

即

$$-8A\cos 3x-8B\sin 3x=-\cos 3x,\ A=\frac{1}{8},\ B=0$$
$$y_2^* = \frac{1}{8}\cos 3x$$

原方程的通解为

$$y=C_1\cos x+C_2\sin x+\frac{1}{2}x\sin x+\frac{1}{8}\cos 3x$$

【例 9-41】 求 $y''+y=\sin x-2e^{-x}$的通解.

解 $\lambda^2+1=0$，$\lambda=\pm i$，对于方程 $y''+y'=\sin x$，因 $\pm i$ 是特征方程的根，故设

$$y_1^* = x(a\cos x+b\sin x)$$
$$y_1^{*}{}' = a\cos x-ax\sin x+b\sin x+bx\cos x$$
$$y_1^{*}{}'' = -a\sin x-a\sin x-ax\cos x+b\cos x+b\cos x-bx\sin x$$

代入方程,得

$$-2a\sin x+2b\cos x\equiv\sin x,\ a=-\frac{1}{2},\ b=0,\ y_1^* = -\frac{x}{2}\cos x$$

对于方程 $y''+y=-2e^{-x}$，因 -1 不是特征方程的根，所以设 $y_2^*=Ce^{-x}$，$y_2^{*}{}'=-Ce^{-x}$，$y_2^{*}{}''=Ce^{-x}$. 将它们代入方程 $y''+y=-2e^{-x}$，得 $2Ce^{-x}=-2e^{-x}$，$C=-1$，于是 $y_2^*=-e^{-x}$，从而原方程的通解为

$$y=\bar{y}+y_1^*+y_2^*=C_1\cos x+C_2\sin x-\frac{x}{2}\cos x-\mathrm{e}^{-x}$$

【例 9-42】 解方程 $y''+2y'+5y=\mathrm{e}^x\sin 2x$.

解 $\lambda^2+2\lambda+5=0$，$\lambda=-1\pm 2\mathrm{i}$，$\bar{y}=\mathrm{e}^{-x}\ (C_1\cos 2x+C_2\sin 2x)$

$1+2\mathrm{i}$ 不是特征方程的根，设 $y^*=\mathrm{e}^x(a\cos 2x+b\sin 2x)$

$$y^{*\prime}=\mathrm{e}^x[(b-2a)\sin 2x+(a+2b)\cos 2x]$$

$$y^{*\prime\prime}=\mathrm{e}^x[(-4a-3b)\sin 2x+(4b-3a)\cos 2x]$$

代入原方程得

$$(-8a+4b)\sin 2x+(4a+8b)\cos 2x\equiv\sin 2x$$

比较两端系数得
$$\begin{cases}-8a+4b=1\\4a+8b=0\end{cases}$$

解得
$$a=-\frac{1}{10},\ b=\frac{1}{20},\ y^*=\mathrm{e}^x\left(-\frac{1}{10}\cos 2x+\frac{1}{20}\sin 2x\right)$$

从而原方程的通解

$$y=y+y^*=\mathrm{e}^{-x}(C_1\cos 2x+C_2\sin 2x)+\mathrm{e}^x\left(-\frac{1}{10}\cos 2x+\frac{1}{20}\sin 2x\right)$$

【例 9-43】 设 $\varphi(x)=\mathrm{e}^x-\int_0^x(x-u)\varphi(u)\mathrm{d}u$，其中 $\varphi(x)$ 为连续函数，求 $\varphi(x)$.

解 $\varphi(x)=\mathrm{e}^x-x\int_0^x\varphi(u)\mathrm{d}u+\int_0^x u\varphi(u)\mathrm{d}u$

$\varphi'(x)=\mathrm{e}^x-\int_0^x\varphi(u)\mathrm{d}u-x\varphi(x)+x\varphi(x)=\mathrm{e}^x-\int_0^x\varphi(u)\mathrm{d}u$

$\varphi''(x)=\mathrm{e}^x-\varphi(x)$

得微分方程
$$\begin{cases}\varphi''(x)+\varphi(x)=\mathrm{e}^x\\\varphi(0)=1,\varphi'(0)=1\end{cases}$$

特征方程 $\lambda^2+1=0$，$\lambda=\pm\mathrm{i}$.

对于齐次方程有通解 $\bar{y}=C_1\cos x+C_2\sin x$，设

$$y^*=A\mathrm{e}^x,\ y^{*\prime}=A\mathrm{e}^x,\ y^{*\prime\prime}=A\mathrm{e}^x$$

代入原方程得
$$2A\mathrm{e}^x=\mathrm{e}^x,\ A=\frac{1}{2}$$

$$y^*=\frac{1}{2}\mathrm{e}^x,\ \varphi(x)=C_1\cos x+C_2\sin x+\frac{1}{2}\mathrm{e}^x$$

由初始条件：$C_1+\frac{1}{2}=1$，$C_2+\frac{1}{2}=1$，$C_1=C_2=\frac{1}{2}$，所以

$$\varphi(x)=\frac{1}{2}(\cos x+\sin x+\mathrm{e}^x)$$

【例 9-44】 求方程 $x^3\frac{\mathrm{d}^2y}{\mathrm{d}x^2}-x^2\frac{\mathrm{d}y}{\mathrm{d}x}+xy=x^2+1$ 的通解.

解 原方程可以写为 $x^2\frac{\mathrm{d}^2y}{\mathrm{d}x^2}-x\frac{\mathrm{d}y}{\mathrm{d}x}+y=x+\frac{1}{x}$，令 $x=\mathrm{e}^t$，则

$$\frac{\mathrm{d}y}{\mathrm{d}x}=\frac{1}{x}\frac{\mathrm{d}y}{\mathrm{d}t},\ \frac{\mathrm{d}^2y}{\mathrm{d}x^2}=\frac{1}{x^2}\left(\frac{\mathrm{d}^2y}{\mathrm{d}t^2}-\frac{\mathrm{d}y}{\mathrm{d}t}\right)$$

原方程可化为

$$\frac{d^2y}{dt^2}-2\frac{dy}{dt}+y=e^t+e^{-t} \tag{9-33}$$

因特征方程 $\lambda^2-2\lambda+1=0$，解得 $\lambda_1=\lambda_2=1$，所以方程（9-33）所对应的齐次方程的通解为

$$y=e^t(C_1+C_2t)$$

对于$\frac{d^2y}{dt^2}-2\frac{dy}{dt}+y=e^t$，因为 1 是特征方程的重根，所以设特解 $y_1^*=at^2e^t$，

$$y_1^{*\prime}=at(2+t)e^t, y_1^{*\prime\prime}=a(2+4t+t^2)e^t$$

代入方程，比较两端系数得

$$a=\frac{1}{2},\ y_1^*=\frac{1}{2}t^2e^t$$

对于$\frac{d^2y}{dt^2}-2\frac{dy}{dt}+y=e^{-t}$，因 -1 不是特征方程的根，故设

$$y_2^*=be^{-t},\ y_2^{*\prime}=-be^{-t},\ y_2^{*\prime\prime}=be^{-t}$$

代入方程，比较两端系数，得

$$b=\frac{1}{4},\ y_2^*=\frac{1}{4}e^{-t}$$

方程(9-33)的通解为

$$y=\bar{y}+y_1^*+y_2^*=e^t(C_1+C_2t)+\frac{1}{2}t^2e^t+\frac{1}{4}e^{-t}$$

故原方程的通解为

$$y=(C_1+C_2\ln x)x+\frac{1}{2}x\ln^2x+\frac{1}{4x}$$

9.9　习题答案

9.10　思维导图

9.10　列微分方程解应用题

9.10.1　一般解法

求微分方程的通解是确定变化过程的共性，即一般规律. 而求微分方程的特解是确定变化过程的特殊性，即特殊规律.

应用题的结构一般包括：（1）蕴含着几何规律、物理规律等；（2）定解条件；（3）指明所求的未知函数.

解题的一般步骤：

（1）设未知函数；

（2）根据几何规律、物理规律等建立等量关系，并进行适当变形，建立微分方程，指明定解条件；

（3）解定解问题；

（4）解答.

因此，列微分方程解应用题，需要了解几何规律、物理规律等，下面介绍常遇到的某

些定律在列方程中的应用.

1. 牛顿第二定律

设运动是在力 F 作用下进行的，又设力 F 与时间 t、质点的位置坐标 x 及速度 $v=\frac{\mathrm{d}x}{\mathrm{d}t}$有关，即 $F=F\left(t,\ x,\ \frac{\mathrm{d}x}{\mathrm{d}t}\right)$，根据 $F=ma$，得微分方程

$$m\frac{\mathrm{d}^2x}{\mathrm{d}t^2}=F\left(t,\ x,\ \frac{\mathrm{d}x}{\mathrm{d}t}\right)$$

（确定质点如何运动的力学问题，化成解微分方程的数学问题）

定解条件：$x(t_0)=x_0,\frac{\mathrm{d}x(t_0)}{\mathrm{d}t}=x'_0$.

【例 9-45】 设质量为 m 的一质点沿水平轴 x 轴运动于有阻力的介质中，如液体或气体中，设它所受的力是按胡克定律起作用的两个弹簧的弹性力（胡克定律：弹性力指向平衡位置，大小与质点离平衡位置的偏差成比例）.

解 设平衡位置在 $x=0$，于是质点在点 x 处所受到的弹性力为 $-bx(b>0)$，负号表示力的方向与质点位移的方向相反.

介质对质点的阻力 $R=-a\frac{\mathrm{d}x}{\mathrm{d}t}(a\geqslant 0)$，由牛顿第二定律得

$$m\frac{\mathrm{d}^2x}{\mathrm{d}t^2}=-bx-a\frac{\mathrm{d}x}{\mathrm{d}t}，即\ m\frac{\mathrm{d}^2x}{\mathrm{d}t^2}+a\frac{\mathrm{d}x}{\mathrm{d}t}+bx=0$$

如果除了上述的弹性力与阻力外，质点还受另一外力 $F=F(t)$的作用，则运动方程是 $m\frac{\mathrm{d}^2x}{\mathrm{d}t^2}+a\frac{\mathrm{d}x}{\mathrm{d}t}+bx=F(t)$，定解条件：$x(t_0)=x_0,x'(t_0)=x'_0$.

2. 回路电压定律

设有一个有电阻 R，自感 L，电容 C 和电源 E 串联组成的电路，其中 R，L 及 C 为常数，电源电动势 $E=E_n\sin\omega t$，E_n，ω 均为常数，设电路中的电流为$i(t)$，电容器极板上的电量为 $Q(t)$，两极板间的电压为 $u_c(t)$，自感电动势为 E_L，由电学知

$$i(t)=\frac{\mathrm{d}Q}{\mathrm{d}t},u_C(t)=\frac{Q}{C},E_L=-L\frac{\mathrm{d}i}{\mathrm{d}t}$$

按回路电压定律：$E+E_L+E_C=iR$，即在任何时刻，$i(t)R$ 总等于回路内的总的电动势：$E-\frac{Q}{C}-L\frac{\mathrm{d}i}{\mathrm{d}t}=iR$，$E_c=-u_C$，$E_L=-L\frac{\mathrm{d}i}{\mathrm{d}t}$.

为了得到关于 u_C 的微分方程，需要进行适当的变换

$$LC\frac{\mathrm{d}^2u_C}{\mathrm{d}t^2}+RC\frac{\mathrm{d}u_C}{\mathrm{d}t}+u_C=E_m\sin\omega t$$

或设 $\beta=\frac{R}{2L}$，$\omega_0=\frac{1}{\sqrt{LC}}$得

$$\frac{\mathrm{d}^2u_C}{\mathrm{d}t^2}+2\beta\frac{\mathrm{d}u_C}{\mathrm{d}t}+\omega_0^2u_C=\frac{E_m}{LC}\sin\omega t\qquad（强迫振荡）$$

称为串联电路的振荡方程，若电容器经充电后撤去外电源（$E=0$），得

$$\frac{d^2u_C}{dt^2}+2\beta\frac{du_C}{dt}+\omega_0^2u_C=0 \qquad (\text{自由振荡})$$

特别地，对 RL 电路有

$$E-L\frac{di}{dt}=iR$$

即

$$\frac{di(t)}{dt}+\frac{R}{L}i=\frac{E}{L}$$

3. 光学中的反射定律

有旋转曲面形状的凹槽，假设由旋转轴上一点 O 发出的一切光线经过凹镜反射后都与旋转轴平行，求这旋转曲面的方程.（见图 9-7）

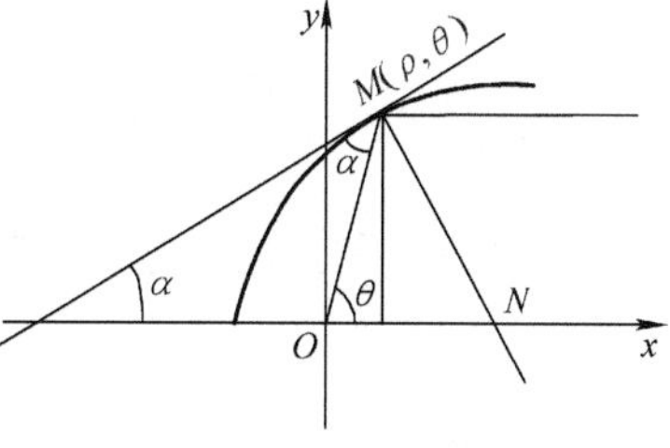

图　9-7

建立极坐标系，设所求曲线为 $\rho=\rho(\theta)$，

$$\tan\theta=\tan\frac{\theta}{2}=\frac{dy}{dx}=\frac{\sin\theta\,d\rho+\rho\cos\theta\,d\theta}{\cos\theta\,d\rho-\rho\sin\theta\,d\theta}$$

$$\tan\frac{\theta}{2}=\frac{1-\cos\theta}{\sin\theta}$$

$$\frac{d\rho}{\rho}=\frac{-\sin\theta\,d\theta}{1-\cos\theta}\quad \ln\rho=-\ln|1-\cos\theta|+\ln C_1$$

$$\rho=\frac{C_1}{|1-\cos\theta|},\ \rho=\frac{C}{1-\cos\theta},\ C=\pm C_1,\ \rho-x=C,\ \rho=x+C$$

$$y^2=C^2+2Cx$$

4. 微小量分析法

有高为 1m 的半球形容器，水从它的底部小孔流出，小孔横截面面积为 1cm^2，开始时容器内盛满了水，求水从小孔流出过程中容器里水面的高度 h（水面与孔口中心的距离）随时间 t 变化的规律.（见图 9-8）

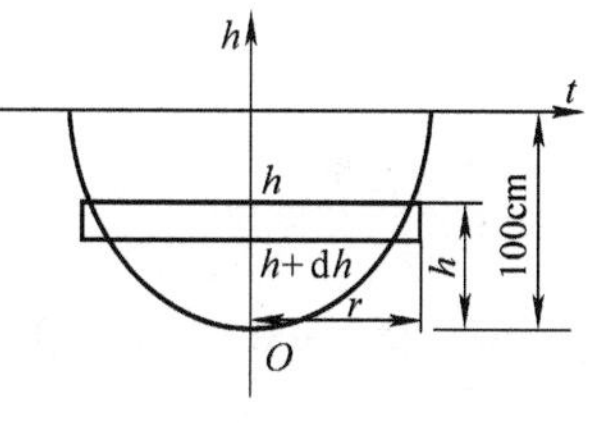

图　9-8

设 $h=h(t)$，由水力学知：$\frac{dV}{dt}=0.62S\sqrt{2gh}$，0.62 为流量系数，$S=1\text{cm}^2$，故

$$dV=0.62\sqrt{2gh}\,dt \tag{9-34}$$

另一方面，在微小时间间隔 $[t,\ t+dt]$ 内，水面高度由 h 降至 $h+dh(dh<0)$

$$dV=-\pi r^2dh(dV>0)$$

其中，

$$r=\sqrt{100^2-(100-h)^2},\ r^2=200h-h^2 \tag{9-35}$$

由式（9-34）与式（9-35）得

$$0.62\sqrt{2gh}\,dt=-\pi(200h-h^2)dh, h|_{t=0}=100$$

9.10.2　微分方程的应用例题选解

【例 9-46】　求曲线族 A：$x^2+y^2=2cx$ 的正交曲线族 B，所谓两个曲线族 A，B 正交是

指通过一点的分属两族曲线的两条曲线在该点的切线相互垂直.

解　由 $x^2+y^2=2cx$ 化为$\frac{x}{2}+\frac{y^2}{2x}=c$，求导有 $y'=\frac{y^2-x^2}{2xy}$，所以曲线族 B 在同一点处切线斜率为$\frac{\mathrm{d}y}{\mathrm{d}x}=-\frac{2xy}{y^2-x^2}$，所以

$$\frac{\mathrm{d}x}{\mathrm{d}y}=\frac{x^2-y^2}{2xy}=\frac{1}{2}\left(\frac{x}{y}-\frac{y}{x}\right)$$

令 $u=\frac{x}{y}$，$\frac{\mathrm{d}x}{\mathrm{d}y}=u+y\frac{\mathrm{d}u}{\mathrm{d}y}$，代入上式有

$2u+2y\frac{\mathrm{d}u}{\mathrm{d}y}=u-\frac{1}{u}$，化简后为$\frac{u}{u^2+1}\mathrm{d}u=-\frac{\mathrm{d}y}{2y}$，积分有 $1+u^2=\frac{C}{y}$，代入 $u=\frac{x}{y}$，得 B：$y^2+x^2=Cy$.

【例 9-47】　在上半平面求一条向上凹的曲线，其上任一点 $P(x,\ y)$ 处的曲率等于此曲线在该点的法线段 PQ 长度的倒数（Q 是法线与 x 轴的交点），且曲线在点（1，1）处的切线与 x 轴平行.

解　这只需按题意先建立方程，再解之. 曲线 $y=y(x)$ 在点 $P(x,\ y)$ 处的法线方程是

$$Y-y=-\frac{1}{y'}(X-x)\quad (y'\neq 0)$$

它与 x 轴的交点是 $Q(x+yy',0)$，从而法线段 PQ 的长度是

$$\sqrt{(yy')^2+y^2}=y(1+y'^2)^{\frac{1}{2}}$$

($y'=0$ 也满足上式). 根据题意得微分方程

$$\frac{y''}{(1+y'^2)^{\frac{3}{2}}}=\frac{1}{y(1+y'^2)^{\frac{1}{2}}}$$

即
$$yy''=1+y'^2$$

且当 $x=1$ 时，$y=1$，$y'=0$. 令 $y'=p$，则 $y''=p\frac{\mathrm{d}p}{\mathrm{d}y}$，代入方程得

$$yp\frac{\mathrm{d}p}{\mathrm{d}y}=1+p^2\quad 或\quad \frac{p}{1+p^2}\mathrm{d}p=\frac{\mathrm{d}y}{y}$$

积分并注意到 $y=1$ 时，$p=0$，便得

$$y=\sqrt{1+p^2}$$

代入$\frac{\mathrm{d}y}{\mathrm{d}x}=p$ 得

$$y'=\pm\sqrt{y^2-1}$$

或
$$\frac{\mathrm{d}y}{\sqrt{y^2-1}}=\pm\mathrm{d}x$$

再对上式积分，并注意到 $x=1$ 时，$y=1$，得

$$\ln(y+\sqrt{y^2-1})=\pm(x-1)$$

因此，所求曲线方程为

$$y+\sqrt{y^2-1}=\mathrm{e}^{\pm(x-1)}$$

无论是 $y+\sqrt{y^2-1}=\mathrm{e}^{x-1}$，还是 $y+\sqrt{y^2-1}=\mathrm{e}^{-(x-1)}$，将 y 移至等号右端，两边平方后再整理之，可得

$$y=\frac{1}{2}\left(\mathrm{e}^{x-1}+\mathrm{e}^{-(x-1)}\right)$$

$$y''^2=(1+y'^2)^3 \text{ 或 } y''=(1+y'^2)^{3/2}$$

【例 9-48】 设 $y=f(x)$ 是第 I 象限内连接点 $A(0, 1)$，$B(1, 0)$ 的一段连续曲线，（见图 9-9）$M(x, y)$ 为该曲线上任意一点，点 C 为 M 在 x 轴上的投影，O 为坐标原点. 若梯形 $OCMA$ 的面积与曲边三角形 BCM 的面积之和为$\frac{x^3}{6}+\frac{1}{3}$，求 $f(x)$ 的表达式.

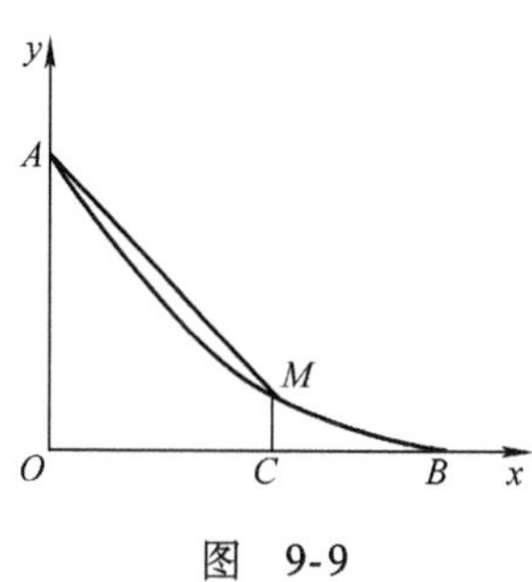

图　9-9

解　由题意，有

$$\frac{x}{2}[1+f(x)]+\int_x^1 f(t)\mathrm{d}t=\frac{x^3}{6}+\frac{1}{3}$$

两边关于 x 求导，得

$$\frac{1}{2}[1+f(x)]+\frac{1}{2}xf'(x)-f(x)=\frac{1}{2}x^2$$

当 $x\neq0$ 时，得

$$f'(x)-\frac{1}{x}f(x)=\frac{x^2-1}{x}$$

解此微分方程得

$$\begin{aligned} f(x) &= \mathrm{e}^{-\int -\frac{1}{x}\mathrm{d}x}\left[\int \frac{x^2-1}{x}\mathrm{e}^{\int -\frac{1}{x}\mathrm{d}x}\mathrm{d}x+C\right] \\ &= \mathrm{e}^{\ln x}\left[\int \frac{x^2-1}{x}\mathrm{e}^{-\ln x}\mathrm{d}x+C\right] \\ &= x\left[\int \frac{x^2-1}{x^2}\mathrm{d}x+C\right] \\ &= x\left(x+\frac{1}{x}+C\right)=x^2+1+Cx \end{aligned}$$

因为　$f(0)=1$　$f(1)=0$

所以　$2+C=0$，从而 $C=-2$

所求的 $f(x)$ 表达式为 $f(x)=x^2+1-2x=(x-1)^2$

【例 9-49】 设 $y=y(x)$ 是一向上凸的连续曲线，其上任一点（x，y）处的曲率为$\frac{1}{\sqrt{1+y'^2}}$，且此曲线上点（0，1）处的切线方程为 $y=x+1$，求该曲线的方程，并求函数 $y=y(x)$ 的极值.

解　由已知，曲线向上凸，故 $y''<0$，且满足$\frac{-y''}{\sqrt{(1+y'^2)^3}}=\frac{1}{\sqrt{1+y'^2}}$

所以
$$\frac{y''}{1+y'^2}=-1$$

令 $p=y'$，则 $P'=y''$，从而上式为$\dfrac{P'}{1+P^2}=-1$.

分离变量$\dfrac{\mathrm{d}P}{1+P^2}=-\mathrm{d}x$ 解之　　　　$\arctan P=C_1-x$

因为在（0，1）处切线方程为　　　　$y=x+1$

所以 $P|_{x=0}=y'|_{x=0}=1$，代入上式得 $C_1=\dfrac{\pi}{4}$

故
$$P=\tan\left(\frac{\pi}{4}-x\right)$$

即
$$y'=\tan\left(\frac{\pi}{4}-x\right),\ 有\ y=\ln\left|\cos\left(\frac{\pi}{4}-x\right)\right|+C_2$$

又 $y|_{x=0}=1$ 得 $C_2=1+\dfrac{1}{2}\ln2$，当 $-\dfrac{\pi}{4}<x<\dfrac{3}{4}\pi$ 时，所求的曲线方程为
$$y=\ln\cos\left(\frac{\pi}{4}-x\right)+1+\frac{1}{2}\ln 2$$

又，$\cos\left(\dfrac{\pi}{4}-x\right)\leqslant1$，而当 $x=\dfrac{\pi}{4}$时，$\cos\left(\dfrac{\pi}{4}-x\right)=1$.

所以当 $x=\dfrac{\pi}{4}$时，该函数取得极大值 $y=1+\dfrac{1}{2}\ln2$.

【例 9-50】 求微分方程 $x\,\mathrm{d}y+(x-2y)\mathrm{d}x=0$ 的一个解 $y=y(x)$，使得由曲线 $y=y(x)$ 与直线 $x=1$，$x=2$ 以及 x 轴所围成的平面图形绕 x 轴旋转一周的旋转体体积最小.

解 化原微分方程为 $\dfrac{\mathrm{d}y}{\mathrm{d}x}-\dfrac{2}{x}y=-1$

则其通解为 $y=\mathrm{e}^{\int\frac{2}{x}\mathrm{d}x}\left[C-\int\mathrm{e}^{-\int\frac{2}{x}\mathrm{d}x}\mathrm{d}x\right]=x^2\left(C+\dfrac{1}{x}\right)=x+Cx^2$

的旋转体体积为
$$V(C)=\pi\int_1^2(x+Cx^2)^2\mathrm{d}x=\pi\left(\frac{31}{5}C^2+\frac{15}{2}C+\frac{7}{3}\right)$$

而
$$V'(C)=\pi\left(\frac{62}{5}C+\frac{15}{2}\right)$$

令
$$V'(C)=0,得\ C=-\frac{75}{124}$$

又因为 $V''(C)=\dfrac{62}{5}\pi>0$

所以 $C=-\dfrac{75}{124}$为唯一极小值点，也是最小值点.

得到所求的微分方程的解　$y=x-\dfrac{75}{124}x^2$

【例 9-51】 设河宽为 a，河中水流速度与船到两岸的距离的乘积成正比，今有船自一侧码头启航，以固定速度 v_0 垂直向对岸行驶，试建立船在河中航行路线的微分方程，并求出船到对岸的位置.

解 取起航的码头为坐标原点，如图 9-10 所示，由设可得其定解问题，即船航行路线

所满足的微分方程和初始条件为

$$\frac{\mathrm{d}x}{\mathrm{d}t}=v_0 \tag{1}$$

$$\frac{\mathrm{d}y}{\mathrm{d}t}=kx(a-x) \tag{2}$$

$$x(0)=y(0)=0$$

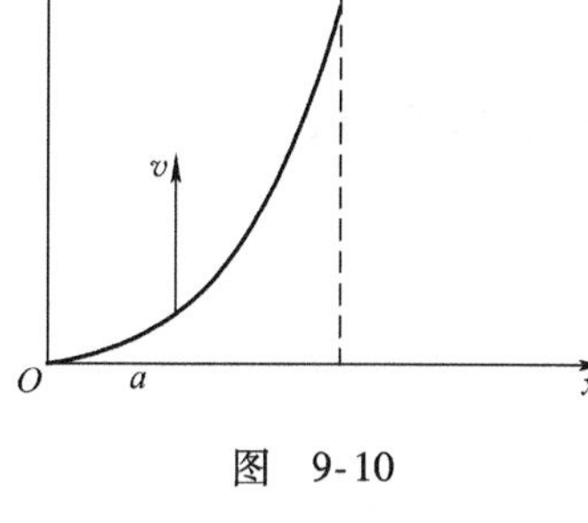

图 9-10

由方程（1）及初始条件解得 $x=v_0t$ 代入方程（2），得

$$\frac{\mathrm{d}y}{\mathrm{d}t}=kv_0t(a-v_0t)$$

积分并应用初始条件得

$$y=\frac{1}{2}kv_0at^2-\frac{1}{3}kv_0^2t^3$$

应用关系式 $x=v_0t$ 代入上式即得船在河中航行的路线方程为

$$y=k\frac{x^2}{v_0}\left(\frac{a}{2}-\frac{x}{3}\right)$$

船到达对岸的位置为

$$y(a)=\frac{ka^3}{6v_0}$$

即船在码头下游 $\frac{ka^3}{6v_0}$ 处到达对岸.

【例 9-52】 设有一架敌机沿水平方向（y 轴）以常速度飞行，经过点 Q_0（0，y_0）时，被我方在点 M_0（x_0，0）处导弹基地发现，如图 9-11 所示，当即发射导弹追击，如果导弹的运动方向每个时刻都指向敌机，且飞行的速度为飞机速度的两倍，求导弹追踪路线，以及 $x_0=16$ 时的路线.

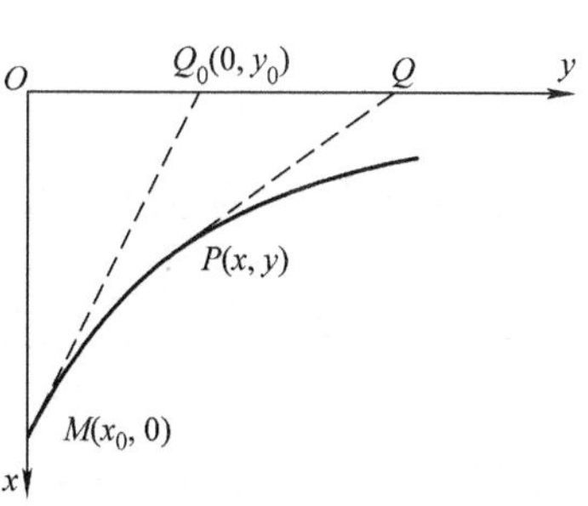

图 9-11

解　设 $P(x,y)$ 为导弹追踪曲线上的任一点，过 P 切线与 y 轴的交点 Q 必为当时敌机所在的位置，且有

$$2|QQ_0|=\overset{\frown}{M_0P} \tag{1}$$

若设追踪曲线方程为 $y=y(x)$，则

$$\overset{\frown}{M_0P}=-\int_{x_0}^{x}\sqrt{1+y'^2}\,\mathrm{d}x \tag{2}$$

追踪曲线在 P 处的切线方程为

$$Y-y=y'(X-x)$$

由此可求出 Q 点的坐标为 $X=0$，$Y=y-xy'$，所以

$$|QQ_0|=(y-xy')-y_0 \tag{3}$$

将式（2），（3）代入式（1），得

$$2[(y-xy')-y_0]=-\int_{x_0}^{x}\sqrt{1+y'^2}\,\mathrm{d}x$$

两边对 x 求导，得追踪曲线的微分方程为

$$2xy''=\sqrt{1+y'^2} \tag{4}$$

现在求它的解，令 $p=y'$，则式（4）变为

$$2xp'=\sqrt{1+p^2}$$

分离变量并积分，得

$$\ln(p+\sqrt{1+p^2})=\ln\sqrt{x}+\ln C_1$$

即 $$p+\sqrt{1+p^2}=C_1\sqrt{x}\text{（将此式两边同乘 }p-\sqrt{1+p^2}\text{）}$$

又有 $$p-\sqrt{1+p^2}=\frac{-1}{C_1\sqrt{x}}$$

两式相加得 $$p=\frac{\mathrm{d}y}{\mathrm{d}x}=\frac{1}{2}C_1\sqrt{x}-\frac{1}{2C_1\sqrt{x}}$$

再积分一次即得追踪（导弹轨迹）曲线的方程

$$y=\frac{1}{3}C_1x^{3/2}-\frac{1}{C_1}x^{1/2}+C_2 \tag{5}$$

如果当飞机沿 y 轴正向经 M_0（16，0）的垂直上空时就发射导弹，则追踪曲线须满足初始条件 $y(16)=0$，$y'(16)=0$，将其代入式（5）可确定出

$$C_1=-\frac{1}{4},\quad C_2=\frac{22}{3}$$

故得追踪曲线方程为

$$y=-\frac{1}{12}x^{3/2}+4x^{1/2}+\frac{22}{3}$$

且当飞机到达点（0，22/3）处即被导弹击中.

【例 9-53】 某湖泊的水量为 V，每年排入湖泊内含污染物 A 的污水量为 $\frac{V}{6}$，流入湖泊内不含 A 的水量为 $\frac{V}{6}$，流出湖泊的水量为 $\frac{V}{3}$. 已知 1999 年底湖中 A 的含量为 $5m_0$，超过国家规定指标. 为了治理污染，从 2000 年初始，限定排入湖泊中含 A 污水的浓度不超过 $\frac{m_0}{V}$，问至少需经过多少年，湖泊中污染物 A 的含量降至 m_0 以内？（注：设湖水中 A 的浓度是均匀的）.

解 本题的关键是找出湖水中 A 的含量 m 与时间 t 的关系，即它是如何随着时间的推移而减少，直到达到国家规定要求为止.

从 2000 年初始开始治理，此时设 $t=0$，$m|_{t=0}=5m_0$.

第 t 年时湖泊中污染物 A 的总量为 m，由于湖水中 A 的浓度分布均匀，故此时浓度为 $\frac{m}{V}$

经过 Δt 年后，即在时间间隔 $[t,\ t+\Delta t]$ 内

排入湖泊中 A 的量为 $$\frac{m_0}{V}\cdot\frac{V}{6}\mathrm{d}t=\frac{m_0}{6}\mathrm{d}t$$

流出湖泊中 A 的量为 $$\frac{m}{V}\cdot\frac{V}{3}\mathrm{d}t=\frac{m}{3}\mathrm{d}t$$

在这段时间内湖泊中 A 的改变量为

$$dm = \left(\frac{m_0}{6} - \frac{m}{3}\right)dt$$

这就是我们所要找的关系式（建立了微分方程）.

由分离变量法
$$\frac{dm}{\frac{m_0}{6} - \frac{m}{3}} = dt$$

解之得
$$m = \frac{m_0}{2} - Ce^{-\frac{t}{3}}$$

代入初始条件$m\big|_{t=0} = 5m_0$，得 $C = -\frac{9}{2}m_0$

所以
$$m = \frac{m_0}{2}(1 + 9e^{-\frac{t}{3}})$$

根据题意，污染物 A 的含量降到 m_0 以内，令 $m = m_0$，由上面关系式：

$$1 = \frac{1}{2}(1 + 9e^{-\frac{t}{3}})$$

$$t = 6\ln 3$$

即至多经过 6ln 3 年，湖泊中 A 的含量可降至 m_0 以内.

【例 9-54】　（方程在生态学中的应用）20 世纪 20 年代，意大利生物学家达安考娜（U. D. ncona）曾研究过相互制约的各种鱼类总数变化情况，研究它们之间为生存而进行的斗争，这对采用何种方案进行捕鱼有明显意义. 后来由数学家沃泰勒（Volterra）提供了数学模型. 下面选出一段介绍.

设某物种在 t 时刻的成员数为 $y = y(t)$，则从 t 到 $t + \Delta t$ 时成员数增长 $\Delta y = y(t + \Delta t) - y(t)$，而平均增长率为$\frac{\Delta y}{\Delta t} \cdot \frac{1}{y}$，而在 t 时刻的增长率为$\frac{dy}{dt} \cdot \frac{1}{y}$.

再设维持该物种生存的最低食物供给量为 σ_0，而一般供给量为 σ，取增长率为 $a(\sigma - \sigma_0)$，$a > 0$，则有

$$\frac{dy}{dt} = a(\sigma - \sigma_0)y$$

其中常数 a 与环境有关，$t = 0$ 时，$y = y(0)$. 解得 $y(t) = y(0)\ e^{a(\sigma - \sigma_0)t}$. 显然，

$$\lim_{t \to +\infty} y(t) = \begin{cases} 0 & \sigma < \sigma_0 \\ y(0) & \sigma = \sigma_0 \\ +\infty & \sigma > \sigma_0 \end{cases}$$

这表明，无论开始时有多少成员，当 $\sigma > \sigma_0$ 时，物种成员将无限增长；当 $\sigma = \sigma_0$ 时，物种成员数维持不变；而当 $\sigma < \sigma_0$ 时，此物种将死尽. 由此可见，同一物种在不同的环境里将有不同的前途.

【例 9-55】　假设初始质量为 m_0 的火箭由静止状态出发，以不变加速度 a 经过长为 l 的路程，且受到固定阻力 F. 燃烧气体的流速是常数且等于 u. 试求燃料在这段路程（长为 l）中的消耗量.

解　具有变动质量 $m(t)$ 的质点的运动由 N. B. 米舍尔斯基方程

$$m(t)\frac{\mathrm{d}\boldsymbol{v}}{\mathrm{d}t}=\boldsymbol{F}+\boldsymbol{F}_{\mathrm{P}} \tag{1}$$

描述，其中 $\boldsymbol{F}$ 是作用在质点心的合力，$\boldsymbol{F}_{\mathrm{P}}$ 是火箭的推进力，

$$\boldsymbol{F}_{\mathrm{P}}=\boldsymbol{u}\frac{\mathrm{d}m}{\mathrm{d}t} \tag{2}$$

这里 $\boldsymbol{u}$ 是关于在给定点处连接质心或分离质点的速度. 在本题 $v=at$，外力等于 F. 考虑到向量 $\boldsymbol{u}$ 与 $\boldsymbol{v}$ 的方向相反，由式（1）和式（2）得

$$ma=-F-u\frac{\mathrm{d}m}{\mathrm{d}t}$$

由此得

$$\frac{\mathrm{d}m}{\mathrm{d}t}=-\frac{ma+F}{u},\quad \frac{1}{ma+F}\frac{\mathrm{d}m}{\mathrm{d}t}=-\frac{1}{u}$$

$$\int_0^t\frac{m'}{ma+F}\mathrm{d}t=-\frac{t}{u},\quad \frac{1}{a}\ln(ma+F)\bigg|_0^t=-\frac{t}{u},\quad \ln\frac{ma+F}{m_0a+F}=-\frac{a}{u}t$$

考虑到 $l=\dfrac{1}{2}at^2$，$t=\sqrt{\dfrac{2l}{a}}$，求得

$$m=-\frac{F}{a}+\left(m_0+\frac{F}{a}\right)\mathrm{e}^{-\frac{\sqrt{2al}}{u}}$$

9.10　习题答案

最后求得燃料消耗量等于

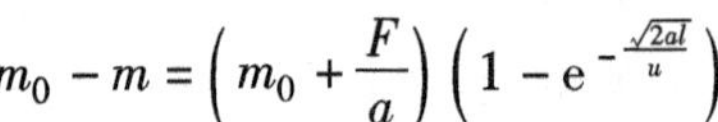

$$m_0-m=\left(m_0+\frac{F}{a}\right)\left(1-\mathrm{e}^{-\frac{\sqrt{2al}}{u}}\right)$$

练习

1. 写出由下列条件确定的曲线所满足的微分方程.

（1）曲线在点（x，y）处的切线的斜率等于该点横坐标的平方.

（2）曲线上点 $P(x,\ y)$ 处的法线与 x 轴的交点为 Q，且线段 PQ 被 y 轴平分.

2. 质量为 1g 的质点受外力作用进行直线运动，外力和时间成正比，和质点运动的速度成反比，在 $t=10\mathrm{s}$ 时，速度等于 50cm/s，外力为 4×10^{-5}N. 从运动开始经过了 1min 后的速度是多少？

3. 小船从河边点 O 处出发驶向对岸（两岸为平行直线），设船速为 a，船行方向始终与河岸垂直，又设河宽为 h，河中任一点的水流速度与该点到两岸距离的乘积成正比（比例系数为 k），求小船的航行路线.

4. 设有连接点 $O(0,0)$ 和 $A(1,1)$ 的一段向上凸的曲线弧 $\widehat{OA}$，对于 $\widehat{OA}$ 上任一点 $P(x,\ y)$，曲线弧 $\widehat{OP}$ 与直线段 OP 所围图形的面积为 x^2，求曲线弧 $\widehat{OA}$ 的方程.

5. 设有一个电阻 $R=10\Omega$，电感 $L=2\mathrm{H}$ 和电源电压 $E=20\sin5t\mathrm{V}$ 串联组成的电路，开关 S 闭合后，电路中有电流通过，求电流 i 与时间 t 的函数关系.

6. 一链条挂在一钉子上，启动时一端离开钉子 8m，另一端离开钉子 12m，分别在以下两种情况下求链条滑下来所需要的时间：

（1）若不计钉子对链条所产生的摩擦力.

（2）若摩擦力为链条 1m 长的重量.

9.11 常微分方程组

若将 n 个微分方程联立起来共同确定 n 个具有同一自变量的函数，我们称这种联立的微分方程为**微分方程组**.

如果微分方程组中的每一个微分方程都是常系数线性微分方程，则称这种微分方程组为**常系数线性微分方程组**.

对于常系数线性微分方程组，可用下述所谓消元法求解：

（1）由方程组中消去一些未知函数及其各阶导数，得到只含有一个未知函数的高阶常系数线性微分方程.

（2）解此高阶微分方程，求出满足该方程的未知函数.

（3）把已求得的函数代入原方程组，一般说来，不必经过积分就可求出其余的未知函数.

【例 9-56】 解方程组

$$\begin{cases} \dfrac{\mathrm{d}y}{\mathrm{d}t}=3y-2z & (9\text{-}36) \\ \dfrac{\mathrm{d}z}{\mathrm{d}t}=2y-z & (9\text{-}37) \end{cases}$$

解 先消去未知函数 $y(t)$，为此，由式（9-37）解得

$$y=\frac{1}{2}\left(\frac{\mathrm{d}z}{\mathrm{d}t}+z\right) \tag{9-38}$$

并对此式两边求导，得

$$\frac{\mathrm{d}y}{\mathrm{d}t}=\frac{1}{2}\left(\frac{\mathrm{d}^2z}{\mathrm{d}t^2}+\frac{\mathrm{d}z}{\mathrm{d}t}\right) \tag{9-39}$$

把式（9-38）与式（9-39）代入式（9-36）并整理，得

$$\frac{\mathrm{d}^2z}{\mathrm{d}t^2}-2\frac{\mathrm{d}z}{\mathrm{d}t}+z=0$$

解得

$$z=(C_1+C_2t)\mathrm{e}^t \tag{9-40}$$

再把式（9-40）代入式（9-38），得

$$y=\frac{1}{2}(2C_1+C_2+2C_2t)\mathrm{e}^t$$

所以，方程组的通解为

$$\begin{cases} y=\dfrac{1}{2}(2C_1+C_2+2C_2t)\mathrm{e}^t \\ z=(C_1+C_2t)\mathrm{e}^t \end{cases}$$

9.11　思维导图

【例 9-57】 解方程组

$$\begin{cases} \dfrac{dx}{dt} = -x - y + \dfrac{5}{2}e^{-t} & (9\text{-}41) \\ \dfrac{dy}{dt} = -y - z + 2e^{-t} & (9\text{-}42) \\ \dfrac{dz}{dt} = -z + \dfrac{3}{2}e^{-t} & (9\text{-}43) \end{cases}$$

解　由式(9-43)解得

$$z = \frac{3}{2}te^{-t} + C_1e^{-t}$$

并代入式（9-42），得

$$\frac{dy}{dt} = -y - \frac{3}{2}te^{-t} - C_1e^{-t} + 2e^{-t}$$

由此解得

$$y = -\frac{3}{4}t^2e^{-t} + 2te^{-t} - C_1te^{-t} + C_2e^{-t}$$

再代入式（9-41），得

$$\frac{dx}{dt} = -x + \frac{3}{4}t^2e^{-t} - 2te^{-t} + C_1te^{-t} - C_2e^{-t} + \frac{5}{2}e^{-t}$$

所以

$$x = \frac{1}{4}t^3e^{-t} - t^2e^{-t} + \frac{1}{2}C_1t^2e^{-t} - C_2te^{-t} + C_3e^{-t} + \frac{5}{2}te^{-t}$$

从而，原方程组的通解为

$$\begin{cases} x = \dfrac{1}{2}C_1t^2e^{-t} - C_2te^{-t} + C_3e^{-t} + \dfrac{1}{4}t^3e^{-t} - t^2e^{-t} + \dfrac{5}{2}te^{-t} \\ y = -C_1te^{-t} + C_2e^{-t} - \dfrac{3}{4}t^2e^{-t} + 2te^{-t} \\ z = C_1e^{-t} + \dfrac{3}{2}te^{-t} \end{cases}$$

典型计算题 7

试利用消元法解下列微分方程组.

1. $\begin{cases} \dfrac{dx}{dt} = y + 2e^t \\ \dfrac{dy}{dt} = x + t^2 \end{cases}$　　**2.** $\begin{cases} \dfrac{dx}{dt} = y - 5\cos t \\ \dfrac{dy}{dt} = 2x + y \end{cases}$

3. $\begin{cases} \dfrac{dx}{dt} = 3x + 2y + 4e^{5t} \\ \dfrac{dy}{dt} = x + 2y \end{cases}$　　**4.** $\begin{cases} \dfrac{dx}{dt} = 2y - x + 1 \\ \dfrac{dy}{dt} = 3y - 2x \end{cases}$

9.11　习题答案

9.12* 存在与唯一性定理

9.12.1 简述

在本章中，自变量是 t（它代表时间），$x_1(t)$，$x_2(t)$，…，$x_n(t)$ 表示未知函数. 我们考虑微分方程组

$$\frac{\mathrm{d}x_1}{\mathrm{d}t}=f_1(t,x_1,x_2,\cdots,x_n)$$

$$\frac{\mathrm{d}x_2}{\mathrm{d}t}=f_2(t,x_1,x_2,\cdots,x_n)$$

$$\vdots$$

$$\frac{\mathrm{d}x_n}{\mathrm{d}t}=f_n(t,x_1,x_2,\cdots,x_n)$$

9.12　思维导图

我们将使用向量记法，引入向量函数

$$\boldsymbol{x}(t)=\begin{pmatrix}x_1(t)\\x_2(t)\\\vdots\\x_n(t)\end{pmatrix},\ \boldsymbol{f}(t,\ \boldsymbol{x})=\begin{pmatrix}f_1(t,\ x_1,\ x_2,\ \cdots,x_n)\\f_2(t,\ x_1,\ x_2,\ \cdots,\ x_n)\\\vdots\\f_n(t,\ x_1,\ x_2,\ \cdots,\ x_n)\end{pmatrix}$$

此时可把方程组记为

$$\frac{\mathrm{d}\boldsymbol{x}}{\mathrm{d}t}=\boldsymbol{f}(t,\ \boldsymbol{x}) \tag{9-44}$$

这是正规型一阶方程组的一般形式$\left(即\dfrac{\mathrm{d}\boldsymbol{x}}{\mathrm{d}t}已解出的\right)$.

柯西问题（或初始问题）可表达如下：

求方程组（9-44）的解 $\boldsymbol{x}(t)$，使得

$$\boldsymbol{x}(t_0)=\boldsymbol{x}^0 \tag{9-45}$$

其中，t_0 是已知数，$\boldsymbol{x}^0=(x_1^0,\cdots,x_n^0)$是已知向量.

类似地，如果向量函数 $\boldsymbol{x}=\boldsymbol{\varphi}(t)$在某个区间（$t_1$，$t_2$）上有定义，连续可微，且满足方程组（9-44），则称它为方程组（9-44）的解.

设 $\boldsymbol{x}=\boldsymbol{\varphi}(t)$ 是方程组（9-44）在 $I=(t_1,\ t_2)$上有定义的解. 那么，在以（t，x_1，x_2，…，x_n）为坐标的 $n+1$ 维空间 $\mathbf{R}^{n+1}$内的曲线 $\boldsymbol{x}=\boldsymbol{\varphi}(t)$，$t=t$，$t\in I$ 称为方程组(9-44)的积分曲线. 柯西问题的几何解释可表达为：要求找到方程组(9-44)的通过给定点$(t_0,\ \boldsymbol{x}^0)\in\mathbf{R}^{n+1}$的积分曲线.

向量$(\varphi_1(t_0),\cdots,\varphi_n(t_0),1)$与积分曲线 $\boldsymbol{x}=\boldsymbol{\varphi}(t)$，$t=t$ 在点 $\boldsymbol{x}_0=\varphi(t_0)$，$t=t_0$处相切. 由式（9-44）可知，这个向量等于向量$(f_1(t_0,\ \varphi(t_0)),\ \cdots,\ f_n(t_0,\ \varphi(t_0)),1)$，设向量函数$\boldsymbol{f}(t,\ \boldsymbol{x})$在区域 $G\subset\mathbf{R}^{n+1}$内有定义，在每个点（t，$\boldsymbol{x}$）$\in G$ 处都构成一个向量$(f_1(t,\ \boldsymbol{x}),\ \cdots,\ f_n(t,\boldsymbol{x}),\ 1)$，我们在区域 G 内得到一个向量场. 方程组（9-44）的积分曲线属于这个向量场，即它在每一点处都与这个向量场的向量相切，反之，属于给

定的向量场的任何一条连续可微曲线 $\boldsymbol{x}=\boldsymbol{\varphi}(t)$，$t=t$ 都是方程组（9-44）的积分曲线. 这就是方程组（9-44）的几何解释.

现在，我们来简述常微分方程理论的基本定理.

9.12.2　存在与唯一性定理

设 G 是空间 $\mathbf{R}^{n+1}$ 中的区域，向量函数 $\boldsymbol{f}(t, x)$ 及偏导数 $\dfrac{\partial f_i(t, \boldsymbol{x})}{\partial x_j}$，$1\leqslant i, j\leqslant n$ 在区域 G 内有定义且连续，则对于柯西问题（9-44）和（9-45），其中 $(t_0, \boldsymbol{x}^0)\in G$，有如下结论：

（1）柯西问题的解在某个邻域 $(t_0-\delta, t_0+\delta)$ 内存在.

（2）柯西问题的解是唯一的（即如果问题（9-44），（9-45）有两个解 $\boldsymbol{\varphi}(t)$，$\boldsymbol{\psi}(t)$，则在点 t_0 的某个邻域内必有 $\boldsymbol{\varphi}(t)\equiv\boldsymbol{\psi}(t)$）.

基本定理的几何解释可叙述为：在定理的条件下，通过区域 G 内每一点的积分曲线有且只有一条.

为了证明这个定理，我们把微分方程组（9-44）化为积分方程组.

引理 1　柯西问题（9-44），（9-45）等价于积分方程组

$$\boldsymbol{x}(t)=\boldsymbol{x}^0+\int_{t_0}^{t}\boldsymbol{f}(\tilde{t}, \boldsymbol{x}(\tilde{t}))\mathrm{d}\tilde{t} \tag{9-46}$$

即①柯西问题（9-44），（9-45）的任何一个解都满足方程（9-46）；②方程（9-46）在某个区间 $(t_0-\delta, t_0+\delta)$ 上的任何一个连续解都是柯西问题（9-44），（9-45）的解.

证　假设 $\boldsymbol{x}(t)$ 是柯西问题（9-44），（9-45）的定义在 $I=(t_0-\delta, t_0+\delta)$ 上的解，并设 $t\in I$. 对式（9-44）的两端从 t_0 到 t 积分，并考虑到式（9-45），可得到式（9-46）.

若设 $\boldsymbol{x}(t)$ 是方程（9-46）在区间 I 上连续的解，则 $\boldsymbol{x}(t_0)=\boldsymbol{x}^0$，即满足式（9-45）. 又因向量函数 $\boldsymbol{f}$ 与 $\boldsymbol{x}$ 连续，故当 $t\in I$ 时向量函数 $\boldsymbol{w}(t)=\boldsymbol{f}(t, \boldsymbol{x}(t))$ 是连续的，从而当 $t\in I$ 时向量函数 $\int_{t_0}^{t}\boldsymbol{w}(\tilde{t})\mathrm{d}\tilde{t}$ 可微. 因此当 $t\in I$ 时，向量函数 $\boldsymbol{x}(t)$ 是可微的，将等式（9-46）两端同取微分，便可得知 $\boldsymbol{x}(t)$ 满足方程（9-44）.

我们来考虑一个方程的柯西问题

$$\frac{\mathrm{d}x}{\mathrm{d}t}=f(t, x), x(t_0)=x_0$$

我们用与其等价的积分方程

$$x(t)=x_0+\int_{t_0}^{t}f(\tilde{t}, x(\tilde{t}))\mathrm{d}\tilde{t}\equiv A(x(t)) \tag{9-47}$$

来代替它.

我们用逐次逼近法. 设

$$x_0(t)=x_0, x_1(t)=A(x_0(t)), \cdots, x_n(t)=A(x_{n-1}(t)), \cdots$$

逐次逼近可表示为

$$x_0(t)=\bar{x}_0,\ x_1(t)=x_0+\int_{t_0}^{t}f(\tilde{t}, x_0(t))\mathrm{d}\tilde{t}, \cdots,$$

$$x_n(t)=x_0+\int_{t_0}^{t}f(\tilde{t}, x_{n-1}(\tilde{t}))\mathrm{d}\tilde{t}$$

【例 9-58】 柯西问题

$$\frac{\mathrm{d}x}{\mathrm{d}t}-x=0,\ x(0)=1$$

有解 $x(t)=\mathrm{e}^t$. 这个问题等价于积分方程

$$x(t)=1+\int_0^t x(\tilde{t})\mathrm{d}\tilde{t}$$

我们依序来计算各级近似:

$$x_0(t)=1$$

$$x_1(t)=1+\int_0^t \mathrm{d}\tilde{t}=1+t$$

$$x_2(t)=1+\int_0^t (1+\tilde{t})\mathrm{d}\tilde{t}=1+t+\frac{t^2}{2}$$

$$\vdots$$

$$x_n(t)=1+\frac{t}{1!}+\frac{t^2}{2!}+\cdots+\frac{t^n}{n!}$$

我们看到, 逐次逼近序列 $\{x_n(t)\}$ 的各项是函数 e^t 的泰勒级数的一部分, 所以 $\{x_n(t)\}$在任意有限区间上都一致收敛于解. (参看下册定理 14-9)

我们证明, 若要 $\delta>0$ 充分小, 则序列 $\{x_n(t)\}$ 在区间 $I=[t_0-\delta,t_0+\delta]$上一致收敛于某个函数. 如图 9-12 所示, 设 Π 是位于区域 G 内的某个矩形

$$|t-t_0|\leqslant a,\ |x-x_0|\leqslant b,$$

并且 Π_δ 是更小的矩形

$$|t-t_0|\leqslant\delta\leqslant a,\ |x-x_0|\leqslant b$$

记 $K_0=\max\limits_{(t,x)\in\Pi}|f(t,x)|$, $K_1=\max\limits_{(t,x)\in\Pi}\left|\frac{\partial f(t,x)}{\partial x}\right|$

设 M 是在区间 I 上其图像都位于矩形 Π_δ 内的连续函数 $x(t)$ 的集合, 即有

$$|x(t)-x_0|\leqslant b,\ t\in I$$

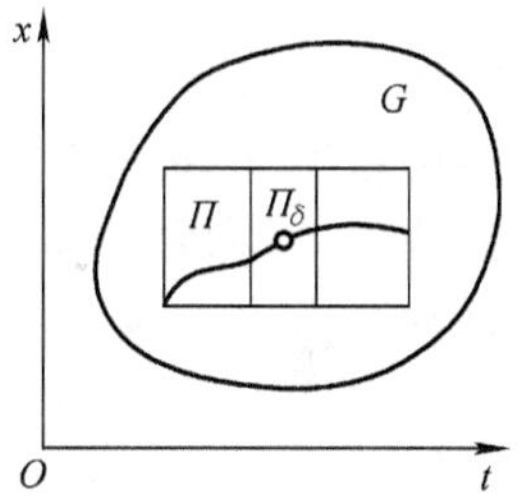

图 9-12

(1) 若 $\delta\leqslant\frac{b}{K_0}$且 $x(t)\in M$, 则 $A(x(t))\in M$, 实际上, 在区间 I 上函数 $A(x,t)$不会间断且

$$|A(x(t))-x_0|=\left|\int_{t_0}^t f(\tilde{t},x_0(\tilde{t})\mathrm{d}\tilde{t})\right|\leqslant K_0\delta$$

(2) 设函数 $x(t)$, $y(t)\in M$ 且 $\delta\leqslant\min(b/K_0,\ q/K_1)$, 其中 $0<q<1$, 则有

$$\max_{t\in I}|A(x(t))-A(y(t))|\leqslant q\max_{t\in I}|x(t)-y(t)| \tag{9-48}$$

事实上,

$$|A(x(t))-A(y(t))|=\left|\int_{t_0}^t[f(\tilde{t},x(\tilde{t}))-f(\tilde{t},y(\tilde{t}))]\mathrm{d}\tilde{t}\right|$$
$$=\left|\int_{t_0}^t(x(\tilde{t})-y(\tilde{t}))\frac{\partial f}{\partial x}(\tilde{t},\theta(\tilde{t}))\mathrm{d}\tilde{t}\right|^{⊖}$$

⊖ 这里运用了拉格朗日有限增量公式;点 $\theta(\tilde{t})$ 位于区间$(x(\tilde{t}),y(\tilde{t}))$ 内.

$$\leqslant \left| \int_{t_0}^{t} |x(\tilde{t}) - y(\tilde{t})| \left| \frac{\partial f(\tilde{t}, \theta(\tilde{t}))}{\partial x} \right| \mathrm{d}\tilde{t} \right|$$

$$\leqslant K_1 \delta \max_{t \in I} |x(t) - y(t)|$$

由此得到式（9-48）.

我们考虑级数

$$x(t) = x_0(t) + (x_1(t) - x_0(t)) + (x_2(t) - x_1(t)) + \cdots + (x_n(t) - x_{n-1}(t)) + \cdots \tag{9-49}$$

它的部分和序列等于 $x_0(t)$，$x_1(t)$，…，$x_n(t)$，…，所以这个级数的收敛性等价于序列 $\{x_n(t)\}$ 的收敛性. 由（1），（2）可知

$$|x_1(t) - x_0| \leqslant b$$

$$|x_2(t) - x_1(t)| = |A(x_1(t)) - A(x_0(t))| \leqslant q \max_{t \in I} |x_1(t) - x_0(t)| \leqslant qb$$

用归纳法证明，当 $n \geqslant 1$ 时，

$$\max_{t \in I} |x_n(t) - x_{n-1}(t)| \leqslant bq^n \tag{9-50}$$

当 $n=1$ 时，这个不等式已被证明. 假设这个不等式对 n 成立，我们考虑 $n+1$ 的情形. 利用式（9-48）和式（9-50）得

$$|x_{n+1}(t) - x_n(t)| = |A(x_n(t)) - A(x_{n-1}(t))| \leqslant q \max_{t \in I} |x_n(t) - x_{n-1}(t)| \leqslant bq^{n+1}$$

从而证明了式（9-50）. 由于级数（9-49）通项的模不超过以 q，$0<q<1$ 为公比的递减几何级数的通项（参看式（9-50）），因而根据维尔斯特拉斯法则知，级数（9-49）在区间 I 上一致收敛.（参看下册定理 14-2）

这样，$x_n(t) \rightrightarrows x(t)$，$t \in I$，并且极限函数在 I 上是连续的. 所以在关系式

$$x_n(t) = x_0 + \int_{t_0}^{t} f(\tilde{t}, x_{n-1}(\tilde{t})) \mathrm{d}\tilde{t}$$

中，可在积分号下取极限，而极限函数满足积分方程（9-47）. 从而证明了柯西问题（1）的解的存在性.

下面来证明唯一性.

假设积分方程（9-47）有两个解 $x(t)$，$y(t)$ 且均定义在 I 上，则

$$x(t) - y(t) = A(x(t)) - A(y(t))$$

运用估计式(9-48)得

$$0 \leqslant \max_{t \in I} |x(t) - y(t)| \leqslant q \max_{t \in I} |x(t) - y(t)|$$

又因 $0<q<1$，所以

$$\max_{t \in I} |x(t) - y(t)| = 0$$

即

$$x(t) \equiv y(t), t \in I$$

9.12　习题答案

习　题　9

1. 设函数 $f(x)$ 可微，且对任何实数 a，b 满足 $f(a+b)=\mathrm{e}^{a}f(b)+\mathrm{e}^{b}f(a)$ 且 $f'(0)=\mathrm{e}$，求 $f(x)$.

2. 已知：$y_1=x\mathrm{e}^{x}+\mathrm{e}^{2x}$，$y_2=x\mathrm{e}^{x}+\mathrm{e}^{-x}$，$y_3=x\mathrm{e}^{x}+\mathrm{e}^{2x}-\mathrm{e}^{-x}$ 都是某二阶非齐次线性微分方程的解，试求出此微分方程.

3. 设 $f(x)=\sin x-\int_0^x(x-t)f(t)\,\mathrm{d}t$，其中 f 为连续函数，求 $f(x)$.

4. 从船上向海中沉放某种探测仪器，按探测要求需确定仪器的下沉深度 y（从海平面算起）与下沉速度 v 之间的函数关系. 设仪器在重力作用下，从海平面由静止开始铅直向下沉，在下沉过程中受到阻力和浮力的作用，设仪器的质量为 m，体积为 B，海水密度为 p，仪器所受的阻力与下沉速度成正比，比例系数为 $k(k>0)$，试建立 y 与 v 所满足的微分方程，并求出函数关系式 $y=y(v)$.

习题 9 答案

附录　几种常用的平面曲线

1. 三次抛物线

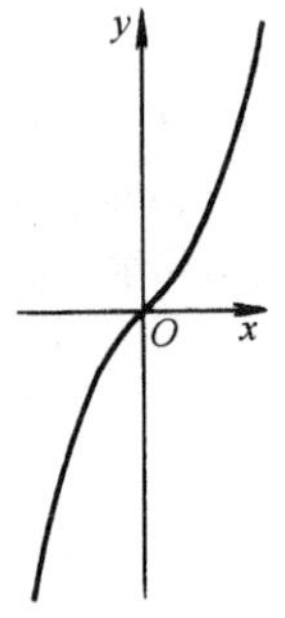

$y = ax^3$

2. 半立方抛物线

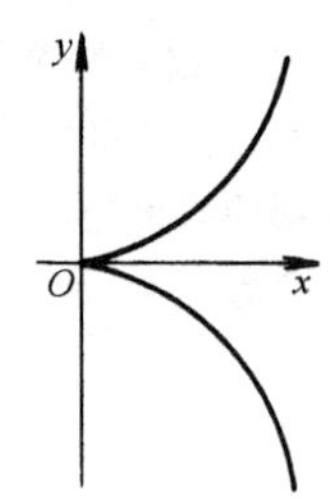

$y^2 = ax^3$

3. 概率曲线

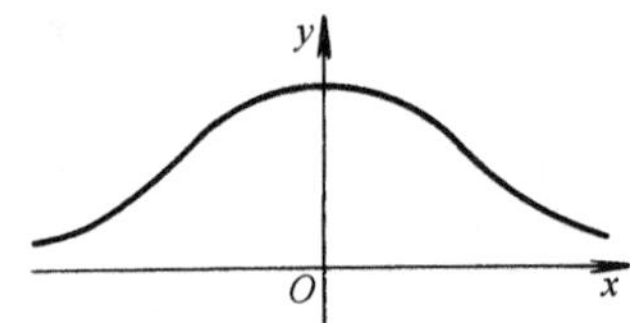

$y = \mathrm{e}^{-x^2}$

4. 箕舌线

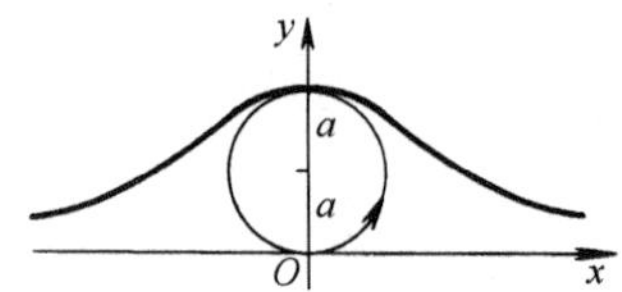

$$y = \frac{8a^2}{x^2 + 4a^2}$$

5. 蔓叶线

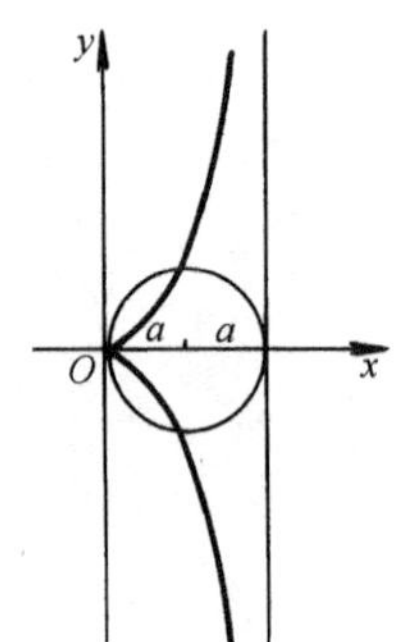

$y^2(2a - x) = x^3$

6. 笛卡儿叶形线

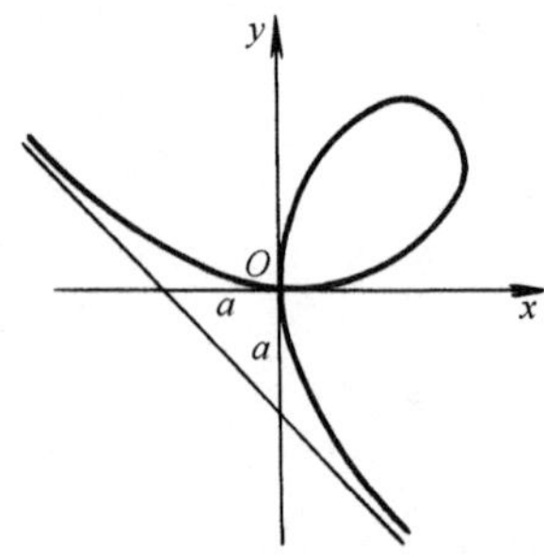

$$x^3 + y^3 - 3axy = 0$$

$$x = \frac{3at}{1 + t^3},\quad y = \frac{3at^2}{1 + t^3}$$

7. 星形线（内摆线的一种）

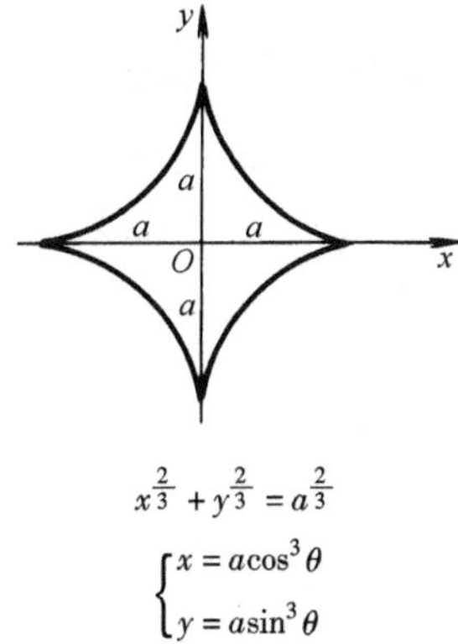

$$x^{\frac{2}{3}}+y^{\frac{2}{3}}=a^{\frac{2}{3}}$$

$$\begin{cases}x=a\cos^3\theta\\ y=a\sin^3\theta\end{cases}$$

8. 摆线

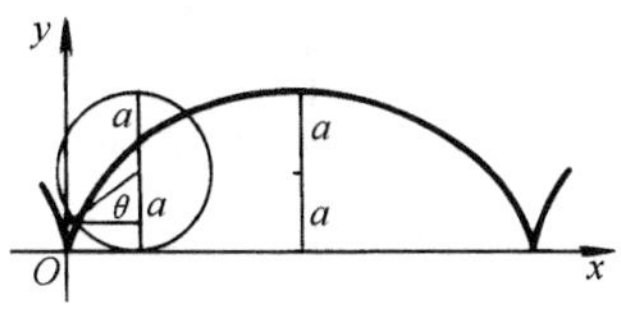

$$\begin{cases}x=a(\theta-\sin\theta)\\ y=a(1-\cos\theta)\end{cases}$$

9. 心形线（外摆线的一种）

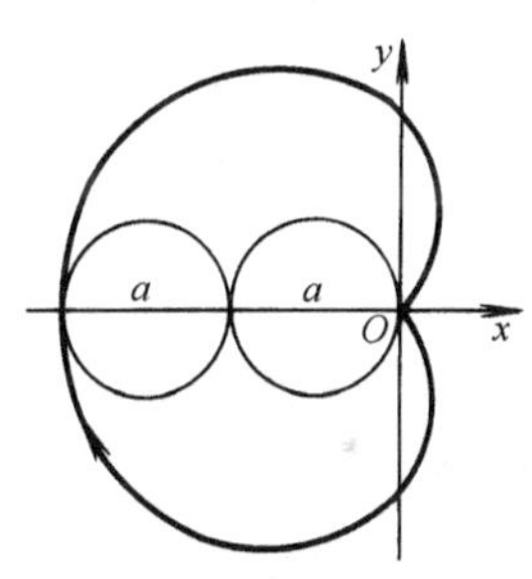

$$x^2+y^2+ax=a\sqrt{x^2+y^2}$$

$$r=a(1-\cos\theta)$$

10. 阿基米德螺线

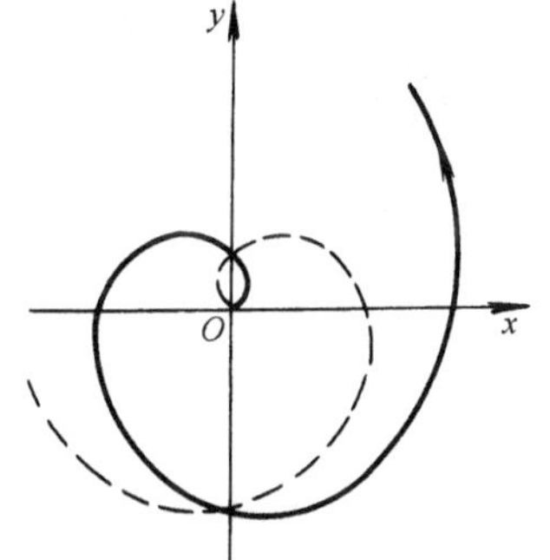

$$r=a\theta$$

11. 对数螺线

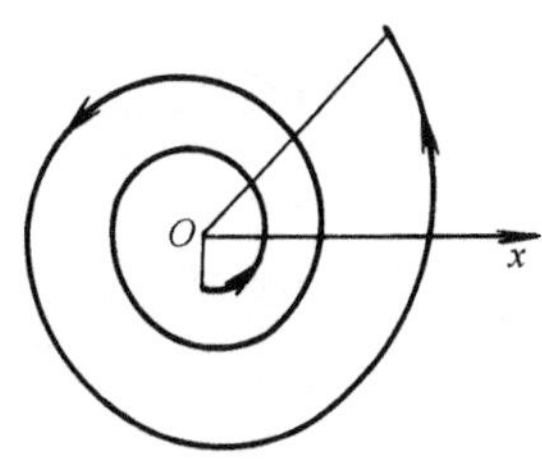

$$r=\mathrm{e}^{a\theta}$$

12. 双曲螺线

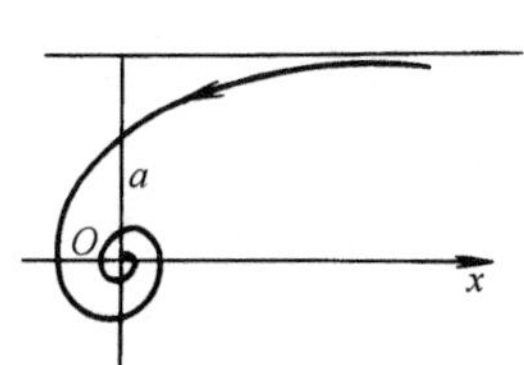

$$r\theta=a$$

13. 伯努利双纽线

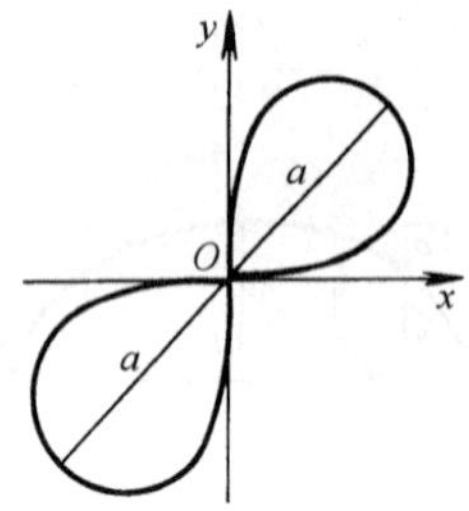

$(x^2+y^2)^2=2a^2xy$

$r^2=a^2\sin 2\theta$

14. 伯努利双纽线

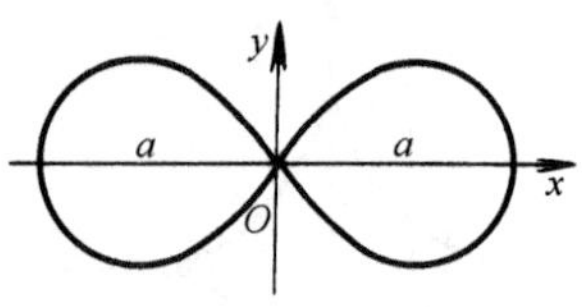

$(x^2+y^2)^2=a^2(x^2-y^2)$

$r^2=a^2\cos 2\theta$

15. 三叶玫瑰线

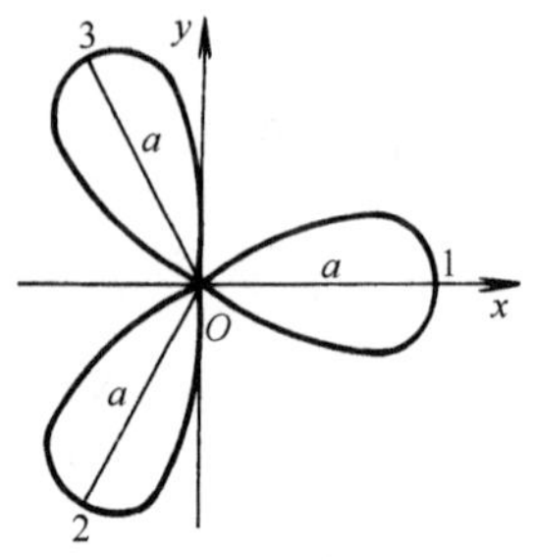

$r=a\cos 3\theta$

16. 三叶玫瑰线

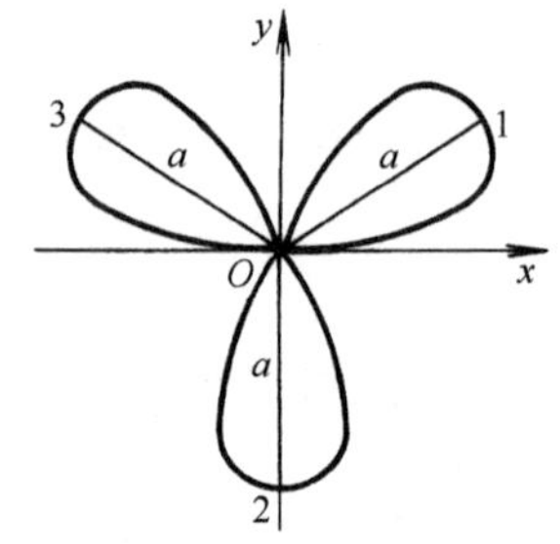

$r=a\sin 3\theta$

17. 四叶玫瑰线

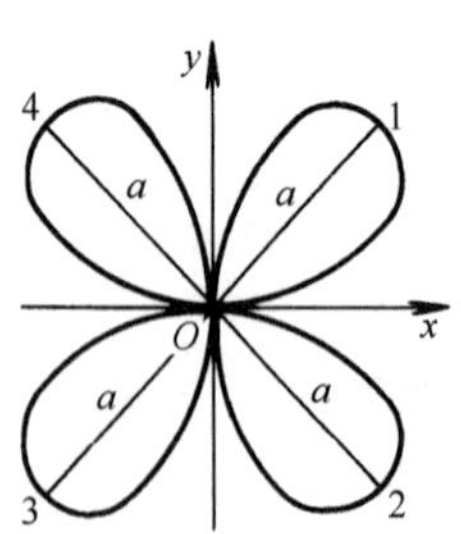

$r=a\sin 2\theta$

18. 四叶玫瑰线

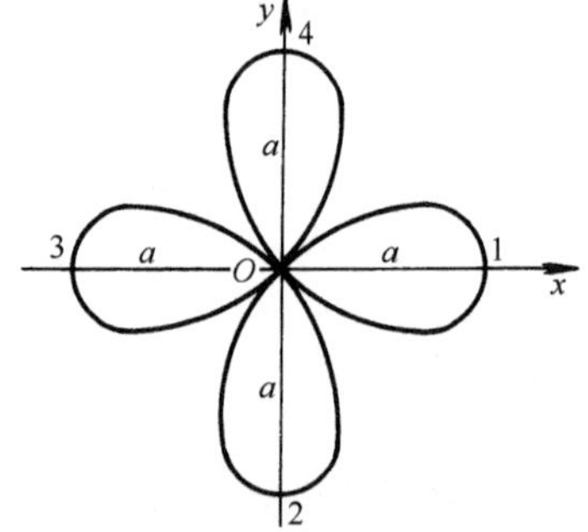

$r=a\cos 2\theta$

参 考 文 献

[1] КУДРЯВЦЕВ Л Д. Курс математического анализа：Том Ⅰ~Ⅱ [M]. Москва：Высшая школа，1988.

[2] НИКОЛЬСКИЙ С М. Курс математического анализа：Том Ⅰ~Ⅱ [M]. Москва：Москва Наука，1991.

[3] БУГРОВ Я С，НИКОЛВСКИЙ С М. Высшая математика：Том Ⅰ~Ⅲ [M]. Москва：Москва Наука，1988.

[4] ЪОЛГОВ В А，ДЕМИДОВИЧ Ъ П，ФИМОВ А В Е，и др. Съорник задач ло математике：Ⅰ ~ Ⅱ [M]. Москва：Москва Наука，1988.

[5] ВИНОГРАДОВА И А，ид р. Математический анализ в задачах и упражнениях [M]. Москва университет，1991.

[6] ДОРОГОВЦЕВ А Я. Математический анализ：Справочное пособие [M]. Киев：Киев Виша школа，1985.

[7] ДОРОГОВЦЕВ А Я. Математический анализ：Сборник задач [M]. Киев：Киев Виша школа，1987.

[8] КУДРЯВЦЕВ Л Д，КУТАСОВ А Д，ЧЕХЛОВ В И，и др. Сборник задач по математическому анализу：Ⅰ~Ⅱ [M]. МОСКВА：Москва наука，1986.

[9] ЛЯШКО И И，ЪОЯРЧУК А К，ГАЙ Я Г，и др Справочное по математическому анализу [M]. Киев：Киев Виша школа，1986.

[10] ТЕР КРИКОРОВ А М，ШАБУНИН М М. Курс Математического анализа [M]. Москва：Москва：Москва Наука，1988.

[11] 王绵森，马知恩. 工科数学分析基础：上册 [M]. 北京：高等教育出版社，2004.

[12] 马知恩，王绵森. 工科数学分析基础：下册 [M]. 北京：高等教育出版社，2004.

[13] 萧树铁，等. 大学数学 [M]. 2 版. 北京：高等教育出版社，2004.

[14] 同济大学数学系. 高等数学 [M]. 6 版. 北京：高等教育出版社，2007.

[15] 哈尔滨工业大学数学系分析教研室. 工科数学分析 [M]. 4 版. 北京：高等教育出版社，2013.

[16] 孙振绮，马俊. 俄罗斯高等数学教材精粹选编 [M]. 北京：高等教育出版社，2012.